新編諸子集成

顔氏家訓集解

上

王利器 撰

中華書局

圖書在版編目(CIP)數據

顏氏家訓集解:增補本/王利器撰. —2 版. —北京:中華書局,2013.1(2025.3 重印)
(新編諸子集成)
ISBN 978-7-101-09013-0

Ⅰ.顏… Ⅱ.王… Ⅲ.①家庭道德-中國-南北朝時代②《顏氏家訓》-研究 Ⅳ.B823.1

中國版本圖書館 CIP 數據核字(2012)第 258598 號

責任編輯:石　玉
封面設計:周　玉
責任印製:管　斌

新編諸子集成
顏氏家訓集解(增補本)
(全二册)
王利器 撰

*

中華書局出版發行
(北京市豐臺區太平橋西里 38 號　100073)
http://www.zhbc.com.cn
E-mail:zhbc@zhbc.com.cn
大廠回族自治縣彩虹印刷有限公司印刷

*

850×1168 毫米 1/32 · 28⅛印張 · 4 插頁 · 568 千字
1993 年 12 月第 1 版　2013 年 1 月第 2 版
2025 年 3 月第 14 次印刷
印數:30501-31100 册　定價:118.00 元

ISBN 978-7-101-09013-0

新編諸子集成出版説明

子書是我國古籍的重要組成部分。最早的一批子書産生在春秋末到戰國時期的百家争鳴中，其中不少是我國古代思想文化的珍貴結晶。秦漢以後，還有不少思想家和學者寫過類似的著作，其中也不乏優秀的作品。

二十世紀五十年代，中華書局修訂重印了由原世界書局出版的諸子集成。這套叢書匯集了清代學者校勘、注釋子書的成果，較爲適合學術研究的需要。但其中未能包括近幾十年特别是一九四九年後一些學者整理子書的新成果，所收的子書種類不够多，斷句、排印尚有不少錯誤，爲此我們從一九八二年開始編輯出版新編諸子集成，至今已出滿四十種。

新編諸子集成所收子書與舊本諸子集成略同，是一般研究者經常要閲讀或查考的書。每一種都選擇到目前爲止較好的注釋本，有的書兼收數種各具優長的注本。出版以來，深受讀者歡迎，還有不少讀者提出意見建議，幫助我們修訂完善這套書，在此謹致謝忱。

本套書目前以平裝本行世，每種單獨定價。近期我們還將出版精裝合訂本，以滿足不同層次讀者的需求。

後續整理的重要子書，將納入新編諸子集成續編陸續刊出，敬請讀者關注。

中華書局編輯部

二〇一〇年一月

目録

叙録

自從隋文帝楊堅統一南北朝分裂的局面以來，在漫長的封建社會裏，顔氏家訓是一部影響比較普遍而深遠的作品。王三聘古今事物考二寫道：「古今家訓，以此爲祖。」袁衷等所記庭幃雜録下寫道：「六朝顔之推家法最正，相傳最遠。」這一則由於儒家的大肆宣傳，再則由於佛教徒的廣爲徵引〔一〕，三則由於顔氏後裔的多次翻刻；於是泛濫書林，充斥人寰，「由近及遠，争相矜式」〔二〕，豈僅如王鉞所説的「北齊黄門顔之推家訓二十篇，篇篇藥石，言言龜鑑，凡爲人子弟者，可家置一册，奉爲明訓，不獨顔氏」〔三〕而已！

唯是此書，以其題署爲「北齊黄門侍郎顔之推撰」，於是前人於其成書年代，頗有疑義。尋顔氏於序致篇云：「聖賢之書，教人誠孝。」勉學篇云：「不忘誠諫。」省事篇云：「賈誠以求位。」養生篇云：「行誠孝而見賊。」歸心篇云：「誠孝在心。」又云：「誠臣殉主而棄親。」這些「誠」字，都應當作「忠」，是顔氏爲避隋諱〔四〕而改；風操篇云：「今日天下大同。」終制篇云：「今雖混一，家道罄窮。」明指隋家統一中國而言；書證篇「羸股肱」條引國子博士蕭該説，國子博士是該入隋後官稱〔五〕；又書證篇記「開皇二年五月，長安民掘得秦時鐵稱權」；這些，都是入隋以後事。而勉學篇言：「孟勞者，魯之寶刀名，亦見廣雅。」書證篇引廣雅云：「馬薤，荔也。」又引廣雅云：「晷柱挂景。」其稱廣雅，不像曹憲音釋一樣，爲避隋煬帝楊廣諱而改名博雅。然則此書蓋成於隋文帝平陳以後，隋煬帝即位之前，其當六世紀之末期乎。

此書既成於入隋以後，爲何又題署其官職爲「北齊黄門侍郎」呢？尋顏之推歷官南北朝，宦海浮沉，當以黄門侍郎最爲清顯。陳書蔡凝傳寫道：「高祖嘗謂凝曰：『我欲用義興主壻錢肅爲黄門郎，卿意何如？』凝正色對曰：『帝鄉舊戚，恩由聖旨，則無所復問；若格以僉議，黄散之職，故須人門兼美，唯陛下裁之。』高祖默然而止。」這可見當時對於黄散之職的重視。之推在梁爲散騎侍郎，入齊爲黄門侍郎，故之推於其作品中，一則曰「忝黄散於官謗」〔六〕，再則曰「吾近爲黄門郎」〔七〕，其所以如此津津樂道者，大概也是自炫其「人門兼美」吧。然則此蓋其自署如此，可無疑義。不特此也，隋書音樂志中記載「開皇二年，齊黄門侍郎顏之推上言」云云。而直齋書録解題十六又著録：「稽聖賦三卷，北齊黄門侍郎琅邪顏之推撰。」則史學家、目録學家也都追認其自署，而没有像陸法言切韻序前所列八人姓名，稱其入隋以後之官稱爲「顏内史」〔八〕了。

在南北朝分裂割據的年代裏，長江既限南北，鴻溝又判東西，戰爭頻繁，兵連禍結，民生塗炭，水深火熱。於斯時也，一般封建士大夫是怎樣生活下去的呢？王儉褚淵碑文寫道：「既而齊德龍興，順皇高禪，深達先天之運，匡贊奉時之業，弼諧允正，徽猷弘遠，樹之風聲，著之話言，亦猶稷、契之臣虞、夏，荀、裴之奉魏、晉，自非坦懷至公，永鑑崇替，孰能光輔五君，寅亮二代者哉！」〔九〕這是當時一般士大夫的寫照。當改朝换代之際，隨例變遷，朝秦暮楚，「禪代之際，先起異圖」〔一〇〕，「自取身榮，不存國計」〔一一〕者，滔滔皆是；而之推殆有甚焉。他是把自己家庭的利益——「立身揚名」〔一二〕，放在國家、民族利益之上的。他從憂患中得着一條安身立命的經驗：「父兄不可常依，鄉國不可常保，一旦流離，無人庇廕，當自求諸身耳。」〔一三〕他一方面頌揚「不屈二姓，夷、齊之節」〔一四〕；一方面又强調「何事非君，伊、箕之義也。自春秋已來，家有奔亡，國有吞滅，君臣固無常分矣」〔一五〕。一方面宣稱「生不可惜」〔一六〕，「見危授命」〔一七〕；一方面又指出「人身難得」〔一八〕，「有此生然後養之，勿徒養其無生也」〔一九〕。因之，他雖「播越他鄉」，還是「靦冒人間，不敢墜失」〔二〇〕。「一手之中，向背如此」〔二一〕，終於像他自己所説的那樣，「三爲亡國之人」〔二二〕。然而，他還在向他的子弟强聒：「泯軀而濟國，君子不咎。」〔二三〕甚至還大頌特頌梁鄱陽王世子謝夫人之罵賊而死〔二四〕，北齊宦者田敬宣之「以學成忠」〔二五〕，而痛心「侯景之難，……賢智操行，若此之難」〔二六〕；大罵特罵「齊之將相，比敬宣之奴不若也」〔二七〕。當其興酣落筆之時，面對自己之「予一生而三化」〔二八〕、「往來賓主如郵傳」〔二九〕者，吾不知其將自居何等？如此訓家，難道像他那樣，擺出一副問心無愧的樣子，説兩句「未獲殉陵墓，獨生良足恥」〔三〇〕，「小臣恥其獨死，實有媿於胡顏」〔三一〕，就可以「爲汝曹後車」〔三二〕嗎？然而，後來的封建士大夫却有像陸奎勳之流，硬是胡説什麽「家訓流傳者，莫善於北齊之顏氏，……是皆修德於己，居家則爲孝子，許國則爲忠臣」〔三三〕。這難道不是和顏之推一樣，無可奈何地故作自欺欺人之語嗎？

顏之推的悲劇，也是時代的悲劇。唐人崔塗曾有一首讀庾信集詩寫道：「四朝十帝盡風流，建業、長安兩醉游；唯有一篇楊柳曲，江南江北爲君愁。」〔三四〕我們讀了這首詩，就會自然而然地聯想到顏之推，因爲，他二人生同世，行同倫，他們對於「朝市遷革」〔三五〕所持的態度，本來就是伯仲之間的。他們一個寫了一篇哀江南賦，一個寫了一篇觀我生賦，對於身經亡國喪家的變故，痛哭流涕，慷慨陳辭，實則都是爲他們之「競己棲而擇木」〔三六〕作辯護，這正是這種悲劇的具體反映。姚範跋顏氏家訓寫道：「昔顔介生遭衰叔，身狎流離，宛轉狄俘，阽危鬼録，三代之悲，劇於荼蓼，晚著觀我生賦云：『向使潛於草茅之下，甘爲畎畝之民，無讀書而學劍，莫抵掌以膏身，委明珠而樂賤，辭白璧以安貧，堯、舜不能辭其素樸，桀、紂無以汙其清塵，此窮何由而至？兹辱安所自臻？』玩其辭意，亦可悲矣。」〔三七〕他「生於亂世，長於戎馬，流離播越，聞見已多」〔三八〕，於是他掌握了一套庸俗的處世祕訣，説起來好像頭頭是道，面面俱圓，而内心實則無比空虚，極端矛盾。他在序致篇寫道：「每常心共口敵，性與情競，夜覺曉非，今悔昨失，自憐無教，以至於斯。」這是他由衷的自白。紀昀在他手批的黄叔琳節鈔本中一再指出：「此自聖賢道理。然出自黄門口，則另有别腸除却利害二字，更無家訓矣。此所謂貌似而神離。」〔三九〕「極好家訓，只末句一個費字，便差了路頭。楊子曰：『言，心聲也。』蓋此公見解，只到此段地位，亦莫知其然而然耳。」〔四〇〕「老世故語，隔紙捫之，亦知爲顔黄門語。」〔四一〕紀氏這些假道學的庸言，却深深擊中了這位真雜學〔四二〕的要害。當日者，顔氏飄泊西南，間關陝、洛，可謂「仕宦不止車生耳」〔四三〕了。他爲時勢所迫，往往如他自己所説那樣，「在時君所命，不得自專」〔四四〕。梁武帝蕭衍好佛，小名命曰阿練〔四五〕，後又舍身同泰；顔氏亦嚮風慕義，直至歸心。梁元帝蕭繹崇玄，「至乃倦劇愁憤，輒以講自釋」〔四六〕；顔氏雖自稱「亦所不好」，然亦「頗預末筵，親承音旨」〔四七〕。當日者，梁武之餓死臺城，梁元之身爲俘虜，玄、釋二教作爲致敗之一端，都爲顏氏所聞所見，他却無動於中，執迷不悟，這難道不是像他所諷刺的「眼不能見其睫」〔四八〕嗎？他徘徊於玄、釋之間，出入於「內外兩教」〔四九〕之際，又想成爲「專儒」〔五〇〕，又要「求諸內典」〔五一〕。當日者，梁武帝手勅江革寫道：「世間果報，不可不信。」〔五二〕王褒著幼訓寫道：「釋氏之義，見苦斷身，證滅循道，明因辨果，偶凡成聖，斯雖爲教等差，而義歸汲引。」〔五三〕因果報應之說，風靡一時，於是顏之推也推波助瀾地倡言：「今人貧賤疾苦，莫不怨尤前世不修功業；以此而論，安可不爲之作地乎？」〔五四〕又勸誘他的子弟：「汝曹若顧俗計，樹立門户，不棄妻子，未能出家；但當兼修戒行，留心誦讀，以爲來世津梁。人身難得，勿虛過也。」〔五五〕他這一席話，難道僅僅是在向他的子弟「勸誘歸心」〔五六〕而已嗎？不是的，他的最終目的是在「偕化黔首，悉入道場」〔五七〕。何孟春就曾經指出：「是雖一家之云，而豈姁姁私焉爲其子孫計哉？」〔五八〕南宋時，黃震在曉諭新城縣免雞殺榜寫道：「人生難得，中土難生。」〔五九〕這八個字，不是這個理學家平白無故地捃摭前人牙慧，而是封建統治階級的代言人，爲要熄滅如火如荼的階級鬥争，而使用的釜底抽薪的亘古心傳。馬克思曾一針見血地指出：「宗教是人民的鴉片，宗教是苦難世界的靈光圈。」〔六〇〕恩格斯也尖鋭地指出：「在歷史上各個時期中，絶大多數的人民都不過是以各種不同形式充當了一小撮特權者發財致富的工具。但是所有過去的時代，實行這種吸血的制度，都是以各種各樣的道德、宗教和政治的謬論來加以粉飾的：牧師、哲學家、律師和國家的活動家總是向人民説，爲了個人幸福他們必定要忍饑挨餓，因爲這是上帝的意旨。」〔六一〕顔之推正是這樣的哲學家。

顔氏此書，雖然乍玄乍釋，時而説「神仙之事，未可全誣」〔六二〕，時而説「歸周、孔而背釋宗，何其迷也」〔六三〕，而其「留此二十篇」〔六四〕之目的，還是在於「務先王之道，紹家世之業」〔六五〕。這是封建時期一般士大夫所以訓家的唯一主題。

但是，今天我們整理此書，誠能「剔除其封建性的糟粕，吸收其民主性的精華」〔六六〕，則此書仍不失爲祖國文化遺産中一部較爲有用的歷史資料。

此書涉及範圍，比較廣泛。那時，河北、江南，風俗各别，豪門庶族，好尚不同。顔氏對於佛教之流行，玄風之復扇〔六七〕，鮮卑語之傳播〔六八〕，俗文字之盛興〔六九〕，都作了較爲翔實的紀録。至如梁元帝之「民百萬而囚虜，書千兩而煙煬」〔七〇〕，使寶貴的文化遺産，蒙受歷史上最大的一厄〔七一〕；以及「齊之季世，多以財貨託附外家，諠動女謁」〔七二〕；以及當時的「貴遊子弟，多無學術，至於諺云：『上車不落則著作，體中何如則秘書』」〔七三〕；以及俗儒之迂腐，至於「鄴下諺云：『博士買驢，書券三紙，未有驢字』」〔七四〕。這些，都是很好的歷史文獻，提供給我們知人論世的可靠依據，外此其餘，顏氏對於研討祖國豐富的文化遺産，亦作出了一定的貢獻。

第一，此書對於研究南北諸史，可供參攷。顏氏作品，除觀我生賦自注外，像風操篇所言「梁武帝問一中土人，……何故不知有族」，這個人就是夏侯亶〔七五〕；勉學篇所言「江南有一權貴」，以羊肉爲蹲鴟，這個人就是王翼〔七六〕；文章篇言「并州有一士族，好爲可笑詩賦」，這個人就是姜質〔七七〕；省事篇所言「近世有兩人，朗悟士也，性多營綜」，這兩個人就是祖珽、徐之才〔七八〕：這些，都可以補證南北諸史。教子篇所説的高儼〔七九〕，兄弟篇所説的劉瓛〔八〇〕，治家篇所説的房文烈〔八一〕和江禄〔八二〕，風操篇所説的裴之禮〔八三〕，勉學篇所説的田鵬鸞〔八四〕和李恕〔八五〕，文章篇所説的劉逖〔八六〕，名實篇所説的韓晉明〔八七〕，歸心篇所説的王克〔八八〕，風操篇所説的武烈太子蕭方等〔八九〕：這些，都可與南北諸史參證。而風操篇所説的臧逢世〔九〇〕，慕賢篇所説的丁覘，涉務篇所説的梁世士大夫不能乘馬云云〔九一〕：這些，更足補梁書之闕如。慕賢篇所説的張延雋〔九二〕，勉學篇所説的姜仲岳：這些，更足補北齊書之佚空。又如雜藝篇所説常射與博射之分，則提供給我們弄通南史柳惲傳所言博射之事。

第二，此書對於研究漢書，可供參攷。舊唐書顔師古傳寫道：「父思魯，以學藝稱。……叔父游秦，……撰漢書決疑十二卷，爲學者所稱；後師古注漢書，亦多取其義。」大顔、小顔之精通漢書，或多或少地都受了家訓的影響。如書證篇言「猶豫」之「猶」爲獸名，漢書高后紀師古注即以猶爲獸名；同篇引太公六韜以説賈誼傳之「日中必熭」，師古注亦引六韜爲説；同篇又引司馬相如封禪書「導一莖六穗于庖」，而訓導爲擇，師古注亦從鄭氏説，訓導爲擇。這些地方，師古都暗用之推之説，尤足攷見其遵循祖訓，墨守家法，步趨惟謹，淵源有自也。

第三，此書對於研究經典釋文，可供參攷。經典釋文是研究儒、道兩家代表作品的重要參攷書。纂寫經典釋文的陸德明，是顔之推商量舊學的老朋友，他們的意見，往往在二書中可攷見其異同。如書證篇言「杕杜，河北本皆爲夷狄之狄，此大誤也」；詩唐風杕杜釋文則云：「本或作夷狄之狄，非也。」書證篇言「左傳『齊侯痎，遂痁』……世間傳本多以痎爲疥，……此臆説也」；釋文則引梁元帝之改疥爲痎，此尤足攷見他們君臣間治學的相互影響之處。書證篇引王制「贏股肱」鄭注之「擐衣」，謂：「蕭該音宣是，徐爰音患非。」釋文則云：「擐舊音患，今宜讀宣，依字作擐，字林云：『捋臂也，先全反。』是。」音辭篇言：「物體自有精麤，精麤謂之好惡；人心有所去取，去取謂之好惡。」釋文叙録條例則云：「質有精麤，謂之好惡；心有愛憎，謂之好惡。」至如書證篇言：「詩云黄鳥于飛，集于灌木。傳云：灌木，叢木也。」「近世儒生，因改爲叢」，而有徂會、祖會之音之失，更可訂正釋文所下徂會、祖會、亦外等犯的錯誤。

第四，此書對於研究文心雕龍，可供參攷。如文章篇云：「夫文章者，原出五經：詔命策檄，生於書者也；序述論議，生於易者也；歌詠賦頌，生於詩者也；祭祀哀誄，生於禮者也；書奏箴銘，生於春秋者也。」文心雕龍宗經篇則云：「故論説辭序，則易統其首；詔策章奏，則書發其源；賦頌歌讚，則詩立其本；銘誄箴祝，則禮統其端；記傳盟檄（從唐寫本），則春秋爲根。」與顔氏説可互參，這是古代主張文章原本五經的代表作。同篇又云：「自古文人，多陷輕薄：屈原露才揚己，顯暴君過；宋玉體貌容冶，見遇俳優；東方曼倩滑稽不雅；司馬長卿竊貲無操；王褒過章僮約；揚雄德敗美新；李陵降辱夷虜；劉歆反覆莽世；傅毅黨附權門；班固盜竊父史；趙元叔抗竦過度；馮敬通浮華擯壓；馬季長佞媚獲誚；蔡伯喈同惡受誅；吴質詆訶鄉里；曹植悖慢犯法；杜篤乞假無厭；路粹隘狹已甚；陳琳實號麤疎；繁欽性無檢格；劉楨屈強輸作；王粲率躁見嫌；孔融、禰衡誕傲致殞；楊修、丁廙扇動取斃；阮籍無禮敗俗；嵇康凌物凶終；傅玄忿鬪免官；孫楚矜誇凌上；陸機犯順履險；潘岳乾没取危；顔延年負氣摧黜；謝靈運空疎亂紀；王元長凶賊自詒；謝玄暉侮慢見及。凡此諸人，皆其翹秀者，不能悉記，大較如此。」文心雕龍程器篇則云：「略觀文士之疵：相如竊妻而受金；楊雄嗜酒而少算；敬通之不循廉隅；杜篤之請求無厭；班固諂竇以作威；馬融黨梁而黷貨；文舉傲誕以速誅；正平狂憨以致戮；仲宣輕脆以躁競；孔璋惚恫以麤疎；丁儀貪婪以乞貨；路粹餔啜而無恥；潘岳詭禱於愍、懷；陸機傾仄於賈、郭；傅玄剛隘而詈臺；孫楚狠愎而訟府。諸有此類，並文士之瑕累。」顔氏論證，與之大同。同篇又云：「文章當以理致爲心腎，氣調爲筋骨，事義爲皮膚，華麗爲冠冕。」文心雕龍附會篇則云：「夫才量學文，宜正體製，必以情志爲神明，事義爲骨髓，辭采爲肌膚，宫商爲聲色；然後品藻玄黄，摛振金玉，獻可替否，以裁厥中：斯綴思之恆數也。」他們所持的文學理論，都以思想性爲第一，藝術性爲第二。不過，之推所謂事義偏重在事，彦和所謂事義偏重在義，故一爲皮膚，一爲骨髓，非有所抵牾也。蕭統文選序寫道：「事出於沉思，義歸乎翰藻。」很好地説明了二者的具體内容及其相互關係。

第五，音辭一篇，尤爲治音韻學者所當措意。周祖謨顔氏家訓音辭篇注補序寫道：「黄門此製，專爲辨析聲韻而作，斟酌古今，掎摭利病，具有精義，實爲研求古音者所當深究。」〔九三〕

外此其餘，在重道輕器的封建歷史時期，他對於祖晅之的算術〔九四〕，陶弘景〔九五〕、皇甫謐、殷仲堪〔九六〕的醫學，都給予應有的重視，也是難能而可貴的。

這部集解，是以盧文弨抱經堂校訂本爲底本，而校以宋本、董正功續家訓〔九七〕、羅春本〔九八〕、傅太平本〔九九〕、顔嗣慎本〔一〇〇〕、程榮漢魏叢書本〔一〇一〕、胡文焕格致叢書本〔一〇二〕、何允中漢魏叢書本〔一〇三〕、朱軾朱文端公藏書十三種本〔一〇四〕、黄叔琳顔氏家訓節鈔本〔一〇五〕、文津閣四庫全書本〔一〇六〕、鮑廷博知不足齋叢書本〔一〇七〕、屏山聶氏汗青簃刊本〔一〇八〕。我所見到的還有嘉慶丁丑廿二年南省顔氏通譜本，以其所據爲顔本，無所異同，且間有新出譌謬之處，故未取以讎校。其它援引各書，亦頗夥頤，不復一一覼縷了。

此書在唐代，即有别本流傳，如歸心篇「儒家君子」條以下，廣弘明集卷二十八引作「誡殺、家訓」，而法苑珠林卷一百十九且著録之推誡殺一卷，則唐代且以此單行了。同篇之「高柴、折像」，廣弘明集「折像」作「曾晳」，原注云：「一作『折像』。」凡此都是唐代有別本之證。而廣弘明集卷三引歸心篇「欲頓棄之乎（今本『乎』作『哉』）」句下，尚有「故兩疎得其一隅，累代詠而彌光矣」兩句，則本書尚有佚文；這當是顔書之舊，固非郭爲崍所引風操篇「班固書集亦云家孫」之下，尚有「戴逵稱安道則家弟」一句〔一〇九〕之比（此乃郭氏妄爲竄入，因爲乾隆時人所見家訓，不會多於今本）。宋淳熙台州公庫本，今所見者，係元廉台田氏補修重印本，故間有不避宋諱之處。此本頗有影鈔傳世者，知不足齋叢書即據述古堂鈔本重刻（無校刊名銜），光緒間，汗青簃又據以重刻。盧文弨校定本所據宋本，蓋亦鈔本，故與宋本時有出入，翁方綱譏其未見宋本〔一一〇〕，是也。我所據的，尚有海昌沈氏静石樓藏影宋鈔本及秦曼君校宋本。此外，又得見董正功續家訓宋刻殘本卷六至卷八共三卷，此書除全引顔氏原文可供校勘外，頗時有疏證顔書之處，今亦加以甄録〔一一一〕。惜錢遵王讀書敏求記所載之七卷本半宋刻半影鈔者，祁承㸁淡生堂藏書目叢書類所載顔氏傳書八種中之顔氏家訓，今亦不可得而見矣。外此其餘，如敦煌卷子本勤讀書鈔（伯・二六〇七）、劉清之戒子通録〔一一二〕、胡寅崇正辨〔一一三〕、吕祖謙少儀外傳、曾慥類説〔一一四〕等，亦頗引顔書，多爲前人所未見或未及徵引，今皆得而讐校之，於以是正文字，實已不無小補，不知能免於顔氏所譏之「妄下雌黄」〔二五〕否也？

爲了更全面地了解顔之推其人，除了把他的這部著作從事集解之外，我還把顔之推傳和他流傳下來的作品，統統收輯在一起，加以校注，以供研究者參攷。本書脱稿後，承楊伯峻同志撥冗審閲，謹此致謝。

一九五五年五月初稿

一九七八年三月五日重稿

一九八九年三月第三次增訂

〔一〕道宣廣弘明集、道世法苑珠林、法琳辨正論、祥邁辨僞録、法雲翻譯名義集等都徵引顔氏家訓。

〔二〕〔三〕陸奎勳陸堂文集三訓家恆語序。案：袁桷清容居士集卷三十二先大夫行述：「公幼從王先生鐳學問，戒以躬行爲持身本，每授以言行編諸書，公守而行之。至是書陶靖節詩、顔氏家訓爲一編以寄意。」舉此一端，亦足以見其書影響之大矣。

〔三〕王鉞讀書叢殘。

〔四〕隋文帝楊堅父名忠，見隋書高祖紀上。

〔五〕隋書儒林何妥傳：「蘭陵蕭該者，梁鄱陽王恢之孫也。……梁荆州陷，與何妥同至長安。……開皇初，賜爵山陰縣公，拜國子博士。」

〔六〕〔二八〕〔三一〕〔三六〕〔七〇〕觀我生賦。

〔七〕止足篇。

〔八〕據澤存堂本廣韻，古逸叢書本則作「顏外史」。

〔九〕文選卷五八。

〔一〇〕李百藥北齊書杜弼傳史臣曰。

〔一一〕姚思廉陳書後主紀史臣曰。

〔一二〕〔三三〕〔六四〕序致篇。

〔一三〕〔一七〕〔二一〕〔二五〕〔二七〕〔三五〕〔四六〕〔四七〕〔五〇〕〔六五〕〔六七〕〔七三〕〔七四〕〔一一五〕勉學篇。

〔一四〕〔一五〕〔四一〕〔四四〕文章篇。

〔一六〕〔一九〕〔二三〕〔二四〕〔二六〕〔六二〕〔九五〕養生篇。

〔一八〕〔四九〕〔五四〕〔五五〕〔五六〕〔五七〕〔六三〕歸心篇。

〔二〇〕〔五一〕終制篇。

〔二二〕觀我生賦自注。

〔二九〕全唐詩詹敦仁勸王氏入貢寵予以官作辭命篇。

〔三〇〕顏之推古意。

〔三四〕才調集卷七。唐詩紀事卷六一云：「塗，字禮山，光啓進士也。」全唐詩收入無名氏卷一，未知何據。此條承四川師範學院王仲鏞同志以出處見告。

〔三七〕援鶉堂文集卷二。

〔三八〕慕賢篇。

〔三九〕〔六八〕教子篇。

〔四〇〕治家篇。

〔四二〕顏氏家訓舊列入儒家，直齋書録解題始歸之雜家，而述古堂藏書目及清修四庫全書從之。

〔四三〕太平御覽四九六引漢官儀，又七七三引異語。

〔四五〕一切經音義卷十四大寶積經第八十二卷：「阿練兒：梵語虜質不妙；舊云阿蘭，唐云寂靜處也。」

〔四八〕涉務篇。

〔五二〕梁書江革傳。

〔五三〕梁書王規傳。

〔五八〕餘冬叙録卷四十五。

〔五九〕黄氏日鈔卷七十九。

〔六〇〕馬克思恩格斯全集中文版第一卷第四五三頁。
〔六一〕馬克思恩格斯全集中文版第七卷第二六九到二七〇頁。
〔六六〕新民主主義論，毛澤東選集横排本第二卷第六六八頁。
〔六九〕〔九四〕〔九六〕雜藝篇。
〔七一〕隋書牛弘傳。
〔七二〕省事篇。
〔七五〕梁書夏侯亶傳。
〔七六〕梁書王翼傳。
〔七七〕魏書成淹傳。
〔七八〕杭世駿諸史然疑、繆荃孫雲自在龕隨筆俱以爲指祖珽、徐之才二人。
〔七九〕北齊書武成十二王琅邪王儼傳。
〔八〇〕南史劉瓛傳。
〔八一〕北史房法壽傳。
〔八二〕南史江夷傳。
〔八三〕南史裴邃傳。
〔八四〕北齊書、北史傳伏傳。

〔八五〕李慈銘謂「李恕」當作「李庶」，見北史李崇傳。

〔八六〕北齊書文苑劉逖傳。

〔八七〕北齊書韓軌傳。

〔八八〕北周書王褒傳。

〔八九〕南史梁元帝諸子傳。

〔九〇〕梁書文苑臧嚴傳。

〔九一〕資治通鑑卷一百九十二本此。

〔九二〕資治通鑑卷一百二十七本此。

〔九三〕輔仁學誌十二卷一、二合期，一九四三年。

〔九七〕今即稱續家訓。

〔九八〕成化刊本上卷題署爲「建寧府同知績溪程伯祥刊」，下卷爲「建寧府通判廬陵羅春刊」，而日本寬文二年壬寅三月吉日村田莊五郎刊行本，則上下卷俱題爲「建寧府通判廬陵羅春刊」，兩本前後俱無序跋，取其與程榮本有別，故簡稱羅本。

〔九九〕今簡稱傅本。

〔一〇〇〕今簡稱顏本。

〔一〇一〕今簡稱程本。

〔一〇二〕今簡稱胡本。

〔一〇三〕萬曆壬辰臘月何允中據何鏜本刻入漢魏叢書者，改署「東海屠隆緯真甫纂」，故或稱屠本，今則簡稱何本。

〔一〇四〕今簡稱朱本。

〔一〇五〕今簡稱黄本。

〔一〇六〕今簡稱文津本。

〔一〇七〕據述古堂影宋本重雕，今簡稱鮑本。

〔一〇八〕光緒間刻，蓋從鮑本出，今簡稱汗青簃本。

〔一〇九〕咫聞集稱名篇。

〔一一〇〕復初齋文集卷十六書盧抱經刻顔氏家訓注本後。

〔一一一〕顔如瓌曾見董書於都穆處，已取以參互校訂矣，見所撰後序。案：清光緒嘉定縣志卷六水利志上：「嘉靖元年，巡撫李充嗣、水利郎中顔如瓌濬。」此則顔如瓌宦績之可考見者。

〔一一二〕文津閣四庫全書本。

〔一一三〕成化刊本。

〔一一四〕明刊本。

卷第一

序致　教子　兄弟　後娶　治家

序致第一〔一〕

夫聖賢之書，教人誠孝〔二〕，慎言檢迹〔三〕，立身揚名〔四〕，亦已備矣。魏、晉已〔五〕來，所著諸子〔六〕，理重事複，遞相模斆〔七〕，猶屋下架屋，牀上施牀耳〔八〕。吾今所以復爲此者〔九〕，非敢軌物範世也〔一〇〕，業以整齊門内〔一一〕，提撕〔一二〕子孫。夫同言而信〔一三〕，信其所親；同命而行，行其所服。禁童子之暴謔〔一四〕，則師友之誡不如傅婢之指揮〔一五〕；止凡人之鬭鬩〔一六〕，則堯、舜之道不如寡妻之誨諭〔一七〕。吾望此書爲汝曹之所信，猶賢於傅婢寡妻耳。

〔一〕六朝以前作品，自序往往在全書之末，亦有在全書之首者，如孝經之開宗明義第一章是，此亦其比。傳本「第」作「篇」。

〔二〕誠孝，即忠孝，隋人避文帝父楊忠諱改爲「誠」。隋書高祖紀下：「仁壽元年正月辛丑，戰亡者入墓詔：『君子立身，雖云百行，唯誠與孝，最爲其首。』」誠孝即忠孝。北史文苑許善心傳：「上顧左右曰：『我平陳國，唯獲此人，既能懷其舊君，即我誠臣也。』……又撰誠臣傳一卷。」隋書楊素傳：「煬帝手詔勞素，引古人有言曰：『疾風知勁草，世亂有誠臣。』」誠臣即忠臣，俱避隋諱改。

〔三〕盧文弨曰：「檢，居奄切。檢迹，猶言行檢，謂有持檢，不放縱也。」器案：樂府詩集卷六十七張華遊獵篇：「伯陽爲我誡，檢迹投清軌。」則檢迹亦六朝習用語。

〔四〕立身揚名，盧文弨曰：「見孝經。」案：孝經開宗明義章：「立身行道，揚名於後世，以顯父母，孝之終也。」

〔五〕已，傳本作「以」，古通。後不出。

〔六〕趙曦明曰：「隋書經籍志儒家有徐氏中論六卷，魏太子文學徐幹撰；王氏正論一卷，王肅撰；杜氏體論四卷，魏幽州刺史杜恕撰；顧子新語十二卷，吴太常顧譚撰；譙子法訓八卷，譙周撰；袁子正論十九卷，袁準撰；新論十卷，晉散騎常侍夏侯湛撰。」

〔七〕斅，盧文弨曰：「與『效』同。」

〔八〕盧文弨曰：「世説文學篇：『庾仲初作揚都賦，謝太傅云：「此是屋下架屋耳。」』劉孝標引王隱論揚雄太玄經曰：『玄經雖妙，非益也，是以古人謂其屋下架屋耳。』」劉盼遂曰：「太平御覽六百一引三國典略曰：『祖珽上修文殿御覽，徐之才謂人曰：「此可謂床上之床，屋下之屋也。」』知此語固六朝之恒言矣。」陳直曰：「盧説是也。大義謂廢材重叠而無用也。」器案：隋薛道衡大將軍趙芬碑銘並序：「不復架屋施牀。」唐釋法琳辨正論信毁交報篇：「是周因殷禮，損益可知，名目雖殊，還廣前致，亦猶牀上鋪牀，屋下架屋也。」則此語爲六朝、唐人習用語，居然可知。程氏遺書伊川先生語録五：「作太玄，本要明易，却尤悔如易，其實無益，真屋下架屋，牀上疊牀。」宋景文筆記卷上：「夫文章必自名一家，然後可以傳不朽；若體規畫圓，準方作矩，終爲人之臣僕。古人譏屋下架屋，信然。陸機曰：『謝朝花於已披，啓夕秀於未振。』韓愈曰：『惟陳言之務去。』此乃爲文之要。五經皆不同體，孔子没後，百家奮興，類不相沿，皆得此旨。」宋祁以疊床架屋指斥模擬派文學，意亦與顔氏相近。鮑本「耳」作「尒」。

〔九〕元注：「一本無『今』字。」

〔一〇〕盧文弨曰：「車有軌轍，器有模範，喻可爲世人儀型也。」案：左傳隱公五年：「吾將納民於軌物者也。」

〔一一〕通鑑一四七梁武紀三：「國子博士封軌，素以方直自業。」胡三省注：「業，事也，以方直爲事。」此文之業，意與之同。

〔一二〕盧文弨曰：「詩大雅抑：『匪面命之，言提其耳。』箋：『我非但對面語之，親提撕其耳。』」

〔一三〕意林一、後漢書王良傳注、御覽四三〇引子思子累德篇：「同言而信，信在言前；同令而化，化在令外。」淮南子繆稱篇：「同言而民信，信在言前也；同令而民化，誠在令外也。」徐幹中論貴驗篇：「子思曰：『同言而信，信在言前也；同令而化，化在令外也。』」即此文所本。文子精誠篇：「故同言而信，信在言前也；同令而行，誠在令外也。」劉晝新論履信篇：「同言而信，信在言前；同教而行，誠在言外。」「化」作「行」，與此同。

〔一四〕郝懿行曰：「謔，謂謔浪也。或謂『謔』當爲『虐』，非是。」

〔一五〕盧文弨曰：「傅婢，見漢書王吉傳，師古注：『傅婢者，傅相其衣服衽席之事。』指揮，與指麾義同。漢書韓信傳：『雖有舜、禹之智，嘿而不言，不如瘖聾之指麾也。』」器案：傅婢，即侍婢，後漢書呂布傳：「私與傅婢情通。」三國志魏書呂布傳作「與卓侍婢私通」，是其證也。

〔一六〕凡人，顔本作「兄弟」。

〔一七〕盧文弨曰：「詩大雅思齊：『刑于寡妻。』傳：『適妻也。』箋：『寡有之妻。』案：寡者，少也，故云適妻。朱子則訓寡德之妻，謙辭也。」朱亦棟曰：「案：吴越春秋：『專諸者，堂邑人也。伍胥之亡楚如吴時，遇之於塗，專諸方與人鬬，將就敵，其怒有萬人之氣，甚不可當，其妻一呼即還。子胥怪而問其狀：「何夫子之盛怒也，聞一女子之聲而折還，寧有説乎？」專諸曰：「子觀吾之儀，寧類愚者也？何言之鄙也！夫屈一人之下，必伸萬人之上。」』之推正用此語。」

吾家風教〔一〕，素爲整密。昔在齠齔，便蒙誘誨〔二〕；每從兩兄〔三〕，曉夕温清〔四〕，規行矩步〔五〕，安辭定色〔六〕，鏘鏘翼翼〔七〕，若朝嚴君焉〔八〕。賜以優言，問所好尚，勵短引長，莫不懇篤。年始九歲，便丁荼蓼〔九〕，家塗〔一〇〕離散，百口索然〔一一〕。慈兄鞠養，苦辛備至；有仁無威〔一二〕，導示不切。雖讀禮傳〔一三〕，微愛屬文〔一四〕，頗爲凡人之所陶染〔一五〕，肆欲輕言，不脩邊幅〔一六〕。年十八九，少知砥礪〔一七〕，習若自然〔一八〕，卒難洗盪。二十已後〔一九〕，大過稀焉；每常心共口敵〔二〇〕，性與情競〔二一〕，夜覺曉非，今悔昨失〔二二〕，自憐無教，以至於斯。追思平昔之指，銘肌鏤骨〔二三〕，非徒古書之誡，經目過耳也〔二四〕。故留此二十篇，以爲汝曹後車耳〔二五〕。

〔一〕風、教，義同。毛詩序：「風，風也，教也，風以動之，教以化之。」又文章篇及觀我生賦俱有「風教」語。

〔二〕誘誨，各本及戒子通録（以下簡稱通録）卷二引俱作「誨誘」，今從宋本。

〔三〕趙曦明曰：「案：南史顏協傳：『子之儀、之推。』此云兩兄，或兼有羣從也。」盧文弨曰：「顏氏家廟碑（案：顏真卿撰）有名之善者，云之推弟，隋葉令。據此則之善亦是之推兄。」陳直曰：「按：南史顏協傳：『二子之儀、之推。』顏真卿顏含大宗碑銘云：『之儀，周御正中大夫新野公。之儀弟之推，之推弟之善，隋葉令侍讀。』據此之推僅有一兄，之善則爲三弟。真卿屬于嫡支，當決然可信。或之儀有弟早卒，故稱兩兄耳。又庾信集有同顔大夫初晴詩，亦和之儀之作也。」

〔四〕盧文弨曰：「禮記曲禮上：『凡爲人子之禮，冬温而夏凊。』注：『温以禦其寒，凊以致其涼。』釋文：『凊，七性反，字从冫，本或作水旁，非也。』」

〔五〕王叔岷曰：「案莊子田子方篇：『進退一成規，一成矩。』韓詩外傳一：『行步中規，折旋中矩。』（又見説苑辨物篇）」晉書潘尼傳：「規行矩步者，皆端委而陪於堂下。」

〔六〕盧文弨曰：「禮記曲禮上：『安定辭。』又冠義：『凡人之所以爲人者，禮義也。禮義之始，在於正容體，齊顔色，順辭令。』」

〔七〕盧文弨曰：「廣雅釋訓：『鏘鏘，走也。翼翼，敬也，又和也。』案鏘鏘，猶蹌蹌，禮記曲禮下：『士蹌蹌。』言不得如大夫已上容儀之盛也。」

〔八〕趙曦明曰：「易：『家人有嚴君焉，父母之謂也。』」器案：後漢書張湛傳：「矜嚴好禮，動止有則，居處幽室，必自修整，雖遇妻子，若嚴君焉。」御覽二一二引謝承後漢書：「魏朗動有禮序，室家相待如賓，子孫如事嚴君焉。」世説新語德行篇：「華歆遇子弟甚整，雖閒室之内，嚴若朝典。」朝典以禮言，嚴君以人言。

〔九〕盧文弨曰：「言失所生也。荼蓼，喻苦辛。上音徒，下音了。」器案：此以苦辛喻喪失父母，家境困難，下文「苦辛備至」，即承此言。周頌良耜篇毛傳以爲「荼蓼，苦菜」。後漢書陳蕃傳：

「諸君奈何委荼蓼之苦，息偃在牀。」李賢注：「詩國風曰：『誰謂荼苦，其甘如薺。』周頌曰：『未堪家多難，予又集于蓼。』」

〔一〇〕家塗，程本、胡本、何本、黄本作「家徒」，今從宋本，終制篇亦言「家塗空迫」。家塗，猶終制篇之言家道。南齊書高帝紀：「策相國齊公文曰：『妖沴載澄，國塗悦穆。』」塗字義同。

〔一一〕世説言語篇：「郗超曰：『大司馬……必無若此之慮，臣爲陛下以百口保之。』」又尤悔篇：「王大將軍起事，丞相兄弟詣闕謝，……丞相呼周侯曰：『百口委卿。』」通鑑一三五胡注：「人謂其家之親屬爲百口。」

〔一二〕盧文弨曰：「晉書嵇康傳：『幽憤詩曰：「母兄鞠育，有慈無威。」』」李詳曰：「唐書李善果傳載母崔氏訓善果曰：『吾寡婦也，有慈無威，使汝不知教訓，以負清忠之業。』」

〔一三〕禮傳，所以别禮經而言，禮經早已失傳，今之禮記與大戴禮記即禮傳也。

〔一四〕屬文，聯字造句，使之相屬，成爲文章，猶言作文也。本書慕賢篇：「有丁覘者，洪亭民耳，頗善屬文。」漢書賈誼傳：「年十八，以能誦詩書屬文，稱於郡中。」師古曰：「屬謂綴輯之也，言其能爲文。」劉淇助字辨略一曰：「顔氏家訓：『雖讀禮傳，微愛屬文。』此微字，不辭也。」楊伯峻曰：「微，少也，小也。故下文云云。」

〔一五〕北齊書顔之推傳：「還習禮傳，博覽羣書，無不該洽。」即本此文。盧文弨曰：「言爲凡庸人之所熏陶漸染也。」

〔一六〕脩，舊本皆作「備」，盧文弨、郝懿行俱校作「脩」，盧云：「案：北齊書之推傳云：『好飲酒，多任誕，不脩邊幅。』正本此。後漢書馬援傳：『公孫述欲授援以封侯大將軍位，賓客皆樂留，援曉之曰：「公孫不吐哺走迎國士，反脩飾邊幅，如偏人形，此子何足久稽天下士乎？」』」器案：馬援傳注：「言若布帛脩整其邊幅也。左傳曰：『如布帛之有幅焉，爲之度，使無遷。』」又公孫述傳論：「方乃坐飾邊幅。」注：「邊幅，猶有邊緣，以自矜持。」脩、飾義同，今據改正。

〔一七〕禮記儒行篇：「近文章，砥礪廉隅。」盧文弨曰：「『少』與『稍』同。」郝懿行曰：「終制篇云：『年十九，值梁家喪亂。』觀此，知古人顛沛之頃，不忘脩行也。」

〔一八〕盧文弨曰：「大戴禮保傅篇：『少成若天性，習貫如自然。』」王叔岷曰：「案賈誼新書保傅篇：『孔子曰：少成若天性，習貫如自然。』（一本「貫」作「慣」，古通；又見漢書賈誼傳。）大戴禮保傅篇：『習貫如自然』，作『習貫之爲常』，盧氏失檢。」

〔一九〕二十，舊本都作「二十」，宋本注云：「一本作『三十』。」抱經堂本據定作「三十」。按此上緊承「年十八九」言，自以作「二十」爲是，後勉學篇亦有「二十之外」，今仍定作「二十」。

〔二〇〕盧文弨曰：「心共口敵，謂口易放言，而心制之，使不出也。」器案：三國志魏書武帝紀注引魏略載策魏公上書：「口與心計，幸且待罪。」又周魴傳：「目語心計。」嵇康家誡：「若志之所之，則口與心誓，守死無二。」太平御覽三六七引傅子擬金人銘：「心與口謀。」文選盧子諒贈劉琨一首並序：「口存心想。」俱謂心口自語也。用目語義同。

〔二一〕王叔岷曰：「案劉子防欲篇：『性貞則情銷，情熾則性滅。』」

〔二二〕淮南子原道篇高誘注：「月悔朔，今悔昨。」蓋此文所本。王叔岷曰：「案莊子則陽篇：『未嘗不始於是之，而卒詘之以非也。』寓言篇：『始時所是，卒而非之。』陶淵明歸去來辭：『覺今是而昨非。』」

〔二三〕盧文弨曰：「鏤，盧候切。猶言刻骨。」器案：文選左太沖魏都賦：「或鏤膚而鑽髮。」劉淵林注以鏤膚即文身。王叔岷曰：「案曹植上責躬詩表：『刻肌刻骨，追思罪戾。』」

〔二四〕各本俱無「也」字，宋本注云：「一本有『也』字。」抱經堂本據補，今從之。器案：抱朴子内篇對俗：「經喬、松之目。」又雜應：「外形不經目，外聲不入耳。」又外篇博喻：「故有不能下棋，而經目識勝負；不能徽絃，而過耳解鄭雅。」用經目、過耳，與此正同。

〔二五〕元注：「『車』一本作『範』。」趙曦明曰：「漢書賈誼傳：『前車覆，後車戒。』」案：傳本作「範」。鮑本「耳」作「尒」。王叔岷曰：「新書保傅篇：『前車覆，而後車戒。』大戴禮保傅篇：『前車覆，後車誡。』」

教子第二〔一〕

上智不教而成，下愚雖教無益，中庸之人，不教不知也〔二〕。古者，聖王有胎教之法：懷子三月，出居別宮，目不邪視，耳不妄〔三〕聽，音聲滋味，以禮節之〔四〕。書之玉版，藏諸金匱〔五〕。生子咳㖇〔六〕，師保固明孝仁禮義，導習之矣〔七〕。凡庶縱不能爾，當及嬰稚〔八〕，識人顏色，知人喜怒，便加教誨，使爲則爲，使止則止〔九〕。比及數歲，可省笞罸。父母威嚴而有慈，則子女畏慎而生孝矣。吾見世間，無教而有愛，每不能然；飲食運爲〔一〇〕，恣其所欲〔一一〕，宜誡翻獎〔一二〕，應訶反笑〔一三〕，至有識知，謂法當爾。驕〔一四〕慢已習，方復〔一五〕制之，捶撻至死而無威，忿怒日隆而增怨，逮于〔一六〕成長，終爲敗德〔一七〕。孔子云「少成若天性，習慣如自然」是也〔一八〕。俗諺曰：「教婦初來，教兒嬰孩〔一九〕。」誠哉斯語！

〔一〕傅本「第」作「篇」，下不更出。

〔二〕後漢書楊終傳：「終以書戒馬廖云：『上智下愚，謂之不移；中庸之流，要在教化。』」即此文所本。論語陽貨篇：「唯上智與下愚不移。」後漢書胡廣傳：「京師諺曰：『天下中庸有胡公。』」李賢注：「中，和也；庸，常也；中和可常行之德也。」郝懿行曰：「秦、漢以來，以中庸爲中材之稱號，故賈誼過秦論云：『材能不及中庸。』」王叔岷曰：「王符潛夫論德化篇：『上智與下愚之民少，而中庸之民多。中民之生世也，猶鑠金之在鑪也。從篤變化，惟冶所爲；方圓厚薄，隨鎔制爾。』荀悦申鑒雜言下篇：『上、下不移，其中則人事存焉爾。』」

〔三〕元注：「一本作『傾』。」

〔四〕趙曦明曰：「大戴禮保傅篇：『青史氏之記曰：「古者胎教：王后腹之七月而就宴室，太史持銅而御户左，太宰持斗而御户右；比及三月者。王后所求聲音非禮樂，則太師緼瑟而稱不習，所求滋味非正味，則太宰倚斗而言曰：不敢以待王太子。」』盧辯注：『王后以七月就宴室，夫人婦嬪，即以三月就其側室。』又云：『周后妃任成王於身，立而不跛，坐而不差，獨處而不倨，雖怒而不詈：胎教之謂也。』」盧文弨曰：「列女傳：『太任有娠，目不視惡色，耳不聽淫聲，口不出傲言。』」

〔五〕匱，羅本、傅本、顔本、程本、胡本、南北朝文別解（以後簡稱別解）一作「櫃」，字同。趙曦明曰：「大戴禮保傅篇：『素成胎教之道，書之玉版，藏之金匱，置之宗廟，以爲後世戒。』」案：事文類聚引「藏諸」作「藏之」。

〔六〕生子，各本都作「子生」，司馬温公家範三、事文類聚後集六引亦作「子生」，此從抱經堂本。咳𠹭，元注：「説文：『咳，小兒笑也。𠹭，號也。』一本作『孩提』。」案：家範、事文引正作「孩提」。郝懿行曰：「説文：『嗁，號也。』字不作𠹭，廣韻：『𠹭，鳥鳴。』集韻：『音題，與嗁同。』即本顔氏此訓也。」器案：史記扁鵲傳：「曾不可以告咳嬰之兒。」漢夏承碑：「咳孤憤泣。」説文口部：「咳，古文从子作孩。」孟子盡心上：「孩提之童。」趙岐注：「孩提，二三歲之間，在襁褓，知孩笑，可提抱者也。」是咳孩本爲一字，後人始分咳爲笑貌，孩爲嬰孩也。趙岐釋提爲提抱，漢書賈誼傳：「孩提有識。」顔師古曰：「孩，小兒也；提謂提撕之。」又王莽傳上顔師古注：「嬰兒始孩，人所提挈，故曰孩提也。孩者，小兒笑也。」説與趙氏同。真誥卷七甄命授第三：「忽發哀音之兮汧。」注：「此作奚胡音，猶今小兒啼不止，謂爲『咳呱』也。」則咳又有哫義。劉盼遂引吴承仕説，僅就咳爲言，可備一説，其言曰：「内則名子之禮：『三月之末，姆先相曰：「母某敢用時日，祗見孺子。」夫對曰：「欽有師。」父執子之右手，咳而名之。妻對曰：「記有成。」遂左還授師。』欽有師者，教之敬，使有循；記有成者，識夫言使有就。所謂子生三月則父名之，爲師保父母教子之始。此云咳哫，蓋用此義。」

〔七〕孝仁禮義，宋本、羅本、傅本作「仁孝禮義」，家範、事文引同；顔本、程本、胡本、别解作「仁智禮義」；宋本元注：「一本作『孝禮仁義』。」抱經堂本從漢書改作「孝仁禮義」，今從之。趙曦明引漢書賈誼傳曰：「昔者，成王幼，在襁褓之中，召公爲太保，周公爲太傅，太公爲太師，此三公之職也；於是爲置三少，皆上大夫也，曰少保、少傅、少師。故迺孩提有識，三公三少，固明孝仁禮誼以導習之矣。」器案：漢書是，所謂「孝爲百行之首」也。

〔八〕及，顔本、程本、胡本、文津本、别解作「撫」，琴堂諭俗編上引亦作「撫」。

〔九〕紀昀曰：「此自聖賢道理，然出自黄門口，則另有别腸；除却利害二字，更無家訓矣，此所謂貌合而神離。」

〔一〇〕盧文弨曰：「運爲，即云爲。管子戒篇注：『云，運也。』」器案：琴堂諭俗編正作「云爲」。運爲，猶言所爲，運即音云，施肩吾春日美新緑詞：「天公不語能運爲，驅遣羲和染新緑。」正讀平聲，用法與此相同，則六朝、唐人，俱以運爲作云爲用也。周法高曰：「班固東都賦：『烏覩大漢之云爲乎？』」陳槃曰：「案從『軍』從『云』之字，往往相通。如鴆鳥，一名『運日鳥』，『運』又作『暉』，或作『䳒』，或作『雲』（參李貽德左傳賈服注輯述四莊三十二年使鍼季酖之條）。盧氏謂『運爲』即『云爲』，當是也。又案『云爲』，兩漢人常辭。漢書王莽傳中、下書曰：『帝王相改，各有云爲。』又莽曰：『災異之變，各有云爲。』」又曰：「從『員』、從『軍』、從『云』之字亦互通。越語上『廣運百里』，西山經作『廣員百里』。哀十二年左氏經：『公會衞侯、宋皇瑗于鄖』，『鄖』，公羊作『運』，宣四年左傳『䢵子』，釋文云：『本又作鄖。』商頌玄鳥：『景員維河。』箋：『員，古文作云。』『運』之爲『員』，亦猶『鄖』之爲『運』、『䢵』之爲『鄖』、『云』之爲『員』、『云』之爲『運』矣。……『云爲』，舊籍常辭。說苑善說載晉獻公時東郭民祖朝對獻公曰：『古之將曰桓司馬者，朝朝其君，舉而晏，御呼車，驂亦呼車。御肘其驂曰：「子何越云爲乎？」』」又曰：「王念孫讀書雜志淮南內篇第十五：『運字古讀若云。』原注：『呂氏春秋諭大篇引夏書天子之德廣運，與文爲韻；管子形勢篇：受辭者，名之運也，與尊爲韻；越語：廣運百里，韋注曰：東西爲廣，南北爲運；西山經：廣員百里，廣員即廣運；墨子非命上篇：譬猶運鈞之上而立朝夕者也，中篇運作員；莊子天運篇釋文曰：天運，司馬氏作天員；管子戒篇：四時云下而萬物化，云即運字。』說文：『鴆一名曰運日。』劉逵吴都賦注作『雲日』。是『運』『云』古通，王氏已言之矣。」

〔一一〕盧文弨曰：「各本『欲』皆作『慾』。」案：少儀外傳上、事文類聚後六引作「欲」，今從之。

〔一二〕誡，元注：「一本作『訓』。」

〔一三〕黄叔琳曰：「曲傳常態，善道凡情，可爲炯戒也。」盧文弨曰：「説文：『訶，大言而怒也。從言，可聲，虎何切。』」元注：「『笑』，一本作『嗤』。」案：少儀外傳引「訶」作「呵」。

〔一四〕驕，元注：「一本作『憍』。」案：家範引正作「憍」。

〔一五〕復，元注：「一本作『乃』。」案：家範、琴堂諭俗編引正作「乃」。

〔一六〕于，少儀外傳、通録二引作「乎」。

〔一七〕器案：尚書大禹謨：「反道敗德。」某氏傳：「敗德義。」左傳僖公十五年：「先君之敗德，及可數乎？」文選劉孝標廣絶交論：「敗德殄義。」

〔一八〕盧文弨曰：「漢書賈誼傳引。」器案：抱朴子勗學篇：「蓋少則志一而難忘，長則神放而易失，故修學務早，及其精專，習與性成，不異自然也。」足爲此説注脚。

〔一九〕司馬温公書儀四：「古有胎教，況於已生？子始生未有知，固舉以禮，況於已有知？孔子曰：『幼成若天性，習慣如自然。』顏氏家訓曰：『教婦初來，教子嬰孩。』故慎在其始，此其理也。若夫子之幼也，使之不知尊卑長幼之禮，每致侮詈父母，毆擊兄姊，父母不加訶禁，反笑而獎之，彼既未辨好惡，謂禮當然；及其既長，習已成性，乃怒而禁之，不可復制，於是父疾其子，子怨其父，殘忍悖逆，無所不至。此蓋父母無深識遠慮，不能防微杜漸，溺於小慈，養成其惡故也。」困學紀聞一：「（易）蒙之初曰發，家人之初曰閑。顏氏家訓曰：『教兒嬰孩，教婦初來。』」翁元圻注：「楊誠齋易家人初九傳：『婦訓始至，子訓始穉。』蓋本此。」至正直記一曰：「『惜兒惜食，痛子痛教。』此言雖淺，可謂至當。至『教子嬰孩，教婦初來』，亦同。」案：教兒，少儀外傳作「教子」，與書儀、至正直記同。海録碎事卷七上引仍作「教兒」。又野客叢書二九引此文，二語倒植，與困學紀聞、至正直記同。

凡人不能教子女者，亦非欲陷其罪惡；但重於訶怒〔一〕，傷其顏色，不忍楚撻慘〔二〕其肌膚耳。當以疾病爲諭〔三〕，安得不用湯藥鍼艾〔四〕救之哉？又宜思勤督訓者，可願〔五〕苛虐於骨肉乎？誠不得已也。

〔一〕文選喻巴蜀檄：「重煩百姓。」李善注：「重，難也；不欲召聚之。」怒，類說四四引作「恐」。

〔二〕類說「不」上有「又」字，「撻」下無「慘」字。禮記學記：「夏楚二物，收其威也。」注：「楚，荆也。」

〔三〕類説引「諭」作「喻」。

〔四〕類說「艾」作「灸」。

〔五〕可願，顏本作「豈願」，家範同。

王大司馬母魏夫人〔一〕，性甚嚴正；王在湓城〔二〕時，爲三千人將，年踰四十，少不如意，猶捶撻之，故能成其勳業。梁元帝時〔三〕，有一學士，聰敏〔四〕有才，爲父所寵，失於教義：一言之是，徧於行路，終年譽之；一行之非，揜藏文飾〔五〕，冀其自改。年登婚宦〔六〕，暴慢日滋，竟以言語不擇，爲周逖〔七〕抽腸〔八〕釁鼓〔九〕云。

〔一〕趙曦明曰：「梁書王僧辯傳：『僧辯字君才，右衛將軍神念之子也。世祖以僧辯爲征東將軍、開府儀同三司、江州刺史，封長寧縣公。承聖三年，加太尉、車騎大將軍；頃之，丁母太夫人憂，策謚曰貞敬太夫人。夫人姓魏氏，性甚安和，善于綏接，家門内外，莫不懷之。及僧辯尅復舊京，功蓋天下，夫人恒自謙損，不以富貴驕物，朝野咸共稱之，謂爲明哲婦人也。』」錢大昕曰：「注中應增入『貞陽既踐位，仍授僧辯大司馬，領太子太傅、揚州牧』數句，則『大司馬』字，方有着落。」

〔二〕趙曦明曰：「尋陽記：『晉武太康十年，因江水之名，而置江州；成帝咸和元年，移理湓城，即今郡是。』」周一良曰：「此説非也。宋齊史書屢見湓城，俱不言爲州治所在。梁書四三韋粲傳：『見江州刺史當陽公大心曰：中流任重，當須應接，不可缺鎮。今直且張聲勢，移鎮湓城。』知梁世湓城亦非江州治所。蓋尋陽要地，有兵事則置兵，猶建康之有石頭、東府等城也。且家訓此事非指僧辯爲江州刺史時而言。據梁書四五王僧辯傳，『湘東王爲江州，仍除雲騎將軍司馬，守湓城』，爲三千人將，正是時也。若指爲刺史時，奚啻三千人將耶？梁書敬帝紀，太平二年正月分尋陽等五郡置西江州。輿地紀勝引廬山記云，梁太清二年蕭大心因侯萬之亂，欲依險固，乃移于湓口城，即今城也。元和郡縣志謂江州自晉元帝後或理湓城，或理尋陽，或理半洲，並在湓城近側。陳書二〇華皎傳，鎮湓城，知江州事，是陳代江州又嘗治湓城矣。」

〔三〕趙曦明曰：「梁書元帝紀：『世祖孝元皇帝諱繹，字世誠，小字七符，高祖第七子也，承聖元年冬十一月丙子，即皇帝位於江陵。』」

〔四〕少儀外傳上引「敏」作「明」。

〔五〕通録二引「揜」作「掩」，文同。盧文弨曰：「文亦飾也。集韻文運切。」

〔六〕婚宦，即後娶篇所謂「宦學婚嫁」，爲六朝人習用語。本書後娶篇：「爰及婚宦。」列子力命篇：「語有之：『人不婚宦，情欲失半；人不衣食，君臣道息。』」世説新語棲逸篇：「李廞是茂曾第五子，清貞有遠操，而少羸病，不肯婚宦。」宋書鄭鮮之傳：「文皇帝以東關之役，尸骸不反者，制其子弟，不廢婚宦。」北史韓麒麟傳：「朝廷每選舉人士，則校其一婚一宦，以爲升降，何其密也。」法苑珠林七五、太平廣記二九四引幽明録：「此人歸家，遂不肯別婚，辭親出家作道人。……後母老邁，兄喪，因還婚宦。」

〔七〕盧文弨曰：「周逖無攷，唯陳書有周迪傳，梁元帝授迪持節通直散騎常侍、壯武將軍、高州刺史，封臨汝縣侯。始與周敷相結，後紿敷害之。其人強暴無信義，宜有斯事。但未知此學士何人耳。」

〔八〕北齊書王琳傳：「張載性深刻，爲帝所信，荆州疾之如讎，故陸納等因人之欲，抽腸繫馬脚，使繞而走，腸盡氣絶。」文選劉孝標廣絶交論：「隳膽抽腸。」吕延濟注：「抽，拔也。」

〔九〕史記高祖本紀：「而釁鼓。」集解：「應劭云：『釁，祭也，殺牲以血塗鼓曰釁。』」

父子之嚴，不可以狎；骨肉之愛，不可以簡。簡則慈孝不接，狎則怠慢生焉。由命士以上，父子異宫，此不狎之道也〔一〕；抑搔癢痛〔二〕，懸衾篋枕〔三〕，此不簡之教也。或問曰：「陳亢喜聞君子之遠其子〔四〕，何謂也？」對曰：「有是也。蓋君子之不親教其子也，詩有諷刺之辭，禮有嫌疑之誡，書有悖亂之事，春秋有衺僻〔五〕之譏，易有備物〔六〕之象：皆非父子之可通言，故不親授耳〔七〕。」

〔一〕趙曦明曰：「禮記内則：『由命士以上，父子皆異宫，昧爽而朝，慈以旨甘，日出而退，各從其事，日入而夕，慈以旨甘。』」

〔二〕趙曦明曰：「禮記内則：『子事父母，婦事舅姑，及所，下氣怡聲，問衣寒燠，疾痛苛癢，而敬抑搔之，出入則或先或後，而敬扶持之。』」器案：抑搔，鄭玄注解爲按摩，孟子梁惠王篇：「爲長者折枝。」趙岐注：「折枝，按摩也。」則按摩爲古代保健工作之一。

〔三〕趙曦明曰：「禮記內則：『父母舅姑將坐，奉席請何鄉；將衽，長者奉席請何趾，少者執牀與坐，御者舉几，斂席與簟，懸衾篋枕，斂簟而襡之。』」案：孔穎達疏云：「懸其所臥之衾，以篋貯所臥之枕。」

〔四〕陳亢，孔子弟子。論語季氏篇：「陳亢問於伯魚曰：『子亦有異聞乎？』對曰：『未也。嘗獨立，鯉趨而過庭，曰：「學詩乎？」對曰：「未也。」「不學詩，無以言。」鯉退而學詩。他日，又獨立，鯉趨而過庭。曰：「學禮乎？」對曰：「未也。」「不學禮，無以立。」鯉退而學禮。聞斯二者。』陳亢退而喜曰：『問一得三：聞詩，聞禮，又聞君子之遠其子也。』」皇疏引范甯曰：「孟子曰：『君子不教子，何也？勢不行也。教者必以正，以正不行，繼之以忿，繼之以忿，則反夷矣。父子相夷，惡也。』」

〔五〕僻，類說作「辟」，字同。

〔六〕易繫辭上：「備物致用，立成器以爲天下利。」

〔七〕元注：「其意見白虎通。」趙曦明曰：「案：白虎通辟雍篇：『父所以不自教子何？爲其渫瀆也。又授受之道，當極說陰陽夫婦變化之事，不可以父子相教也。』」郝注同。

齊武成帝〔一〕子琅邪王〔二〕，太子母弟也，生而聰慧，帝及后並篤愛之，衣服飲食，與東宮相準。帝每面稱之曰：「此黠兒也，當有所成〔三〕。」及太子即位〔四〕，王居別宮〔五〕，禮數〔六〕優僭〔七〕，不與諸王等；太后猶謂不足，常以爲言。年十許歲〔八〕，驕恣無節，器服玩好，必擬乘輿〔九〕；嘗朝南殿，見典御〔一〇〕進新冰，鈎盾〔一一〕獻早李，還索不得，遂大怒，訽〔一二〕曰：「至尊已有，我何意〔一三〕無？」不知分齊〔一四〕，率皆如此。識者多有叔段州吁〔一五〕之譏。後嫌宰相，遂矯詔斬之〔一六〕，又懼有救〔一七〕，乃勒麾下軍士，防守殿門〔一八〕；既無反心，受勞而罷，後竟坐此幽薨〔一九〕。

〔一〕趙曦明曰：「北齊書武成紀：『世祖武成皇帝諱湛，神武第九子也。』」

〔二〕琅邪，鮑本、傅本等作「瑯琊」，字同。趙曦明曰：「北齊書武成十二王傳：『明皇后生後主及琅邪王儼。』琅邪王儼傳：『儼字仁威，武成第三子也，初封東平王，武成崩，改封琅邪。』」

〔三〕北齊書琅邪王儼傳：「帝每稱曰：『此黠兒也，當有所成。』以後主爲劣，有廢立意。」盧文弨曰：「方言一：『自關而東，趙、魏之間，謂慧爲黠。』」

〔四〕趙曦明曰：「北齊書後主紀：『後主緯，字仁綱，大寧二年，立爲皇太子，河清四年，武成禪位於帝，夏四月景（唐避「丙」字嫌名諱改爲「景」）子，皇帝即位於景陽宮，大赦，改元天統。』」

〔五〕趙曦明曰：「儼傳：『儼恒在宮中，坐含光殿以視事，和士開、駱提婆忌之，武平二年，出儼居北宮。』」

〔六〕古言禮亦謂之數，左傳昭公三年：「子太叔爲梁丙、張趯説朝聘之禮，張趯曰：『善哉！吾得聞此數。』」前言禮，後言數，此二文同義之證。詩小雅我行其野序鄭玄箋云：「刺其不正嫁娶之數。」即用數爲禮。

〔七〕優僭，言禮數優待，不嫌其僭越過分。盧文弨以爲「僭」當是「借」之誤，非是。

〔八〕六朝人言數目時，率於其下綴以「許」字，俱不定之詞，猶今言「左右」也。此文「年十許歲」，即十歲左右也。又治家篇：「三四許日。」即三四天左右也。又風操篇：「一百許日。」即一百天左右也。又慕賢篇：「四萬許人。」即四萬人左右也。又勉學篇：「五十許字。」即五十字左右也。法苑珠林六五引荀氏靈鬼志：「未達減一里許。」幽明録：「忽見大坎，滿中螻蛄，將近斗許。」於「許」字之上，復以「減」字、「將近」字形容之，則其爲「左右」之義，至爲明白矣。

〔九〕盧文弨曰：「獨斷：『天子至尊，不敢渫瀆言之，故託之于乘輿。乘猶載也，輿猶車也；天子以天下爲家，不以京師宮室爲常處，則當乘車輿以行天下，故羣臣託乘輿以言之。』」

〔一〇〕趙曦明曰：「隋書百官志：『中尚食局，典御二人，總知御膳事。』」

〔一一〕趙曦明曰：「隋書百官志：『司農寺，掌倉市薪菜、園池果實，統平準、太倉、鈎盾等署令丞；而鈎盾又別領大囿、上林、遊獵、柴草、池藪、苜蓿等六部丞。』」郝懿行曰：「鈎盾，義見漢書昭帝紀。」案：昭紀注引應劭曰：「鈎盾，宦者近署。」續漢書百官志三：少府「鈎盾令一人，六百石。本注曰：『宦者，典諸近池苑遊觀之處。』丞、永安丞各一人，三百石。本注曰：『宦者，永安，北宮東北別小宮名，有園、觀。』苑中丞、果丞、鴻池丞、南園丞各一人，二百石。本注曰：『苑中丞，主苑中離宮。果丞，主果園。』」

〔一二〕顏本注曰：「訽、詬同，怒也，詈也。音后。」盧文弨曰：「訽，呼寇切，說文同詬，左氏襄公十七年傳杜注：『訽，駡也。』」

〔一三〕北齊書儼傳：「儼器服玩飾，皆與後主同，所須悉官給於南宮，嘗見新冰早李，還怒曰：『尊兄已有，我何意無。』從是，後主先得新奇，屬官及工匠必獲罪，太上、胡后猶以爲不足。」器案：何意，猶言孰料。文選劉越石重贈盧諶詩：「何意百鍊剛，化爲繞指柔。」又謝靈運還舊園作見顏范二中書：「何意衝飇激，烈火縱炎烟。」又曹子建雜詩：「何意迴飇舉，吹我入雲中。」又吴季重答魏太子：「何意數年之間，死喪略盡。」古詩爲焦仲卿妻作：「新婦謂府吏：『何意出此言？』」御覽九六〇引幽明録：「空中有駡者曰：『虞晚，汝何意伐我家居？』」

〔一四〕分齊，謂本分齊限也。詩小雅楚茨：「或肆或將。」正義：「將，分齊也。」義近。

〔一五〕趙曦明曰：「見左氏隱元、二、三年傳。」案：見三年及四年兩年。

〔一六〕趙曦明曰：「儼傳：『儼以和士開、駱提婆等奢恣，盛修第宅，意甚不平，謂侍中馮子琮曰：「士開罪重，兒欲殺之。」子琮贊成其事。儼乃令王子宜表彈士開，請付禁推；子琮雜以他文書奏之，後主不審省而可之。儼誑領軍庫狄伏連曰：「奉勅令領軍收士開。」伏連信之，伏五十人於神獸門外（唐避「虎」字諱，改「虎」爲「獸」，亦或稱「神武門」），詰旦，執士開，送御史，儼使馮永洛就臺斬之。』後主紀：『武平二年七月，太尉（案：據北齊書，當爲太保）琅邪王儼矯詔殺録尚書事和士開於南臺。」」

〔一七〕救，顔本、朱本作「赦」。

〔一八〕趙曦明曰：「儼傳：『儼率京畿軍士三千餘人屯千秋門。』」

〔一九〕趙曦明曰：「儼傳：『帝率宿衛者授甲，將出戰，斛律光曰：「至尊宜自至千秋門，琅邪必不敢動。」從之。光强引儼手以前，請帝曰：「琅邪王年少，長大自不復然，願寛其罪。」良久，乃釋之。何洪珍與士開素善，陸令萱、祖珽並請殺之。九月下旬，帝啓太后，欲與出獵。是夜四更，帝召儼，至永巷，劉桃枝反接其手，出至大明宫，拉殺之。時年十四。』」

人之愛子，罕亦〔一〕能均；自古及今，此弊多矣。賢俊者自可賞愛，頑魯〔二〕者亦當矜憐，有偏寵者，雖欲以厚之，更所以禍之〔三〕。共叔之死，母實爲之〔四〕。趙王之戮，父實使之〔五〕。劉表之傾宗覆族〔六〕，袁紹之地裂兵亡〔七〕，可爲靈龜明鑒也〔八〕。

〔一〕類説引「罕亦」作一「在」字。

〔二〕王符潛夫論考績篇：「羣僚舉士者，或以頑魯應茂才。」

〔三〕王叔岷曰：「案淮南子人閒篇：『事，或欲以利之，適足以害之。』（又見文子微明篇）」

〔四〕共叔，即上條之叔段，叔段逃亡至共國，因稱之爲共叔。

〔五〕趙曦明曰：「史記吕后紀：『高祖得戚姬，生趙隱王如意。戚姬日夜啼泣，欲其子代太子，賴大臣及留侯計，得毋廢。高祖崩，吕后乃令永巷囚戚夫人，而召趙王鴆之。趙王死，斷戚夫人手足，去眼煇耳，飲瘖藥，使居廁中，曰人彘。』」

〔六〕趙曦明曰：「後漢書劉表傳：『表字景升，山陽高平人，爲鎮南將軍、荆州牧。二子：琦、琮。表初以琦貌類己，甚愛之。後爲琮娶後妻蔡氏之姪，蔡氏遂愛琮而惡琦，毁譽日聞，表每信受。妻弟蔡瑁，及外甥張允，並得幸於表，又睦於琮，琦不自寧，求出爲江夏太守，表病，琦歸省疾，允等遏於户外，不使得見。琦流涕而去。遂以琮爲嗣，琮以印授琦，琦怒投之地，將因喪作亂，會曹操軍至新野，琦走江南，琮後舉州降操。』」

〔七〕趙曦明曰：「後漢書袁紹傳：『紹字本初，汝南南陽人，領冀州牧，有三子：譚字顯思，熙字顯雍，尚字顯甫。譚長而惠，尚少而美。紹後妻劉氏有寵，而偏愛尚，紹乃以譚繼兄後，出爲青州刺史，中子熙爲幽州刺史。官度之敗，紹發病死，未及定嗣，逢紀、審配，夙以驕侈爲譚所病，辛評、郭圖，皆比於譚，而與配、紀有隙，衆以譚長，欲立之；配等恐譚立而評等爲害，遂矯紹遺命，奉尚爲嗣。譚自稱車騎將軍，軍黎陽。曹操渡河攻譚，尚救譚，敗，退還鄴；操進軍，尚逆擊破操，譚欲及其未濟，出兵掩之，尚疑而不許，譚怒，引兵攻尚，敗，還南皮；尚復攻譚，譚大敗，尚圍之急，譚遣辛毗詣操求救；操渡河，尚乃釋平原還鄴，操進攻鄴，尚奔中山。操之圍鄴也，譚背之，略取甘陵、安平等處，攻尚於中山；尚走故安，從熙。明年，操討譚，譚墮馬見殺。熙、尚爲其將張綱所攻，奔遼西烏桓，操擊烏桓，熙、尚敗，乃奔公孫康於遼東，康斬送之。』」

〔八〕鮑本「爲」作「謂」。類説引此句作「可爲龜鑒也」。盧文弨曰：「龜可以占事，鑒可以照形，故以此爲比。」器案：易頤卦：「舍爾靈龜。」爾雅釋魚：「二曰靈龜。」郭注：「涪陵郡出大龜，甲可以卜，緣中文似蝳蝐，俗呼爲靈龜。」

齊朝有一士大夫，嘗謂吾曰：「我有一兒，年已十七，頗曉書疏〔一〕，教其鮮卑語及彈琵琶〔二〕，稍欲通解，以此伏事〔三〕公卿，無不寵愛，亦要事也。」吾時俛而不答〔四〕。異哉，此人之教子也！若由〔五〕此業，自致卿相，亦不願汝曹爲之〔六〕。

〔一〕盧文弨曰：「疏，所助切，記也。晉書陶侃傳：『遠近書疏，莫不手答。』」器案：書疏，爲六朝人習用語，後雜藝篇亦有「書疏尺牘，千里面目」之語。三國志魏書高貴鄉公傳明元郭后追貶高貴鄉公令：「見其好書疏文章，冀可成濟。」御覽五九五引李充起居誡：「牀頭書疏，亦不足觀。」

〔二〕趙曦明曰：「隋書經籍志：『鮮卑語五卷，又十卷。』」文廷式純常子枝語十：「按此，則北朝頗尚鮮卑語，然自隋以後，鮮卑語竟失傳，其種人亦混入中國，不可辨識矣。」劉盼遂曰：「高齊出鮮卑種，性喜琵琶，故當時朝野之干時者，多倣其言語習尚，以投天隙。北齊書中所紀者，孫搴以能通鮮卑語，宣傳號令；『祖孝徵以解鮮卑語，得免罪，復參相府』；『劉世清能通四夷語，爲當時第一，後主命之作突厥語翻涅槃經，以遺突厥可汗』；『和士開以能彈胡琵琶，因此得世祖親狎』，如此等類，屢見非一。又本書省事篇亦云『近世有兩人，朗悟士也，天文、畫繪、棊博、鮮卑語、胡書、煎胡桃油、鍊錫爲銀，如此之類，略得梗概』云云。又庾信哀江南賦云：『新野有生祠之廟，河南有胡書之碣。』知鮮卑語、胡書，爲爾時技藝之一矣。」器案：續高僧傳十九釋法藏傳：「天和四年，……周武帝躬趨殿下，口號鮮卑，問訊衆僧，幾無人對者；藏在末行，挺出衆立，作鮮卑語答，殿庭僚衆，咸喜斯酬。勑語百官：『道人身小心大，獨超羣友，報朕此言，可非健人耶！』」此亦當時朝野好尚之一證。隋書音樂志述齊代音樂云：「雜樂有西涼、鼙舞、清樂、龜兹等，然吹笛、彈琵琶、五絃、歌舞之伎，自文襄以來，皆所愛好，至河清以後，傳習尤甚。後主唯賞胡戎樂，耽愛無已；於是繁手淫聲，争新哀怨，故曹妙達、安未弱、安馬駒之徒，至有封王開府者。」器案：北史恩幸傳叙云：「亦有西域醜胡、龜兹雜伎，封王開府，接武比肩，非直獨守幸臣，且復多干朝政，賜予之費，帑藏以虚，杼柚之資，剥掠將盡，齊運短促，固其宜哉！」蓋慨乎其言之矣。又案：類説卷十九三朝聖政録：「太祖曰：『資蔭子弟，但能在家彈琵琶弄絲竹，豈能治民？』於是未許親民。」則宋初猶有此惡習。

〔三〕盧文弨曰：「伏與服同。」李詳曰：「文選陸機吴王郎中時從梁陳作：『誰謂伏事淺。』李善注：『周禮：「大司徒頒職事，十有二曰服事。」鄭司農曰：「服事，謂爲公家服事，伏與服同。」』」陳漢章說同。

〔四〕盧文弨曰：「俛與俯同。」黄叔琳曰：「俯而不答，便算諍友。」陳直曰：「按：北史恩幸傳云：『曹僧奴子妙達，齊末以能彈胡琵琶，甚被寵遇，官至開封王。』之推所言，似即指妙達也。」

〔五〕元注：「一本作『用』。」案：類說引亦作「由」。

〔六〕抱朴子譏惑篇：「余謂廢已習之法，更勤苦以學中國之書，尚可不須也；況於乃有轉易其聲音，以效北語，既不能便，良似可恥可笑，所謂不得邯鄲之步，而有匍匐之嗤者。」其識與顔之推同。顧炎武日知録十三曰：「嗟乎！之推不得已而仕於亂世，猶爲此言，尚有小宛詩人之意；彼閹然媚於世者，能無媿哉！」

兄弟〔一〕第三

夫有人民而後有夫婦，有夫婦而後有父子〔二〕，有父子而後有兄弟：一家之親，此三而已矣〔三〕。自兹以往，至於九族〔四〕，皆本於三親焉，故於人倫爲重者也，不可不篤。兄弟者，分形連氣〔五〕之人也，方其幼也，父母左提右挈〔六〕，前襟後裾〔七〕，食則同案〔八〕，衣則傳服〔九〕，學則連業〔一〇〕，遊則共方〔一一〕，雖有悖亂之人〔一二〕，不能不相愛也。

及其壯也，各妻其妻，各子其子，雖有篤厚之人〔一三〕，不能不少衰也。娣姒之比兄弟〔一四〕，則疏薄矣；今使疏薄之人，而節量〔一五〕親厚之恩，猶方底而圓蓋，必不合矣。惟友悌深至，不爲旁人〔一六〕之所移者，免夫！

〔一〕文苑英華卷七百四十八載常得志兄弟論，可與此文互參。

〔二〕鮑本「子」誤「母」。

〔三〕趙曦明曰：「句首宋本有『盡』字，小學所引無。」器案：通録、小學紺珠三引「三」下都有「者」字，少儀外傳上引此句作「盡此三者而已矣」。盧文弨曰：「王弼注老子道經：『六親，父子、兄弟、夫婦也。』」

〔四〕趙曦明曰：「詩王風葛藟序：『周室道衰，棄其九族焉。』箋：『九族者，據己上至高祖，下及元孫之親。』正義：『此古尚書説，鄭取用之。異義：「今禮戴、尚書歐陽説云，九族：父族四，母族三，妻族二。」鄭有駁，文繁不録。」器案：正義所引五經異義，又見尚書堯典疏、桓公六年左氏傳疏及通典卷七十三。白虎通宗族篇與此説同。父族四者，五屬之内爲一族，父女昆弟適人者與其子爲一族，己女昆弟適人者與其子爲一族，己之女子子適人者與其子爲一族。母族三者，母之父姓爲一族，母之母姓爲一族，母女昆弟適人者與其子爲一族。妻族二者，妻之父姓爲一族，妻之母姓爲一族。

〔五〕吕氏春秋精通篇：「故父母之於子也，子之於父母也，一體而兩分，同氣而異息，……此之謂骨肉之親。」文選曹子建求自試表：「誠與國分形同氣，憂患共之者也。」集注：「鈔曰：『分形，即與父操分形，與兄□□□。』」梁書武陵王紀傳：「世祖與紀書曰：『友于兄弟，分形共氣。』」文苑英華七四八引常得志兄弟論：「且夫兄弟者，同天共地，均氣連形。」王叔岷曰：「案後漢書陳寵傳：『夫父母於子，同氣異息，一體而分。』」

〔六〕史記張耳陳餘傳：「左提右挈。」又見漢書張耳傳。顔師古注：「提挈，言相扶持也。」

〔七〕公羊傳哀公十四年何休注：「袍，衣前襟也。」（王念孫謂「袍」當作「裦」。）爾雅釋器：「衱謂之裾。」郭璞注：「衣後裾也。」吴訥小學集解五曰：「左提右挈，謂幼時父母左手引兄以行、右手攜弟以走也。前襟後裾，謂兄前挽父母之襟、弟後牽父母之裾也。」

〔八〕盧文弨曰：「説文：『案，几屬。』」後漢書梁鴻傳：「妻爲具食，不敢於鴻前仰視，舉案齊眉。」惠棟後漢書補注曰：「案：方言以案爲桮盌之屬，云：『陳、楚、宋、魏之間謂之槅，自關東西謂之案。』故楚漢春秋：『淮陰侯曰：「漢王賜臣玉案之食。」』史記：『高祖過趙，趙王自持案進食。』焦氏易林云：『玉杯大案。』王褒僮約云：『滌桮整案。』以此推之，其爲飲食之具明矣。」沈欽韓兩漢書疏證曰：「王念孫廣雅疏證引戴氏補注云：『案者，梡禁之屬，禮器注：「禁，如今方案，隋長，局足，高三寸。」案所以置食器，其制蓋如今承盤而有足。凡案，或以承食器，或以承用器，皆與几同類，故説文云：「案，几屬。」曲禮：「凡奉者當心。」今舉案高至眉，敬之至。』」器案：案，進食之盤也，下安短足，以便席地就食，今所見實物，信與禮器鄭玄注合。

〔九〕傳服，謂孩子衣服，大孩不能用者，可留給小孩也。晉書儒林氾毓傳：「奕世儒素，敦睦九族，客居青州，逮毓七世，時人號其家：『兒無常父，衣無常主。』」北史序傳：「邢子才爲李禮之墓誌云：『食有奇味，相待乃湌；衣無常主，易之而出。』」

〔一〇〕「業」謂書寫經典之大版，連業，謂其兄曾用之經籍，其弟又從而連用之也。管子宙合篇：「修業不息版。」注：「版，牘也。」戴望校正引宋云：「曲禮：『請業則起。』鄭注：『業謂篇卷也。』此言修業不息版。古人寫書用方版，爾雅曰：『大版謂之業。』故書版亦謂之業，鄭訓業爲篇卷，以今語古也。」器案：宋氏釋業義極是。業蓋書六藝之大版，先生以是傳之弟子，曰「授業」，弟子從而承之，則曰「受業」，學記曰：「一年視離經辨志，二年視敬業樂羣。」玉藻曰：「父命呼，唯而不諾，手執業則投之，食在口則吐之。」俱謂是物也。左傳文公四年：「衛甯武子來聘，公與之宴，爲賦湛露及彤弓，不辭，又不答賦。使行人私焉，對曰：『臣以爲肄業及之也。』」又定公十年：「叔孫謂郈工師駟赤曰：『郈非惟叔孫氏之憂，社稷之患也，將若之何？』對曰：『臣之業，在揚水卒章之四言矣。』」國語魯語下：「叔孫穆子聘於晉，晉悼公饗之，樂及鹿鳴之三，而後拜樂三，晉侯使行人問焉，……對曰：『……臣以爲肄業及之，故不敢拜。』」俱謂書詩之大版爲業也。後漢書獨行傳：「李業，字巨游。」蓋以「游於藝」爲義，周、秦、兩漢人以六經爲六藝，名業字巨游，義正相應也。

〔一一〕論語里仁篇：「遊必有方。」鄭玄注：「方，常也。」胡三省通鑑注二九：「遊謂宴遊，學謂講學。」

〔一二〕趙曦明曰：「宋本『人』作『行』。」

〔一三〕趙曦明曰：「宋本『人』作『行』。」

〔一四〕趙曦明曰：「爾雅：『長婦謂稚婦爲娣婦，娣婦謂長婦爲姒婦。』」器案：此見釋親，「娣婦謂」趙引誤作「稚婦謂」，今改正。經典釋文卷十喪服經傳第十一：「娣姒，音似，兄弟之妻。娣姒或云謂先後，亦曰妯娌。」

〔一五〕吴訥小學集解五曰：「節量，節制度量也。」黄叔琳曰：「節量二字甚妙，不必離閒搆釁也，只節量其恩，便有多少不如意不盡理處。」器案：治家篇亦有「妻子節量」語，世説政事篇：「何驃騎作會稽，虞存弟謇作郡主簿，以何見客勞損，欲斷常客，使家人節量，擇可通者作白。」則節量爲六朝人習用語。

〔一六〕旁人，傅本、鮑本、小學作「傍人」，吴訥曰：「傍人，謂兄弟妻也。」

二親既殁，兄弟相顧，當如形之與影，聲之與響；愛先人之遺體〔一〕，惜己身之分氣，非兄弟何念哉？兄弟之際，異〔二〕於他人，望深則易怨〔三〕，地親則易弭〔四〕。譬猶〔五〕居室，一穴則塞之，一隙則塗之，則〔六〕無頹毁之慮；如雀鼠之不卹〔七〕，風雨之不防〔八〕，壁陷楹淪，無可救〔九〕矣。僕妾之爲雀鼠，妻子之爲風雨，甚哉！

〔一〕吳志薛綜傳：「瑩獻詩曰：『嗟臣蔑賤，惟昆及弟，幸生幸育，託綜遺體。』」通鑑一四二胡三省注曰：「託靈、託體，皆兄弟同氣之謂也。」

〔二〕元注：「『異』，一本作『易』。」

〔三〕温公家範七引「則」作「雖」。盧文弨曰：「望，責望也，弟望兄愛我之不至，兄望弟敬我之不至，責望太深，故易生怨。」楊伯峻曰：「疑望爲漢書黥布傳『布大喜過望』之望，句言希望過奢而不能滿足，則易怨。」

〔四〕地，各本作「他」，温公家範作「比他」，宋本、文津本、抱經堂本作「地」，今從之。少儀外傳上引「弭」作「彌」。盧文弨曰：「地近則情親，怨雖易起，亦易消弭，孟子所謂『不藏怒，不蓄怨』是也。詩小雅沔水傳：『弭，止也。』」王國維曰：「『弭』當是『渳』之訛，渳之言釁。」

〔五〕類説引「猶」作「如」。

〔六〕則，少儀外傳引作「故」，類説引作「斯」。

〔七〕趙曦明曰：「雀鼠本行露。」案：詩召南行露：「誰謂雀無角，何以穿我屋？誰謂女無家，何以速我獄？雖速我獄，室家不足。誰謂鼠無牙，何以穿我墉？誰謂女無家，何以速我訟？雖速我訟，亦不女從。」

〔八〕趙曦明曰：「風雨本鴟鴞。」案：詩豳風鴟鴞：「予室翹翹，風雨所漂摇。」

〔九〕救，類説作「久」。

兄弟不睦，則子姪〔一〕不愛；子姪不愛，則羣從〔二〕疏薄；羣從疏薄，則僮僕〔三〕爲讎敵矣。如此，則行路〔四〕皆踖其面而蹈其心〔五〕，誰救之哉？人或交天下之士〔六〕，皆有歡愛〔七〕，而失敬於兄者，何其能多而不能少也！人或將數萬之師，得其死力，而失恩於弟者，何其能疏而不能親也〔八〕！

〔一〕盧文弨曰：「子姪，謂兄弟之子也，其緣起，顔氏於風操篇詳之，見卷二，謂晉世已來，始呼叔姪。晉書王湛傳：『濟才氣抗邁，於湛略無子姪之敬。』是也。史記魏其武安侯傳：『田蚡未貴，往來侍酒魏其，跪起如子姪。』又呂氏春秋亦已有子姪語，是則秦、漢已來即有此稱，互見後注。」案：呂氏春秋見疑似篇，王念孫讀書雜志餘編上謂史記、呂覽之「子姪」當作「子姓」，此自指先秦之稱謂言之，六朝以來固不爾也，不可泥古以執今。

〔二〕錢馥曰：「羣從之從，疾用切，『從』母；集韻、類篇似用切，『邪』母；若子用切，則『精』母，乃曲禮『欲不可從』、論語『從之純如也』之從。」案盧文弨音從，子用切，故錢氏正之。羣從，謂族中子弟。

〔三〕僮僕，類説作「兒童」。

〔四〕行路，即下條之「行路人」，漢、魏、南北朝人習用語，猶言陌生人。文選蘇子卿詩：「四海皆兄弟，誰爲行路人。」隋書李諤傳：「平生交舊，情若弟兄，及其亡没，杳同行路。」

〔五〕顔本注：「踖，迹、七二音，踏也。」郝懿行曰：「踖，音籍，踐也。」

〔六〕少儀外傳上引跳行另起。

〔七〕愛，宋本作「笑」，各本皆作「愛」，温公家範七、少儀外傳引俱作「愛」，今從之。

〔八〕器案：北齊書韋子粲傳：「粲富貴之後，遂特棄其弟道諧，令其異居，所得廩禄，略不相及，其不顧恩義如此。」則之推所斥實有所指。紀昀曰：「必如公言，則苟可以不須人救，便不愛亦可矣；聖賢論理，未必如此。」盧文弨曰：「將，子匠切。」

娣姒者，多争之地也，使骨肉居之，亦不若各歸四海，感霜露而相思〔一〕，佇日月之相望也〔二〕。況以行路之人，處多争之地，能無閒者鮮〔三〕矣。所以然者，以其當公務而執〔四〕私情，處重責而懷薄義也；若能恕己而行，换子而撫，則此患不生矣。

〔一〕詩秦風蒹葭：「蒹葭蒼蒼，白露爲霜；所謂伊人，在水一方。」即此文所本。

〔二〕之，别解作「以」。文選李陵與蘇武詩：「安知非日月，弦望自有時。」

〔三〕盧文弨曰：「閒，古莧反。」「鮮，息淺切。」

〔四〕執，温公家範七作「就」。

人之事兄，不可同於事父〔一〕，何怨愛弟不及愛子乎〔二〕？是反照而不明也。沛國〔三〕劉璡，嘗與兄瓛〔四〕連棟隔壁，瓛呼之數聲不應，良久方答〔五〕；瓛怪問之，乃曰：「向來〔六〕未着衣帽故也。」以此事兄，可以免矣。

〔一〕不可同於事父，少儀外傳上、通録二俱作「不可不同於事父」，温公家範七作「不同於事父」。今案：不可同於事父，原意自通，林思進先生曰：「爾雅釋言：『猷，肯，可也。』肯、可互訓，此『可』字正作『肯』用。」韓愈故貝州司法參軍李君墓誌銘：「事其兄如事其父，其行不敢有出焉。」蓋本此文。

〔二〕怨，原作「爲」，宋本、顔本、朱本、鮑本、汗青簃本俱作「怨」，温公家範亦作「怨」，今從之。

〔三〕通録提行另起。趙曦明曰：「續漢書郡國志：『沛國屬豫州。』」案：類説引「沛國」上有「吴」字。

〔四〕趙曦明曰：「南史劉瓛傳：『瓛字子圭，沛郡相人。篤志好學，博通訓義。弟璡，字子璥，方軌正直，儒雅不及瓛，而文采過之。』瓛音桓，璡音津。」器案：劉瓛，南齊書亦有傳。藝文類聚三八引任昉求爲劉瓛立館啓云：「劉瓛澡身浴德，修行明經。」文選劉孝標辯命論：「近世有沛國劉瓛，瓛弟璡，並一時秀士也：瓛則關西孔子，通涉六經，循循善誘，服膺儒行；璡則志烈秋霜，心貞崑玉，必亭亭高竦，不雜風塵；皆毓德於衡門，並馳聲於天地。而官有微於侍郎，位不登於執戟，相次殂落，宗祀無饗。」

〔五〕宋本「答」作「應」。通鑑四八胡注：「毛晃曰：『良，頗也；良久，頗久也。』或曰：良久，少久也。一曰：良，略也，聲輕，故轉略爲良。」

〔六〕向來，猶今言剛纔。陶淵明挽歌詩：「向來相送人，各已歸其家。」世説新語文學篇：「丞相乃歎曰：『向來語，乃竟未知理源所歸。』」又：「孫問深公：『上人當是逆風家，向來何以都不言？』」又方正篇：「問：『楊右衛何在？』客曰：『向來不坐而去。』」又假譎篇：「興公向來忽言欲與阿智婚。」案：「向來」又可單用「向」字。世説新語賞譽篇：「向客何如尊。」又文學篇：「無復向一字。」皆與「向來」之義一也。

江陵〔一〕王玄紹，弟〔二〕孝英、子敏，兄弟三人，特相愛友，所得甘旨新異，非共聚食，必不先嘗，孜孜〔三〕色貌，相見如不足者〔四〕。及西臺陷没〔五〕，玄紹以形體魁梧〔六〕，爲兵所圍；二弟争共抱持，各求代死，終不得解，遂并命〔七〕爾。

〔一〕趙曦明曰：「江陵，梁元帝初爲荆州刺史所治也。」

〔二〕弟，温公家範七無此字。

〔三〕廣雅釋訓：「孜孜，劇也。」「劇，勤務也。」

〔四〕論語鄉黨篇：「其言似不足者。」邢疏：「其言似不足者，下氣怡聲，似如不足者也。」器案：此文謂兄弟三人雖勤勉不怠，相見仍有做得不够之感。

〔五〕通鑑一四四胡注：「江陵在西，故曰西臺。」趙曦明曰：「梁書元帝紀：『承聖元年冬十一月景（丙）子，世祖即皇帝位於江陵。三年九月，魏遣柱國萬紐、于謹來寇，反者納魏師，世祖見執，西魏害世祖，遂崩焉。』」案：西臺亦見慕賢篇。

〔六〕盧文弨曰：「史記留侯世家索隱：『蘇林云：「梧音忤。」蕭該云：「今讀爲吾，非也。」』顏師古注漢書張良傳：『魁，大貌也；梧者，言其可驚梧。』」器案：「驚梧」當作「驚悟」。

〔七〕并命，謂相從而死也。後漢書公孫瓚傳：「瓚表紹罪狀云：『紹又上故上谷太守高焉、故甘陵相姚貢，横責其錢，錢不備畢，二人并命。紹罪八也。』」三國志張紘傳注引吳書：「合肥城久不拔，紘進計曰：『古之圍城，開其一面，以疑衆心；今圍之甚密，攻之又急，誠懼并命戮力，死戰之寇，固難卒拔。』」世説賢媛篇注引漢晉春秋：「後殺經，並及其母。將死，垂泣謝母，母顔色不變，笑而謂曰：『人誰不死！往所以止汝者，恐不得其所也；今以此并命，何恨之有！』」晉書卞壺傳：「弘訥重議卞壺贈謚云：『賊峻造逆，戮力致討，身當矢旝，再對賊鋒，父子并命，可謂破家爲國，守死勤事。』」周書庾信傳：「哀江南賦云：『才子并命，俱非百年。』」是并命爲漢、魏、南北朝人習用語。亦有作「倂命」者，太真外傳二：「國忠大懼，歸謂姊妹曰：『我等死在旦夕，今東宫監國，當與娘子等倂命矣。』」集韻四十静：「倂，并，或省。」

後娶第四

吉甫，賢父也，伯奇，孝子也，以〔一〕賢父御孝子，合得終於天性，而後妻間之，伯奇遂放〔三〕。曾參婦死，謂其子曰：「吾不及吉甫，汝不及伯奇〔三〕。」王駿喪妻，亦謂人曰：「我不及曾參，子不如華、元〔四〕。」並終身不娶，此等足以爲誡。其後，假繼〔五〕慘虐孤遺，離閒骨肉，傷心斷腸者〔六〕，何可勝數。慎之哉！慎之哉〔七〕！

〔一〕以，各本無，宋本有。事文類聚後五、合璧事類前二五引有，今從之。

〔二〕趙曦明曰：「琴操履霜操：『尹吉甫子伯奇，母早亡，更娶後妻，乃譖之吉甫曰：「伯奇見妾美，有邪念。」吉甫曰：「伯奇慈心，豈有此也？」妻曰：「置妾空房中，君登樓察之。」乃取蜂置衣領，令伯奇掇之。於是吉甫大怒，放伯奇於野。宣王出遊，吉甫從，伯奇作歌以感之。宣王曰：「此放子之詞也。」吉甫感悟，射殺其妻。』」陳直曰：「趙氏原注引琴操，但太平御覽引列女傳，叙事尤詳。」器案：曹植貪禽惡鳥論：「昔尹吉甫信後妻之讒，而殺孝子伯奇，其弟伯封求而不得，作黍離之詩。」御覽四六九引韓詩亦云：「黍離，伯封作也。」

〔三〕盧文弨曰：「家語七十二弟子解：『曾參，後母遇之無恩，而供養不衰，及其妻以藜烝不熟，遂出之，終身不娶妻，其子元請焉，告其子曰：「高宗以後妻殺孝己，尹吉甫以後妻放伯奇，吾上不及高宗，中不及吉甫，庸知其得免於非乎？」』」陳槃曰：「案伯奇放流之説，諸家所傳，其詞繁多，閒雜閭巷猥談。汪師韓以爲『此必齊、魯、韓三家有此遺説』（韓門綴學一伯奇作小弁詩説考）。然有未可遽信者。丁泰、何楷二氏並有辨。丁氏曰：『詩小弁，趙注孟子，謂尹伯奇詩。論衡亦云：伯奇被放，首髮早白，詩云：維憂用老。按困學紀聞：韓云：黍離，伯封作（後漢書黄瓊傳注引説苑同）。陳思王植貪禽惡鳥論：昔尹吉甫信後妻之讒而殺孝子伯奇，其弟伯封求而不得，作黍離之詩。其韓詩之説與？秋槎雜記云：説苑（原注：「據文選陸士衡君子行李善注引。」），王國君前母子伯奇，後母子伯封，兄弟相愛。後母欲其子爲太子，言王曰：伯奇好妾。王上臺視之，母取蜂除其毒而置衣領之中，往過伯奇，伯奇往視袖中，殺蜂。王見，讓伯奇。伯奇出，使者袖中有死蜂。使者白王，王見蜂，追之，已自投河中。則伯奇自讒而死，非放逐，安得作小弁詩？』（尗廬札記小弁條）何氏曰：『趙岐孟子注云：伯奇仁人，而父虐之，故作小弁之詩曰何辜于天。親親而悲怨之詞也。中山勝亦如此説。劉更生且以伯奇爲王國子，正謂繼母欲立其子伯封而譖之王，王以信之。王充論衡亦云：伯奇放流，首髮早白，故詩云惟憂用老。子貢傳、申培説（槃案此僞書）翕然同辭，而以爲吉甫之鄰大夫所作。案琴操云：尹吉甫子伯奇，事親甚孝。甫娶後妻，欲害伯奇，乃取蜂去尾而自着衣領上，伯奇恐其螫也，趨而掇衣，後妻呼曰：伯奇牽我衣。甫聞之，曰：唉！伯奇懼，走之野，履霜以足，采楟花以食。其鄰大夫憫伯奇無罪，爲賦小弁，以諷吉甫。吉甫悟，逐後妻而召伯奇。伯奇至，請父復後母，吉甫從之。後母感伯奇孝，化而爲慈。諸家之説，蓋本於此。但如所云，則不過關人家庭之事，於義小矣。且踧踧周道，鞫爲茂草，此豈伯奇之言哉？又韓詩及曹植皆謂吉甫信後妻之讒，殺孝子伯奇，其弟伯封求而不得，作黍離之詩，則與琴操言吉甫感悟召伯奇相矛盾。總之，皆委巷傳訛之語，要不足信。』（詩經世本古義）水經注三三引楊雄琴清音：『尹吉甫子伯奇，至孝。後母譖之，自投江中，衣苔帶藻。忽夢見水仙，賜其美樂，思惟養親，揚聲悲歌。船人聞之而學之。吉甫聞船人之歌，疑似伯奇，援琴作子安之操。』案此一事，諸家未引，然亦詭異。韓詩外傳七：『傳曰：伯奇孝而棄於親。』楊樹達曰：『文稱傳曰，則固故傳記之文也。』（漢書管窺）案：伯奇被放，自是先秦以來流傳舊説，然後來遞加傳會，蓋亦多有之矣。」

〔四〕羅本、顔本、何本「華元」作「曾元」，今從宋本。盧文弨曰：「漢書王吉傳：『吉子駿，爲少府，時妻死，因不復娶，或問之，駿曰：「德非曾參，子非華、元，亦何敢娶。」』案：元與華，曾子之二子也，大戴禮及説苑敬慎篇俱云：『曾子疾病，曾元抱首，曾華抱足。』檀弓作『曾元、曾申』，是華一名申。」器案：盧引大戴禮，見曾子疾病篇。曾子二子，獨檀弓作「曾元、曾申」，與他書異，疑「申」爲「華」之壞文也。王吉傳注引韓詩外傳：「曾參喪妻不更娶，人問其故，曾子曰：『以華、元善人也。』」所引韓詩外傳乃佚文，又見白帖卷六及天中記卷十九引。三國志管寧傳：「初，寧妻先卒，知故勸更娶，寧曰：『每省曾子、王駿之言，意常嘉之。豈自遭之而違本心哉？』」則後娶引曾、王之言以爲戒，實自管幼安發之，之推蓋又本之耳。

〔五〕盧文弨曰：「假繼，謂假母、繼母也。顔師古注漢書衡山王賜傳：『假母，繼母也。一曰，父之旁妻。』」器案：抱朴子外篇嘉遯篇：「後母假繼，非密於伯奇。」又案：隸釋卷十六武梁祠畫像有「齊繼母」、「前母子」題字；史記衡山王傳：「元朔四年中，人有賊傷王后假母者。」又見漢書衡山王傳，師古曰：「繼母也。」漢書王尊傳：「美陽女子告假子不孝。」假子即前母子，則不僅繼母可稱假，即前母子亦可稱假，假者謂其非親生母子也。

〔六〕合璧事類引「斷腸」作「腸斷」。

〔七〕事文類聚、合璧事類作「謹之哉，謹之哉」，避宋孝宗趙眘諱改。

江左〔一〕不諱庶孽〔二〕，喪室之後，多以妾媵終〔三〕家事；疥癬蚊虻〔四〕，或未〔五〕能免，限以大分，故稀鬪鬩之恥。河北鄙於側出〔六〕，不預人流〔七〕，是以必須重娶，至於三四〔八〕，母年有少於子者。後母之弟，與前婦之兄〔九〕，衣服飲食，爰及婚宦〔一〇〕，至於士庶貴賤之隔，俗以爲常。身没之後，辭訟盈公門，謗辱彰道路，子誣母爲妾，弟黜兄爲傭，播揚先人之辭迹，暴露祖考之長短，以求直己者，往往而有。悲夫〔一一〕！自古姦臣佞妾，以一言陷人者衆矣！況夫婦之義，曉夕移之〔一二〕，婢僕求容，助相説引〔一三〕，積年累月，安有孝子乎？此不可不畏。

〔一〕江左，程本、胡本作「江右」，黑心符引同；宋本、羅本、傅本、顔本作「江左」，今從之。六朝人稱江東爲江左。

〔二〕封建社會稱妾所生之子女爲庶孽。史記商君傳：「商君者，衞之諸庶孽子也。」又呂不韋傳：

「子楚，秦諸庶孽孫。」

〔三〕王楙野客叢書十五引「終」作「主」。

〔四〕盧文弨曰：「疥癬比癰疽之患輕，蚊虻比蛇蝎之害小，以言縱有所失，不甚大也。」器案：國語吴語：「申胥進諫曰：『譬越之在吴也，猶人之有腹心之疾也。……夫齊、魯譬諸疾疥癬也。』」韋昭解：「疥癬在外，爲害微也。」此文本之。

〔五〕未，宋本作「不」，今從諸本，黑心符、通録二都作「未」。

〔六〕野客叢書十五曰：「自古賤庶出之子，王符無外家，爲鄉人所賤。孝成曰：『崔道固如此，豈可以偏庶侮之。』顔氏家訓曰：『江左不諱庶孽，河北鄙於側出。江左喪室之後，多以妾媵主家事；河北必須重娶，至於三四母。』至唐而此風猶存，觀褚遂良請千牛不薦嫡庶表曰：『永嘉以來，王塗不競，在於河北，風俗乖亂，嫡待庶如奴，妻遇妾若婢。降及隋代，斯流遂遠，獨孤后禁庶子不得近侍。聖朝深革前弊，人以才進，不論嫡庶，於今二紀；今日薦千牛、舍人，仍此爲制，禮所未安。』觀此，可以見漢、晉以來，重嫡而輕庶矣。竊又考之，趙簡子使姑布子卿相諸子，至毋卹，曰：『此真將軍矣。』簡子曰：『此其母賤，翟婢也。』對曰：『天之所授，雖賤必貴。』於是以毋卹爲世子。知此意自古而然。」

〔七〕人物志流業篇：「人流之業，十有二焉：有清節家，有法家，有術家……。」人流之流，與士流、學流、文流、某家者流之流義同。周一良曰：「案黄門此語，稽之史册，信而有徵。梁書二一王志傳載年九歲居所生母憂，哀容毁瘠，是志乃庶子，而下文云弱冠選尚宋孝武女安固公主，拜駙馬都尉秘書郎。褚涉亦以庶子而尚公主。皆是江左不諱庶孽之證。重嫡庶之别固是周漢以來舊俗，邊塞各族入中原亦相沿成風。晉書一〇二劉聰載記：『既殺兄和，羣臣勸即尊位。聰初讓其弟北海王乂，久乃許曰：四海未定，貪孤年長，待乂年長，復子明辟。』蓋以其非正后所出也。北魏庶子確不預人流，如魏書二四崔道固傳：『道固賤出，嫡母兄攸之、目蓮等輕侮之，……略無兄弟之禮。』又崔邪利傳：『二女侮法始庶孽。』魏書四六李訢傳：『訢母賤，爲諸兄所輕。』又八九高遵傳：『遵賤出，兄矯等常欺侮之，及父亡，不令在喪位。』又一〇四序傳載魏收『有賤生弟仲同，先未齒録』。皆與黄門所言符合。魏書一八元孝友傳稱：『將相多尚公主，王侯亦取后族，故無妾媵，習以爲常。……舉朝略是無妾，天下殆皆一妻。』此又某一時期之特殊情况矣。少數民族之漢化未深者亦不乏例證。宋書九六鮮卑吐谷渾傳：『渾庶長，廆正嫡。渾自稱我是卑庶，理無並大。』魏書七三楊大眼傳：『武都氐難當之孫也，側出，不爲其宗親顧待，頗有飢寒之切。』是氐人亦歧視側出矣。」

〔八〕平步青霞外攟屑卷五艷雪盦雜觚五娶四娶：「況太守年譜：『十八歲娶熊恭人，二十六歲，熊卒；二十八歲，續王宜人，四十四歲，王卒；四十六歲，再續舒宜人，五十歲，舒卒；五十二歲，三續李宜人，五十六歲，李卒；五十七歲，四續萬恭人。』是太守凡五娶。獨異志言：『鍾繇年七十而納正室。』是亦不可以已乎？顔氏家訓云：『江左喪室之後，多以妾媵主家；河北必須重娶，至於三四。』至唐而此風猶存。按國朝沈端恪公亦四娶，邵文靖（燦）娶史，繼娶李（知瑗女）、蔡、陶、李（即繼李弟右文女，可怪），何獨河北乎？」

〔九〕盧文弨曰：「此弟與兄，皆指其子言。」

〔一〇〕通録「婚宦」作「婚嫁」，誤。婚宦即下條所謂「宦學婚嫁」也。教子篇亦云：「年登婚宦。」

〔一一〕趙曦明曰：「北史崔亮傳：『亮祖修之，修之弟道固，字季堅，其母卑賤，嫡母兄攸之、目蓮等輕侮之，父緝以爲言，侮之愈甚。乃資給之，令其南仕。時宋孝武爲徐、兗二州刺史，以爲從事。道固美形貌，善舉止，習武事；會青州刺史新除，過彭城，孝武謂曰：「崔道固人身如此，而世人以其偏庶侮之，可爲歎息。」目蓮子僧深，位南青州刺史，元妻房氏，生子伯驎、伯驥，後納平原杜氏，生四子：伯鳳、祖龍、祖螭、祖虬。後遂與杜氏及四子居青州，房母子居冀州，僧深卒，伯驥奔赴，祖龍與訟嫡庶，並以刀劍自衞，若怨讎焉。』」李慈銘曰：「案：魏書楊大眼傳：『大眼妻潘氏，善騎射，生三子：長甑生，次領軍，次征南。後娶繼室元氏。大眼死，甑生等問印綬所在，時元氏始懷孕，自指其腹曰：「開國當我兒襲之，汝等婢子，勿有所望。」甑生深以爲恨。』又酷吏李洪之傳：『洪之微時，妻張氏助洪之經營資産，自貧至貴，多所補益。有男女幾十人。後得劉氏，劉芳從妹，洪之欽重，而疏薄張氏，爲兩宅別居；由是二妻妒競，互相訟詛，兩宅母子，往來如讐。』北齊書薛琡傳：『魏東平王元匡妾張氏，婬逸放恣，琡納以爲婦，惑其讒言，逐前妻于氏，不認其子，家内怨忿，竟相告列，深爲世所譏鄙。』」

〔一二〕之，通録引作「時」。

〔一三〕盧文弨曰：「説，舒芮切。」器案：説引，猶言誘引。

凡庸之性，後夫多寵前夫之孤〔一〕，後妻必虐〔二〕前妻之子；非唯婦人懷嫉妒之情〔三〕，丈夫有沈惑之僻，亦事勢使之然也。前夫之孤，不敢與我子争家，提攜鞠養，積習生愛，故寵之；前妻之子，每居己生之上，宦學〔四〕婚嫁，莫不爲防焉，故虐之。異姓寵則父母被怨，繼親〔五〕虐則兄弟爲讐，家有此者，皆門户〔六〕之禍也。

〔一〕孤，倭名類聚鈔一作「子」。

〔二〕必虐，倭名類聚鈔作「多惡」，合璧事類後五作「又虐」。

〔三〕北齊書元孝友傳「嘗奏表云：『凡今之人，通無準節，父母嫁女則教以妒，姑姊逢迎必相勸以忌，以制夫爲婦德，以能妒爲女工』」云云。與之推所言相合，此亦當時之壞風習也。

〔四〕盧文弨曰：「宦學，見禮記曲禮上，正義：熊氏云：『宦謂學仕宦之事，學謂學習六藝之事。』」器案：漢書樓護傳：「以君卿之才，何不宦學乎？」敦煌寫本父母恩重經講經文：「何名婚嫁宦學？婚嫁又别，宦學又别。宦爲士（仕）宦，學爲學業。」

〔五〕繼親，後母也。蔡邕胡公碑：「繼親在堂。」

〔六〕門户，猶今言家庭。漢書東方朔傳：「或失門户。」晉書衞玠傳：「玠妻先亡。山簡見之曰：

『昔戴叔鸞嫁女，唯賢是與，不問貴賤；況衞氏權貴門户、令望之人乎？』於是遂以女妻焉。」又樂廣傳：「夏侯玄謂樂方曰：『卿家雖貧，可令專學，必能興卿門户也。』」

思魯等〔一〕從舅殷外臣〔二〕，博達之士也。有子基、諶〔三〕，皆已成立，而再娶王氏。基每拜見後母，感慕嗚咽，不能自持，家人莫忍仰視。王亦悽愴，不知所容，旬月求退，便以禮遣，此亦悔事也。

〔一〕郝懿行曰：「杭大宗諸史然疑云：『顏之推二子：一思魯，一敏楚。家訓中屢言之。敏作愍。』」

〔二〕陳直曰：「顏真卿顏含大宗碑銘云：『思魯字孔歸，隋司經校書，長寧王侍讀，東宮學士。』殷外臣當爲顏之推之妻兄弟，史籍無考，殷、顏二姓，世爲婚姻。」器案：顏魯公集顏勤禮碑：「父思魯，娶御正中大夫殷美童女，殷美童集呼顏郎是也。」則思魯亦娶於殷，是顏氏與殷氏爲舊婚媾矣。爾雅釋親：「母之從兄昆弟爲從舅。」

〔三〕傅本、鮑本奪「諶」字。

後漢書曰：「安帝時，汝南薛包〔一〕孟嘗，好學篤行，喪母，以至孝聞。及父娶後妻而憎包，分出之。包日夜號泣，不能去，至被毆杖〔二〕。不得已，廬於舍外，旦入而洒埽〔三〕。父怒，又逐之，乃廬於里門，昏晨不廢〔四〕。積歲餘，父母慚而還之。後行六年服，喪過乎哀〔五〕。既而弟子求分財異居，包不能止，乃中分其財：奴婢引〔六〕其老者，曰：『與我共事久，若不能使也。』田廬取其荒頓者〔七〕，曰：『吾少時所理〔八〕，意所戀也。』器物取其朽敗者，曰：『我素所服〔九〕食，身口所安也。』弟子數〔一〇〕破其產，還復〔一一〕賑給。建光中〔一二〕，公車特徵〔一三〕，至拜侍中〔一四〕。包性恬虛〔一五〕，稱疾不起，以死自乞。有詔賜告歸也〔一六〕。」

〔一〕各本「包」下有「字」字，此從宋本。

〔二〕盧文弨曰：「說文：『毆，捶毄物也。』徐鍇曰：『以杖擊也。』」

〔三〕洒埽，各本作「洒掃」，文選答賓戲注：「『埽』，即今『掃』字。」

〔四〕器案：通鑑五〇載此事，胡三省注曰：「不廢定省之禮也。」

〔五〕盧文弨曰：「見易小過大象傳。」案：易小過象曰：「山有雷，小過，君子以行過乎恭，喪過乎哀，用過乎儉。」封建社會，父母死，子行三年服，薛包行六年服，故曰喪過乎哀。

〔六〕引，宋本作「取」，餘本亦作「引」。趙曦明曰：「案：范書作『引』，小學同。」器案：引亦取也。後漢書孔融傳注引融家傳：「生四歲時，每與諸兄共食梨，融輒引小者。大人問其故，答曰：『我小兒，法當取小者。』」御覽三八五引孔融外傳同。上言引，下言取，互文見義也。

〔七〕後漢書李賢注：「頓猶廢也。」元注本之。

〔八〕理，後漢紀十一、御覽四一四引汝南先賢傳作「治」。此蓋傳鈔者避唐高宗李治諱改。

〔九〕器案：古謂用爲服，説文舟部：「服，用也。」周武王劍銘：「帶之以爲服。」御覽三四四引沈約具東宮謝勑賜孟嘗君劍啓：「謹加玩服，以深存古。」俱爲「用」義。

〔一〇〕盧文弨曰：「數音朔。」

〔一一〕劉淇助字辨略一曰：「還，廣韻云：『復也。』世説：『世人即以王理難裴，理還復申。』還復，重言也，然還亦有仍意，理還復申，若云理仍復申也。」

〔一二〕趙曦明曰：「建光，安帝年號。」

〔一三〕趙曦明曰：「續漢書百官志：『衛尉屬有公車司馬令一人，六百石，掌宫南闕門，凡吏民上章、四方貢獻及徵詣公車者。』」胡三省注曰：「特，獨也，獨徵之，當時無與並者。」

〔一四〕趙曦明曰：「續漢書百官志：『侍中，比二千石，無員，掌侍左右，贊導衆事，顧問應對，法駕出，則多識者一人參乘，餘皆騎在乘輿車後。』」

〔一五〕汝南先賢傳：「包歸先人冢側，種稻種芋，稻以祭祀，芋以充飯，耽道説理，玄虛無爲。」見御覽九七五引。

〔一六〕盧文弨曰：「此段見范書卷六十九劉平等傳首總序。章懷注：『漢制：吏病滿三月當免，天子優賜其告，使得帶印綬，將官屬歸家養病，謂之賜告也。』」器案：漢書高紀注引漢律：「吏二千石有賜告。」

治家第五

夫風化者〔一〕，自上而行於下者也，自先而施於後者也。是以父不慈則子不孝，兄不友則弟不恭，夫不義則婦不順矣。父慈而子逆，兄友而弟傲，夫義而婦陵，則天之兇民，乃刑戮之所攝〔二〕，非訓導之所移也。

〔一〕後漢書順帝紀：「漢安元年八月丁卯，遣侍中杜喬、光禄大夫周舉、守光禄大夫郭遵、馮羨、欒巴、張綱、周栩、劉班等八人，分行州郡，班宣風化，舉實臧否。」

〔二〕向宗魯先生曰：「『攝』借作『懾』，孫氏墨子親士閒詁有説。」案：孫云：「説文心部：『懾，失氣也。一曰：服也。』呂氏春秋論威篇：『威所以懾之也。』高注：『懾，懼也。』此懾字與之同。古攝字多借爲懾。左襄十一年傳云：『武震以攝威之。』韓詩外傳云：『上攝萬乘，下不敢敖於匹夫。』」説並見王引之經義述聞。

笞怒廢於家，則豎子之過立見〔一〕；刑罰不中，則民無所措手足〔二〕。治家之寬猛，亦猶國焉〔三〕。

〔一〕盧文弨曰：「呂氏春秋蕩兵篇：『家無怒笞，則豎子嬰兒之有過也立見。』廣韻：『豎，童僕未冠者，臣庾切。』見，形電切。」器案：史記律書：「故教笞不可廢于家，刑罰不可捐于國，誅伐不可偃于天下。」楊雄方言二：「傳曰：『慈母之怒子也，雖折葼笞之，其惠存焉。』」郭璞注：「言教在其中也。」抱朴子用刑篇：「鞭扑廢於家，則僮僕怠惰。」唐律疏議卷一名例：「刑罰不可弛於國，笞捶不得廢於家。」宋景文筆記下：「父慈於箠，家有敗子。」

〔二〕論語子路篇：「刑罰不中，則民無所措手足。」邢疏：「刑罰枉濫，則民蹐地局天，動罹刑網，故無所錯其手足也。」

〔三〕趙曦明曰：「左氏昭二十年傳：『子產曰：惟有德者，能以寬服民；其次莫如猛。夫火烈，民望而畏之，故鮮死焉。水濡弱，民狎而玩之，則多死焉，故寬難。』」

孔子曰：「奢則不孫〔一〕，儉則固；與其不孫也，寧固〔二〕。」又云：「如〔三〕有周公之才之美，使驕且吝，其餘不足觀也已〔四〕。」然則可儉而不可吝已。儉者，省〔五〕約爲禮之謂也；吝者，窮急不卹之謂也。今有施則奢〔六〕，儉則吝；如能施而不奢，儉而不吝〔七〕，可矣〔八〕。

〔一〕孫，同遜，羅本、傅本、顏本、程本、胡本、何本作「遜」，下並同。

〔二〕見論語述而篇。孔安國曰：「固，陋也。」

〔三〕如，羅本、傅本、顏本、程本、胡本、何本作「雖」，今論語作「如」。

〔四〕見論語泰伯篇。

〔五〕盧文弨曰：「案：說文繫傳：『媠，減也。』徐鍇謂顏氏家訓作此媠字，今本殆亦後人所改矣。」

〔六〕施則奢，盧文弨曰：「舊本皆作『奢則施』，今依下文乙正。」

〔七〕吝，羅本、傅本、顏本、程本、胡本、何本作「悋」，字同。

〔八〕藝文類聚二三引王昶家誡：「治家亦有患焉：積而不能散，則有鄙吝之累；積而好奢，則有驕上之罪。大者破家，小者辱身，此二患也。」

生民之本，要當稼穡而食，桑麻以衣。蔬果之畜，園場之所產；雞豚之善〔一〕，塒圈之所生。爰及棟宇器械，樵蘇〔二〕脂燭〔三〕，莫非種殖〔四〕之物也。至能守其業者，閉門而爲生之具以〔五〕足，但家無鹽井耳〔六〕。今北土風俗，率能躬儉節用，以贍衣食；江南奢侈，多不逮焉。

〔一〕善，少儀外傳下作「膳」。周禮天官膳夫鄭玄注：「膳之言善也，今時美物曰珍膳。」案：顏氏言善，亦猶漢人之言珍膳也。

〔二〕盧文弨曰：「漢書韓信傳：『樵蘇後爨。』方言：『蘇，芥，草也。』」器案：史記淮陰侯傳集解引漢書音義：「樵，取薪也。蘇，取草也。」

〔三〕盧文弨曰：「古者以麻蕡爲燭，灌以脂；後世唯用牛羊之脂，又或以蠟，或以柏，或以樺。」李詳曰：「韋昭博弈論：『窮日盡明，繼以脂燭。』」陳漢章説同。

〔四〕殖，抱經堂本作「植」，古通。

〔五〕少儀外傳下「以」作「已」。

〔六〕趙曦明曰：「左思蜀都賦：『家有鹽泉之井。』劉良注：『蜀都臨邛縣、江陽漢安縣，皆有鹽井。巴西充國縣鹽井數十。』杜預益州記：『州有卓王孫鹽井，舊常於此井取水煮鹽。義熙十五年治井也。』」案：「蜀都」當作「蜀郡」。陳直曰：「本段係述北土人士之治生，鹽井爲西蜀之特産，在此比擬，殊覺不倫。當爲之推入北周後，遊益州時所聯系之感想耳。」器案：華陽國志巴志：「臨江縣……其豪門亦家有鹽井。」又：「廣都縣……大豪馮氏有魚池鹽井。」又梓潼人士：「張壽字伯僖，涪人也，少給縣丞楊放爲佐。放爲梁賊所得，壽求之積六年，始知其生存，乃賣家鹽井得三十萬，市馬五匹，往贖放。」北堂書鈔一四六引杜預益州記：「益州有卓王孫井，舊嘗於此井取水煮鹽。」

梁孝元世，有中書舍人〔一〕，治家失度，而過嚴刻〔二〕，妻妾遂共貨刺客，伺醉而殺之〔三〕。

〔一〕趙曦明曰：「隋書百官志：『中書省通事舍人，舊入直閣内；梁用人殊重，簡以才能，不限資地，多以他官兼領，其後除通事，直曰中書舍人。』」

〔二〕晉書荀晞傳：「以嚴刻立功。」嚴刻謂嚴酷苛刻也。

〔三〕少儀外傳下引句末有「也」字。

世間名士〔一〕，但務寬仁；至於飲食饟饋〔二〕，僮僕〔三〕減損，施惠然諾〔四〕，妻子節量，狎侮賓客，侵耗鄉黨：此亦爲家之巨蠹矣。

〔一〕案：名士，謂享大名之士，無論文武顯隱也。漢末名士録見三國志注引，世説新語文學篇袁宏作名士傳，晉張輔有名士優劣論。

〔二〕盧文弨曰：「『饟』與『餉』同，式亮切。」

〔三〕盧文弨曰：「古僮僕作『童』，童子作『僮』，後乃互易，此下『家童』字却與古合。」

〔四〕通鑑六二胡注：「然，是也，決辭也；諾，應也，許辭也。」

齊吏部侍郎房文烈〔一〕，未嘗嗔怒，經霖雨〔二〕絶糧，遣婢糴米，因爾逃竄，三四許日，方復擒之。房徐曰：「舉家〔三〕無食，汝何處來？」竟無捶撻〔四〕。嘗寄人宅〔五〕，奴婢〔六〕徹屋爲薪略盡，聞之顰蹙〔七〕，卒無一言。

〔一〕盧文弨曰：「北史房法壽傳：『法壽族子景伯，景伯子文烈，位司徒左長史，性溫柔，未嘗嗔怒。』爲吏部郎時，下載此事。」

〔二〕趙曦明曰：「左氏隱九年傳：『凡雨自三日以往爲霖。』」

〔三〕李調元勦説三：「舉家，猶云全家，今尚有此言。」

〔四〕宋本、鮑本、汗青簃本「捶撻」下有「之意」二字，注云：「一本無『之意』兩字。」

〔五〕盧文弨曰：「以宅寄人也。」

〔六〕婢，宋本、鮑本、汗青簃本作「僕」。

〔七〕孟子滕文公下：「己頻顣曰：『惡用是鶃鶃者爲哉！』」趙岐注：「頻顣，不悦。」「顰蹙」即「頻顣」。

裴子野〔一〕有疎親故屬飢寒不能自濟者，皆收養之；家素清貧〔二〕，時逢水旱，二石米爲薄粥，僅得徧焉，躬自同之，常無厭色。鄴下〔三〕有一領軍〔四〕，貪積已甚，家童八百，誓滿一千〔五〕；朝夕每人〔六〕肴膳，以十五錢爲率，遇有客旅，更〔七〕無以兼。後坐事伏法，籍其家産〔八〕，麻鞋一屋，弊衣數庫，其餘財寶，不可勝言。南陽有人，爲生奥博〔九〕，性殊儉吝，冬至後〔一〇〕女壻謁之，乃設一銅甌酒〔一一〕，數臠麞肉；壻恨其單率，一舉盡之。主人愕然，俛仰命益，如此者再；退而責其女曰：「某郎〔一二〕好酒，故汝常〔一三〕貧。」及其死後，諸子争財，兄遂殺弟〔一四〕。

〔一〕趙曦明曰：「南史裴松之傳：『松之曾孫子野，字幾原，少好學，善屬文。居父喪，每之墓所，草爲之枯，有白兔白鳩，馴擾其側。外家及中表貧乏，所得奉，悉給之，妻子恒苦飢寒。』」

〔二〕清貧，謂清寒貧窮也。三國志魏書華歆傳：「歆素清貧，禄賜以賑施親戚。」

〔三〕鄴下，即鄴城，北齊建都於此，在今河南省臨漳縣境。六朝人率稱建都之地爲某下，如洛下、吴下、鄴下是，猶後代之稱京師爲都下也。

〔四〕趙曦明曰：「晉書職官志：『中領軍將軍，魏官也，文帝踐祚，始置領軍將軍。』」李慈銘曰：「案：此謂厙狄伏連也。北齊書慕容儼傳：『代人厙狄伏連字仲山，爲鄭州刺史，專事聚斂。武平中，封宜都郡王，除領軍大將軍，尋與琅邪王儼殺和士開，伏誅。伏連家口有百數，盛夏之日，料以倉米二升，不給鹽菜，常有饑色。冬至之日，親表稱賀，其妻爲設豆餅，伏連問此豆何得，妻對於食馬豆中分減充用，伏連大怒，典馬、掌食之人，並加杖罰。積年賜物，藏在别庫，遣侍婢一人，專掌管籥。每入庫檢閲，必語妻子云：「此是官物，不得輒用。」至是簿録，並歸天府。』北史云：『死時，惟著敝褌，而積絹至二萬匹。』」

〔五〕一千，宋本、羅本、傅本、顔本、何本、鮑本、汗青簃本作「千人」。

〔六〕每人，此二字各本無，宋本有，今從之。

〔七〕抱經堂校本「更」作「便」。陳直曰：「在六朝時，稱幾錢尚不稱幾文，得此可以爲證。便無以兼，謂不能得兼味也。」

〔八〕器案：家産，猶言家貲。史記李將軍列傳：「終廣之身，爲二千石四十餘年，家無餘財，終不言家産事。」漢書楚元王傳：「家産過百萬，則以振昆弟，賓客食飲，曰：『富，民之怨也。』」今則謂之財産。又案：齊東野語十六舉王黼、蔡京、童貫、賈似道事，以爲多藏之戒，云：「胡椒八百斛，領軍鞋一屋，不足多也。」下句即本此文。

〔九〕盧文弨曰：「奥博，言幽隱而廣博也。」又曰：「文選陸士衡君子有所思行：『善哉膏粱士，營生奥且博。』李善注：『韋昭漢書注曰：「生，業也。」廣雅曰：「奥，藏也。」』」器案：李周翰注曰：「言營生深奥且廣博矣。」白居易與元九書：「康樂之奥博，多溺於山水；泉明（即淵明）之高古，偏放於田園。」

〔一〇〕太平廣記一六五引「後」作「日」。風操篇：「南人，冬至歲首，不詣喪家。」足爲此文旁證。

〔一一〕甌，盛酒器，勉學篇言梁元帝「以銀甌貯山陰甜酒」。

〔一二〕六朝人呼壻爲郎。通鑑二〇一胡注：「今人猶呼壻爲郎。」

〔一三〕宋本「常」作「嘗」，注云：「一本作『常』字。」案：各本都作「嘗」，今從一本，太平廣記正作「常」。常貧，猶漢書陳平傳之言「長貧」矣。

〔一四〕兄遂殺弟，太平廣記作「逐兄殺之」。

婦主中饋〔一〕，惟事酒食衣服之禮耳〔二〕，國不可使預政，家不可使幹蠱〔三〕；如有聰明才智，識達古今，正當輔佐君子〔四〕，助其不足〔五〕，必無牝雞晨鳴〔六〕，以致禍也。

〔一〕趙曦明曰：「易家人：『六二，无攸遂，在中饋。』」

〔二〕趙曦明曰：「詩小雅斯干：『無非無儀，惟酒食是議。』魯語：『敬姜曰：王后親織玄紞；公侯之夫人，加之以紘綖；卿之内子，爲大帶；命婦成祭服；大夫之妻，加之以朝服；自庶人以下，皆衣其夫。』」器案：朱熹小學嘉言篇引顔氏此文，張伯行集解亦據易、詩爲説，又引孟母曰：「婦人之禮：精五飯，冪酒漿，養舅姑，縫衣裳而已。」孟母云云，見列女傳孟子母傳。

〔三〕趙曦明曰：「易蠱爻辭：『幹父之蠱。』序卦傳：『蠱者，事也。』案：昔人用幹蠱皆美辭。」器案：王弼注云：「幹父之事，能承先軌，堪其任者也。」

〔四〕嚴式誨曰：「詩卷耳序：『卷耳，后妃之志也，又當輔佐君子，求賢審官。』」盧文弨曰：「君子，謂良人。」

〔五〕小學「助」作「勸」。黃叔琳曰：「代爲籌畫，閨閤之良謨也。易云：『地道無成，而代有終。』」

亦是此意。」紀昀曰：「孟母不云乎：『婦人之職：奉舅姑，縫衣裳，精五飯，事酒漿而已。』助其不足，即司晨之漸也。老子之教，流爲刑名，不可謂非老子之過也。東坡韓非論，可謂洞入本原。」

〔六〕趙曦明曰：「書牧誓：『牝雞無晨；牝雞之晨，惟家之索。』」

江東婦女，略無交遊，其婚姻〔一〕之家，或十數年間，未相〔二〕識者，惟以信命〔三〕贈遺，致殷勤焉。鄴下風俗〔四〕，專以婦持門户〔五〕，争訟曲直，造請逢迎，車乘填街衢，綺羅盈府寺〔六〕，代子求官，爲夫訴屈。此乃恒、代之遺風乎〔七〕？南間貧素，皆事外飾，車乘衣服，必貴齊整；家人妻子，不免飢寒。河北人事〔八〕，多由内政，綺羅金翠，不可廢闕，羸馬顇奴，僅充而已；倡和〔九〕之禮，或爾汝之〔一〇〕。

〔一〕盧文弨曰：「爾雅釋親：『壻之父爲姻，婦之父爲婚，婦之父母，壻之父母，相謂爲婚姻。』」

〔二〕通録「相」作「有」。

〔三〕盧文弨曰：「信，使人也；命，問也。」器案：程大昌演繁露續集五：「晉人書問，凡言信至或遣信者，皆指信爲使人也。」陳師禪寄筆談六辨疑：「晉武帝炎報帖末云：『故遣信還。』南史：『晨出陌頭，屬與信會。』古者謂使者曰信，真誥云：『公至山下，又遣一信見告。』謝宣城傳云：『荆州信居倚待。』陶隱居帖云：『明旦信還，仍過取反。』虞永興帖云：『事已信人口具。』凡信者，皆謂使者也。」器案：續談助四引殷芸小説載魏武楊彪傳：「彪妻袁氏答曹公夫人卞氏書：『禮頗非宜，荷受，輒付往信。』」世説文學篇：「魏朝封晉文王爲公……司空鄭中馳遣信就阮籍求文。」則謂使者爲信，自魏建安時已然矣。

〔四〕器案：抱朴子外篇疾謬：「而今俗：婦女休其蠶織之業，廢其玄紞之務，不績其麻，市也婆娑，舍中饋之事，修周旋之好，更相從詣，之適親戚，承星舉火，不已于行，多將侍從，暐曄盈路，婢使吏卒，錯雜如市，尋道褻謔，可憎可惡，或宿于他門，或冒夜而反，游戲佛寺，觀視漁畋，登高臨水，出境慶弔，開車褰幃，周章城邑，盃觴路酌，絃歌行奏，轉相高尚，習非成俗。」葛洪所述吴末晉初風俗，已然如此，可與此文互證，足見宋、明理學未興之前，中國婦女之社會活動，固與男子初無二致也。

〔五〕唐書宰相世系表：「有爵爲卿大夫，世世不絶，謂之門户。」尋晉書衛玠傳：「玠妻先亡，山簡見之曰：『昔戴叔鸞嫁女，唯賢是與，不問其貴賤，況衛氏權貴門户、令望之人乎？』於是遂以女妻焉。」又樂廣傳：「夏侯玄謂樂方曰：『卿家雖貧，可令專學，必能興卿門户也。』」梁書王茂傳：「茂年數歲，爲大父深所異，嘗謂親識曰：『此吾家之千里駒，成門户者，必此兒也。』」又本書止足篇：「汝家書生門户。」玉臺新詠一古樂府隴西行：「健婦持門户，勝一大丈夫。」傅玄苦相篇豫章行：「男兒當門户，墮地自生神。」當門户即持門户，後世言當家本此。

〔六〕趙曦明曰：「廣韻引風俗通：『府，聚也，公卿牧守道德之所聚也。』釋名：『寺，嗣也，治事者嗣續於其内也。』」陳直曰：「漢制，丞相公廨稱府，御史大夫以下稱寺。外官太守都尉皆稱府，縣令長稱寺。」

〔七〕趙曦明曰：「閻若璩潛邱劄記：『有以恒、代之遺風問者，余曰：拓跋魏都平城縣，縣在今大同府治東五里，故址猶存，縣屬代郡，郡屬恒州，所云恒、代之遺風，謂是魏氏之舊俗耳。』」器案：閻説是。張伯行小學集解以爲「由燕太子丹欲報秦，以宫女結士，餘風未殄故耳。」其説非是。燕自燕，恒、代自恒、代，未可混爲一談。魏書成淹傳：「朕以恒、代無漕運之路，故京邑人貧。」即指平城而言。楚辭九章：「悲江介之遺風。」朱熹集注：「遺風，謂故家遺俗之善也。」

〔八〕事，宋本原注：「一本作『士』字。」案：後漢書賈逵傳：「此子無人事於外。」晉書王長文傳：「閉門自守，不交人事。」

〔九〕倡和，從宋本，餘本作「唱和」，古通。盧文弨曰：「倡和，謂夫婦。」

〔一〇〕盧文弨曰：「世説惑溺篇載王安豐婦常卿安豐，安豐曰：『婦人卿壻，於禮爲不敬，後勿復爾。』是江南無爾汝之稱也。」郝懿行曰：「爾汝之稱，今北方猶多。爾，古音泥，上聲。」陳漢章曰：「案：此當即受爾汝之實。」器案：孟子盡心下：「人能充無爾汝之實，無所往而不爲義也。」趙注：「爾汝之實，德行可輕賤，人所爾汝者也。既不見輕賤，不爲人所爾汝，能充大而以自行，所至皆可以爲義也。」此文爾汝義正同。言夫婦之間，或相輕賤也。繆一鳳與陳二易論爾汝及謚法：「按：爾汝對我之稱，二字同語並用，古文對語之辭也。」（明文海卷一百七十一）北史儒林陳奇傳：「游雅性護短，因以爲嫌，嘗衆辱奇，或爾汝之，或指爲小人。」韓愈聽潁師彈琴詩：「昵昵兒女語，恩怨相爾汝。」俱用爲相輕賤意。又案：梁玉繩瞥記二：「爾汝者，賤簡之稱也，故孟子云：『人能充無受爾汝之實，無所往而不義。』世説載孫皓爲晉武帝作爾汝歌，帝悔之。魏書陳奇傳：『游雅嘗衆辱奇，或爾汝之。』隋書楊伯醜傳：『見公卿不爲禮，無貴賤皆汝之。』則雖敵以下猶不□。乃禹告舜曰：『安汝止。』伊尹之告太甲，呼爾者四，呼汝者二（僞書倣古），箕子爲武王陳洪範，呼汝者十有三，金縢呼三王爲爾者六，洛誥呼汝者七，立政篇呼爾者一，詩卷阿言爾者十三，又民勞『王欲玉汝』，蓋古之君臣尚質，不相嫌忌，所謂『忘形到爾汝』也。」

河北婦人，織紝組紃[一]之事，黼黻錦繡羅綺之工，大優於江東也。

〔一〕盧文弨曰：「禮記内則：『女子十年不出，姆教婉娩聽從，執麻枲，治絲繭，織紝組紃。』鄭注：『紃，條。』正義：『紝爲繒帛，組、紃俱爲絛也。薄闊爲組，似繩者爲紃。』」

太公曰：「養女太多，一費也〔一〕。」陳蕃曰：「盜不過五女之門〔二〕。」女之爲累，亦以深矣。然天生蒸民〔三〕，先人傳體〔四〕，其如之何？世人多不舉女〔五〕，賊行〔六〕骨肉，豈當如此而望福於天乎？吾有疏親，家饒妓〔七〕媵，誕育將及，便遣閽豎守之。體有不安，窺窗倚户，若生女者，輒持將去；母隨號泣，使人不忍聞也。

〔一〕藝文類聚三五、御覽四八五引六韜：「太公曰：『……養女太多，四盜也。』」說本李詳、陳漢章。

〔二〕趙曦明曰：「後漢書陳蕃傳：『蕃字仲舉，上疏曰：「諺云：『盜不過五女之門。』以女貧家也。今後宮之女，豈不貧國乎？」』」

〔三〕詩大雅蕩：「天生烝民。」鄭箋：「烝，衆也。」

〔四〕傳體，宋本、鮑本、事文類聚後十一引作「遺體」。

〔五〕陳漢章曰：「韓非子内儲説六反篇：『産男則相賀，産女則殺之。』」

〔六〕事文類聚「行」作「其」。

〔七〕妓，家妓。抱朴子外篇崇教：「品藻妓妾之妍蚩。」

婦人之性，率寵子壻而虐兒婦。寵壻，則兄弟之怨生焉；虐婦，則姊妹之讒行焉。然則女之行留〔一〕，皆得罪於其家者，母實爲之。至有〔二〕諺云：「落索〔三〕阿姑餐。」此其相報也〔四〕。家之常弊，可不誡哉〔五〕！

〔一〕留，類説作「屆」。

〔二〕至有，類説作「至於」。案勉學篇「梁朝全盛之時，貴遊子弟多無學術，至於諺云……」句法與此相同，亦作「至於」。

〔三〕盧文弨曰：「落索，當時語，大約冷落蕭索之意。」案：爾雅釋詁下：「貉縮，綸也。」郭注：「綸者，繩也，謂牽縛縮貉之，今俗語猶然。」郝懿行義疏曰：「貉縮，謂以縮牽連緜絡之也。……又變爲落索，顔氏家訓引諺云：『落索阿姑餐。』落索蓋緜聯不斷之意，今俗語猶然。」器案：朱子文集答吕子約書：「請打併了此一落索後，看却須有會心處也。」又朱子語類論語五：「無道理底，也見他是那裏背馳，那裏欠闕，那一邊道理是如何，一見便一落索都見了。」朱熹所用落索，即一連串之意，與郝氏所謂「緜聯不斷之意」相合，但家訓此文，却非此意，把「落索」一諺放在全文中去理解，仍以盧説爲長。林逋雪賦：「清爽曉林初落索，冷和春雨轉飄蕭。」用法與此諺相近。陶憲曾廣方言曰：「讐怨曰落索。」案：唐陳羽古意詩：「妾貌漸衰郎漸薄，時時强笑意索寞。」索寞亦落索也。

〔四〕孔齊至正雜記論述女擾母家，引證顔氏此文，並云：「夫婦皆人女，女必爲人婦，久之即爲人母，自受之，又自作之，其不悟爲可歎也。」而不知此爲封建制度之餘毒也。

〔五〕類說引「誡」作「戒」。

婚姻素對〔一〕，靖侯〔二〕成規〔三〕。近世嫁娶，遂有賣女納財，買婦輸絹，比量〔四〕父祖，計較〔五〕錙銖，責多還少，市井無異〔六〕。或猥壻〔七〕在門，或傲婦擅室，貪榮求利，反招羞恥，可不慎歟〔八〕！

〔一〕盧文弨曰：「爾雅釋詁：『妃、合、會，對也。』晉書衞瓘傳：『武帝勅瓘第四子宣尚繁昌公主，瓘自以諸生之胄，婚對微素，抗表固辭。』」器案：王羲之帖：「中郎女頗有所向不？今日婚對，自不可復得。」又：「二族舊對，故欲援諸葛，若以家窮，自當供助昏事。」見全晉文二六，對字義同。

〔二〕趙曦明曰：「晉書孝友傳：『顏含字宏都，琅邪莘人也。豫討蘇峻功，封西平縣侯，拜侍中。桓温求婚於含，含以其盛滿不許。致仕二十餘年，年九十三卒，謚曰靖侯。』」盧文弨曰：「案：靖侯，之推九世祖也。」

〔三〕郝懿行曰：「第五卷止足篇云：『靖侯戒子姪曰：「婚姻勿貪勢家。」』」器案：顏魯公集晉侍中右光禄大夫本州大中正西平靖侯顏公大宗碑銘：「桓温求婚，以其盛滿不許，因誡子孫云：『自今仕宦不可過二千石，婚姻勿貪世家。』」

〔四〕器案：比量，猶今言衡量也。本書勉學篇：「比量逆順。」又省事篇：「比較材能，酌量功伐。」文選賈誼過秦論：「比權量力。」語又見史記游俠傳。

〔五〕較，羅本、程本、胡本、何本作「校」，古通。

〔六〕史記平準書正義：「古人未有市及井，若朝聚井汲水，便將貨物於井邊貨賣，故言市井也。」器案：市井猶言市道。御覽二一五引語林：「卿何事人中作市井？」又七〇四引語林：「溫曰：『承允好賄，被下必有珍寶，當有市井事。』令人視之，果見向囊皆珍玩焉，與胡父諧賈。」則市井爲六朝人習用語。當時婚姻論財，文中子以爲「夷虜之道」。尋魏書文成紀，和平四年詔曰：「中代以來，貴族之門，多不率法，或貪利財賄，或因緣私好，在於苟合，無所選擇，令貴賤不分，巨細同貫，塵穢清化，虧損人倫。」所言「貪利財賄」，即謂婚姻論財也。北齊書封述傳：「前妻河内司馬氏。一息爲娶隴西李士元女，大輸財娉，及將成禮，猶競懸違。述忽取供養像對士元打像作誓，士元笑曰：『封公何處常得應急像，須誓便用！』一息娶范陽盧莊之女，述又逕府訴云：『送贏乃嫌脚跛，評田則云鹹薄，銅器又嫌古廢。』皆爲吝嗇所及，每致紛紜。」其計較錙銖之事，可見一斑。梁武帝謂侯景曰：「王、謝門高，當於朱、張以下求之。」沈約奏彈王源有云：「王、滿連姻，實駭物聽。」此皆比量父祖之事也。

〔七〕猥，謂鄙賤。風操篇之猥人，書證篇之猥朝，雜藝篇之厮猥之人、猥拙、猥役，北史楊愔傳「魯漫漢自言猥賤」，義俱同。

〔八〕盧文弨曰：「古重氏族，致有販鬻祖曾，以爲賈道，如沈約彈王源之所云者。此風至唐時，猶未衰止也。庸猥之壻，驕傲之婦，唯不求佳對，而但論富貴，是以至此。」

借人典籍〔一〕，皆須〔二〕愛護，先有缺壞，就爲補治〔三〕，此亦士大夫百行之一也〔四〕。濟陽江禄〔五〕，讀書未竟，雖有急速，必待卷束〔六〕整齊，然後得起，故無損敗，人不厭其求假焉。或有狼籍几案，分散部帙〔七〕，多爲童幼婢妾之所點汙〔八〕，風雨蟲鼠〔九〕之所毁傷，實爲累德〔一〇〕。吾每讀聖人之書，未嘗不肅敬對之；其故紙有五經詞義，及賢達〔一一〕姓名，不敢穢用〔一二〕也。

〔一〕典籍，吕氏雜記作「書籍」。

〔二〕皆須，事文類聚別三引作「須加」。

〔三〕魏書李業興傳：「業興愛好墳籍，鳩集不已，手自補治，躬加題帖，其家所有，垂將萬卷。」

案：齊民要術三有治書法。

〔四〕封建士大夫所訂立身行己之道，共有百事，因謂之爲百行。説苑談叢篇、玉海十一引鄭玄孝經序、詩經氓鄭箋、風俗通義十反篇，都言及百行，新唐書藝文志有杜正倫百行章一卷，今有敦煌唐寫本傳世。吕希哲吕氏雜記上：「予小時，有教學老人謂予曰：『借書而與之，借人書而歸之，皆癡也。』聞之便不喜其語。後見顏氏家訓説：『借人書籍，皆當愛護，雖有缺壞，先爲補治，此亦士大夫百行之一也。』」王士禛居易録三：「顔氏家訓云：『借人典籍，皆當護惜，先有殘缺，就爲補綴，亦士大夫百行之一也。』此真厚德之言。或謂還書一癡，小人之言反是。」

〔五〕盧文弨：「江禄，南史附其高祖江夷傳。禄字彦遐，幼篤學，有文章，位太子洗馬，湘東王録事參軍，後爲唐侯相，卒。」器案：金樓子聚書篇載曾就江録處寫得書，當即此人，「録」蓋「禄」之誤。

〔六〕郝懿行曰：「古無鏤版書，其典籍皆書絹素，作卷收藏之，故謂之書卷；其外作衣帙包裹之，謂之書帙。」器案：書之多卷者，則分别部居，各爲一束。杜甫暮秋枉裴道州手札率爾遣興寄遞呈蘇涣侍御：「久客多枉友朋書，素書一月凡一束。」則書札卷束，唐時猶如此也。

〔七〕部，以類相聚之部居也。古代書籍就内容分爲甲乙丙丁四部。「帙」原作「秩」，今據顔本、程本、胡本、何本、汗青簃本及少儀外傳、類説引校改。説文巾部：「帙，書衣也。」陳繼儒羣碎録：「書曰帙者，古人書卷外，必有帙藏之，如今裹袱之類，白樂天嘗以文集留廬山草堂，屢亡逸，宋真宗令崇文院寫校，包以斑竹帙送寺。余嘗于項子京家，見王右丞書畫一卷，外以斑竹帙裹之，云是宋物。帙如細簾，其内襲以薄繒，觀帙字巾旁可想也。」案：香祖筆記引此，「草堂」作「東林寺」，「項子京家」作「秀水項氏」。日本藤原貞幹好古小録下有竹帙，云：「一故舊所圖。長一尺五分，廣一尺三寸，襲緋綾。」大正新修大正藏圖像部三寶物具鈔二有竹帙圖，云是敕書卷帙，與陳繼儒所説正合。白氏長慶集蘇州南禪院白氏文集記：「樂天有文集七袠，合六十七卷。」「袠」與「帙」同，其作用與今書套相同。一般以十卷爲一帙。

〔八〕楚辭七諫：「唐、虞點灼而毁議。」王逸注：「點，汙也。」漢書司馬遷傳：「適足以發笑而自點耳。」師古曰：「點，汙也。」三國志吴書韋曜傳：「數數省讀，不覺點汙。」文選奏彈王源：「玷辱流輩。」集注：「音決：『玷音點。』鈔『玷』爲『點』。」則點又通玷。

〔九〕蟲鼠，宋本作「犬鼠」（少儀外傳同），原注：「一本作『蟲鼠』。」抱經堂本據小學外篇嘉言引定作「蟲鼠」。案：顏本、朱本及類説引都作「蟲鼠」，今從之。

〔一〇〕本書文章篇：「虞舜歌南風之詩，周公作鴟鴞之詠，吉甫、史克雅、頌之美者，未聞皆在幼年累德也。」尚書旅獒：「不矜細行，終累大德。」莊子庚桑楚：「惡欲喜怒哀樂六者，累德也。」成玄英疏曰：「德家之患累也。」

〔一一〕賢達，盧文弨曰：「小學作『聖賢』。」

〔一二〕穢用，顏本、朱本及小學引作「他用」，他用，如覆瓿、當薪、糊窗之類。盧文弨曰：「穢，褻也。」

吾家巫覡〔一〕禱請，絶於言議〔二〕；符書〔三〕章醮〔四〕亦無祈焉，並汝曹所見也。勿爲妖妄之費〔五〕。

〔一〕盧文弨曰：「楚語下：『明神降之，在男曰覡，在女曰巫。』韋注：『巫、覡，見鬼者，周禮男亦曰巫。』」

〔二〕辨惑編二引「絶於言議」作「絶於吾手」。

〔三〕盧文弨曰：「魏書釋老志：『化金銷玉，行符勑水，奇方妙術，萬等千條。』」陳直曰：「道家書符，起于東漢末期。現出土有初平元年朱書陶瓶，上畫符文一道，爲流傳符文之最古者。」

〔四〕盧文弨曰：「案：道士設壇伏章祈禱曰醮，蓋附古有醮祭之禮而名之耳。醮，子肖切。」器案：法苑珠林卷六十八注：「今見章醮，似俗祭神，安設酒脯棊琴之事。」通鑑一七五胡注：「道士有消災度厄之法，依陰陽五行數術，推人年命，書之如章表之儀，并具贄幣，燒香陳讀，云奏上天曹，請爲除厄，謂之上章。夜中于星辰之下，陳設酒果𩟔餌幣物，歷祀天皇、太一、五星、列宿，爲書如上章之儀以奏之，名爲醮。」吴訥小學集注五：「符章，即今道士所爲符籙章醮，爲人祈禱薦拔者。」

〔五〕「爲」字原無，趙曦明據小學外篇嘉言引補。器案：朱本及少儀外傳下引亦有「爲」字，今從之。小學、通録、辨惑編二、合璧事類前五五、新編事文類聚翰墨大全壬九（以後簡稱事文類聚）引此並作「勿爲妖妄」。紀昀曰：「極好家訓，只末句一個費字，便差了路頭。楊子曰：『言，心聲也。』蓋此公見解，只到此段地位，亦莫知其然而然耳。」

卷第二

風操　慕賢

風操第六

吾觀禮經，聖人之教：箕帚〔一〕匕箸〔二〕，咳唾〔三〕唯諾〔四〕，執燭〔五〕沃盥〔六〕，皆有節文〔七〕，亦爲至矣。但既殘缺，非復全書；其有所不載，及世事變改者，學達君子，自爲節度，相承行之，故世號士大夫風操〔八〕。而家門〔九〕頗有不同，所見互稱長短；然其阡陌〔一〇〕，亦自可知。昔在江南，目能視而見之，耳能聽而聞之；蓬生麻中〔一一〕，不勞翰墨〔一二〕。汝曹生於戎馬之閒，視聽之所不曉，故聊記録〔一三〕以傳示子孫〔一四〕。

〔一〕趙曦明曰：「禮記曲禮上：『凡爲長者糞之禮，必加帚於箕上，以袂拘而退，其塵不及長者；以箕自鄉而扱之。』」

〔二〕趙曦明曰：「禮記曲禮上：『飯黍毋以箸。』」

〔三〕趙曦明曰：「禮記内則：『在父母舅姑之所，不敢噦噫、嚏咳、欠伸、跛倚、睇視，不敢唾洟。』」

〔四〕趙曦明曰：「禮記曲禮上：『摳衣趨隅，必慎唯諾；父召無諾，先生召無諾，唯而起。』」案：鄭玄注：「慎唯諾者，不先舉，見問乃應。」

〔五〕趙曦明曰：「禮記少儀：『執燭，不讓不辭不歌。』」盧文弨曰：「管子弟子職：『昏，將舉火，執燭隅坐，錯總之法：橫於坐所，櫛之遠近，乃承厥火，居句如矩，蒸間容蒸，然者處下，捧椀以爲緒，右手執燭，左手正櫛，有墮代燭。』案：櫛亦作堲，謂燭燼；緒亦燭之燼也。墮，倦也，倦則易一人代之。」

〔六〕趙曦明曰：「禮記内則：『進盥，少者奉槃，長者奉水，請沃盥；盥卒，授巾，問所欲而敬進之。』」

〔七〕「節文」，各本皆作「節度」，涉下文而誤，今從宋本。禮記坊記曰：「禮者，因人之情，而爲之節文，以爲民坊者也。」史記禮書：「事有宜適，禮有節文。」此顔氏所本。

〔八〕風操，謂風度節操。晉書裴秀傳：「少好學，有風操。」又王劭傳：「美姿容，有風操。」

〔九〕後漢書皇甫規傳：「劉祐、馮緄、趙典、尹勳，正直多怨，流放家門。」南史蕭引傳：「引曰：『吾家再世爲始興郡，遺愛在人，政可南行，以存家門耳。』」家門，猶今言家庭。

〔一〇〕黄生義府卷下「阡陌」：「晉帖：『不審謂粗得阡陌否？』猶言得其梗概也。」器案：阡陌，即途徑義。漢書叙例：「澄蕩愆違，審定阡陌。」法書要録十王羲之帖云：「前試論意，久欲呈，多疾，憒憒，遂忘，致今送；願因暇日，可垂試省。大期賢達興廢之道，不審謂粗得阡陌否？」藝文類聚二引李顒雷賦：「來無轍跡，去無阡陌。」宋書王微傳：微以書告弟僧謙靈曰：「書此數紙，無復詞理，略道阡陌，萬不寫一。」廣弘明集十六范泰與謝侍中書：「見熾公阡陌如卿；問栖僧於山，誠是美事。」宋書鄭鮮之傳載其滕羨仕宦議云：「舉其阡陌，皆可略言矣。」南齊書張融傳載融門律自序：「政以屬辭多出，比事不羇，不阡不陌，非途非路耳。」以「阡陌」與「途路」對文，其義可知。

〔一一〕趙曦明曰：「荀子勸學篇：『蓬生麻中，不扶而直。』亦見大戴禮記。」器案：大戴禮記見曾子制言上，又見説苑談叢篇及論衡程材、率性二篇。王叔岷曰：「褚少孫續史記三王世家：『傳曰：蓬生麻中，不扶自直。』」

〔一二〕翰墨，謂筆墨。文選楊子雲長楊賦序：「上長楊賦，聊因筆墨之成文章，故藉翰林以爲主人，子墨爲客卿以諷。」注：「韋昭曰：『翰，筆也。』」梁簡文帝昭明太子集序：「下國遠征，殷勤於翰墨。」陳直曰：「蓬生麻中，不扶自直。據馬總意林所引曾子，始見於此，但此書應爲戰國人所依託，正式始見于荀子勸學篇。」器案：此兩句文義不貫，疑當作「蓬生麻中，不扶自直；□□□□，不勞翰墨」，今本脱二句八字，義不可通。大戴禮曾子制言上：「蓬生麻中，不扶自直；白沙在泥，與之皆黑。」是其證。抑或「翰墨」是「繩墨」之誤，言蓬生麻中，不勞繩墨而自直，即不扶自直之意也。

〔一三〕「録」字宋本無，各本俱有，今據補。

〔一四〕王叔岷曰："墨子兼愛下篇：『以其所獲，書於竹帛，傳遺後世子孫。』（據文選楊德祖答臨淄侯牋注引）"

禮云："見似目瞿，聞名心瞿〔一〕。"有所感觸，惻愴心眼；若在從容平常之地，幸須申其情耳〔二〕。必不可避，亦當忍之；猶如伯叔兄弟，酷類先人，可得終身腸斷，與之絶耶？又："臨文不諱，廟中不諱，君所無私諱〔三〕。"益知〔四〕聞名，須有消息〔五〕，不必期於顛沛而走也〔六〕。梁世謝舉〔七〕，甚有聲譽，聞諱必哭〔八〕，爲世所譏。又有〔九〕臧逢世〔一〇〕，臧嚴之子也〔一一〕，篤學修行，不墜門風〔一二〕；孝元經牧江州〔一三〕，遣往建昌〔一四〕督事，郡縣民庶，競修箋書〔一五〕，朝夕輻輳〔一六〕，几案〔一七〕盈積，書有稱"嚴寒"者，必對之流涕，不省取記，多廢公事，物情怨駭〔一八〕，竟以不辦而退。此並過事也。

〔一〕顔本注："瞿，音懼，驚也。出雜記。"趙曦明注亦引禮記雜記，並引鄭玄注曰："似謂容貌似其父母，名與親同。"

〔二〕"耳"，宋本作"爾"。器案：世説新語任誕篇："桓南郡被召作太子洗馬，船泊荻渚；王大服散後，已小醉，往看桓。桓爲設酒，不能冷飲，頻語左右，令温酒來。桓乃流涕嗚咽，王便欲去。桓以手巾掩淚，因謂王曰：『犯我家諱，何預卿事？』王歎曰：『靈寶故自達。』"桓南郡謂桓玄，玄父温，故以王令左右「温酒」，爲犯其家諱，而流涕嗚咽也。

〔三〕文見禮記曲禮上，鄭玄注云：「君所無私諱，謂臣言於君前，不辟家諱，尊無二；臨文不諱，爲其失事正；廟中不諱，爲有事於高祖，則不諱曾祖以下，尊無二也，於下則諱上。」

〔四〕「益知」，各本皆作「蓋知」，今從抱經堂校定本校改。

〔五〕吴梅曰：「消息謂時地。」器案：本書文章篇：「當務從容消息之。」書證篇：「考校是非，特須消息。」是消息爲顏氏習用語。尋漢、魏、六朝人消息都作斟酌義用。古鈔本玉篇水部消下云：「野王案：消息猶斟酌也。」類聚五十五杜篤書槴賦：「承尊者之至意，惟高下而消息。」古文苑酈炎遺命書：「消息汝躬，調和汝體。」續漢書百官志注引風俗通：「嗇者，省也；夫者，賦也；言消息百姓，均其賦役。」後漢書鄭弘傳注引謝承後漢書：「消息繇賦，政不煩苛。」晉書恭帝紀：「安帝既不惠，帝每侍左右，消息温凉寢食之間。」晉書華嶠傳：「帝手詔報曰：『輒自消息，無所爲慮。』」陸雲與兄平原書：「兄常欲其作詩文，獨未作此曹語，若消息小往，願兄可試作之。」又云：「願當日消息。」抱朴子外篇嘉遯：「潛初飛五，與時消息。」晉書慕容超載記：「超下書議復肉刑：『其令博士已上參考舊事，依吕刑及漢、魏、晉律令，消息增損，議成燕律。』」宋書王弘傳：「弘上書言：『役召之應，存乎消息。』」魏書蘇綽傳：「綽奏行六條詔書曰：『善爲政者，必消息時宜，而適煩簡之中。』」又崔光傳坿鴻傳：「鴻大考百寮議：『雖明旨已行，猶宜消息。』」齊民要術卷七白醪麴第六十五：「穄米酎汯：用神麴者，隨麴多少，以意消息。」義俱用爲斟酌。

〔六〕吴梅曰：「走謂避匿也。」器案：南史謝超宗傳：「道隆武人無識，正觸其父名，曰：『旦侍宴至尊，説君有鳳毛。』超宗徒跣還内。道隆謂檢覓毛，至闇待不得，乃去。」又王慈傳：「謝鳳子超宗嘗候僧虔，仍往東齋詣慈，慈正學書，未即放筆。超宗曰：『卿書何如虔公？』慈曰：『慈書比大人，如雞之比鳳。』超宗狼狽而退。」又王亮傳：「時有晉陵令沈巑之，性粗疎，好犯亮諱，亮不堪，遂啓代之。巑之怏怏，乃造坐云：『下官以犯諱被代，未知明府諱若爲攸字，當作無骹尊傍犬，爲犬傍無骹尊？若是有心攸？無心攸？乞告示。』亮不履下牀跣而走。巑之撫掌大笑而去。」此之聞諱而徒跣，而狼狽，而跣走，即之推所謂顛沛而走也。

〔七〕御覽五六二引「梁」作「近」。趙曦明曰：「梁書謝舉傳：『舉字言揚，中書令覽之弟，幼好學，能清言，與覽齊名。』」

〔八〕類説「哭」作「忌」。案：齊東野語四避諱：「梁謝舉聞家諱必哭。」即本此文。

〔九〕各本俱無「有」字，宋本有，今從之。

〔一〇〕盧文弨曰：「案：南史臧燾傳坿載諸臧，無逢世名。」陳直曰：「臧逢世精于漢書，亦見本書勉學篇。」

〔一一〕趙曦明曰：「梁書文學傳：『臧嚴，字彦威，幼有孝性，居父憂，以毁聞。孤貧勤學，行止書卷不離於手。』」抱經堂本脱「也」字，今據各本補。

〔一二〕周書王羆王述傳論："述不隕門風，亦兄稱也。"

〔一三〕趙曦明曰："梁書元帝紀：'大同六年，出爲使持節都督江州諸軍事、鎮南將軍、江州刺史。'"

〔一四〕趙曦明曰："隋書地理志：'九江郡舊曰江州。''豫章郡統縣四。'有建昌縣。"

〔一五〕"箋"，從宋本、鮑本；餘本及事文類聚後三、天中記二四作"牋"，盧文弨曰："牋，亦作箋，博物志：'鄭康成注毛詩曰箋，毛公嘗爲北海相，鄭是此郡人，故以爲敬。'案：文選所載牋，皆與王侯書，蓋表之次也。"

〔一六〕盧文弨曰："輻輳，言如車輻之聚於轂也。老子：'三十輻共一轂。'"

〔一七〕姜宸英湛園札記一："'齊高元榮學尚有文才，長於几案。又薛慶之頗有學業，閒解几案。'几案恐是案牘解。"吴承仕絸齋讀書記曰："今名官中文件簿籍爲案卷，或曰案件，或曰檔案，亦有單稱爲案者，蓋文書計帳，皆就几案上作之，後遂以几案爲文件之稱。此事蓋起於南北朝，北史：'高元榮有文才，長於几案。'又：'薛慶之頗有學業，閒解几案。'又：'邢昕號有才藻，兼長几案。自孝昌之後，天下多務，世人競以吏事取達，文學大衰。'又：'世隆留心几案，遂有了解之名。'凡云几案者，皆指律令程式掾史簡牘言之。其實文章學問，亦几案間事也；其時，乃以几案與文學對言，明以几案爲吏事之專名，蓋已久矣。"

〔一八〕器案：唐劉駕上巳日詩："物情重此節。"物情，即謂人情。古代謂人爲物，國語周語："女三爲粲，今以美物歸汝，而何德以堪之。」美物謂美人也。史記周本紀：「紂大說曰：『此一物足以釋西伯。』」索隱：「一物，謂婺氏之美女也。」南齊書焦度傳：「見度身形黑壯，謂師伯曰：『真健物也。』」健物，猶言健兒。劉劭有人物志，即論人之作也。蓋單言之曰物，複言之則曰人物也。

近在揚都，有一士人諱審，而與沈氏交結周厚，沈與其書〔一〕，名而不姓〔二〕，此非人情也。

〔一〕「沈與其書」，朱本作「沈氏具書」。

〔二〕齊東野語四避諱：「如揚都士人名審，沈氏與書，名而不姓，皆誚之者過耳。」即本之推此文。

凡避諱者，皆須得其同訓以代换之〔一〕：桓公名白，博有五皓之稱〔二〕；厲王名長，琴有修短之目〔三〕。不聞謂布帛爲布皓，呼腎腸爲腎修也。梁武小名阿練，子孫皆呼練爲絹〔四〕；乃謂銷鍊〔五〕物爲銷絹物，恐乖其義。或有諱雲者，呼紛紜爲紛煙〔六〕；有諱桐者，呼梧桐樹爲白鐵樹，便似戲笑耳〔七〕。

〔一〕類說、事文類聚後三、合璧事類續三無「换」字。盧文弨曰：「如漢人以『國』代『邦』、以『滿』

代『盈』、以『常』代『恒』、以『開』代『啓』之類是也。近世始以聲相近之字代之。」

〔二〕沈揆曰：「博有五白，齊威公名小白，故改爲五皓。一本以『博』爲『傳』者，非。」案：類説、事文類聚、天中記二四即作「傳」。趙曦明曰：「宋玉招魂：『成梟而牟呼五白。』王逸注：『五白，博齒也。倍勝爲牟。』『博』亦作『簙』。」盧文弨曰：「『齊桓』作『齊威』，此又宋人避諱改也。」之推作觀我生賦云：『慙四白之調護，厠六友之談説。』乃以『四皓』爲『四白』，此非有所諱，但取新耳。」器案：北堂書鈔九四引孔融集：「在家永有攸諱，齊稱五皓，魯有卿對也。」此即家訓所本。

〔三〕趙曦明曰：「漢書淮南厲王傳：『名長，高祖少子。』所出未詳。」盧文弨曰：「案：今淮南子凡『長』字俱作『修』。」李詳曰：「高注淮南子序：『以父諱長，故所著諸「長」字皆曰「修」。』」陳漢章説同。陳直曰：「淮南王安在國内避長字，最爲嚴格。現淮河流域所出漢鏡，銘云『長相思』者，皆改作『脩相思』，不僅在淮南子全書之内然也。」器案：琴有修短之説，別無所聞。尋淮南子齊俗篇：「修脛者使之跖钁。」許慎注：「長脛以蹋插者使入深。」案莊子駢拇篇：「是故鳧脛雖短，續之則憂；鶴脛雖長，斷之則悲。」是則脛以長短言之，維昔而然矣。「琴」疑當作「脛」，音近之誤也。又案：齊東野語四避諱類謂：「韓退之辨諱：『桓公名白，博有五皓之稱；厲王名長，琴有脩短之目。不聞謂布帛爲布皓，腎腸爲腎脩。』」即本之推此文，而以爲韓文，蓋記憶偶疎耳。

〔四〕趙曦明曰：「梁書武帝紀：『高祖武皇帝諱衍，字叔達，小字練兒。』」器案：南史卷五十三梁武帝諸子傳：「徐州所有練樹，並令斬殺，以帝小名練故。」慧琳一切經音義十四大寶積經第八十二卷：「阿練兒，梵語虜質不妙，舊云阿蘭，唐云寂靜處也。」又十六：「阿練兒，梵語古譯虜質不妙也。亦云阿蘭若，唐云寂靜也。」蕭梁多以佛典取名，則阿練之名本於大寶積經也。又案：齊東野語四避諱：「梁武帝小名阿練，子孫皆呼練爲白絹。」「絹」上有「白」字。陳直曰：「漢書記司馬相如小字犬子，是爲特例。晉宋以來，普記小字，在世説新語中最爲顯著。若晉荀岳墓碣大書『小字異于』，在碑刻中殊爲罕見，亦可見當時之風氣。」器案：類説卷五冥祥記：「晉中書令王珉，有一胡沙門每瞻珉丰采，曰：『若我復生，得與此人作子，願亦足矣。』頃之，病卒。珉生一子，始能言，便解外國語及絶國珠具，生所未見即識名目，咸以爲沙門先身，故珉字之曰阿練。」則晉人已有以阿練爲名矣。晉書王珉傳：「二子朗、練，義照中並歷侍中。」宋書王弘傳：「弘從父弟練，晉中書令珉子也，元嘉中，歷顯宦，侍中度支尚書。」

〔五〕「銷鍊」，鮑本作「銷練」，不可從；類説作「銷煉」，同。

〔六〕類説、事文類聚「紛煙」作「紛絪」。

〔七〕宋本「耳」作「爾」。盧文弨曰：「案：趙宋之時，嫌名皆避，有因一字而避至數十字者，此末世之失也。」

周公名子曰禽〔一〕，孔子名兒曰鯉〔二〕，止在其身，自可無禁。至若衞侯〔三〕、魏公子〔四〕、楚太子，皆名蟣蝨〔五〕；長卿名犬子〔六〕，王修名狗子〔七〕，上有連及〔八〕，理未爲通，古之所行，今之所笑也〔九〕。北土多有名兒爲驢駒、豚子者〔一〇〕，使其自稱及兄弟所名，亦何忍哉？前漢有尹翁歸〔一一〕，後漢有鄭翁歸，梁家亦有孔翁歸，又有顧翁寵〔一二〕；晉代有許思妣〔一三〕、孟少孤〔一四〕：如此名字，幸當避之。

〔一〕周公之子魯公名伯禽，見史記魯周公世家。

〔二〕盧文弨曰：「家語本姓解：『十九娶宋之丌官氏，一歲而生伯魚。魚之生也，魯昭公以鯉魚賜孔子；孔子榮君之賜，故因名曰鯉，而字伯魚。』」

〔三〕類說無「衞侯」二字。

〔四〕趙曦明曰：「史記韓世家：『襄王十二年，太子嬰死，公子咎、公子蟣蝨争爲太子，時蟣蝨質於楚。』案：戰國策韓策作『幾瑟』，此所云則未詳。」郝懿行曰：「『魏』當作『韓』。」亦引史記文爲證。器案：淮南子説林篇：「頭蝨與空木之瑟，名同實異也。」高誘注：「頭中蝨，空木瑟，其音同，其實則異也。」據此，則古人以瑟蝨同音通用，此荀子正名所謂「惑於用名以亂實」者也。

〔五〕器案：荀子議兵篇言世俗之善用兵者，有燕之繆蟣，命名亦同此類，足證春秋、戰國時，以蟣蝨命名者不少矣。

〔六〕趙曦明曰：「史記司馬相如傳：『蜀郡成都人也，字長卿。少時，好讀書，學擊劍，故其親名之曰犬子。』」

〔七〕李慈銘曰：「案：晉書：『王修，字敬仁，小名苟子，太原晉陽人。』顏氏所稱狗子，即其人也。六朝人往往以苟、狗通用，如張敬兒本名苟兒，其弟名猪兒，及敬兒貴後，齊武帝爲名，傍加『攴』字作『敬』。梁世何敬容自書名，往往大作『苟』小作『攴』，大作『父』小作『口』，人嘲之曰：『公家狗既奇大，父亦不小。』是皆以『苟』爲『狗』之證。敬本從苟，音急，説文：『自急敕也。』與從艸之苟迥殊，六朝已不講字學如此。」李詳曰：「世説新語文學篇：『許掾年少時，人以比王苟子。』劉孝標注：『苟子，王修小字。』南朝俗字，有假『苟』爲『狗』者，何敬容曾爲人所戲『苟子』，即『狗子』。」陳漢章説同。陳直曰：「按：晉書外戚傳：『王濛子修，字敬仁，小字苟子。』趙氏原注，誤作曹魏時之王修。」器案：張敬兒，南齊書有傳。侯景小字狗子，見隋書五行志上。又案：史記建元已來王子侯者年表有洮陽侯劉狗彘，則漢人以狗命名者，不止一犬子也。

〔八〕林思進先生曰：「如名狗子，則連及父爲狗之類。」

〔九〕器案：下文昔侯霸之子孫條，亦云：「古人之所行，今人之所笑也。」王叔岷曰：「案淮南子氾論篇：『於古爲義，於今爲笑。』」

〔一〇〕類説引「駒」作「狗」。郝懿行曰：「桂末谷繆篆分韻有趙豬、王豬、筐豬等名，又有尹豬子印，又有張狗、左狗等印。」器案：魏書卷九十一有周驢駒傳，此正顏氏所指斥者。類説引「駒」作「狗」，非是。又釋老志有涼州軍户趙苟子。宋俞成螢雪叢説一曰：「今人生子，妄自尊大，多取文武富貴四字爲名，不以希顏爲名，則以望回爲名，不以次韓爲名，則以齊愈爲名，甚可笑也。古者命名，多自貶損，或曰愚曰魯，或曰拙曰賤，皆取謙抑之義也。如司馬氏幼字犬子，至有慕名野狗，何嘗擇稱呼之美哉？嘗觀進士同年録，江南人習尚機巧，故其小名多是好字，足見自高之心；江北人大體任真，故其小名多非佳字，足見自貶之意。」案：尊大與謙抑之説，足補此書所未備。陳直曰：「如北魏李璧墓志之鄭班豚，孫秋生造像之□□白犢，即其例也。」

〔一一〕趙曦明曰：「漢書尹翁歸傳：『字子兄，平陵人，徙杜陵。』注：『兄讀曰況。』」陳直曰：「梁書文學傳：『孔翁歸，會稽人，工爲詩，爲南平王大司馬府記室。』玉臺新詠卷六有奉和湘東王教班婕好詩。」

〔一二〕趙曦明曰：「未詳。」陳直曰：「鄭翁歸未詳，曹魏又有張翁歸，見魏志張既傳，之推原文未引及。」

〔一三〕孫志祖讀書脞録續編三曰：「案：許柳子永，字思妣，見世説政事篇。」李慈銘、李詳、陳漢章、嚴式誨、劉盼遂説同。

〔一四〕盧文弨曰：「晉書隱逸傳：『孟陋，字少孤，武昌人。』」孫志祖説同。李詳曰：「世説棲逸篇

注：『袁宏孟處士銘：「處士名陋，字少孤。」』陳漢章説同。嚴式誨曰：「經典釋文叙録：『論語孟整注，十卷。一云孟陋。陋字少孤，江夏人，東晉撫軍參軍，不就。』」器案：御覽五〇四引晉中興書：「孟陋，字少孤，少而貞潔，清操絶倫，口不言世事，時或漁弋，雖家人亦不知所之。太宗輔政，以爲參軍，不起。桓温躬往造焉，或謂温宜引在府，温歎曰：『會稽王不能屈，非敢擬議也。』陋聞之，曰：『億兆之人，無官者十居其九，豈皆高士哉？我病疾，不堪恭相王之命，非敢爲高也。』」又通典一〇二引孟陋難孫放事。又案：平步青霞外攟屑卷五艷雪盦雜觚有連姓取名一條，討論及此，徵引甚博，然此似非連姓取名之類也。

今人避諱，更急於古。凡〔一〕名子者，當爲孫地。吾親識〔二〕中有諱襄、諱友〔三〕、諱同〔四〕、諱清、諱和、諱禹，交疏造次，一座百犯〔五〕，聞者辛苦，無憀〔六〕賴焉。

〔一〕羅本、顔本、程本、胡本、何本無「凡」字，今從宋本；事文類聚亦無「凡」字。

〔二〕親識，六朝人習用語。陶淵明形贈影詩：「親識豈相思。」謝惠連順東西門行：「華堂集親識。」

〔三〕宋本、類説、事文類聚無「諱友」二字，今從餘本。

〔四〕「諱同」，宋本、類説、事文類聚作「諱周」。

〔五〕盧文弨曰：「『交疏』當爲『疏交』，故容有不識者。疏如字讀。一云交往書疏，則當音所去切。造次，倉猝也。」器案：盧後説是，類説、事文類聚引亦作「交疏」。以有書疏交往，故爾造次百犯也。論語里仁篇：「造次必於是。」

〔六〕「憀」，程本、胡本作「僇」。盧文弨曰：「廣韻：『憀，落蕭切。』亦作聊，本或作『僇』，非。」郝懿行曰：「憀，音聊，玉篇云：『賴也。』集韻云：『無憀賴也。』」器案：汪琬堯峯文鈔題歐陽公集：「古人爲文，未有一無所本者，如韓退之諱辯本顏氏家訓。」即指此。

昔司馬長卿慕藺相如，故名相如〔一〕，顧元歎慕蔡邕，故名雍〔二〕，而後漢有朱倀字孫卿〔三〕，許暹字顏回〔四〕，梁世有庾晏嬰〔五〕、祖孫登〔六〕，連古人姓爲名字，亦鄙事也〔七〕。

〔一〕趙曦明曰：「見史記本傳。」器案：史記司馬相如傳：「相如既學，慕藺相如之爲人，更名相如。」藺相如，史記有傳。嵇康與山巨源絶交書：「長卿慕相如之節。」亦用此事。

〔二〕沈揆曰：「三國志：『顧雍，字元歎，以其爲蔡邕所歎。』一本作『元凱』者，非。」盧文弨曰：「『雍』與『邕』同。」邕，後漢書有傳。

〔三〕「朱倀」，原作「朱張」，今據孫志祖説校改。孫氏讀書脞録續編三：「『朱張』當作『朱倀』，倀字孫卿，見後漢書順帝紀注。」器案：後漢書順帝紀：「永建元年，長樂少府朱倀爲司徒。」注：「朱倀，字孫卿，壽春人也。」又來歷傳：「大中大夫朱倀。」又丁鴻傳：「門下由是益盛，遠方至者數千人，彭城劉愷、北海巴茂、九江朱倀，皆至公卿。」又劉愷傳：「倀能説經書，而用心褊狹。」又周舉傳：「後長樂少府朱倀代郃爲司徒。」風俗通義十反篇：「司徒九江朱倀，以年老爲司隸虞詡所奏。」字俱作「倀」，今據改正。

〔四〕趙曦明曰：「未詳。」器案：北齊書恩倖和士開傳有士曾參，亦連孔丘弟子姓爲名字者。

〔五〕錢大昕曰：「案：梁書文學傳：『庾仲容幼孤，爲叔父泳所養。初爲安西法曹行參軍，泳時已貴顯，吏部尚書徐勉擬泳子晏嬰爲宫僚，泳垂泣曰：「兄子幼孤，人才粗可，願以晏嬰所忝迴用之。」』」孫志祖説同。

〔六〕孫志祖讀書脞録續編三曰：「祖孫登，見陳書徐伯陽傳。」陳直曰：「祖孫登，文苑英華、樂府詩集載其紫騮馬等詩，丁福保氏全陳詩卷四共輯得八首。」器案：陳書徐伯陽傳：「伯陽與中記室李爽、記室張正見、左户郎賀徹、學士阮卓、黄門郎蕭詮、三公郎王由禮、處士馬樞、記室祖孫登、比部賀循、長史劉刪等爲文會之友。」（又見南史徐伯陽傳）又侯安都傳：「自王琳平後，安都勳庸轉大，又自以功安社稷，漸用驕矜，數招聚文武之士，或射馭馳騁，或命以詩賦，第其高下，以差次賞賜之；文士則褚介、馬樞、陰鏗、張正見、徐伯陽、劉刪、祖孫登，武士則蕭摩訶、裴子烈等，並爲之賓客，齋内動至千人。」即此人也。之推云梁世，則祖孫登亦由梁入陳者。

〔七〕「鄙事」，宋本作「鄙才」，今從餘本。論語子罕篇：「吾少也賤，故多能鄙事。」此之推所本。器案：南史孝義傳上：「蔡曇智，鄉里號蔡曾子。廬江何伯璵兄弟，鄉里號爲何展禽。」此則連古人姓名爲品題，與此又別。

昔劉文饒不忍駡奴爲畜産〔一〕，今世愚人〔二〕遂以相戲，或有指名爲豚犢者〔三〕：有識傍觀，猶欲掩耳〔四〕，況當〔五〕之者乎？

〔一〕趙曦明曰：「後漢書劉寬傳：『寬字文饒，嘗坐客，遣蒼頭市酒，迂久大醉而還；客不堪之，駡曰：「畜産！」寬使人視奴，疑必自殺，曰：「此人也，駡言畜産，故吾懼其死也。」』」李慈銘曰：「案：畜産字本當作『嘼』。」劉盼遂曰：「按：説文解字牛部：『犕，畜犕，畜牲也。』又𠧪部：『𤛗，畜産疫病也。』又嘼部：『嘼犕也。』以上三辭，字異而音義同，皆漢人常語也。」

〔二〕抱朴子行品篇：「冒至危以僥倖，值禍敗而不悔者，愚人也。」

〔三〕案：本篇上文「周公名子曰禽」條云：「北土多有名兒爲驢駒、豚子者。」尋史記司馬相如傳：「其親名之曰犬子。」此蓋稱兒爲賤名之始。若三國志吴書孫權傳注引吴歷：「劉景升兒子若豚犬耳。」則人之賤之耳，非其名之比。隋書音樂志載北齊有安馬駒，殆之推所斥言者也。

〔四〕左傳昭公三十一年：「苟躒掩耳而走。」林注：「示不忍聽。」

〔五〕「當」，各本作「名」，今從宋本，少儀外傳下同。

近在議曹〔一〕，共平章百官秩禄〔二〕，有一顯貴，當世名臣，意嫌所議過厚。齊朝有一兩士族文學之人，謂此貴曰：「今日天下大同，須爲百代典式，豈得尚作關中舊意〔三〕？明公〔四〕定是陶朱公大兒耳〔五〕！」彼此歡笑，不以爲嫌。

〔一〕盧文弨曰：「曹，局也。」器案：漢書龔遂傳有議曹王生，然續漢書百官志所載諸曹却無之，蓋闕曹也。隋書李德林傳：「遵彦追奏德林入議曹。」蓋亦沿漢官之舊。

〔二〕盧文弨曰：「平章雖本尚書，後世以爲處當衆事之稱，唐以後遂以繫銜。」李詳曰：「杜甫詩目有『余與主簿平章鄭氏女子』語，朱鶴齡注引太平廣記『吾當爲兒平章』語，蓋至唐猶用之。」陳漢章説同。器案：平章猶言商討，後漢書蔡邕傳：「更選忠清，平章賞罰。」北史李彪傳：「平章古今，商略人物。」王梵志詩：「有事須相問，平章莫自專。」義俱同。

〔三〕各本句末有「乎」，今從宋本。趙曦明曰：「魏都關中，齊承東魏都鄴。」劉盼遂曰：「北齊書之推本傳：『入周爲御史上士。』此云議曹，正指其事；然則關中舊意，即就周未併北齊之時而言，鄴都既下，故云天下大同，不得尚作舊意。」器案：劉説非是。此當隋時而言：隋統一天下，結束南北對峙局面，故云「大同」；雖都長安，即爲新朝，故云「豈得尚作關中舊意」；之推寫定家訓時已入隋，故記其事云「近在議曹」也。周一良曰：「案：作某意猶言作某想法，南北朝習用之。陳書二六徐陵傳：『今衣冠禮樂，日富年華，何可猶作舊意，非理望也。』文苑英華六七七載陵此書，作『何可猶作亂世意，而覓非分之官邪』。北史二四崔休傳誡諸子曰：『汝等宜皆一體，勿作同堂意。』」

〔四〕器案：漢、魏、六朝人率以「明」字加於稱謂之上，以示尊重，如明公、明府、明將軍、明使君之等，不一而足。通鑑九四胡三省注曰：「漢、魏以來，率呼宰輔岳牧爲明公。」

〔五〕「耳」，宋本作「爾」，今從諸本。趙曦明曰：「史記越王句踐世家：『范蠡去齊居陶，自謂陶朱公。父子耕畜廢居，致貲鉅萬。生少子，及壯，而朱公中男殺人，囚於楚；公遣其少子往視之，裝黄金千鎰。且遣少子，長男固請行，不聽。其母爲言，乃遣長子。爲書遺所善莊生，曰：「至則進千金，聽其所爲，慎無與争事。」長男至莊生家，發書進金，如父言。生曰：「可疾去，慎無留，即弟出，勿問所以然。」莊生雖居窮閻，以廉直聞於國，自王以下皆師尊之；及朱公進金，非有意受也，欲成事後復歸之。長男不知其意，以爲殊無短長也。莊生入見楚王，言：「某星宿某，此則害於楚。」王曰：「今爲奈何？」生曰：「獨以德爲可以除之。」王乃使使者封三錢之府。楚貴人告長男曰：「王且赦。」長男以爲赦，弟固當出，復見莊生，生驚曰：「若不去耶？」曰：「固未也。初爲弟事；弟今議自赦，故辭生去。」生知其意欲得金，曰：「若自入室取金。」長男即取金持去。生羞爲兒子所賣，乃入見楚王曰：「臣前言某星事，王欲以修德報之。今道路皆言陶之富人朱公之子殺人囚楚，其家多持金錢賂王左右，王非恤楚國而赦，以朱公子故也。」王大怒，令殺朱公子。明日下赦令。長男竟持其弟喪歸，母及邑人盡哀之。朱公獨笑曰：「吾固知必殺其弟也。彼非不愛弟，是少與我俱，見苦爲生難，故重棄財。至如少弟者，生而見我富，豈知財所從來，故輕去之，非所惜吝。前日吾所爲欲遣少子，固爲其能棄財故也。長者不能，故卒以殺其弟，事之理也，無足悲者。吾日夜固以望其喪之來也。」』」

昔侯霸之子孫，稱其祖父曰家公〔一〕；陳思王稱其父爲家父，母爲家母〔二〕；潘尼稱其祖曰家祖〔三〕：古人之所行，今人之所笑也。今〔四〕南北風俗，言其祖及二親，無云家者；田里猥人〔五〕，方有此言耳〔六〕。凡與人言，言己世父〔七〕，以次第稱之，不云家者，以尊於父，不敢家也。凡言姑姊妹女子子〔八〕：已嫁，則以夫氏稱之；在室，則以次第稱之。言禮成他族，不得云家也。子孫不得稱家者，輕略之也。蔡邕書集，呼其姑姊爲家姑家姊〔九〕；班固書集，亦云家孫〔一〇〕：今並不行也。

〔一〕趙曦明曰：「後漢書侯霸傳：『霸字君房，河南密人。矜嚴有威容，篤志好學，官至大司徒。』」盧文弨曰：「王丹傳：『丹徵爲太子少傅。時大司徒侯霸，欲與交友，及丹被徵，遣子昱候於道，昱迎拜車下，丹下答之，昱曰：「家公欲與君結交，何爲見拜？」丹曰：「君房有是言，丹未之許也。」』」案：此『孫』字『祖』字或誤衍。」案：趙與旹賓退録四引此文，並云：「之推，北齊人，逮今七百年，稱家祖者，復紛紛皆是，名家望族，亦所不免。家父之稱，俗輩亦多有之，但家公家母之名少耳。山簡謂『年三十不爲家公所知』（案見晉書山簡傳），蓋指其父，非祖也。」左暄三餘偶筆十：「孔叢子：『子高以爲趙平原君霸世之士，惜其不遇時也。其子子順以爲衰世好事之公子，無霸相之才也。申叔問子順曰：「子之家公，有道先生，既論之矣；今子易之，是非安在？」』是對子而亦稱其父爲家公也。」

〔二〕類説「母爲」上有「其」字。宋本及賓退録四、實賓録六引上「爲」字並作「曰」。海録碎事七上、事文類聚後二引二「爲」字都作「曰」。趙曦明曰：「魏志陳思王植傳：『字子建，薨，年四十一。景初中詔撰録所著凡百餘篇。』」盧文弨曰：「陳思王集寶刀賦序：『家父魏王，乃命有司造寶刀五枚。』下文稱『家王』。又叙愁賦序：『時家二女弟，故漢皇帝聘以爲貴人，家母見二弟愁思』云云。又釋思賦序：『家弟出養族父郎中伊。』」器案：御覽六〇八引魏文帝蔡伯喈女賦序：「家公與伯喈，有管、鮑之好。」家公亦指其父操，詳後漢書列女董祀妻傳。

〔三〕海録碎事七上、合璧事類前二四無「其」字。趙曦明曰：「晉書潘岳傳：『岳從子尼，字正叔。性静退不競，唯以勤學著述爲事。永嘉中，遷太常卿。』今集後人所掇拾者，無家祖語。」器案：晉書潘尼傳載乘輿箴云：「而高祖亦序六官。」尋尼祖勗作符節箴，當即在所序六官中，此云「高祖」，當係「家祖」之譌。

〔四〕「今」，各本作「及」，今從宋本，賓退録、實賓録、事文類聚引都作「今」。

〔五〕盧文弨曰：「猥人謂鄙人。」器案：治家篇言「猥壻」，猥字義同，謂猥俗也。

〔六〕「耳」，宋本作「爾」，今從餘本。通鑑一一八胡三省注：「魏、晉之間，凡人子者，稱其父曰家公，人稱之曰尊公。」

〔七〕世父，謂伯父。儀禮喪服：「世父母。」正義：「伯父言世者，以其繼世者也。」爾雅釋親：「父之晜弟，先生爲世父。」郭注：「世有爲嫡者，嗣世統故也。」陳槃曰：「清章完素如不及齋文鈔有世父釋，詳論世父但專稱伯父之長，非通稱父之諸兄。李慈銘曰：『禮經本自明白。後人不知宗法，遂有如顔氏家訓所云世父當以次第稱之者矣。』（越縵堂讀書記）」

〔八〕盧文弨曰：「儀禮喪服每言姑姊妹女子子，鄭注：『女子子者，女子也，別於男子也。』疏云：『男子女子，各單稱子，是對父母生稱；今於女子別加一子，故雙言二子以別於男一子者。姑對姪，姊妹對兄弟。』」案：事文類聚、合璧事類不重「子」字，非是。

〔九〕趙曦明曰：「後漢書蔡邕傳：『邕字伯喈，所著詩、賦、碑、誄、銘、讚等凡百四篇，傳於世。』」盧文弨曰：「今蔡集未見有此語。」器案：「姑姊」，原作「姑女」，傳本作「姑姊」，今據校正。趙翼陔餘叢考三七：「北史：『高道穆爲京邑，出遇魏帝姊壽陽公主，不避道，道穆令卒棒破其車。公主泣訴帝。帝他日見道穆曰：「家姊行路相犯，深以爲愧。」』今俗惟子孫不稱家，其猶顔氏之遺訓歟！」

〔一〇〕趙曦明曰：「後漢書班彪傳：『子固，字孟堅，所著典引、賓戲、應譏、詩、賦、銘、誄、頌、書、文、記、論、議、六言，在者凡四十一篇。』」盧文弨曰：「今班集亦未見。」案：郭爲崍咫聞集稱名篇引此下有「戴逵稱安道則曰家弟矣」句，蓋郭氏所竄入，乾隆時人所見家訓，不得多於今本。

凡與人言，稱彼祖父母、世父母、父母及長姑，皆加尊字〔一〕，自叔父母以下，則加賢字〔二〕，尊卑之差也。王羲之書，稱彼之母與自稱己母同〔三〕，不云尊字，今所非也。

〔一〕眞誥卷十八握眞輔第二本注：「今世呼父爲尊，於理乃好，昔時儀多如此也。」案：禮記喪服小記注：「尊，謂父兄。」本篇下文，甲問乙之子曰：「尊侯早晚顧宅？」三國志魏書武帝傳注引獻帝起居注載袁敍與從兄紹書，稱紹爲尊兄，又蜀書馬良傳載與諸葛亮書，稱亮兄爲尊兄，皆加尊字是也。又南史沈昭略傳：「家叔晚登僕射，猶賢於尊君以卿爲初蔭。」即沈昭略稱王晏之父爲尊君也。

〔二〕鮑本「以」作「已」，合璧事類續集三引亦作「以」。器案：南史沈昭略傳：「王晏常戲昭略曰：『賢叔可謂吳興僕射。』」即其例證。

〔三〕趙曦明曰：「晉書王羲之傳：『羲之字逸少，辯贍，以骨鯁稱；尤善隸書，爲古今之冠。拜護軍，苦求宣城郡，不許，乃以爲右軍將軍、會稽内史。』」盧文弨曰：「案：今右軍諸帖中，亦不見有此。」

南人冬至歲首，不詣〔一〕喪家；若不修書，則過節束帶〔二〕以申慰。北人至歲之日〔三〕，重行弔禮；禮無明文，則吾不取。南人賓至不迎，相見捧手而不揖〔四〕，送客下席而已；北人迎送並至門，相見則揖，皆〔五〕古之道也，吾善其〔六〕迎揖。

〔一〕盧文弨曰：「詣，至也。」

〔二〕論語公冶長：「赤也束帶立於朝，可使與賓客言也。」束帶，所以示敬意。

〔三〕至歲，謂冬至、歲首二節也。

〔四〕郝懿行曰：「捧手不揖，今南北之俗，遂爾盛行，唯賓至迎送於門爲異耳。」

〔五〕「皆」字，宋本有，餘本俱無，今從宋本。

〔六〕穀梁傳宣公十有五年：「宋人及楚人平。平者，成也。善其量力而反義也。」又昭公十有三年：「陳侯吴歸于陳，善其成之會而歸之，故謹而日之。」之推此文，即模倣穀梁，善謂致美也。

昔者，王侯自稱孤、寡、不穀〔一〕，自茲以降，雖孔子聖師，與門人言皆稱名也〔二〕。後雖有臣僕之稱〔三〕，行者蓋亦寡焉。江南輕重，各有謂號，具諸書儀〔四〕；北人多稱名者，乃古之遺風，吾善其稱名焉。

〔一〕盧文弨曰：「老子德經：『是以侯王自稱孤、寡、不穀，此其以賤爲本耶！非乎？』」器案：

古天子諸侯，即位未終喪，自稱曰孤，既終喪，自稱曰寡人。呂氏春秋士容篇注：「孤、寡，謙稱也。」淮南原道篇：「是故貴者必以賤爲號。」注：「貴者，謂公王侯伯，稱孤、寡、不穀，故曰以賤爲號。」又人間篇注：「不穀，不禄也，人君謙以自稱也。」

〔二〕案：論語公冶長：「左丘明恥之，丘亦恥之。」「十室之邑，必有忠信如丘者焉，不如丘之好學也。」又述而：「吾無行而不與二三子者，是丘也。」即其例證。

〔三〕盧文弨曰：「史記高祖本紀呂公語劉季自稱臣，張耳陳餘傳餘對耳自稱臣，漢書司馬遷傳載報任安書稱僕，楊惲傳答孫會宗書亦稱僕，他不能徧舉。」章悔門韻海餘瀋稱謂部曰：「流輩自稱曰臣，見於戰國、先秦文内者，不可勝舉，聶政、蔡澤傳皆是也。或爵次稍次，自謙如家臣之類耳。……禮運：『仕於公曰臣，仕於家曰僕。』又徒也，莊子則陽篇：『仲尼曰：是聖人僕也。』注：『猶言聖人之僕也。』又自謙之辭，漢書韋玄成傳：『丞相、御史案驗玄成，與玄成書曰：「僕素愚陋，過爲宰相執事，願少聞風聲，不然，恐子傷高而僕爲小人也。」』注：『自稱爲僕，卑辭也。』」

〔四〕盧文弨曰：「隋書經籍志：『内外書儀四卷，謝元撰；書儀二卷，蔡超撰；又十卷，王宏撰；又十卷，唐瑾撰；又書儀疏一卷，周捨撰。』」器案：唐瑾，周書有傳，不當闌入江南之列。唐志又有王儉弔答書儀十卷，皇室書儀七卷，鮑衡卿皇室書儀十三卷。謝允書儀二卷，未知與謝元書儀爲一爲二。六朝、唐人諸書儀，今都不存，讀司馬温公書儀，可得其彷彿。

言及先人，理當感慕，古者之所易，今人之所難。江南人事不獲已〔一〕，須言閥閱〔二〕，必以文翰〔三〕，罕有面論〔四〕者。北人無何〔五〕便爾話說，及相訪問。如此之事，不可〔六〕加於人也。人加諸己，則當避之。名位未高，如爲勳貴所逼，隱忍方便〔七〕，速報取了；勿使〔八〕煩重，感辱祖父。若沒〔九〕，言須及者，則斂容肅坐，稱大門中，世父、叔父則稱從兄弟門中，兄弟則稱亡者子某門中〔一〇〕，各以其尊卑輕重爲容色之節，皆變於常。若與君言，雖變於色，猶云亡祖亡伯亡叔也。吾見名士，亦有呼其亡兄弟爲兄子弟子門中者，亦未爲安貼〔一一〕也。北土風俗〔一二〕，都不行此。太山羊偘〔一三〕，梁初入南；吾近至鄴，其兄子肅〔一四〕訪偘委曲，吾答之云：「卿從門中在梁，如此如此〔一五〕。」肅曰：「是我親第七亡叔〔一六〕，非從也。」祖孝徵〔一七〕在坐，先知江南風俗，乃謂之云：「賢從弟門中〔一八〕，何故不解？」

〔一〕各本無「人」字，今從宋本，少儀外傳下亦有也。趙曦明曰：「各本此下有『乃陳文墨，懤懤無自言者』，宋本注云：『一本無此十字。』」案：無者是也，有則與下複。」郝懿行曰：「懤懤二字，又見文章篇末，檢玉篇云：『懤，乖戾也，頑也。』然此字文人用者絶少，厥義未詳。」器案：少儀外傳下引與宋本合，趙據一本刪是，今從之。

〔二〕盧文弨曰：「史記高祖功臣侯年表：『明其等曰伐，積日曰閱。』『閥』與『伐』同。此閥閱猶言家世。」

〔三〕三國志吴書孫賁傳注：「賁曾孫惠，文翰凡數十首。」晉書温嶠傳：「明帝即位，拜侍中，機密大謀，皆所參綜，詔命文翰，亦悉豫焉。」

〔四〕「面論」，少儀外傳作「面諭」。

〔五〕趙曦明曰：「顏師古注漢書翟方進傳：『無何，猶言無幾，謂少時。』」器案：漢書金日磾傳：「何羅亡何從外入。」師古曰：「亡何，猶言無故。」劉淇助字辨略二曰：「諸無何，並是無故之辭。無故猶云無端，俗云没來由是也。」

〔六〕「不可」，鮑本、汗青簃本作「何可」。

〔七〕史記伍子胥傳：「故隱忍就功名，非烈丈夫，孰能致此哉！」

〔八〕「使」，宋本元注云：「一本作『取』。」案：羅本、傅本、顏本、程本、胡本、何本、朱本作「取」。少儀外傳亦作「使」，今從之。

〔九〕少儀外傳無「没」字。

〔一〇〕趙曦明曰：「家之稱門古矣，逸周書皇門解：『會羣門。』蓋言衆族姓也。又曰：『大門宗子。』」劉盼遂引吴承仕曰：「吴志劉繇傳：『王朗遺孫策書曰：「劉正禮昔初臨州，未能自達；實賴尊門，爲之先後。」』此指繇爲揚州刺史，畏袁術不敢之州，吴景、孫賁迎至曲阿一事言之。孫賁者，策之從父昆弟，謙不指斥，則謂之尊門，與顏氏所稱門中同意。」器案：唐段行琛碑稱高祖曰高門，曾祖曰曾門（金石萃編），唐書孝友程袁師傳：「改葬曾門以來，閱二十年乃畢。」唐濟度寺尼惠源和上神空誌：「曾門梁孝明皇帝。」（金石萃編）蓋惠源，蕭禹孫女也，則稱門風習，至唐猶然。梁章鉅稱謂録四曰：「案：兄弟已亡者，不忍稱其兄弟，而稱其兄弟之子之名也。」

〔一一〕「安帖」，朱本作「妥帖」，案：易林離之無妄：「安帖之家，虎狼爲憂。」朱本妄改。

〔一二〕宋本元注：「一本無『風俗』二字。」案：羅本、傅本、顔本、程本、胡本、何本、朱本無。

〔一三〕顔本注：「侃、偘同。」趙曦明曰：「梁書羊侃傳：『侃字祖忻，泰山梁甫人。祖規陷魏，父祉，魏侍中金紫光禄大夫。侃以大通三年至京師。』晉書地理志：『泰山郡，漢置，屬縣有梁父。』案：泰、太，甫、父俱通用。」

〔一四〕盧文弨曰：「魏書羊深傳：『深字文淵，梁州刺史祉第二子也。子肅，武定末，儀同開府東閤祭酒。』」

〔一五〕如此如此，猶當時之言爾爾。胡三省通鑑八六注：「爾爾，猶言如此如此也。」又一六八注：「顔之推曰：『如是爲爾，而已爲耳。』」

〔一六〕器案：自漢、魏以來，習慣於親戚稱謂之上加以親字，以示其爲直系的或最親近的親戚關係。本書下文：「思魯等第四舅母，親吴郡張建女也。」史記淮南王傳：「大王，親高皇帝孫。」又梁孝王世家：「李太后，親平王之大母也。」春秋繁露竹林篇：「齊頃公，親齊桓公之孫。」説苑善説篇：「鄂君子晳，親楚王母弟也。」風俗通義怪神篇：「安，親高祖之孫。」晉書武悼楊皇后傳：「后言於帝曰：『賈公閭有勳社稷，猶當數世宥之，賈妃親是其女，正復妬忌之間，不足以一眚掩其大德。』」諸親字，用法俱同。

〔一七〕趙曦明曰：「北齊書祖珽傳：『珽字孝徵，范陽狄道人。』」

〔一八〕梁章鉅稱謂録三曰：「案：不忍稱亡者之名，故稱其子之門中耳。」

古人皆呼伯父叔父，而今世多單呼伯叔〔一〕。從父〔二〕兄弟姊妹已孤，而對其前，呼其母爲伯叔母，此不可避者也。兄弟之子已孤，與他人言，對孤者前，呼爲兄子弟子，頗爲不忍；北土人〔三〕多呼爲姪〔四〕。案：爾雅、喪服經、左傳，姪雖名通男女，並是對姑之稱〔五〕。晉世已來，始呼叔姪；今呼爲姪，於理爲勝也〔六〕。

〔一〕黄叔琳曰：「漢書二疏傳，叔姪亦稱父子。」又曰：「叔伯乃行次通名，古人即以爲字，五十以伯仲是也。去父母而稱伯叔，乃晉以下輕薄之習。」趙曦明曰：「案：伯仲叔季，兄弟之次，故稱諸父，必連父爲稱。」

〔二〕各本脱「父」字，今從宋本。

〔三〕各本脱「人」字，今從宋本。

〔四〕通典六八：「宋代，或問顔延之曰：『甥姪亦可施於伯叔從母耶？』顔延之答曰：『伯叔有父名，則兄弟之子不得稱姪，從母有母名，則姊妹之子不可言甥；且甥姪唯施之於姑舅耳。』雷次宗曰：『姪字有女，明不及伯叔；甥字有男，見不及從母；是以周服篇無姪字，小功篇無甥名也。』」

〔五〕宋本「之」作「立」。沈揆曰：「爾雅云：『女子謂晜弟之子爲姪。』左傳云：『姪其從姑。』喪服經亦一書也，隋書經籍志喪服經傳及疏義凡十餘家，一本作『喪服經』者非。」趙曦明曰：「案：爾雅見釋親，左傳在僖十四年，喪服經在儀禮内，子夏爲之傳，其大功九月章：『姪丈夫婦人報。』傳曰：『姪者何也？謂吾姑者，吾謂之姪。』」器案：後漢書鄧后紀論：「愛姪微愆，髡剔謝罪。」注：「太后兄騭子鳳受遺，事洩，騭遂髡妻及鳳，以謝天下。」則宋人仍以姪爲對姑之稱。

〔六〕陸繼輅合肥學舍札記三：「姑姪字皆從女，左傳所謂『姪其從姑』是也。然爾雅『女子謂晜弟之子爲姪』，則似兄弟之男子子亦可稱姪矣。顔氏家訓云：『晉世已來，始呼叔姪。』吾意叔乃對嫂之稱，非可施於從父，姪乃對姑之號，可以通於丈夫，相習既久，差不悖於禮者，從之可也。（干禄字書序、柳宗元祭六伯母文皆稱姪男。）」

別易會難〔一〕，古人所重；江南餞送，下泣言離〔二〕。有王子侯〔三〕，梁武帝弟，出爲東郡〔四〕，與武帝別，帝曰：「我年已老，與汝分張〔五〕，甚以〔六〕惻愴。」數行淚下〔七〕。侯遂密雲〔八〕，赧然〔九〕而出。坐此被責，飄颻舟渚，一百許日，卒不得去。北間風俗，不屑此事，歧路言離，歡笑分首〔一〇〕。然人性自有少涕淚者，腸雖欲絶，目猶爛然〔一一〕；如此之人，不可強責〔一二〕。

〔一〕吴曾能改齋漫録十六：「李後主長短句，蓋用此耳，故云：『别時容易見時難。』又云：『别易會難無可奈。』然顔説又本文選，陸士衡答賈謐詩云：『分索則易，攜手實難。』」蕭𣂏勤齋集一送王克誠序：「昔顔黄門言：『别易會難，古人所重；江南餞送，下泣言離。』而詩人有『丈夫非無淚，不灑别離間』之云，意顔説乃其常，詩人故反爲高奇耳。」胡仔苕溪漁隱叢話後集卷三十九：「復齋漫録云：『顔氏家訓云：别易會難，古人所重。江南餞送，下泣言離（從宋本）。北間風俗，不屑此事，歧路言離，懽笑分首。李後主蓋用此語耳，故長短句云别時容易見時難。』」器案：釋常談中：「淮南子曰：『楊朱見歧路而泣之，曰：「何以南，何以北。」』高注曰：『嗟其别易而會難也。』」（與今本説林注異）曹丕燕歌行：「别日何易會日難。」嵇康與阮德如詩：「别易會良難。」駱賓王與博昌父老書：「古人云：『别易會難。』不其然乎！」施肩吾遇李山人詩：「别易會難君且住。」文選陸士衡答賈謐詩集注曰：「鈔曰：『此言别易會難也。』」張銑注曰：「分别則易，集會則難。」俱在李煜詞之前。

〔二〕劉盼遂引吴承仕曰：「按：南史張邵傳：『張敷善持音儀，盡詳緩之致，與人别，執手曰：「念相聞。」餘響久之不絶。張氏後進皆慕之，其源起自敷也。』明江左自有此風，宋、齊以來已如是矣。」器案：詩邶風燕燕：「之子于歸，遠送于野，瞻望弗及，泣涕如雨。」則送別下泣，自古而然矣。周一良曰：「案此蓋南朝末年風習。世説方正篇載周謨出爲晉陵，顗與嵩往別。謨涕泗不止。嵩恚曰：『斯人乃婦女，與人別唯啼泣。』便舍去。顗獨留言話，臨別流涕。是東晉時餞送猶不必以涕淚爲尚矣。」

〔三〕漢書王子侯表第三上曰：「至於孝武，以諸侯王疆土過制，或替差失軌，而子弟爲匹夫，輕重不相準，於是詔御史：『諸侯王或欲推私恩分子弟邑者，令各條上，朕且臨定其號名。』自是支庶畢侯矣。」

〔四〕錢大昕曰：「此東郡謂建康以東之郡，如吴郡、會稽之類，若秦、漢之東郡，不在梁版圖之内。」

〔五〕器案：分張，猶言分別，爲六朝人習用語。淳化閣帖二王羲之帖（原題後漢張芝書，今從諸家考定）：「且方有此分張，不知此去復得一會不？」法書要録引王羲之帖：「此上下可耳，出外解小分張也。」通典五一：「劉氏問蔡謨曰：『非小宗及一家之嫡，分張不在一處，得立廟不？』」宋書江夏王義恭傳：「文帝誡義恭書云：『今既分張。』」又王微傳：「微以書告靈曰：『昔仕京師，分張六旬耳。』」北齊書高乾傳：「乾曰：『吾兄弟分張，各在異處。』」庾信傷心賦：「兄弟則五郡分張，父子則三州離散。」以分張與離散對文，則分張與離散同義可知。

〔六〕「以」，宋本元注：「一本作『心』字。」案：羅本、傅本、顔本、程本、胡本、何本、朱本作「心」。

〔七〕王叔岷曰：「史記項羽本紀：『項王泣數行下。』漢書作『泣下數行』。」

〔八〕趙曦明曰：「易小畜象：『密雲不雨。』」盧文弨曰：「語林（藝文類聚二九、御覽四八九引）：『有人詣謝公别，謝公流涕，人了不悲。既去，左右曰：「向客殊自密雲。」謝公曰：「非徒密雲，乃是旱雷。」』案：以不雨泣爲密雲，止可施於小説，若行文則不可用之，適成鄙俗耳。」張雲璈四寸學五：「按：密雲言無淚，蓋取小畜『密雲不雨』之義，二字甚奇。」陸繼輅合肥學舍札記三：「密雲，蓋當時里俗語，戲謂不哭也。」

〔九〕盧文弨曰：「説文：『赧，面慙赤也，奴版切。』俗作赧。」

〔一〇〕「分首」，類説作「分手」。案：首、手古同音通用，儀禮大射儀「後首」鄭玄注云：「古文『後首』爲『後手』。」又士喪禮鄭注：「古文『首』爲『手』。」俱其例證。楚辭九歌河伯朱熹集注：「交手者，古人將别，則相執手，以見不忍相遠之意，晉、宋間猶如此也。」然則，交手後即分手也。

〔一一〕世説容止篇：「裴令公目王安豐，眼爛爛如巖下電。」續談助四引小説：「王夷甫出，語人曰：『雙眸爛爛，如巖下電。』」以爛爛形容目光，與此正同。詩鄭風女曰雞鳴：「明星有爛。」鄭箋：「明星尚爛爛然。」

〔一二〕盧文弨曰：「孔叢子儒服篇：『子高遊趙，有鄒文、季節者，與子高相友善，及將還魯，文、節送行，三宿，臨别流涕交頤，子高徒抗手而已。其徒問曰：「此無乃非親親之謂乎？」子高曰：「始吾謂此二子大夫耳，乃今知其婦人也。人生則有四方之志，豈鹿豕也哉？而常羣聚乎！」』案：子高之言，於朋友則可，然不可以概之天倫也。」

凡親屬名稱，皆須粉墨〔一〕，不可濫也。無風教〔二〕者，其父已孤，呼外祖父母與祖父母同，使人爲其〔三〕不喜聞也。雖質於面，皆當加外以別之〔四〕；父母之世叔父，皆當加其次第以別之；父母之世叔母，皆當加其姓以別之；父母之羣從世叔父母〔五〕及從祖父母，皆當加其爵位若姓以別之。河北士人，皆呼外祖父母爲家公家母〔六〕；江南田里間亦言之。以家代外，非吾所識。

〔一〕朱軾曰：「粉墨者，分別之意。」盧文弨曰：「謂修飾。」劉盼遂曰：「按：粉墨者，謂摛藻修辭之事也。徐陵宣示諸求官人書云：『既忝衡流，應須粉墨。』蓋謂選人年名狀貌行義，皆須銓論潤飾；粉墨之義，與顏旨同也。說本郝氏晉宋書故。」器案：盧、郝說是，魏書刑罰志載崔纂劉景暉九歲且赦後不合死坐議：「姦吏無端，横生粉墨。」義並相同。漢書顏師古注敘例：「詆訶言辭，……顯前修之紕僻，……乃效矛盾之仇讐，殊乖粉澤之光潤。」粉澤，義與粉墨相同。

〔二〕詩序：「風，風也，教也；風以動之，教以化之。」又詩序：「一曰風。」正義云：「隨風設教，故名之爲風。」

〔三〕盧文弨曰：「爲，于僞切；爲其，猶言代彼人。」

〔四〕盧文弨曰：「質於面，謂親見外祖父母，亦必當稱外也。」

〔五〕盧文弨曰：「從，直用切，下同。」錢馥曰：「『直用』亦當作『疾用』。直是澄母，舌上音，直用切乃輕重之重也。」

〔六〕盧文弨曰：「『家母』似當作『家婆』，古樂府：『阿婆不嫁女，那得孫兒抱。』」梁章鉅稱謂録二：「案：北人稱母爲家家，（器案：北齊書南陽王綽傳：「呼嫡母爲家家。」北史齊宗室傳：「後王泣啓太后曰：『有緣便見家家。』」）故謂母之父母爲家公家母。」

凡宗親〔一〕世數，有從父〔二〕，有從祖〔三〕，有族祖〔四〕。江南風俗，自兹已往，高秩〔五〕者，通呼爲尊，同昭穆者〔六〕，雖百世猶稱兄弟〔七〕；若對他人稱之，皆云族人〔八〕。河北士人，雖三二十世，猶呼爲從伯從叔。梁武帝嘗問一中土人曰〔九〕：「卿北人，何故不知有族？」答云：「骨肉易疎〔一〇〕，不忍言族耳。」當時雖爲敏對，於禮未通〔一一〕。

〔一〕史記五宗世家：「同母者爲宗親。」此則引申爲同宗之義，儀禮喪服傳所謂「同宗則可爲之後」是也。後漢書光武紀上：「各率宗親子弟，據其縣邑。」又宦者吕强傳：「又各自徵還宗親子弟在州郡者。……遂收捕宗親，没入財産焉。」白虎通義有宗親篇。

〔二〕儀禮喪服：「從父昆弟。」注：「世父叔父之子也。」

〔三〕爾雅釋親：「父之從父晜弟爲從祖父。」

〔四〕儀禮喪服：「族祖父母。」注：「族祖父者，亦高祖之孫。」正義：「族祖父母者，己之祖父從父昆弟也。」器案：陶潛贈長沙公族祖詩序曰：「長沙公於余爲族祖，同出大司馬。昭穆既遠，以爲路人。」潛爲晉大司馬侃曾孫，則此長沙公者，即潛之從祖祖父，乃云「昭穆既遠，以爲路人」，視此中土人所云「骨肉易疎，不忍言族」者，於禮未通耶，抑於理有乖也。

〔五〕秩，官秩。

〔六〕封建社會宗廟之制，太祖廟在中，父廟居左曰昭，子廟居右曰穆，如此分派，天子之廟至於七，諸侯之廟至於五，大夫之廟至於三，士人一廟。見禮記王制。此言同昭穆，猶今言同一個老祖宗之意。

〔七〕賈子新書六術：「人之戚屬，以六爲法。人有六親：六親始於父，父有二子，二子爲昆弟，昆弟又有子，子從父而昆弟，故爲從父昆弟。從父昆弟又有子，子從祖而昆弟，故爲從祖昆弟。從祖昆弟又有子，子從曾祖而昆弟，故爲從曾祖昆弟。從曾祖昆弟又有子，子爲族兄弟。備於六，此之謂六親。」此與「百世猶稱兄弟」可互參，所謂「瓜瓞緜緜」也。

〔八〕白虎通義宗親篇：「族者，湊也，聚也，謂恩愛相流湊也。」上湊高祖，下至玄孫，一家有吉，百家聚之，合而爲親，生相親愛，死相哀痛，有會聚之道，故謂之族。左襄十二年傳：「同族於禰廟。」杜注：「同族謂高祖以下。」周禮小宗伯職：「掌三族之別。」鄭注：「三族，謂父子孫人屬之正名。」儀禮士喪禮：「族長涖卜。」鄭注：「族長，有司掌族人親疏者也。」則凡有親者皆曰族也。禮記雜記下：「夫黨無兄弟，使夫之族人主喪。」大戴禮記曾子制言上：「族人之讎，不與聚鄰。」注：「族人，謂絶屬者。」白虎通義三綱六紀篇：「六紀者，謂諸父、兄弟、族人、諸舅、師長、朋友也。」

〔九〕器案：此中土人指夏侯亶。梁書夏侯亶傳：「宗人夏侯溢爲衡陽内史，辭日，亶侍御坐，高祖謂亶曰：『溢於卿疏近？』亶答曰：『是臣從弟。』高祖知溢於亶已疏，乃曰：『卿傖人，好不辨族從？』亶對曰：『臣聞服屬易疎，所以不忍言族。』時以爲能對。」周一良曰：「夏侯氏來自譙郡之僑人，故黄門稱爲中土人。南北朝不獨稱呼有别，對待宗族關係亦自迥異，史書頗有足徵者。魏書九七劉裕傳：『其中軍府録事參軍周殷啓（劉）駿曰：今士大夫父母在而兄弟異計，十家而七，庶人父子殊産，八家而五。凡甚者乃危亡不相知，飢寒不相恤，又疾讒其間，不可稱數，宜明其禁，以易其風。俗弊如此，駿不能革。』又七一裴植傳：『植雖自州送禄奉母，及贍諸弟，而各别資財，同居異爨，一門數竈，蓋亦染江南之習也。』宋書四六王仲德傳：『北土重同姓，謂之骨肉，有遠來相投者，莫不竭力營贍。若不至者以爲不義，不爲鄉里所容。仲德聞王愉在江南，是太原人，乃往依之，愉禮之甚薄。』太平廣記二四七盧思道條引談數載思道聘陳，宴會聯句作詩，有一人譏刺北人云：榆生欲飽漢，草長正肥驢。爲北人食榆，兼吴地無驢，故有此句。思道援筆即續之曰：共甑分炊水，同鐺各煮魚。爲南人無情義，同炊異饌也。故思道有此句。吴人甚愧之。」

〔一〇〕少儀外傳「疎」作「疏」，二字古多混用。文鏡祕府論西册文二十八種病：「孔文舉與族弟書：『同源派流，人易世疎。』」

〔一一〕吴曾能改齋漫録十：「世以同宗族爲骨肉。南史王懿傳云：『北土重同姓，謂之骨肉，有遠來相投者，莫不竭力營贍。王懿聞王愉在江南貴盛，是太原人，乃遠來歸愉，愉接遇甚薄，因辭去。』顔氏家訓云云，予觀南北朝風俗，大抵北勝於南，距今又數百年，其風俗猶爾也。」

吾嘗問周弘讓〔一〕曰：「父母中外〔二〕姊妹，何以稱之？」周曰：「亦呼爲丈人。」自古未見丈人之稱施於婦人也〔三〕。吾親表所行，若父屬者，爲某姓姑；母屬者，爲某姓姨。中外丈人之婦，猥俗呼爲丈母〔四〕，士大夫謂之王母、謝母云〔五〕。而陸機集有與長沙顧母書〔六〕，乃其從叔母也，今所不行。

〔一〕趙曦明曰：「陳書周弘正傳：『弟弘讓，性閒素，博學多通，天嘉初，以白衣領太常卿光禄大夫，加金章紫綬。』」

〔二〕中外，一稱中表，即内外之義。姑之子爲外兄弟，舅之子爲内兄弟，故有中表之稱。下文：「中外憐之。」後漢書鄭太傳：「明公將帥，皆中表腹心。」三國志魏書管寧傳：「中表愍其孤貧。」晉書列女傳：「禮儀法度，爲中表所則。」世説言語篇：「張玄之、顧敷是顧和中外孫。」又賞譽篇：「謝公答曰：『阮千里姨兄弟，潘安仁中外。』」所言中表、中外，俱一物也。姜宸英湛園札記一曰：「南北朝最重表親，盧懷仁撰中表實録二十卷，高諒造表親譜録四十餘卷，（按：俱見隋書經籍志。）此風至唐猶存。」

〔三〕惠棟松崖筆記二：「顔氏家訓云云，余讀而笑曰：顔氏之學，不及周弘讓矣。古詩爲焦仲卿妻作曰：『三日斷五疋，丈人故嫌遲。』此仲卿妻蘭芝謂其姑也。史記刺客列傳：『家丈人。』索隱曰：『劉氏曰：「謂主人翁也。」又韋昭云：「古者，名男子爲丈夫，尊婦嫗爲丈人，故漢書宣元六王傳所云丈人，謂淮陽憲王外王母，即張博母也。故古詩曰：『三日斷五疋，丈人故嫌遲。』」』此婦人稱丈人之明證也。王充論衡曰：『人形一丈，正形也。名男子爲丈夫，尊公嫗爲丈人。不滿丈者，失其正也。』然則焦仲卿之妻稱其姑爲丈人，自漢已有之矣。或改爲大人，此又襲顔氏之陋矣。」盧文弨龍城札記二：「案：論衡氣壽篇『人形一丈』云云。又史記荆軻傳有『家丈人』語，索隱引韋昭云云（已見前惠棟引），以上皆小司馬説，今本史記正文『丈人』作『大人』，而舊本皆作『丈人』，蓋本是『丈人』，故索隱先引丈夫發其端，若是『大人』，則漢高、霍去病等皆稱其父爲大人，小司馬胡不引，而反引張博母乎？亦不須先言丈夫也。古樂府又有『丈人且安坐』、『丈人且徐徐』之語，乃婦對舅姑之辭。至『丈人故嫌遲』，意偏主姑言，下言遣歸，則當兼白公姥，是姑亦得稱丈人也。乃史記聶政傳嚴仲子稱政之母爲大人，又本作『夫人』，注引正義語，與索隱同，而皆作『大人』。愚謂：『夫人』、『大人』，皆『丈人』之譌。顔氏謂『古未以丈人施諸婦人』，此語殊不然。」劉盼遂引吴承仕曰：「父之姊妹爲姑，母之姊妹爲從母，此家訓所謂『父母中外姊妹』也。禮有正名，而周云呼爲丈人者，蓋通俗之便辭也。尋南史后妃傳：『吴郡韓蘭英有文辭，武帝時以爲博士，教六宫書學；以其年老多識，呼爲韓公云。』事類略相近。」

〔四〕錢大昕恒言録三：「顔之推家訓云：『中外丈人之婦，猥俗呼爲丈母。』是凡丈人行之婦，並稱丈母也。通鑑：『韓滉謂劉元佐曰：「丈母垂白，不可使更帥諸婦女往填宫也。」』注：『滉與元佐結爲兄弟，視其父爲丈人行，故呼其母謂之丈母也，今則惟以妻母爲丈母矣。』」劉盼遂引吴承仕曰：「中外對文，所包甚廣：母之父母爲外祖父母，此母黨也；妻之父爲外舅，此妻黨也；姑之子爲外兄弟，此姑之黨也；女子子之子爲外孫，此女子子之黨也。以族親爲内，故以異姓爲外，其輩行尊於我者，則通謂之丈人，蓋晉、宋以來之通語矣。蜀志先主傳云：『董承爲獻帝丈人。』裴注云：『董承，靈帝母董太后之姪，於獻帝爲丈人，蓋古無丈人之名，故謂之舅。』據此，是王母兄弟之子，魏、晉間假名爲舅，宋以來則正稱丈人。裴意古人稱舅，不如後世稱丈人之諦也。然則母之兄弟，王母兄弟之子，妻之父母，姑之夫，母之姊妹之夫，皆中外丈人之類也。今呼妻之父母爲丈人丈母，蓋亦六朝之舊俗歟。」

〔五〕劉盼遂曰：「按：王母謂王姓母，謝母謂謝姓母也，此黄門舉江左習俗以爲例也。」器案：翟灝通俗編稱謂篇：「顏氏家訓謂『士大夫呼中外諸母曰王母謝母』，科場條貫謂『試録中考官不許稱張公李公』，亦非其實姓也。」此説得之。

〔六〕趙曦明曰：「晉書地理志：『長沙郡屬荆州。』陸機傳：『字士衡，吴郡人。少有異才，文章冠世，伏膺儒術，非禮不動。年二十而吴滅，退居舊里，閉門勤學。太康末，與弟雲俱入洛，造太常張華；華素重其名，如舊相識，曰：「伐吴之役，利獲二俊。」』」李詳曰：「本書文章篇引陸機與長沙顧母書，述仲弟士璜死，『痛心拔腦，有如孔懷』。此八字即書中語，亦當引彼證此。」

齊朝士子，皆呼祖僕射爲祖公〔一〕，全不嫌有所涉也〔二〕，乃有對面〔三〕以相〔四〕戲者。

〔一〕趙曦明曰：「北齊書後主紀：『武平三年二月，以左僕射唐邕爲尚書令，侍中祖珽爲左僕射。』射音夜。」

〔二〕盧文弨曰：「案：祖父稱公，今連祖姓稱公，故云嫌有所涉；然則稱姓家者，亦不可云家公。」

〔三〕韓詩外傳二：「鄰人相暴，對面相盗。」李衞公問對中：「敵雖對面，莫測吾奇正所在。」杜甫茅屋爲秋風所破歌：「忍能對面爲盗賊。」

〔四〕宋本元注云：「『相』，一本作『爲』字。」

古者，名以正體，字以表德〔一〕，名終則諱之〔二〕，字乃可以爲孫氏〔三〕。孔子弟子記事者，皆稱仲尼〔四〕；呂后微時，嘗字高祖爲季〔五〕；至漢爰種〔六〕，字其叔父曰絲〔七〕；王丹與侯霸子語，字霸爲君房〔八〕；江南至今不諱字也。河北士人全不辨之，名亦呼爲字，字固呼爲字〔九〕。尚書王元景兄弟〔一〇〕，皆號名人，其父名雲，字羅漢〔一一〕，一皆諱之〔一二〕，其餘不足怪也〔一三〕。

〔一〕演繁露續六：「西京雜記四卷曰：『梁孝王子賈從朝，年少，竇太后強欲冠之，王謝曰：「禮，二十而冠，冠而字，字以表德，安可勉強之哉！」』後漢傳亦以字爲表德。」按：匡謬正俗六名字曰：「名以正體，字以表德。」此顏師古襲用乃祖之文。陸游老學庵筆記二：「字所以表其人之德，故儒者謂夫子曰仲尼，非嫚也。先左丞每言及荆公，只曰介甫；蘇季明書張横渠事，亦只曰子厚。」

〔二〕盧文弨曰：「左氏桓六年傳文。」器案：名終則諱之，即禮記曲禮所謂「卒哭乃諱」也。

〔三〕趙曦明曰：「孫以王父字爲氏，如公子展之孫無駭卒，公命以其字爲展氏，見左氏隱八年傳。」陳槃曰：「案此但就隱八年左傳言之耳。實則春秋列國卿大夫，亦有以父字爲氏者，如公子遂之子曰公孫歸父，字子家，其後爲子家氏；公孫枝字子桑，其後爲子桑氏，方中履論之矣（古今釋疑十）。魯公子季友之後爲季氏，叔牙之後爲叔氏；衛公子郢字子南，而其後爲南氏（哀二十五年左傳：「奪南氏之邑。」）；鄭公子喜字子罕，而其子子展稱罕氏（襄二十六年左傳：「罕氏其後亡者也。」又二十九年傳：「罕氏常掌國政。」）；鄭公子騑字子駟，故其子子晳稱駟氏（襄三十年左傳：「子晳以駟氏之甲攻良霄。」）；子産之父公子發字子國，子産稱國氏（昭四年左傳：「子産作丘賦。……渾罕曰：國氏其先亡乎！」）。此毛奇齡氏論之矣（參西河合集經問卷四）。又王引之曰：『鬬伯棼之子爲賁黄（説苑善説篇），賁即棼也。以其父字爲氏。』（詳春秋名字解詁下）」

〔四〕如論語子張篇所載「仲尼不可毁也」、「仲尼日月也」是。

〔五〕趙曦明曰：「史記高祖本紀：『姓劉氏，字季。秦始皇帝常曰：「東南有天子氣。」於是因東遊以厭之。高祖即自疑亡匿，隱於芒、碭山澤巖石之間。吕后與人俱求，常得之。高祖怪問之，吕后曰：「季所居上常有雲氣，故從往，常得季。」』」

〔六〕「爰種」，羅本、傅本、顔本、胡本、何本、朱本作「袁種」，古通。

〔七〕趙曦明曰：「漢書爰盎傳：『盎字絲，徙爲吴相，兄子種謂絲曰：「吴王驕日久，國多姦，今絲欲刻治，彼不上書告君，則利劍刺君矣。南方卑溼，絲能日飲亡何，説王毋反而已，如此幸得脱。」』」

〔八〕趙曦明曰：「後漢書王丹傳：『丹字仲回，京兆下邽人。』餘見前『稱祖父曰家公』注。」

〔九〕各本「固」下有「因」字，抱經堂本删，云：「各本此下有『因』字，似衍文。」案：鄭珍據金石録引無「因呼」二字，西溪叢語下引無「因」字，是，今據删。愛日齋叢鈔一引續家訓云：「魏常林年七歲，父黨造門，問林：『伯先在否？何不拜？』伯先，父之字也。林曰：『臨子字父，何拜之有！』庾翼子爰客嘗候孫盛，見盛子放問曰：『安國何在？』放答曰：『在庾稚恭家。』蓋放以爰客字父，亦字其父。然王丹對侯昱而字其父，昱不以爲嫌；且字可以爲孫氏，古尊卑通稱，春秋書紀季姜，蓋季者字也，杜預曰：『書字者，伸父母之尊，以稱字爲貴也。』謂子諱父字，非諱之也，稱其父字於人子，人子有所尊而不敢當，亦宜也。」

〔一〇〕趙曦明曰：「北齊書王昕傳：『昕字元景，北海劇人。父雲，仕魏朝，有名望。昕少篤學讀書，楊愔重其德業，以爲人之師表，除銀青光禄大夫，判祠部尚書事。弟晞，字叔朗，小名沙彌，幼而孝謹，淹雅有器度，好學不倦，美容儀，有風則。武平初，遷大鴻臚，加儀同三司。性恬淡寡欲，雖王事鞅掌，而雅操不移，良辰美景，嘯詠遨遊，人士謂之物外司馬。』」

〔一一〕盧文弨曰：「魏書王憲傳：『憲子嶷，嶷子雲，字羅漢。頗有風尚，兗州刺史，坐受所部財貨，御史糾劾，付廷尉，遇赦免，卒贈豫州刺史，謚曰文昭。有九子：長子昕，昕弟暉，暉弟旰。』」

〔一二〕郝懿行曰：「前云：『或有諱雲者，呼紛紜爲紛煙。』謂是耶？」

〔一三〕賓退録二曰：「又有父祖既没，子孫不忍稱其字者，亦古之所無。北齊王元景兄弟，諱其父之字，顔之推譏之。然父没而不能讀父之書，母没而杯圈不能飲焉，況稱其字乎？以情推之，亦未爲過。古者，以王父字爲氏，雖止一字，似未安也。江南雖不諱字，亦以對子字父爲不恭，説見續家訓。」案：南史卷十八蕭琛傳：「琛以舊恩嘗犯武帝偏諱，帝斂容，琛從容曰：『名不偏諱，陛下不應諱順。』上曰：『各有家風。』琛曰：『其如禮何。』」亦當時稱諱之軼聞也。

禮閒傳〔一〕云：「斬縗〔二〕之哭，若往而不反；齊縗〔三〕之哭，若往而反；大功〔四〕之哭，三曲而偯〔五〕；小功緦麻〔六〕，哀容可也，此哀之發於聲音也。」孝經云：「哭不偯〔七〕。」皆論哭有輕重質文之聲也。禮以哭有言者爲號；然則哭亦有辭也。江南喪哭，時有哀訴之言耳〔八〕；山東〔九〕重喪，則唯呼蒼天〔一〇〕，期功〔一一〕以下，則唯呼痛深，便是號而不哭。

〔一〕盧文弨曰：「閒傳，禮記篇名，閒，如字；傳，張戀切。鄭目録云：『以其記喪服之閒輕重所宜也。』」錢馥曰：「經傳之傳直戀切，郵傳之傳張戀切，直澄母，張知母，同是舌上音而清濁迥别。」

〔二〕盧文弨曰：「縗，本作衰，倉回切。下同。」案：斬縗，爲封建社會制定五種喪之最重者。凡喪服上曰衰，下曰裳。斬即不縫緝，以極粗生麻布爲之，衣旁及下邊俱不縫緝。期爲三年。

〔三〕盧文弨曰：「齊，即夷切，亦作齋。」案：齊衰爲五種喪服之一種，次於斬衰，以熟麻布爲之。齊謂縫緝也，以其縫緝下邊，故曰齊衰。期爲一年。

〔四〕大功，五種喪服之一種，以熟布爲之，比齊縗爲細，較小功爲粗。期爲九月。

〔五〕「俍」，羅本、傅本、顔本、程本、胡本作「哀」。盧文弨曰：「『三曲』，各本皆譌作『三哭』，今依本書改正。鄭注：『三曲，一舉聲而三折也；俍，聲餘從也。』釋文：『餘起切。』説文作『偯』。」

〔六〕小功，五種喪服之一種，以熟布爲之，比大功爲細，較緦麻爲粗。期爲五月。緦麻，五種喪服之最輕者，以熟布爲之，比小功爲細。期爲三月。

〔七〕「俍」，羅本、傅本、顔本、程本、胡本作「哀」。趙曦明曰：「喪親章：『孝子之喪親也，哭不俍，禮無容，服美不安，聞樂不樂，食旨不甘：此哀戚之情也。』」

〔八〕郝懿行曰：「今北方喪哭，惟婦人或有哀訴之言，男子則未聞。」

〔九〕案：山東，亦指河北。胡三省通鑑一一二注：「山東，謂太行、恒山以東，即河北之地。」

〔一〇〕王筠菉友肊説：「孟子：『號泣于旻天，于父母。』從知天與父母，皆舜之所號。于即曰也，爾雅：『爰，曰，于也。』」

〔一一〕期功：期謂期服，一年之喪也；功即大功小功。

江南凡遭重喪，若相知者，同在城邑，三日不弔則絶之；除喪，雖相遇則避之，怨其不己憫也。有故及道遥者，致書可也；無書亦如之。北俗則不爾〔一〕。江南凡弔者，主人之外，不識者不執手[二]；識輕服而不識主人，則不於會所而弔，他日修名詣其家[三]。

〔一〕盧文弨曰：「爾，如此也。」

〔二〕劉盼遂曰：「按：此謂弔客於衆主人之識者執手，不識者不執手，惟主人則識不識執手也。世說新語傷逝篇，張季鷹哭顧彦先，不執孝子手而出，王東亭弔謝太傅，不執末婢手而退（末婢，謝琰小字，安之少子也），一以其顯其狂誕，一以紀其凶嫌，不與主人執手，皆失禮也。」

〔三〕名，謂名刺。

陰陽説[一]云：「辰爲水墓，又爲土墓，故不得哭[二]。」王充[三]論衡云：「辰日不哭，哭必重喪[四]。」今無教者，辰日有喪，不問輕重，舉家清謐[五]，不敢發聲，以辭弔客。道書又曰：「晦歌朔哭，皆當有罪，天奪其算[六]。」喪家朔望，哀感彌深，寧當惜壽，又不哭也？亦不諭[七]。

〔一〕羣書類編故事二「説」作「家」。

〔二〕趙曦明曰：「水土俱長生於申，故墓俱在辰。」器案：五行大義卷二論生死所：「五行體别，生死之處不同，遍有十二月十二辰而出没。……水受氣於巳，胎於午，養於未，生於申，沐浴於酉，冠帶於戌，臨官於亥，王於子，衰於丑，病於寅，死於卯，葬於辰。土受氣於亥，胎於子，養於丑，寄行於寅，生於卯，沐浴於辰，冠帶於巳，臨官於午，王於未，衰病於申，死於酉，葬於戌。戌是火墓，火是其母，母子不同葬，進行於丑；丑是金墓，金是其子，義又不合，欲還於未；未是木墓，木爲土鬼，不畏敢入，進休就辰；辰是水墓，水爲其妻，於義爲合，遂葬於辰。昔舜葬蒼梧，二妃不從，故知合葬非古。然季武子云：『自周公已來，未之有改。』詩云：『穀則異室，死則同穴。』蓋以敦其義合，骨肉同歸，水土共墓，正取此也。又以四季釋所理歸於斯。高唐隆以土生於未，盛於戌，壯於丑，終於辰。辰爲水土墓，故辰日不哭，以辰日重喪故也。袒踴之哀，豈待移日？高唐所説，蓋爲浮淺。」蕭吉駮高唐隆「辰爲水土墓，故辰日不哭」之説，與顔氏此文後先一轍也。世或不知其詳，故引五行大義以備考。

〔三〕趙曦明曰：「後漢書王充傳：『充字仲任，會稽上虞人。家貧無書，常遊洛陽市肆，閲所賣書，一見輒能誦憶，遂博通衆流百家之言。以爲俗儒守文，多失其真；乃閉户潛思，絶慶弔之禮，户牖牆壁，各置刀筆，著論衡八十五篇。』」

〔四〕盧文弨曰：「此所引論衡，見辯崇篇。」劉盼遂曰：「按：唐李匡乂資暇録云：『辰日不哭，前哲非之切矣。本朝又有故事，誡爲不能明矣。今抑有孤辰不哭，其何云耶？』舊唐書張公謹傳：『有司奏言：「準陰陽書，子在辰，不可哭泣。」又爲流俗所忌。』又吕才傳：『才叙葬書曰：「或云辰日不宜哭泣，遂皖爾而對賓客。」』則此辰日忌哭之説，至唐猶未衰也。」陳直曰：「白居易新樂府七德舞云：『張瑾哀聞辰日哭。』此風氣至唐猶然也。」

〔五〕盧文弨曰：「爾雅釋詁：『謐，静也。』音密。」器案：曹植湯妃頌：「清謐后宫，九嬪有序。」江淹雜體詩三十首：「馬服爲趙將，疆埸得清謐。」俱謂清静也。

〔六〕羅本、傅本、顏本、程本、胡本、何本、朱本「其」作「之」。朱亦棟曰：「案：抱朴子微旨篇：『或問欲修長生之道，何所禁忌？抱朴子曰：按易内戒及赤松子經及河圖記命符皆云，天地有司過之神，隨人所犯輕重，以奪其算。大者奪紀，紀者三百日也，小者奪算，算者三日也（或作一日）。若乃越井跨竈，晦歌朔哭，凡有一事，輒是一罪，隨事輕重，司命奪其算紀。』此道書之説也。」器案：初學記十七、御覽四〇一引河圖：「黄帝曰：『凡人生一日，天帝賜算三萬六千，又賜紀二千。聖人得三萬六千七百二十，凡人得三萬六千。一紀主一歲，聖人加七百二十。』」法苑珠林六二引冥祥記：「一算十二年。」本書歸心篇：「陰紀其過，鬼奪其算。」此皆宗教迷信之讕言也。

〔七〕宋本元注：「一本無『亦不諭』三字。」案：少儀外傳下、羣書類編故事二正無此三字。羅本、顏本、程本、朱本「諭」作「論」。

偏傍之書〔一〕，死有歸殺〔二〕。子孫逃竄，莫肯在家〔三〕；畫瓦書符，作諸厭勝〔四〕；喪出之日，門前然火〔五〕，户外列灰〔六〕，祓送家鬼〔七〕，章斷注連〔八〕：凡如此比，不近有情〔九〕，乃儒雅〔一〇〕之罪人，彈議所當加也〔一一〕。

〔一〕盧文弨曰：「偏傍之書，謂非正書。」案：即謂旁門左道之書。

〔二〕盧文弨曰：「俗本『殺』作『煞』，道家多用之，此從宋本。死有煞日，今杭人讀爲所介切。」郝懿行曰：「今田野愚民，尤信此説。殺讀去聲，俗字作煞。」器案：吹劍録外集引唐太常博士吕才百忌歷載喪煞損害法：「如巳日死者雄煞，四十七日回煞；十三四歲女雌煞，出南方第三家，煞白色，男子或姓鄭、潘、孫、陳，至二十日及二十九日兩次回家。故世俗相承，至期必避之。」回煞即歸煞，此六朝、唐人避煞讕言之可考見者。戴冠濯纓亭筆記七：「今世陰陽家以某日人死，則於某日煞回，以五行相乘，推其殃煞高上尺寸，是日，喪家當出外避之，俗云避煞。然莫知其緣起。予嘗見魏志：『明帝幼女淑卒，欲自送葬，又欲幸許。司空陳羣諫曰：「八歲下殤，禮所不備，況未期月，而爲制服。……又聞車駕幸許，將以避衰。夫吉凶有命，禍福由人，移走求安，則亦無益。」』所謂避衰，即今俗云避煞也，其語所從來亦遠矣。蓋其初特惡與死者同居，故出外避之，而人遂附會爲此説也。」

〔三〕盧文弨曰：「北人逃煞，南人接煞。余在江寧，其俗不知有煞。」劉盼遂曰：「按：殃煞之事，載籍所不恒見。惟徐鉉稽神録云：『彭虎子少壯有膂力，嘗謂無鬼神。母死，俗巫戒之曰：「某日殃煞當還，重有所殺，宜出避之。」合家細弱，悉出逃匿；虎子獨留不去。夜中有人推門入，虎子皇遽無計；先有甕，便入其中，以板蓋頭，覺母在板上坐，有人問：「板下無人耶？」母曰：「無。」乃去。』是避煞逃竄，至五代時猶然矣。」器案：太平廣記三六三引唐皇甫氏原化記：「唐大歷中，士人韋滂膂力過人，夜行一無所懼。……嘗于京師暮行，鼓聲向絶，主人尚遠，將求宿，不知何詣；忽見市中一衣冠家，移家出宅，子弟欲鎖門，滂求寄宿。主人曰：『此宅鄰家有喪，俗云防煞，入宅當損人物。今將家口於側近親故家避之，明日即歸，不可不以奉白也。』韋曰：『但許寄宿，復何害也。煞鬼吾自當之。』主人遂引韋入宅……。」此事在稽神録之前。

〔四〕漢書王莽傳下：「鑄作威斗，……欲壓勝衆民。」後漢書清河孝王慶傳：「因誣言欲作蠱道祝詛，以菟爲厭勝之術。」陳粲曰：「厭勝之術，不一而足，或止曰『厭』，史記高帝紀：『秦始皇帝常曰：東南有天子氣。於是因東游以厭之。』又莽傳下『莽見四方盜賊多，復欲厭之』是也。亦或曰『勝服』，封禪書『越俗，有火裁，復起屋，必以大，用勝服之』是也。此本巫術，自古有之。萇弘射貍首，欲以致諸侯（封禪書）：如此之類，是其事也。」

〔五〕倭名類聚鈔六引「然」作「燃」，是俗字。盧文弨曰：「門前然火，今江以南，亦有此風。」

〔六〕玉燭寶典一引莊子：「有斵雞于户，懸葦灰于其上，揷（疑當作「插」）桃其旁，連灰其下，而鬼畏之。」類聚八六、白帖三〇引莊子：「插桃枝於户，連灰其下，童子入而不畏，而鬼畏之，是鬼智不如童子也。」水經渭水上注：「列異傳曰：『武都故道縣有怒特祠，云神本南山大梓也，昔秦文公二十七年，伐之，樹瘡隨合，秦文公乃遣四十人持斧斫之，猶不斷。疲士一人傷足不能去，卧樹下，聞鬼相與言曰：勞攻戰乎？其一曰：足爲勞矣。又曰：秦公必特不休。答曰：其如我何？又曰：赤灰跋於子何如？乃默無言。卧者以告，令士皆赤衣，隨所斫以灰跋，樹斷，化爲牛入水。故秦爲立祠。』」亦鬼物畏連灰之神話也。郭若虚圖畫見聞誌五：「劉乙常於奥室坐禪，嘗白魏云：『先天菩薩見身此地。』遂篩灰於庭，一夕，有巨跡長數尺，倫理成就。」夷堅乙志十九韓氏放鬼：「江、浙之俗信巫鬼，相傳人死則其魄復還，以其日測之，某日當至，則盡室出避於外，名爲避煞。命壯僕或僧守廬，布灰于地，明日視其迹，云受生爲人爲異物矣。」夷堅志支乙一董成二郎：「而董以此時殂，既斂，家人用俚俗法，篩細灰於竈前，覆以甑，欲驗死者所趨。」蓋封建迷信傳説，惟昔而然矣。

〔七〕劉盼遂曰：「周豈明茶話乙第七則云：『英國茀來則博士普許默之工作第五章云：「野蠻人送葬歸，懼鬼魂復返，多設計以阻之，通古斯人以雪或木塞路，緬甸之清族則以竹竿横放路上，納巴耳之曼伽族葬後，一人先返，集棘刺堆積中途，設爲障礙，上置大石立其一，以手持香爐，送葬者從石上香煙中過，云鬼聞香逗留，不至乘生人肩上越棘刺云云。」今紹興回喪，于門外焚穀殼，送葬者跨煙而過，始各返其家，其用意正同，即防鬼魂之附着也。』（録自語絲）盼遂案：此亦家訓『作諸厭勝，祓送家鬼』之俗也。知其流遠矣。」器案：嶺外代答卷十：「家鬼者，言祖考也。」

〔八〕「章斷注連」，倭名類聚鈔引作「注連章斷」，又引日本紀私記云：「端出之繩。」劉盼遂曰：

「周豈明漢譯古事記神代卷第二十九節之『布刀玉命急忙將注連掛在後面』一語自注云：『注連係采用顔氏家訓語。亦作標繩，用稻草左綯，約間隔八寸，散垂稻草七，次五，次三根，故又寫作左繩，又名七五三繩，用作禁出入的標當，掛在神社入口；今正月人家門户亦猶用之，蓋以辟不祥也。』盼遂案：以稻草之標繩爲注連，當有所出，姑誌以俟知者。」器案：古事記上云：「即布刀玉命，以尻久米繩，控度其御後方。白言從此以内，不得還入。」次田潤注云：「尻久米繩者，書紀有『端出之繩』，乃尻籠繩之義，即今之注連繩。」日本此種辟不祥的端出之繩，雖名曰注連，恐與顔氏所説者，亦鼠腊名璞之比耳。尋道藏洞玄部表奏類「豈」字一號，赤松子章曆卷一目有斷亡人復連章、大斷骨血注代命章、斷子注章、夫妻離别斷注消怪章、虚耗光怪斷絶殃注章、解釋三曾五祖塚訟章、官私咎謪死病相連斷五墓殃注章、數夢亡人混涉消墓注章、大塚訟章二通、新亡遷達開通道路收除上殃斷絶復連章、新亡灑宅逐注却殺章。其卷四「豈」字四號載斷亡人復連章云：「具法位上言，臣謹按仙科，今據某云：『即日叩頭列狀，素以胎生下官子孫，千載幸遇，得奉大道，誠實欣慰；某信向違科，致有災厄。某今月某日，染病困重，夢想紛紜，所向非善；尋求算術云，亡某爲禍，更相復連，致令此病，連綿不止。恐死亡不絶，注復不斷，闔家惶怖，恐不生全。』即日詞情懇切，向臣求乞生理；輒爲拜章一通，上聞天曹。伏乞太上老君、太上丈人、天師君門下主者，賜爲分别，上請本命君十萬人，爲某解除亡人復連之氣，願令斷絶生人魂神屬生始，一元一始，相去萬萬九十餘里，生人上屬皇天，死人下屬黄泉，生死異路，不得擾亂某身。又恐亡某生犯莫大之罪，死有不赦之愆，繫閉在於諸獄，時在河伯之獄，時在女青之獄，時在城隍社廟之中，不知亡人某魂魄在何處，並乞遷達，令得安穩，上昇天堂，衣食自然，逍遥無爲，墳墓安穩，注訟消沉。臣爲某某身中疾病，即蒙除愈，復連斷絶，元元如願，以爲效信。恩惟太上衆真，分别求哀。上請天官斷絶亡人復連章一通，上詣太上曹治。」據此，則章斷注連者，謂上章以求斷絶亡人之殃注復連也。太平廣記三二〇引幽明録：「謝玄在彭城，將有齊郡司馬隆，弟進，及安東王箱等，共取壞棺，分以作車。少時，三人悉見患，更相注連，凶禍不已。」注連之義，與顔氏所説正同。持以較日本之所謂注連，其事各别。抱朴子内篇仙藥：「上黨有趙瞿者，病癩歷年，衆治之不愈，垂死，或云：『不及活流棄之，後子孫轉相注易。』」注易即注連也。釋名釋疾病：「注病，一人死，一人復得，氣相灌注也。」注病即今之傳染病。

〔九〕少儀外傳引「比」作「者」，「有」作「人」。

〔一〇〕孔安國尚書序：「旁求儒雅。」漢書王章傳：「緣飾儒雅，刑罰必行。」又公孫弘傳贊：「儒雅則公孫弘、董仲舒。」論衡難歲篇：「儒雅服從。」文心雕龍史傳篇：「儒雅彬彬。」

〔一一〕彈，謂彈劾，文選有彈事體。

己孤〔一〕，而履歲〔二〕及長至〔三〕之節，無父，拜母、祖父母、世叔父母、姑、兄、姊，則皆泣〔四〕；無母，拜父、外祖父母、舅、姨、兄、姊，亦如之：此人情也。

〔一〕「已孤」，朱本作「若孤」。

〔二〕盧文弨曰：「『履歲』下疑當有『朝』字。」器案：履歲，當是履端歲首之意，即指元旦。左傳文公元年：「先王之正時也，履端於始。」御覽二九引臧榮緒晉書：「熊遠議曰：『履端元日。』」又引庾闡揚都賦：「歲惟元辰，陰陽代紀，履端歸餘，三朝告始。」

〔三〕長至，冬至。御覽二八引崔浩女儀：「近古婦人，常以冬至日上履襪於舅姑，履長至之義也。」

〔四〕盧文弨曰：「說文：『泣，無聲出涕也。』」

江左朝臣，子孫初釋服〔一〕，朝見二宮〔二〕，皆當泣涕〔三〕；二宮爲之改容。頗有膚色充澤〔四〕、無哀感者，梁武薄其爲人，多被抑退〔五〕。裴政〔六〕出服，問訊〔七〕武帝，貶瘦枯槁〔八〕，涕泗滂沱〔九〕，武帝目送〔一〇〕之曰：「裴之禮〔一一〕不死也。」

〔一〕釋服，與下文出服義同，言喪服屆滿，除去喪服。

〔二〕盧文弨曰：「二宮，帝與太子也。」器案：文選集注殘本王仲寶褚淵碑文：「升降兩宮。」鈔曰：「兩宮，謂上臺及東宮也。」李周翰曰：「兩宮，謂天子、太子。」

〔三〕「泣涕」，少儀外傳下作「涕泣」。

〔四〕離騷注：「澤，質之潤也。」

〔五〕抑退，抑止斥退。三國志魏書武紀：「纖毫之惡，靡不抑退。」

〔六〕趙曦明曰：「北史裴政傳：『政字德表，仕隋爲襄陽總管，令行禁止，稱爲神明。著承聖實録一卷。』」

〔七〕僧史略上：「如比丘相見，曲躬合掌，口曰不審者何，此三業歸仰也，謂之問訊。」蓋梁武信佛，故裴政以僧禮相見也。

〔八〕文選西征賦注：「貶，損也。」楚辭漁父：「形容枯槁。」注：「癯瘦瘠也。」王叔岷曰：「莊子刻意篇：『枯槁赴淵者之所好也。』」

〔九〕詩經陳風澤陂：「涕泗滂沱。」毛傳：「自目曰涕，自鼻曰泗。」

〔一〇〕左傳桓公元年：「目逆而送之。」正義：「未至則目逆，既過則目送。」史記留侯世家：「四人爲壽已畢，起去，上目送之。」

〔一一〕趙曦明曰：「南史裴邃傳：『子之禮，字子義。母憂居喪，惟食麥飯。邃廟在光宅寺西，堂宇弘敞，松柏鬱茂；范雲廟在三橋，蓬蒿不翦。梁武帝南郊，道經二廟，顧而歎曰：「范爲已死，裴爲更生。」之禮卒於少府卿，謚曰莊。子政，承聖中位給事黄門侍郎，魏尅江陵，隨例入長安。』」

二親既没，所居齋寢〔一〕，子與婦弗忍入焉。北朝頓丘〔二〕李構〔三〕，母劉氏，夫人亡後，所住之堂，終身鏁〔四〕閉，弗忍開入也。夫人，宋廣州刺史〔五〕纂之孫女，故構猶染江南風教。其父奬，爲揚州刺史，鎮壽春〔六〕，遇害。構嘗與王松年〔七〕、祖孝徵數人同集〔八〕談讌。孝徵善畫，遇有紙筆，圖寫爲人。頃之，因割鹿尾，戲截畫人以示構，而無他意。構愴然動色，便起就馬而去。舉坐驚駭，莫測其情。祖君尋〔九〕悟，方深反側〔一〇〕，當時罕有能感此者〔一一〕。吴郡陸襄，父閑被刑〔一二〕，襄終身布衣蔬飯，雖薑菜有切割〔一三〕，皆不忍食；居家惟以掐〔一四〕摘供廚。江寧姚子篤〔一五〕，母以燒死，終身不忍噉炙〔一六〕。豫章〔一七〕熊康父以醉而爲奴所殺，終身不復嘗酒。然禮緣人情，恩由義斷，親以噎死，亦當不可絶食也〔一八〕。

〔一〕齋寢，齋戒時所居之旁屋。

〔二〕趙曦明曰：「宋書州郡志：『頓邱，二漢屬東郡，魏屬陽平，（晉）武帝泰始二年，分淮陽置頓邱郡，縣屬焉。』」

〔三〕盧文弨曰：「北史李崇傳：『崇從弟平，平子奬，字遵穆，容貌魁偉，有當世才度。元顥入洛，以奬兼尚書左僕射，慰勞徐州羽林，及城，人不承顥旨，害奬，傳首洛陽。孝武帝初，詔贈冀州刺史。子構，字祖基，少以方正見稱，襲爵武邑郡公，齊初，降爵爲縣侯，位終太府卿。構常以雅道自居，甚爲名流所重。』」

〔四〕盧文弨曰：「鏁，説文作鎖。」

〔五〕趙曦明曰：「宋書州郡志：『廣州刺史，吴孫休永安七年分交州立，領郡十七，縣一百三十六。』」

〔六〕趙曦明曰：「宋書州郡志：『揚州刺史，前漢未有治所，後漢治歷陽，魏、晉治壽春。』」

〔七〕盧文弨曰：「北齊書王松年傳：『少知名，文襄臨并州，辟爲主簿，孝昭擢拜給事黄門侍郎。孝昭崩，護梓宫還鄴，哭甚流涕；武成雖忿松年戀舊情切，亦雅重之，以本官加散騎常侍，食高邑縣侯。』」器案：王松年傳又見北史卷三十五，云：「其第二子劭最知名。」

〔八〕「集」，抱經堂本誤作「席」，宋本以下諸本俱作「集」，今據改正。

〔九〕器案：勉學篇：「帝尋疾崩。」文選羊叔子讓開府表：「以身誤陛下，辱高位，傾覆亦尋而至。」劉淇助字辨略二：「尋，旋也，隨也，猶今云隨即如何也。」

〔一〇〕詩周南關雎：「輾轉反側。」鄭箋：「卧而不周曰輾。」孔穎達正義：「反側猶反覆。」又小雅何人斯：「以極反側。」鄭箋：「反側，輾轉也。」又關雎朱熹集傳：「反者輾之過，側者轉之留，皆伏不安席之意。」

〔一一〕羅本、顔本、朱本分段。

〔一二〕吴郡志二一引「刑」作「害」。盧文弨曰：「南史陸慧曉傳：『閑字遐業，慧曉兄子也。有風槩，與人交，不苟合，仕至揚州别駕。永元末，刺史始安王遥光據東府作亂，閑以綱佐被收，尚書令徐孝嗣啓閑不預逆謀，未及報，徐世標命殺之。四子：厥、絳、完、襄也。襄本名衮，字趙卿，有奏事者誤字爲襄，梁武帝乃改爲襄，字師卿。太清元年爲度支尚書。襄弱冠遭家禍，釋服，猶若居憂，終身蔬食布衣，不聽音樂，口不言殺害。』」器案：文苑英華八四二引江總梁故度支尚書陸君誄：「君諱襄，字師卿，吴人也。……父閑，揚州别駕，齊永元紹厤，蕭遥光謀反伏誅，閑以州職見害。子絳，其日并命。忠孝之道，萃此一門。襄時年十四，號毁殆滅，布衣蔬食，終于身世。」

〔一三〕吴郡志「割」下有「者」字。王叔岷曰：「案大戴禮曾子制言中篇：『布衣不完，蔬食不飽。』記纂淵海五二引此文『蔬』作『疏』，疏、蔬正、俗字。『疏飯』即『麤飯』，禮記喪大記：『士疏食水飲。』孔疏：『疏，麤也。食，飯也。』記纂淵海引『薑』作『羹』，恐非。」

〔一四〕顏本原注：「掐，音恰。」盧文弨曰：「玉篇：『爪按曰掐。』」

〔一五〕羅本、傅本、顏本、程本、胡本、何本、朱本、黄本、鮑本、汗青簃本及類説、合璧事類前二四、羣書類編故事六「江寧」作「江陵」。類説「篤」作「爲」，形近之誤。

〔一六〕盧文弨曰：「噉，徒濫切，與啗、啖並同，食也。炙，之夜切。」

〔一七〕盧文弨曰：「晉書地理志：『豫章郡屬揚州。』」

〔一八〕宋本原注：「一本無『當』字，有『也』字；一本有『當』字，無『也』字。」案：羅本、傅本、顏本、程本、胡本、何本、朱本、黄本及類説無「也」字；合璧事類、羣書類編故事無「當」字。郝懿行曰：「情至者未便可非，顔君此論，理未爲通也。」

禮經：父之遺書，母之杯圈，感其手口之澤，不忍讀用〔一〕。政爲常所講習，讐校繕寫〔二〕，及偏加服用〔三〕，有迹可思者耳。若尋常墳典〔四〕，爲生什物〔五〕，安可悉廢之乎？既不讀用，無容散逸〔六〕，惟當緘保〔七〕，以留後世耳。

〔一〕盧文弨曰：「禮記玉藻：『父没而不能讀父之書，手澤存焉爾；母没而杯圈不能飲焉，口澤之氣存焉爾。』鄭注：『圈，屈木所爲，謂卮匜之屬。』釋文：『圈，起權切。』案：亦作棬。」

〔二〕盧文弨曰：「左太沖魏都賦：『讐校篆籀。』案：讐謂一人持本，一人讀之，若怨家相對，有誤必舉，不肯少恕也。漢劉向校中祕書，凡一書竟，奏上，每云皆定，以殺青，可繕寫。後漢書盧植傳：『臣前以周禮諸經爲之解詁，無力供繕寫上。』章懷注：『繕：善也。』」王叔岷曰：「案文選左太沖魏都賦李善注引風俗通云：『案劉向别録：一人讀書，校其上下，得謬誤，爲校；一人持本，一人讀書，若怨家相對，爲讎。』」

〔三〕器案：服用即用也，古代謂用曰服。易繫辭：「服牛乘馬。」詩鄭風叔于田：「巷無服馬。」吕氏春秋順民篇：「服劍臂刃。」史記李斯傳：「服太阿之劍。」大戴禮記武王踐阼篇劍銘曰：「帶之以爲服。」鹽鐵論殊路篇：「于越之鋌……工人施巧，人主服而朝也。」服皆作用字用。

太平御覽有服用部二十一卷，所載什物，自帳幔幌幬以下，至于燕脂花勝之屬，凡八十種。

〔四〕盧文弨曰：「孔安國尚書序：『伏犧、神農、黄帝之書，謂之三墳，言大道也；少昊、顓頊、高辛、唐、虞之書，謂之五典，言常道也。』」器案：墳典，一般用爲書籍之意。南史丘巨源傳：「少好學，居貧，屋漏，恐溼墳典，乃舒被覆書，書獲全而被大溼。」

〔五〕盧文弨曰：「史記五帝本紀：『舜作什器於壽邱。』索隱：『什，數也，蓋人家常用之器非一，故以十爲數，猶今云什物也。』」案史記正義：「顔師古曰：『軍法：五人爲伍，二伍爲什，則共器物。故謂生生之具爲什器，亦猶從軍及作役者，十人爲火，共畜調度也。』」

〔六〕散逸，謂散失亡逸。本書雜藝篇：「梁氏祕閣，散逸以來。」南史何憲傳：「博涉該通，羣籍畢覽，天閣祕寶，人間散逸，無遺漏焉。」

〔七〕盧文弨曰：「緘，古咸切，封也。」案：文選謝惠連雜詩注：「緘，東篋也。」

思魯等第四舅母，親吴郡張建女也〔一〕，有第五妹，三歲喪母。靈牀〔二〕上屏風，平生舊物，屋漏沾溼，出曝曬之，女子一見，伏牀流涕。家人怪其不起，乃往抱持；薦席〔三〕淹漬〔四〕，精神傷怛〔五〕，不能飲食。將以問醫，醫診脈〔六〕云：「腸斷矣〔七〕！」因爾便吐血，數日而亡。中外憐之，莫不悲歎。

〔一〕林思進先生曰：「俗多誤以『親』字絶句。（案：朱本斷句正如此。）案：春秋繁露竹林篇：

『齊頃公，親齊桓公孫。』史記淮南王傳：『大王，親高帝孫。』梁孝王世家：『李太后，親平王之大母也。』容齋隨筆七引顔魯公書遠祖顔含碑，晉李闡之文也，云：『君是王親丈人，故呼王小字。』皆可證。蓋古人自有此種語也。」案：前文「言及先人」條，亦有此例，説詳彼注。

〔二〕靈牀，即靈座，供奉亡人靈位之几筵也。世説新語傷逝篇：「顧彦先平生好琴，及喪，家人常以琴置靈牀上。」晉書本傳作「靈座」。

〔三〕周禮春官司几筵鄭玄注云：「鋪陳曰筵，藉之曰席，筵鋪於下，席鋪於上，所以爲位也。」

〔四〕御覽四一五、永樂大典一〇八一三「淹漬」作「淚漬」。

〔五〕「怛」原作「沮」，顔本、程本、胡本、朱本作「怛」，今據改。劉盼遂引吴承仕曰：「毛詩：『中心怛兮。』傳：『怛，傷也。』」

〔六〕史記倉公傳：「傳黄帝、扁鵲之脈書，五色診病，知人死生，決嫌疑，定可治。」診脈，今云看脈。

〔七〕御覽、永樂大典「腸」上有「女」字。

禮云：「忌日不樂〔一〕。」正以感慕罔極，惻愴無聊〔二〕，故不接外賓〔三〕，不理衆務耳〔四〕。必能悲慘自居〔五〕，何限於深藏也？世人或端坐奥室〔六〕，不妨〔七〕言笑，盛營甘美，厚供齋食；迫有急卒〔八〕，密戚至交，盡無相見之理：蓋不知禮意乎〔九〕！

〔一〕盧文弨曰：「禮記祭義：『君子有終身之喪，忌日之謂也。忌日不用，非不祥也，言夫日，志有所至，而不敢盡其私也。』樂，如字，一音洛。」

〔二〕楚辭九思：「心煩憒兮意無聊。」王逸注：「聊，樂也。」

〔三〕劉嶽雲食舊德齋雜著：「真德秀讀書記：『近時大儒有忌日衣黲衣巾墨衰受弔者。』（案：此指朱熹。）李濟翁資暇録云：『親戚來而不拒。』顔氏家訓謂：『不接外賓。』蓋謂尋常之賓耳。」

〔四〕封氏聞見記六「衆」作「庶」。

〔五〕封氏聞見記此句作「不能悲愴自居」。

〔六〕盧文弨曰：「奥室，深隱之室。禮記仲尼燕居：『室而無奥阼，則亂於堂室也。』」

〔七〕封氏聞見記「妨」作「好」。

〔八〕盧文弨曰：「卒，與猝同。」案：封氏聞見記引此數句作「卒有急回，寧無盡見之理，其不知禮意乎」。王叔岷曰：「莊子大宗師篇：『是惡知禮意乎（今本脱「乎」字）！』」

〔九〕唐語林八載此文，誤作顔延之曰。封氏聞見記六忌日曰：「沈約答庾光禄書云：『忌日制假，應是晉、宋之間，其事未久。未制假前，止是不爲宴樂，本不自封閉，如今世自處者也。居喪再周之内，每有忌日，哭臨受弔，無不見人之義。而除服之後，乃不見人，實由世人以忌日不樂，而不能竟日興感，以對賓客，或弛解，故過自晦匿，不與外接。假設之由，寔在於此。』」所説與此可互參。

魏世王脩〔一〕母以社日〔二〕亡；來歲社日〔三〕，修感念哀甚，鄰里聞之，爲之罷社。今二親喪亡，偶值伏臘分至之節〔四〕，及月小晦後，忌之外〔五〕，所經此日〔六〕，猶應感慕〔七〕，異於餘辰，不預飲讌、聞聲樂及行遊也。

〔一〕趙曦明曰：「魏志王脩傳：『脩字叔治，北海營陵人。七歲喪母。』下載此事。」

〔二〕器案：曆書以立春後第五戊日爲春社，立秋後第五戊日爲秋社，此社日不知爲春社抑秋社。御覽三〇引魏志此事，列入春社；敦煌卷子伯二六二一號引孝子傳：「母以社日亡，白秋鄰里會，脩憶念其母，哀慕號絶，鄰里爲之罷社。」則以爲秋社。

〔三〕趙曦明曰：「各本俱脱『日』字，宋本作『來歲有社』，（器案：宋本於「有」字下注云：「一本作『一』字，一本只云『來歲社』。」）亦誤。案：御覽引蕭廣濟孝子傳載此事有『日』字，今據補。」

〔四〕盧文弨曰：「『曆忌釋：『四時代謝，皆以相生。至於立秋，以金代火，金畏火，故至庚日必伏。庚者，金也。』陰陽書：『從夏至後第三庚爲初伏，第四庚爲中伏，立秋後初庚爲後伏，亦謂之末伏。』史記秦本紀：『德公始爲伏祠。』魏臺訪議：『王者各以其行盛日爲祖，衰日爲臘。漢火德，火衰於戌，故以戌日爲臘。』魏、晉以下，以此推之。分，春、秋分；至，冬、夏至。」

〔五〕「外」，宋本作「日」，不可從。

〔六〕盧文弨曰："「蓋謂親或以月大盡亡，而所值之月，只有二十九日，乃月小之晦日，即以爲親之忌日所經也。」鄭珍曰："「六朝時更有忌月之説。張融有孝，忌月三旬不聽音樂；晉穆帝將納后，以康帝忌月疑之，下其議，皆見於史。相沿至唐不廢。唐書王方慶傳『議者以孝明帝忌月，請獻俘，不作樂』可見。而又有此月中忌前晦前、忌後晦後各三日之説。唐書韋公肅傳：『睿宗祥月，太常奏……前忌與晦三日、後三日，皆不聽事，忌晦之明日，百官叩側門通慰。』蓋沿隋以前舊習也。黄門此云『月小晦後』，正謂忌月之晦前後三日，月小則廿七八九也；此與伏臘分至，皆在忌日之外，故黄門自言：『已喪親後值如此，於忌之外，所經等日，猶感慕異於餘辰，不必正忌日也。』『忌之外所經此日』一句，沈本『外』作『日』，誤。盧注非。」案：鄭説是，今從之。

〔七〕「猶」，抱經堂本誤「尤」，今據各本校改。「感」，宋本原注云："「一作『思』。」案：後娶篇："「基每拜見後母，感慕嗚咽。」本篇前文："「言及先人，理當感慕。」「正以感慕罔極，惻愴無聊。」則顔氏凡言悼念亡親時，皆用感慕。南史張敷傳："「生而母亡，年數歲，問知之，雖蒙童，便有感慕之色。」隋書獨孤皇后傳："「早失二親，常懷感慕，見公卿有父母者，每爲致禮。」蓋思慕僅存於心，感慕則形於色也。

劉緍、緩、綏，兄弟並爲名器〔一〕，其父名昭〔二〕，一生不爲照字，惟依爾雅火旁作召耳〔三〕。然凡文與正諱相犯，當自可避；其有同音異字，不可悉然。劉字之下，即有昭音〔四〕。呂尚之兒，如不爲上〔五〕；趙壹之子，儻不作一〔六〕：便是下筆即妨，是書皆觸也〔七〕。

〔一〕名器，知名之器，與上文「王元景兄弟皆號名人」之名人義同。古代稱人才爲器，如國器、社稷器、天下器等是。晉書陳騫傳：「富年沈敏，藴兹名器。」

〔二〕沈揆曰：「南史劉昭本傳，子縚、緩附。一本以『昭』爲『照』者非。」趙曦明曰：「梁書文學傳：『劉昭，字宣卿，平原高唐人。集後漢同異，以注范書。爲剡令，卒。子縚，字言明。通三禮，大同中爲尚書祠部郎，尋去職，不復仕。弟緩，字含度。歷官湘東王記室；時西府盛集文學，緩居其首。隨府轉江州，卒。』綏，本傳不載，疑此字衍。」鄭珍曰：「據世説雅量注，劉綏，高平人。南史，劉昭，平原人。綏字衍文。御覽蕭廣濟孝子傳改正。」器案：世説賞譽下注引劉氏譜：「綏字萬安，高平人。祖奥，太祝令；父斌，著作郎；歷驃騎長史。」（隋書經籍志集部：「梁有安西記室劉綏集四卷。」）是綏爲道真從子，壻爲庾翼，皆東晉人物也。不惟郡望不合，父祖各别，並時代亦懸絶，趙、鄭疑綏字衍，是也。此蓋傳鈔者涉糸旁排行誤入，或即因緩字形近而誤衍也。沈揆於劉綏不著一字，則所見本初未嘗有綏字也。

〔三〕趙曦明曰：「爾雅釋蟲：『螢火即炤。』」案：天中記二四引「召」作「炤」。荀子儒效篇：「炤兮其用知之明也。」楊倞注：「炤與照同。」炤蓋照之或體字。

〔四〕郝懿行曰："音劉字者，卯下即釗字昭音爾。牟默人説。"鄭珍曰："此下言不諱嫌名也。劉字下半是釗字，釗與昭同音，如諱嫌名，即姓亦不可寫也。"劉盼遂引吴承仕曰："劉字上從卯，下從釗，釗音正與昭同。意謂同音異字，悉須避忌，即劉字下體亦觸昭音，不可得書也。"器案：郝、鄭、吴諸説是。韓愈諱辨："康王釗之孫，實爲昭王。"舉事雖不同，而説明釗字昭音則一，亦足爲證。

〔五〕趙曦明曰："史記齊世家：『太公吕尚者，東海上人。』"

〔六〕趙曦明曰："後漢書趙壹傳：『壹字元叔，漢陽西縣人。』"

〔七〕劉淇助字辨略三："是書之是，猶凡也，言凡是書札，皆觸忌諱也。今謂處處曰是處，猶云到處也。"李調元勦説三："言凡是書札，皆觸忌諱也。可爲著書之箴。"器案：少儀外傳上引酬酢事變："凡作書啓，先記彼人父祖名諱於几案。"此沿六朝積習也。

嘗有甲設讌席，請乙爲賓〔一〕；而且於公庭見乙之子，問之曰："尊侯早晚顧宅〔二〕？"乙子稱其父已往〔三〕。時以爲笑。如此比例〔四〕，觸類〔五〕慎之，不可陷於輕脱〔六〕。

〔一〕器案：歸心篇亦有"安能辛苦今日之甲，利後世之乙"之語。今案：古書凡不實指人名而言，率虚設甲乙之詞以代之，如韓非子用人篇"罪生甲，禍歸乙"是也；或稱爲某甲某乙，如左傳文公十四年「夫己氏」注「猶言某甲」是也；或稱爲張甲李乙，如三國志魏書王脩傳注引魏略載太祖與脩書「張甲李乙，猶或先之」是也；或稱爲張甲王乙李丙趙丁，如范縝神滅論「張甲之情，寄王乙之軀，李丙之性，托趙丁之體」是也。

〔二〕周一良曰：「早晚猶言何時，唐人猶習用，劉盼遂氏校箋補正已言之。尊侯乃葑人父之尊稱，不必官高位重或定是侯爵也。梁書四七吉翂傳：『天監初，父爲吴興原鄉令，逮詣廷獄。蔡法度曰：主上知尊侯無罪，得當釋亮。』搜神記：『吴興一人有二男，一師過其家，語二兒云：君尊侯有大邪氣。』皆是其例。南北朝人又有明侯一詞，作第二人稱之尊稱代名詞，如魏書七八張普惠傳：『遺書普惠曰：明侯淵儒實學，身負大才。』侯亦非指公侯也。」器案：周説是。世説新語言語篇：「中朝有小兒父病，行乞藥。主人問病，曰：『患瘧也。』主人曰：『尊侯明德君子，何以病瘧？』答曰：『來病君子，所以爲瘧耳。』」亦爲爾時對人父尊稱之證。本篇上文云「凡與人言，稱彼祖父母、世父母、父母及長姑，皆加尊字」，是也。

〔三〕林思進先生曰：「下云『時以爲笑』者，蓋笑其不審早晚，不顧望而對，遽云已往，所謂『陷於輕脱』，此耳。」劉盼遂曰：「此甲問乙子，乙將以何時可以枉過，乙子不悟，答以其父已往，遂成笑柄。蓋六朝、唐人通以早晚二字爲問時日遠近之辭，洛陽伽藍記瓔珞寺：『李澄問趙逸曰：「太尉府前甎浮圖，形製甚古，猶未崩毁，未知早晚造？」逸曰：「晉義熙十二年，劉裕伐姚泓，軍人所作。」』杜甫江雨有懷鄭典設詩：『春雨闇闇塞峽中，早晚來自楚王宫？』李白長干行：『早晚下三巴？預將書報家。』所云早晚，皆問辭也。迤及近世，則加多字爲多早晚，石頭記小説中累見。」器案：劉説是。姚元之竹葉亭雜記七：「京中俗語，謂何時曰多早晚（早字俗言讀音近盞）。隋書藝術傳：『樂人王令言亦妙達音律。大業末，煬帝將幸江都，令言之子嘗從於户外彈琵琶，作翻調安公子曲。令言時卧室中，聞之大驚，蹶然而起曰：「變變。」急呼其子曰：「此曲興自早晚？」其子對曰：「頃來有之。」』族弟伯山曰：『然則此語，蓋由來已久。』」姚氏所舉王令言事，亦足爲證。

〔四〕御覽二四五引俗説：「江夷爲右僕射，主上欲用其領詹事，語王准：『卿可覓比例。』」

〔五〕易繫辭上：「觸類而長之。」正義：「謂觸逢事類而增長之，若觸剛之事類以次增長於剛，若觸柔之事類以次增長於柔。」三國志魏書王昶傳：「若引而伸之，觸類而長之，汝其庶幾舉一隅耳。」

〔六〕器案：本書養生篇：「但須精審，不可輕脱。」後漢書列女傳：「班昭女誡曰：『動静輕脱，視聽陜輸，……此謂不能專心正色矣。』」抱朴子漢過篇：「猝突萍鶩，驕矜輕侻者，謂之巍峩瑰傑。」輕侻即輕脱，謂輕薄佻脱也。

江南風俗，兒生一期，爲製新衣，盥浴裝飾，男則用弓矢紙筆，女則刀尺鍼縷〔一〕，並加飲食之物，及珍寶服玩，置之兒前，觀其發意所取，以驗貪廉愚智，名之爲試兒〔二〕。親表聚集，致讌享焉〔三〕。自茲已後，二親若在，每至此日，嘗有酒食之事耳〔四〕。無教之徒，雖已孤露〔五〕，其日皆爲供頓〔六〕，酣暢聲樂，不知有所感傷〔七〕。梁孝元〔八〕年少之時，每八月六日載誕〔九〕之辰，常設齋講；自阮修容薨殁之後〔一〇〕，此事亦絶〔一一〕。

〔一〕少儀外傳下、愛日齋叢鈔一引「則」下有「用」字。盧文弨曰：「刀，剪刀；鍼，古作箴，今又作針；縷，綫也。」

〔二〕事文類聚後五「試兒」作「試週」。盧文弨曰：「子生周年謂之晬，子對切，見説文。其試兒之物，今人謂之晬盤。」案：今四川試兒謂之抓周。愛日齋叢鈔一：「晬謂子生一歲，顔氏家訓云云，玉壺野史（案：即玉壺清話，所引見卷一）記曹武惠王始生周晬日，父母以百玩之具羅於席，觀其所取。武惠王左手執干戈，右手提俎豆，斯須取一印，餘無所視。曹真定人，江南遺俗乃在此。今俗謂試周是也。」據此，則祝穆之改「試兒」爲「試週」，乃從時俗也。

〔三〕黄叔琳曰：「此風尤盛行於今，所謂無理只取鬧也。不肖者或托此以歛財。」

〔四〕少儀外傳「耳」作「而」，屬下句讀。郝懿行曰：「今俗慶生辰，遂多如此，顔君所譏彈也。」

〔五〕李詳曰：「案：嵇康與山巨源絶交書：『少加孤露。』」器案：北史趙隱傳：「幼小孤露。」綱目集覽四九：「孤者，幼而無父者也；露者，暴露於外也。」唐人則謂之偏露，孟浩然送莫氏甥詩：「平生早偏露。」説略本日知録卷十三。陳槃曰：「露，羸也。梁玉繩曰：『管子短語十四：天下乃路。左傳昭元年：以露其體。注：羸也。韓子亡徵云：罷露百姓。風俗通第九：大用羸露。蓋三字古通。』（庭立記聞一）然則孤露即幼孤而羸弱耳。説苑貴德：『幼孤羸露。』簡言之則曰『孤露』矣。」

〔六〕少儀外傳下「供頓」作「燕飲」，蓋據時語改之。唐書高紀：「詔所過供頓，免今歲租賦之半。」胡三省資治通鑑一九〇注：「中頓，謂中道有城有糧，可以頓食也。置食之所曰頓。唐人多言置頓。」案：供頓與置頓義近。今謂吃一次飯曰吃一頓飯，本此。

〔七〕愛日齋叢鈔五：「梁元帝當載誕之辰，輒齋素講經。唐太宗謂長孫無忌曰：『是朕生日，世俗皆爲懽樂，在朕翻爲感傷：今君臨天下，富有四海，而欲承顏膝下，永不可得，此子路有負米之恨也。詩云：「哀哀父母，生我劬勞。」奈何以劬勞之日，更爲宴樂乎！』泣數行下，羣臣皆流涕。則前世人主未以生日爲重，而慶賀成俗已久矣。」案：茶餘客話卷二十二論此及唐太宗事。亭林文集卷三與友人辭祝書云：「生日之禮，古人所無，小弁之逐子，始説我辰，哀郢之故臣，乃言初慶。」

〔八〕宋本「元」下有「帝」字，原注云：「一本無『帝』字。」案：事文類聚、羣書類編故事六有「帝」字。

〔九〕庾信周大將軍司馬裔神道碑：「今遺腹載誕，流離寇逆。」唐穆宗長慶元年詔：「七月六日，是朕載誕之辰。」陳槃曰：「載誕，六朝人語。哀江南賦：『降生世德，載誕貞臣。』」

〔一〇〕趙曦明曰：「梁書后妃傳：『高祖阮修容，諱令嬴，本姓石，會稽餘姚人，齊始安王遥光納焉。

遥光敗，入東昏侯宫。建康城平，高祖納爲綵女，天監六年八月生世祖，尋拜爲修容，隨世祖出蕃。大同六年六月薨於江州内寢。世祖即位，追崇爲文宣太后。』」盧文弨曰：「金樓子稱：『宣修容，會稽上虞人，以大同九年太歲癸亥六月二日薨。』與史不同。」器案：修容，魏文帝所制，自晉以來，位列九嬪，見通鑑一六四胡注。

〔一一〕事文類聚「此」爲「而」字。封氏聞見記四降誕：「近代風俗，人子在膝下，每生日有酒食之會。孤露之後，不宜復以此日爲歡會。梁元帝少時，每以載誕之辰，輒設齋講經，洎阮修容殁後，此事亦絶。」即據此爲言。

人有憂疾，則呼天地父母〔一〕，自古而然。今世諱避，觸途急切〔二〕。而江東士庶，痛則稱禰〔三〕。禰是父之廟號，父在無容稱廟，父殁何容輒呼〔四〕？蒼頡篇〔五〕有倄字〔六〕，訓詁云：「痛而謼也〔七〕，音羽罪反。」今北人痛則呼之。聲類〔八〕音于耒反〔九〕，今南人痛或呼之。此二音隨其鄉俗，並可行也〔一〇〕。

〔一〕盧文弨曰：「史記屈原傳：『夫天者，人之始也，父母者，人之本也，人窮則反本；故勞苦倦極，未嘗不呼天也，疾痛慘怛，未嘗不呼父母也。』」器案：五燈會元十二潭州興化紹清禪師：「不見道東家人死，西家人助哀，以手搥胸曰：『蒼天！蒼天！』」

〔二〕盧文弨曰：「言今世以呼天呼父母爲觸忌也，蓋嫌於有怨恨祝詛之意，故不可也。」

〔三〕劉盼遂曰：「按江東人痛呼禰，當是呼㜷，㜷者，母之俗字，人窮則呼母，古今不異。顔氏誤以爲呼禰，實緣㜷、禰同音而致疏失。廣雅釋親：『㜷，母也。』宋書何承天傳：『承天年老，荀伯子嘲呼爲㜷母。承天曰：「卿當云鳳皇將九子，㜷母何言邪？」』北齊書穆提婆傳：『後主繦緥之中，令陸令萱鞠養，謂之乾阿㜷。』李商隱作李賀小傳，稱賀臨終，呼其母曰阿㜷。此六朝、唐人呼母爲㜷之徵也。顔氏誤㜷音爲禰，遂難於自解矣。」

〔四〕劉淇助字辨略一：「此容字，可辭也。容之爲可者，容有許意，轉訓爲可也。」

〔五〕趙曦明曰：「漢書藝文志，蒼頡一篇，秦丞相李斯作，揚雄、杜林皆作訓纂，杜林又作蒼頡故，故即詁也。」

〔六〕宋本原注：「侑，下交切，痛聲也。」傳本有此注，而誤爲「下痛交切聲也」。盧文弨曰：「案：侑字音見下，此音疑非顔氏本有。」錢大昕曰：「案：廣韻十四賄部有侑字，云：『痛而叫也，于罪切。』與羽罪音正同。」説文解字八上：「侑：刺也，从人肴聲。一曰痛聲。」段玉裁注：「鍇曰：謂疾害也。顔氏家訓曰：『蒼頡篇有侑字，訓詁云：痛而謼也。羽罪反。今北人痛則呼之。聲類音于來反，今南人痛或呼之。』案：廣韻、集韻有羽罪一音，無後一音。按元應佛書音義曰：『痏痏，諸書作侑，通俗文于罪切，痛聲曰痏。』此條合之字義俗語，皆無不合。其云『諸書作侑』，蓋蒼頡訓詁亦在其中，借侑爲痏，皆有聲也。顔氏家訓之『侑』，當是『侑』之誤，不必與説文牽合。大徐説文改『毒之』爲『痛聲』，恐是竊取黄門語。又搜神記卷十四云：『聞呻吟之聲曰唷唷宜死。』唷亦痏之俗字。」又三上：「謷，痛嘑也。从言敫聲。」段玉裁注：「嘑作呼，誤。謷與嗷義略同。痛嘑若顔氏家訓所云：『北人呼羽罪反之音，南人呼于來反之音也。』」

〔七〕宋本原注：「諱，火故切。」案：顔本、朱本「火」作「龍」，程本、胡本誤作「人」；傅本「切」誤「母」。

〔八〕趙曦明曰：「隋書經籍志：『聲類十卷，魏左校令李登撰。』」

〔九〕「于耒反」，趙曦明曰：「俗本作『于來反』，今從宋本。」郝懿行曰：「『于耒反』，本或作『于來反』，形近而譌。」

〔一〇〕盧文弨曰：「案：侑字今讀肴，不與古音合，又轉爲喔，今俗痛呼阿唷，音育，聲隨俗變，無定字也。」任大椿蒼頡篇考逸下：「侑，痛而嘑也。羽罪翻。」王念孫曰：「『風操篇云云』，今案：侑字從肴得聲，羽罪、于來（當作『耒』）二翻，皆與肴聲不協。說文：『侑，刺也，一曰痛聲，胡茅切。』玉篇音訓與說文同，皆無羽罪、于來之音。又案僧祇律卷十三音義云：『痏，諸書作侑。』引通俗文云：『侑，于罪反，痛聲曰侑。』于罪與羽罪同音，然則音羽罪反之侑字，乃侑字之訛，痏、侑並從有得聲，與貨賄之賄聲相近，故蒼頡篇訓詁音侑羽罪翻，聲類音于來（耒）翻，今之痛呼之聲，猶有若此者。然考廣韻：侑，胡茅反，痛聲也；又於罪反，痛而叫也。集韻、類篇並與廣韻同，此字之誤，其來久矣。』」洪亮吉曉讀書齋四録下：「案：既有羽罪、于末二反，則字不當有爻音，疑倄字爲侑字傳寫之誤，今北俗痛苦甚尚呼阿侑，讀若洧，或尚與古同也。左傳昭公三年：『而或燠休之。』服虔注云：『燠休，痛其痛而念之，若今時小兒痛，父母以口就之曰燠休，代其痛也。』阿侑即噢休之轉聲。」平步青霞外攟屑卷十玉雨淙釋諺阿侑條：「曉讀書四録下云云。按今小説彈詞皆書作阿唷，玉篇：『唷，出聲也。』集韻同喅。説文：『喅，音聲喅喅然。』皆與今俗呼痛聲不合。顔氏家訓云云，則『侑』當作『倄』，奕協揆刻誤，非北江原本矣。」陳漢章曰：「通俗文：『痛聲曰侑，又曰痏。』皆羽罪反。案：説文：『姷，耦也，亦作侑。』又：『痏，疻痏也。』痛聲之侑，當是痏之變。又：『倄，刺也，一曰痛聲。』則作侑亦是。」器案：北史儒林熊安生傳：「後齊任城王湝鞭之，宗道暉徐呼：『安偉！安偉！』」安偉，即阿侑也。

梁世被繫劾者〔一〕，子孫弟姪，皆詣闕三日，露跣〔二〕陳謝；子孫有官，自陳解職。子則草屩麤衣〔三〕，蓬頭垢面〔四〕，周章〔五〕道路，要候〔六〕執事，叩頭流血，申訴冤枉。若配徒隸，諸子並立草庵〔七〕於所署門，不敢寧宅〔八〕，動經旬日，官司驅遣，然後始退。江南諸憲司彈人事，事雖不重〔九〕，而以教義見辱者，或被輕繫而身死獄户者，皆爲怨讎〔一〇〕，子孫三世不交通矣。到洽〔一一〕爲御史中丞，初欲彈劉孝綽〔一二〕，其兄溉〔一三〕先與劉善，苦諫不得，乃詣劉涕泣告别而去。

〔一〕盧文弨曰：「䓁，胡槩切，又胡得切，推劾也。」

〔二〕胡三省通鑑一四二注：「露者，露髻。」高誘淮南子修務篇注：「跣足，不及著履也。」

〔三〕顔本、朱本屬下注云：「音脚，履也。」盧文弨曰：「𪊨，疏也；布帛之等，縷小者則細良，縷大者則疏惡。」

〔四〕王叔岷曰：「案莊子説劍篇：『蓬頭突鬢。』宋玉登徒子好色賦：『蓬頭攣耳。』山海經西山經郭璞注：『蓬頭亂髮。』」

〔五〕本書勉學篇：「周章詢請。」文章篇：「周章怖慴。」楚辭九歌王逸注：「周章，猶周流也。」文選吴都賦劉淵林注：「周章，謂章皇周流也。」又劉越石答盧諶書：「自頃輈張。」李善注：「輈張，驚懼之貌。」周章、輈張音義俱同。大唐新語酷忍篇：「郭霸周章惶怖，拔刀自刳腹而死。」唐人尚用周章字。

〔六〕盧文弨曰：「要，於宵切，亦作邀。」

〔七〕盧文弨曰：「庵，烏含切，廣韻：『小草舍也。』」器案：風俗通愆禮篇：「喪者、訟者，露首草舍。」則涉訟露首草舍，自東漢時已然。

〔八〕器案：不敢寧宅，猶詩言「不遑寧處」、左傳桓公十八年言「不敢寧居」之意，言不敢安居也。後代通制條格卷二十二之假寧，元典章卷十二之寧家，即此寧宅之意。

〔九〕盧文弨曰：「兩『事』字似衍其一。」又曰：「各本皆誤衍一『事』字。」

〔一〇〕宋本「怨」作「死」，原注：「一本作『怨』字。」趙曦明曰：「案：怨字是，讀若宛。」王叔岷曰：「『死』乃『怨』之壞字，『怨』，古『怨』字。論語微子篇：『不使大臣怨乎不以。』敦煌本『怨』作『怨』，淮南子兵略篇：『積怨在於民也。』日本古鈔卷子本『怨』作『怨』，並其比。」

〔一一〕趙曦明曰：「梁書到洽傳：『洽字茂沿，彭城武原人。普通六年，遷御史中丞，彈糾無所顧望，號爲勁直，當時肅清。』」

〔一二〕趙曦明曰：「梁書劉孝綽傳：『孝綽字孝綽，彭城人，本名冉，小字阿士。與到洽友善，同遊東宮，自以才優於洽，每於宴坐嗤鄙其文；洽銜之。及孝綽爲廷尉正，攜妾入官府，其母猶停私宅。洽尋爲御史中丞，遣令史案其事，遂劾奏之，云：「攜少妹於華省，棄老母於下宅。」高祖爲隱其惡，改「妹」爲「姝」，坐免官。』」案：昔人謂「妹」、「姝」二字互倒，則「少妹」亦當爲「少姝」之誤。

〔一三〕趙曦明曰：「梁書到溉傳：『溉字茂灌，少孤貧，與弟洽俱聰敏，有才學。』」

兵凶戰危〔一〕，非安全之道。古者，天子喪服以臨師，將軍鑿凶門而出〔二〕。父祖伯叔，若在軍陣，貶損〔三〕自居，不宜奏樂讌會及婚冠吉慶事也。若居圍城之中，憔悴容色，除去飾玩〔四〕，常爲臨深履薄之狀焉〔五〕。父母疾篤，醫雖賤雖少，則涕泣而拜之，以求哀也〔六〕。梁孝元在江州，嘗有不豫〔七〕；世子方等〔八〕親拜中兵參軍〔九〕李猷焉〔一〇〕。

〔一〕盧文弨曰：「漢書晁錯傳：『兵，凶器，戰，危事也，以大爲小，以強爲弱，在俛仰之間耳。』」王叔岷曰：「案國語越語下、淮南子道應篇、史記越王句踐世家、説苑指武篇、鹽鐵論論菑篇、漢書主父偃傳、文子下德篇、尉繚子武議篇、兵令上篇並云：『兵者，凶器也。』御覽二七一引桓範世要論：『戰者，危事；兵者，凶器。』」

〔二〕趙曦明曰：「淮南子兵略訓：『主親操斧鉞授將軍，將辭而行，乃爪鬋設明衣，鑿凶門而出。』」案許慎注云：「凶門，北出門也；將軍之出，以喪禮處之，以其必死也。」盧文弨曰：「老子道經：『吉事尚左，凶事尚右，偏將軍居左，上將軍處右。』言以喪禮處之。」王叔岷曰：「案六韜龍韜立將篇：『君親操斧持首，授將其柄，……乃辭而行，鑿凶門而出。』（今本脱「鑿凶門而出」五字，據長短經出軍篇補。）諸葛亮心書出師：『君辭鉞柄以授將曰：從此至軍，將軍其裁之。……將受詞，鑿凶門引軍而出。』劉子兵術篇：『夫將者，國之安危，民之性命，不可不重。故詔之於廟堂，授之以斧鉞；受命既已，則設明衣，鑿凶門。』」

〔三〕公羊桓十一年：「行權有道，自貶損以行權。」漢書藝文志六藝略春秋：「春秋所貶損大人當世君臣，有威權勢力，其事實皆形於傳。」

〔四〕器案：玩即上文「服玩」之玩。飾玩，謂裝飾之品，玩好之器。後漢書皇后紀序論：「選納尚簡，飾翫少華。」南史王曇傳：「手不執金玉，婦女亦不得以爲飾玩。」

〔五〕詩經小雅小旻：「如臨深淵，如履薄冰。」毛傳：「如臨深淵，恐墜；如履薄冰，恐陷也。」

〔六〕司馬温公書儀四：「顔氏家訓曰：『父母有疾，子拜醫以求藥。』蓋以醫者親之存亡所繫，豈可傲忽也。」

〔七〕禮記曲禮疏引白虎通曰：「天子病曰不豫，言不復豫政也。」

〔八〕趙曦明曰：「梁書世祖二子傳：『忠壯世子方等，字實相，世祖長子，母曰徐妃。』」

〔九〕趙曦明曰：「隋書百官志：『皇弟皇子府，置功曹史、録事、記室、中兵等參軍。』」

〔一〇〕宋本原注：「一本無『焉』字。」案：羅本、傅本、顔本、程本、胡本、何本、朱本無「焉」字；少儀外傳上引有。

四海之人，結爲兄弟〔一〕，亦何容易〔二〕。必有志均義敵〔三〕、令終如始者，方可議之〔四〕。一爾〔五〕之後，命子拜伏，呼爲丈人〔六〕，申父友之敬〔七〕；身事彼親，亦宜加禮。比見北人，甚輕此節，行路相逢，便定昆季〔八〕，望年觀貌，不擇是非，至有結父爲兄、託子爲弟者〔九〕。

〔一〕器案：史傳所載異姓結爲兄弟者，大率由於軍伍健兒亡命約同生死。如史記項羽本紀：「漢王曰：『吾與項羽俱北面受命懷王，約爲兄弟，吾翁即若翁。』」此見史籍之始。至北齊書神武紀上：「尒朱兆曰：『香火重誓，何所慮也。』紹宗曰：『親兄弟尚可難信，何論香火。』」

漁陽王紹信傳：「乃與大富人鍾長命結爲義兄弟，妃與長命妻爲姊妹。」北史司馬消難傳：

「初，隋武、元帝之迎，消難結爲兄弟，情好甚篤，隋文每以叔禮事之。」唐瑾傳：「于謹……白

周文，言：『謹學行兼修，願與之同姓，結爲兄弟。』」此尤當時北人節概之可考見者。

〔二〕文選東方曼倩非有先生論：「談何容易。」李善注：「言談說之道，何容輕易乎？」張銑注：

「言談之辭，何得輕易而爲之。」後漢書何進傳：「國家之事，亦何容易。」

〔三〕漢書董賢傳：「光雅恭敬，知上欲尊寵賢，迎送甚謹，不敢以賓客鈞敵之禮。」易林需之同人：

「兩矛相刺，勇力鈞敵。」翟云升校略曰：「均，古通用鈞。」

〔四〕黄叔琳曰：「結爲兄弟，宜慎如此。」

〔五〕胡三省通鑑六九注：「一爾，猶言一如此也。」

〔六〕郝懿行曰：「呼爲丈人猶可；今俗稱乾爹乾娘，於義何居？」

〔七〕「友」，宋本作「交」，原注云：「一本作『友』。」案：說郛本、愛日齋叢鈔作「友」。盧文弨曰：

「古者，與其子相友，則拜其親，謂之拜親之交。馬援有疾，梁松來候之，獨拜牀下，援不答。

孔融先與陳紀友，後與其子羣交，更爲羣拜紀。魯肅拜吕蒙母，結友而别。諸史所載，如此

者非一。」

〔八〕器案：北齊書宋遊道傳：「與頓丘李奬一面，便定死交。」即其證也。

〔九〕器案：如此結義兄弟，實從當時亂倫之過房制度相應而産生者。自唐、五代以來，降弟爲兒，升孫爲子之現象，頗爲普遍；宗法制度且如此，則交朋結友更無論矣。唐德宗以順宗子謜爲第六子，則以孫爲子。唐制，尚主者升行與諸父等。五代史晉家人傳：「重允，高祖弟，高祖愛之，養以爲子。」宋史周三臣傳：「李守節乃李筠之子，守節卒無後，即以筠妾所生之子爲嗣。」劉攽彭城集内殿崇班康君墓誌銘：「君生二歲失父，育于大父，大父育爲己子。」袁采袁氏世範一立嗣擇昭穆相順：「設不得已，養弟、姪、孫以奉祭祀。惟當撫之如子，以其財産與之；受所養者，奉所養如父。」如此之等，與顔氏所言者，合而觀之，非俗所謂「有錢高三輩，無錢低三輩」之絶好寫照耶！

昔者，周公一沐三握髮，一飯三吐餐，以接白屋之士，一日所見者七十餘人〔一〕。晉文公以沐辭豎頭須，致有圖反之誚〔二〕。門不停賓〔三〕，古所貴也。失教之家，閽寺〔四〕無禮，或以主君寢食嗔怒，拒客未通〔五〕，江南深以爲恥。黄門侍郎〔六〕裴之禮，號善爲士大夫〔七〕，有如此輩，對賓杖之；其門生〔八〕僮僕，接於他人，折旋俯仰〔九〕，辭色應對，莫不肅敬，與主無别也〔一〇〕。

〔一〕趙曦明曰：「見荀子，而文小異，説苑亦載之。」盧文弨曰：「荀子堯問篇、説苑尊賢篇及尚書大傳，唯載見士；其握髮吐哺，見史記魯世家。』器案：韓詩外傳三又八、説苑尊賢篇云：「窮巷白屋所先見者四十九人。」金樓子説蕃篇：「周公旦則讀書一百篇，夕則見士七十人也。」韓詩外傳、説苑敬慎篇俱載吐握事。呂氏春秋謹聽篇、淮南子氾論篇又以一沐三捉髮、一飯三吐哺爲夏禹事，黄氏日鈔以此爲形容之語，義或然歟。漢書蕭望之傳：「恐非周公相成王躬吐握之禮，致白屋之意。」師古曰：「白屋，謂白蓋之屋，以茅覆之，賤人所居。」

〔二〕左傳僖公二十四年：「初，晉侯之豎頭須，守藏者也，其出也，竊藏以逃，盡用以求納之。及入，求見。公辭焉以沐。謂僕人曰：『沐則心覆，心覆則圖反，宜吾不得見也。居者爲社稷之守，行者爲羈紲之僕，其亦可矣，何必罪居者！國君而讎匹夫，懼者甚衆矣。』僕人以告，公遽見之。」

〔三〕盧文弨曰：「晉書王渾傳：『渾撫循羈旅，虚懷綏納，座無空席，門不停賓，故江東之士，莫不悦附。』」

〔四〕器案：易説卦：「艮爲閽寺。」文選西都賦：「閽尹閽寺。」張銑注：「閽寺皆刑餘人，掌宮禁門户。」此文則用爲一般司閽者之稱。唐人又作閽侍，李商隱爲舉人上翰林蕭侍郎啓：「頃者，曾干閽侍，獲拜堂皇。」

〔五〕顔本、朱本「未」作「莫」。

〔六〕趙曦明曰：「隋書百官志：『門下省置侍中給事、黄門侍郎各四人。』」

〔七〕「號善爲士大夫」，自此以下，宋本作「好待賓客，或有此輩，對賓杖之，僮僕引接，折旋俯仰，莫不肅敬，與主無别」。原注：「一本『裴之禮號善爲士大夫，有如此輩，對賓杖之，其門生僮僕，接於他人，折旋俯仰，辭色應對，莫不肅敬，與主無别也』。」少儀外傳下引「好待賓客」云云十二字，同宋本，「其門生僮僕」云云二十六字，同今本。事文類聚别二七引作「好待賓客，或有此輩」，餘同今本。器案：南史卷五十八裴邃傳：「子之禮，字子義，美容儀，能言玄理，……歷位黄門侍郎。」又見梁書卷二十八裴邃傳。陳槃曰：「周公下士之説，吕氏春秋下賢：『周公旦所朝於窮巷之中、甕牖之下者七十人』；荀子堯問：『吾所執贄而見者十人，還贄而相見者三十人，貌執之士百有餘人，欲言而請畢事者千有餘人』；尚書大傳：『所執贄而見者十二，委質而相見者三十，其未執贄之士百，我欲盡智得情者千人』（通鑑前編成王元年篇引）；魯世家：『我一沐三捉髮，一飯三吐哺，起以待士』；韓詩外傳三：『布衣之士，所贄而師者十人，所友見者十三人，窮巷白屋，先見者四十九人，時進善百人，教士千人，宮朝者萬人』；又曰：『一沐三握髮，一飯三吐哺，猶恐失天下士』；説苑尊賢：『周公旦，白屋之士，所下者七十人』；論衡讉告：『周公執贄，下白屋之士』；僞家語賢君，孔子語子路：『昔者周公居冢宰之尊，……而猶下白屋之士，日見百七十人』。言人人殊。顏云：『一日所見七十餘人』，今亦未詳所出。」又曰：「『白屋之士』，論衡同上篇曰：『閭巷之微賤者也。』白屋，僞家語同上篇王肅注：『草屋也。』元李翀曰：『白屋者，庶人屋也。春秋：丹桓宮楹，非禮也。在禮，楹，天子丹，諸侯黝，堊，大夫蒼，士黈，黃色也。按此則屋楹循等級用采，庶人則不許，是以謂之白屋也。後世諸王皆朱其邸，及宮寺皆施朱，非古矣。南史：有一隱士，多遊玉門。或譏之，答曰：諸君以爲朱門，貧道如遊蓬户。又主父偃曰：士或起白屋而致三公。顏注云：以白茅覆屋。非也。古者，宮室有度，官不及數，則屋室皆露本材，不容僭施采畫，是爲白屋也。是故山節藻棁，丹楹刻桷，以諸侯、大夫而越等用之，猶見譏誚，則庶人之家，其屋當白屋也。白茅覆屋，古今無傳。後世諸侯王及達官所居之屋，概施以朱門，又曰朱邸，以別於白屋也。故凡庶人所居，皆曰白屋矣。』（日聞録）案：李説明晰。」

〔八〕李詳曰：「日知録卷二十四言南史所稱門生，今之門下人也，歷引徐湛之、謝靈運、顧協、姚察等傳，證其冗賤。黃門此與僮僕並稱，亦從其類也。」器案：趙翼陔餘叢考三六：「唐以後始有座主門生之稱，六朝時所謂門生，則非門弟子也。其時仕宦者，許各募部曲，謂之義從；其在門下親侍者，則謂之門生，如今門子之類耳。」舉證亦繁，不備引。

〔九〕禮記玉藻：「折還中矩。」鄭玄注：「曲行也。」折旋即折還。

〔一〇〕黃叔琳曰：「裴公之接禮賓客，可謂至矣，宜有國士出其門下。」案：日知録十三曰：「史記：『鄭當時誡門下，賓至無貴賤，無留門者。』後漢書：『皇甫嵩折節下士，門無留客。』而大戴禮武王之門銘曰：『敬遇賓客，貴賤無二。』則古已言之矣。觀夫後漢趙壹之於皇甫規，高彪之於馬融，一謁不面，終身不見。爲士大夫者，可不戒哉！」即引顔氏此文而申論之。

慕賢第七

古人云：「千載一聖，猶旦暮也；五百年一賢，猶比髆也〔一〕。」言聖賢之難得，疏闊如此。儻遭不世明達君子，安可不攀附景仰之乎〔二〕？吾生於亂世，長於戎馬，流離〔三〕播越〔四〕，聞見已多；所值名賢，未嘗不心醉〔五〕魂迷向慕之也。人在少年，神情未定，所與款狎〔六〕，熏漬陶染〔七〕，言笑舉動〔八〕，無心於學，潛移〔九〕暗化，自然似之；何況操履藝能，較明易習者也〔一〇〕？是以與善人居，如入芝蘭之室，久而自芳也；與惡人居，如入鮑魚之肆，久而自臭也〔一一〕。墨子悲於染絲〔一二〕，是之謂矣。君子必慎交遊焉。孔子曰：「無友不如己者〔一三〕。」顔、閔之徒〔一四〕，何可世得！但優於我，便足貴之。

〔一〕羅本、顔本、程本、胡本、何本、朱本「髆」作「膊」。盧文弨曰：「孟子外書性善辨：『千年一聖，猶旦暮也。』（案：鮑照河清頌序引孟子此文。）鬻子第四：『聖人在上，賢士百里而有一人，則猶無有也；王道衰微，暴亂在上，賢士千里而有一人，則猶比肩也。』髆，補各切，説文：『肩甲也。』」器案：蕭綺拾遺記三録引孟子：「千年一聖，謂之連步。」文選李陵答蘇武書注引孟子：「千年一聖，五百年一賢，聖賢未出，其中有命世者。」類聚二〇、意林引申子：「百世有聖人猶隨踵，千里有賢人是比肩。」吕氏春秋觀世篇：「千里而有一士，比肩也，累世而有一聖人，繼踵也。士與聖人之所自來，若此其難也。」戰國策齊策三：「千里而一士，是比肩而立，百世而一聖，若隨踵而至也。」莊子齊物論：「萬世之後，而遇一聖，知其解者，是旦暮遇之也。」越絶書篇叙外傳記：「百歲一賢，猶爲比肩。」賈子新書大政篇下：「故暴亂在位，則士千里而有一人，則猶比肩也。」王叔岷曰：「韓非子難勢篇：『夫堯、舜、桀、紂，千世而一出，是比肩隨踵而生也。』御覽四百二、天中記二四並引楊泉物理論：『千里一賢，謂之比肩。』僞慎子外篇：『聖人在上，賢士百里而有一人，則猶無有也；王道衰，暴亂在上，賢士千里而有一人，則猶比肩也。』」

〔二〕盧文弨曰：「法言淵騫篇：『攀龍鱗，附鳳翼。』後漢書劉愷傳：『賈逵上書，稱愷景仰前修。』案：宋以來，以詩云『高山仰止，景行行止』，箋訓景爲明，不可用作景慕義。真西山初慕元德秀而同其名，因字景元，後悟其非，改爲希元。鶴林玉露辨之綦詳。不知景仰之語古矣，此亦用之。章懷於愷傳『百僚景式』下注云：『景猶慕也。』是唐人猶不若宋人之拘泥也。」徐文靖曰：「黄山谷曰：『詩云：景行行止。景，明也。明行則行之。自晉、魏間所謂景莊儉等者，從一人差誤，遂相承謬。東漢劉愷傳：景仰前修。注：景，慕也。則知此謬，其來尚矣。』按韓詩外傳：『南假子謂陳本曰：詩不云乎，高山仰止，景行行止？吾豈自比君子哉？志慕之而已。』」三王世家：「『武帝制曰：高山仰之，景行嚮之，朕心慕焉。』景訓慕爲是。山谷之說，未足據也。」（管城碩記二〇）

〔三〕詩經邶風旄丘：「瑣兮尾兮，流離之子。」集傳：「流離，漂散也。」

〔四〕左傳昭公二十六年：「茲不穀震盪播越，竄在荆蠻。」

〔五〕宋本「心」作「神」，少儀外傳上同。李詳曰：「案：莊子應帝王篇：『鄭有神巫曰季咸，列子見之而心醉。』」案：列子黄帝篇載鄭巫事，亦作「心醉」。文選顔延年五君詠：「郭弈已心醉。」注引名士傳：「太原郭弈見之心醉，不覺歎服。」又引莊子向秀注：「心醉，迷惑其道也。」

〔六〕款狎，謂款洽狎習。南史梁武紀：「與齊高少而款狎。」又袁顗傳：「顗與鄧琬款狎。」

〔七〕熏漬陶染，謂熏炙、漸漬、陶冶、濡染。梁昭明太子講席將畢賦三十韻詩依次用：「慧義比瓊瑤，薰染猶蘭菊。」

〔八〕宋本「動」作「對」，少儀外傳引同今本。

〔九〕王叔岷曰：「案文心雕龍練字篇：『別、列、淮、淫，字似潛移。』」

〔一〇〕盧文弨曰：「也讀爲耶。」器案：史記伯夷列傳：「此其尤大彰明較著者也。」索隱：「較，明也。」

〔一一〕趙曦明曰：「本家語六本篇。」器案：說苑雜言篇：「孔子曰：『與善人居，如入蘭芷之室，久而不聞其香，則與之化矣；與惡人居，如入鮑魚之肆，久而不聞其臭，亦與之化矣。』」僞家語本此。向宗魯先生説苑校證曰：「案『蘭芷』，家語作『芝蘭』，非是。淮南子説林篇：『蘭芝以芳。』王念孫讀書雜志校『芝』爲『芷』，即引此爲證。並云：『古人言香草者必稱蘭芷。芝非香草，不當與蘭並稱。凡諸書中言蘭芝、言芝蘭者，皆是芷字之誤。』」

〔二〕墨子所染篇：「子墨子見染絲者而歎曰：『染於蒼則蒼，染於黄則黄，所入者變，其色亦變，五入而已則爲五色矣。故染不可不慎也。』」王叔岷曰：「論衡率性篇：『墨子哭練絲。』藝增篇：『墨子哭於練絲。』風俗通皇霸篇：『墨翟悲於練絲。』阮籍詠懷詩：『墨子悲染絲。』劉子傷讒篇：『墨子所以悲素絲。』」

〔三〕論語學而篇文。

〔四〕史記仲尼弟子列傳：「顔回者，魯人也，字子淵，少孔子三十歲。閔損，字子騫，少孔子十五歲。」集解：「鄭玄曰：『孔子弟子目録云：魯人。』」

世人多蔽，貴耳賤目〔一〕，重遥輕近〔二〕。少長周旋，如有賢哲，每相狎侮，不加禮敬〔三〕；他鄉異縣〔四〕，微藉風聲〔五〕，延頸企踵〔六〕，甚於飢渴〔七〕。校其長短，覈其精麤〔八〕，或彼不能如此矣〔九〕。所以魯人謂孔子爲東家丘〔一〇〕，昔虞國宫之奇，少長於君，君狎之，不納其諫，以至亡國〔一一〕，不可不留心也。

〔一〕盧文弨曰：「見張衡東京賦。」器案：文選東京賦：「若客所謂，末學膚受，貴耳而賤目者也。」李善注：「桓譚新論曰：『世咸尊古卑今，貴所聞，賤所見。』」抱朴子廣譬篇：「貴遠而賤近者，常人之用情也；信耳而遺目者，古今之所患也。」王叔岷曰：「案漢書楊雄傳：『凡人賤近而貴遠。』劉子正賞篇：『珍遥而鄙近，貴耳而賤目。』」

〔二〕郝懿行曰：「雞有五德，以近而見烹；黄鵠無此，以遠而見重：魯哀公所以失之於田饒也。」

〔三〕盧文弨曰：「禮記曲禮上：『賢者狎而敬之。』又曰：『禮不踰節，不輕侮，不好狎。』鄭注：『爲傷敬也。』」黄叔琳曰：「此蔽古即有之，於今爲尤。」

〔四〕盧文弨曰：「見蔡邕詩。」案：文選飲馬長城窟行：「他鄉各異縣，展轉不可見。」

〔五〕尚書畢命：「樹之風聲。」孔傳：「立其善風，揚其善聲。」左傳文公六年：「樹之風聲。」杜注：「因土地風俗爲立聲教之法。」孔穎達正義：「風俗亦是人君教化，故孝經云：『移風易俗。』孔注尚書云『立其善風，揚其善聲』是也。」三國志蜀書許靖傳注引魏略：「時聞消息於風聲。」文選陸士衡文賦：「宣風聲於不泯。」又楊德祖答臨淄侯牋：「采聽風聲，仰德不暇。」又吴季重在元城與魏太子牋：「邁德種恩，樹之風聲。」又司馬長卿封禪文：「逖聽者風聲。」

〔六〕漢書蕭望之傳：「天下之士，延頸企踵。」説本盧文弨。

〔七〕器案：三國志蜀書諸葛亮傳：「亮曰：『將軍總攬英雄，思賢如渴。』」文選曹子建責躬詩：「遲奉聖顏，如渴如飢。」李善注：「遲猶思也。張奂與許季師書曰：『不面之闊，悠悠曠久，飢渴之念，豈當有忘。』毛詩曰：『憂心烈烈，載飢載渴。』」

〔八〕「覈」，抱經堂本誤作「覆」，據嚴刻本正。羅本、傅本、顔本、程本、胡本、何本、朱本、黄本無二「其」字，今從宋本。

〔九〕此句，宋本作「或能彼不能此矣」，原注：「一本云：『或彼不能如此矣。』」

〔一〇〕趙曦明曰：「裴松之注魏志邴原傳引原别傳曰：『原遠遊學，詣安邱孫崧，崧辭曰：「君鄉里鄭君，誠學者之師模也，君乃舍之，所謂以鄭爲東家丘者也。」原曰：「君謂僕以鄭爲東家丘，以僕爲西家愚夫邪？」』」器案：蘇東坡代書答梁先詩施注引家語：「魯人不識孔子聖人，乃曰：『彼東家丘者，吾知之矣。』」集注分類東坡先生詩卷七趙次公注引作論衡，文同。此家訓所本。後漢紀二三：「宋子俊曰：『魯人謂仲尼東家丘，蕩蕩體大，民不能名。』」文選陳孔璋爲曹洪與魏文帝書：「怪乃輕其家丘，謂爲倩人。」俱本家語。

〔一一〕左傳僖公二年：「晉荀息請以屈産之乘，與垂棘之璧，假道於虞以伐虢。……虞公許之，且請先伐虢。宮之奇諫，不聽，遂起師。」五年：「晉侯復假道於虞以伐虢。宮之奇諫曰云云……弗聽，許晉使。宮之奇以其族行，曰：『虞不臘矣，在此行也，晉不更舉矣。』……冬十二月丙子朔，晉滅虢，虢公醜奔京師。師還，館於虞，遂襲虞，滅之。」

用其言，棄其身，古人所恥〔一〕。凡有一言一行，取於人者，皆顯稱之，不可竊人之美，以爲己力〔二〕；雖輕雖賤者〔三〕，必歸功焉。竊人之財，刑辟之所處；竊人之美，鬼神之所責〔四〕。

〔一〕趙曦明曰：「左氏定九年傳：『鄭駟歂殺鄧析而用其竹刑。君子謂子然於是乎不忠，用其道，不棄其人。詩云：「蔽芾甘棠，勿翦勿伐，召伯所茇。」思其人猶愛其樹，況用其道而不恤其人乎？』」

〔二〕左傳僖公二十四年：「竊人之財，猶謂之盜；況貪天之功，以爲己力乎？」文心雕龍指瑕篇：「若掠人美辭，以爲己力，寶玉大弓，終非其有。」

〔三〕戒子通録二無「者」字。

〔四〕莊子天道篇：「無鬼責。」又見刻意篇。

梁孝元前在荆州〔一〕，有丁覘者，洪亭民耳〔二〕，頗善屬文〔三〕，殊工草隸；孝元書記〔四〕，一皆使之〔五〕。軍府〔六〕輕賤，多未之重，恥令子弟以爲楷法〔七〕，時云〔八〕：「丁君〔九〕十紙，不敵王褒數字〔一〇〕。」吾雅愛其手迹，常所寶持。孝元嘗遣典籤〔一一〕惠編送文章示蕭祭酒〔一二〕，祭酒問云：「君王比賜書翰〔一三〕，及寫詩筆〔一四〕，殊爲佳手〔一五〕，姓名爲誰？那得都無聲問〔一六〕？」編以實答。子雲歎曰：「此人後生無比，遂〔一七〕不爲世所稱，亦是奇事〔一八〕。」於是聞者少復刮目〔一九〕。稍仕至尚書儀曹郎〔二〇〕，末爲晉安王〔二一〕侍讀〔二二〕，隨王東下〔二三〕。及西臺〔二四〕陷歿，簡牘湮散，丁亦尋卒於揚州；前所輕者，後思一紙，不可得矣〔二五〕。

〔一〕陳思書小史七引無「前」字。盧文弨曰：「梁書元帝紀：『普通七年，出爲使持節都督荆、湘、郢、益、寧、南梁六州諸軍事，西中郎將、荆州刺史。』」

〔二〕李詳曰：「張彦遠法書要録：『丁覘與智永同時人，善隸書，世稱丁真永草。』此人與永師齊名，則亦非不爲世所知者矣。」劉盼遂曰：「按：日本見在書目載丁覘注千字文一卷。考千文注釋，率皆梁、陳之士，則丁覘殆即顔氏此文所舉者。又梁元帝金樓子著書篇云：『夢書一秩十卷，金樓使丁覘撰。』亦其人也。」器案：張懷瓘書斷中：「智永章草，草書入妙，隸書入能；兄智楷亦工草；丁覘亦善隸書；時人云：『丁真楷草。』」法書會要：「陳世丁覘亦工飛白。」則其人已入陳。

〔三〕漢書賈誼傳：「能誦詩書屬文。」文選文賦注：「屬，綴也。」

〔四〕盧文弨曰：「後漢書百官志：『記室令史，主上章表，報書記。』」

〔五〕宋本「使」下有「典」字，原注云：「一本無『典』字。」書小史「使」作「委」。

〔六〕本書勉學篇：「軍府服其志尚。」軍府，謂湘東王時都督六州諸軍事，故曰軍府。吴梅曰：「據此可知六朝重門望。」

〔七〕器案：楷法，謂習字者以爲模範。世説新語方正篇注引宋明帝文章志：「魏時起凌雲閣，忘題榜，乃使韋仲將懸梯上題之，比下，鬢髮盡白，裁餘氣息，還語子弟云：『宜絶楷法。』」梁書王志傳：「志善草隸，當時以爲楷法。」又作楷式，本書雜藝篇：「蕭子雲改易字體，邵陵王頗行僞字，朝野翕然，以爲楷式。」或單稱楷，法書要録引陶弘景與梁武帝啓：「前奉神筆三紙，并今爲五，非但字字注目，乃畫畫抽心，日覺遒媚，轉不可説，以酬昔歲，不復相類，正此即爲楷，何復多尋鍾、王。」

〔八〕宋本原注云：「一本無『時云』二字。」案：書小史無「時」。

〔九〕器案：南朝稱人爲君，時俗所重。梁書任昉傳：「昉好交結，獎進士友，得其延譽者，率多升擢；故衣冠貴遊，莫不争與交好，座上賓客，恒有數十。時人慕之，號曰任君，言如漢之三君也。」陸倕贈任昉詩：「任君本達識，張子復清脩。」

〔一〇〕「王褒數字」，宋本作「王君一字」，原注云：「一本云：『王君數字。』」趙曦明曰：「周書王褒傳：『褒字子淵，琅邪臨沂人。梁國子祭酒蕭子雲，褒之姑父也，特善草隸；褒以姻戚去來其家，遂相模範，俄而名亞子雲，並見重於世。』」郝懿行曰：「王君名褒，梁人稱爲工書，爲時所重，見雜藝篇。」

〔一一〕趙曦明曰：「南史恩倖吕文顯傳：『故事：府州部内論事，皆籤前直叙所論之事，後云謹籤，日月下又云某官某籤。故府州置典籤以典之，本五品吏，宋初改爲七職。宋氏晚運，多以幼少皇子爲方鎮，時主皆以親近左右領典籤，典籤之權稍大。』」器案：唐六典二九：「親王府有典籤，掌宣傳教言事。」

〔一二〕盧文弨曰：「隋書百官志：『學府有祭酒一人。』」書小史不重「祭酒」二字。

〔一三〕本書勉學篇：「世中書翰。」書翰，猶今言書信。文選長楊賦注：「翰，筆也。」

〔一四〕器案：六朝人以詩、筆對言，筆指無韻之文。南齊書晉安王子懋傳：「文章詩筆，乃是佳事，然世務彌爲根本。」梁書劉潛傳：「潛字孝儀，祕書監孝綽弟也。幼孤，兄弟相勵勤學，並工屬文，孝綽常曰：『三筆六詩。』三即孝儀，六孝威也。」梁書庾肩吾傳：「梁簡文帝與湘東王書：『詩既若此，筆又如之。』」北史蕭圓肅傳：「撰時人詩筆爲文海四十卷。」諸詩筆義並同。

〔一五〕器案：佳手，猶今言一把好手。梁書庾肩吾傳：「梁簡文帝與湘東王書：『張士簡之賦，周升逸之辯，亦誠佳手，難可復遇。』」又本書雜藝篇：「十中六七，以爲上手。」上手與此義同。

〔一六〕書小史無「那得」二字。案：那得，猶言何得。世説新語德行篇：「那得初不見君教兒？」又品藻篇：「萬自可敗，那得乃爾失卒情？」又任誕篇：「阿乞那得此物？」又排調篇：「千里投公，始得一蠻府參軍，那得不作蠻語也！」（據楊勇校箋本）聲問，即聲聞，猶今言聲譽。詩卷阿：「令聞令望。」釋文：「『聞』本作『問』。」

〔一七〕本書誡兵篇：「但微行險服，逞弄拳擘，大則陷危亡，小則貽恥辱，遂無免者。」案：遂，猶言終也。意林五引楊泉物理論：「班固漢書，因父得成；遂没不言彪，殊異馬遷也。」世説新語排調篇：「桓玄素輕桓崖。崖在京下有好桃，玄連就求之，遂不得佳者。」蕭綱京洛篇：「誰知兩京盛，歡宴遂無窮。」遂都作終解。賀力牧亂後別蘇州人：「子常終覆郢，宰嚭遂亡吴。」以「終」「遂」對言，即「遂」猶「終」之的證。

〔一八〕郝懿行曰：「賤家雞，愛野鶩，俗眼往往如此。」

〔一九〕趙曦明曰：「裴松之注吴志吕蒙傳引江表傳：吕蒙謂魯肅曰：『士别三日，即更刮目相待。』」

〔二〇〕趙曦明曰：「隋書百官志：『尚書省置儀曹、虞曹等郎二十三人。』」

〔二一〕書小史「末」作「後」。趙曦明曰：「梁書簡文帝紀：『天監五年，封晉安王。』」

〔二二〕通鑑一三〇胡注：「諸王有侍讀，掌授王經。」

〔二三〕左傳襄公十六年杜注：「順河東行故曰下。」國語晉語韋注：「東行曰下。」案：南朝人所謂東下，即謂順江東行也。

〔二四〕通鑑一四四胡注：「江陵在西，故曰西臺。」

〔二五〕書小史「得矣」作「復得」。

侯景初入建業〔一〕，臺門〔二〕雖閉，公私草擾，各不自全。太子左衛率羊侃〔三〕坐東掖門〔四〕，部分〔五〕經略，一宿皆辦，遂得百餘日抗拒兇逆。於時，城内四萬許人〔六〕，王公朝士，不下一百，便是恃侃一人安之，其相去如此。古人云：「巢父、許由，讓於天下〔七〕；市道小人，争一錢之利〔八〕。」亦已懸〔九〕矣。

〔一〕趙曦明曰：「南史賊臣傳：『侯景，字萬景，魏之懷朔鎮人。初事尒朱榮，高歡誅尒朱氏，景以衆降歡，使擁兵十萬，專制河南。太清元年二月，上表求降，武帝封景河南王大將軍使持節都督河南北諸軍事大行臺。及與魏通和，二年八月，遂發兵反。』吴志孫權傳：『十六年徙治秣陵，明年城石頭，改秣陵爲建業。』」

〔二〕盧文弨曰：「容齋隨筆：『晉、宋間謂朝廷禁近爲臺，故稱禁城爲臺城，官軍爲臺軍，使者爲臺使。』案：此臺門亦謂臺城門也。」

〔三〕趙曦明曰：「羊侃見前。梁書本傳：『中大通六年，出爲晉安太守，頃之，徵太子左衛率。太清二年，復爲都官尚書。侯景反，侃區分防擬，皆以宗室間之。賊攻東掖門，縱火甚盛；侃親自距抗，以水沃火，火滅。賊爲尖頂木驢攻城，矢石所不能制；侃作雉尾炬，施鐵鏃，以油灌之，擲驢上焚之，俄盡。賊又東西面起土山以臨城；侃命爲地道，潛引其土，山不能立。賊又作登城樓車，高十餘丈，欲臨射城内；侃曰：「車高塹虚，彼來必倒。」及車動果倒。後大雨，城内土山崩，賊乘之，垂入；侃乃令多擲火爲火城，以斷其路，徐於裏築城，賊不能進。十二月，遘疾，卒於臺内。』」案：唐六典二八太子左右衛率府：「左右衛率，掌東宫兵仗羽衛之政令，以總諸曹之事。」

〔四〕胡三省通鑑一六六注：「臺城正南端門，其左右二門曰東、西掖門。」

〔五〕案：部分，謂部署處分。晉書陶回傳：「時駿夜行，甚無部分。」

〔六〕器案：許，古通所。詩小雅伐木：「伐木許許。」説文引作「伐木所所」。禮記檀弓注：「封高尺所。」正義曰：「所是不定之辭。」

〔七〕趙曦明曰：「高士傳：『巢父者，堯時隱人也，以樹爲巢，而寢其上，故時人號曰巢父。堯之讓許由也，由以告巢父，巢父曰：「汝何不隱汝形，藏汝光？若非吾友也。」』又曰：『許由，字武仲，陽城槐里人也。堯召爲九州長，由不欲聞之，洗耳於潁水濱。巢父曰：「污吾犢口。」牽犢上流飲之。』」

〔八〕器案：御覽八三六引曹植樂府歌：「巢、許蔑四海，商賈争一錢。」晉書華譚傳：「或問譚曰：『諺言人之相去，如九牛毛。寧有此理乎？』譚對曰：『昔許由、巢父，讓天子之貴；市道小人，争半錢之利：此之相去，何啻九牛毛也！』聞者稱善。」

〔九〕器案：懸謂懸殊。鹽鐵論貧富篇：「然後諸業不相遠，而貧富不相懸也。」馬融論日食疏：「侯甸采衛，司民之吏，優劣相懸，不可不審擇其人。」嵇康養生論：「樹養不同，則功收相懸。」義同。

齊文宣帝〔一〕即位數年，便沈湎縱恣，略無綱紀〔二〕；尚能委政尚書令楊遵彦〔三〕，内外清謐，朝野晏如〔四〕，各得其所〔五〕，物無異議，終天保之朝。遵彦後爲孝昭所戮〔六〕，刑政於是衰矣〔七〕。斛律明月〔八〕齊朝折衝之臣〔九〕，無罪被誅，將士解體〔一〇〕，周人始有吞齊之志，關中至今譽之〔一一〕。此人用兵，豈止萬夫之望〔一二〕而已也！國之存亡，係其生死。

〔一〕趙曦明曰：「北齊書文宣帝紀：『顯祖文宣皇帝，諱洋，字子建，高祖第二子，世宗之母弟。受東魏禪，即皇帝位，改武定八年爲天保元年。六七年後，以功業自矜，縱酒肆欲，事極猖狂，昏邪殘暴，近世未有。』」

〔二〕綱紀者，總持爲綱，分繫爲紀，引申有紀律意。詩大雅棫樸：「勉勉我王，綱紀四方。」又假樂：「受福無疆，四方之綱；之綱之紀，燕及朋友。」史記夏禹本紀：「亹亹穆穆，爲綱爲紀。」

〔三〕趙曦明曰：「北齊書楊愔傳：『愔字遵彦，弘農華陰人，小名秦王。遵彦死，以中書令趙彦深代領機務，鴻臚少卿陽休之私謂人曰：「將涉千里，殺騏驥而策蹇驢，可悲之甚。」』」器案：文苑英華七五一盧思道北齊興亡論：「賴有尚書令弘農楊遵彦，魏太傅津之子也。含章秀出，希世偉人，風鑑俊朗，體局貞固，學無不綜，才靡不通，裴、樂謝其清吉，應、劉媿其藻麗，温良恭儉，讓恕惠和，高行異才，近古無二。有齊建國，便預經綸，軍國政事，一人而已。詰旦坐朝，諮請填湊，千端萬緒，令議如流，剖斷部領，選舉人物，滿室盈庭，永無凝滯。虚襟泛愛，禮賢好事，聞人之善，若己有之，智調有餘，尤善當世。譖言屢入，時寄無改，每乘輿四巡，恒守京邑。凡有善政，皆遵彦之爲；是以主昏于上，國治于下，朝野貴賤，至于今稱之。俄而文宣不豫，斃于趨孽，儲君繼體，纔歷數旬，近習預權，小人並進；楊公慮有危機，引身移疾。幼主若喪股肱，固相敦勉。乾明之始，難起戚藩，變成倏忽，殞於殿省。詩云：『人之云亡，邦國殄瘁。』君子是以知齊祚之不昌也。」文中子中説事君篇：「子曰：『甚矣，齊文宣之虐也！』姚義曰：『何謂克終？』子曰：『有楊遵彦者，寔國掌命，視民如傷，奚爲不終。』」又魏相篇：「子曰：『孰謂齊文宣瞢，而善楊遵彦也。』」資治通鑑一六六：「齊顯祖之初立也，……又能委政楊愔，愔總攝機衡，百度修敕，故時人言主昏於上，政清於下。」黄震古今紀要七：「齊文宣之初立，留心政術，務存簡靖，内外肅然，軍國機策，獨決懷抱，常致克捷。六七年後，以功業自矜，嗜酒淫虐，然能委政楊愔，百度修勅。」諸論楊遵彦，與顏之推説同，可互參也。

〔四〕漢書諸王侯表：「海内晏如。」注：「安然也。」

〔五〕孟子萬章上：「得其所哉！」

〔六〕趙曦明曰：「北齊書孝昭帝紀：『諱演，字延安，神武第六子，文宣之母弟。文宣崩，幼主即位，除太傅録尚書事，朝政皆決於帝。乾明元年，從廢帝赴鄴，居於領軍府。時楊愔等以帝威望既重，内懼權逼，請以帝爲太師、司州牧、録尚書事，解京畿大都督。帝時以尊親而見猜斥，乃與長廣王謀，至省坐定，酒數行，於坐執愔等斬於御府之内。』」

〔七〕左傳隱公十一年：「君子謂鄭莊公失政刑矣，政以治民，刑以正邪，既無德政，又無威刑，是以及邪。」困學紀聞十三：「高洋之惡，浮於石虎、符生，一楊愔安能救生民之溺乎！」

〔八〕趙曦明曰：「北齊書斛律金傳：『金子光，字明月。周將軍韋孝寬忌光英勇，乃作謡言，令間諜漏其文於鄴；祖珽、穆提婆遂相與協謀，以謡言啓帝。遣使賜其駿馬，光來謝，引入涼風堂，劉桃枝自後拉而殺之。於是下詔稱光謀反，尋發詔盡滅其族。周武帝後入鄴，追贈上柱國公，指詔書曰：「此人若在，朕豈能至鄴？」』」

〔九〕盧文弨曰：「吕氏春秋召類篇：『孔子曰：「修之於廟堂之上，而折衝乎千里之外者，其司城子罕之謂乎！」』注：『衝車，所以衝突敵之車；有道之國，使欲攻者折還其衝車於千里之外，不敢來也。』」王叔岷曰：「案折衝，謂挫折衝車也。詩大雅皇矣：『與爾臨衝。』毛傳：『衝，衝車也。』説文作幢，云：『陷敶車也。』晏子春秋雜上篇：『仲尼聞之曰：善哉！不出尊俎之間，而折衝於千里之外，晏子之謂也。』」

〔一〇〕左傳成公八年：「四方諸侯，其誰不解體。」正義曰：「謂事晉之心，皆疎慢也。」説略本盧文弨。北齊書宗室思好傳：「與并州諸貴書曰：『左丞相斛律明月，世爲元輔，威著鄰國，無罪無辜，奄見誅殄。』」盧思道北齊興亡論：「斛律明月屬鏤之賜，寃動天地。」

〔一一〕抱經堂本「中」下衍「人」字，各本俱無，今據删。

〔一二〕易繫辭下：「君子知微知彰，知柔知剛，萬夫之望。」説本盧文弨。

張延雋〔一〕之爲晉州行臺左丞〔二〕，匡維主將〔三〕，鎮撫疆埸，儲積器用，愛活黎民，隱若敵國矣〔四〕。羣小〔五〕不得行志，同力遷之；既代之後，公私擾亂，周師一舉，此鎮先平〔六〕。齊亡之迹〔七〕，啓於是矣。

〔一〕嚴式誨曰：「通鑑百廿七：『先是，晉州行臺左丞張延雋，公直勤敏，儲偫有備，百姓安業，疆埸無虞，諸嬖倖惡而代之，由是公私煩擾。』似即據家訓之文。」

〔二〕通典二二：「行臺省，魏、晉有之。……其官置令僕射，其尚書丞郎，皆隨時權制，……蓋隨其所管之道，置於外州，以行尚書事。」雲麓漫鈔二：「南史，凡朝廷遣大臣督諸軍於外，謂之行臺。」

〔三〕職官分紀八引「匡維主將」作「愛養將士」，事文大全己一「匡」誤「主」。

〔四〕趙曦明曰：「後漢書吴漢傳：『諸將見戰不利，或多惶懼，漢意氣自若。帝時遣人觀大司馬何爲，還言方脩戰攻之具，乃歎曰：「吴公差彊人意，隱若一敵國矣。」』」案：章懷注曰：「隱，威重之貌，言其威重若敵國。」盧文弨曰：「漢書游俠傳：『劇孟以俠顯，吴、楚反時，天下騷動，大將軍得之，若一敵國然。』」

〔五〕詩經邶風柏舟：「愠于羣小。」鄭箋：「羣小，衆小人在君側者。」

〔六〕趙曦明曰：「北史周本紀：『武帝建德五年十月，帝總戎東伐，遣内使王誼攻晉州城，是夜，虹見於晉州城上，首向南，尾入紫宫。帝每日赴城督戰。齊行臺左丞侯子欽出降。壬申，晉州刺史崔嵩密使送款，上開府王軌應之，未明，登城，遂克晉州。甲戌，以上開府梁士彦爲晉州刺史以鎮之。』」

〔七〕「齊亡之迹」，宋本作「齊國之亡」，原注：「一本云『齊亡之迹』。」

卷第三

勉學

勉學第八〔一〕

自古明王聖帝，猶須勤學，況凡庶乎〔二〕！此事徧於經史，吾亦不能鄭重〔三〕，聊舉近世切要〔四〕，以啓寤〔五〕汝耳。士大夫子弟，數歲已上，莫不被教，多者或至禮、傳〔六〕，少者不失詩、論〔七〕。及至冠婚，體性〔八〕稍定；因此天機〔九〕，倍須訓誘。有志尚者，遂能磨礪，以就素業〔一〇〕；無履立〔一一〕者，自茲墮慢〔一二〕，便爲凡人。人生在世，會當〔一三〕有業：農民則計量耕稼，商賈則討論貨賄〔一四〕，工巧則致精器用，伎藝則沈思〔一五〕法術，武夫則慣習弓馬，文士則講議經書。多見士大夫恥涉農商，差務工伎，射則〔一六〕不能穿札〔一七〕，筆則纔記姓名〔一八〕，飽食〔一九〕醉酒，忽忽〔二〇〕無事，以此銷日〔二一〕，以此終年〔二二〕。或因家世餘緒〔二三〕，得一階半級〔二四〕，便自爲足，全忘修學〔二五〕；及有吉凶大事，議論得失，蒙然張口〔二六〕，如坐雲霧〔二七〕；公私宴集，談古賦詩，塞默低頭〔二八〕，欠伸而已〔二九〕。有識旁觀，代其入地〔三〇〕。何惜數年勤學，長受一生愧辱哉〔三一〕！

〔一〕吴從先小窗自紀一曰：「顔之推勉學一篇，危語動人，録置案頭，當令神骨竦惕，無時敢離書卷。」朱軾曰：「此篇反覆曉諭，真摯剴切，精粗具備，本末兼賅，凡爲學者，皆宜熟玩。」黄侃文心雕龍札記事類篇曰：「嘗謂文章之功，莫切於事類，學舊文者，不致力于此，則不能逃孤陋之譏，自爲文者，不致力于此，則不能免空虚之誚；試觀顔氏家訓勉學、文章二篇所述，可以知其術矣。」

〔二〕凡庶，猶下文言「凡人」，謂凡人庶民也。漢書王莽傳上：「食飲之用，不過凡庶。」文選曹元首六代論：「權均匹夫，勢齊凡庶。」又任彦昇爲范尚書讓吏部封侯第一表：「臣素門凡流。」義亦近。

〔三〕靖康緗素雜記二：「漢書王莽傳稱：『非皇天所以鄭重降符命之意。』注云：『鄭重，猶言頻煩也。』顔氏家訓亦云云，此真得漢書之義。近沈存中筆談言石曼卿事云：『他日試使人通鄭重，則閉門不納，亦無應門者。』即以鄭重爲殷勤，不知何所據而云然？不爾，曾謂使人通頻煩可乎？魏志倭人傳云：『使知國家哀汝，故鄭重賜汝好物也。』亦有頻煩之意。今人有以鄭重爲慎重者，又誤矣。」黄生義府下：「予謂漢書、顔訓是也，然得其意而未得其聲，蓋鄭重即中重（平聲）之轉去者爾。三國志云云，顔氏家訓云云，此用鄭重字，皆與顔注合。至白居易詩：『千里故人心，鄭重又交情。』鄭重字相似。沈括筆談云云，此又用爲珍重之意，非本指也。」案：盧文弨、郝懿行並據漢書王莽傳爲説，無煩複重也。陳槃曰：「案昭元年左傳：『於是有煩手淫聲。』洪亮吉詁十五云：『服虔謂：鄭重其手，而音淫過（元注：「公羊疏。」槃案：公羊莊十七年疏也。）；許慎五經通義云：鄭重之音，使人淫過（元注：「初學記。」）。』是許、服解煩即鄭重，而師古本之也。」

〔四〕晉書劉頌傳論：「雖文慙華婉，而理歸切要。」集韻十六屑：「切，要也。」

〔五〕盧文弨曰：「啓，開也；寤，覺也，與悟通。」器案：説郛本「啓」作「終」。

〔六〕器案：本書序致篇：「雖讀禮、傳。」錢馥曰：「傳蓋謂春秋三傳也。」案：禮指禮經。

〔七〕盧文弨曰：「論謂論語。」器案：漢、魏、六朝人簡稱論語爲論，皇侃論語疏叙引別録：「魯人所學，謂之魯論；齊人所學，謂之齊論；孔壁所得，謂之古論。」何晏論語集解叙：「安昌侯張禹本受魯論，兼講齊説，善者從之，號曰張侯論。」漢書張禹傳載時人爲之語曰：「欲爲論，念張文。」説郛本「詩」作「經」，不可據。

〔八〕體性，即謂體質。國語楚語上：「且夫制城邑若體性焉，有首領股肱，至於手拇毛脈。」吕氏春秋壅塞篇：「牛之性不若羊，羊之性不若豚。」高注：「性猶體也。」蓋單言之曰體曰性，兼言之則曰體性也。文選袁宏三國名臣序贊：「子瑜都長，體性純懿。」李善注：「都長，謂體貌都閑，而雅性長厚也。」

〔九〕莊子大宗師：「其耆欲深者，其天機淺。」成玄英疏：「天然機神淺鈍。」文選陸士衡文賦：「方天機之駿利，夫何紛而不理。」李善注：「莊子：『蚿曰：今予動吾天機。』司馬彪曰：『天機，自然也。』」李周翰注：「天機，自然之性也。」南齊書文學傳論：「若夫委自天機，參之史傳。」

〔一〇〕盧文弨曰：「素業，清素之業。魏志徐胡傳評：『胡質素業貞粹。』」器案：本書誡兵篇：「違棄素業。」雜藝篇：「直運素業。」義俱同。晉書陸納傳：「汝不能光益父叔，乃復穢我素業邪！」文選任彦昇爲范尚書讓吏部封侯第一表：「臣本自諸生，家承素業。」李善注：「董仲舒不遇賦曰：『若不反身於素業，莫隨世而轉輪。』」張銑注：「素謂樸素之業也。」

〔一一〕盧文弨曰：「履立，謂操履樹立。」

〔一二〕戒子通録二引「隳」作「惰」。盧文弨曰：「隳，徒果切，與惰同。」

〔一三〕劉淇助字辨略四：「會，廣韻：『合也。』愚案：合也者，應也，言應當也。本是會合之會，轉爲應合耳。魏志崔琰傳注：『男兒居世，會當得數萬兵千匹騎著後耳。』顔氏家訓云云，會即當也，會當重言之也。」新方言釋言：「凡心有所豫期，常言曰會當。」

〔一四〕羅本、顔本、程本、胡本、何本、朱本、别解「討」作「計」，與上句複，疑誤。盧文弨曰：「賈，音古，周禮天官大宰：『商賈阜通貨賄。』注：『金玉曰貨，布帛曰賄。』」

〔一五〕説郛本、程本、胡本「沈」作「深」。文選思玄賦：「雜伎藝以爲珩。」注：「手伎曰伎，體才曰藝。」王叔岷曰：「蕭統文選序：『事出於沈思。』」

〔一六〕説郛本、羅本、顔本、程本、胡本、何本、朱本及奇賞、别解「則」作「既」，少儀外傳上、合璧事類續六、新編事文類聚翰墨大全己四引亦作「既」。

〔一七〕盧文弨曰：「札，甲葉也。左氏成十六年傳：『潘尫之黨與養由基蹲甲而射之，徹七札焉。』」

〔一八〕盧文弨曰：「史記項羽本紀：『書足以記姓名而已。』」

〔一九〕論語陽貨篇：「飽食終日，無所用心。」

〔二〇〕文選宋玉高唐賦：「悠悠忽忽。」李善注：「悠悠，遠貌；忽忽，迷貌，言人神悠悠然遠，迷惑不知所斷。」又司馬子長報任少卿書：「居則忽忽若有所亡。」張銑注：「忽忽，愁亂貌。」

〔二一〕抱經堂本「銷」誤「消」，各本及少儀外傳、戒子通録、事文類聚後九、合璧事類俱作「銷」，今據改正。

〔二二〕左傳襄公二十一年：「優哉游哉，聊以卒歲。」杜注：「言君子優游於衰世，所以辟害，卒其壽。」案：此文「終年」，亦謂終其天年也。

〔二三〕少儀外傳「餘緒」作「緒餘」，莊子讓王篇：「其緒餘以爲國家。」

〔二四〕三國志吴書顧雍傳：「異尊卑之禮，使高下有差，階級逾邈。」晉書張載傳：「又爲榷論曰：『今士循常習故，規行矩步，積階級，累閥閲，碌碌然以取世資。』」北史序傳：「仲舉曰：『吾少無宦情，豈以垂老之年，求一階半級？』」

〔二五〕宋本原注云："一本云：'便謂爲足，安能自若。'"案：說郛本、羅本、傅本、顏本、程本、胡本、何本、朱本、黄本、奇賞、別解及少儀外傳、戒子通録引同一本。黄叔琳曰："勉學篇言近旨遠，多深於閲歷之言。"

〔二六〕少儀外傳"蒙"作"懵"。盧文弨曰："蒙然，如說苑雜言篇惠子所云'蒙蒙如未視之狗'。張口，猶所謂'舌撟而不能下'（案：見史記扁鵲倉公列傳）也。"王叔岷曰："案楊雄太玄經務解篇：'小人之知，未知所向，猶泉初發，蒙蒙然也。'莊子天運篇：'予口張而不能嗋。'"

〔二七〕器案：世說新語賞譽篇："王仲祖、劉真長造殷中軍談。談竟，俱載出，劉謂王曰：'淵源真可。'王曰：'卿故墮其雲霧中。'"後世言雲裏霧裏，本此。

〔二八〕塞默，默不作聲，如口塞然。三國志魏書臧洪傳："學薄才鈍，不足塞詰。"塞字義近。

〔二九〕儀禮士相見禮："君子欠伸。"注："志倦則欠，體倦則伸。"

〔三〇〕盧文弨曰："家語屈節解：'季孫聞宓子之言，赧然而愧曰：地若可入，吾豈忍見宓子哉！'"器案：北齊書許惇傳："雖久處朝行，歷官清顯，與邢邵、魏收、陽休之、崔劼、徐之才之徒，比肩同列，諸人或談說經史，或吟詠詩賦，更相嘲戲，欣笑滿堂；惇不解劇談，又無學術，或竟坐杜口，或隱几而睡，深爲勝流所輕。"之推所譏，蓋即此人。

〔三一〕盧文弨論學劄說曰："顏延之云：'尊朋臨坐，稠覽博論，而言不入於高聽，人見棄於衆視，則慌若迷塗失偶，黶如深夜撤燭，銜聲茹氣，腆嘿而歸。'顏之推云：'吉凶大事，議論得失，蒙然張口，如坐雲霧；公私宴集，談古賦詩，塞默低頭，欠伸而已。有識旁觀，代其入地。何惜數年勤學，長受一生愧辱哉！』噫，二顏之語，其形容不學之人，致爲刻酷。夫知不足，然後能自反也，知困，然後能自強也；若夫不知恥者，又安望其能免恥哉！」

梁朝全盛〔一〕之時，貴遊子弟〔二〕，多無學術，至於諺云：「上車不落則著作，體中何如則祕書〔三〕。」無不熏衣剃面〔四〕，傅粉施朱〔五〕，駕長簷車〔六〕，跟高齒屐〔七〕，坐棊子方褥〔八〕，憑斑絲隱囊〔九〕，列器玩於左右，從容出入，望若神仙〔一〇〕。明經求第〔一一〕，則顧人答策〔一二〕；三九公讌〔一三〕，則假手賦詩〔一四〕。當爾之時，亦快士也〔一五〕。及離亂之後，朝市遷革〔一六〕，銓衡〔一七〕選舉，非復曩者〔一八〕之親；當路秉權〔一九〕，不見昔時之黨。求諸身而無所得，施之世而無所用。被褐而喪珠〔二〇〕，失皮而露質〔二一〕，兀若枯木〔二二〕，泊〔二三〕若窮流，鹿獨戎馬之間〔二四〕，轉死溝壑之際〔二五〕。當爾之時，誠駑材也〔二六〕。有學藝者，觸地〔二七〕而安。自荒亂已來，諸見俘虜〔二八〕。雖百世小人，知讀論語、孝經者，尚爲人師；雖千載冠冕〔二九〕，不曉書記者，莫不耕田養馬。以此觀之，安可不自勉耶〔三〇〕？若能常保數百卷書〔三一〕，千載終不爲小人也〔三二〕。

〔一〕文選鮑明遠蕪城賦：「當昔全盛之時。」李善注：「全盛，謂漢時也。」張銑曰：「全盛之時，謂吴王濞時。」器案：全盛，猶今言極盛，某一時期某一地方之極盛時期皆可言全盛。蕪城賦所言謂漢時之廣陵，而顏氏家訓所言，則謂蕭梁之盛世也。

〔二〕盧文弨曰：「周禮地官師氏：『凡國之貴遊子弟學焉。』鄭玄注：『貴遊子弟，王公之子弟；遊，無官司者。杜子春云：「遊當爲猶，言雖貴猶學。」』」器案：抱朴子外篇崇教：「貴遊子弟，生乎深宫之中，長乎婦人之手，憂懼之勞，未嘗經心，或未免於襁褓之中，而加青紫之官，纔勝衣冠，而居清顯之位。」所言與此可互證；而唐代詩人，以貴遊名篇者，尤數見不鮮矣。

〔三〕少儀外傳上「於」作「有」，紺珠集四、翰苑新書二四、新編事文類聚翰墨大全己四引二「則」字都作「即」。隋書經籍志史部總論云：「魏、晉已來，其道逾替，南、董之位，以禄貴遊，政、駿之司，罕因才授，故梁世諺曰：『上車不落則著作，體中何如則祕書。』」御覽二三三引後魏書：「祕書郎，自齊、梁之末，多以貴遊子弟爲之，無其才實，故當時諺曰：『上車不落則著作，體中何如則祕書。』」唐六典十一祕書省祕書郎原注：「梁秩六百石。江左多任貴遊年少，而梁代尤甚，當時諺言：『上車不落則著作，體中何如則祕書。』」（職官分紀十六同）通典職官八：「祕書郎，自齊、梁之末，多以貴遊子弟爲之，無其才實。」原注云：「當時諺曰：『上車不落則著作，體中何如則祕書。』」並本顏氏此文。郭茂倩樂府詩集八七謂此出南史，今南史無文，蓋記憶之誤。陳漢章曰：「初學記卷十二：『祕書郎與著作郎，自置以來，多起家之選，在中朝或以才授，江左多仕貴遊，而梁世尤甚，當時諺曰：「上車不落爲著作，體中何如則祕書。」言其不用才也。』張纘傳：『祕書郎四員，爲甲族起家之選，他人不得與。』」器案：世説新語言語篇：「顧司空時爲揚州别駕，援翰曰：『王光禄遠避流言，明公蒙塵路次；羣下不寧，不審尊體起居何如？』」真誥卷十八握真輔二所載許玉斧尺牘：「漸熱，不審尊體動静何如？」又：「陰熱，不審尊動静何如？」又：「思濕熱，不審尊體動静何如？」王筠與長沙王别書：「筠頓首頓首，高秋凄爽，體中何如？」能改齋漫録二：「今世書問往還，必曰『不審比來起居何如』。」蓋「體中何如」爲當時尺牘客套語，此言貴遊子弟，無其才實，僅能作一般問候起居之書信而已。周一良曰：「案：上車不落蓋指年齡劣足照管身，體中何如則當時尺牘習語，見廣宏明集二八上梁王筠與長沙王别書、文苑英華六八六徐陵在北齊與宗室書、六八七與王吴郡僧智書、六七八答族人梁東海太守長孺書、六八五報尹義尚書等皆有是語。伯希和三四四二號寫本書儀記尺牘套語，亦有『體中何如』字樣。」器案：吕氏春秋忠廉篇載吴王謂要離：「今汝拔劍則不能舉臂，上車則不能登軾，汝惡能？」以言其羸弱也。故抱朴子内篇自叙即斥言「要離之羸」，上車不落，即上車不能登軾之謂也。落，猶言落著也。又案：抱朴子外篇吴失：「不閑尺紙之寒暑，而坐著作之地。」與此文可互參，「尺紙寒暑」，即「體中何如」之謂，不閑，謂濫竽也。又内篇勤求：「自譽之子，云我有祕書，便守事之。」與此文義同，謂假手於人也。

〔四〕「熏」原作「燻」，少儀外傳、類説、戒子通録二、野客叢書五、事文類聚後九作「熏」，今據改。

〔五〕史記佞幸傳：「故孝惠時，郎侍中皆冠鵔鸃，貝帶，傅脂粉，化閎、籍之屬也。」後漢書李固傳：「固獨胡粉飾貌，搔頭弄姿。」三國志魏書曹爽傳注引魏略：「何晏性自喜動静，粉白不去手，行步顧影。」北齊書文宣紀：「帝或袒露形體，塗傅粉黛。」則男子傅粉之習，起自漢、魏，至南北朝猶然也。

〔六〕倭名類聚鈔三引「駕」作「乘」，注云：「俗云庇刺車是也。」盧文弨曰：「簷謂幰也，幰長則坐者安。」器案：盧説非是。簷謂車蓋之前簷，猶屋楹之有簷也。字又作檐。晉書輿服志：「通幰車，駕牛，猶如今犢車制，但其幰通覆車上也。」長簷蓋通幰異名。段成式柔卿解籍戲呈飛卿三首：「長檐犢車初入門。」又戲高侍御七首：「玳牛獨駕長檐車。」則唐時猶有長檐車。今所見六朝壁畫，多存其制。蘇軾椰子冠詩：「更著短簷高屋帽，東坡何事不違時。」簷字義與此同，今則作帽沿矣。

〔七〕黄本及少儀外傳「跟」作「躡」。盧文弨曰：「跟，古痕切，説文：『足踵也。』釋名：『足後曰跟。』依此文則當有著義，或字當爲跟也。屐，奇逆切。釋名：『屐，搘也，爲兩足搘以踐泥也。』案：自晉以來，士大夫多喜著屐，雖無雨亦著之。下有齒。謝安因喜，過户限，不覺屐折齒，是在家亦著也。舊齒露卯，則當如今之釘鞋，方可露卯。晉泰元中不復徹。今之屐下有兩方木，齒著木上，則亦不能徹也。」器案：涉務篇：「梁世士大夫皆爲褒衣博帶，大冠高履。」高履即高屐也。世説新語簡傲篇：「子敬兄弟見郗公，躡履問訊，甚脩外生禮；及嘉賓死，皆著高屐，儀容輕慢。」

〔八〕少儀外傳引「綦子」下有「布」字。徐文靖曰：「按南史張永傳：『朝廷所給賜脯饌，必綦坐齊割，手自頒賜。』綦坐，綦褥也。」（管城碩記二五）器案：綦子方褥，即以織成方格圖案之綺製成之方形坐褥。釋名釋采帛：「綺，有綦文，方文如綦也。」唐六典尚書户部卷第三：「八曰江南道，古揚州之南境，今潤、常……凡五十有一州焉……厥貢紗編綾綸……。」原注：「潤州方綦水波綾。」綦子，是以棋枰罫目形容方格。文選博弈論：「所務不過方罫之間。」張銑注曰：「罫，綫之間方目也。」藝文類聚六九引梁簡文帝謝賚碧慮棋子屏風啓，則在當時用此種圖案設計，實爲傳統之工藝美術矣。東京夢華録八秋社：「以猪羊肉……之屬，切作棋子片樣。」永樂大典一一六二〇引壽親養老新書有羊肉麪棊子、猪腎棊子。葉昌熾語石九棋子方格：「唐以前碑至精者，無不畫方罫，端正條直，有如棋枰。」上舉諸例，俱謂其爲方塊形也。

〔九〕楊升庵文集六七：「晉以後士大夫尚清談，喜晏佚，始作麈尾；隱囊之製，今不可見，而其名後學亦罕知。顔氏家訓云云，王右丞詩（酬張諲）：『不學城東遊俠兒，隱囊紗帽坐彈棊。』」又曰：「三國志曹公作欹案卧視，六朝人作隱囊，柔軟可倚，又便於欹案。」巵林五：「隱囊之名，宋、齊尚未見也。王元美以爲昔人未知隱囊之制，宛委餘編曰：『古字穩皆作隱，疑即穩囊也。』予意隱字如隱几之隱，即憑義耳。壬戌夏，予於荻渚，與崔孟起泛舟而下，至石硊，密雨連江，輕舟凝滯，繙南史：『陳後主時，百司啓奏，並因宦者蔡臨兒、李善度進請，後主倚隱囊，置張貴妃於膝上共決之。』予問孟起，隱囊何義？　答云：『今京師中官坐處，常有裁錦爲褥，形圓如毬，或以抵膝，或以搘脇，蓋是物也。』」江浩然叢殘小語：「隱囊形製，未有詳言者，蓋即今之圓枕，俗名西瓜枕，又名拐枕，内實棉絮，外包綾緞，設於牀榻，柔軟可倚，正尚清談喜晏佚者一需物也。　隱音印，即隱几之隱。」札樸四：「今枕榻間方枕，俗呼靠枕，即隱囊也。　通鑑（一七六）注云：『隱囊者，爲囊實以細軟，置諸坐側，坐倦則側身曲肱以隱之。』馥案：　隱讀如孟子隱几之隱，昔人用於車中，説文：『紎，車紎也。』急就篇：『鞇䩞靯韉鞍鑣鍚。』顔注：『䩞，韋囊，在車中，人所憑伏也。　今謂之隱囊。』」朱亦棟羣書札記十三：「隱囊，如今之靠枕，杜少陵詩：『屏開金孔雀，褥隱繡芙蓉。』亦其義也。」盧文弨曰：「隱囊，如今之靠枕。　南史杜崱傳：『杜嶷斑絲纏矟。』是當時有此名，今未能詳也。」器案：　斑絲謂雜色絲之織成品。　清人王士禛蠶尾續詩十、吴翊鳳止稽齋叢稿十之隱囊詩，俱以斑絲爲言。

〔一〇〕後漢書郭泰傳：「游於洛陽……後歸鄉里，衣冠諸儒，送至河上，車數千兩，林宗唯與李膺同舟而濟，衆賓望之，以爲神仙焉。」世説新語容止篇：「王右軍見杜弘治，歎曰：『面如凝脂，眼如點漆，此神仙中人。』」世説新語企羨篇：「孟昶未達時，家在京口，嘗見王恭乘高輿，被鶴氅裘。　于時微雪，昶於籬間窺之，歎曰：『此真神仙中人。』」則所謂魏、晉風流，漢末已開其端，而齊、梁猶襲其弊也。

〔一一〕日知録十六：「唐制有六科：一曰秀才，二曰明經，三曰進士，四曰明法，五曰書，六曰算。當時以詩賦取者謂之進士，以經義取者謂之明經。」又曰：「唐時人仕之數，明經最多。考試之法，令其全寫注疏，謂之帖括。」器案：漢舊儀上：「刺史舉民有茂材，移名丞相，丞相考召，取明經一科，明律令一科，能治劇一科，各一人。」則以明經取士，自漢已然。文選永明九年策秀才文李周翰注：「高等明經，謂德行高遠，明於經國之道，第一者也。」（集注本）則六朝之明經，與唐有別。又案：類説引「求第」作「及第」。

〔一二〕朱本及類説、戒子通録二、合璧事類續六引「顧」作「雇」。陸繼輅合肥學舍札記三：「漢書：『丙吉以私錢顧胡組、郭徵卿養視皇曾孫。』顔氏家訓：『明經求第，則顧人答策。』今別作『僱』，非。」器案：漢書晁錯傳：「斂民財以顧其功。」師古曰：「顧若今言雇賃也。」廣韻十一暮：「雇，本音户，九雇鳥也，相承借爲雇賃字。」借雇爲顧，蓋始於六朝、唐人。又案：漢書蕭望之傳注：「對策者，顯問以政事經義，令各對之，而觀其文辭，定高下也。」文選集注殘本卷七十一策秀才文：「鈔曰：『策，畫也，略也，言習於智略計畫，隨時問而答之。策有兩種：對策者，應詔也，若上召而問之者，曰對策；州縣舉之者曰射策也。對策所興，興於前漢，謂文帝十五年，詔舉天下賢良俊士，使之射策。』陸善經曰：『漢武帝始立其科。』」

〔一三〕何焯曰：「三九，似謂上巳重陽。」孫志祖讀書脞録七引徐北溟（鯤）曰：「三九謂公卿也。後漢書郎顗傳：『陛下踐阼以來，勤心衆政，而三九之位，未見其人。』注云：『三公九卿也。』

（抱朴子内篇辨問云：「蔑三九之官，背玉帛之聘。」）又文選張銑注王仲宣公讌詩：『此侍曹操讌，時操未爲天子，故云公讌。』據此，則公讌屬公卿可知。」李詳曰：「吴志王蕃傳裴松之注引吴録：『跨越三九之位。』亦指公卿而言。」劉盼遂曰：「三者三公，九者九卿，簡稱三九，此實爲漢以後之習語，如隸釋載孫叔敖碑：『三九無嗣。』洪适注云：『三，三公；九，九卿也。』抱朴子外篇漢通篇：『宦者奪人主之威，三九死庸豎之手。』又清鑒篇：『勇力絶倫者，則上將之器；洽聞治亂者，則三九之才也。』凡此，皆以三九與宦者、人主、上將爲對文，明三九爲公卿無疑矣。」陳直曰：「按：雜藝篇亦云：『非直葛洪一箭，已解追兵，三九讌集，常縻榮賜。』此指習射而言。據此三九兩日，是梁世貴族排日之游讌，或賦詩或比射也。」器案：徐、孫、李、劉説是，何、陳説非。本書雜藝篇：「三九讌集。」義與此同。抱朴子正郭篇：「林宗名振於朝廷，敬於一時，三九肉食，莫不欽重。」梁書長沙嗣王業傳：「善述文辭，尤好古體，自非公讌，未嘗妄有所爲。」又王筠傳：「筠爲文，能押强韻，每公宴並作，辭必妍美。」又胡僧祐傳：「每在公宴，必强賦詩。」又賀琛傳：「我自除公宴，不食國家之食。」文選公讌詩收入曹子建以下凡十四首，吕延濟注：「公讌者，臣下在公家侍讌也。」

〔一四〕器案：左傳隱公十一年：「而假手於我寡人。」杜注：「借手於我寡德之人。」國語晉語：「無必假手于武王。」韋注：「假，借也。」後漢書張奂傳：「上天震怒，假手行誅。」又陽球傳：「球奏罷鴻都文學云：『假手請字。』」文心雕龍詔策篇：「安、和政弛，禮閣鮮才，每爲詔敕，假手外請。」隋書劉炫傳：「炫自狀云：『至於公私文翰，未嘗假手。』」史通載文篇説魏、晉已下，僞謬雷同之失有五，其三曰假手。葉紹泰曰：「六朝之文，惟梁稱盛，而貴游子弟，爲朝士羞，此名人集中所以多代人之作也。」

〔一五〕器案：雜藝篇亦有「才學快士」語，本篇下文「人見鄰里親戚有佳快者」，北史劉延明傳有快女壻，義俱同，快即有佳意。

〔一六〕朝市，猶言朝廷。觀我生賦：「訖變朝而易市。」與此言「朝市遷革」意同。周禮考工記：「匠人營國，面朝後市。」蓋市之前即爲朝，朝之後即爲市，故言者多以朝市指朝廷。隋書盧思道傳載思道孤鴻賦：「雖籠絆朝市，且三十載，而獨往之心，未始去懷抱也。」

〔一七〕晉書吴隱之傳：「若居銓衡，當用此人。」文選陸士衡文賦：「苟銓衡之所裁。」李善注：「聲類：『蒼頡篇曰：銓，稱也。曰銓所以稱物也。七全切。』漢書曰：『衡，平也。平輕重也。』」

〔一八〕文選北征賦注：「曩，猶向時也。」

〔一九〕孟子公孫丑上：「夫子當路於齊。」趙岐注：「如使夫子得當仕路於齊，而可以行道。」

〔二〇〕説郛本、顔本、胡本、奇賞「被」作「披」。盧文弨曰：老子德經：「聖人被褐懷玉。」王叔岷曰：「孔子家語三恕篇：『子路問於孔子曰：有人於此，披褐而懷玉，何如？』阮籍詠懷詩：『被褐懷珠玉。』」

〔二一〕盧文弨曰：「法言吾子篇：『羊質而虎皮，見草而説，見豺而戰，忘其皮之虎也。』」

〔二二〕盧文弨曰：「陸機文賦：『兀若枯木，豁若涸流。』『泊』疑當作『洦』，下文引説文：『洦：淺水貌。』此當用之。匹白切。」器案：續漢書祭祀志上注引應劭漢官載馬第伯封禪儀記：「遥望其人，端如行朽兀。」兀字用法與此同。朽兀，即兀若枯木也。王叔岷曰：「案兀與杌同，玉篇：『杌，樹無枝。』弘明集十三王該日燭：『杌然寂泊。』此文泊，即『寂泊』字。又文賦泊作豁，豁有『空虚』義，吕氏春秋適音篇：『以危聽清，則耳豁極。』高誘注：『豁，虚。』廣雅釋詁：『豁，空也。』『空虚』與『寂泊』義近，則泊固不必改作洦矣。且『寂泊』與『窮流』，義正相應；若作洦，洦爲『淺水貌』，『淺水』與『窮流』固有別也。盧氏蓋未深思耳。」

〔二三〕説文解字水部：「洦，淺水貌。」洦泊古今字。淺水與窮流，義相若也。

〔二四〕説郛本、程本、何本、奇賞及戒子通録二「鹿獨」作「孤獨」；今從宋本。少儀外傳上、事文類聚後九引亦作「鹿獨」。盧文弨曰：「禮記王制正義引釋名：『無子曰獨，獨，鹿也，鹿鹿無所依也。』又張華拂舞賦：『獨漉獨漉，水深泥濁。』『獨漉』一作『獨禄』，亦作『獨鹿』，當是彳亍之意，本無定字，故此又倒作『鹿獨』也。」焦循易餘籥録十八：「鹿獨，今俗呼作捋奪。」郝懿行曰：「『鹿獨』疑當爲『獨鹿』，荀子成相篇云：『剄以獨鹿棄之江。』注云：『獨鹿與屬鏤同。』又案：鹿獨或當時方言，流離顛沛之意，不得援荀子『剄以獨鹿』爲解也。存以俟知者。」梧舟案：「或是『碌碡』二字，味全句神似也。」

〔二五〕器案：轉死即轉屍。孟子梁惠王下：「君之民老弱轉乎溝壑。」胡三省通鑑三一注引應劭曰：「死不能葬，故屍流轉在溝壑之中。」

〔二六〕何焯曰：「後人所罵奴才，亦駑材耳。」盧文弨曰：「字林：『駑，駘也。』駑駘，下乘，此亦謂下材也。」陸繼輅合肥學舍札記三曰：「駑材，金聖歎謂始於郭令公之罵其子，非也。劉元海云：『成都王穎不用吾言，逆自奔潰，真駑材也。』王景略云：『慕容評真駑材也。』語皆在前。又魏尒朱榮謂元天穆曰：『葛榮之徒，本是駑材。』蓋駑材者，駑下之材。顏氏家訓云：『貴游子弟，離亂之後，失皮露質，當此之時，真駑材也。』」趙翼陔餘叢考三八謂駑材即奴才，引證大同。案陳士元俚言解二：「郭子儀自稱諸子皆奴材。劉元海謂成都王穎曰：『逆自奔潰，真奴材也。』田崧曰：『賊氏奴材，欲覬非分。』劉璋執姚洪，洪罵曰：『汝奴材，固無取；吾義士豈忍爲汝所爲。』奴材者，言奴僕之所能，皆卑賤事也。」陸、趙之説，蓋又本於陳士元。

〔二七〕案：觸地，猶言無論何地也。本書名實篇：「觸塗難繼。」又養生篇：「觸塗牽縶。」觸塗、觸地義同。

〔二八〕少儀外傳上、類説引「虜」作「掠」。

〔二九〕文選奏彈王源李善注引袁子正書：「古者，命士已上，皆有冠冕，故謂之冠族。」

〔三〇〕宋本「安」作「汝」，少儀外傳上、事文類聚後九引同。

〔三一〕類説「保」作「飽」。

〔三二〕類説、事文類聚後六無「千載」二字。類説「不」作「免」。敬齋古今黈五曰：「世之勸人以學者，動必誘之以道德之精微，此可爲上性言之，非所以語中下者也。上性者常少，中下者常多，其誘之也非其所，則彼之昧者日愈惑，頑者日愈媮，是其所以益之者，乃所以損之也。大抵今之學，非古之學也。今之學不過爲利而勸，爲名而修爾；因其所爲而引之，則吾之勸之者易以入，而聽之者易以進也。求之前賢，蓋得二說焉：齊顔之推家訓云：『有學藝者，觸地而安。自荒亂以來，雖百世小人，知讀論語、孝經者，尚爲人師；雖千載冠冕，不曉書記者，莫不耕田養馬。以此觀之，安可不自勉耶？若能常保數百卷書，千載終不爲小人也。諺曰：「積財千萬，不如薄技在身。」』則今人所謂『良田千頃，不如薄藝隨身』者也。韓退之爲其姪符作讀書城南詩：『金璧雖重寶，費用難貯儲；學問藏之身，身在即有餘。』則今世俗所謂『一字值千金』者也。古今勸學者多矣，是二說者，最得其要，爲人父兄者，蓋不可以不知也。」

夫明六經之指，涉百家之書〔一〕，縱不能增益德行，敦厲風俗，猶爲一藝〔二〕，得以自資。父兄不可常依，鄉國不可常保，一旦流離，無人庇廕，當自求諸身耳。諺曰：「積財千萬，不如薄伎在身〔三〕。」伎之易習而可貴者〔四〕，無過讀書也。世人不問愚智，皆欲識人之多，見事之廣，而不肯讀書，是猶求飽而嬾營饌，欲暖而惰裁衣也。夫讀書之人〔五〕，自羲、農已〔六〕來，宇宙之下，凡識幾人，凡見幾事，生民〔七〕之成敗好惡，固不足論，天地所不能藏，鬼神所不能隱也。

〔一〕盧文弨曰：「六經依禮記經解所列，則詩、書、樂、易、禮、春秋是也。經不可以不明，百家之書，則但涉獵而已。」

〔二〕器案：一藝即一經。漢書藝文志六藝略：「古之學者耕且養，三年而通一藝，承其大體，玩經文而已。是故用日少而畜德多，三十而五經立也。」

〔三〕戒子通録，敬齋古今黈五「伎」作「技」；野客叢書二九引「薄伎在身」作「薄藝隨身」；事文類聚後六引此二句作「積錢千萬，無過讀書」，蓋總下文言之，非舉諺也。太公家教：「積財千萬，不如明解一經；良田千頃，不如薄藝隨軀。」至正直記三：「諺云：『日進千文，不如一藝防身。』蓋言習藝之人，可終身得託也。」義與此同。

〔四〕戒子通録「伎之」作「而況」。敦煌殘卷勤讀書抄（伯·二六〇七）引「貴」上有「富」字。

〔五〕戒子通録二引自此句起，跳行另起，則宋人所見之本，自此分段。靖康緗素雜記引此五句在「世人不問愚智」六句之前，蓋以臆自爲移易。

〔六〕靖康緗素雜記「已」作「以」。

〔七〕勤讀書抄「生民」作「生人」，避唐太宗李世民諱改。

有客難主人〔一〕曰：「吾見彊弩長戟〔二〕，誅罪安民，以取公侯者有矣；文義習吏〔三〕，匡時富國，以取卿相者有矣；學備古今，才兼文武，身無禄位，妻子飢寒者，不可勝數〔四〕，安足貴學乎？」主人對曰：「夫命之窮達，猶金玉木石也；脩以學藝，猶磨瑩雕刻也〔五〕。金玉之磨瑩，自美其鑛璞〔六〕，木石之段塊，自醜其雕刻；安可言木石之雕刻，乃勝金玉之鑛璞哉？不得以有學之貧賤，比於無學之富貴也。且負甲爲兵，咋筆爲吏〔七〕，身死名滅者如牛毛，角立傑出者如芝草〔八〕；握素披黄〔九〕，吟道詠德〔一〇〕，苦辛無益者如日蝕，逸樂名利者如秋荼〔一一〕，豈得同年而語矣〔一二〕。且又聞之：生而知之者上，學而知之者次〔一三〕。所以學者，欲其多知〔一四〕明達〔一五〕耳。必有天才，拔羣出類〔一六〕，爲將則闇與孫武、吳起〔一七〕同術，執政則懸〔一八〕得管仲、子産之教〔一九〕，雖未讀書，吾亦謂之學矣〔二〇〕。今子即〔二一〕不能然，不師古之蹤跡，猶蒙被而臥耳〔二二〕。

〔一〕盧文弨曰：「難，乃旦切。主人，之推自謂也。」

〔二〕盧文弨曰：「説文：『弩，弓有臂者。』釋名：『其柄曰臂，鉤弦曰牙，牙外曰郭，下曰懸刀，合名之曰機。』書太甲上：『若虞機張，往省括于度則釋。』傳：『機，弩牙也。』鄭注考工記：『戟，今三鋒戟也。』釋名：『戟，格也，旁有枝格也。』」器案：漢書鼂錯傳：「勁弩長戟，射疏及遠。」

〔三〕説郛本、羅本、顏本、程本、胡本、何本、朱本、別解「吏」作「史」。盧文弨曰：「大戴禮保傅篇：『不習爲吏，視已成事。』一作『習史』，亦可通，謂習史書也。漢書藝文志：『太史試學童，能諷書九千字以上，乃得爲史；又以六體試之，課最者，以爲尚書、御史、史書令史。』」器案：作「史」者形近之誤，下文「咋筆爲吏」，即承爲言，字正作「吏」。

〔四〕盧文弨曰：「勝，音升。數，色主切。」

〔五〕説文玉部：「瑩，玉色也。」段注：「謂玉光明之貌，引申爲磨瑩。」器案：劉子崇學章：「鏡出於金而明於金，瑩使然也。」又因顯章：「夫火以吹爇生焰，鏡以瑩拂成鑑。火不吹則無外耀之光，鏡不瑩必闕内影之照；故吹爲火之光，瑩爲鏡之華。人之居代，亦須聲譽以發光華，比火鏡假吹瑩也。」王叔岷曰：「案『瑩』與『鎣』同，廣雅釋詁：『鎣，磨也。』（文選左太沖招隱詩注、江文通雜體詩注引廣雅，『鎣』並作『瑩』。）」

〔六〕盧文弨曰：「鑛，古猛切，本作卝，亦作鐄、礦。周禮地官卝人：『掌金玉錫石之地。』注：『卝之言礦也，金玉未成器曰礦。』玉篇：『璞，玉未治者。』」説文石部：「磺，銅鐵樸石也。从石黄聲，讀若穬。卝，古文磺。」（段以卝爲後人所加。）段注：「樸，木素也，因以爲凡素之稱。銅鐵樸在石與銅鐵之間，可以爲銅鐵而未成者也。」

〔七〕盧文弨曰：「咋，仕客切，齧也。北齊書徐之才傳：『小史好嚼筆。』」

〔八〕後漢書徐穉傳：「角立傑出。」注：「如角之特立也。」王叔岷曰：「案記纂淵海五五引蔣子萬機論：『學者如牛毛（御覽六百七引無『者』字），逸樂名利者如秋荼。』」

〔九〕盧文弨曰：「古者，書籍以絹素寫之。太平御覽六百六引風俗通曰：『劉向爲孝成皇帝典校書籍十餘年，皆先書竹，改易刊定，可繕寫者，以上素也。』黄者，黄卷也；古者，書並作卷軸，可卷舒，用黄者，取其不蠹。」

〔一〇〕文選嘯賦：「精性命之至機，研道德之玄奧。」李善注：「管子曰：『虚無無形者謂之道，化育萬物謂之德。』」

〔一一〕説郛本、羅本、顔本、程本、胡本、何本、朱本「如秋荼」作「幾秋荼」。盧文弨曰：「日蝕，喻不常有也。鹽鐵論刑德篇：『秦法繁於秋荼。』荼至秋而益繁，喻其多也。」器案：文選王元長永明九年策秀才文：「傷秋荼之密網，惻夏日之嚴威。」張銑注：「荼，草也，其葉繁密，謂刑法酷暴亦如之。」

〔一二〕文選過秦論：「試使山東之國，與陳涉度長絜大，比權量力，則不可同年而語矣。」後漢書朱穆傳崇厚論：「豈得同年而語，並日而談哉？」則以時間爲衡量程度，長久則言年，短暫則計日。史記游俠傳：「誠使鄉曲之俠，與季次、原憲，比權量力，効功於當世，不同日而論矣。」漢書陳餘傳：「夫主之與主，豈可同日道哉？」晉書曹志傳：「豈與召公之歌棠棣，周詩之詠鴟鴞，同日論哉？」真誥卷十七握真輔第一：「豈可以與夫坐華屋、擊鐘鼓、饗五鼎、艷綺紈者，同日而論之哉？」朱軾曰：「以上爲不學者言學，以下爲學者言實學。」

〔一三〕論語季氏篇：「孔子曰：『生而知之者，上也；學而知之者，次也；困而學之者，又其次也；困而不學，民斯爲下矣。』」

〔一四〕羅本、顔本、程本、胡本、何本、朱本、别解「知」作「智」，古通。

〔一五〕大戴禮記哀公問五義篇：「思慮明達而辭不争。」文選潘安仁夏侯常侍誄：「傑操明達。」吕延濟注：「明達，通達。」

〔一六〕孟子公孫丑上：「出於其類，拔乎其萃。」趙岐注：「萃，聚也。」梁書劉顯傳：「聰明特達，出類拔羣。」

〔一七〕盧文弨曰：「史記孫子吴起列傳：『孫子武者，齊人也，以兵法見吴王闔廬。闔廬以爲將，西破彊楚，入郢，北威齊、晉，顯名諸侯。吴起者，衛人也，好用兵，魏文侯以爲將。起與士卒最下者同衣食，卧不設席，行不乘騎，親裹贏糧，與士卒分勞苦，用兵廉平，盡能得士心。後之楚，南平百越，北併陳、蔡，却三晉，西伐秦。後爲貴族所害。』」

〔一八〕器案：下文「懸見排蹙」。金樓子立言篇上：「鑒人則懸知善惡。」文心雕龍附會篇：「夫能懸設湊理，然後節文自會。」懸字義同。劉淇助字辨略二：「懸猶預也。凡預計遥揣皆曰懸者，懸是繫物之稱，物繫則有不定之勢；預計遥揣，有未定之意，故云懸也。」李調元勦説四説同。

〔一九〕盧文弨曰：「史記管晏列傳：『管仲夷吾者，潁上人也，任政於齊，桓公以霸。』循吏列傳：

『子産者，鄭之列大夫，相鄭二十六年而死，丁壯號哭，老人兒啼。』」

〔二〇〕論語學而篇：「雖曰未學，吾必謂之學也。」

〔二一〕朱本「即」作「既」。

〔二二〕盧文弨曰：「言其一物無所見也。」

人見鄰里親戚有佳快者〔一〕，使子弟慕而學之，不知使學古人，何其蔽也哉〔二〕？世人但知跨馬被甲，長矟〔三〕彊弓，便云我能爲將；不知明乎天道，辯乎地利〔四〕，比量逆順，鑒達興亡之妙也。但知承上接下，積財聚穀，便云我能爲相；不知敬鬼事神〔五〕，移風易俗〔六〕，調節陰陽〔七〕，薦舉賢聖之至也〔八〕。但知私財不入，公事夙辦，便云我能治民；不知誠己刑物〔九〕，執轡如組〔一〇〕，反風滅火〔一一〕，化鴟爲鳳之術也〔一二〕。但知抱令守律〔一三〕，早刑晚捨〔一四〕，便云我能平獄；不知同轅觀罪〔一五〕，分劍追財〔一六〕，假言而姦露〔一七〕，不問而情得之察也〔一八〕。爰及農商工賈，廝役奴隸，釣魚屠肉，飯牛牧羊，皆有先達〔一九〕，可爲師表〔二〇〕，博學求之，無不利於事也。

〔一〕盧文弨曰：「佳快，言佳人快士，異乎庸流者也。」郝懿行曰：「快，廣韻云：『稱心也，可也。』後漢書蓋勳傳：『卓問司徒王允曰：「欲得快司隸校尉，誰可作者？」』」器案：胡三省通鑑一一二注：「江東人士，其名位通顯於時者，率謂之佳勝、名勝。」佳快與佳勝義近。

〔二〕少儀外傳上、戒子通録二無「哉」字。

〔三〕「矟」原作「䂖」，永樂大典一八二〇八引同；朱本及戒子通録引作「矟」，今據改正。龔道耕先生曰：「『䂖』當作『矟』，矟與槊同，矛長丈八謂之矟。䂖，玉篇訓『弓使箭』，集韻訓『弓末』，不得云長䂖也。」

〔四〕盧文弨曰：「孫子始計篇：『天者，陰陽寒暑時制也。地者，遠近險易廣狹生死也。』司馬法定爵篇：『凡戰，順天，阜財，懌衆，利地，右兵：是謂五慮。順天，奉時；阜財，因敵；懌衆，勉若；利地，守隘險阻；右兵，弓矢禦，殳矛守，戈戟助。』」

〔五〕盧文弨曰：「漢書郊祀志：『元帝好儒，貢禹、韋玄成、匡衡等建言，祭祀多不應古禮，乃多所更定。』」

〔六〕盧文弨曰：「孝經：『移風易俗，莫善于樂。』」

〔七〕盧文弨曰：「書周官：『三公燮理陰陽。』漢書陳平傳：『文帝以平爲左丞相，對上曰：「主臣！宰相佐天子，理陰陽，調四時，理萬物，撫四夷。」』」

〔八〕盧文弨曰：「案：漢之三公，得自辟舉士，士之有行義伏巖穴者，常徵上公車，賢者多出其中。」

〔九〕何本、別解及戒子通録二引「刑」作「型」。趙曦明曰：「『刑』與『型』同。」王叔岷曰：「喻林五引作『形』，刑、形古亦通用，淮南子道應篇：『誠於此者刑於彼。』（又見孔子家語屈節篇）治要引『刑』作『形』，即其比。」

〔一〇〕鮑本「如」下注云：「一本作『生』字。」案：傅本作「生」。盧文弨曰：「吕氏春秋先己篇：『詩曰：「執轡如組。」孔子曰：「審此言也，可以爲天下。」子貢曰：「何其躁也？」孔子曰：「非謂其躁也，謂其爲之於此，而成文於彼也；聖人組脩其身，而成文於天下矣。」』案：家語好生篇亦載此，以爲邶詩，而并引『兩驂如儛』，殊誤。其載孔子之言曰：『爲此詩者，其知政乎！夫爲組者，總紕於此，成文於彼；言其動於近，行於遠也。執此法以御民，豈不化乎！竿旄之忠告，至矣哉！』案：毛詩傳云：『御衆有文章，言能治衆，動於近，成於遠也。』語意正相合。」器案：韓詩外傳二：「故御馬有法矣，御民有道矣，法得則馬和而歡，道得則民安而集。詩曰：『執轡如組，兩驂如舞。』此之謂也。」則詩今古文都以「執轡如組」取譬御民。

〔一一〕趙曦明曰：「後漢書儒林傳：『劉昆，字桓公，陳留東昏人。光武除爲江陵令，時縣連年火災，昆輒向火叩頭，多能降雨止風。遷弘農太守，虎皆負子渡河。建武二十二年，徵代杜林爲光禄勳。詔曰：「前在江陵，反風滅火，後守弘農，虎北渡河，行何德政而致是事？」對曰：「偶然耳。」帝歎曰：「此乃長者之言也。」』」

〔一二〕趙曦明曰：「後漢書循吏傳：『仇覽，字季智，一名香，陳留考城人。縣選爲蒲亭長。有陳元者，獨與母居，而母詣覽，告元不孝。覽親到元家，與其母子飲，爲陳人倫孝行，譬以禍福之言。元卒成孝子。鄉邑爲之諺曰：「父母何在在我庭，化我鳲鴞哺所生。」考城令王渙聞覽以德化民，署爲主簿，謂曰：「主簿聞陳元之過，不罪而化之，得無少鷹鸇之志耶？」覽曰：「以爲鷹鸇不若鸞鳳。」渙謝遣曰：「枳棘非鸞鳳所棲，百里非大賢之路。」以一月奉爲資，令入太學。』」

〔一三〕漢書杜周傳：「前王所是著爲律，後王所是疏爲令。」

〔一四〕「早刑晚捨」，宋本原作「早刑時捨」，注云：「『時捨』，一本作『晚舍』。」案：説郛本、羅本、顔本、程本、胡本、何本、朱本、別解作「晚舍」，戒子通録二作「晚捨」，今據改正。意謂早上判刑，晚上立刻赦免也。

〔一五〕朱亦棟曰：「左傳成公十七年：『郤犫與長魚矯争田，執而梏之，與其父母妻子同一轅。』杜注：『繫之車轅。』之推此句本此。然此事非明察類，不解之推何以用之？抑或别有所本耶？」李詳説同。案：朱、李之説，終不與此合，存以待考。

〔一六〕趙曦明曰：「太平御覽六百三十九引風俗通：『沛郡有富家公，貲二千餘萬。子纔數歲，失母，其女不賢。父病，令以財盡屬女，但遺一劍，云：「兒年十五，以還付之。」其後又不肯與兒，乃訟之。時太守大司空何武也，得其辭，顧謂掾吏曰：「女性強梁，壻復貪鄙，畏害其兒，且寄之耳。夫劍者所以決斷；限年十五者，度其子智力足聞縣官，得以見伸展也。」乃悉奪財還子。』」

〔一七〕趙曦明曰：「魏書李崇傳：『（崇）爲揚州刺史。先是，壽春縣人苟泰有子三歲，遇賊亡失，數年，不知所在，後見在同縣人趙奉伯家，泰以狀告，各言已子，並有鄰證。郡縣不能斷。崇曰：「此易知耳。」令二父與兒各在別處，禁經數旬，然後遣人告之曰：「君兒遇患，向已暴死。」苟泰聞，即號咷，悲不自勝；奉伯咨嗟而已，殊無痛意。崇察知之，乃以兒還泰。』」

〔一八〕趙曦明曰：「晉書陸雲傳：『（雲）爲浚儀令。人有見殺者，主名不立，雲録其妻而無所問。十許日遣出，密令人隨後，謂曰：「不出十里，當有男子候之與語，便縛來。」既而果然。問之，具服，云：「與此妻通，共殺其夫，聞其得出，故遠相要候。」於是一縣稱其神明。』」

〔一九〕先達，猶言先進也。文選江文通雜體詩盧郎中諶：「常慕先達槩。」李周翰注：「言我慕先達節槩之人。」又庾元規讓中書令表：「位超先達。」李周翰注：「言爵禄越先進之人。」

〔二〇〕趙曦明曰：「古聖賢如舜、伊尹皆起於耕，後世賢而躬耕者多，不能以徧舉。尸子曰：『子貢，衞之賈人。』左傳載鄭商人弦高及賈人之謀出荀罃而不以爲德者，皆賢達也。工如齊之斲輪及東郭牙；廝役僕隸如兒寬爲諸生都養，王象爲人僕隸而私讀書；釣魚屠牛，皆齊太公事；飯牛，甯戚事；卜式、路温舒、張華，皆嘗牧羊：史傳所載，如此者非一。」

夫所以讀書學問〔一〕，本欲開心明目，利於行耳〔二〕。未知養親者，欲其觀古人之先意承顏〔三〕，怡聲下氣〔四〕，不憚劬勞，以致甘腝〔五〕，惕然慙懼，起而行之也〔六〕；未知事君者，欲其觀古人之守職無侵〔七〕，見危授命〔八〕，不忘誠諫〔九〕，以利社稷，惻然自念，思欲效之也；素驕奢者，欲其觀古人之恭儉節用，卑以自牧〔一〇〕，禮爲教本，敬者身基〔一一〕，瞿然自失〔一二〕，斂容抑志也〔一三〕；素鄙吝者〔一四〕，欲其觀古人之貴義輕財，少私寡慾〔一五〕，忌盈惡滿〔一六〕，賙窮卹匱〔一七〕，赧然〔一八〕悔恥，積而能散也〔一九〕；素暴悍者，欲其觀古人之小心黜己〔二〇〕，齒弊舌存〔二一〕，含垢藏疾〔二二〕，尊賢容衆〔二三〕，苶然沮喪〔二四〕，若不勝衣也〔二五〕；素怯懦者，欲其觀古人之達生委命〔二六〕，彊毅正直，立言必信〔二七〕，求福不回〔二八〕，勃然奮厲，不可恐懾也〔二九〕：歷茲以往，百行皆然〔三〇〕。縱不能淳〔三一〕，去泰去甚〔三二〕。學之所知，施無不達。世人讀書者〔三三〕，但能言之，不能行之〔三四〕，忠孝無聞，仁義不足；加以斷一條訟〔三五〕，不必得其理；宰千户縣，不必理其民〔三六〕；問其造屋，不必知楣横而梲豎也〔三七〕；問其爲田，不必知稷早而黍遲也〔三八〕；吟嘯談謔，諷詠辭賦，事既優閑，材增迂誕〔三九〕，軍國〔四〇〕經綸〔四一〕，略無施用〔四二〕：故爲武人〔四三〕俗吏所共嗤詆，良由是乎！

〔一〕黄叔琳曰：「文氣極平易，義理却極精實。」

〔二〕盧文弨曰：「家語六本篇：『忠言逆耳，而利於行。』」案：明吴訥小學集解五引熊氏曰：「學在知行二者。能知而不能行，與不學同。然欲行之，必先知之。今有人焉，心無所知，目無所見，而欲足之能行，無是理也。故必讀書學問，開心明目，而後可利於行耳。」王叔岷曰：「案後漢書王常傳：『聞陛下即位河北，心開目明。』」

〔三〕盧文弨曰：「禮記祭義：『曾子曰：「君子之所謂孝者，先意承志，諭父母於道。」』晉書孝友傳：『柔色承顔，怡怡以樂。』」

〔四〕盧文弨曰：「禮記内則：『父母有過，下氣怡色柔聲以諫。』」

〔五〕「腝」，宋本作「㬉」，原注云：「一本作『旨』。」永樂大典一一六一八載壽親養老新書引作「腰」，蓋即「腝」之譌誤；朱本、鮑本作「輭」，自警編小學門引小學引作「脆」。盧文弨曰：「案：廣韻：『腝，肉腝。』讀若嫩。㬉與煗、暖同，非其義。」案：腝蓋即煗字之借，煗，𥁕也，故可引申爲熟爛，㬉則煗之或體也。其作「輭」者，俗别字；作「脆」，則以臆改之耳。

〔六〕荀子性惡篇：「故坐而言之，起而可設，張而可施行。」

〔七〕器案：侵謂越局侵上，左傳成公十六年：「侵官，冒也。」

〔八〕論語子張篇：「士見危致命。」集解：「孔安國曰：『致命，不愛其身。』」

〔九〕宋本、少儀外傳上「誠」作「箴」，説郛本、小學外篇嘉言仍作「誠」。案：「誠」避隋文帝父「忠」字諱改。

〔一〇〕卑以自牧，盧文弨曰：「易謙初六象傳文。」案：王弼注：「牧，養也。」

〔一一〕盧文弨曰：「禮記曲禮上：『人有禮則安，無禮則危。』哀公問：『孔子對哀公曰：「所以治禮，敬爲大，君子無不敬也，敬身爲大。不能敬其身，是傷其親；傷其親，是傷其本；傷其本，枝從而亡。」』」嚴式誨曰：「案：春秋成十三年左傳：『禮，身之幹也；敬，身之基也。』」

〔一二〕盧文弨曰：「禮記檀弓上：『曾子聞之瞿然。』瞿然，驚變之貌，紀具切。列子仲尼篇：『子貢茫然自失。』」王叔岷曰：「案瞿借爲䀠，説文：『䀠，舉目驚䀠然也。』莊子説劍篇：『文王芒然自失。』」

〔一三〕離騷注：「抑，案也。」文選注作「按也」，字同。

〔一四〕羅本、傅本、顔本、程本、胡本、何本、朱本、黄本、戒子通録二、自警編、别解「吝」作「悋」，俗别字。説文口部：「吝，恨惜也。」徐鉉曰：「今俗别作悋，非是。」

〔一五〕王叔岷曰：「案老子十九章：『少私寡欲。』莊子山木篇：『少私而寡欲。』」

〔一六〕盧文弨曰：「易謙彖辭：『天道虧盈而益謙，地道變盈而流謙，鬼神害盈而福謙，人道惡盈而好謙。』書大禹謨：『滿招損。』」

〔一七〕盧文弨曰：「賙，周也。高誘注吕氏春秋季春紀：『鰥寡孤獨曰窮。』匱，乏也。」

〔一八〕盧文弨曰：「赧，奴版切，小爾雅：『面慙曰戁。』戁與赧同。」

〔一九〕盧文弨曰：「積而能散，禮記曲禮上文。」

〔二〇〕勤讀書抄「黜」作「屈」。盧文弨曰：「説文：『黜，貶下也。』」

〔二一〕趙曦明曰：「説苑敬慎篇：『常摐有疾，老子往問焉，張其口而示老子曰：「吾舌存乎？」老子曰：「然。」曰：「吾齒存乎？」老子曰：「亡。」常摐曰：「子知之乎？」老子曰：「夫舌之存也，豈非以其柔耶？齒之亡也，豈非以其剛耶？」常摐曰：「嘻，是已。天下之事已盡，無以復語子哉！」』」王叔岷曰：「案淮南子原道篇：『齒堅於舌，而先之弊。』（又見文子道原篇）孔叢子抗忠篇：『子思見老萊子……老萊子曰：子不見夫齒乎？齒堅剛，卒盡相磨；舌柔順，終以不弊。』高士篇上：『商容（即常摐），不知何許人也。有疾。老子曰：先生無遺教以告弟子乎？……容張口曰：吾舌存乎？曰：存。曰：吾齒存乎？曰：亡。知之乎？老子曰：非謂其剛亡而弱存乎？容曰：嘻！天下事盡矣。』（又見僞慎子外篇）」

〔二二〕趙曦明曰：「左氏宣十五年傳：『川澤納汙，山藪藏疾，瑾瑜匿瑕，國君含垢，天之道也。』」案：杜注：「藏疾，山之有林藪，毒害者居之。」

〔二三〕論語子張篇：「君子尊賢而容衆，嘉善而矜不能。」邢昺疏曰：「君子之人，見彼賢則尊重之，雖衆多，亦容納之。」

〔二四〕説郛本、羅本、顏本、程本、胡本、何本、朱本、黄本、戒子通録、小學、自警編、别解「茶」作「薾」，朱本注云：「茶，同音涅，疲也。」器案：茶者薾之俗，薾又闟之變也。説文：「闟，智少力劣也。」廣雅釋詁：「闟，弱也。」盧文弨曰：「莊子齊物論：『茶然疲役，而不知所歸。』茶，奴結切；沮，慈呂切；喪，蘇浪切。」王叔岷曰：「莊子齊物論篇云云，道藏成玄英疏、王元澤新傳、林希逸口義、褚伯秀義海纂微、羅勉道循本諸本，世德堂本，『茶』皆作『薾』。」

〔二五〕趙曦明曰：「禮記檀弓下：『趙文子退然如不勝衣，其言吶吶然如不出諸其口。』」案：正義曰：「其形退然柔和，似不勝衣，言形貌之早退也。」

〔二六〕勤讀書抄「委」作「知」。盧文弨曰：「莊子達生篇：『達生之情者，不務生之所無以爲；達命之情者，不務知之所無奈何。』」器案：委命，猶言委心任命，文選班孟堅答賓戲：「委命供己，味道之腴。」

〔二七〕論語子路篇：「言必信。」

〔二八〕趙曦明曰：「詩大雅旱麓：『豈弟君子，求福不回。』回，違也，邪也。」

〔二九〕小學、自警編「懾」作「懼」。盧文弨曰：「禮記曲禮上：『貧賤而知好禮，則志不懾。』之涉切。」

〔三〇〕百行，注見治家篇。

〔三一〕自警編「淳」作「純」。

〔三二〕趙曦明曰：「韓非子外儲説左下：『季孫好士，終身莊處，衣服常如朝廷；而季孫適懈，有過失；客以爲厭易己，相與怨之，遂殺季孫。故君子去泰去甚。』」盧文弨曰：「『聖人去甚，去奢，去泰。』老子道德經文。」

〔三三〕「世人讀書者」句上，宋本有「今」字，原注云：「一本無『今』字。」案：小學、少儀外傳引無「今」字，並無「者」字。

〔三四〕史記孫子吴起列傳太史公曰：「語曰：『能行之者，未必能言；能言之者，未必能行。』」

〔三五〕胡三省通鑑二七注：「顔師古曰：『凡言條者，一一而疏舉之，若木條然也。』」

〔三六〕盧文弨曰：「漢書百官公卿表：『縣萬户以上爲令，減萬户爲長。』案：今言千户，言最小之縣，猶不能理也。」

〔三七〕宋本、羅本、傅本、顔本、程本、胡本、何本、朱本「豎」作「竪」。盧文弨曰：「釋名：『楣，眉也，近前，若面之有眉也。棳，儒也，梁上短柱也；棳儒猶侏儒，短，故以名之也。』案：爾雅釋宫作棁，亦作棳，同音拙。豎，臣庾切，説文：『豎，立也。』」

〔三八〕宋本、羅本「遲」作「穉」，宋本原注云：「一本作『遲』字。」盧文弨曰：「尚書大傳唐傳：『主春者，張昏中可以種稷；主夏者，火昏中可以種黍。』鄭注禮記月令首種云：『舊説謂稷。』」案：詩魯頌閟宫傳：「先種曰稙，後種曰穉。」但顔氏上言早，則下文自當作遲，使人易曉，不必迂取穉字爲配，故不從宋本。

〔三九〕史記封禪書：「言神事，事如迂誕。」漢書藝文志方技略神僊家：「誕欺怪迂之文，彌以益多。」師古曰：「誕，大言也。迂，遠也。」

〔四〇〕文選任彦昇王文憲集序：「至於軍國遠圖，刑政大典，既道在廊廟，則理擅民宗。」又云：「理窮言行，事該軍國。」軍國，謂軍事與國務也。戰國策秦策：「雖有萬金，弗得私也，亦充軍國之用矣。」

〔四一〕周易屯象曰：「雲雷屯，君子以經綸。」孔穎達正義：「經謂經緯，綸謂綱綸。言君子法此屯象有爲之時，以經綸天下，約束於物，故云君子以經綸也。」中庸：「唯天下至誠，爲能經綸天下之大經。」朱熹章句：「經綸，皆治絲之事：經者，理其緒而分之；綸者，比其類而合之也。」

〔四二〕史記封禪書：「始皇聞此，以各乖異難施用。」後漢書左雄傳：「若其面牆，則無所施用。」

〔四三〕抱朴子行品篇：「奮果毅之壯烈，騁干戈以静難者，武人也。」

夫學者所以求益耳〔一〕。見人讀數十卷書，便自高大，凌忽〔二〕長者，輕慢同列；人疾之如讎敵，惡之如鴟梟〔三〕。如此以學自損〔四〕，不如無學也。

〔一〕論語憲問篇：「吾見其居於位也，見其與先生並行者也，非求益者也，欲速成者也。」

〔二〕凌忽，侵凌慢忽。又作陵忽，南史劉康祖傳：「恭以豪戚自居，甚相陵忽。」

〔三〕盧文弨曰：「詩大雅瞻卬：『懿厥哲婦，爲梟爲鴟。』箋：『梟鴟，惡聲之鳥。』亦作『鴅鴞』，見前『化鴟』注。」

〔四〕小學外篇嘉言、戒子通録二、自警編、明霍韜霍氏家訓子弟第八引此句作「如此學以求益，今反自損」，少儀外傳引同宋本。

古之學者爲己，以補不足也；今之學者爲人，但能説之也〔一〕。古之學者爲人，行道以利世也；今之學者爲己，脩身以求進也〔二〕。夫學者猶種樹也〔三〕，春玩其華，秋登其實〔四〕；講論文章，春華也，脩身利行，秋實也〔五〕。

〔一〕論語憲問篇：「古之學者爲己，今之學者爲人。」集解：「孔安國曰：『爲己，履而行之；爲人，徒能言。』」器案：「古之學者爲己，今之學者爲人」，語又見荀子勸學篇。又北堂書鈔卷八十三、太平御覽卷六百七引新序：「齊王問墨子曰：『古之學者爲己，今之學者爲人，何如？』對曰：『古之學者，得一善言，以附其身，今之學者，得一善言，務以悦人。』」

〔二〕王楙野客叢書二八：「范曄後漢論（桓榮傳）曰：『古之學者爲己，今之學者爲人。爲人者，憑譽以顯物；爲己者，因心以會道。』顔氏家訓曰：『古之學者爲己，輔不足也；今之學者爲人，但能説之也。古之學者爲人，行道以濟世也；今之學者爲己，修身以求進也。』二説不同，皆非吾夫子之意。」引此文「以補」二字作「輔」，「利」作「濟」。黄叔琳曰：「翻轉説，其義乃備。」

〔三〕盧文弨曰：「左氏昭十八年傳：『閔子馬曰：「夫學，殖也，不殖將落。」』」

〔四〕説郛本「玩」作「翫」。御覽二〇「登」作「取」。記纂淵海六二引「玩」作「翫」，「登」作「取」。盧文弨曰：「韓詩外傳七：『簡主曰：「春樹桃李，夏得陰其下，秋得食其實。」』魏志邢顒傳：『采庶子之春華，忘家丞之秋實。』」器案：三國志吴書諸葛恪傳注引志林：「虞喜曰：『世人奇其英辯，造次可觀，而哂呂侯無對爲陋。不思安危終始之慮，是樂春藻之繁華，而忘秋實之甘口也。』」文心雕龍辨騷篇：「翫華而不墜其實。」金樓子著書篇：「春華秋實，懷哉何已。」北齊書文苑傳序：「開四照於春華，成萬寶於秋實。」都以華實喻學與用。

〔五〕太平御覽卷二十引「講論」作「講説」，「春華」作「春之華」，「秋實」作「秋之實」。記纂淵海引亦作「春之華」、「秋之實」。

人生小幼，精神專利，長成已後，思慮散逸，固須早教，勿失機也。吾七歲時，誦靈光殿賦〔一〕，至於今日，十年一理，猶不遺忘；二十之外，所誦經書，一月〔二〕廢置，便至〔三〕荒蕪矣。然人有坎壈〔四〕，失於盛年〔五〕，猶當晚學，不可自棄。孔子云：「五十以學易，可以無大過矣〔六〕。」魏武、袁遺〔七〕，老而彌篤〔八〕，此皆少學而至老不倦也。曾子七十乃學，名聞天下〔九〕；荀卿五十，始來遊學，猶爲碩儒〔一〇〕；公孫弘四十餘，方讀春秋，以此遂登丞相〔一一〕；朱雲亦四十，始學易、論語〔一二〕；皇甫謐二十，始受孝經、論語〔一三〕：皆終成大儒，此並早迷而晚寤也。世人婚冠未學，便稱遲暮〔一四〕，因循面牆〔一五〕，亦爲愚耳。幼而學者，如日出之光，老而學者，如秉燭夜行〔一六〕，猶賢乎瞑目而無見者也〔一七〕。

〔一〕抱經堂本「靈」上有「魯」字，各本俱無，今據删。趙曦明曰：「後漢書文苑傳：『王逸子延壽，字文考，有儁才，少遊魯國，作靈光殿賦。』今見文選。」

〔二〕宋本原注：「『月』一本作『日』字。」鮑本誤作「一本有『日』字」。案：類説作「日」。

〔三〕宋本原注：「一本無『至』字。」案：類説無「至」字。

〔四〕盧文弨曰：「坎壈，苦感、盧感二切，亦作坎廩，音同。楚辭九辯：『坎廩兮貧士失職而志不平。』五臣注文選：『坎壈，困窮也。』」

〔五〕器案：文選曹子建洛神賦：「怨盛年之莫當。」李善注：「盛年，謂少壯之時。」又曹子建美女篇：「盛年處房室，中夜起長歎。」李善注：「蘇武答李陵詩：『低頭還自憐，盛年行已衰。』」又吴季重答魏太子牋：「盛年一過，實不可追。」陶淵明集卷四雜詩十二首其一：「盛年不重來，一日難再晨。」元李公焕注：「男子自二十一至二十九，則爲盛年。」

〔六〕文見論語述而篇，集解：「易窮理盡性，以至於命。年五十而知天命。以知命之年，讀至命之書，故可以無大過也。」朱熹集注：「學易，則明乎吉凶消長之理、進退存亡之道，故可以無大過。」

〔七〕趙曦明曰：「魏志武帝紀注：『太祖御軍三十餘年，手不捨書，晝則講武策，夜則思經傳，登高必賦，及造新詩，被之管絃，皆成樂章。袁遺，字伯業，紹從兄，爲長安令。河間張超嘗薦遺於太尉朱儁，稱遺有冠世之懿、幹時之量。太祖稱：長大而能勤學，惟吾與袁伯業耳。』」

器案：三國志吴書吕蒙傳注引江表傳：「孫權語蒙曰：『孟德亦自謂老而好學。』」梁谿漫志五：「曹孟德嘗言：『老而好學，惟吾與袁伯業耳。』」東坡云：『此事不獨今人不能，即古人亦自少也。』」

〔八〕勤讀書抄「篤」作「固」。

〔九〕類説「七十」作「十七」。黄叔琳曰：「曾子少孔子四十六歲，非晚始學者（郝懿行説同），當別有曾子。」孫志祖讀書脞録四：「盧抱經據高誘淮南子説林注『吕望年七十，始學讀書，九十爲文王作師』，疑『曾子』爲『吕望』之譌。蓋曾子少孔子四十六歲，則其從遊，必在少年也。志祖疑『七十』爲『十七』之譌，然於書傳亦無確證。又宋書建平王宏子景素傳内載劉璡疏云：『曾子孝親，而沈乎水。』又：『曾子不逆薪而爨，知其不爲暴也。』然則後人所述曾子事之無攷者多矣。」朱亦棟羣書札記十：「案：大戴禮曾子立事篇：『三十四十之間而無藝，即無藝矣。五十而不以善聞，則不聞矣。七十而無德，雖有微過，亦可以勉矣。其少不諷誦，其壯不議論，其老不教誨，亦可謂無業之人矣。』之推正用此語，是文章活用之法，不必刻舟以求也。宋景文筆記卷中：『曾子年七十，文學始就，乃能著書。孔子曰：「參也魯。」蓋少時止以孝顯，未如晚節之該洽也。』則痴人説夢矣。」器案：孫説是，類説正作「十七」，下文「皇甫謐二十始受孝經、論語」，蓋顏氏以十七、二十之年，俱爲晚學矣。許慎説文解字叙曰：「尉律：『學僮十七已上，始試諷籀書九千字，乃得爲史。又以八體試之，郡移太史，不正，輒舉劾之。』」此蓋承周、秦舊制而言。古者，「八歲入小學」（見大戴禮記保傅篇、白虎通辟雍篇、漢書食貨志及藝文志、説文解字叙），年十七已上始試，中律者得習爲吏；而曾子年十七乃學（此已是入仕之年），較之八歲，已遲九年，故亦謂之晚學也。

〔一〇〕趙曦明曰：「史記孟荀列傳：『荀卿，趙人。年五十，始來遊學於齊。』索隱：『荀卿，名況。卿者，時人相尊而號曰卿也。』」

〔一一〕勤讀書抄引「春秋」下有「雜説」二字，與漢書本傳合；又「丞相」作「卿相」。趙曦明曰：「漢書公孫弘傳：『弘，菑川薛人。年四十餘，乃學春秋雜説，六十爲博士，免歸。武帝元光五年，復徵賢良文學，策詔諸儒，弘對爲第一，拜爲博士，待詔金馬門。元朔中，代薛澤爲丞相，封平津侯。』」器案：御覽六一四引應璩答韓文憲書：「昔公孫弘皓首入學。」

〔一二〕勤讀書抄無「語」字。趙曦明曰：「漢書朱雲傳：『雲，字游，魯人。少時通輕俠，年四十迺變節，從博士白子友受易，又事將軍蕭望之，受論語，皆能傳其業。當世高之。』」

〔一三〕「受」，各本俱作「授」，抱經堂本校定作「受」；案：勤讀書抄、類説正作「受」，今從之。趙曦明曰：「晉書皇甫謐傳：『謐，字士安，安定朝那人。年二十，不好學，遊蕩無度所，後叔母任氏，對之流涕；乃感激，就鄉人席坦受書，勤力不怠，遂博綜典籍百家之言，以著述爲務，自號玄晏先生。』」器案：齊民要術三引崔寔四民月令：「冬十一月，命幼童入小學，讀孝經、論語、篇、章。」漢書匡衡傳：「論語、孝經，聖人言行之要，宜先究其意。」是孝經、論語，漢時爲初學必讀之書；士安年二十始受孝經、論語，蓋魏、晉時猶仍沿襲漢制云。

〔一四〕離騷：「惟草木之零落兮，恐美人之遲暮。」王逸注：「遲，晚也。」

〔一五〕盧文弨曰：「書周官：『不學牆面。』」器案：論語陽貨篇：「人而不爲周南、召南，其猶正牆面而立也歟！」後漢書鄧皇后紀：「面牆術學，不識臧否。」注：「尚書曰：『弗學面牆也。』」又作牆面，文選任彦昇天監三年策秀才文：「庶非牆面。」李周翰注：「牆面，謂面向牆而無所見者。」通鑑五十漢安帝六年詔康等曰：「面牆術學，不識臧否。」胡三省注曰：「尚書曰：『弗學牆面。』言正牆面而立，無所見。」

〔一六〕盧文弨曰：「説苑建本篇：『師曠曰：「少而好學，如日出之陽；壯而好學，如日中之光；老而好學，如炳燭之明。炳燭之明，孰與昧行乎？」』」器案：藝文類聚八〇引尚書大傳：「晉平公問師曠曰：『吾年七十，欲學，恐已暮。』師曠曰：『臣聞老而學者，如執燭之明。執燭之明，孰與昧行？』公曰：『善。』」説苑即本尚書大傳。文選古詩：「人生不滿百，常懷千歲憂；晝短苦夜長，何不秉燭遊？」王叔岷曰：「記纂淵海五六引范子：『師曠對晉平公曰：少而學者，如日出之光；壯而學者，如日中之光；老而學者，如秉燭夜行。』金樓子立言上：『晉平公問師曠曰：吾年已老，學將晚邪？對曰：少好學者，如日盛陽；老好學者，如炳燭夜行。』」

〔一七〕抱朴子外篇勗學：「若乃絶倫之器，盛年有故，雖失之於暘谷，而收之於虞淵；方知良田之晚播，愈於卒歲之荒蕪也。日燭之喻，斯言當矣。」

學之興廢，隨世輕重。漢時賢俊，皆以一經弘聖人之道〔一〕，上明天時，下該人事〔二〕，用此致卿相者多矣〔三〕。末俗〔四〕已來不復爾〔五〕，空守章句〔六〕，但誦師言，施之世務〔七〕，殆無一可。故士大夫子弟，皆以博涉〔八〕爲貴，不肯專儒〔九〕。梁朝皇孫以下，總丱〔一〇〕之年，必先入學〔一一〕，觀其志尚，出身〔一二〕已後，便從文史〔一三〕，略無卒業者〔一四〕。冠冕〔一五〕爲此者，則有何胤〔一六〕、劉瓛〔一七〕、明山賓〔一八〕、周捨〔一九〕、朱异〔二〇〕、周弘正〔二一〕、賀琛〔二二〕、賀革〔二三〕、蕭子政〔二四〕、劉縚〔二五〕等，兼通文史，不徒講説也。洛陽亦聞崔浩〔二六〕、張偉〔二七〕、劉芳〔二八〕，鄴下又見邢子才〔二九〕：此四儒者〔三〇〕，雖好經術，亦以才博擅名。如此諸賢，故爲上品〔三一〕，以外率多田野閒人，音辭鄙陋，風操蚩拙〔三二〕，相與專固〔三三〕，無所堪能，問一言輒酬數百，責其指歸〔三四〕，或無要會〔三五〕。鄴下諺云：「博士買驢，書券〔三六〕三紙，未有驢字。」使汝以此爲師，令人氣塞。孔子曰：「學也禄在其中矣〔三七〕。」今勤無益之事，恐非業也。夫聖人之書，所以設教，但明練經文，粗通注義〔三八〕，常使言行有得，亦足爲人〔三九〕；何必「仲尼居」即須兩紙疏義〔四〇〕，燕寢講堂〔四一〕，亦復何在？以此得勝〔四二〕，寧有益乎？光陰可惜，譬諸逝水〔四三〕。當博覽機要〔四四〕，以濟功業；必能兼美，吾無間焉〔四五〕。

〔一〕趙曦明曰：「弘，大之也。」器案：漢有通經致用之説，謂治一經必得一經之用也。如平當以禹貢治河（見漢書本傳），夏侯勝以洪範察變（見漢書本傳），董仲舒以春秋決獄，（漢書藝文志六藝略有公羊董仲舒治獄十六篇，後漢書應劭傳：「董仲舒作春秋決獄二百三十二事。」）王式以三百五篇當諫書（見漢書儒林傳），皆其例證。論語衞靈公篇：「子曰：『人能弘道，非道弘人。』」集解：「王肅曰：『才大者道隨大，才小者隨小，故不能弘人。』」

〔二〕黄叔琳曰：「兼此八字，方不媿爲窮經之儒。」

〔三〕盧文弨曰：「事皆具漢書儒林傳。」

〔四〕漢書朱博傳：「今末俗之弊，政事煩多，宰相之材不及古，而丞相獨兼三公之事。」末俗謂末世之風俗也。

〔五〕盧文弨曰：「『爾』字疑當重。」劉盼遂曰：「按：六朝人率以爾作如此用，如世説新語品藻篇：『外人論殊不爾。』又云：『身意正爾。』任誕篇云：『未能免俗，聊復爾耳。』又云：『温往衞許亦爾。』宋書孔興宗傳云：『卿不得爾。』水經注三十三：『今則不能爾。』此皆以爾作如此用之成例矣。盧氏不悉當時文法，故有此失。」

〔六〕黄叔琳曰：「俗儒之學，古人所訾；若今人中有此，吾當低頭拜之矣。」紀昀曰：「先生固詞宗也，奈何輕量天下士！」

〔七〕世務，猶言時務、時事。史記禮書：「時於世務刑名。」漢書主父偃傳：「上書言世務。」北史蘇威傳：「奏薦柳莊：『江南人有學業者多不習世務，習世務者又無學業。』」文選陸士衡擬東城一何高：「曷爲牽世務。」吕向注：「言何爲牽於時事。」

〔八〕器案：本書有涉務篇，涉字義同。漢書賈山傳：「涉獵書記。」師古曰：「言若涉水獵獸，不專精也。」桂馥札樸三曰：「漢時書少，學者皆能專精。晉、宋以後，四部之書，卷袟千萬，遂有涉獵之學。南齊書柳世隆傳：『世隆性愛涉獵，啓太祖借秘閣書，上給二千卷。』」

〔九〕宋本此句作「不肯專於經業」，原注：「一本作『專儒』。」趙曦明曰：「儒者，專治經也，宋本作『不肯專於經業』，疑是後人所改。」劉盼遂引吴承仕曰：「魏、晉以來，清談始興，故多以玄儒相對，齊、梁閒又分文史玄儒四科，是專目治經者爲儒也。」器案：論衡超奇篇：「故夫能説一經者爲儒生，博覽古今者爲通人，采掇傳書以上書奏記者爲文人，能精思著文、連結篇章者爲鴻儒。」顔氏所謂專儒，即仲任之所謂儒生，以其僅能説一經，非鴻儒之比，故謂之專儒。文心雕龍才略篇：「仲舒專儒，子長純史。」

〔一〇〕盧文弨曰：「詩齊風甫田：『婉兮孌兮，總角丱兮。』傳：『總角，聚兩髦也；丱，幼穉也。』」

〔一一〕錢大昕曰：「梁書武帝紀：『天監九年三月乙未詔曰：王子從學，著自禮經，貴游咸在，實惟前誥，所以式廣義方，克隆教道。今成均大啓，元良齒讓，自兹以降，並宜肄業。皇太子及王侯之子，年在從師者，可令入學。』」

〔一二〕漢書酷吏郅都傳：「常稱曰已背親而出身，固當奉職，死節官下。」文選禰正平鸚鵡賦：「臣出身而事主。」出身，謂出仕則致身於君。

〔一三〕「便從文史」，宋本作「使從文吏」，羅本、傅本、顏本、程本、胡本、何本、朱本、文津本、鮑本、汗青簃本「史」作「吏」。盧文弨曰：「漢書東方朔傳：『三冬文史足用。』史謂史書也；但此亦兼文章三史而言，舊本作『吏』字，非。」唐晏㦗庵隨筆上：「盧抱經校顏氏家訓，最稱善本；然亦有不足者。如勉學篇：『出身以後，使從文吏。』此言梁朝貴游子弟，多不向學，故云：『總丱之年，必先入學，出身已後，便從文吏，略無卒業者。』其文義甚明。而盧氏改爲『文史』，而引漢書東方朔傳『文史足用』爲注，失本義矣。」案：唐説是，此文當從各本作「便從文吏」。

〔一四〕三國志魏書牽招傳：「年十餘歲，詣同縣樂隱受學；後隱爲車騎將軍何苗長史，招隨卒業。」

〔一五〕文選奏彈王源：「衣冠之族。」李善注引袁子正書曰：「古者，命士已上，皆有冠冕，故謂之冠族。」

〔一六〕趙曦明曰：「梁書處士傳：『何胤，字子季，點之弟也。師事沛國劉瓛，受易及禮記、毛詩；入鍾山定林寺，聽內典，其業皆通。辭職，居若邪山雲門寺。世號點爲大山，子季爲小山，亦曰東山。注周易十卷，毛詩總集六卷，毛詩隱義十卷，禮記隱義二十卷，禮答問五十五卷。』」

〔一七〕抱經堂本「瓛」誤「巘」。趙曦明曰：「已見一卷。」

〔一八〕趙曦明曰：「梁書本傳：『明山賓，字孝若，平原鬲人。七歲，能言玄理；十三，博通經傳。梁臺建，置五經博士，山賓首膺其選。東宮新置學士，又以山賓居之。俄兼國子祭酒。累居學官，甚有訓導之益。所著吉禮儀注二百二十四卷，禮儀二十卷，孝經喪禮服義十五卷。』」

〔一九〕趙曦明曰：「梁書本傳：『周捨，字昇逸，汝南安成人。博學多通，尤精義理。高祖即位，博求異能之士，范雲言之於高祖，召拜尚書祠部郎。居職屢徙，而常留省内，國史詔誥，儀體法律，軍旅謨謀，皆兼掌之。預機密者二十餘年，而竟無一言漏洩機事，衆尤歎服之。』」

〔二〇〕趙曦明曰：「梁書本傳：『朱异，字彦和，吴郡錢唐人。偏治五經，尤明禮、易，涉獵文史，兼通雜藝，博弈書算，皆其所長。有詔求異能之士，明山賓表薦之。高祖召見，使説孝經、周易義，謂左右曰：「朱异實異。」周捨卒，异代掌機謀，方鎮改换，朝儀國典，詔誥敕書，並兼掌之。每四方表疏，當局部領，諮詢詳斷，塡委於前，頃刻之間，諸事便了。所撰禮、易講疏，及儀注、文集百餘篇，亂中多亡逸。』」

〔二一〕趙曦明曰：「陳書本傳：『周思行，汝南安成人。幼孤，及弟弘讓、弘直，俱爲叔父捨所養。十歲，通老子、周易。起家梁太學博士，累遷國子博士。時於城西立士林館，弘正居以講授，聽者傾朝野焉。特善玄言，兼明釋典，雖碩學名僧，莫不請質疑滯。所著周易講疏、論語疏、莊子、老子疏、孝經疏及集行於世。』」

〔二二〕趙曦明曰：「梁書本傳：『賀琛，字國寶，會稽山陰人。伯父瑒，授其經業，一聞便通義理，尤精三禮。爲通事舍人，累遷，皆參禮儀事。所撰三禮講疏、五經滯義及諸儀法，凡百餘篇。』」

〔二三〕趙曦明曰：「梁書儒林傳：『賀瑒子革，字文明。少通三禮，及長，偏治孝經、論語、毛詩、左傳。湘東王於州置學，以革領儒林祭酒，講三禮，荆、楚衣冠，聽者甚衆。』」

〔二四〕趙曦明曰：「隋書經籍志：『周易義疏十四卷，繫辭義疏三卷，古今篆隸雜字體一卷。』注：『梁都官尚書蕭子政撰。』」

〔二五〕趙曦明曰：「已見二卷。」

〔二六〕趙曦明曰：「魏書本傳：『崔浩，字伯淵，清河人。少好文學，博覽經史，玄象陰陽百家之言，無不關綜；研精義理，時人莫及。太宗好陰陽術數，聞浩説易及洪範五行，善之，因命浩筮吉凶，參觀天文，考定疑惑。浩綜覈天人之際，舉其綱紀，諸所處決，多有應驗。恒與軍國大謀，甚爲寵密。』」

〔二七〕趙曦明曰：「魏書儒林傳：『張偉，字仲業，小名翠螭，太原中都人。學通諸經，講授鄉里，受業常數百人，儒謹汎納，勤於教訓，雖有頑固，問至數十，偉告喻殷勤，曾無愠色。常依附經典，教以孝悌；門人感其仁化，事之如父。』」

〔二八〕趙曦明曰：「魏書本傳：『劉芳，字伯文，彭城人。聰敏過人，篤志墳典，晝則傭書以自資給，夜則誦讀，終夕不寢。爲中書侍郎，授皇太子經，遷太子庶子，兼員外散騎常侍。從駕洛陽，自在路以旋師，恒侍坐講讀。芳才思深敏，特精經義，博聞強記，兼覽蒼、雅，尤長音訓，辨析無疑；於是禮遇日隆，賞賚優渥。撰諸儒所注周官、儀禮、尚書、公羊、穀梁、國語音、後漢書音、毛詩箋音義證、周官、儀禮、禮記義證等書。』」

〔二九〕趙曦明曰：「北齊書邢邵傳：『邵字子才，河間鄚人。十歲，便能屬文。少在洛陽，會天下無事，與時名勝專以山水遊宴爲娱，不暇勤業。嘗因霖雨，乃讀漢書五日，略能徧記之，復因飲謔倦，方廣尋經史，五行俱下，一覽便記，無所遺忘。文章典麗，既贍且速。年未二十，名動衣冠。孝昌初，與黄門侍郎李琰之對典朝儀。自孝明之後，文雅大盛；邵雕蟲之美，獨步當時，每一文出，京都爲之紙貴，讀誦俄徧遠近。晚年，尤以五經章句爲意，窮其旨要，吉凶禮儀，公私諮稟，質疑去惑，爲世指南。有集三十卷。』」

〔三〇〕宋本原注：「一本無『此』字。」案：説郛本、羅本、傅本、顔本、程本、胡本、何本、朱本無「此」字。

〔三一〕晉書劉毅傳云：「上品無寒門，下品無勢族。」尋文選沈休文恩倖傳論引劉毅之言作「下品無高門，上品無賤族」，李善注引臧榮緒晉書同唐修晉書，李善注云：「言勢族之人不居下品，寒門之子不居上班。」又任彦昇爲蕭揚州薦士表：「勢門上品。」李善注引謝靈運宋書序曰：「下品無高門，上品無賤族。」據宋書謝靈運傳，靈運撰有晉書，不聞有宋書，此宋書序當爲晉書序之誤。尋魏人陳羣制九品官人之法，分上中下三等，三等之中，又分上中下三品，蓋本之班固古今人表，分爲三科，定以九等，網羅千載，區别九品，自此言人品者，遂有三六九等之分矣。

〔三二〕盧文弨曰：「蚩，無知之貌。詩衛風氓：『氓之蚩蚩。』」

〔三三〕專固，專輒而頑固。書仲虺之誥：「好問則裕，自用則小。」傳：「問則有得，所以足；不問專固，所以小。」

〔三四〕器案：嚴君平有道德指歸，王僧虔戒子書：「汝曹未窺其題目，未辨其指歸，而終日自欺欺人，人不受汝欺也。」郭璞爾雅序：「夫爾雅者，所以通詁訓之指歸。」邢昺疏：「指歸，謂指意歸鄉也。」

〔三五〕器案：要會，謂要領總會。禮記樂記鄭玄注：「要猶會也。」杜正倫文筆要決：「右並要會所歸，總上義也。」

〔三六〕盧文弨曰：「券，去願切，下從刀。説文：『契也。』」器案：陸游讀書詩：「文辭博士書驢券，職事參軍判馬曹。」本此。

〔三七〕論語衛靈公篇文。

〔三八〕盧文弨曰：「練，練習也。戰國秦策：『簡練以爲揣摩。』粗，才古切，略也。」器案：涉務篇：「明練風俗。」

〔三九〕黄叔琳曰：「唐人所以重進士而卑明經也。今之設科，合進士明經而一之，然其效可覩矣。」

〔四〇〕「仲尼居」，孝經開宗明義第一章章首文。趙曦明曰：「陸德明孝經釋文：『居，説文作凥，音同。鄭康成云：尻，尻講堂也。王肅云：閒居也。』」案：疏義，係對經注而言，注以釋經文，疏以演注義。六朝義疏之學頗盛行，爲唐人五經正義導夫前路也。郝懿行曰：「桓譚新論云：『秦延君説堯典篇首兩字之説，十餘萬言，但説「曰若稽古」三萬言。』亦此類也。」

〔四一〕陳直曰：「此即漢秦延君説『曰若稽古』三萬言之例。燕寢講堂，蓋在疏義中，辨論仲尼所居之地，爲燕寢或講堂也。」器案：燕寢，閒居之處；講堂，講習之所。此言解經之家，對居字理解不同，各持一端。

〔四二〕宋本「以」作「爭」。

〔四三〕金樓子立言篇：「馳光不留，逝川倏忽，尺日爲寶，寸陰可惜。」

〔四四〕孔安國書序：「删夷煩亂，剪裁浮辭，舉其閎綱，攝其機要。」機要，謂機微精要也。三國志魏書管寧傳：「韜古今於胸懷，包道德之機要。」

〔四五〕論語泰伯篇：「禹，吾無閒然矣。」史記夏本紀正義引孝經鈎命決亦有此文。通鑑一二〇：「吾無閒然。」胡三省注曰：「吕大臨曰：『無閒隙可言其失。』謝顯道曰：『猶言我無得而議之也。』」

俗間儒士，不涉羣書，經緯〔一〕之外，義疏〔二〕而已。吾初入鄴，與博陵崔文彦交遊〔三〕，嘗説王粲集中難鄭玄尚書事〔四〕。崔轉爲諸儒道之，始將發口〔五〕，懸見排蹙〔六〕，云：「文集只有詩賦銘誄〔七〕，豈當論經書事乎？且先儒之中，未聞有王粲也。」崔笑而退，竟不以粲集示之。魏收〔八〕之在議曹，與諸博士議宗廟事〔九〕，引據漢書，博士笑曰：「未聞漢書得證經術。」收便忿怒〔一〇〕，都不復言，取韋玄成傳〔一一〕，擲之而起。博士一夜共披尋之〔一二〕，達明，乃來謝曰：「不謂玄成如此學也〔一三〕。」

〔一〕緯所以配經，主要由西漢末年諸儒依附六經而僞造之者。趙曦明曰：「後漢書方術樊英傳注：『七緯者，易緯：稽覽圖，乾鑿度，坤靈圖，通卦驗，是類謀，辨終備也；書緯：璇機鈐，考靈曜，刑德放，帝命驗，運期授也；詩緯：推度災，氾歷樞，含神霧也；禮緯：含文嘉，稽命徵，斗威儀也；樂緯：動聲儀，稽耀嘉，叶圖徵也；孝經緯：援神契，鉤命決也；春秋緯：演孔圖，元命包，文耀鉤，運斗樞，感精符，合誠圖，攷異郵，保乾圖，漢含孳，佑助期，握誠圖，潛潭巴，説題辭也。』」盧文弨曰：「困學紀聞八：『鄭康成注二禮，引易説、書説、樂説、春秋説、禮家説、孝經説，皆緯候也。河洛七緯，合爲八十一篇，河圖九篇，洛書六篇，又別有三十篇。（案：原文尚有「七經緯三十六篇」句，當補，始與八十一篇之數合。）又有尚書中候、論語讖，皆在七緯之外。』」器案：禮記檀弓正義引鄭志：「張逸問：『禮注曰書説，書説何書也？』答曰：『尚書緯也。當爲注時，時在文網中，嫌引秘書，故所牽圖讖，皆謂之説。』」然則漢末人引讖緯而謂之經説者，皆以文網之故耳。

〔二〕陳直曰：「六朝人説經著作，統稱講疏，如梁朱异禮易講疏、周弘正周易講疏、賀瑒三禮講疏之類，即本文所稱之義疏。」

〔三〕趙曦明曰：「隋書地理志：『博陵郡，屬冀州。』」案：宋本作「博陸」，誤。器案：北史崔鑒傳：「崔育王子文豹，字蔚。」疑文彦即其弟兄行。

〔四〕趙曦明曰：「魏志王粲傳：『粲字仲宣，山陽高平人。太祖辟爲丞相掾，賜爵關内侯。著詩賦論議，垂六十篇。』隋書經籍志：『後漢侍中王粲集十一卷。』後漢書鄭玄傳：『玄字康成，北海高密人。遊學十餘年，乃歸。所注周易、尚書、毛詩、儀禮、禮記、論語、孝經、尚書大傳、中候、乾象歷，又著天文七政論、魯禮禘祫義、六藝論、毛詩譜、駁許慎五經異義、答林孝存周禮難，凡百餘萬言。』」盧文弨曰：「困學紀聞二：『粲集中難鄭玄尚書事，今僅見於唐元行沖釋疑，王粲曰：「世稱伊、雒以東，淮、漢以北，康成一人而已。咸言先儒多闕，鄭氏道備。粲竊嗟怪，因求所學，得尚書注，退思其意，意皆盡矣，所疑猶未喻焉。」凡有二篇。館閣書目：「粲集八卷。」』案：其集今已亡，抄撮者無此難。難，乃旦切。」案：郝懿行説與盧同。元行沖，唐書卷二百有傳，云：「著論自辯，名曰釋疑：『王肅規鄭玄數千百條，鄭學馬昭詆劾肅短，詔遣博士張融按經問詰。融推處是非，而肅酬對疲於歲時，四也。王粲曰：世稱伊雒以東，淮漢以北，康成一人而已。咸言先儒多闕，鄭氏道備，粲竊嗟怪，因求所學得尚書注，退思其意，意皆盡矣，所疑猶未諭焉。……徒欲父康成，兄子慎，寧道孔聖誤，諱言鄭服非，然則鄭服之外皆讐矣，五也。』」

〔五〕發口，猶言出口、開口。文心雕龍總術篇：「予以爲發口爲言。」

〔六〕李調元勦説卷四：「懸猶預也。凡預計遥揣皆曰懸者，懸是繫物之稱，物繫則有不定之勢，預計遥揣，懸也。」盧文弨曰：「排蹙，猶言排笮。」

〔七〕器案：賦爲「鋪采摛文，體物寫志」的有韻之文。銘爲「稱述功美」的有韻之文。誄爲「累列生時行迹」的有韻之文。

〔八〕趙曦明曰：「北齊書魏收傳：『收字伯起，小字佛助，鉅鹿下曲陽人。讀書，夏月坐板牀，隨樹陰諷誦，積年，板牀爲之鋭減，而精力不輟。以文華顯。』」

〔九〕宋本「議」作「争」。

〔一〇〕宋本、羅本、鮑本、汗青簃本「收」作「魏」。

〔一一〕盧文弨曰：「漢書韋賢傳：『賢少子玄成，字少翁。好學，修父業，以明經擢爲諫大夫。永光中，代于定國爲丞相，議罷郡國廟，又議太上皇、孝惠、孝文、孝景廟，皆親盡宜毁，諸寢園日月間祀，皆勿復修。』」

〔一二〕披尋，謂披閲尋討，披即上文「握素披黄」之披，韓愈進學解：「手不停披于百家之編。」文選琴賦注：「披，開也。」

〔一三〕太平廣記二五八引大唐新語：「唐張由古有吏才而無學術，累歷臺省；嘗於衆中歎班固有大才而文章不入文選。或謂之曰：『兩都賦、燕然山銘、典引等並入文選，何爲言無？』由古曰：『此並班孟堅文章，何關班固事。』聞者掩口而笑。」此不知班固，彼不知漢書，可謂無獨有偶也。

夫老、莊之書，蓋全真養性〔一〕，不肯以物累己也〔二〕。故藏名柱史，終蹈流沙〔三〕；匿跡漆園〔四〕，卒辭楚相，此任縱〔五〕之徒耳。何晏〔六〕、王弼〔七〕，祖述玄宗〔八〕，遞相誇尚〔九〕，景附草靡〔一〇〕，皆以農、黄〔一一〕之化，在乎己身，周、孔〔一二〕之業，棄之度外。而平叔以黨曹爽見誅，觸死權之網也〔一三〕；輔嗣以多笑人被疾，陷好勝之穽也〔一四〕；山巨源以蓄積取譏，背多藏厚亡之文也〔一五〕；夏侯玄以才望被戮，無支離擁腫之鑒也〔一六〕；荀奉倩喪妻，神傷而卒，非鼓缶之情也〔一七〕；王夷甫悼子，悲不自勝，異東門之達也〔一八〕；嵇叔夜排俗取禍，豈和光同塵之流也〔一九〕；郭子玄以傾動專勢，寧後身外己之風也〔二〇〕；阮嗣宗沈酒荒迷，乖畏途相誡之譬也〔二一〕；謝幼輿贓賄黜削，違棄其餘魚之旨也〔二二〕：彼諸人者，並其領袖〔二三〕，玄宗〔二四〕所歸。其餘桎梏塵滓之中〔二五〕，顛仆〔二六〕名利之下者，豈可備言乎〔二七〕！直取其清談雅論〔二八〕，剖玄析微，賓主往復〔二九〕，娱心〔三〇〕悦耳，非濟世成俗之要也〔三一〕。洎於梁世〔三二〕，兹風復闡〔三三〕，莊、老、周易，總謂三玄〔三四〕。武皇、簡文〔三五〕，躬自講論。周弘正奉贊大猷〔三六〕，化行都邑，學徒千餘，實爲盛美。元帝在江、荆〔三七〕間，復所愛習，召置學生〔三八〕，親爲教授，廢寢忘食〔三九〕，以夜繼朝〔四〇〕，至乃倦劇愁憤〔四一〕，輒以講自釋〔四二〕。吾時頗預末筵〔四三〕，親承音旨〔四四〕，性既頑魯，亦所不好云〔四五〕。

〔一〕淮南覽冥訓：「全性保真，不虧其身。」嵇康幽憤詩：「養素全真。」張銑注曰：「全真，謂養其質以全真性。」

〔二〕案：莊子天道、刻意二篇俱有「無物累」語，即秋水篇「不以物害己」之意也。王叔岷曰：「淮南子氾論篇：『不以物累形。』」

〔三〕顏本、程本、胡本、朱本、黄本、奇賞「史」誤「石」。柱史即柱下史省稱，張衡周天大象賦：「柱史記私而奏職。」省稱柱史與此同。趙曦明曰：「列仙傳：『老子姓李，名耳，字伯陽，陳人也。生於殷時，爲周柱下史。關令尹喜者，周大夫也，善内學，常服精華，隱德脩行，時人莫知。老子西遊，喜先見其氣，知有真人當過，物色而迹之，果見老子。老子亦知其奇，爲著書授之。後與老子俱遊流沙化胡，服苣勝實，莫知其所終。』」

〔四〕趙曦明曰：「史記老子韓非列傳：『莊子者，蒙人，名周，爲漆園吏。楚威王聞其賢，使使厚幣迎之，許以爲相。周笑曰：「子獨不見郊祭之犧牛乎？養食之數歲，衣以文繡，以入太廟。當是之時，雖欲爲孤豚，豈可得乎？子亟去，無汙我。」』」案：此文本之莊子秋水篇及列禦寇篇。

〔五〕徐時棟曰：「顏氏家訓譏老、莊爲任縱之徒，而北齊書之推本傳亦譏其『多任縱，不脩邊幅』。」器案：晉書胡毋輔之傳：「嗜酒任縱，不拘小節。」胡三省通鑑注曰：「任者，任物之自然。」

〔六〕趙曦明曰：「魏志曹真傳：『晏，何進孫也。少以才秀知名，好老、莊言，作道德論及諸文賦著述凡數十篇。』注：『晏，字平叔。』」

〔七〕趙曦明曰：「魏志鍾會傳：『初，會弱冠，與山陽王弼並知名。弼好論儒道，辭才逸辯，注易及老子。爲尚書郎，年二十餘，卒。』注：『弼，字輔嗣。何劭爲其傳曰：「弼好老氏，通辯能言。何晏爲吏部尚書，甚奇弼，歎之曰：仲尼稱後生可畏，若斯人者，可與言天人之際乎！」』」

〔八〕禮記中庸：「祖述堯、舜。」文選王仲寶褚淵碑文：「眇眇玄宗。」李周翰注：「玄宗，道也。」器案：隋煬帝敕禁僧鳳抗禮：「三大懸於老宗。」老宗、玄宗，義同。

〔九〕齊書王僧虔傳：「僧虔誡子書曰：『曼倩有言：「談何容易。」見諸玄，志爲之逸，腸爲之抽；專一書，轉誦數十家注，自少至老，手不擇卷，尚未敢輕言。汝開老子卷頭五尺許，未知輔嗣何所道，平叔何所説，指例何所明，而便盛於麈尾，自呼談士，此最險事。設令袁令命汝言易，謝中書挑汝言莊，張吴興叩汝言老，端可復言未嘗看耶！』」案：當時玄宗之學，遞相誇尚，景附草靡，即爲人之父者，亦以此誡其子，其風可見矣。

〔一〇〕盧文弨曰：「景，於丙切，俗作影；靡，眉彼切；言如景之附形、草之從風也。」案：本書書證篇説景字云：「晉世葛洪字苑，傍始加彡。」説苑君道篇：「夫上之化下，猶風靡草。東風則草靡而西，西風則草靡而東。在風所由，而草爲之靡。」王叔岷曰：「案班固答賓戲：『猋飛景附。』」

〔一一〕盧文弨曰：「農、黄，神農、黄帝，言道德者宗之。」

〔一二〕周、孔，周公、孔子，言儒學者宗之。

〔一三〕趙曦明曰：「魏志曹真傳：『真子爽，字昭伯，明帝寵待有殊。帝寢疾，引入卧内，拜大將軍，假節鉞，都督中外諸軍事，録尚書事，受遺詔，輔少主。乃進叙南陽何晏等爲腹心。弟羲，深以爲大憂，或時以諫諭，不納，涕泣而起。車駕朝高陵，爽兄弟皆從。司馬宣王先據武庫，遂出屯洛水浮橋，奏免爽兄弟，以侯就第；收晏等下獄，後皆族誅。』注：『魏略：「黄初時，晏無所事任。及明帝立，頗爲冗官。至正始初，曲合於曹爽，用爲散騎侍郎，遷侍中尚書。」』史記賈誼傳：『服鳥賦：夸者死權。』」案：金樓子立言篇：「道家虚無爲本，因循爲務。中原喪亂，實爲此風；何、鄧誅於前，裴、王滅於後，蓋爲此也。」

〔一四〕羅本「多」作「參」，不可據。趙曦明曰：「何劭爲王弼傳：『弼論道，傅會文辭，不如何晏自然，有所拔得多晏也。頗以所長笑人，故時爲士君子所疾。』」盧文弨曰：「家語觀周篇：『強梁者不得其死，好勝者必遇其敵。』」

〔一五〕何焯曰：「山巨源以蓄積取譏，未詳所出。」趙曦明曰：「晉書山濤傳：『濤字巨源，河内懷人。』老子德經：『多藏必厚亡。』」盧文弨曰：「案：濤傳稱其『貞慎儉約，雖爵同千乘，而無嬪媵，禄賜俸秩，散之親故。及薨後，范晷等上言：「濤舊第屋十間，子孫不相容。」帝爲之立室』。安有蓄積取譏事？惟陳郡袁毅嘗爲鬲令，貪濁，而賂遺公卿，以求虚譽，亦遺濤絲百斤，濤不欲異於時，受而藏於閣上；後毅事露，凡所受賂，皆見推檢，濤乃取絲付吏，積年塵埃，印封如初。此一事亦不可以蓄積之名加之，疑此語爲誤。」劉盼遂曰：「山巨源疑當是王濬沖，此黄門之筆誤也。山、王同在竹林名士，故易混淆。攷濬沖之儉吝，如責從子之單衣，索息女之貸錢，鑽核而賣李，把籌而計資諸事，備載於世説新語儉嗇篇中，故王隱晉書記『天下人謂爲膏肓之疾』，阮步兵詆爲俗物來敗人意（世説新語排調篇），其取譏也鉅矣。然則顔氏舉王濬沖以爲多藏之戒，復何疑焉。」

〔一六〕趙曦明曰：「魏志夏侯尚傳：『子玄，字太初，少知名。正始初，曹爽輔政，玄，爽之姑子也，累遷散騎常侍中護軍。爽誅，徵爲大鴻臚，數年，徙太常。玄以爽抑黜，内不得意。中書令李豐，雖爲司馬景王所親待，然私心在玄，遂結皇后父張緝，謀欲以玄輔政。嘉平六年二月，當拜貴人，豐等欲因御臨軒，諸門有陛兵，誅大將軍，以玄代之。大將軍微聞其謀，請豐相見，即殺之，收玄等送廷尉。鍾毓奏豐等大逆無道，皆夷三族。玄格量弘濟，臨斬東市，顔色不變，舉動自若。時年四十六。』莊子人間世：『支離疏者，頤隱於齊，肩高於頂，會撮指天，五管在上，兩髀爲脅，挫鍼治繲，足以餬口，鼓筴播精，足以食十人。上徵武士，則支離攘臂於其間；上有大役，則支離以有常疾，不受功；上與病者粟，則受三鍾與十束薪。夫支離其形者，猶足以養其身，終其天年；又況支離其德者乎？」釋文：『會，古外切。撮，子列切。會撮，髻也，古者，髻在項中，脊曲頭低，故髻指天也。繲，佳賣反，司馬云：「浣衣也。」崔作𦆀，音綫。鼓筴，揲蓍鑽龜也。播精，卜卦占兆也，司馬云：「簸箕簡米也。」』又逍遥遊：『惠子謂莊子曰：「吾有大樹，人謂之樗，其大本擁腫而不中繩墨，其小枝拳曲而不中規矩，立之途，匠者不顧。」莊子曰：「子患其無用，何不樹之於無何有之鄉，不夭斧斤，物無害者，無所可用，安所困苦哉？」』案：才望，猶言才氣名望。晉書陸機傳：「負其才望，志匡世難。」世說新語品藻篇：「會稽虞騑，元皇時與桓宣武同俠，其人有才理勝望。王丞相嘗謂騑曰：『孔愉有公才而無公望，丁潭有公望而無公才，兼之者其在卿乎！』騑未達而喪。」

〔一七〕趙曦明曰：「奉倩名粲，世説惑溺篇注：『粲别傳曰：「粲常以婦人才智不足論，自宜以色爲主。驃騎將軍曹洪女有色，粲於是聘焉，專房燕婉。歷年後，婦病亡，傅嘏往喭粲，粲不明（案：宋本作『粲雖不哭』。）而神傷，歲餘亦亡。亡時年二十九。」』莊子至樂論：『莊子妻死，惠子弔之，方箕踞鼓盆而歌。惠子曰：「與人居，長子，老，身死，不哭，亦足矣，又鼓盆而歌，不亦甚乎？」莊子曰：「不然。是其始死也，我獨何能無槩然！察其始而本無生，非徒無生也，而本無形，非徒無形也，而本無氣。人且偃然寢於巨室，而我噭噭然隨而哭之，自以爲不通乎命，故止也。」』」王叔岷曰：「案御覽三百八十引晉陽秋：『荀粲字奉倩，常曰：婦人者，才智不足論，自宜以色爲主。驃騎將軍曹洪女，有美色，粲於是聘焉。容服帷帳甚麗，專房宴寢，歷數年後，婦偶病亡。未殯，傅嘏往唁粲，不哭神傷，曰：佳人難再得！痛悼不已，歲餘亦亡。』（「粲」與「粲」同。）」

〔一八〕趙曦明曰：「晉書王戎傳：『戎從弟衍，字夷甫。喪幼子，山簡弔之，衍悲不自勝。簡曰：「孩抱中物，何至於此？」衍曰：「聖人忘情，最下不及於情，然則情之所鍾，正在我輩。」簡服其言，更爲之慟。』列子力命篇：『魏人有東門吴者，其子死而不憂，其相室曰：「公之愛子，天下無有；今子死而不憂，何也？」東門吴曰：「吾嘗無子，無子之時不憂。今子死，乃與向無子同，臣奚憂焉？」』」陳直曰：「趙氏原注，引列子力命篇魏東門吴事，甚是。北齊姜纂爲亡息元略造像記有云：『父纂情慕東門，心憑冥福。』蓋六朝文喪子習用之故實。」王叔岷曰：「案戰國策秦策三：『梁人有東門吴者，其子死而不憂。其相室曰：公之愛子也，天下無有；今子死不憂，何也？東門吴曰：吾嘗無子，無子之時不憂；今子死，乃即與無子時同也，臣奚憂焉？』」

〔一九〕趙曦明曰：「晉書嵇康傳：『康字叔夜，譙國銍人。早孤，有奇才，遠邁不羣。長好老、莊，常脩養性服食之事。山濤將去選官，舉康自代，乃與濤書告絶；此書既行，知其不可羈屈也。性絶巧，而好鍛。宅中有一柳樹甚茂，乃激水圜之，每夏月居其下以鍛。東平吕安服康高致，每一相思，千里命駕，康友而善之。後安爲兄所枉訴，以事繫獄，詞相證引，遂復收康。初康居貧，嘗與向秀共鍛於大樹之下，以自贍給。鍾會往造焉，康不爲之禮，會以此憾之。及是，言於文帝曰：「嵇康，卧龍也，不可起。公無憂天下，顧以康爲慮耳。」因譖康欲助毌丘儉，宜因舋除之。帝既信會，遂并害之。』案：後漢書張魯傳：「不能和光同塵，爲讒邪所忌。」老子道經：『和其光，同其塵。』」案：老子想爾注：「情性不動，喜怒不發，五藏皆和同相生，與道同光塵也。」

〔二〇〕羅本、顔本、何本、朱本「專」同，程本、胡本、黄本作「權」，戒子通録二亦作「權」。趙曦明曰：「晉書郭象傳：『象字子玄，少有才理，好老、莊，能清言。州郡辟召，不就。常閑居，以文論自娱。東海王越引爲太傅主簿，遂任職當權，熏灼内外，由是素論去之。』老子道經：『後其身而身先，外其身而身存。』」

〔二一〕趙曦明曰：「晉書阮籍傳：『籍字嗣宗，陳留尉氏人。本有濟世志，屬魏、晉之際，天下多故，名士少有全者，由是不與世事，遂酣飲爲常。文帝初欲爲武帝求婚於籍，籍醉六十日，不得言而止。鍾會數以時事問之，欲因其可否而致之罪，皆以酣醉獲免。時率意獨駕，不由徑路，車迹所窮，輒慟哭而反。』莊子達生篇：『夫畏途者十殺一人，則父子兄弟相戒也。』」案：莊子下文云：「必盛卒徒而後敢出焉，不亦知乎！人之所取畏者，衽席之上，飲食之間，而不知爲戒者，過也。」此當全引。

〔二二〕趙曦明曰：「晉書謝鯤傳：『鯤字幼輿，陳國陽夏人，好老、易。東海王越辟爲掾，坐家僮取官稾，除名。鯤不徇功名，無砥礪行，居身於可否之間，雖自處若穢，而動不累高。』淮南子齊俗篇：『惠子從車百乘，以過孟諸，莊子見之，棄其餘魚。』注：『莊周見惠施之不足，故棄餘魚。』」王叔岷曰：「抱朴子交際篇：『昔莊周見惠子從車之多，而棄其餘魚。』博喻篇：『是以惠施患從車之苦少，莊周憂得魚之方多。』」

〔二三〕趙曦明曰：「晉書裴秀傳：『時人爲之語曰：「後進領袖，有裴秀。」』」器案：世説賞譽篇下：「胡毋彦國吐佳言如屑，後進領袖。」

〔二四〕文選王仲寶褚淵碑文：「眇眇玄宗。」李周翰注：「玄宗，道也。」

〔二五〕盧文弨曰：「鄭注周禮大司寇：『木在足曰桎，在手曰梏。』桎音質。梏，古毒切。」器案：南史劉敬宣傳論：「或能振拔塵滓，自致封侯。」塵滓，謂塵俗滓穢。

〔二六〕盧文弨曰：「小爾雅：『顛，殞也。』釋名：『仆，踣也。』音赴。」

〔二七〕漢書杜周傳：「萬事之是非，何足備言。」杜預春秋左氏傳序：「躬覽載籍，必廣記而備言之。」

〔二八〕宋本原注：「『清談雅論』，一本作『清談高論』。」案：戒子通録二「雅」作「高」。淮南精神篇注：「直猶但也。」

〔二九〕宋本「剖玄析微，賓主往復」作「辭鋒理窟，剖玄析微，妙得入微，賓主往復」，原注：「一本作

『剖玄析微，賓主往復』。」器案：晉書張憑傳：「憑爲鄉國所稱舉，劉惔言於簡文帝，帝召與語，歎曰：『張憑勃窣爲理窟。』」徐陵與楊僕射書：「足下素挺詞鋒，兼長理窟。」以詞鋒與理窟對文，當爲顔氏所本。又案：晉書樂廣傳：「廣命駕爲剖析之。」南史姚察傳：「並爲剖析，皆有經據。」文選七命注：「剖，析也。」又案：賓主往復，即賓主問答之意。魏、晉、南北朝人稱賓主問答爲往反。世説新語文學篇：「既共清言，遂達三更。丞相與殷共相往反，其餘諸賢，略無所關。」又：「弟子如言詣支公，正值講，因謹述開意，往反多時。」又：「謝萬作八賢論，與孫興公往反，小有利鈍。」往反即往復也。又有自爲賓主一往一復者，世説新語文學篇：「何晏因條向者勝理語弼曰：『此理，僕以爲極，可得復難不？』弼便作難，一坐人便以爲屈；於是弼自爲客主數番，皆一坐所不及。」

〔三〇〕戒子通録「娱」作「怡」。王叔岷曰：「案史記李斯列傳：『娱心意，悦耳目。』司馬相如列傳：『所以娱耳目而樂心意。』」

〔三一〕此句，宋本作「然而濟世成俗，終非急務」，原注：「一本作『非濟世成俗之要也』。」郝懿行曰：「漢文用黄、老爲治，而休息無爲；曹參師蓋公移風，而清静寧一；古來濟世成俗，何必非薄老、莊，但須用得其人爾。至於魏、晉以清談誤國，非老、莊之罪也。」

〔三二〕盧文弨曰：「洎，具冀切，及也。」

〔三三〕盧文弨曰：「闡，昌善切。闡明之，使廣大也。」

〔三四〕劉盼遂引吴承仕曰：「梁書儒林傳：『太史叔明三玄尤精解，當世冠絶。』陳之末季，陸德明撰經典釋文，以老、莊繼論語之後，居爾雅之前，足以見當時之風尚。」器案：南史張譏傳：「篤好玄言，立周易、老、莊而講授焉。沙門法才、道士姚綏皆傳其業。」又金緩傳：「通周易、老、莊，時人言玄者咸推之。」南齊書王僧虔傳，有書誡子，言及周易、老、莊，而謂：「見諸玄，志爲之逸。」

〔三五〕盧文弨曰：「梁書武帝紀：『少而篤學，洞達儒玄，造周易講疏、老子講疏。』又簡文帝紀：『博綜儒書，善言玄理，所著有老子義、莊子義。』」

〔三六〕器案：大同八年，周弘正啓梁主周易疑義，見陳書弘正本傳。

〔三七〕器案：江、荆，謂江陵、荆州。宋書武帝紀：「江、荆彫殘，刑政多闕。」

〔三八〕宋本「召」作「故」。

〔三九〕王叔岷曰：「文選王元長三月三日曲水詩序：『猶且具明廢寢，昃晷忘餐。』」

〔四〇〕孟子離婁下：「仰而思之，夜以繼日。」後漢書郅惲傳：「陛下遠獵山林，夜以繼晝。」

〔四一〕史記屈原傳：「勞苦倦極，未嘗不呼天也。」倦劇即倦極也。

〔四二〕盧文弨曰：「梁書元帝紀：『承聖三年九月辛卯，於龍光殿述老子義，尚書左僕射王褒爲執經。乙巳，魏遣其柱國万紐、于謹來寇。冬十月景（丙）寅，魏軍至於襄陽，蕭詧率衆會之。丁卯，停講。』」

〔四三〕章碣陪王侍郎夜宴詩：「小儒末座頻傾耳。」末筵猶末座也。

〔四四〕傅本、顔本、胡本、程本、黄本「旨」作「指」，古通。世説新語賞譽篇：「東海王敕世子毗云：『諷味遺言，不如親承音旨。』」注引趙吴郡行狀：「代太傅越與穆及王承、阮瞻、鄧攸書曰：『諷味遺言，不如親承音旨。』」（又見晉書王承傳、阮瞻傳）陶潛與子儼等疏：「四友之人，親受音旨。」正統道藏「定」字九號真誥卷十九翼真檢第一：「二許親承音旨。」廣弘明集十五沈約佛記序：「欲悟道者，必妙識所宗，然後能允得其門，親承音旨。」水經淮水注：「丘明親承聖旨，録爲實證。」禮記曲禮上正義：「傳謂傳述爲義，或親承音旨，或師儒相傳，故云傳。」張懷瓘書斷中：「師資大令，時亦衆矣，非無雲塵之遠，若親承妙旨，入於室者，唯獨此公。」漢書楚元王傳注：「師古曰：『承指，謂取霍光之意。』」此亦謂親自接受梁元之講説耳。

〔四五〕朱本「不」誤「一」。陳直曰：「沈約集君子有所思行末四句云：『寂寥茂陵宅，照耀未央蟬。無以五鼎盛，顧嗤三經玄。』是沈隱侯對梁武當時講論三玄，亦有微詞。」器案：之推父協，釋褐湘東王國常侍，又兼府記室，見梁書協本傳。尋梁書元帝紀：「天監十三年封湘東郡王。普通七年，出爲使持節都督荆、湘、郢、益、寧、南梁六州諸軍事、西中郎將、荆州刺史。大同五年，入爲安右將軍、護軍將軍、領石頭戍軍事。大同六年，出爲使持節都督江州諸軍事、鎮南將軍、江州刺史。」協以大同五年卒於江陵，時年四十二。本書序致篇云：「年始九歲，便丁荼蓼。」則之推以中大通三年生於江陵，類聚二六引之推古意詩云：「寶珠出東國，美玉産南荆，隋侯曜我色，卞氏飛吾聲。」蓋自道也。北齊書之推傳云：「世善周官、左氏。之推早傳家業，年十二，值繹講莊、老，便預門徒，虛談非其所好。」之推年十二時，爲大同八年，時繹在江、荆間，北齊書所云，正與家訓此文合。頑魯，謂頑鈍愚魯。晉書阮种傳：「臣猥以頑魯之質，應清明之舉。」

齊孝昭帝〔一〕侍婁太后〔二〕疾，容色顦悴〔三〕，服膳減損。徐之才〔四〕爲灸兩穴，帝握拳代痛，爪入掌心，血流滿手。后既痊愈，帝尋疾崩，遺詔恨不見太后山陵〔五〕之事。其天性至孝如彼，不識忌諱如此，良由無學所爲。若見古人之譏欲母早死而悲哭之〔六〕，則不發此言也。孝爲百行之首〔七〕，猶須學以脩飾〔八〕之，況餘事乎！

〔一〕趙曦明曰：「北齊書孝昭紀：『帝諱演，字延安，神武第六子，文宣母弟。』」盧文弨曰：「孝昭紀：『性至孝，太后不豫，出居南宮，帝行不正履，容色貶悴，衣不解帶，殆將四旬。殿去南宮五百餘步，雞鳴而去，辰時方還，來去徒行，不乘輿輦。太后所苦小增，便即寢伏閤外，食飲藥物，盡皆躬親。太后常心痛，不自堪忍，帝立侍幃前，以爪掐手心，血流出袖。』」

〔二〕趙曦明曰：「北齊書神武明皇后傳：『婁氏，諱昭君，司徒內干之女。』」

〔三〕宋本、羅本、傅本、顏本、程本、胡本、何本、朱本「悴」作「顇」，字同。王叔岷曰：「案楚辭漁父：『顏色憔悴。』『憔悴』與『顦顇』同。」

〔四〕盧文弨曰：「北齊書徐之才傳：『之才，丹陽人，大善醫術，兼有機辯。』」陳直曰：「按：徐之才精于醫，見北史藝術徐謇傳。隋書經籍志子部醫家有徐王方五卷，徐王八世家傳效驗方十卷，徐氏家傳祕方二卷。又在民國初年，河北磁州出土北齊西陽王徐之才墓誌，八分書，誌文中未言及工醫。」

〔五〕廣雅釋丘：「秦名天子冢曰山，漢曰陵。」

〔六〕沈揆曰：「淮南子説山訓：『東家母死，其子哭之不哀。西家子見之，歸謂其母曰：「社何愛速死，吾必悲哭社。」（江、淮間謂母爲社。）夫欲其母之死者，雖死亦不能悲哭矣。』」

〔七〕器案：玉海十一引鄭玄孝經序：「孝爲百行之首。」孟子公孫丑上趙岐章句：「孝，百行之首。」後漢書江革傳：「孝，百行之冠。」三國志魏書王昶傳：「昶家誡曰：『夫孝敬仁義，百行之首，而立身之本也。』」

〔八〕荀子君道篇：「其爲身也謹脩飾而不危。」漢書翟方進傳：「方進内行修飾，供養甚篤。」師古曰：「飾，謹也。」文選袁彦伯三國名臣序贊：「行不脩飾，名跡無愆。」吕向注曰：「德行天性，故不待脩，而名跡無其愆失。」

梁元帝嘗爲吾説：「昔在會稽〔一〕，年始十二，便已好學。時又患疥〔二〕，手不得拳，膝不得屈。閑齋〔三〕張葛幃避蠅獨坐，銀甌貯山陰甜酒〔四〕，時復進之，以自寬痛〔五〕。率意自讀史書，一日二十卷，既未師受〔六〕，或不識一字，或不解一語，要自重之，不知厭倦〔七〕。」帝子之尊，童稚之逸，尚能如此，況其庶士冀以自達者哉？

〔一〕趙曦明曰：「隋書地理志：『會稽屬揚州。』」案：南朝會稽治山陰，即今浙江紹興也。

〔二〕「時」字抱經堂校定本脱，各本俱有，今據補正。

〔三〕羅本、顔本、何本、朱本「閑齋」作「閉齋」。

〔四〕洪亮吉曉讀書齋初録上：「今世盛行紹興酒，或以爲不知起於何時。今攷梁元帝金樓子云：『銀甌貯山陰甜酒，時復進之。』則紹興酒梁時已有名。顔氏家訓勉學篇亦引之。」陳漢章曰：「案：此言山陰酒，本金樓子。」

〔五〕「以自寛痛」，宋本原注：「一本作『以寛此痛』。」

〔六〕盧文弨曰：「師受，受於師也。或改『受』爲『授』。」

〔七〕盧文弨曰：「金樓子自序：『吾年十三，誦百家譜，雖略上口，遂感心氣疾。』又云：『吾小時夏夕中，下絳紗蚊幮，中有銀甌一枚，貯山陰甜酒，卧讀，有時至曉，率以爲常。又經病瘡，肘膝盡爛。比來三十餘載，泛玩衆書。』一本『甜酒』作『槽酒』。」

古人勤學，有握錐〔一〕投斧〔二〕，照雪〔三〕聚螢〔四〕，鋤則帶經〔五〕，牧則編簡〔六〕，亦爲勤篤〔七〕。梁世彭城劉綺〔八〕，交州刺史勃之孫，早孤家貧，燈燭難辦〔九〕，常買荻，尺寸折之，然明夜讀。孝元初出會稽〔一〇〕，精選寮寀〔一一〕，綺以才華，爲國常侍兼記室〔一二〕，殊蒙禮遇〔一三〕，終於金紫光禄〔一四〕。義陽〔一五〕朱詹〔一六〕，世居江陵，後出揚都〔一七〕，好學，家貧無資，累日不爨，乃時吞紙以實腹〔一八〕。寒無氈被，抱犬而卧。犬亦飢虚〔一九〕，起行盗食，呼之不至，哀聲動鄰，猶不廢業，卒成學士〔二〇〕，官至鎮南録事參軍〔二一〕，爲孝元所禮。此乃不可爲之事，亦是勤學之一人〔二二〕。東莞〔二三〕臧逢世，年二十餘，欲讀班固漢書，苦假借不久，乃就姊夫劉緩乞丐客刺〔二四〕書翰紙末〔二五〕，手寫一本，軍府〔二六〕服其志尚，卒以漢書聞。

〔一〕趙曦明曰：「戰國秦策：『蘇秦讀書欲睡，引錐自刺其股，血流至足。』」王叔岷曰：「劉子崇學篇：『蘇生患睡，親錐其股。』通塞篇：『蘇秦握錐而憤懣。』」

〔二〕趙曦明曰：「廬江七賢傳：『文黨，字仲翁。未學之時，與人俱入山取木，謂侶人曰：「吾欲遠學，先試投我斧高木上，斧當挂。」仰而投之，斧果上挂，因之長安受經。』」案：見北堂書鈔九七、御覽六一一引。

〔三〕趙曦明曰：「初學記引宋齊語：『孫康家貧，常映雪讀書，清淡，交遊不雜。』」案：御覽十二亦引宋齊語此文。

〔四〕趙曦明曰：「晉書車武子傳：『武子，南平人。博學多通。家貧，不常得油，夏月則練囊盛數十螢火以照書，以夜繼日焉。』」

〔五〕趙曦明曰：「漢書兒寬傳：『帶經而鋤，休息，輒讀誦。』魏志常林傳注引魏略：『常林少單貧，自非手力，不取之於人。性好學，漢末爲諸生，帶經耕鋤，其妻常自饋餉之，林雖在田野，其相敬如賓。』」王叔岷曰：「案御覽六一一引魏略：『常林，少單貧，爲諸生，耕帶經鋤，其妻自擔餉餽之，相敬如賓。』又引虞溥江表傳：『張紘，事父至孝，居貧，躬耕稼，帶經而鋤，孜孜汲汲，以夜繼日，至於弱冠，無不窮覽。』」

〔六〕趙曦明曰：「漢書路温舒傳：『温舒字長君，鉅鹿東里人。父爲里監門，使温舒牧羊，取澤中蒲，截以爲牒，編用書寫。』注：『小簡曰牒。編，聯次之。』」

〔七〕「爲」，宋本作「云」，原注：「一本作『爲』。」案：事文類聚別四作「云」。

〔八〕器案：何遜增新曲相對聯句、照水聯句、折花聯句、摇扇聯句、正釵聯句，俱有劉綺，當即此人。

〔九〕「燈燭難辦常買荻尺寸折之然明夜讀」，宋本作「常無燈，折荻尺寸，然明夜讀書」，原注：「一本云：『燈燭難辦，常買荻，尺寸折之，然明夜讀。』」羅本、顏本、胡本、程本、何本、朱本「然」作「燃」，燃，後起字。事文類聚引作「家貧常無燈，折荻尺寸，燃則（當作「明」）讀書」，與宋本合。

〔一〇〕趙曦明曰：「梁書元帝紀：『天監十三年，封湘東王，邑二千户，初爲寧遠將軍、會稽太守。』」

〔一一〕文選封禪文李善注：「漢書音義曰：『寀，官也。』」爾雅釋詁：「寮，寀，官也。」

〔一二〕趙曦明曰：「隋書百官志：『皇子府置中録事、中記室、中直兵等參軍，功曹史、録事、中兵等參軍。王國置常侍官。』」北堂書鈔六九引干寶司徒儀：「記室主書儀，凡有表章雜記之書，掌創其草。」孔顗辭荆州安西府記室牋：「記室之局，實惟華要，自非文行秀敏，莫或居之。」宋書孔顗傳：「以記室之要，宜須通才敏忠，加性情勤密者。」唐六典二九：「親王府記室，掌表啓書疏。」

〔一三〕「殊蒙禮遇」，抱經堂本脱此四字，各本俱有，今據補正。

〔一四〕「終於金紫光禄」，宋本句末有「大夫」二字，原注云：「一本無『大夫』二字。」趙曦明曰：「隋書百官志：『特進、左右光禄大夫、金紫光禄大夫，並爲散官，以加文武官之德聲者。』」

〔一五〕趙曦明曰：「隋書地理志，荆州有義陽郡義陽縣。」

〔一六〕案：金樓子聚書篇有州民朱澹遠，疑即詹，去「遠」字者，因之推祖名見遠，故去「遠」字，猶唐人諱虎，稱韓擒虎爲韓擒也。隋書經籍志子部有朱澹遠撰語對十卷、語麗十卷。直齋書録解題卷十四類書類：「語麗十卷，梁湘東王參軍朱澹遠撰。……澹遠又有語對一卷，不傳。」陳直説略同，又曰：「書録解題稱澹遠官湘東王功曹參軍，蓋據語麗書中結銜如此。本文稱爲鎮南録事參軍，亦指梁元帝初官鎮南將軍、江州刺史也。」

〔一七〕器案：下文云：「下揚都言去海邦。」揚都俱指建業，即今江蘇南京市。庾闡有揚都賦，所鋪陳者俱爲建業事。隋書地理志下：「丹陽郡，自東晉已後，置郡曰揚州，平陳，詔并平蕩耕墾，更於石頭城置蔣州。」

〔一八〕事類賦十五引「實」下有「其」字。

〔一九〕器案：飢虚，猶言飢餓，謂腹中空虚而飢餓也。飢、饑古混用。三國志魏書邴原傳注引原别傳：「誠副饑虚之心。」則饑虚爲魏、晉、南北朝人習用語。類説卷十三北户録引家訓「抱犬」作「抱火」，不可據。

〔二〇〕「卒成學士」，宋本作「卒成太學」，原注：「一本『卒成學士』。」案：事文類聚作「卒成大學」，事類賦作「後以學顯」。北户録二引云：「朱詹饑即吞紙，寒即抱犬讀書。」

〔二一〕趙曦明曰：「梁書元帝紀：『大同六年，出爲使持節都督江州諸軍事、鎮南將軍、江州刺史。』」案：唐六典二九：「親王府録事參軍，掌付勾稽，省署抄目。」

〔二二〕朱本「人」作「又」，屬下句讀。

〔二三〕趙曦明曰：「晉書地理志：『徐州東莞郡，太康中置，東莞縣，故魯鄆邑。』」案：臧逢世又見風操篇。

〔二四〕宋本「刺」下有「或」字，原注：「一本無『或』字。」案：愛日齋叢鈔二引無「或」字。胡三省通鑑一一四注：「書姓名於奏白曰刺。」陳直曰：「居延漢簡甲編一〇七頁附二十三，有『黄門官者殷彭』木簡，余昔考爲即古之名刺。釋名釋書契云：『下官刺曰長刺，長書中央一行而下也。』在東漢末期，禰衡所用，尚系竹製，此時已改爲紙書帖子也。逢世熟精漢書，著述獨無考。」

〔二五〕郝懿行曰：「古之客刺書翰，邊幅極長，故有餘處，可容書寫，非如今時形制殺削之比也。」

〔二六〕三國志魏書崔琰傳「涿縣孫禮、盧毓始入軍府，琰又名之」云云。軍府義與此同，謂大將軍府也。

齊有宦者内參田鵬鸞〔一〕，本蠻人也〔二〕。年十四五，初爲閽寺，便知好學，懷袖握書〔三〕，曉夕諷誦。所居卑末，使役苦辛，時伺閒隙，周章〔四〕詢請。每至文林館〔五〕，氣喘汗流，問書之外，不暇他語。及覩古人節義之事，未嘗不感激沈吟〔六〕久之。吾甚憐愛，倍加開獎〔七〕。後被賞遇，賜名敬宣，位至侍中開府〔八〕。後主之奔青州〔九〕，遣其西出，參伺〔一〇〕動靜，爲周軍所獲。問齊主〔一一〕何在，紿云〔一二〕：「已去，計當出境。」疑其不信，歐捶服之〔一三〕，每折一支〔一四〕，辭色愈厲，竟斷四體而卒〔一五〕。蠻夷童丱，猶能以學成忠〔一六〕，齊之將相，比敬宣之奴不若也〔一七〕。

〔一〕宋本「有」下有「主」字，原注云：「一本無『主』字。」何焯曰：「『有』疑作『後』，或倒一字。」器案：田鸞見北史恩倖傳。北齊書及北史傳伏傳載此事，「鵬」下都無「鸞」字。陳直説略同。

〔二〕器案：「蠻」爲當時居住河南境内之少數民族。水經淮水注：「魏太和中，蠻田益宗效誠，立東豫州，以益宗爲刺史。」田鵬鸞，蓋益宗之族也。

〔三〕王叔岷曰：「案文選古詩：『置書懷袖中，三歲字不滅。』」

〔四〕王觀國學林卷五：「屈平九歌曰：『龍駕兮帝服，聊翱翔兮周章。』五臣注文選曰：『周章，往來迅疾也。』左太沖吴都賦曰：『輕禽狡獸，周章夷猶。』五臣注文選曰：『周章夷猶，恐懼不知所之也。』王文考魯靈光殿賦曰：『俯仰顧眄，東西周章。』五臣注文選曰：『顧眄周章，驚視也。』觀國案：五臣訓周章，三説不同，然皆非也。周章者，周旋舒緩之意，蓋九歌有翱翔字，吴都賦有夷猶字，靈光殿賦有顧眄字，皆與周章文相屬，而翱翔、夷猶、顧眄，亦皆優游不迫之貌，則周章爲舒緩之意可知矣。前漢武帝紀：『元狩二年，南越獻馴象。』應劭注曰：『馴者教能拜起周章從人意也。』所謂拜起周章者，其舉止進退皆喻人意而不怖亂者也。而五臣注文選，反以爲迅疾恐懼驚視，則誤矣。」器案：楚辭九歌雲中君：「聊遨遊兮周章。」王逸注：「周章，猶周流也。」應劭風俗通義序：「天下孝廉衞卒交會，周章質問。」集韻十一唐：「倜偉，行貌。」倜偉即周章也。

〔五〕趙曦明曰：「北齊書文苑傳：『後主屬意斯文，三年，祖珽奏立文林館；於是更召引文學士，謂之待詔文林館焉。』」案：北史齊本紀下：「後主武平四年二月景（丙）午，置文林館。」

〔六〕胡三省通鑑七五注：「沈吟者，欲決而未決之意，今人猶有此語。」案：此處沈吟有詠嘆之意。王叔岷曰：「案文選古詩：『馳情整中帶，沈吟聊躑躅。』魏武帝短歌行：『但爲君故，沈吟至今。』」

〔七〕孔穎達尚書序：「雖有文筆之善，乃非開奬之路。」開奬，謂開導奬勵。

〔八〕「位至侍中開府」，北齊書、北史俱作「開府中侍中」。趙曦明曰：「隋書百官志：『中侍中省，掌出入門閤，中侍中二人。』」器案：通鑑一七二胡注：「内參者，諸閹宦也。」

〔九〕後魏時置青州於樂安，即今山東省廣饒縣治；後移治東陽，即今山東省益都縣治。

〔一〇〕樂府詩集四六讀曲歌：「歡但且還去，遣信相參伺。」參伺，謂參稽偵伺也。

〔一一〕羅本、傅本、顔本、程本、胡本、何本、朱本「主」作「王」。案：北齊書、北史俱作「主」。

〔一二〕盧文弨曰：「紿，徒亥切，欺也。」

〔一三〕朱本「歐」作「欲」。盧文弨曰：「歐與毆通，烏后切，捶擊也。捶，之累切。」器案：通鑑卷一七三用顔氏此文。

〔一四〕支與肢通。

〔一五〕李詳曰：「敬宣此事，北齊書及北史均未載。司馬温公據此著入通鑑陳紀太康元年，黄門表忠之意達矣。」

〔一六〕宋本此句作「猶能以學著忠誠」，原注：「一本作『以學成忠』。」龔道耕先生曰：「家訓忠字皆作誠，避隋諱，序致篇『聖賢之書，教人誠孝』是其證。此當作『以學著誠』。」

〔一七〕盧文弨曰：「將相，謂開府儀同三司賀拔伏恩、封輔相、慕容鍾葵等宿衛近臣三十餘人，西奔周師；穆提婆、侍中斛律孝卿皆降周；高阿那肱召周軍，約生致齊主，而屢使人告言，賊軍在遠，以致停緩被獲，顏氏故有此憤恨之言。」器案：北史唐邕傳：「文宣或切責侍臣云：『觀卿等，不中與唐邕作奴。』」語意與此相似。

鄴平之後，見〔一〕徙入關〔二〕。思魯嘗謂吾曰：「朝無禄位，家無積財，當肆筋力〔三〕，以申供養。每被課篤〔四〕，勤勞經史，未知爲子，可得安乎？」吾命之曰：「子當以養爲心，父當以學爲教〔五〕。使汝棄學徇財〔六〕，豐吾衣食，食之安得甘？衣之安得暖？若務先王之道，紹家世之業，藜羹縕褐〔七〕，我自欲之〔八〕。」

〔一〕見，猶言被也。史記屈原列傳：「信而見疑，忠而被謗。」文選張平子西京賦：「當足見碾，值轂被轢。」俱以「見」「被」互文爲義，因明白矣。

〔二〕趙曦明曰：「北齊後主紀：『武平七年十月，周師攻晉州。十二月，戰於城南，我軍大敗。帝入晉陽，欲向北朔州，改武平七年爲隆化元年，除安德王延宗爲相國，委以備禦，帝入鄴。延宗與周師戰於晉陽，爲周師所虜。甲子，皇太子從北道至，引文武入朱華門，問以禦周之方；羣臣各異議，帝莫知所從。於是依天統故事，授位幼主。幼主名恒，時年八歲，改元承光。帝爲太上皇帝，后爲太上皇后，自鄴先趨濟州。周師漸逼，幼主又自鄴東走。乙丑，周師至紫陌橋，燒城西門。太上皇東走，入濟州。其日，幼主禪位於大丞相任城王湝。太上皇并皇后攜幼主走青州，周軍奄至青州；太上窘急，將遜於陳，與韓長鸞、淑妃等爲周將尉遲綱所獲，送鄴，周武帝與抗賓主禮，并太后、幼主俱送長安，封溫國公，後皆賜死。』」

〔三〕後漢書承宫傳：「後與妻子之蒙陰山，肆力耕種。」三國志魏書鍾毓傳：「使民得肆力于農事。」文選陸士衡辯亡論下：「志士咸得肆力。」注：「孔安國尚書傳曰：『肆，陳也。』」舊唐書卷二十三職官志二：「肆力耕桑者爲農。」

〔四〕器案：篤讀爲督，左傳昭公二十二年司馬督，古今人表作司馬篤，是二字古通之證。文選潘安仁籍田賦：「靡誰督而常勤兮，莫之課而自厲。」李善注：「字書曰：『督，察也。』王逸楚辭（天問）注：『課，試也。』」以課督對文，與此以課篤連用，義同。漢書主父偃傳：「上自虞、夏、殷、周，罔不程督。」注：「程，課也。督，責視也。」文選陸士衡文賦：「課虛無以責有。」課字用法與此同。

〔五〕此句，宋本作「父當以教爲事」，原注：「『教』一本作『學』，『事』一本作『教』。」

〔六〕王叔岷曰：「案莊子盜跖篇：『小人殉財。』文選曹子建王仲宣誄注引莊子：『小人徇財。』（與前非一篇之文。）史記賈生列傳：『貪夫殉財兮。』文選鵩鳥賦『徇』作『殉』，注引列子（疑莊子之誤）：『貪夫之殉財。』『徇』『殉』古通。」

〔七〕王叔岷曰：「案墨子非儒下篇：『藜羹不糂。』（荀子宥坐篇同）莊子讓王篇：『藜羹不糝。』

（韓詩外傳七、説苑雜言篇同）呂氏春秋任數篇：『藜羹不斟。』（説文：『糂，以米和羹也。』糝，古文糂。斟，糂之借字。）韓非子五蠹篇：『藜藿之羹。』（淮南子精神篇、史記李斯列傳、太史公自序並同。太史公自序正義：『藜似藿而表赤。藿，豆葉也。』）」盧文弨曰：「漢書司馬遷傳：『墨者，糲粱之食、藜藿之羹。』注：『藜草似蓬。』禮記玉藻：『緼爲袍。』注：『謂今纊及舊絮也。』詩豳風七月箋：『褐，毛布也。』」器案：韓詩外傳二：「曾子褐衣緼緒，未嘗完也，糲米之食，未嘗飽也，義不合則辭上卿。」説苑立節篇：「曾子布衣緼袍未得完，糟糠之食、藜藿之羹未得飽，義不合則辭上卿。不恬貧窮，安能行此。」以緼袍藜羹對言，當爲此文所本。

〔八〕「我自欲之」，各本皆如此作，抱經堂校定本誤作「吾自安之」，今據改正。

書曰：「好問則裕〔一〕。」禮云：「獨學而無友，則孤陋而寡聞〔二〕。」蓋須切磋相起〔三〕明也。見有閉門讀書，師心自是〔四〕，稠人廣坐〔五〕，謬誤差失〔六〕者多矣。穀梁傳稱公子友與莒挐相搏，左右呼曰「孟勞」〔七〕。「孟勞」者，魯之寶刀名，亦見廣雅〔八〕。近在齊時，有姜仲岳謂：「『孟勞』者〔九〕，公子左右，姓孟名勞，多力之人，爲國所寶。」與吾苦諍。時清河郡守邢峙〔一〇〕，當世碩儒，助吾證之，赧然而伏。又三輔決録〔一一〕

云：「靈帝殿柱題曰：『堂堂乎張，京兆田郎。』」蓋引論語，偶以四言，目京兆人田鳳也〔一二〕。有一才士，乃言：「時張京兆及田郎二人皆堂堂耳。」聞吾此説，初大驚駭，其後尋媿悔焉。江南〔一三〕有一權貴，讀誤本蜀都賦注〔一四〕，解「蹲鴟，芋也」乃爲「芋羊」字〔一五〕；人饋羊肉〔一六〕，答書云：「損惠〔一七〕蹲鴟。」舉朝驚駭，不解事義〔一八〕，久後尋迹〔一九〕，方知如此〔二〇〕。元氏〔二一〕之世，在洛京時〔二二〕，有一才學重臣〔二三〕，新得史記音〔二四〕，而頗紕繆〔二五〕，誤反「顓頊」字，頊當爲許録反〔二六〕，錯作許緣反〔二七〕，遂謂朝士言〔二八〕：「從來謬音『專旭』，當音『專翾』耳。」此人先有高名，翕然〔二九〕信行；期年之後，更有碩儒，苦相究討，方知誤焉。漢書王莽贊云：「紫色蠅聲〔三〇〕，餘分閏位〔三一〕。」謂以僞亂真耳。昔吾嘗共人談書，言及王莽形狀，有一俊士，自許史學，名價甚高〔三二〕，乃云：「王莽非直鴟目虎吻，亦紫色蛙聲〔三三〕。」又禮樂志云：「給太官挏馬酒〔三四〕。」李奇注：「以馬乳爲酒也，揰挏〔三五〕乃成。」二字並從手。揰〔三六〕挏〔三七〕，此謂撞擣〔三八〕挺挏之，今爲酪酒亦然〔三九〕。向學士又以爲種桐時，太官釀馬酒乃熟。其孤陋遂至於此。太山羊肅〔四〇〕，亦稱學問，讀潘岳賦〔四一〕「周文弱枝之棗〔四二〕」，爲杖策之杖；世本：「容成造歷〔四三〕。」以歷爲碓磨之磨〔四四〕。

〔一一〕趙曦明曰：「仲虺之誥文。」

〔二〕趙曦明曰：「學記文。」

〔三〕詩衛風淇奧：「如切如磋。」爾雅釋訓：「如切如磋，道學也。」郭璞注：「骨象須切磋而爲器，人須學問以成德。」論語八佾篇：「起予者商也。」集解：「包曰：『孔子言子夏能發明我意。』」

〔四〕盧文弨曰：「莊子齊物論：『夫隨其成心而師之，誰獨且無師乎？』」王叔岷曰：「莊子人間世篇：『夫胡可以及化，猶師心者也。』」

〔五〕史記灌夫傳：「稠人廣衆，薦寵下輩，士以此多之。」

〔六〕宋本「差失」作「羞慙」，原注：「一本有『羞失』字，無『羞』字。」案：各本俱作「羞慙」。

〔七〕趙曦明曰：「事在僖元年，傳無『呼』字。」案：釋文云：「孟勞，寶刀名。」

〔八〕趙曦明曰：「孟勞，刀也，見釋器。」朱亦棟羣書札記十：「案：孟勞二字，反語爲刀，此左右之隱語，即當時之切音也。若姜仲岳所云，是以刀字訛作力字，真堪資笑談之一噱也。」

〔九〕宋本原注：「一本無『孟勞者』三字。」案：羅本、傅本、顏本、程本、胡本、何本、朱本、文津本及天中記二九無此三字。

〔一〇〕趙曦明曰：「北齊書儒林傳：『邢峙，字士峻，河間鄚人。通三禮、左氏春秋。皇建初，爲清河太守，有惠政。』隋書地理志，冀州有清河郡。」

〔一一〕趙曦明曰：「隋書經籍志：『三輔決録七卷，漢太僕趙岐撰，摯虞注。』」

〔一二〕器案：目謂題目，即品題也。後漢書許劭傳：「曹操微時，常卑辭厚禮，求爲己目。」李賢注：「命品藻爲題目。」胡三省通鑑七一注：「目者，因其人之才品爲之品題也。」趙曦明曰：「初學記十一引三輔決録注：『田鳳爲尚書郎，容儀端正，入奏事，靈帝目送之，題柱曰：「堂堂乎張，京兆田郎。」』漢書百官公卿表：『右扶風與左馮翊、京兆尹，是爲三輔。』」案：論語子張篇：「堂堂乎張也，難與並爲仁矣。」

〔一三〕太平廣記二五引「江南」作「梁」。

〔一四〕趙曦明曰：「李善文選注：『左思三都賦成，張載爲注魏都，劉逵爲注吴、蜀。』」

〔一五〕郝懿行曰：「篆文羊字作芈，與芋形尤近，所以易訛，亦如李林甫讀『有杕之杜』矣。」陳直曰：「按：左思蜀都賦云：『交壤所植，蹲鴟所伏。』劉淵林注：『蹲鴟，大芋。』亦引卓王孫云云，本于史記貨殖傳。」器案：輿地紀勝卷七十五荆湖北路辰州景物上：「芋山，寰宇記云：『在沅陵，山有蹲鴟，如兩斛大，食之，終身不飢，今民取之。』」又案：類説卷十談賓録：「唐率府馮光震入集賢院校文選，注蹲鴟云：『今之芋子，即是著毛蘿蔔。』」馮光震所見本不誤也。馮光震所見與顏氏家訓載江南一權貴所讀蜀都賦注，俱即劉淵林注也。

〔一六〕廣記引此句作「後有人饋羊肉」。

〔一七〕羅本、程本、胡本、何本「損惠」誤作「捐惠」。類説卷六廬陵官下記用此文作「損惠」，不誤。

〔一八〕本書文章篇：「文章當以理致爲心腎，氣調爲筋骨，事義爲皮膚，華麗爲冠冕。今世相承，趨末棄本，率多浮豔，辭與理競，辭勝而理伏，事與才争，事繁而才損。」器案：據此則之推之所謂事義，猶文心雕龍事類篇之所謂事類，與文選序之所謂「事出於沈思，義歸乎翰藻」，分事與義爲二者，區以别矣。

〔一九〕廣記引「尋迹」作「尋繹」。案：劉子妄瑕章：「今忌（志）人之細短，忘人之所長，以此招賢，是書空而尋迹，披水而覓路，不可得也。」則「尋迹」爲南北朝人習用語，廣記作「尋繹」，當出臆改。

〔二〇〕朱亦棟羣書札記十：「伊世珍瑯嬛記：『張九齡知蕭炅不學，相調謔。一日送芋，書稱蹲鴟，蕭答云：「損芋拜嘉，惟蹲鴟未至耳；然僕家多怪，亦不願見此惡鳥也。」九齡以書示客，滿坐大笑。』案：史記貨殖傳：『卓氏曰：「吾聞汶山之下沃野，下有蹲鴟，至死不飢。」』注：『徐廣曰：「古蹲字作踆。」駰案：漢書音義曰：「水鄉多鴟，其山下有沃野灌溉。一曰大芋。」』則蹲鴟原有别解，第二子之不學，則真可哂耳。（李善文選注——器案：當作劉逵注：「蹲鴟，大芋也，其形類蹲鴟。」）」李慈銘曰：「案：金樓子雜記篇述王翼向謝超宗借看鳳毛事云：『翼即是于孝武坐呼羊肉爲蹲鴟者，乃其人也。』」孫詒讓札迻十、劉盼遂説同。案：太平廣記二五九引譚賓録：「唐率府兵曹參軍馮光震入集賢院校文選，嘗注蹲鴟云：『蹲鴟者，今之芋子，即是著毛蘿蔔也。』蕭令（案：即蕭嵩）聞之，拊掌大笑。」（又見大唐新語九著述。）此又以蹲鴟貽爲笑柄者。

〔二一〕廣記「元氏」作「元魏」。

〔二二〕趙曦明曰：「魏書高祖孝文皇帝紀：『太和十八年十一月，自代遷都洛陽。二十一年正月，詔改拓拔姓爲元氏。』」

〔二三〕管子明法解：「治亂不以法斷，而決於重臣。」漢書淮南王安傳：「使重臣臨存，施德垂賞，以招致之。」重臣，謂權威之臣也。

〔二四〕趙曦明曰：「隋書經籍志：『史記音三卷，梁輕車都尉參軍鄒誕生撰。』」器案：此史記音未知何本，據索隱後序稱：後漢延篤有音義一卷，又别有音隱五卷，不記作者何人，徐廣音義十卷，裴駰仍之，亦有音義。此元氏重臣所得者，恐非同時人鄒誕生所撰之本。王叔岷曰：「案司馬貞史記索隱序：『南齊輕車録事鄒誕生作音義三卷。音則微殊，義乃更略。』索隱後序亦云：『南齊輕車録事鄒誕生撰音義三卷。音則尚奇，義則罕説。』是鄒氏所著，有音兼義，非此所稱史記音僅有音者矣。」

〔二五〕禮記大傳注：「紕繆，猶錯也。」

〔二六〕太平廣記二五八引「録」作「緑」。

〔二七〕盧文弨曰：「反與翻同。」

〔二八〕「遂謂朝士言」，宋本原注：「一本作『遂一一謂言』。」案：羅本、傅本、顔本、程本、胡本、何本、朱本、文津本同一本。

〔二九〕翕然，猶言全然。史記汲鄭列傳：「以此翕然稱鄭莊。」又太史公自序：「天下翕然，大安殷富。」

〔三〇〕廣記、類説引「鼃」作「蛙」，字同。

〔三一〕續家訓七：「紫色，不正之色。鼃聲，不正之聲也。閏位者，不正之位也；故嬴秦、後魏、朱梁，皆爲閏位。」盧文弨曰：「漢書注：『鼃者，樂之淫聲。近之學者，便謂蛙鳴，已乖其義，更欲改爲蠅聲，益穿鑿矣。』」器案：盧引漢書注，見叙傳「淫鼃而不可聽」下。

〔三二〕名價，謂名譽聲價。南史張敷傳：「父邵使與高士南陽宗少文談繫、象……少文歎：『吾道東矣。』於是名價日重。」

〔三三〕盧文弨曰：「漢書王莽傳：『莽爲人侈口蹷顄，露眼赤睛，大聲而嘶，反膺高視，瞰臨左右，待詔曰：莽，所謂鴟目虎吻、豺狼之聲者矣。』」

〔三四〕盧文弨曰：「漢書百官公卿表：『少府屬官有太官。』注：『太官，主膳食。』」案：王觀國學林三：「前漢禮樂志曰：『師學百四十二人，其七十二人，給太官挏馬酒。』李奇注曰：『以馬乳爲酒，撞挏乃成也。』顔師古注曰：『挏，音動，馬酪味如酒，而飲之亦可醉，故呼爲酒也。』又前漢百官公卿表曰：『武帝太初元年，更名家馬爲挏馬。』應劭注曰：『主乳馬，取其汁挏治之，味酢可飲，因以名官也。』如淳曰：『主乳馬，以韋革爲夾兜，受數斗，盛馬乳，挏取其上肥，因名曰挏馬，今梁州亦名馬酪爲馬酒。』晉灼曰：『挏音挺挏之挏。』觀國案：挏馬者，乃官號，非酒名也。前漢百官公卿表曰：『太僕掌輿馬，有家馬令，五丞一尉。』顏師古注曰：『家馬者，主供天子私用，非大祀、戎事、軍國所須，故謂之家馬。』武帝太初元年，更名家馬爲挏馬，則改家馬之官名爲挏馬耳。若然，則太僕有挏馬令一人，有挏馬丞五人，有挏馬尉一人，其所治亦主供天子私用之馬。則挏馬者，乃太僕之屬官也。字書曰：『挏，擁也，引也。』以擁引其馬爲義，故曰挏馬。禮樂志曰『師學百四十二人，其七十二人，給太官挏馬酒』者，乃是以七十二人給事太官，令役以造酒而供挏馬官也。以禮樂志上下文攷之可以見。志曰：『河間獻王雅樂。至成帝時，謁者常山王禹，世受河間樂，其弟子宋煜等上書言之，下公卿，以爲久遠難明，議寢。是時，鄭聲尤甚，哀帝自爲定陶王時疾之，及即位，乃下詔罷樂官，在經非鄭、衞之樂者條奏。丞相孔光、大司馬何武奏其不應經法，或鄭、衞之聲皆罷，其名號數千，或罷或不罷者也。師學百四十二人，其七十二人，給太官挏馬酒，其七十人可罷者。』蓋師學乃習學之有禄食者也，師學百四十二人者，冗員如此之多也。其七十二人給太官挏馬酒者，以此七十二人撥隸太官，使之役之以造酒，而供挏馬之所用也。蓋挏馬令五丞一尉，其官吏必多，當時挏馬所用之酒，太官令供之，故給此七十二人使從役於太官，而使之造酒，而其七十人則罷而不用。蓋師學百四十二人，以七十二人撥隸他局，而其餘七十人又罷而不用，是師學百四十二人皆省而不在樂府矣，此皆不應經法者也。哀帝疾鄭聲而省樂官，本志首尾甚詳，而諸家注釋漢書，乃以挏馬爲酒名，則誤矣。志曰：『郊祭樂人員六十二人，給祠南北郊。』又曰：『給祠南郊用六十七人。』又曰：『鄭四會員六十二人，一人給事雅樂，六十一人可罷。』凡此皆稱給，蓋給屬别局，與給太官之給同也。如諸家注釋漢書者，乃以給爲給酒，則愈誤矣。顔氏家訓牽於漢書注釋之説，不能稽考辨明，而卒取撞挏之義，又謂挏爲桐，當桐花開時造馬酒，其鑿愈甚矣。」器案：王説給太官義甚是，而謂「役之以造酒而供挏馬之所用」，又云「挏馬所用之酒」，則非是，説詳下。又漢書地理志上：「太原郡注：『有家馬官。』臣瓚曰：『漢有家馬廄，一廄萬匹。時以邊表有事，故分來在此。家馬後改曰挏馬也。』師古曰：『挏音動。』」此足補王説之不逮。

〔三五〕類説「揰」作「撞」。

〔三六〕宋本原注：「揰，都統反。」續家訓書證篇同，抱經堂本作「都孔反」。

〔三七〕宋本原注：「挏，達孔反。」器案：漢書百官公卿表上：「武帝太初元年，更名家馬爲挏馬。」注：「晉灼曰：『挏音挺挏之挏。』師古曰：『晉音是也，挏音徒孔反。』」王叔岷曰：「淮南子俶真篇：『撢掞挺挏世之風俗。』高誘注：『挺挏，猶上下也。』」俞樾湖樓筆談卷四：「此蓋百四十二人中罷遣其七十人，餘者給太官使挏撞馬酒；若以『挏』爲『桐』，是直謂以桐馬酒給此七十二人矣；句讀之不知，而欲言史學哉！」

〔三八〕類説「擣」作「搗」。

〔三九〕趙曦明曰：「漢書百官公卿表：『武帝太初元年，更名家馬爲挏馬。』注：『應劭曰：「主乳馬，取其汁挏治之，味酢可飲。」如淳曰：「以韋革爲夾兜，受數升，盛馬乳，挏取其上肥。今梁州亦名馬酪爲馬酒。」』釋名：『酪，澤也，乳汁所作，使人肥澤也。』」鄧廷楨雙研齋筆記四：「漢百官公卿表有挏馬官，……説文曰：『挏，擁引也。漢有挏馬官作馬酒。』案：此法至今西北兩路蕃俗猶然，其法以革囊盛馬乳，一人抱持之，乘馬絶馳，令乳在囊中自相撞動，所謂挏也。往復數十次，即可成酒。余在西域時，親見額魯特，及移駐之察哈爾，皆沿此俗。」器案：元耶律鑄雙溪醉隱集六行帳八珍詩，麆沆：「麆沆，馬駧也。漢有挏馬，注曰：『以韋革爲夾兜，盛馬乳，挏治之，味酢可飲，因以爲官。』又禮樂志大官挏馬酒，注曰：『以馬乳爲酒。』言挏之味酢則不然，愈挏治則味愈甘，挏逾萬杵，香味醇濃甘美，謂麆沆。麆沆，奄蔡語也，國朝因之。」（奄蔡，西漢西域傳無音，大宛傳宛王昧蔡，師古曰：「蔡，千葛切。」書：「二百里蔡。」毛晃韻：「蔡，柔葛切。」廣韻亦然。奄蔡，蔡，千葛切爲是，今有其種，率皆從事挏馬。）

〔四〇〕趙曦明曰：「羊肅，注見卷二。」

〔四一〕趙曦明曰：「晉潘岳，字安仁，著閒居賦，今見文選。」

〔四二〕文選閒居賦李善注：「西京雜記曰：『上林苑有弱枝棗。』廣志曰：『周文王時有弱枝之棗甚美，禁之不令人取，置樹苑中。』」李周翰注：「周文王時有弱枝棗樹，味甚美。」

〔四三〕趙曦明曰：「漢書藝文志：『世本十五篇。』注：『古史官記黄帝以來訖春秋時諸侯大夫。』

案：今不傳，諸書尚有引用者。注云：『容成，黄帝之臣。』」案：注詳書證篇。

〔四四〕段玉裁曰：「古書字多假借，世本假『磿』爲『歷』，致有此誤。古書歷磿通用，同郎擊切。礰，都内切，舂具。磿，模卧切，説文作礳，石磑也。」陳直曰：「漢代『歷』『磿』二字本相通用，不勝枚舉。齊魯封泥集存有『磿城丞印』，即歷城丞也。特律歷之歷，不能假作律磿，故顔氏深以爲譏。」器案：古書磿與歷通，爲例甚多，如周官遂師注：「磿者，適歷。」山海經中山經：「歷山之石。」郭注：「或作磿。」史記高祖功臣侯表：「磿簡侯程黑。」漢表作「歷」；春申君傳：「濮磿之北。」新序善謀篇作「歷」；樂毅傳：「故鼎返乎磿室。」戰國策燕策作「歷」，俱其證。又案：文選閒居賦李善注：「大山肅（脱「羊」字）亦稱學問，讀岳賦『周文弱枝之棗』爲杖策之杖，世本『容成造厤』爲確磿之磿。」即本此文。王叔岷曰：「案吕氏春秋勿躬篇：『容成作曆。』淮南子脩務篇：『容成造歷。』後漢書律曆志上劉昭注引（漢唐蒙）博物記：『容成氏造曆，黄帝臣也。』（「歷」，俗「曆」字。）」

談説製文，援引古昔〔一〕，必須眼學，勿信耳受〔二〕。江南閭里閒，士大夫或不學問，羞爲鄙朴〔三〕，道聽塗説〔四〕，强事飾辭〔五〕：呼徵質爲周、鄭〔六〕，謂霍亂爲博陸〔七〕，上荆州必稱陝西〔八〕，下揚都言去海郡〔九〕，言食則餬口〔一〇〕，道錢則孔方〔一一〕，問移則楚丘〔一二〕，論婚則宴爾〔一三〕，及王則無不仲宣〔一四〕，語劉則無不公幹〔一五〕。凡有一二百件，傳相祖述〔一六〕，尋問莫知原由，施安〔一七〕時復失所。莊生有乘時鵲起之説〔一八〕，故謝朓〔一九〕詩曰：「鵲起登吴臺〔二〇〕。」吾有一親表，作七夕詩云：「今夜吴臺鵲，亦共往填河〔二一〕。」羅浮山記云〔二二〕：「望平地樹如薺。」故戴暠〔二三〕詩云：「長安樹如薺〔二四〕。」又鄴下有一人詠樹詩云：「遥望長安薺。」又嘗見謂矜誕爲夸毗〔二五〕，呼高年爲富有春秋〔二六〕，皆耳學〔二七〕之過也。

〔一〕「援引古昔」，抱經堂本脱此句，各本俱有，今補。

〔二〕郝懿行曰：「耳受不如眼學，眼學不如心得，心得則眼與耳皆收實用矣。朱子所謂『一心兩眼，痛下工夫』是也。」

〔三〕抱經堂本「朴」作「樸」，各本俱作「朴」，少儀外傳上同，今據改正。王叔岷曰：「案日本高山寺舊鈔卷子本莊子漁父篇：『而鄙樸之心，至今未去。』今本『鄙樸』二字倒。樸、朴正、假字。」

〔四〕論語陽貨篇：「道聽而塗説。」集解引馬融曰：「聞之於道路，則傳而説之。」邢昺疏：「若聽之於道路，則於道路傳而説之。」漢書藝文志：「小説家者流，蓋出於稗官，街談巷語，道聽塗説者之所造也。」

〔五〕類説「事」作「辨」。黄叔琳曰：「繆種流傳，古今同慨。」黄侃文心雕龍札記曰：「案：晉來用字有三弊，……三曰用典飾濫：呼徵質爲周、鄭，謂霍亂爲博陸，言食則糊口，道錢則孔方，稱兄則孔懷，論昏則宴爾，求莫而用爲求瘼，計偕而以爲計階，轉相祖述，安施失所，比喻乖方，斯亦彦和所云『文澆之致弊』也。」説即本此。

〔六〕趙曦明曰：「左隱三年傳：『周、鄭交質。』」盧文弨曰：「質，音致，説文：『質以物相贅。』案：贅如贅壻，謂男無娉財，以身自質于妻家也。」

〔七〕趙曦明曰：「漢書嚴助傳：『夏月暑時，歐泄霍亂之病相隨屬也。』又霍光傳：『光字子孟，封博陸侯。』」案：本傳注：「文穎曰：『博，大；陸，平；取其嘉名，無此縣也。』師古曰：『亦取鄉聚之名以爲國號，非必縣也，公孫弘平津鄉則是矣。』」器案：漢書李廣蘇建傳：「上思股肱之美，迺圖畫其人於麒麟閣，法其形貌，署其官爵姓名；唯霍光不名，曰大司馬大將軍博陸侯，姓霍氏。」然則「謂霍亂爲博陸」，其興於此乎！

〔八〕「陜」，各本並如此作，抱經堂本作「峽」，云：「『荆在巴峽西。』此不知妄作，又從而爲之辭者也。錢大昕曰：『南齊書州郡志：「江左大鎮，莫過荆、揚。周世二伯總諸侯，周公主陜東，召公主陜西，故稱荆州爲陜西也。」俗生耳受，便以陜西代江陵之稱，則昧於地理，故顔氏譏之。』龔道耕先生曰：「江左僑置雍州於襄陽，襄陽爲荆州郡，故稱荆州爲陜西耳。」劉盼遂曰：「案：北周書王褒傳：『周弘讓復褒書云：「與弟分袂西陜，言返東區。」』此正荆州傾没，與褒分散之事也，此西陜斥荆州明矣。陳書周弘正傳：『弘正與僕射王褒言于元帝，宜輿駕入建業，時荆、陜人士，咸言王、周皆是東人，弘正面折之曰：「若東人勸東，謂爲非計；

君等西人欲西，豈是良策。」』荆、陜連言，且與東人爲對，益明當時通以陜西稱荆州矣。」器案：世説新語識鑒篇：「王忱死，西鎮未定，……晉孝武欲拔親近腹心，遂以殷爲荆州，事定，詔未出。王珣問殷曰：『陜西何故未有處分？』」宋書蔡興宗傳：「興宗出爲南郡太守，行荆州事，外甥袁顗曰：『舅今出居陜西。』」又鄧琬傳：「荆州刺史臨海王子頊練甲陜西。」南史侯景傳：「童謡曰：『荆州天子挺應著。』……今廟樹重青，必彰陜西之瑞，議者以爲湘東軍下之徵。」又周弘正傳：「時朝議遷都，但元帝再臨荆陜，前後二十餘年，情所安戀，不欲歸建業。」陳書何之元傳：「之元作梁典序云：『洎高祖晏駕之年，太宗幽辱之歲，謳歌獄訟，向陜西不向東都，不庭之民，流逸之士，征伐禮樂，歸世祖不歸太宗。』」所言陜西，俱指荆州。又宋書王弘傳、謝晦傳皆稱荆州刺史爲分陜，文選齊竟陵文宣王行狀：「初，沈攸之跋扈上流，稱亂陜服。」李善注：「臧榮緒晉書曰：『武陵王令曰：「荆州勢據上流，將軍休之，委以分陜之重。」』」御覽一六七引盛弘之荆州記：「元嘉中，以京師根本之所寄，荆楚爲重鎮，上流之所總，擬周之分陜，晉、宋以降，此爲西陜。」隋書元孝矩傳載隋文帝下書答孝矩：「方欲委裘，寄以分陜。」胡三省通鑑一三〇注：「蕭子顯曰：『江左大鎮，莫過荆、揚。』弘農郡陜縣，周二伯主諸侯，周公主陜東，召公主陜西，故稱荆州爲陜西。」蓋東晉以後，揚、荆兩州刺史，膺分陜之任，故荆州有陜西之稱。梁元帝封湘東王，是時正在荆州也。

〔九〕抱經堂本「郡」作「邦」，各本俱作「郡」，今改。少儀外傳上引「言去海郡」作「要言海郡」，戒子通録七引辨志録引、類説引俱作「要云海郡」，「要云」「要言」，都與上「必稱」對文，義較今本爲勝。

〔一〇〕趙曦明曰：「左氏昭七年傳：『正考父之鼎銘云：「饘於是，鬻於是，以餬余口。」』」器案：左傳隱公十一年：「而使餬其口於四方。」莊子人間世：「挫鍼治繲，足以糊口。」三國志魏書管寧傳：「飯鬻餬口。」説文食部：「餬，寄食也。」

〔一一〕趙曦明曰：「晉魯褒錢神論：『親愛如兄，字曰孔方。』」器案：漢書食貨志下：「錢圜函方。」注：「孟康曰：『外圜而内孔方也。』」

〔一二〕趙曦明曰：「左氏閔二年傳：『僖之元年，齊桓公遷邢于夷儀，封衛于楚丘。邢遷如歸，衛國忘亡。』」

〔一三〕類説「婚」作「昏」，「宴」作「燕」，少儀外傳、戒子通録「宴」作「燕」，古俱通。趙曦明曰：「詩邶谷風：『宴爾新昏，如兄如弟。』」陳直曰：「六朝人喜用隱語及歇後語。隋詔立僧尼二寺記云：『敬勒他山，式遵前學。』他山代表石字，亦其類也。」

〔一四〕趙曦明曰：「王粲已見。」

〔一五〕趙曦明曰：「魏志，東平劉楨字公幹，附見王粲傳。」

〔一六〕類説「傳」作「轉」。王叔岷曰：「案傳借爲轉，吕氏春秋必己篇：『若夫萬物之情、人倫之傳則不然。』高誘注：『傳猶轉。』即其證。禮記中庸：『仲尼祖述堯、舜。』」器案：陸游老學庵筆記八：「國初尚文選，文人專意此書，故草必稱王孫，梅必稱驛使，月必稱望舒，山水必稱清暉。至慶曆後，惡其陳腐，諸作始一洗之。方其盛時，士子至爲之語曰：『文選爛，秀才半。』」則齊、梁餘風，宋初猶大扇也。

〔一七〕「施安」，少儀外傳作「施行」，戒子通録作「文翰」。

〔一八〕趙曦明曰：「太平御覽九百二十一引莊子云：『鵲上高城之垝，而巢於高榆之顛，城壞巢折，陵風而起。故君子之居世也，得時則蟻行，失時則鵲起也。』困學紀聞（卷十）載莊子逸篇有之。」器案：類聚八八、九二、文選和伏武昌登孫權故城詩注、又贈馮文熊詩注並引莊子此文。嵇康集一附秀才答詩：「當流則蟻行，時逝則鵲起。」則全用莊子此文。

〔一九〕趙曦明曰：「南齊書謝脁傳：『脁字玄暉，少好學，有美名。文章清麗，善草隸，長五言詩，沈約常云：二百年來無此詩也。』」

〔二〇〕案：文選載謝玄暉和伏武昌登孫權故城詩作「鵲起登吴山，鳳翔陵楚甸」，李注：「孫氏初基武昌，後都建鄴，故云吴山、楚甸也。」孫志祖讀書脞録七：「六朝人用鵲起二字爲美詞，謝靈運述征賦：『初鵲起於富春，果鯨躍於川湄。』文選謝玄暉和伏武昌詩云云，其意並同。據李善注引莊子云云，然則鵲起非美詞矣。」吴騫拜經樓詩話一：「『吴臺』，謝宣城集及文選皆作『吴山』，黄門所見，蓋是脁原本如此。何義門謂吴臺即姑蘇臺。予重刊宣城集，特爲更正。」

〔二一〕「亦共往填河」，抱經堂本作「亦往共填河」，各本都作「亦共往填河」，今改。類説作「亦起往填河」。趙曦明曰：「白帖：『烏鵲填河成橋而渡織女。』爾雅翼：『相傳七夕，牽牛與織女會於漢東，烏鵲爲梁以渡，故毛皆脱去。』」盧文弨曰：「歲華紀麗引風俗通云：『織女七夕當渡河，使鵲爲橋。』」

〔二二〕趙曦明曰：「羅浮山記：『羅浮者，蓋總稱焉。羅，羅山也，浮，浮山也，二山合體，謂之羅浮。在增城、博羅二縣之境。』」器案：趙引羅浮山記，見御覽四一引，御覽同卷又引裴淵廣州記：「羅山隱天，唯石樓一路，時有閑遊者少得至。山際大樹合抱，極目視之，如薺菜在地。山之陽有一小嶺，云蓬萊邊山浮來著此，因合號羅浮山。」

〔二三〕戴暠，梁人。

〔二四〕盧文弨曰：「此暠度關山詩也，首云：『昔聽隴頭吟，平居已流涕；今上關山望，長安樹如薺。』」陳直曰：「玉臺新詠卷十選戴暠詠欲眠詩一首，吴兆宜注據升庵詩話，引戴暠從軍行兩句，吴氏定暠爲陳時人，其説是也。」器案：戴詩見樂府詩集二七。苕溪漁隱叢話後九引復齋漫録云：「余因讀浩然秋登萬山（能改齋漫録作「方山」）詩：『天邊樹若薺，江畔洲（能改齋漫録作「舟」是）如月。』乃知孟真得暠（原誤「嵩」）意。」又見能改齋漫録三。楊升庵文集五六：「羅浮山記云：『望平地樹如薺。』自是俊語。梁戴暠詩：『長安樹如薺。』用其語也。後人翻之益工，薛道衡詩：『遥原樹若薺，遠水舟如葉。』孟浩然詩：『天邊樹若薺，江畔洲（當作「舟」）如月。』」器案：王維送秘書晁監還日本詩序：「扶桑若薺，鬱島如萍。」用法亦同。

〔二五〕趙曦明曰：「爾雅釋訓：『夸毗，體柔也。』案：與矜誕義相反。」陳直曰：「趙説是也。詩大雅板篇：『無爲夸毗。』毛傳：『夸毗以柔人也。』郭注引李巡注曰：『屈己卑身，求得於人。』又曹魏西鄉侯兄張君殘碑云：『君耻夸比，愠于羣小。』始用此詞彙入石刻，並同諂媚之義。」器案：後漢書崔駰傳達旨：「夫君子非不欲仕也，恥夸毗以求舉。」注：「夸毗，謂佞人足恭，善爲進退。」尋論語公冶長：「巧言令色足恭，左丘明恥之，丘亦恥之。」集注：「孔曰：『足恭，便僻貌。』」

〔二六〕趙曦明曰：「後漢書樂恢傳：『上疏諫曰：「陛下富于春秋，纂承大業。」』注：『春秋謂年也。言年少，春秋尚多，故稱富。』案：與高年義相反。」黄叔琳曰：「自駢麗聲韻之文盛，而假借訛謬之語益多矣。」陳槃曰：「漢書高五王齊悼惠王傳：『皇帝春秋富。』顔注：『言年幼也。比之於財，方未匱竭，故謂之富。』槃案：高年者則曰『春秋高』。同上傳：『高后用事，春秋高。』」

〔二七〕南史沈慶之傳：「慶之厲聲曰：『衆人附見古今，不如下官耳學也。』」

夫文字者，墳籍〔一〕根本。世之學徒，多不曉字：讀五經者，是徐邈而非許慎〔二〕；習賦誦者，信褚詮而忽吕忱〔三〕；明史記者，專徐、鄒而廢篆籀〔四〕；學漢書者，悦應、蘇而略蒼、雅〔五〕。不知書音是其枝葉，小學乃其宗系〔六〕。至見服虔、張揖音義則貴之，得通俗〔七〕、廣雅而不屑。一手之中〔八〕，向背〔九〕如此，況異代各人乎〔一〇〕？

〔一〕墳籍，猶言書籍。文選應休璉與從弟君苗君胄書：「潛精墳籍，立身揚名，斯爲可矣。」呂延濟注曰：「墳籍爲典墳也。」文選序：「概見墳籍，旁出子史。」魏書禮志四：「周覽墳籍。」

〔二〕趙曦明曰：「晉書儒林傳：『徐邈，東莞姑幕人。永嘉之亂，家于京口。邈姿性端雅，博涉多聞。孝武招延儒學之士，謝安舉以應選。年四十四，始補中書舍人，在西省侍帝。雖不口傳章句，然開釋文義，標明指趣，撰五經音訓，學者宗之。』後漢書儒林傳：『許慎字叔重，汝南召陵人。性淳篤，博學經籍，撰五經異義，又作說文解字十四篇，皆傳於世。』」

〔三〕宋本「忽」作「笑」。趙曦明曰：「漢書揚雄傳所載諸賦注内時引諸詮之之說，宋祁亦時引之，經典釋文閒亦引之。諸、褚字不同，未知孰是。隋書經籍志：『字林七卷，晉弦令呂忱撰。』」李詳曰：「隋書經籍志：『百賦音十卷，宋御史褚詮之撰。』」劉盼遂曰：「漢書司馬相如傳上顏注：『近代之讀相如賦者，多皆改易義文，競爲音說，徐廣、鄒誕生、褚詮之、陳武之屬是也。今於彼數家，並無取焉。』」今案：顏監之不取褚詮，蓋亦繩其祖武則然。陳直曰：「漢書楊雄傳各賦之中，蕭該音義多引諸詮、陳武之說。司馬相如各賦，亦舊有二家之注，見於相如傳標題之下顏師古注。諸詮當爲褚詮，疑宋、齊時人，與本文正合。」又曰：「按：魏書江式傳式上表云：『晉世義陽王典祠令任城呂忱，表上字林六卷。』張懷瓘書斷云：『晉呂忱字伯雍，撰字林五篇，萬二千八百餘字。』（封氏聞見記亦同。）清任大椿小學鈎沈有輯本。」器案：隋書經籍志：「梁又有中書舍人褚詮之集八卷，録一卷，亡。」史記會注本魏公子傳正義：「（吕）忱，字伯雍，任城人，吕姓，晉弦令，作字林七卷。」

〔四〕「徐」原作「皮」，今據少儀外傳上引改。案：司馬貞史記索隱序：「貞觀中，諫議大夫崇賢館學士劉伯莊，達學宏才，鈎深探賾，又作音義二十卷，比於徐、鄒，音則具矣。」正以徐、鄒並言，以徐、鄒注史記，重在字義，故此云「專徐、鄒而廢篆籀」也。趙曦明曰：「『皮』未詳，疑是『裴』字之誤，裴駰著史記集解八十卷。或云是『徐』，宋中散大夫徐野民撰史記音義十二卷，見隋書經籍志。」劉盼遂引吴承仕曰：「鄒謂鄒誕生，『皮』疑當爲『裴』，或當爲『徐』，謂裴駰、徐廣也。使皮音爲世所行，不應隋、唐間人都不一引。書證篇曰：『史記又作悉，誤而爲述，裴、徐、鄒皆以悉音述。』連言裴、徐、鄒，足證此文『皮』字之誤。又按：趙注以爲『裴』之譌。」器案：謂「皮」爲「徐」之誤者是，少儀外傳引正作「徐」，今已據以改正矣。趙曦明曰：「許慎叙説文解字略云：『黄帝之始初作書，蓋依類象形。及宣王大篆五十篇，與古文或異。其後七國言語異聲，文字異形，秦兼天下，丞相李斯乃奏同之。斯作倉頡篇，中車府令趙高作爰歷篇，太史令胡毋敬作博學篇，皆取史籀大篆，或頗省改，所謂小篆者也。是時務繁，初有隸書，以趣約易，而古文由是絶矣。』」

〔五〕趙曦明曰：「漢書叙例：『應劭，字仲瑗，汝南南頓人。後漢蕭令、御史、營陵令（原脱「陵」

字，器據意林引風俗通補）、泰山太守。蘇林，字孝友，陳留外黄人。魏給事中。黄初中，遷博士，封安成亭侯。』隋書經籍志：『漢書集解音義二十四卷，應劭撰。三蒼三卷，郭璞注。』秦相李斯作蒼頡篇，漢揚雄作訓纂篇，後漢郎中賈魴作滂喜篇，故曰三蒼。又埤蒼三卷、廣雅三卷，並魏博士張揖撰。小爾雅一卷，孔鮒撰，李軌略解。」

〔六〕黄叔琳曰：「韓云：『士大夫宜略識字。』蘇東坡閑時，恒看字書。」

〔七〕趙曦明曰：「隋書經籍志：『通俗文一卷，服虔撰。』」

〔八〕器案：意林引抱朴子：「一手之中，不無利鈍；方之他人，若江、漢之與潢汙。」

〔九〕文選李蕭遠運命論：「以向背爲變通。」劉良注：「盛者向而附之，衰者背而去之，以此爲見變通之妙。」

〔一〇〕宋本原注：「世人皆以通俗文爲服虔造，未知非服虔而輕之，猶謂是服虔而輕之，故此論從俗也。」趙曦明曰：「案：後漢書儒林傳：『服虔，字子慎，初名重，又名祇，後改爲虔。河南滎陽人。以清苦建志，有雅才，善著文論，作春秋左氏傳解，又以左傳駁何休之所駁漢事六十餘條。拜九江太守。免，遭亂行客，病卒。』」

夫學者貴能博聞〔一〕也。郡國山川，官位姓族，衣服飲食，器皿制度，皆欲根尋，得其原本；至於文字，忽不經懷〔二〕，己身姓名，或多乖舛，縱得不誤，亦未知所由。

近世有人爲子制名：兄弟皆山傍立字，而有名峙者〔三〕；兄弟皆手傍〔四〕立字，而有名機者〔五〕；兄弟皆水傍〔六〕立字，而有名凝〔七〕者。名儒碩學，此例甚多。若有知吾鍾之不調〔八〕，一何可笑〔九〕。

〔一〕禮記曲禮上：「博聞强識而讓，敦善行而不怠，謂之君子。」

〔二〕器案：本書名實篇：「公事經懷。」南史袁粲傳：「雖位仕隆重，不以世務經懷。」經懷，猶今言經心也。

〔三〕宋本「峙」作「峙」。何焯曰：「『峙』疑『峙』。」段玉裁曰：「説文有峙無峙，後人凡從止之字，每多從山；至如岐字本從山，又改路岐之岐從止，則又山變爲止也。顔意謂從山之峙不典，不可以命名。」郝懿行曰：「峙蓋邢峙耶？」劉盼遂引吴承仕曰：「按北齊書：『邢峙字士峻。』名字相應，亦從山作之。顔氏所譏，此其一例。」龔道耕先生曰：「宋本是也。顔時俗書『峙』作『峙』，故以正體書之，以見其字本不從山。」陳直曰：「説文有峙字，無峙字。後人从止之字，每多變作从山。北齊西門豹祠堂碑云：『望黄岑以俱峙。』祠堂碑爲姚元標所書，元標精于小學，故能不誤。」

〔四〕宋本及類説「手傍」作「手邊」，羅本、傅本、何本作「手傍」，餘本作「木傍」。

〔五〕段玉裁曰：「機字本作机，説文有机無機，其機微亦不從木，世俗作機字，亦不典也。」盧文弨曰：「『兄弟皆手傍（本作「邊」）立字，而有名機者』，『手』誤作『木』，『⿰扌幾』誤作『機』，今并注一皆改正。」龔道耕先生曰：「宋本作『手邊』是也。顔時俗書『機』作『⿰扌幾』，而『機』字本不從手，與上『峙』字同。説文木部：『機，主發謂之機。』『机，机木也。』唐韻：『居履切。』與機字音義俱異，段謂『機字本作机，説文有机無機』，皆不可解。」陳直曰：「按：説文機字本作机，北齊宋買造像碑有邑子傳机棒題名，知當時亦有知古義者。」器案：南史梁安成康王秀傳：「子機嗣。機字智通。機弟推，字智進。」之推所譏，此其一例。以子雲之姓或從木作楊、或從扌作揚例之，則相沿久矣。

〔六〕類説「水傍」作「水邊」。

〔七〕「凝」，宋本以下諸本俱如此作，獨抱經堂本改作「凝」。段玉裁曰：「此亦顔時俗字。凝本從仌，俗本從水，故顔謂其不典，今本正文仍作正體，則又失顔意矣。」龔道耕先生曰：「『凝』當依原本作『凝』，段説誤，見上。」嚴式誨曰：「案：北齊神武諸子澄、洋、演、湛之屬，皆水旁立字，而有新平王凝，正顔氏所譏也。」陳直曰：「按：魏安定王燮造像記云：『工績聲儀，凝華□極。』趙阿歡造像，凝字亦作凝，俱用正體。但唐思順坊造彌勒像記（見中州金石記卷二），仍沿六朝俗體作凝，蓋其時从水與从冫二字不分，凝字繁作凝，猶北魏滎陽太守元寧造像記潤字減作潤也。」

〔八〕沈揆曰：「淮南子脩務篇：『昔晉平公令官爲鍾，鍾成而示師曠，師曠曰：「鍾音不調。」平公曰：「寡人以示工，工皆以爲調；而以爲不調，何也？」師曠曰：「使後世無知音則已，若有知音者，必知鍾之不調。」』『吾』字疑當爲『晉』字。一本以『鍾』爲『種』者尤非。」郝懿行曰：「見呂覽。」器案：見呂氏春秋長見篇。

〔九〕器案：戰國策燕策上：「齊王按戈而却曰：『此一何慶弔相隨之速也。』」説苑尊賢篇：「應侯曰：『今日之琴，一何悲也。』」古樂府陌上桑：「使君一何愚。」古詩十九首：「音響一何悲。」豐溪艮思氏辭徵曰：「一，語助詞。」

吾嘗從齊主〔一〕幸并州〔二〕，自井陘關入上艾縣〔三〕，東數十里，有獵閭村。後百官受馬糧在晉陽東百餘里亢仇城側。並不識二所本是何地，博求古今，皆未能曉。及檢字林、韻集〔四〕，乃知獵閭是舊𦅻餘聚〔五〕，亢仇舊是𥜌欥亭〔六〕，悉屬上艾。時太原王劭〔七〕欲撰鄉邑記注，因此二名聞之，大喜〔八〕。

〔一〕宋本、羅本、鮑本、汗青簃本作「齊主」，餘本俱誤作「齊王」，永樂大典三五八〇亦誤作「齊王」。

〔二〕趙曦明曰：「隋書地理志：『太原郡，後齊并州。』」案：北齊書文宣帝紀：「天保九年六月乙丑，帝自晉陽北巡，己巳，至祁連池，戊寅，還晉陽。」又之推傳：「天保末，從至天池。」天池即祁連池，胡人呼天曰「祁連」。家訓所言，即此時事。

〔三〕趙曦明曰：「漢書地理志：『常山郡石邑，井陘山在西。太原郡有上艾縣。』」器案：井陘爲太行八陘之一，見元和郡縣志引述征記。爾雅釋山：「山絶，陘。」郭璞注：「連山中斷絶。」

〔四〕趙曦明曰：「字林見前。隋書經籍志：『韻集十卷，又六卷，晉安復令呂静撰。』」

〔五〕宋本原注：「獵音獵也。」趙曦明曰：「案：説文：『邑落曰聚。』」

〔六〕宋本原注：「䝚訙，上音武安反，下音仇。」永樂大典同。祁寯藻曰：「案今太原縣，故晉陽也，北齊移晉陽縣於汾水東。䝚訙亭在晉陽東百餘里，當即今壽陽縣地。」（䝚訙亭集十七自題䝚訙亭圖序）劉盼遂曰：「按：『亢』疑爲『丸』字之形誤，亭名丸仇，故易譌爲䝚訙。吴檢齋（承仕）先生曰：『「亢」或是「万」字之誤。万、䝚同音，較丸尤近也。』」器案：廣韻二十六桓：「䝚，䝚訙，亭名，在上女，毋官切。訙，音求。」當即本之字林、韻集，「上女」即「上艾」之譌。

〔七〕隋書王劭傳「王劭，字君懋，太原晉陽人也。父松年，齊通直散騎侍郎。劭少沈嘿，好讀書。弱冠，齊尚書僕射魏收辟參開府軍事，累遷太子舍人，待詔文林館。時祖孝徵、魏收、陽休之等嘗論古事，有所遺忘，討閲不能得，因呼劭問之；劭具論所出，取書驗之，一無舛誤。自是，大爲時人所許，稱其博物。後遷中書舍人。齊滅入周，不得調。高祖受禪，授著作佐郎」云云。

〔八〕永樂大典「大喜」作「甚善」。

吾初讀莊子「螝二首〔一〕」，韓非子曰「蟲有螝者，一身兩口，争食相齕，遂相殺也〔二〕」，茫然不識此字何音，逢人輒問，了〔三〕無解者。案：爾雅諸書，蠶蛹名螝〔四〕，又非二首兩口貪害之物。後見古今字詁〔五〕，此亦古之虺字〔六〕，積年凝滯，豁然霧解。

〔一〕器案：一切經音義四六引莊子，作「虺二首」，螝、虺古今字。

〔二〕趙曦明曰：「漢書藝文志：『韓子五十五篇。名非，韓諸公子，使於秦，李斯害而殺之。』案：此所引見説林下，今本『螝』即作『虮』，又訛『蚢』。」郝懿行曰：「見韓子説林下篇，今本『螝』作『蚘』，或作『蚢』，並譌也。」器案：爾雅翼三二引韓非，文與顏氏所引同。

〔三〕本書名實篇：「了非向韻。」了猶絶也，訓見助字辨略。陶潛癸卯歲十二月中作與從弟敬遠：「蕭索空宇中，了無一可悦。」劉繪入琵琶峽望積布磯呈玄暉：「却瞻了非向，前觀已復新。」文心雕龍指瑕篇：「懸領似如可解，課文了不成義。」

〔四〕宋本原注：「螝，音潰。」趙曦明曰：「螝蛹，釋蟲文。」

〔五〕趙曦明曰：「隋書經籍志：『古今字詁三卷，張揖撰。』」説文：「螝，蛹也。」段玉裁注：「見釋蟲。顏氏家訓曰：『莊子螝二首。螝即古虺字，見古今字詁。』按字詁原文必曰『古螝今虺』，以許書律之，古字叚借也。」

〔六〕李枝青西雲札記二：「按：管子水地篇曰：『涸澤之精者生於螝。螝者，一頭而兩身，其形若蛇，其長八尺，以其名呼之，可以取魚鼈。』此與韓非所云，當是一物。但此云一頭兩身，與一身兩口爲異。馬驌繹史引韓非子『蜪』作『蚘』。」郝懿行曰：「大戴禮記虞戴德篇云：『昔商老彭及仲傀。』傀即螝字傳寫之譌也，可證顏氏之説。」陳倬敤經筆記：「案：據此，則虺或作螝，今毛詩巧言篇：『爲鬼爲蜮。』鬼即螝之省形存聲字，三家詩當作『爲螝爲蜮』，文選鮑照蕪城賦云：『壇羅虺蜮。』蓋本三家詩也。」陳直曰：「湯左相仲虺，荀子作仲䖒，史記作中𠂤。本文作螝，从虫鬼聲，與虺聲相近，蓋後起之字。」器案：楚辭招魂：「雄虺九首。」王逸注：「一身九頭。」九頭極言其多，非一頭之謂而已，則虺一身而多首，先民自有此傳説。又案：「螝」作「蚘」之蚘，字當作蚼，蓋俗字也，鬼、九音近古通，如鬼侯一作九侯，即其比也。尋天問：「中央共牧后何怒？」王逸注：「言中央之州，有歧首之蛇，爭共食牧草之實，自相啄嚙。」王注可與此互參。

嘗遊趙州〔一〕，見柏人城北〔二〕有一小水，土人亦不知名。後讀城西門〔三〕徐整〔四〕碑云：「洦流東指〔五〕。」衆皆不識。吾案説文，此字古魄字也，洦，淺水貌〔六〕。此水漢來本無名矣，直以淺貌目之，或當即以洦爲名乎？

〔一〕趙曦明曰：「通典：『趙州，春秋時晉地，戰國屬趙，後魏爲趙郡，明帝兼置殷州，北齊改爲趙州。』」器案：北齊書之推傳：「河清末，被舉爲趙州功曹參軍。」遊趙州，當在此時。

〔二〕趙曦明曰：「柏人，趙地。漢高祖將宿，心動，問知其名，曰：『柏人者，迫於人也。』遂去之。

即此。」案：見史、漢高紀。

〔三〕宋本「西」作「南」，說文繫傳二一洦字下引作「西」。

〔四〕徐整，字文操，豫章人，仕吴爲太常卿。

〔五〕「洦流東指」，說文繫傳作「洦水東會」。

〔六〕段玉裁曰：「『洦，古魄字』，此語不見於說文，今本但云：『洦，淺水也。』以顏語訂之，說文有脱誤，當云：『洦，淺水皃，从水白聲；洦，古文泊字也，从水百聲。』顏書『魄』字亦誤，當作『泊』。」案：段說又見說文解字注十一篇上一洦篆下，其言曰：「顏氏家訓曰：『遊趙州，見栢人城北有一小水，土人亦不知名，後讀城西門徐整碑云：洦流東指。案說文此字古泊字也，泊，淺水皃。此水無名，直以淺皃目之，或當即以洦爲名乎？』玉裁案：顏書今本譌誤，爲正之，可讀如此。說文作洦，隸作泊，亦古今字也。犬部狛字下云：『讀若淺泊。』淺水易停，故泊。又爲停泊，淺作薄，故泊亦爲厚薄字，又以爲憺怕字。今韻以泊入鐸，以洦入陌，由不知古音耳。但上下文皆水名，此字次第不應在此，蓋轉寫者以從百從千類之。」郝懿行曰：「今本說文魄下無洦字，蓋闕脱也，當據補。」

世中書翰，多稱勿勿〔一〕，相承如此，不知所由〔二〕，或有妄言此忽忽之殘缺耳。案：說文：「勿者，州里所建之旗也，象其柄及三斿之形，所以趣民事〔三〕。故悤遽者〔四〕稱爲匆匆〔五〕。」

〔一〕類説、履齋示兒編二三、羣書通要己四「匆匆」俱誤作「匇匇」。郝懿行曰：「今俗書匆匆爲匇匇，尤爲謬妄。」

〔二〕「不知所由」，東觀餘論上、稗史彙編一一三作「莫原其由」，史容山谷外集詩注六作「莫知其由」。

〔三〕説文勿部無「事」字。山谷外集詩注「趣」作「促」，東觀餘論上作「趨」。

〔四〕説文無「悤」字，宋本「悤」作「忩」，乃「悤」之俗體，吾丘衍閒居録引作「悤」，羅本、傅本、顔本、程本、胡本、何本、朱本、文津本作「怱」，類説作「急」。

〔五〕閒居録無「爲」字。東觀餘論上：「王世將……表中有云：『頓乏匆匆。』案：顔氏家訓云：『世中書翰，多稱勿勿，相承如此，莫原其由，或有妄言此忽忽之殘闕耳。説文：「勿者，州里所建之旗，蓋以趨民事，故悤遽者稱勿勿。」』僕謂顔氏以説文證此字爲長。而今世流俗，又妄於勿勿字中斜益一點，讀爲悤字，彌失真矣。按祭義云：『勿勿諸，其欲饗之也。』注：『勿勿，猶勉勉也。（器案：大戴禮記曾子立事篇：「君子終身守此勿勿。」注：「勿勿猶勉勉。」）愨愛之貌。』杜牧之詩：『浮生長勿勿。』是知勿勿出於祭義，唐人詩中用之，不特稱於書翰耳。」樓鑰攻媿集七六跋黄長睿東觀餘論：「顔之推在牧之數十百年之前，似難以此詩爲證。」吾丘衍閒居録曰：「顔説大爲謬誤。説文曰：『勿，州里所建旗，象其柄有三游，雜帛幅半異，所以趣民，故遽稱勿勿。』又連書旂字於下，或从㫃，音偃，即周禮旗旂之旂，今周禮作從牛，亦誤也。　匆字說文作悤，解曰：『多遽悤悤也，从心从囱聲。』當是此悤字，顏氏之說誤。」陸繼輅合肥學舍札記九：「悤，說文：『多遽悤悤也。』晉書王彪之傳：『無事悤悤，先自猖獗。』是也。勿，說文：『州里所建旗，象其柄有三游，所以趣民，故冗遽稱勿勿。』王大令帖：『勿勿不具。』是也。今名士簡牘，多作勿勿，無所不可。或以悤爲勿字之誤則非也。」陳直曰：「按：淳化閣帖四有阮研與人書云：『道增至，得書深慰。已熱，卿何如？吾甚勿勿，始過嶠，今便下水，末因見卿爲歎，善自愛。』此梁代書翰用勿勿之證。之推觀我生賦自注云：『高阿那肱求自鎮濟州，乃啟報應齊主云，無賊勿怱怱就道，周軍追齊主而及之。』據此，之推亦隨俗改用勿勿爲怱怱矣。」

吾在益州〔一〕，與數人同坐，初晴日晃〔二〕，見地上小光，問左右：「此是何物？」有一蜀豎〔三〕就視，答云：「是豆逼耳〔四〕。」相顧愕然，不知所謂。命取將來〔五〕，乃小豆也。窮訪蜀土，呼粒爲逼，時莫之解。吾云：「三蒼、說文，此字白下爲匕，皆訓粒，通俗文音方力反〔六〕。」衆皆歡悟。

〔一〕趙曦明曰：「通典：『益州，理成都、蜀二縣。秦置蜀郡。晉武帝改爲成都國，尋亦復舊。自魏、晉、宋、齊、梁，皆爲益州。』」陳直曰：「之推本傳云：『齊亡入周，大象末，爲御史上士。』

益州先屬梁代版圖，後屬北周，本文所記吾在益州，則當爲之推在北周時事。」器案：此或爲之推從梁元帝在江陵時事，疑不能明也，存以待考。

〔二〕「日晃」，宋本如此作，餘本皆作「日明」，今從宋本。盧文弨曰：「釋名：『光，晃也，晃晃然也。』」

〔三〕盧文弨曰：「廣韻：『豎，童僕之未冠者。』」

〔四〕說文繫傳十「皀」下引作「蜀豎謂豆粒爲豆皀」，蓋總下文言之。廣韻二十一麥：「䴽，豆中小硬者。出新字林。博厄切。」音義與此相近，今四川猶有豆䴽之說。魏濬方言據下：「小豆謂之豆逼。顔氏家訓云云，今俗謂之豆婢，遂又謂之豆奴。」

〔五〕「命取將來」，宋本作「命將取來」。劉淇助字辨略二：「此將字，今方言助句多用之，猶云得也。」

〔六〕盧文弨曰：「說文：『皀，穀之馨香也，象嘉穀在裹中之形，匕所以扱之。或說，一粒也，讀若香。』徐鍇繫傳：『扱，載也。白象穀食。鵖亦從此。』朱翺音皮及切。」案：段玉裁說文解字注五篇下皀字篆下引顔氏此文，頗有是正，今迻録之，其言曰：「顔氏家訓曰：『在益州，與數人同坐，初晴，見地下小光，問左右是何物，一蜀豎就視云：是豆逼耳。皆不知所謂，取來，乃小豆也。蜀土呼豆爲逼，時莫之解。吾云：三蒼、說文皆有皀字，訓粒，通俗文音方力反。衆皆歡悟。』

愍楚友壻〔一〕竇如同從河州〔二〕來，得一青鳥，馴養愛翫，舉俗〔三〕呼之爲鶡。吾曰：「鶡出上黨〔四〕，數曾見之〔五〕，色並黄黑，無駁雜也。故陳思王鶡賦云：『揚玄黄之勁羽〔六〕。』」試檢説文：「鴭〔七〕雀似鶡而青，出羌中。」韻集音介〔八〕。此疑頓釋。

〔一〕陳直曰：「按：顔真卿顔含大宗碑銘云：『愍楚直内史省。』又隋書張胄玄傳（又北史八十九），顔愍楚開皇中爲内史通事舍人，上言新歷。又隋書經籍志，訓俗文字略一卷，顔之推撰。顔氏家廟碑則作之推撰俗音字五卷。而唐書經籍志作證俗音字略六卷，顔敏楚撰，未知孰是。姚振宗隋書經籍志考證謂：『之推訓俗文字略已不傳，疑一部分散在家訓文章、勉學、書證、音辭各篇中。』其説是也。之推三子，長思魯，次愍楚，入北周後生游秦。愍楚謂愍梁元帝江陵之亡，唐志作敏楚，非是。」趙曦明曰：「釋名：『兩壻相謂曰亞，又曰友壻，言相親友也。』」

〔二〕趙曦明曰：「通典：『河州，古西羌地，秦、漢、蜀隴西郡，前秦苻堅置河州，後魏亦爲河州。』」

〔三〕「舉俗」，傅本、程本、胡本、何本、文津本作「舉族」。

〔四〕趙曦明曰：「漢書地理志：『上黨郡，秦置屬并州，有上黨關。』」案：北魏時上黨治壺關，在今山西省長治縣東南。

〔五〕説文繫傳七鶡下引「曾」作「嘗」。盧文弨曰：「數，音朔。」

〔六〕盧文弨曰：「魏志陳思王傳：『植，字子建，太和六年，封植爲陳王。』此賦在集中。」

〔七〕「鴶」，原注云：「音介。」諸本「鴶」作「鳻」，「介」作「分」，今俱從抱經堂本改正。說文繫傳七鴶下引正作「鴶」，不誤。

〔八〕「音介」，各本皆誤作「音分」，今從抱經堂本。段玉裁曰：「漢書黄霸傳鶡雀，師古以爲鳻雀，今本漢書注亦誤鳻，宋祁據徐鍇本曾辨之。」案：段說又見說文解字注四篇上鴶篆下，其言曰：「顔氏家訓曰：『竇如同得一青鳥，呼之爲鶡，吾曰：鶡出上黨，數曾見之，色並黄黑，故陳思王鶡賦云：揚元黄之勁羽。試檢說文：鴶雀似鶡而青，出羌中。韵集音介，此疑頓釋。』漢循吏傳：『張敞舍，鴶雀飛集丞相府。』蘇林曰：『今虎賁所箸鶡也。』師古曰：『蘇説非也。鴶音芥，或作鶡，此通用耳。鴶雀大而色青，出羌中，非武賁所箸也。武賁鶡者色黑，出上黨。今時俗人所謂鶡雞，音曷，非此鴶雀。』按：二書今本舛譌，『介』誤『分』，『芥』誤『芬』，『鴶』誤『鶡』，誤『鳻』，不可讀，故全載之。據此，知郭注山海經云『鶡似雉而大，青色有毛角，鬭死乃止』，亦誤認『鴶』爲『鶡』也。今玉篇、毛晃增韻，皆襲漢書誤字。」趙曦明曰：「案：段說是也，今從改正。」郝懿行曰：「說文今本作鴶，从鳥介聲，則當音介，而此作鳻音分，蓋非顔君之過，板本傳刻，以形近而譌耳。漢書黄霸傳注譌與此同。」器案：困學紀聞十二：「黄霸傳鶡雀，顔氏注當爲鳻，徐楚金攷說文當爲鴶。」翁注引王煦曰：「顔氏家訓引說文云云，即小顔所本也。玉篇亦作鳻，集韻音分，今徐鍇繫傳作鴶，徐鉉本同。別有鳻字，訓爲鳥聚，非鳥名也。」

梁世有蔡朗者諱純〔一〕，既不涉學〔二〕，遂呼蓴爲露葵〔三〕。面牆之徒，遞相倣效〔四〕。承聖〔五〕中，遣一士大夫〔六〕聘齊，齊主客郎李恕〔七〕問梁使曰：「江南有露葵否？」答曰：「露葵是蓴，水鄉所出。卿今食者緑葵菜耳〔八〕。」李亦學問，但不測彼之深淺，乍聞無以覈究〔九〕。

〔一〕「者」字各本俱脱，今據類説、能改齋漫録六、海録碎事七補；抱經堂本臆增作「父」，今不從。

〔二〕漢書馮奉世傳：「年三十餘矣，乃學春秋，涉大義。」後漢書班超傳：「有口辯，而涉獵書傳。」注：「涉如涉水，獵如獵獸，言不能周悉，粗窺覽之也。」

〔三〕宋本「葵」下有「菜」字，類説、能改齋漫録、海録碎事都無「菜」字。趙曦明曰：「案：露葵乃人家園中所種者，列女傳：『魯漆室女謂：「昔晉客馬逸踐吾園葵，使吾終歲不厭葵味。」』古詩：『青青園中葵，朝露待日晞。』潘岳閒居賦：『緑葵含露。』唐王維詩：『松下清齋折露葵。』其非水中之蓴明甚。」器案：古文苑載宋玉諷賦：「烹露葵之羹。」即指水産之蓴，則蔡朗所呼，不無所本。杜甫夔府書懷四十韻：「傾陽逐露葵。」王洙注引曹子建求通親親表「若葵藿之傾太陽」以説之。本草家謂：「古人採葵，必待露解，故名露葵。」李時珍本草綱目菜部：「露葵，今人呼爲滑菜。」蓋水産之葵，爾雅謂之莃葵，傾陽之葵，爾雅謂之蘬，蘬、葵音近，而俱以露稱，故相混耳。

〔四〕「倣效」，宋本、鮑本、汗青簃本作「倣斆」，同。面牆，見本篇前文「人生小幼」條注一五。

〔五〕趙曦明曰：「承聖，元帝年號。」

〔六〕「士大夫」，能改齋漫録、類説作「士人」。

〔七〕李慈銘曰：「案：李恕之『恕』當作『庶』。李庶爲李諧子，北史附李崇傳，歷位尚書郎，以清辯知名，常攝賓司，接對梁客，梁客徐陵深歎美焉。」案：隋書百官志中記後齊官制，尚書省下，祠部尚書所統有主客，「掌諸蕃雜客等事」。

〔八〕類説、能改齋漫録引此句作「今食者緑葵耳」。

〔九〕「覈究」，各本皆作「覆究」，今從宋本。

思魯等姨夫彭城劉靈，嘗與吾坐，諸子侍焉。吾問儒行、敏行曰：「凡字與諮議〔一〕名同音者，其數多少，能盡識乎？」答曰：「未之究也，請導示之。」吾曰：「凡如此例，不預研檢，忽見不識，誤以問人，反爲無賴〔二〕所欺，不容易也。」因爲説之，得五十許字〔三〕。諸劉歎曰：「不意〔四〕乃爾！」若遂不知，亦爲異事。

〔一〕盧文弨曰：「隋書百官志：『皇弟、皇子府置諮議參軍。』」陳直曰：「按：之推之妻爲殷外臣之姊妹，劉靈亦當娶於殷氏，故本文稱爲思魯等之姨夫。劉靈善書，並見於雜藝篇，不見於其他文獻，再以本文證之，劉靈官諮議，有二子名儒行及敏行也。」器案：此蓋之推於諸劉前，不便直斥劉靈之名，故舉其官號。

〔二〕盧文弨曰："史記高祖紀集解：『江湖之間，謂小兒多詐狡猾者爲無賴。』"胡三省通鑑二八七注："俚俗語謂奪攘苟得無媿恥者爲無賴。"

〔三〕劉盼遂曰："案：敦煌寫本切韻下平十六青韻，靈紐字凡二十八，廣韻下平十五青韻，靈紐字凡八十七，集韻下平十五青韻，靈紐字凡一百六十五，黄門預修切韻，而所收之字乃減於黄門所説，異矣。"

〔四〕不意，猶四川言"那裏諳到"。世説新語賢媛篇："不意天壤之中，乃有王郎。"又見晉書王凝之妻謝氏傳。隋書五行志上："天監中，茅山隱士陶弘景爲五言詩曰：『夷甫任散誕，平叔坐談空；不意(南史陶弘景傳作"豈悟")昭陽殿，忽作單于宫。』"

校定書籍，亦何容易，自揚雄、劉向〔一〕，方稱此職耳。觀天下書未徧，不得妄下雌黄〔二〕。或彼以爲非，此以爲是；或本同末異；或兩文皆欠，不可偏信一隅也〔三〕。

〔一〕盧文弨曰："漢書揚雄傳：『雄字子雲，蜀郡成都人。少好學博覽，無所不見，校書天禄閣上。』又藝文志：『成帝時，以書頗散亡，使謁者陳農求遺書於天下；詔光禄大夫劉向校經傳諸子詩賦，每一書已，向輒條其篇目，撮其指意，録而奏之。』"案：劉向字子政，傳附見漢書楚元王傳。

〔二〕黄叔琳曰："爲好雌黄者下一鍼砭，可謂要言不煩。"盧文弨曰："夢溪筆談(卷一)：『改字之法，粉塗則字不没，惟雌黄漫則滅，仍久而不脱。』」案：宋景文筆記上：「古人寫書，盡用黄紙，故謂之黄卷。顔之推曰：『讀天下書未徧，不得妄下雌黄。』雌黄與紙色類，故用之以滅誤。今人用白紙，而好事者多用雌黄滅誤，殊不相類。道、佛二家寫書，猶用黄紙。齊民要術有治雌黄法。或曰：『古人何須用黄紙？』曰：『蘗染之，可用辟蟫。今臺家詔敕用黄，故私家避不敢用。』」陳直曰：「雌黄包含兩義，一謂不得妄議時流，二爲不得妄爲塗改。北齊隴東王感孝頌云：『雌黄雅俗，雄飛戚里。』是則屬於第一義也。雌黄在本書亦見於書證篇，改田宵爲田肯字，皆屬於校讎之義。古代寫書用黄紙，塗改用雌黄，蓋取其同色。」

〔三〕器案：本書文章篇：「舉此一隅，觸途宜慎。」一隅有單辭、孤證及一個例證之意。此文用前義，文章篇則用後義也。荀子堯問篇：「天下其在一隅。」吕氏春秋用衆篇：「此其一隅也。」周禮肆師職：「歲時之祭祀亦如之。」注：「月令：『仲春命民社。』此其一隅。」戰國策秦策一注：「此其一隅也。」嵇康聲無哀樂論：「今蒙啓導，將言其一隅焉。」又明膽論：「故略舉一隅，想不重疑。」梁書劉歊傳：「各得一隅，無傷厥義。」北齊書宋遊道傳：「舉此一隅，餘詐可驗。」諸「一隅」，都和文章篇用法相同。論語述而篇：「舉一隅，不以三隅反，則不復也。」

卷第四

文章　名實　涉務

文章第九

夫文章者，原出五經〔一〕：詔命策檄〔二〕，生於書者也；序述論議〔三〕，生於易者也；歌詠賦頌〔四〕，生於詩者也；祭祀哀誄〔五〕，生於禮者也；書奏箴銘〔六〕，生於春秋者也。朝廷憲章〔七〕，軍旅誓誥〔八〕，敷顯仁義，發明功德，牧民〔九〕建國，施用多途〔一〇〕。至於陶冶性靈〔一一〕，從容諷諫〔一二〕，入其滋味〔一三〕，亦樂事也。行有餘力，則可習之〔一四〕。然而自古文人，多陷輕薄〔一五〕：屈原露才揚己，顯暴君過〔一六〕；宋玉體貌容冶，見遇俳優〔一七〕；東方曼倩，滑稽不雅〔一八〕；司馬長卿，竊貲無操〔一九〕；王褒過章僮約〔二〇〕；揚雄德敗美新〔二一〕；李陵降辱夷虜〔二二〕；劉歆反覆莽世〔二三〕；傅毅黨附權門〔二四〕；班固盜竊父史〔二五〕；趙元叔抗竦過度〔二六〕；馮敬通浮華擯壓〔二七〕；馬季長佞媚獲誚〔二八〕；蔡伯喈同惡受誅〔二九〕；吳質詆忤鄉里〔三〇〕；曹植悖慢犯法〔三一〕；杜篤乞假無厭〔三二〕；

路粹隘狹已甚〔三三〕；陳琳實號麤疎〔三四〕；繁欽性無檢格〔三五〕；劉楨屈強輸作〔三六〕；王粲率躁見嫌〔三七〕；孔融、禰衡，誕傲致殞〔三八〕；楊修、丁廙，扇動取斃〔三九〕；阮籍無禮敗俗〔四〇〕；嵇康淩物凶終〔四一〕；傅玄忿鬬免官〔四二〕；孫楚矜誇凌上〔四三〕；陸機犯順履險〔四四〕；潘岳乾没取危〔四五〕；顔延年負氣摧黜〔四六〕；謝靈運空疎亂紀〔四七〕；王元長凶賊自詒〔四八〕；謝玄暉侮慢見及〔四九〕。凡此諸人，皆其翹秀〔五〇〕者，不能悉紀，大較如此〔五一〕。至於帝王，亦或未免。自昔天子而有才華者，唯漢武、魏太祖、文帝、明帝、宋孝武帝，皆負世議〔五二〕，非懿德之君也。自子游、子夏〔五三〕、荀況〔五四〕、孟軻〔五五〕、枚乘〔五六〕、賈誼〔五七〕、蘇武〔五八〕、張衡〔五九〕、左思〔六〇〕之儔，有盛名而免過患者，時復聞之，但其損敗居多耳。每嘗思之，原其所積〔六一〕，文章之體，標舉興會〔六二〕，發引性靈，使人矜伐〔六三〕，故忽於持操〔六四〕，果於進取〔六五〕。今世文士，此患彌切〔六六〕，一事愜當〔六七〕，一句清巧〔六八〕，神厲九霄，志凌千載〔六九〕，自吟自賞，不覺更有傍人〔七〇〕。加以砂礫所傷，慘於矛戟〔七一〕，諷刺之禍，速乎風塵〔七二〕，深宜防慮，以保元吉〔七三〕。

〔一〕文心雕龍宗經篇：「故論説辭序，則易統其首；詔策章奏，則書發其源；賦頌謌讚，則詩立其本；銘誄箴祝，則禮總其端；記傳盟檄（從唐寫本），則春秋爲根。」此亦當時主張文章原本五經之説也。

〔二〕文心雕龍詔策篇：「命者，使也。秦併天下，改命曰制。漢初定儀則，則命有四品：一曰策書，二曰制書，三曰詔書，四曰戒敕。敕戒州部，詔誥百官，制施赦命，策封王侯。策者，簡也。制者，裁也。詔者，告也。敕者，正也。」又檄移篇：「檄者，皦也，宣露於外，皦然明白也。」

〔三〕文心雕龍論説篇：「故議者宜言；説者説語；傳者轉師；注者主解；贊者明意；評者平理；序者次事；引者胤辭：八名區分，一揆宗論。論也者，彌綸羣言，而研精一理者也。」又頌讚篇：「及遷史、固書，託讚褒貶，約文以總録，頌體以論辭，又紀傳後評，亦同其名；而仲洽流別，謬稱爲述，失之遠矣。」案：漢書叙傳下曰：「其叙曰：『皇矣漢祖云云。』」師古曰：「自『皇矣漢祖』以下諸叙，皆班固論撰漢書意，此亦依放史記之叙目耳。史遷則云爲某事作某本紀某傳，班固謙不言作而改言述，蓋避作者之謂聖，而取述者之謂明也。但後之學者，不曉此爲漢書叙目，見有述字，因謂此文追述漢書之事，乃呼爲漢書述，失之遠矣。摯虞尚有此惑，其餘曷足怪乎？」

〔四〕尚書舜典：「詩言志，歌永言。」文心雕龍明詩篇：「民生而志，詠歌所含。」説文欠部：「歌，詠也。」徐鍇繫傳曰：「歌者，長引其聲以誦之也。」玉篇言部：「詠，長言也，歌也。」文心雕龍詮賦篇：「賦者，鋪也，鋪采摛文，體物寫志也。」又頌讚篇：「頌者，容也，所以美盛德而述形容也。」趙曦明曰：「『頌』，宋本作『誦』，古通用。」案：藝苑卮言一引作「頌」。

〔五〕祭，祭文，文選有祭文類。祀，郊廟祭祀樂歌。樂府詩集一：「周頌昊天有成命，郊祀天地之樂歌也；清廟，祀太廟之樂歌也；我將，祀明堂之樂歌也；載芟、良耜，藉田社稷之樂歌也。然則祭樂之有歌，其來尚矣。」文心雕龍哀弔篇：「賦憲之謚，短折曰哀。哀者，依也，悲實依心，故曰哀也。」又誄碑篇：「誄者，累也，累其德行，旌之不朽也。」御覽五九六引摯虞文章流別論：「哀辭者，誄之流也，崔瑗、蘇順、馬融等爲之，率以施于童殤夭折，不以壽終者。建安中，文帝與臨淄侯各失稚子，命徐幹、劉楨等爲之哀辭。哀辭之體，以哀痛爲主，緣以歎息之辭。」

〔六〕文心雕龍書記篇：「書者，舒也，舒布其言，陳之簡牘，取象於夬，貴在明決而已。」又奏啓篇：「奏者，進也，言敷於下，情進于上也。」又銘箴篇：「銘者，名也，觀器必也正名，審用貴乎盛德。」又曰：「箴者，針也（從唐寫本），所以攻疾防患，喻鍼石也。」

〔七〕文章辨體總論作文法引句首有「故凡」二字。

〔八〕禮記曲禮下：「約信曰誓。」尚書甘誓正義曰：「馬融云：『軍旅曰誓，會同曰誥。』誥誓俱是號令之辭，意小異耳。」

〔九〕牧民，猶言治民，管子有牧民篇。

〔一〇〕施用多途，宋本作「不可暫無」，注云：「一本作『施用多途』。」餘師録三引正文及注，俱同宋本，文章辨體總論作文法引作「皆不可無」。

〔一一〕盧文弨曰："性靈者，天然之美也，陶冶而成之，如董仲舒所言：『猶泥之在鈞，唯甄者之所爲；猶金之在鎔，唯冶者之所鑄。』則有質而有文矣。"器案：漢書董仲舒傳："陶冶而成之。"師古曰："陶以喻造瓦，冶以喻鑄金也，言天之生人有似於此也。"文心雕龍原道篇："性靈所鍾，是謂三才。"詩品上："詠懷之作，可以陶性靈，發幽思。"北齊書杜弼傳："鎔鑄性靈，弘獎風教。"藝文類聚卷三十七引陶弘景答趙英才書："任性靈而直往，保此用以得閑。"南史文學傳叙："自漢以來，辭人代有，大則憲章典誥，小則申叙性靈。"性靈爲六朝新起之文藝思潮，即司空圖詩品所謂"自然"也。邵氏聞見後録十七："少陵『陶冶性靈存底物』，本顔之推『至於陶冶性情，從容諷諫，入其滋味，亦樂事也』。"苕溪漁隱叢話前十二説同。

〔一二〕盧文弨曰："白虎通諫諍篇：『諷諫者，智也。』孔子曰：『諫有五，吾從諷之諫。』"

〔一三〕盧文弨曰："滋味，喻嗜學也。滋者，草木之滋，見禮記檀弓上曾子之言，記者以爲薑桂之謂也。"器案：詩品序："五言居文詞之要，是衆作之有滋味者也。"杜甫九月一日過孟十二倉曹十四主簿兄弟："清談見滋味。"

〔一四〕論語學而篇："行有餘力，則以學文。"

〔一五〕楚辭離騷後序補注引"多"作"常"。後漢書馬援傳載誡兄子嚴敦書："效季良不得，陷爲天下輕薄子。"器案：魏、晉以來，對於文人無行，摘斥甚衆。文選魏文帝與吴質書："觀古今文人，類不護細行，鮮能以名節自立。」三國志魏書王粲傳注：「魚豢曰：『尋省往者，魯連、鄒陽之徒，援譬引類，以解締結，誠彼時文辯之雋也。今覽王、繁、阮、陳、路諸人前後文旨，亦何肯不若哉！其所以不論者，時世異耳。余又竊怪其不甚見用，以問大鴻臚卿韋仲將。』仲將曰：『仲宣傷於肥戇，休伯都無格檢，元瑜病於體弱，孔璋實自麤疏，文蔚性頗忿鷙，如是彼爲，非徒以脂燭自煎糜也，其不高蹈，蓋有由矣。然君子不責備于一人，譬之朱漆，雖無楨幹，其爲光澤，亦壯觀也。』」文心雕龍程器篇：「略觀文士之疵：相如竊妻而受金，揚雄嗜酒而少算，敬通之不循廉隅，杜篤之請求無厭，班固諂竇以作威，馬融黨梁而黷貨，文舉傲誕以速誅，正平狂憨以致戮，仲宣輕脆以躁競，孔璋惚恫以麤疏，丁儀貪婪以乞貨，路粹餔啜而無恥，潘岳詭譸於愍、懷，陸機傾仄於賈、郭，傅玄剛隘而詈臺，孫楚狠愎而訟府。諸有此類，並文士之瑕累。」魏書文苑温子昇傳：「楊遵彥作文德論，以爲古今辭人，皆負才遺行，澆薄險忌，惟邢子才、王元美、温子昇，彬彬有德素。」顏氏論點，與諸家大同，可互參也。

〔一六〕陳仁錫曰：「此句不是。」黄叔琳曰：「文人多陷輕薄，評論悉當，獨於三閭，未免失實。」紀昀曰：「此自班生語，不干顏君事，謂之決擇無識可，謂之失實不可。」趙曦明曰：「史記屈原傳：『屈原者，名平，楚之同姓也。爲懷王左徒，王甚任之。上官大夫與之同列，爭寵而心害其能，因讒之王，王怒而疏屈平。屈平疾王聽之不聰也，讒諂之蔽明也，邪曲之害公也，故憂愁幽思而作離騷。』」曦明案：三閭純臣，此論未是。」錢馥曰：「『露才揚己』，乃班孟堅語，非顏氏自爲評也，注似宜提明。」李詳曰：「見班固離騷序，附見王逸楚辭章句後。」陳直説同。

〔一七〕趙曦明曰：「宋玉登徒子好色賦：『大夫登徒子侍於楚王，短宋玉曰：「玉爲人體貌閑麗，口多微辭，性又好色，王勿令出入後宮。」王以登徒子之言問玉，玉對云云。於是楚王稱善，宋玉遂不退。』」盧文弨曰：「史記屈原傳：『屈原既死之後，楚有宋玉、唐勒、景差之徒者，皆好辭，而以文見稱；然皆祖屈原之從容辭令，終莫敢直諫。』」器案：宋玉諷賦序：「玉爲人身體容冶。」即此文所本。

〔一八〕趙曦明曰：「漢書東方朔傳：『朔字曼倩，平原厭次人。上書，高自稱譽。上偉之，令待詔公車，稍得親近。上使諸數射覆，連中，賜帛。時有幸倡郭舍人者，滑稽不窮，與朔爲隱，應聲即對，左右大驚。上以朔爲常侍郎，嘗至太中大夫，後常爲郎，與枚皋、郭舍人俱在左右，詼啁而已。』」盧文弨曰：「嚴助傳：『東方朔、枚皋，不根持論，上頗俳優畜之。』」器案：漢書朔本傳贊云：「依隱玩世，詭時不逢，其滑稽之雄乎！」

〔一九〕趙曦明曰：「漢書司馬相如傳：『相如字長卿，蜀郡成都人。客遊梁，梁孝王薨，歸而家貧無以自業。素與臨邛令王吉相善，往舍都亭。令繆爲恭敬，日往朝相如，相如初尚見之，後稱病謝吉，吉愈謹肅。富人卓王孫乃與程鄭謂令：「有貴客，爲具召之。」並召令。長卿謝病不能臨，令身自迎，相如爲不得已而往。酒酣，令前奏琴，相如爲鼓一再行。時王孫有女文君新寡，好音，故相如繆與令相重，而以琴心挑之。文君竊從户窺，心悦而好之，恐不得當也。

既罷，相如乃令侍人重賜文君侍者，通殷勤。文君夜奔相如。相如與馳歸成都，家徒四壁立。後俱之臨邛，賣酒。卓王孫不得已，分與財物。乃歸成都，買田宅，爲富人。』」李詳曰：「案漢書楊雄傳：『司馬長卿，竊貲於卓氏。』」器案：後漢書崔駰傳注引華嶠書曰：「駰譏楊雄，以爲竊貲卓氏，割炙細君，斯蓋士之贅行，而云不能與此數公者同，以爲失類而改之也。」

〔二〇〕羅本、傅本、顔本、程本、胡本、何本、朱本、黄本、文津本、鮑本、汗青簃本及奇賞引「僮」作「童」，書證篇亦作「童」。沈揆曰：「褒有僮約一篇，自言到寡婦楊惠舍，故言『過章僮約』，下對『揚雄德敗美新』。『約』字頗似『幼』字，諸本誤以爲『過章童幼』。」趙曦明曰：「案：僮約全文載徐堅初學記。」盧文弨曰：「各本『僮』並作『童』，合古僕豎之義，沈氏考證，即已作『僮』，姑仍之。」錢馥曰：「漢書：『王褒，字子淵，蜀人，宣帝時爲諫議大夫。』」器案：僮約見古文苑十七，爲一篇侮辱勞動人民之文。南齊書文學傳論：「王褒僮約，……滑稽之流。」意林卷五引鄒子：「寡門不入宿。」太公家教云：「疾風暴雨，不入寡婦之門。」子淵自言到寡婦楊惠舍，故顔氏謂之「過章」也。

〔二一〕趙曦明曰：「李善文選楊雄劇秦美新注：『王莽潛移龜鼎，子雲進不能辟戟丹墀，亢詞鯁議，退不能草玄虚室，頤性全真；而反露才以耽寵，詭情以懷禄，「素餐」所刺，何以加焉？抱朴子方之仲尼，斯爲過矣。』」器案：李善注引李充翰林傳論：「揚子論秦之劇，稱新之美，此乃計其勝負、比其優劣之義。」又案：後漢書班固傳：「固又作典引篇，述叙漢德，以爲相如封禪，靡而不典；揚雄美新，典而不實。」李賢注：「體雖典則，而其事虚僞，謂王莽事不實。」

〔二二〕餘師録「虜」作「庭」。趙曦明曰：「史記李將軍傳：『廣子當户有遺腹子，名陵，爲建章監。天漢二年，將步兵五千人，出居延北，單于以兵八萬圍擊陵軍。陵軍兵矢既盡，士死者過半，且引且戰，未到居延百餘里，匈奴遮狹絶道，食乏而救兵不到，虜急擊，招降陵。陵曰：「無面目報陛下。」遂降匈奴，單于以女妻之。漢聞，族陵母妻子。自是之後，李氏名敗，隴西之士居門下者，皆用爲恥焉。』」

〔二三〕趙曦明曰：「漢書楚元王傳：『向少子歆，字子駿。哀帝崩，王莽持政，少與歆俱爲黄門郎，白太后，留歆爲右曹太中大夫，封紅休侯。以建平元年改名秀，字穎叔。及莽篡位，爲國師。』王莽傳：『甄豐、劉歆、王舜，爲莽腹心，倡導在位，褒揚功德，「安漢」、「宰衡」之號，……皆所共謀。欲進者並作符命，莽遂據以即真。豐子尋復作符命，言平帝后爲尋之妻。莽怒，收尋，尋亡，歲餘捕得，詞連國師公歆子隆威侯棻、棻弟伐虜侯泳，及歆門人侍中丁隆等，列侯以下，死者數百人。』『先是，衛將軍王涉素養道士西門君惠，君惠好天文讖記，爲涉言：「劉氏當復興，國師公姓名是也。」涉以語大司馬董忠，與俱至國師殿中廬道語，歆因言：「天文人事，東方必成。」涉曰：「董公主中軍，涉領宫衛，伊休侯主殿中，同心合謀，劫帝東降南陽天子，宗族可全。」歆怨莽殺其三子，遂與涉、忠謀，欲發，孫伋、陳邯告之，劉歆、王涉皆自殺。』」

〔二四〕趙曦明曰：「後漢書文苑傳：『傅毅字武仲，扶風茂陵人，文雅顯於朝廷。竇憲爲大將軍，以毅爲司馬，班固爲中護軍，憲府文章之盛，冠於當時。』」

〔二五〕趙曦明曰：「後漢書班彪傳：『子固，字孟堅。以彪所續前史未詳，欲就其業。有人上書，告固私改作國史者，收固繫獄。郡上其書，顯宗甚奇之，除蘭臺令史，使終成前所著書。永平中，始受詔，潛精積思，二十餘年，至建初中始成。』然則非盜竊父史也。固後亦坐竇憲免官。固不教學諸子，諸子多不遵法度，吏人苦之。及竇氏敗，賓客皆逮考，因捕繫固，死獄中。若此責固，無辭矣。」陳直曰：「後漢書班彪傳叙彪作後傳數十篇，王充論衡作百篇。今漢書中僅在韋玄成、翟方進、元后傳贊，稱司徒掾班彪曰，其他皆諱不言彪，故之推目爲盜竊父書也。」器案：意林五引楊泉物理論：「班固漢書，因父得成；遂没不言彪，殊異馬遷也。」文心雕龍史傳篇：「及班固述漢，因循前業，觀司馬遷之辭，思實過半。其十志該富，讚序弘麗，儒雅彬彬，信有遺味。至於宗經矩聖之典，端緒豐贍之功，遺親攘美之罪，徵賄鬻筆之愆：公理辨之究矣。」則謂班固盜竊父史，仲長統已辨其誣。漢書韋賢傳注：「漢書諸贊，皆固所爲，其有叔皮先論述者，固亦具顯，以示後人。而或者謂固竊盜父名，觀此，可以免矣。」又案：周書柳虯傳有班固受金之説，與文心「徵賄鬻筆」説合，則六朝人對於班固漢書固有微辭矣。

〔二六〕趙曦明曰：「後漢書文苑傳：『趙壹，字元叔，漢陽西縣人。恃才倨傲，爲鄉黨所指，屢抵罪，有人救，得免。作窮鳥賦，又作刺世疾邪賦，以紓其怨憤。舉郡計吏，見司徒袁逢，長揖而已。欲見河南尹羊陟，會其高卧，哭之。』此所謂抗竦過度也。」器案：抗竦，謂高抗竦立，廣雅釋詁：「竦，上也。」文選西京賦注：「竦，立也。」

〔二七〕趙曦明曰：「後漢書馮衍傳：『衍字敬通，京兆杜陵人。更始二年，鮑永行大將軍事，安集北方，以衍爲立漢將軍，領狼孟長，屯太原。世祖即位，永、衍審知更始已死，乃罷兵，降於河内。帝怨永、衍不時至，永以立功任用，而衍獨見黜。頃之，爲曲陽令，誅斬劇賊，當封，以讒毁，故賞不行。建武末，上疏自陳，猶以前過不用。顯宗即位，人多短衍以文過其實，遂廢於家。』」

〔二八〕趙曦明曰：「後漢書馬融傳：『融字季長，扶風茂陵人。才高博洽，爲世通儒。懲於鄧氏，不敢違忤勢家，遂爲梁冀草奏李固，又作大將軍西第頌，以此頗爲正直所羞。』」

〔二九〕趙曦明曰：「後漢書蔡邕傳：『邕字伯喈，陳留圉人。董卓爲司徒，舉高第，三日之間，周歷三臺。及卓被誅，邕在司徒王允坐，殊不意，言之而歎，有動於色。允勃然叱之，收付廷尉治罪，死獄中。』」

〔三〇〕羅本、傅本、顔本、程本、胡本、何本、朱本、黄本「忤」作「訶」，宋本及餘師録作「忤」，今從之。趙曦明曰：「魏志王粲傳附：『吴質，濟陰人。』裴松之注：『質字季重，始爲單家，少游遨貴戚間，不與鄉里相浮沉，故雖已出官，本國猶不與之士名。』」器案：王粲傳注引質别傳：「質先以怙威肆行，謚曰醜侯。質子應上書論枉，至正元中，乃改謚威侯。」此云「詆忤鄉里」，當即其怙威肆行，爲鄉人所不滿，故士名不立也。

〔三一〕趙曦明曰：「魏志陳思王植傳：『善屬文，太祖特見寵愛，幾爲太子者數矣。文帝即位，植與諸侯並就國。黄初二年，監國謁者灌均希旨，奏植醉酒悖慢，劫脅使者。有司請治罪。帝以太后故，貶爵安鄉侯。』餘已見前。」

〔三二〕趙曦明曰：「後漢書文苑傳：『杜篤，字季雅，京兆杜陵人。博學不修小節，不爲鄉人所禮。居美陽，與令游，數從請託，不諧，頗相恨。令怨，收篤送京師。』」

〔三三〕趙曦明曰：「魏志王粲傳：『自潁川邯鄲淳、繁欽、陳留路粹、沛國丁儀、丁廙、弘農楊修、河内荀緯等，亦有文采，而不在七人之列。』裴注引典略曰：『粹字文蔚，與陳琳、阮瑀等典記室，承指數致孔融罪；融誅之後，人覩粹所作，無不嘉其才而畏其筆也。至十九年，從大軍至漢中，坐違禁賤請驢，伏法。』魚豢曰：『文蔚性頗忿鷙。』」

〔三四〕陳琳實號麤踈，詳見下條。

〔三五〕趙曦明曰：「魏志裴注：『繁音婆。典略曰：「欽字休伯，以文才機辯，少得名於汝、潁，其所與太子書，記喉轉意，率皆巧麗。爲丞相主簿，卒。」韋仲將曰：「陳琳實自麤疏，休伯都無檢格。」』」器案：檢格，猶言法式。北史儒林傳：「徐遵明遊燕、趙，師事張吾貴，伏膺數月，乃私謂友人曰：『張生名高，而義無檢格，請更從師。』」

〔三六〕趙曦明曰：「王粲傳：『東平劉楨字公幹，太祖辟爲丞相掾屬，以不敬被刑，刑竟署吏。』裴注引典略曰：『太子嘗請諸文學，酒酣坐歡，命夫人甄氏出拜，坐中衆人咸伏，而楨獨平視。太祖聞之，乃收楨，減死輸作。』」器案：世説言語篇注引文士傳：「楨性辨捷，所問應聲而答，坐平視甄夫人，配輸作部，使磨石。武帝至尚方觀作者，見楨匡坐正色磨石，武帝問曰：『石何如？』楨因得喻己自理，跪而對曰：『石出荆山懸巖之巔，外有五色之章，内含卞氏之珍，磨之不加瑩，雕之不增文，禀氣堅貞，受之自然；顧其理枉屈紆繞，而不得申。』帝顧左右大笑，即日赦之。」又見水經穀水注及太平御覽四六四引。

〔三七〕趙曦明曰：「魏志王粲傳：『王粲字仲宣，山陽高平人。以西京擾亂，乃之荆州，依劉表。表以粲貌寢，而體弱通侻，不甚重也。太祖辟爲丞相掾，魏國建，拜侍中。』裴注引韋仲將曰：『仲宣傷於肥戇。』」器案：三國志魏書杜襲傳：「王粲性躁競。」文心雕龍程器篇：「仲宣輕脆以躁競。」此皆六朝人謂王粲爲率躁之證。

〔三八〕趙曦明曰：「後漢書孔融傳：『融見操雄詐漸著，數不能堪，故發辭偏宕，多致乖忤。』文苑傳：『禰衡，字正平，平原般人。少有才辯，而氣尚剛傲，好矯時慢物，惟善孔融，融亦深愛其才。衡始弱冠，而融年四十，遂與爲交友，稱於曹操。而衡素輕操，操不能容，送與劉表。後復慢於表，表恥不能容，以送江夏太守黄祖，祖性急，故送衡與之。祖大會賓客，而衡言不遜。祖大怒，欲加捶，而衡方大罵祖，遂令殺之。』」器案：藝文類聚四〇引袁淑弔古文：「文舉疏誕以殃速。」又抱朴子有彈禰篇，詳正平誕傲致殞之故。

〔三九〕趙曦明曰：「魏志陳思王植傳：『植既以才見異，而丁儀、丁廙、楊修爲之羽翼，幾爲太子者數矣。文帝御之以術，故遂定爲嗣。太祖既慮終始之變，以修頗有才策，於是以罪誅修。文帝即位，誅丁儀、丁廙，並其男口。』裴注：『丁儀，字正禮，沛郡人。丁廙，字敬禮，儀之弟。』」盧文弨曰：「廙音異。」器案：陳思王植傳注引文士傳：「廙嘗從容謂太祖曰：『臨淄侯天性仁孝，發於自然，而聰明智達，其殆庶幾。至於博學淵識，文章絶倫，當今天下之賢才君子，不問少長，皆願從其游而爲之死，實天之所以鍾福於大魏，而永受無窮之祚也。』欲以勸動太祖，太祖答曰：『植吾愛之，安能若卿言？吾欲立之爲嗣何如？』廙曰：『此國家之所以興衰，天下之所以存亡，非愚劣瑣賤者所敢與及。廙聞知臣莫若於君，知子莫若於父。至於君不論明闇，父不問賢愚，而能常知其臣子者何？蓋猶相知非一事一物，相盡非一旦一夕。況名公加之以聖哲，習之以人子，今發明達之命，吐永安之言，可謂上應天命，下合人心，得之於須臾，垂之於萬世者也。廙不避斧鉞之誅，敢不盡心。』太祖深納之。」

〔四〇〕趙曦明曰：「晉書阮籍傳：『籍母終，正與人圍棊，對者求止，籍留與決賭。既而飲酒二斗，舉聲一號，吐血數升。裴楷往弔之，籍散髮箕踞，醉而直視。』劉孝標注世説引晉陽秋曰：『何曾於太祖座謂阮籍曰：「卿任性放蕩，傷禮敗俗，若不變革，王憲豈能相容？」謂太祖：「宜投之四裔，以潔王道。」太祖曰：「此賢羸病，君爲我恕之。」』」

〔四一〕趙曦明曰："已見三卷。"案：詩品中："晉中散嵇康詩，頗似魏文，過爲峻切，訐直露才，傷淵雅之致。"

〔四二〕趙曦明曰："晉書傅玄傳：『玄字休奕，北地泥陽人。武帝受禪，廣納直言，玄及散騎常侍皇甫陶共掌諫職，俄遷侍中。初玄進陶，及陶入而抵玄以事，玄與陶争言諠譁，爲有司所奏，二人竟坐免官。』"

〔四三〕趙曦明曰："晉書孫楚傳：『楚字子荆，太原中都人。才藻卓絶，爽邁不羣，多所陵傲，缺鄉曲之譽。年四十餘，始參鎮東軍事，後遷佐著作郎，復參石苞驃騎將軍事。楚既負其才氣，頗侮易於苞，至則長揖曰："天子命我參卿軍事。"因此而嫌隙遂構。』"案："矜誇"，省事篇作"矜夸"，同。

〔四四〕藝苑巵言八"履"作"陵"。趙曦明曰："晉書陸機傳：『趙王倫輔政，引爲相國參軍。倫將篡位，以爲中書郎。倫之誅也，齊王冏疑九錫文及禪詔，機必與焉，收機等九人付廷尉。成都王穎、吴王晏並救理之，得減死徙邊，遇赦而止。時成都王穎推功不居，勞謙下士，機遂委身焉。太安初，穎與河間王顒起兵討長沙王乂，假機後將軍河北大都督，戰於鹿苑，機軍大敗。宦人孟玖，譖其有異志；穎大怒，使牽秀密收機，遂遇害於軍中。』"器案：弘明集四顏延之又釋何衡陽達性論："至人尚矣，何爲犯順而居逆哉？"

〔四五〕趙曦明曰："晉書潘岳傳：『岳字安仁，滎陽中牟人。性輕躁，趨世利。其母數誚之曰："爾當知足，而乾没不已乎！」岳終不能改。初，父爲琅邪内史，孫秀爲小史給岳，岳惡其爲人，數撻辱之。趙王倫輔政，秀爲中書令，遂誣岳及石崇等謀奉淮南王允、齊王冏爲亂，誅之，夷三族，無長幼一時被害。』」案：通雅五：「乾没，猶言白没之也。張湯傳：『始爲小吏乾没。』如淳曰：『豫居物以待之，得利爲乾，失利爲没。』此解非也。蘇鶚謂乾没如陸沉。隋書王劭贊：『乾没營利。』宋子京撰劉待制墓銘：『吏得傍緣乾没。』乾猶言乾得之也，没猶言没爲己有也，今人動言落錢，落即没字意。」日知録三二曰：「史記酷吏傳：『張湯始爲小吏乾没。』徐廣曰：『乾没，隨勢沈浮也。』服虔曰：『乾没，射成敗也。』如淳曰：『豫居物以待之，得利爲乾，失利爲没。』三國志傅嘏傳：『豈敢寄命洪流，以徼乾没？』裴松之注：『有所徼射，不計乾燥之與沈没而爲之也。』晉書潘岳傳：『其母數誚之曰：「爾當知足，而乾没不已乎！」』張駿傳：『從事劉慶諫曰：「霸王不以喜怒興師，不以乾没取勝。」』盧循傳：『姊夫徐道覆素有膽決，知劉裕已還，欲乾没一戰。』魏書宋維傳：『維見乂寵勢日隆，便至乾没。』北史王劭傳論：『爲河朔清流，而乾没榮利。』梁書止足傳序：『其進也光寵夷易，故愚夫之所乾没。』晉鼙鼓歌明君篇：『昧死射乾没，覺露則滅族。』抱朴子：『忘髮膚之明戒，尋乾没於難冀。』乾没大抵是僥倖取利之意。史記春申君傳：『没利於前而易患於後也。』即此意。」黄汝成集釋引楊氏曰：「愚謂乾没者，乾而亦没，知進不知退，知得不知喪之義。」黄生義府下：「漢書注：『得利爲乾，失利爲没。』非也。言以公家財物入己，如水之淹物，沈没無迹也。不水而没，故曰乾，與陸沈意同。」

〔四六〕趙曦明曰：「南史顏延之傳：『延之字延年，琅邪臨沂人。讀書無所不覽，文章冠絶當時，疎誕不能取容。劉湛等恨之，言於義康，出爲永嘉太守。延年怨憤，作五君詠，湛以其詞旨不遜，欲黜爲遠郡，文帝詔曰：「宜令思愆里閭，縱復不悛，當驅往東土，乃至難恕，自可隨事録之。」於是屏居，不與人間事者七年。』」案：五代史周太祖紀：「爲人負氣好使酒。」

〔四七〕趙曦明曰：「南史謝靈運傳：『少好學，文章之美，與顏延之爲江左第一。襲封康樂公。性豪侈，衣服多改舊形制，世共宗之，咸稱謝康樂也。宋受命，降爵爲侯，又爲太子左衛率，多愆禮度，朝廷唯以文義處之，自謂不見知，常懷憤惋。出爲永嘉太守，肆意遊遨，動踰旬朔，理人聽訟，不以關懷，稱疾去職。文帝徵爲秘書監，遷侍中。自以名輩，應參時政，多稱疾不朝，出郭遊行，經旬不歸。上不欲傷大臣，諷旨令自解。東歸，因祖父之資，生業甚厚，鑿山浚湖，功役無已。嘗自始寧南山伐木開徑，直至臨海，太守王琇驚駭，謂爲山賊。文帝不欲復使東歸，以爲臨川内史。在郡遊放，不異永嘉，爲有司所糾，司徒遣使收之。靈運興兵叛逸，遂有逆志，追討禽之，廷尉論斬，降死，徙廣州。令人買弓刀等物，要合鄉里，有司奏收之，文帝詔於廣州棄市。』」錢大昕曰：「案：『靈運空疏，延之隘薄』二語，見宋書廬陵王義真傳。」

〔四八〕趙曦明曰：「南史王弘傳：『曾孫融，字元長，文詞捷速，竟陵王子良特相友好。武帝疾篤暫絶，融戎服絳衫，於中書省閤口斷東宮仗不得進，欲矯詔立子良。上重蘇，朝事委西昌侯鸞，俄而帝崩。融乃處分，以子良兵禁諸門。西昌侯聞，急馳到雲龍門，不得進，乃排而入，奉太孫登殿，扶出子良。鬱林深怨融，即位十餘日，收下廷尉獄，賜死。』」詩小雅小明：「心之憂矣，自詒伊戚。」王叔岷曰：「詩邶風雄雉：『自詒伊阻。』毛傳：『詒，遺。』釋文本『詒』作『貽』。『自詒伊戚』，又見左宣二年傳。」

〔四九〕侮，鮑本、奇賞作「悔」，不可據。趙曦明曰：「南史謝裕傳：『裕弟述，述孫朓，字玄暉，好學，有美名，文章清麗，啓王敬則反謀，遷尚書吏部郎。東昏失德，江祏欲立江夏王寶玄，末更回惑，欲立始安王遥光，遥光又遣親人劉渢致意於朓，朓自以受恩明帝，不肯答。少日，遥光以朓兼知衞尉事，朓懼見引，即以祏等謀告左興盛，又語劉暄。暄陽驚，馳告始安王及江祏。始安王欲出朓爲東陽郡，祏固執不與。先是，朓嘗輕祏爲人，至是，構而害之，收朓下獄，死。』」器案：南史本傳：「先是，朓嘗輕祏爲人。祏嘗詣朓，朓因言有一詩，呼左右取，既而便停。祏問其故，云：『定復不急。』祏以爲輕己。後祏及弟祀、劉渢、劉晏俱候朓，朓謂祏曰：『可謂帶二江之雙流。』以嘲弄之，祏轉不堪。至是，構而害之。」

〔五〇〕盧文弨曰：「翹，高貌；翹秀，謂其出拔尤異者。」器案：抱朴子勗學篇：「陶冶庶類，匠成翹秀。」宋史熊克傳：「克幼而翹秀。」

〔五一〕大較，猶言大略。史記貨殖傳：「此其大較也。」

〔五二〕趙曦明曰：「漢承秦敝，禮文多闕。孝武即位，罷黜百家，表章六經，興學校，修郊祀，改正朔，定律曆，號令文章，焕然可觀；而窮兵黷武，致巫蠱之禍。魏之三祖，咸蓄盛藻，終難免於漢賊之譏。文則薄於兄弟，明則侈於土木。孝武於簡文之崩，時年十歲，至晡不臨，左右進諫，答曰：『哀至則哭，何常之有！』謝安歎其名理不減先帝。既威權已出，雅有人君之量，已而溺於酒色，爲長夜之飲，見弒寵妃。所謂皆負世議者也。」錢馥曰：「本文是宋孝武帝，注所云乃晉武帝，蓋誤也。擬改云：『孝武爲人，機警勇決，學問博洽，文章華敏，省讀書奏，七行俱下，又善騎射，而奢欲無度，大修宫室，土木被錦繡，嬖妾幸臣，賞賜傾府藏，末年尤貪財利，終日酣飲，少有醒時，所謂皆負世議者也。』或恐趙所據本作『晉孝武帝』，然檢諸刻，並是『宋孝武帝』。又案晉紀：『孝武帝或宴集酣樂之後，好爲手詔詩章，以賜近臣。或文詞率爾，所言蕪雜，中書舍人徐邈應時收斂，還省刊削，皆使可觀，經帝重覽，然後出之，時議以此多邈。』據此，則必非晉孝武也，趙翁誤耳。」李慈銘曰：「案：顏氏正文明作『宋孝武帝』，此謂宋世祖孝武帝駿，雅好文藻，而即位後，荒淫酒色，納其叔父義宣女爲殷貴妃，故云負世議也。注以晉武帝當之，誤。」劉盼遂曰：「按鮑氏知不足齋本家訓亦作『宋孝武帝』，趙注誤也。考晉、宋二書，於兩孝武帝，皆不言有文學，惟隋書經籍志集部：『宋孝武帝集二十五卷。』元注：『梁三十一卷，有録一卷。』文心雕龍時序篇：『自宋武愛文，文帝彬雅，孝武多才，英采雲構。』是宋之孝武，其沈思翰藻，有過越人者，而晉帝無聞焉，趙氏必欲以晉易宋，蓋其失也。」王叔岷曰：「漢書武帝紀：『士或有負俗之累。』注引晉灼注：『負俗，謂被世譏論也。』詩大雅烝民：『民之秉彝，好是懿德。』毛傳：『懿，美也。』」

〔五三〕論語先進篇：「文學：子游，子夏。」子游姓言名偃，子夏姓卜名商，俱孔子弟子，詳史記仲尼弟子列傳。

〔五四〕趙曦明曰：「漢書藝文志：『孫卿子三十三篇。名況，趙人，爲齊稷下祭酒。』師古注：『本曰荀卿，避宣帝諱，故曰孫。』案今書三十二篇。」器案：荀卿，史記有傳。漢志云「三十三篇」者，蓋並録一卷計之也。謝墉荀子箋釋序：「荀卿又稱孫卿。自司馬貞、顔師古以來，相承以爲避漢宣帝諱，故改荀爲孫。考漢宣名詢，漢時尚不諱嫌名；且如後漢李恂與荀淑、荀爽、荀悅、荀彧，俱書本字，詎反於周時人名見諸載籍者而改稱之。若然，則左傳自荀息至荀瑤多矣，何不改耶？且即任敖、公孫敖俱不避元帝之名驁也。蓋荀音同孫，語遂移易，如荆軻在衞，衞人謂之慶卿；而之燕，燕人謂之荆卿；又如張良爲韓信都，潛夫論云：『信都者，司徒也，俗音不正曰信都，或曰申徒，或勝屠。然其本一司徒耳。』然則荀之爲孫，正如此比。以爲避宣帝諱，當不其然。」案謝説是。

〔五五〕史記孟子列傳：「孟軻，騶人也。受業子思之門人。……退而與萬章之徒，序詩、書，述仲尼之意，作孟子七篇。」

〔五六〕趙曦明曰：「漢書枚乘傳：『乘字叔，淮陰人。爲吴王濞郎中，王謀逆，諫不用，去遊梁。梁客皆善屬辭賦，乘尤高。孝王薨，歸淮陰。武帝自爲太子時，聞乘名，及即位，乘年老，以安車徵，道死。』」

〔五七〕趙曦明曰：「漢書賈誼傳：『誼，雒陽人。以能誦詩書屬文，稱於郡中。文帝召以爲博士，超遷，歲中至太中大夫，後爲長沙王、梁懷王太傅，死，年三十三。』藝文志儒家：『賈誼五十八篇，又賦七篇。』」

〔五八〕趙曦明曰：「漢書蘇建傳：『建中子武，字子卿。以栘中監使匈奴，單于欲降之，武不從，留十九歲始歸。』文選載武五言詩四篇。」

〔五九〕趙曦明曰：「後漢書張衡傳：『衡字平子，南陽西鄂人。作二京賦。』」

〔六〇〕趙曦明曰：「晉書文苑傳：『左思，字太沖，齊國臨淄人。造齊都賦，一年乃成。復欲賦「三都」，積思十年，門庭藩溷，皆著筆紙，遇得一句，即便疏之。』」器案：王得臣塵史中：「顏氏家訓亦足爲良，至論文章，以游、夏、孟、荀、枚乘、張衡、左思爲狂（王正德餘師録三引作「枉」），而又詆忤子雲（楊本云：「而文崇尚釋氏。」），吾不取焉。」即指此文。移孟於荀之上，此則爲尊孟而改易古文也。

〔六一〕黄叔琳曰：「文章與學問各别，深於學問，則無此病矣。」

〔六二〕淮南子要略篇：「標舉終始之壇。」許慎注：「標，末也。」世説賞譽篇：「王恭始與王建武甚有情，後遇袁悦間之，遂致疑隙。然每至興會，故有相思時。」文選謝靈運傳論：「靈運之興會標舉。」李善注：「興會，情興所會也。鄭玄注周禮曰：『興者，託事於物也。』」

〔六三〕淮南子氾論訓：「無擅恣之志，無伐矜之色。」御覽六二一引作「矜伐」。史記淮陰侯傳論：「不伐己功，不矜其能。」三國志魏書鄧艾傳：「深自矜伐。」

〔六四〕盧文弨曰：「莊子齊物論：『罔兩問景曰：「曩子行，今子止，曩子坐，今子起，何其無持操與？」』『持』一作『特』。」

〔六五〕論語子路篇：「狂者進取。」邢昺疏：「狂者進取於善道，知進而不知退。」

〔六六〕彌切：更爲深切。

〔六七〕文體明辨文章綱領引「事」作「字」。少儀外傳下「愜」引作「偶」，不可從，下文亦有「文章地理，必須愜當」之語，文選文賦：「愜心者貴當。」李善注：「欲快心者，爲文貴當。愜猶快也。」北史高構傳：「我讀卿判數徧，詞理愜當，意所不能及也。」

〔六八〕清巧，謂清新奇巧，爲六朝詩一種特徵，下文亦言：「何遜詩實爲清巧。」又云：「子朗信饒清巧。」詩品下：「鮑令暉歌詩，往往斷絶清巧。」

〔六九〕文選嵇叔夜贈秀才入軍詩：「凌厲中原。」李善注：「廣雅曰：『凌，馳也。厲，上也。』」案：廣雅見釋詁。

〔七〇〕晉書王猛傳：「捫蝨而談，旁若無人。」文賦有言：「豈懷盈而自足。」此之謂也。

〔七一〕李詳曰：「荀子榮辱篇：『傷人之言，深於矛戟。』」

〔七二〕少儀外傳下引「塵」作「霆」，義較勝，淮南子兵略訓：「卒如雷霆，疾如風雨。」

〔七三〕易坤：「黄裳元吉。」文選東京賦：「祚靈主以元吉。」薛綜注：「元，大也；吉，福也。」

學問有利鈍，文章有巧拙。鈍學累功，不妨精熟；拙文研思，終歸蚩鄙〔一〕。但成學士，自足爲人。必乏天才，勿強操筆〔二〕。吾見世人，至無才思〔三〕，自謂清華〔四〕，流布醜拙，亦以衆矣〔五〕，江南號爲詅癡符〔六〕。近在并州，有一士族，好爲可笑詩賦，誂擎〔七〕邢、魏諸公〔八〕，衆共嘲弄，虚相讚説〔九〕，便擊牛釃酒〔一〇〕，招延聲譽。其妻，明鑒婦人也〔一一〕，泣而諫之。此人歎曰：「才華不爲妻子所容〔一二〕，何況行路〔一三〕！」至死不覺。自見之謂明〔一四〕，此誠難也。

〔一〕陳琳答東阿王牋：「然後東野、巴人，蚩鄙益著。」

〔二〕宋本「筆」下有「也」字，餘師録引有，少儀外傳下引無。梁書文學庾肩吾傳載梁簡文帝蕭綱與湘東王書：「操筆寫志，更摹酒誥之文。」黄叔琳曰：「至論。」案：鍾嶸詩品中：「雖謝天才，且表學問。」與此意相會，俱謂學者與文人有别耳。

〔三〕羅本、傅本、顔本、程本、胡本、何本、朱本、文津本「至」下有「於」字，宋本無，今從宋本，少儀外傳下、攻媿集五二詅癡符序、説郛本緗古叢編、餘師録引俱無「於」字。

〔四〕晉書左貴嬪傳：「言及文義，辭對清華。」北史辛德源傳：「文章綺豔，體調清華。」

〔五〕攻媿集、餘師録引「以」作「已」，古通。

〔六〕宋本原注：「詅，力正反。」趙曦明曰：「案：玉篇云：『力丁切。』廣雅：『衒也。』類篇：『鬻也。』」郝懿行曰：「案：博雅：『詅，賣也。』」器案：詅癡符，猶後人之言賣癡騃。攻媿集詅癡符序：「海邦貨魚於市者，夸詡其美，謂之詅魚，雖微物亦然。字書以爲『詅，衒賣也』。顔黄門之推作家訓云云。」苕溪漁隱叢話後集三九：「宋子京云：『江左有文拙而好刻石者，謂之詅嗤符。』」說郛三六緗古叢編曰：「胡氏漁隱叢話作『詅嗤符』，宋景文書作『嗤詅符』，要以顔氏『詅癡』爲正，大抵論其文藻觚骳，矜伐自鬻，質之集韻：『詅，力正反。』注：『賣也。』豈非癡自衒鬻之意！」稗史彙編一一三：「予案：宋景文題三泉龍洞詩，刊落因（三字有誤）漕爲刻石，以石本寄公，公答書有云：『江左有文拙而好刊石，謂詅嗤符，非此乎？』予窮其原，乃出於顔之推家訓云云。」楊升庵文集七一：「和凝爲文，以多爲富，有集百卷，自鏤版以行，識者多非之曰：『此顔之推所謂詅癡符也。』」宋長白柳亭詩話卷二十一：「景文公題三泉龍洞詩，西洛田漕刻諸石，搨以遺公，公答書曰：『江左有文拙而好刻石，人謂之詅嗤符，非此類乎？』按顔之推家訓有曰：『吾見世人至無才思，自謂清華，流布醜拙，亦已衆矣，江南號爲詅癡符。』嗤與癡疑有悮。公所云江左者，指和凝事也。而顔係北齊人，則所云江南，當別有指。宋御史李庚自名其集曰詅癡符，凡二十卷。」

〔七〕誂擎，宋本原注：「上音窕，相呼誘也。下音瞥。」説文手部：「擎，别也；一曰擊也。」胡文英吴下方言考三：「誂擎，音調皮。顔氏家訓：『誂擎邢、魏諸公。』案：誂擎，戲言也，吴中謂以言戲人曰誂擎。」太平廣記一五八引作「輕蔑」，臆改。

〔八〕趙曦明曰：「北齊邢卲傳：『卲字子才，河間鄚人。讀書五行俱下，一覽便記，文章典麗，既贍且速，每一文出，京師爲之紙貴。與濟陰温子昇爲文士之冠，世論謂之温、邢。鉅鹿魏收，雖天才豔發，而年事在二人之後，故子昇死後，方稱邢、魏焉。有集三十卷。』魏收傳：『收字伯起，小字佛助，鉅鹿下曲陽人。以文華顯，辭藻富逸，撰魏書一百三十卷，有集七十卷。』」

〔九〕餘師録「虚」作「戲」，太平廣記「讚説」作「稱讚」。器案：魏書成淹傳：「子霄，字景鸞，亦學涉，好爲文詠，但詞彩不倫，率多鄙俗。與河東姜質等朋遊相好，詩賦間起，知音之士，所共嗤笑，閭巷淺識，頌諷成羣，乃至大行於世。」疑姜質其人，即顔氏所謂并州士族，洛陽伽藍記卷二正始寺所載庭山賦，即其左證也。

〔一〇〕擊牛釃酒，太平廣記作「必擊牛釃酒延之」。史記李牧傳：「日擊數牛饗士。」詩小雅伐木：「釃酒有藇。」釋文引葛洪云：「釃謂以筐漉酒。」器案：後人作篩酒，一音之轉也。

〔一一〕太平廣記無「婦」字。

〔一二〕太平廣記「容」下有「與」字。

〔一三〕文選蘇子卿詩：「四海皆兄弟，誰爲行路人。」李善注：「家語曰：『子游見行路之人，云：魯司鐸火也。』」吕延濟注：「天下四海，道合即親，誰爲行路之人相疎者也。」又王仲寶褚淵碑文：「有識留感，行路傷情。」李善注：「論衡曰：『行路之人，皆能識之。』（下引家語文，與前同，今略）」

〔一四〕趙曦明曰：「老子道經：『自知者明。』」盧文弨曰：「韓非喻老：『知之難，不在見人，在自見。故曰：自見之謂明。』」王叔岷曰：「唐趙蕤長短經是非篇引老子：『内視之謂明。』史記商君列傳：『趙良曰：内視之謂明。』」

學爲文章，先謀親友，得其評裁，知可施行〔一〕，然後出手〔二〕；慎勿師心自任〔三〕，取笑旁人也〔四〕。自古執筆爲文者〔五〕，何可勝言。然至於宏麗精華，不過數十篇耳〔六〕。但使不失體裁〔七〕，辭意可觀〔八〕，便稱才士〔九〕；要須〔一〇〕動俗〔一一〕蓋世〔一二〕，亦俟河之清乎〔一三〕！

〔一〕得其評裁，宋本原注：「一本無此四字。」案：羅本、傅本、顏本、程本、胡本、何本、朱本、黄本、文津本、類説作「得其評裁者」，餘師録引同宋本，並有原注。今從宋本。

〔二〕陳書徐陵傳：「每一文出手，好事者已傳寫成誦。」

〔三〕關尹子五鑑篇：「善心者師心不師聖。」又曰：「如捕蛇，師心不怖蛇。」書斷二王獻之：「爾後改變制度，别創其法，率爾師心，冥合天矩。」

〔四〕劉盼遂曰："案下文云：『江南文制，欲人彈射，知有病累，隨即改之。陳王得之於丁廙也。』即發明此文之義。又唐白樂天云：『凡人爲文，私於自是，不忍割截，或失於繁多，其間妍媸，益又自惑。必待交友有公鑒、無姑息者，討論而削奪之，然後繁簡當否，得其中矣。』最足發明顏氏此意。"

〔五〕餘師録"者"作"章"。

〔六〕黄叔琳曰："眼大如箕。"紀昀曰："正眼小如豆耳。以宏麗精華論文，是賣木蘭之櫝，貴文衣之媵也。"

〔七〕文選謝靈運傳論："延年之體裁明密。"李善注："體裁，制也。"

〔八〕宋本"意"作"義"。

〔九〕羅本、傅本、顏本、程本、胡本、何本、朱本、黄本、文津本"便"作"遂"，宋本及餘師録作"便"，今從宋本。

〔一〇〕宋本、餘師録無"須"字。

〔一一〕文選任彦昇天監三年策秀才文："惟此虚寡，弗能動俗。"李善注："蔡邕姜肱碑：『至德動俗，邑中化之。』"張銑注："而我好學虚寡，弗能得動於時俗。惟此，帝自謂也。"

〔一二〕史記項羽本紀："自爲詩曰：『力拔山兮氣蓋世。』"文選夏侯孝若東方朔畫贊："高氣蓋世。"李周翰注："過人蓋世，謂最高也。"

〔一三〕趙曦明曰：「左氏襄八年傳：『周詩有之曰：「俟河之清，人壽幾何？」』」器案：後漢書趙壹傳：「河清不可俟，人命不可延。」亦本左傳。

不屈二姓，夷、齊之節也〔一〕；何事非君，伊、箕之義也〔二〕。自春秋已來，家有奔亡，國有吞滅，君臣固無常分矣〔三〕；然而君子之交絶無惡聲〔四〕，一旦屈膝而事人，豈以存亡而改慮？陳孔璋居袁裁書，則呼操爲豺狼〔五〕；在魏製檄，則目紹爲蛇虺〔六〕。在時君所命〔七〕，不得自專，然亦文人之巨患也，當務從容消息之〔八〕。

〔一〕史記伯夷列傳：「伯夷、叔齊，孤竹君之二子也。……武王已平殷亂，天下宗周，而伯夷、叔齊恥之，義不食周粟，隱於首陽山。」

〔二〕傳本「非君」作「我爲」。趙曦明曰：「史記宋世家：『紂爲淫佚，箕子諫，不聽，或曰：「可以去矣。」箕子曰：「爲人臣諫不聽而去，是彰君之惡而自悦於民，吾不忍爲也。」乃披髮佯狂而爲奴。』」器案：孟子公孫丑上：「何事非君，何使非民，治亦進，亂亦進，伊尹也。」趙岐注：「伊尹曰：『事非其君，何傷也，使非其民，何傷也，要欲爲天理物，冀得行道而已矣。』」又萬章下：「伊尹曰：『何事非君，何使非民，治亦進，亂亦進。』」

〔三〕盧文弨曰：「左氏昭三十二年傳：『史墨曰：「社稷無常奉，君臣無常位，自古以然。」』」王叔岷曰：「案莊子秋水篇：『分無常。』」器案：此顔氏自解之辭也。

〔四〕趙曦明曰：「戰國燕策：『樂毅報燕惠王書曰：「臣聞古之君子，交絶不出惡聲；忠臣去國，不潔其名。」』」

〔五〕趙曦明曰：「魏志袁紹傳注引魏氏春秋：『陳琳爲袁紹檄州郡文云：「操豺狼野心，潛包禍謀，乃欲撓折棟梁，孤弱漢室。」』」

〔六〕趙曦明曰：「琳集不傳，此無攷。」

〔七〕黄本「在」作「任」。

〔八〕消息，注詳風操篇。

或問揚雄曰：「吾子少而好賦？」雄曰：「然。童子雕蟲篆刻，壯夫不爲也〔一〕。」余竊非之曰：虞舜歌南風之詩〔二〕，周公作鴟鴞之詠〔三〕，吉甫、史克雅、頌之美者〔四〕，未聞皆在幼年累德也。孔子曰：「不學詩，無以言〔五〕。」「自衞返魯，樂正，雅、頌各得其所〔六〕。」大明孝道，引詩證之〔七〕。揚雄安敢忽之也？若論「詩人之賦麗以則，辭人之賦麗以淫」〔八〕，但知變之而已，又未知雄自爲壯夫何如也？著劇秦美新〔九〕，妄投於閣〔一〇〕，周章〔一一〕怖慴，不達天命，童子之爲耳。桓譚以勝老子〔一二〕，葛洪以方仲尼〔一三〕，使人歎息。此人直以曉算術〔一四〕，解陰陽〔一五〕，故著太玄經〔一六〕，數子爲所惑耳〔二七〕；其遺言餘行，孫卿、屈原之不及，安敢望大聖之清塵〔二八〕？且太玄今竟何用乎？不啻覆醬瓿而已〔二九〕。

〔一〕羅本、顔本、程本、何本、朱本「雕」作「彫」。「雕」，後起字。宋本「壯夫」作「壯士」，餘本及餘師録作「壯夫」。趙曦明曰：「宋本『壯夫』作『壯士』，非。案：見法言吾子篇。」汪榮寶法言義疏三曰：「『童子彫蟲篆刻』者，説文：『彫，琢文也。』『篆，引書也。』蟲者，蟲書；刻者，刻符。説文序云：『秦書有八體：一曰大篆，二曰小篆，三曰刻符，四曰蟲書，五曰摹印，六曰署書，七曰殳書，八曰隸書。漢興有草書。尉律：「學僮十七以上始試，諷籀書九千，乃得爲史，又以八體試之。郡移大吏，並課最者以爲尚書史。」』繫傳云：『案漢書注，蟲書即鳥書，以書幡信，首象鳥形，即下云鳥蟲也。』又案：『蕭子良以刻符摹印，合爲一體。臣以爲符者内外之信，若晉鄙奪魏王兵符，又云借符以罵宋；然則符者，竹而中剖之，字形半分，理應别爲一體。』是蟲書刻符，尤八書中纖巧難工之體，以皆學僮所有事，故曰『童子彫蟲篆刻』。言文章之有賦，猶書體之有蟲書刻符，爲之者勞力甚多，而施於實用者甚寡，可以爲小技，不可以爲大道也。壯夫不爲者，曲禮云：『三十曰壯。』自序云：『雄以爲賦者，又頗似俳優淳于髡、優孟之徒，非法度所存，賢人君子詩賦之正也，於是輟不復爲賦。』」器案：齊書陸厥傳載沈約答陸厥書：「宫商之聲有五，文字之别累萬，以累萬之繁，配五聲之約，高下低昂，非思力所學，又非止若斯而已也。十字之文，顛倒相配，字不過十，巧曆已不能盡，何況復過於此者乎？靈均已來，未經用之於懷抱，固無從得其髣髴矣。若斯之妙，而聖人不尚，何邪？此蓋曲折聲韻之巧，無當於訓義，非聖哲立言之所急也。是以子雲譬之雕蟲篆刻，云：『壯夫不爲。』」

〔二〕趙曦明曰：「禮記樂記：『昔者，舜作五弦之琴，以歌南風。』家語辯樂解：『昔者，舜彈五弦之琴，造南風之詩，其詩曰：「南風之薰兮，可以解吾民之愠兮；南風之時兮，可以阜吾民之財兮。」』」器案：樂記鄭注：「歌詞未聞。」孔疏：「尸子亦載此歌。尸子雜書，家語非鄭所見，故云未詳。」

〔三〕趙曦明曰：「詩序：『鴟鴞，周公救亂也。成王未知周公之志，公乃爲詩以遺王。』」

〔四〕趙曦明曰：「詩序：『大雅崧高、蒸民、韓奕，皆尹吉甫美宣王之詩。駉，頌僖公也。僖公能遵伯禽之法，魯人尊之，於是季孫行父請命于周，而史克作是頌。』」郝懿行曰：「楊德祖答陳思王書已嘗非之，顏氏即本其意爲説爾。」案：文選楊德祖答臨淄侯牋：「脩家子雲，老不曉事，强著一書，悔其少作。若此，仲山、周旦之儔，爲皆有諐邪？」李善注：「毛詩序曰：『七月，周公遭變，陳王業之艱難。』然詩無仲山甫作者，而吉甫美仲山甫之德，未詳德祖何以言之？」

〔五〕見論語季氏篇。漢書藝文志詩賦略：「古者，諸侯卿大夫交接鄰國，以微言相感，當揖讓之時，必稱詩以喻其志，蓋以别賢不肖而觀盛衰焉，故孔子曰：『不學詩無以言也。』」器案：詩鄘風定之方中傳叙九能之士，中有「登高能賦」一項，即言會同之時，壇坫之上，能賦詩見意也，事見左傳、國語者，多不勝舉也。

〔六〕論語子罕篇：「子曰：『吾自衞返魯，然後樂正，雅、頌各得其所。』」史記孔子世家：「古者，詩三千餘篇，及至孔子，去其重，取可施於禮義，上采契、后稷，中述殷、周之盛，至幽、厲之缺，始於衽席，故曰：『關雎之亂，以爲風始，鹿鳴爲小雅始，文王爲大雅始，清廟爲頌始。』三百五篇，孔子皆弦歌之，以求合韶、武、雅、頌之音，禮樂自此可得而述。」

〔七〕趙曦明曰：「謂孝經。」器案：孔子爲曾子陳孝道，撰述孝經，每章之末，俱引詩以明之。

〔八〕趙曦明曰：「二語亦見吾子篇。」汪榮寶義疏曰：「詩人之賦，謂六義之一之賦，即詩也。周禮太師：『教六詩：曰風，曰賦，曰比，曰興，曰雅，曰頌。』班孟堅兩都賦序云：『賦者，古詩之流也。』李注云：『毛詩序曰：「詩有六義焉，二曰賦。」故賦爲古詩之流也。』爾雅釋詁云：『則，法也。』詩人之賦麗以則者，謂古詩之作，以發情止義爲美，即自序所謂『法度所存，賢人君子，詩賦之正也』，故其麗以則。藝文志顔注云：『辭人，謂後代之爲文辭。』辭人之賦麗以淫者，謂今賦之作，以形容過度爲美，即自序云『必推類而言，閎侈鉅衍，使人不能加也』，故其麗以淫。藝文類聚五十六引摯虞文章流別論云：『古之作詩者，發乎情，止乎禮義。情之發，因辭以形之，禮義之指，須事以明之，故有賦焉，所以假象盡辭，敷陳其志。古詩之賦，以情義爲主，以事類爲佐；今之賦，以事形爲本，以義正爲助。情義爲主，則言省而文有例矣；事形爲本，則言富而辭無常矣。文之煩省，辭之險易，蓋由於此。夫假象過大，則與類相遠；逸辭過壯，則與事相違；辨言過理，則與義相失；麗靡過美，則與情相悖：此四過者，所以背大體而害政教，是以司馬遷割相如之浮説，楊雄疾辭人之賦麗以淫。』案：過即淫也。仲洽此論，推闡楊旨，可爲此文之義疏。」

〔九〕趙曦明曰：「文見文選。」案：李善注曰：「李充翰林論曰：『揚子論秦之劇，稱新之美，此乃計其勝負，比其優劣之義。』漢書：『王莽下書曰：「定有天下之號曰新。」』」

〔一〇〕趙曦明曰：「漢書楊雄傳：『王莽時，劉歆、甄豐皆爲上公。莽既以符命自立，欲絶其原，豐子尋、歆子棻復獻之。誅豐父子，投棻四裔。辭所連及，便收不請。時雄校書天禄閣上，治獄事使者來，欲收雄，雄恐不免，迺從閣上自投下，幾死。莽聞之曰：「雄素不與事，何故在此間？」問其故，迺棻嘗從雄學作奇字，雄不知情，有詔勿問。然京師爲之語曰：「惟寂寞，自投閣；爰清静，作符命。」』」器案：雄解嘲云：「惟寂惟寞，守德之宅；爰清爰静，遊神之庭。」京師語據此以諷雄。

〔一一〕周章，注詳風操篇。

〔一二〕宋本「桓譚」作「袁亮」，餘師録同，並有注云：「案『袁亮』今本作『桓譚』。」趙曦明曰：「漢書楊雄傳：『大司空王邑納言嚴尤問桓譚曰：「子嘗稱雄書，豈能傳於後世乎？」譚曰：「必傳。顧君與譚不及見也。凡人賤近而貴遠，親見子雲禄位容貌，不能動人，故輕其書。老聃著虛無之言兩篇，薄仁義，非禮樂，然後世好之者，以爲過於五經，自漢文、景之君及司馬遷皆有是言。今楊子之書，文義至深，而論不詭於聖人，若使遭遇時君，更閲賢知，爲所稱善，則必度越諸子矣。」宋本『桓譚』作『袁亮』，未詳，當由避『桓』字，並下字亦訛。」劉盼遂引吴承仕曰：「楊雄本傳：『昔老聃著虛無之言兩篇，後世好之者，以爲過於五經。今楊子之書，文義至深，而論不詭於聖人，若使遭遇時君，更閲賢智，爲所稱善，則必度越諸子矣。』桓譚新論稱：『玄經數百年，其書必傳，世咸尊古卑今，故輕易之；若遇上好事，必以太玄次五經也。』又云：『老子其心玄遠，而與道合。』此太玄勝老子之説，班書蓋本於桓譚也。家訓應作『桓譚』，事在不疑。本作『袁亮』者，『老子與道合』一語，引見袁彦伯三國名臣贊李善注，後世校書者，因相涉而致誤歟？」

〔一三〕趙曦明曰：「晉書葛洪傳：『洪字稚川，丹陽句容人。自號抱朴子，因以名書。』其尚博篇云：『世俗率神貴古昔，而黷賤同時，雖有益世之書，猶謂之不及前代之遺文也。是以仲尼不見重於當時，太玄見蚩薄於比肩也。』」器案：文選劇秦美新李善注：「王莽潛移龜鼎，子雲進不能辟戟丹墀，亢辭鯁議，退不能草玄虛室，頤性全真，而反露才以耽寵，詭情以懷禄，素餐所刺，何以加焉。抱朴方之仲尼，斯爲過矣。」抱朴子吴失篇：「孔、墨之道，昔曾不行；孟軻、楊雄，亦居困否，有德無時，有自來耳。」此亦抱朴以子雲方仲尼之證。

〔一四〕漢書藝文志數術略有許商算術二十六卷、杜忠算術十六卷。今有九章算術傳於世。直，特也。

〔一五〕漢書藝文志諸子略：「陰陽家者流，蓋出於羲和之官。敬順昊天，歷象日月星辰，敬授民時，此其所長也。及拘者爲之，則牽於禁忌，泥於小數，舍人事而任鬼。」

〔一六〕趙曦明曰：「雄傳：『以爲經莫大於易，故作太玄。』」盧文弨曰：「王涯説玄：『合而連之者易也，分而著之者玄也。四位之次：曰方，曰州，曰部，曰家。最上爲方，順而數之，至於家。家一一而轉，而有八十一家。部三三而轉，故有二十七部。州九九而轉，故有九州。一方，二十七首而轉，故三方而有八十一首。一首九贊，故有七百二十九贊。其外踦贏二贊，以備一儀之月。』」

〔一七〕此句原作「爲數子所惑耳」，向宗魯先生曰：「當作『數子爲所惑耳』。」今據改。

〔一八〕後漢書趙咨傳：「復拜東海相，之官，道經滎陽，令敦煌曹暠，咨之故孝廉也，迎路謁候，咨不爲留；暠送至亭次，望塵不及。」文選盧子諒贈劉琨詩並書：「自奉清塵。」李善注：「楚辭曰：『聞赤松之清塵。』然行必塵起，不敢指斥尊者，故假塵以言之。言清，尊之也。」王叔岷曰：「案文選司馬相如上書諫獵一首：『犯屬車之清塵。』李注：『車塵言清，尊之意也。』」

〔一九〕不啻，餘師録作「不翅」，古通。趙曦明曰：「雄傳：『劉歆謂雄曰：「空自苦。今學者有禄利，然尚不能明易，又如玄何？吾恐後人用覆醬瓿也。」雄笑而不答。』師古注：『瓿，音蔀，小甖也。』」盧文弨曰：「案侯芭而後，若虞翻、宋衷、陸績、范望、王涯、吴祕、司馬光諸人，咸重太玄，惜顏氏不及見耳。」案：盧氏此言失之，虞、宋、陸、范之徒，顏氏何嘗不及見乎？

齊世有席毗〔一〕者，清幹〔二〕之士，官至行臺尚書〔三〕，嗤鄙文學，嘲劉逖云〔四〕：「君輩〔五〕辭藻，譬若榮華〔六〕，須臾之翫，非宏才也〔七〕；豈比吾徒千丈松樹〔八〕，常有風霜，不可凋悴矣！」劉應之曰：「既有寒木，又發春華，何如也？」席笑曰：「可哉〔九〕！」

〔一〕「席毗」，宋本如此作，餘本及別解、餘師録俱作「辛毗」，下並同。趙曦明曰：「俗本誤作『辛毗』，乃曹魏時人，今從宋本。」陳直曰：「北史序傳叙李彧之子李禮成事云：『伐齊之役，從帝圍晉陽，齊將席毗羅精兵拒帝，禮成力戰退之。』當即此人。席毗又附見北史尉遲迥傳及隋書于仲文傳。」器案：御覽九五三、事類賦二四引亦作「席毗」，御覽五九九引三國典略載此事，正作「席毗」，今從之。

〔二〕齊書王晏傳：「晏啓曰：『鸞清幹有餘，然不諳百氏，恐不可以居此職。』」南史阮孝緒傳：「孝緒父彥之，宋太尉從事中郎，以清幹流譽。」清幹，謂清明能幹。

〔三〕趙曦明曰：「隋書百官志：『後齊制，官行臺在令無文，其官置令、僕射，其尚書丞、郎，皆隨權制而置員焉。其文未詳。』」

〔四〕趙曦明曰：「北齊書文苑傳：『劉逖，字子長，彭城叢亭里人。魏末，詣霸府，倦於覉旅，發憤讀書，在遊宴之中，卷不離手。亦留心文藻，頗工詩詠。』」陳直曰：「北齊書文苑傳稱『劉逖留心文藻，頗工詩詠』。馮氏詩紀輯有對雨、秋朝野望等五言四首。」器案：御覽五九九引三國典略：「劉逖字子長，少好弋獵騎射，後發憤讀書，頗工詩詠。行臺尚書席毗嘗嘲之曰：『君輩辭藻，譬若春榮，須臾之翫，非宏材也；豈比吾徒千丈松樹，常有風霜，不可雕悴。』逖報之曰：『既有寒木，又發春榮，何如也？』毗笑曰：『可矣！』」三國典略之文，當即本此。

〔五〕輩，鮑本誤「輩」。

〔六〕榮華，宋本作「朝菌」，御覽、事類賦、餘師録、月令廣義二俱作「朝菌」。器案：文選郭景純遊仙詩：「蕣榮不終朝。」李善注：「潘岳朝菌賦序：『朝菌者，時人以爲蕣華，莊生以爲朝菌，其物向晨而結，絶日而殞。』」莊子逍遥遊：「朝菌不知晦朔。」釋文：「朝菌，支遁云：『一名舜英。』」則榮華、朝菌，一物而異名。

〔七〕才，御覽九五三作「材」，三國典略亦作「材」。

〔八〕千丈，羅本、傅本、顔本、程本、胡本、何本、朱本、文津本、奇賞、别解及餘師録俱作「十丈」，今從宋本。御覽、事類賦、月令廣義作「千丈」，三國典略亦作「千丈」。盧文弨曰：「世説賞譽上篇：『庾子嵩目和嶠森森如千丈松，雖磊砢有節目，施之大廈，有棟梁之用。』」器案：王隱晉書云：「庾敳見和嶠曰：『森森如千丈松，雖磥砢多節目，施之大廈，梁棟之用。』」見御覽九五三引。

〔九〕可哉，羅本、傅本、顔本、程本、胡本、朱本、文津本、奇賞、别解及月令廣義作「可矣」，三國典略亦作「可矣」，事類賦作「可也」，今從宋本。御覽、餘師録亦作「可哉」。傅本、鮑本不分段。

凡爲文章，猶人乘騏驥〔一〕，雖有逸氣〔二〕，當以銜勒制之〔三〕，勿使流亂軌躅〔四〕，放意〔五〕填坑岸〔六〕也。

〔一〕宋本無「人」字，餘師録亦無；餘本有「人」字，類説、文體明辨文章綱領亦有，今從之。案：文選魏文帝典論論文：「咸以自騁騏騄於千里，仰齊足而並馳。」鍾嶸詩品卷中：「征虜卓卓，殆欲度驊騮前。」亦以乘駿馬喻爲文章。

〔二〕文選魏文帝與吴質書：「公幹有逸氣，但未遒耳。」三國志魏書王粲傳注引典論論文：「徐幹時有逸氣，然非粲匹也。」文心雕龍風骨篇論劉楨亦云：「有逸氣。」逸氣，謂俊逸之氣。

〔三〕銜勒，宋本及餘師録作「銜策」，餘本作「銜勒」，類説同，今從之。趙曦明曰：「宋本『銜勒』作『銜策』，非。説文：『銜，馬勒口中銜行馬者也。』『勒，馬頭絡銜也。』家語執轡篇：『夫德法者，御民之具，猶御馬之有銜勒也。』此言文貴有節制，自當用銜勒；若策者，所以鞭馬而使之疾行，非本意矣。」

〔四〕軌躅，猶言軌迹。漢書叙傳上：「伏周、孔之軌躅。」注：「鄭氏曰：『躅，迹也，三輔謂牛蹄處爲躅。』」文選魏都賦：「不覩皇輿之軌躅。」

〔五〕放意，猶言肆意、縱意。列子楊朱篇：「衛端木叔者，子貢之世也。籍其先資，家累萬金，不治世故，放意所好，其生民之所欲爲、人意之所欲玩者，無不爲也，無不玩也。」陶潛詠二疏：「放意樂餘年，遑恤身後慮。」

〔六〕盧文弨曰：「坑岸，猶言坑塹。」案：後漢書朱穆傳：「顛隊阬岸。」

文章當以理致爲心腎〔一〕，氣調〔二〕爲筋骨，事義爲皮膚，華麗爲冠冕〔三〕。今世相承，趨末棄本，率多浮豔〔四〕。辭與理競，辭勝而理伏；事與才争，事繁而才損〔五〕。放逸者流宕而忘歸〔六〕，穿鑿者補綴而不足〔七〕。時俗如此，安能獨違？但務去泰去甚耳〔八〕。必有盛才〔九〕重譽〔一〇〕、改革體裁者，實吾所希〔一一〕。

〔一〕理致，義理情致。南史劉之遴傳：「説義屬詩，皆有理致。」傳本、文體明辨文章綱領引「心腎」作「心胸」，未可從。

〔二〕氣調，氣韻才調。隋書豆盧勣傳：「勣器識優長，氣調英遠。」

〔三〕之推所持文學理論，以思想性爲第一，藝術性爲第二。文心雕龍附會篇云：「夫才量學文，宜正體製，必以情志爲神明，事義爲骨髓，辭采爲肌膚，宫商爲聲色，然後品藻玄黄，摛振金玉，獻可替否，以裁厥中，斯綴思之恒數也。」所論與顏氏相合，可以互參。蕭統文選序曰：「事出於沈思，義歸於翰藻。」蕭統之所謂事，即劉、顏之所謂事義；其所謂義，則劉、顏之所謂辭藻也。

〔四〕浮豔，輕浮華豔。陳書江總傳：「總好學，能屬文，於五言、七言尤善，然傷於浮豔。」案：抱朴子外篇辭義：「妍而無據，證援不給，皮膚鮮澤，而骨鯁迴弱。」斯浮艷之謂也。

〔五〕黄叔琳曰：「南北朝文章之弊，兩言道盡。」

〔六〕藝文類聚二五引梁簡文帝誡當陽公大心書：「立身先須謹重，文章且須放蕩。」與之推之説相合，足覘當時風尚。王叔岷曰：「案後漢書方術傳序：『甚有雖流宕過誕，亦失也。』」

〔七〕補綴，補葺聯綴。類説作「補衲」。

〔八〕去泰去甚，餘師録作「去太甚」。紀昀曰：「老世故語，隔紙捫之，亦知爲顔黄門語。」

〔九〕晉書王衍傳：「衍既有盛才美貌，明悟若神，常自比子貢。」南史柳惔傳：「賢子俱有盛才。」盛才，猶言大才。

〔一〇〕重譽，謂隆重之聲譽，與下文重名意同。

〔一一〕盧文弨曰：「希，望也，本當作『睎』。」案：傳本、鮑本不分段。

古人之文〔一〕，宏材〔二〕逸氣，體度〔三〕風格〔四〕，去今實遠；但緝綴疎朴〔五〕，未爲密緻耳。今世音律諧靡〔六〕，章句偶對〔七〕，諱避精詳〔八〕，賢於往昔多矣〔九〕。宜以古之製裁爲本〔一〇〕，今之辭調爲末，並須兩存，不可偏棄也。

〔一〕廣川書跋五引無「人」字。

〔二〕廣川書跋、餘師録「材」作「才」。

〔三〕體度，體態風度。左傳文公十八年正義：「和者，體度寬簡，物無乖争也。」

〔四〕風格，風標格範。晉書和嶠傳：「少有風格。」文心雕龍議對篇：「亦各有美，風格存焉。」

〔五〕緝綴：緝，編緝；綴即綴文之綴，綴屬也。廣川書跋「疎」作「疏」，古通。

〔六〕諧靡，和諧靡麗。

〔七〕偶對，偶配對稱。

〔八〕諱避，廣川書跋作「避諱」。

〔九〕南史陸厥傳：「時盛爲文章，吴興沈約、陳郡謝朓、琅邪王融，以氣類相推轂；汝南周顒，善識聲韻。約等文皆用宫商，將平上去入四聲，以此制韻，有平頭、上尾、蜂腰、鶴膝，五字之中，輕重悉異，兩句之内，角徵不同，不可增減，世呼爲永明體。」

〔一〇〕抱經堂本脱「之」字，各本俱有，今據補。

吾家世文章〔一〕，甚爲典正，不從流俗〔二〕，梁孝元在蕃邸時〔三〕，撰西府新文，訖無一篇見録者〔四〕，亦以不偶於世，無鄭、衛之音〔五〕故也。有詩賦銘誄書表啓疏二十卷，吾兄弟始在草土〔六〕，並未得編次，便遭火盪盡，竟不傳於世。銜酷茹恨〔七〕，徹於心髓！操行見於梁史文士傳〔八〕及孝元懷舊志〔九〕。

〔一〕急就篇：「顔文章。」顔師古注：「顔氏本出顓頊之後，顓頊生老童，老童生吴回，爲高辛火正，是謂祝融，祝融生陸終，陸終生六子，其五曰安，是爲曹姓，周武王封其苗裔於邾，爲魯附庸，在魯國騶縣，其後邾武公名夷父、字曰顔，故春秋公羊傳謂之顔公，其後遂稱顔氏，齊、魯之間，皆爲盛族。孔氏弟子達者七十二人，顔氏有八人焉，四科之首，回也標爲德行。（王應麟補曰：「顔回。又顔無繇、顔幸、顔高、顔祖、顔之僕、顔噲、顔回。」）韓子稱：『儒分爲八。』而顔氏處其一焉。（補曰：「齊有顔庚，衛有顔讎由，戰國有顔率、顔斶，魯有顔園、顔丁。」）漢有顔駟、顔安樂，以春秋名家。文章，言其文章也。（一作『言有文章之材也』。）」

〔二〕禮記射義：「不從流俗。」鄭玄注：「流俗，失俗也。」孔穎達正義：「不從流移之俗。」孟子盡心下：「同乎流俗。」朱熹集注：「流俗者，風俗頽靡，如水之下流，衆莫不然也。」

〔三〕蕃邸，指湘東王。

〔四〕訖，宋本作「紀」，餘本作「記」，今從傅本；惟傅本「文」下誤衍「史」字。盧文弨曰：「隋書經籍志：『西府新文十一卷，並録，梁蕭淑撰。』案：金樓子著書篇所載諸書，有自撰者，有使顔協、劉緩、蕭賁諸人撰者，此書當亦元帝所使爲之。」器案：唐書藝文志又著録有蕭淑新文要集十卷。淑，蘭陵人，見齊書蕭介傳。西府，指江陵，時荆州居分陝之要，故稱江陵爲西府，猶東晉以歷陽爲西府也。西府新文，蓋梁孝元使蕭淑輯録諸臣寮之文，時之推父協正爲鎮西府諮議參軍，未見收録，故之推引以爲恨耳。

〔五〕鄭、衞之音，指當時浮豔之文。南史蕭惠基傳：「宋大明以來，聲伎所尚多鄭、衞，而雅樂正聲，鮮有好者。」

〔六〕盧文弨曰：「草土，謂在苫凷之中也。」案：梁書袁昂傳：「草土殘息，復罹今酷。」資治通鑑唐紀：「昭宗天復二年，時韋貽範在草土。」胡三省注：「居喪者寢苫枕塊，故曰草土。」

〔七〕詩經大雅烝民：「柔則茹之，剛則吐之。」釋文：「茹，廣雅云：『食也。』」孔穎達正義：「茹者，噉食之名，故取菜之入口名爲茹。禮稱『茹毛』，亦其事也。」案：世言茹苦銜辛，亦其義也。

〔八〕趙曦明曰：「梁書文學傳：『顏協，字子和。七代祖含，晉侍中國子監祭酒西平靖侯。父見遠，博學有志行，齊治書侍御史兼中丞，高祖受禪，不食卒。協幼孤，養於舅氏，博涉羣書，工草隸。釋褐，湘東王國常侍兼記室，世祖鎮荆州，轉正記室。時吴郡顧協，亦在蕃邸，才學相亞，府中稱爲二協。舅謝暕卒，協居喪，如伯叔之禮，議者重焉。又感家門事義，不求顯達，恒辭徵辟。大同五年卒。所撰晉仙傳五篇、日月災異圖兩卷，遇火湮滅。二子：之儀，之推。』」劉盼遂曰：「按：此云梁史，蓋謂陳領軍大著作郎許亨所著之梁史五十三卷（見隋書經籍志），顏不見姚思廉梁史也。此處殊宜分辨。」

〔九〕趙曦明曰：「隋書經籍志：『懷舊志九卷，梁元帝撰。』」劉盼遂曰：「孝元懷舊志一秩一卷，見金樓子著書篇。又案：北周書顏之儀傳：『父協，以見遠蹈義忤時，遂不仕進，湘東王引爲府記室參軍，協不得已乃應命。梁元帝後著懷舊志及詩，並稱贊其美。』恐即本家訓之説。」陳直曰：「顏真卿家廟碑云：『協字子和，感家門事業，不求聞達。元帝著懷舊詩以傷之。』據此，梁元帝除列顏協於懷舊志外，並有懷舊詩也。」器案：金樓子著書篇懷舊序曰：「吾自北守琅臺，東探禹穴，觀濤廣陵，面金湯之設險，方舟宛委，眺玉笥之干霄，臨水登山，命儔嘯侶。中年承乏，攝牧神州，戚里英賢，南冠髦俊，蔭真長之弱柳，觀茂宏之舞鶴，清酒繼進，甘果徐行，長安郡公爲延譽，扶風長者刷其羽毛。於是駐伏熊，迴駟□，命鄒湛，召王祥，余顧而言曰：『斯樂難常，誠有之矣！日月不居，零露相半，素車白馬，往矣不追，春華秋實，懷哉何已！獨軫魂交，情深宿草，故備書爵里，陳懷舊焉。』」

沈隱侯曰〔一〕：「文章當從三易〔二〕：易見事，一也；易識字，二也；易讀誦，三也〔三〕。」邢子才〔四〕常曰：「沈侯文章，用事不使人覺，若胸憶語也〔五〕。」深以此服之。祖孝徵〔六〕亦嘗謂吾曰：「沈詩云：『崖傾護石髓〔七〕。』此豈似用事邪〔八〕？」

〔一〕趙曦明曰：「梁書沈約傳：『約字休文，吳興武康人。高祖受禪，封建昌縣侯，卒謚隱。』」

〔二〕清波雜志十用此文，「文章當從三易」作「古儒士爲文，當從三易」，蓋以臆自爲添設。

〔三〕黄叔琳曰：「古今文章，不出難易兩途，終以易者爲得，與『辭達而已矣』之旨差近也。」徐時棟曰：「吾生平最服此語，以爲此自是文章家正法眼藏，故每作文，偶以比事，須用僻典，亦必使之明白暢曉，令讀者雖不知本事，亦可會意，至於難字拗句，則一切禁絶之。世之專以怪澀自矜奥博者，真不知其何心也。」

〔四〕盧文弨曰：「子才，邢卲字。」

〔五〕文選文賦：「思風發於胸臆。」

〔六〕盧文弨曰：「孝徵，祖珽字。」

〔七〕趙曦明曰：「晉書嵇康傳：『康遇王烈，共入山，嘗得石髓如飴，即自服半，餘半與康，皆凝而爲石。』」器案：此詩今不見沈集，沈遊沈道士館詩有云：「朋來握石髓。」見文選，李善注云：「袁彦伯竹林名士傳曰：『王烈服食養性，嵇康甚敬之，隨入山。烈嘗得石髓，柔滑如飴，即自服半，餘半取以與康，皆凝而爲石。』」不知爲此詩異文，抑别是一詩。

〔八〕傅本不分段。

邢子才、魏收俱有重名〔一〕，時俗準的〔二〕，以爲師匠〔三〕。邢賞服〔四〕沈約而輕任昉〔五〕，魏〔六〕愛慕任昉而毁沈約，每於談讌，辭色以之〔七〕。鄴下紛紜，各有朋黨〔八〕。祖孝徵嘗謂吾曰：「任、沈之是非，乃邢、魏之優劣也〔九〕。」

〔一〕重名，猶言盛名、大名，與前文言「重譽」義同。後漢書孔融傳：「孔文舉有重名。」魏書文苑傳：「楊遵彦作文德論，以爲古今辭人，皆負才遺行，澆薄險忌，惟邢子才、王元景、温子昇彬彬有德素。」

〔二〕後漢書靈帝紀：「其僚輩皆瞻望於憲，以爲準的。」淮南原道篇高誘注：「質的，射者之準埶也。」案：準的，猶今言標準目的。

〔三〕師匠，即宗師大匠。范寧春秋穀梁序：「膚淺末學，不經師匠。」廣弘明集二八上王筠與雲僧正書：「一代師匠，四海推崇。」

〔四〕賞服，顔本、朱本作「常服」。

〔五〕趙曦明曰：「梁書任昉傳：『昉字彦昇，樂安博昌人。雅善屬文，尤長載筆，才思無窮，起草不加點竄。沈約一代詞宗，深所推挹。』」

〔六〕抱經堂校定本「魏」下有「收」字，各本及類説俱無，今據删。

〔七〕辭色以之，猶今言争得面紅耳熱。晉書祖逖傳：「辭色壯烈，衆皆慨歎。」

〔八〕宋本及餘師録「有」作「爲」。

〔九〕北齊書魏收傳：「始收與温子昇、邢卲稱爲後進。邢既被疎出，子昇以罪死，收遂大被任用，獨步一時，議論更相訾毁，各有朋黨。收每議，鄙邢文。邢又云：『江南任昉，文體本疎，魏收非直模擬，亦大偷竊。』收聞，乃曰：『伊常於沈約集中作賊，何意道我偷任昉！』任、沈俱有重名，邢、魏各有所好。武平中，黄門顔之推以二公意問僕射祖珽。珽答曰：『見邢、魏之臧否，即是任、沈之優劣。』」又見北史魏收傳及御覽五九九引三國典略。器案：六朝時品題人物或文章，往往以所批評之對象的優劣來定批評者之優劣，曹魏時亦有與此類似之事。三國志陳思王植傳注引荀綽冀州記：「劉準子：嶠字國彥，髦字士彥，並爲後出之俊。準與裴頠、樂廣善，遣往見之。頠性弘方，愛嶠之有高韻，謂準曰：『嶠當及卿，然髦少減也。』廣性清淳，愛髦之有神檢，謂準曰：『嶠自及卿，然髦尤精出。』準歎曰：『我二兒之優劣，乃裴、樂之優劣也。』」（又見御覽四〇九、四四四引郭子。）王叔岷曰：「案史通雜説中篇：『觀休文宋典，誠曰不工；必比伯起魏書，更爲良史。而收每云：我視沈約，正如奴耳。』（原注：『出關東風俗傳。』）」

吳均集〔一〕有破鏡賦〔二〕。昔者，邑號朝歌，顏淵不舍〔三〕；里名勝母，曾子斂襟〔四〕：蓋忌夫惡名之傷實也。破鏡乃凶逆之獸，事見漢書〔五〕，爲文幸避此名也。比世〔六〕往往見有和人詩者，題云敬同〔七〕，孝經云〔八〕：「資於事父以事君而敬同〔九〕。」不可輕言也。梁世費旭詩云：「不知是耶非〔一〇〕。」殷澐詩云：「飄颺雲母舟〔一一〕。」簡文曰：「旭既不識其父〔一二〕，澐又飄颻其母。」此雖悉古事，不可用也。世人或有文章引詩「伐鼓淵淵」者〔一三〕，宋書已有屢遊之誚〔一四〕。如此流比〔一五〕，幸須避之。北面事親，別舅摛渭陽之詠〔一六〕；堂上養老，送兄賦桓山之悲〔一七〕，皆大失也。舉此一隅〔一八〕，觸塗〔一九〕宜慎。

〔一〕趙曦明曰：「梁書文學傳：『吴均，字叔庠，吴興故鄣人。文體清拔，有古氣，好事者或斅之，謂爲吴均體。』隋書經籍志：『梁奉朝請吴均集二十卷。』本傳同。」

〔二〕破鏡賦，趙曦明曰：「今不傳。」

〔三〕趙曦明曰：「漢書鄒陽傳：『里名勝母，曾子不入；邑號朝歌，墨子回車。』案：此文不同，蓋有所本。」郝懿行曰：「諸書多稱『邑號朝歌，墨子不入』。」洪亮吉曉讀書齋二録曰：「顔淵事，不知所出，或係曾參之誤。」陳漢章曰：「案下句即稱曾子，何得上句更是曾子？淮南説山訓曰：『曾子立孝，不過勝母之閭；墨子非樂，不入朝歌之邑。』崔駰達旨又云：『顔回明仁於度轂。』」龔道耕先生曰：「水經淇水注引論語撰考讖云：『邑名朝歌，顔淵不舍，七十弟子掩目，宰予獨顧，由蹶墮車。』」器案：劉晝新論鄙名章：「水名盜泉，尼父不漱；邑名朝歌，顔淵不舍；里名勝母，曾子還軔；亭名柏人，漢君夜遁。何者？以其名害義也。」亦以回車朝歌爲顔淵事，與本書同。

〔四〕鄭珍曰：「水經淇水注引論語撰考讖云：『邑名朝歌，顔淵不舍。』淮南子、鹽鐵論（案見晁錯篇）並云：『里名勝母，曾子不入。』」器案：御覽一五七引論語撰考讖：「里名勝母，曾子斂襟。」説苑談叢篇、論衡問孔篇、新論鄙名章亦以不入勝母爲曾子，與本書同；史記鄒陽傳索隱引尸子，則又以爲孔子。

〔五〕趙曦明曰：「漢書郊祀志：『有言古天子嘗以春解祠，祠黄帝用一梟破鏡。』注：『孟康曰：梟，鳥名，食母。破鏡，獸名，食父。黄帝欲絶其類，故使百吏祠皆用之。』」

〔六〕比世，猶言比來、今世也。蕭綸見姬人詩：「比來妝點異，今世撥鬟斜。」比來與今世對文，則比世猶今世、近世也。文選鍾士季檄蜀文：「比年已來。」張銑注：「比，近也。」

〔七〕盧文弨曰：「以同爲和，初唐人如駱賓王、陳子昂諸人集中猶然，别有作奉和同云云者，和字乃後人所增入。」陳直曰：「六朝人和詩題，大致稱同、和、奉和、仰和四名詞，稱敬同者尚少見。或作者寫詩給友朋時，有此謙稱，至編集時又削去敬字歟。」器案：葉夢得玉澗新書云：「類文有梁武帝同王筠和太子懺悔詩云：『仍取筠韻。』」此當時和詩言同之證。白居易和答詩十首序云：「其間所見，同者固不能自異，異者亦不能强同，同者謂之和，異者謂之答。」

〔八〕見士章。

〔九〕唐明皇注云：「資，取也，言敬父與敬君同。」

〔一〇〕趙曦明曰：「漢武帝李夫人歌：『是耶非耶？立而望之。』」盧文弨曰：「費旭，江夏人。」劉盼遂曰：「案『旭』皆『昶』之誤字也，隋書經籍志：『尚書義疏，梁國子助教費昶作。』陸氏經典釋文叙録同。三國、六朝，費氏望出江夏鄳縣。」陳直曰：「『不知是耶非』一句，現全詩已佚。但昶有巫山高樂府云：『彼美巖之曲，寧知心是非。』與本句相類似，或昶『不知是耶非』

詩句當時流傳，已爲簡文所嗤點，故昶自改作『寧知心是非』，亦未可知。又昶詩雖本於漢武帝李夫人歌，但六朝人耶爲爺字省文，東魏源磨耶壙志，即源磨爺也。故簡文以不識其父譏之。」器案：「費旭」當作「費昶」，南史何思澄傳：「王子雲，太原人，及江夏費昶，並爲閭里才子。昶善爲樂府，又作鼓吹曲，武帝重之。」隋書經籍志集部有梁新田令費昶集三卷。玉臺新詠亦頗選入費昶詩。（陳直説略同）樂府詩集卷十七載梁費昶巫山高云：「彼美巖之曲，寧知心是非。」下句當即顔氏所引異文，抑或因顔氏彈射而改之也。劉盼遂以爲當作「費甝」，非是。

〔一一〕抱經堂本「飆」作「飄」，下同。趙曦明曰：「晉宮閣記：『舍利池有雲母舟。』見初學記。」盧文弨曰：「『殷澐』疑是『殷芸』，梁書有傳：『芸字灌疏，陳郡長平人。勵精勤學，博洽羣書，爲昭明太子侍讀。』宜與簡文相接也。又有湘東王記室參軍褚澐，河南陽濯人，有詩。二者姓名，必有一訛。」

〔一二〕盧文弨曰：「以耶爲父，蓋俗稱也。古木蘭詩：『卷卷有耶名。』」劉盼遂曰：「按南朝通俗稱父爲耶。南史王彧傳：『長子絢，年五六歲，讀論語至「周監於二代」，外祖何尚之戲之曰：「可改『耶耶乎文哉』。」絢即答曰：「尊者之名安可戲？寧可道『草翁之風必舅』？」』緣論語此句爲『彧彧乎文哉』，彧是絢之父之名，故何戲改爲耶，知南朝通稱父爲耶矣。」器案：文心雕龍指瑕篇：「至於比語求蚩，反音取瑕，雖不屑於古，而有擇於今焉。」「是耶」之耶爲父，

「雲母」之母爲母，即比語求蚩之證；下文「伐鼓」，又反音取瑕之證也，此皆所謂「諱避精詳」者也。

〔一三〕宋本及餘師録無「文章」二字。「伐鼓淵淵」，詩小雅采芑文。

〔一四〕李慈銘曰：「案金樓子（雜記上）云：『宋玉戲太宰屢遊之談，流連反語，遂有鮑照伐鼓、孝綽布武、韋粲浮柱之作。』此處『宋書』，本亦作『宋玉』。」劉盼遂曰：「案梁元帝金樓子雜記篇……據孝元之言，是引詩『伐鼓淵淵』者爲鮑照，然而沈約宋書明遠附見南平王鑠傳中，不見『伐鼓』之文，亦無『屢遊』之誚。隋書經籍志正史類有徐爰宋書六十五卷，孫嚴宋書六十五卷，宋大明中撰宋書六十一卷，則明遠『伐鼓』『屢遊』故實，當在此三史中矣。」器案：俞正燮癸巳類稿卷七反切證義已舉金樓子及顏氏家訓此文爲言。文鏡祕府論西册論病文二十八種病第二十：「翻語病者，正言是佳詞，反語則深累是也。如鮑明遠詩云：『雞鳴關吏起，伐鼓早通晨。』伐鼓，正言是佳詞，反語則不祥，是其病也。崔氏云：『伐鼓，反語腐骨，是其病。』」是伐鼓反語爲腐骨。屢遊反語未詳。此文心雕龍指瑕篇所謂「比語求蚩，反音取瑕」是也。鮑明遠詩，見文選行藥至城東橋一首。又案：陸機贈顧交趾公貞詩：「伐鼓五嶺表，揚旌萬里外。」謝惠連猛虎行：「伐鼓功未著，振旅何時從？」梁武帝藉田詩：「啓行天猶暗，伐鼓地未悄。」均引詩「伐鼓淵淵」，不獨明遠一人而已。詩中密旨六病例反語病六亦云：「篇中正言是佳詞，反語則理累。鮑明遠詩：『伐鼓早通晨。』伐鼓則正字，反語則反字。」器又案：六朝人所用伐鼓有二義：一爲出師，即本詩經；一爲戒晨，水經濛水注云：「後置大鼓于其上（平城白樓），晨昏伐以千椎，爲城里諸門啓閉之候，謂之戒晨鼓也。」即其義也。若鮑詩所用，則後一義也，此應分别。又案：三國六朝人喜言反語，三國志吳書諸葛恪傳載童謡曰：「……於何相求成子閣。」成子閣者，反語石子岡也。又見晉書五行志中，「成子閣」作「常子閣」；又見宋書五行志二，「成子閣」作「楊子閣」。宋書又載時人曰：「清暑者，反言楚聲也。」清暑反語亦見晉書孝武帝紀。南齊書五行志載舊宫反窮廐，陶郎來反唐來勞，東田反癲童。南史梁本紀中載大通反同泰。又陳本紀載叔寶反少福，又袁粲傳載袁愍反殞門，又梁武帝諸子傳載鹿子開反來子哭。隋書五行志上載楊英反嬴殃。舊唐書高宗紀下載通乾反天窮。水經注四河水四載索郎反桑落。太平廣記卷一百三十六魏叔麟條叔麟反身戮，武三思條德靖反鼎賊，又卷二百四十九邢子才條蓬萊反裴聾，又卷二百五十鄧玄挺條木桶反幪禿，又卷二百五十五安陵佐史條奔墨反北門，契綟禿條天州反偷氈，毛賊反墨槽，曲録鐵反曲綟禿，又卷二百五十八郝象賢條寵之反痴種，又卷二百七十八張鎰條任調反饒甜，又卷二百七十九李伯憐條洗白馬反瀉白米，又卷三百一十六盧充條温休反幽婚，又卷三百二十二張君林條高褐反葛號。説略本俞正燮、劉盼遂。

〔一五〕流比，流輩比類。三國志魏書夏侯太初傳：「擬其倫比，勿使偏頗。」沈約奏彈王源：「玷辱流輩。」義同。

〔一六〕趙曦明曰：「詩小序：『渭陽，秦康公念母也。康公之母，晉獻公之女。文公遭麗姬之難未反，而秦姬卒；穆公納文公，康公時爲太子，贈送文公于渭之陽，念母之不見也，我見舅氏，如母存焉。』」器案：此言母在北堂，而别舅摛渭陽之詠，是爲大失也。太平廣記二六二引笑林：「甲父母在，出學三年而歸，舅氏問其學何得，並序别父久。乃答曰：『渭陽之思，過於秦康。』既而父數之：『爾學奚益？』答曰：『少失過庭之訓，故學無益。』」資暇集上：「徵舅氏事，必用渭陽，前輩名公，往往亦然，兹失於識，豈可輕相承耶？審詩文當悟，皆不可徵用矣。是以齊楊愔幼時，其舅源子恭問讀詩至渭陽未，愔便號泣，子恭亦對之歔欷。」

〔一七〕沈揆曰：「家語：『顔回聞哭聲，非但爲死者而已，又有生離别者也。聞桓山之鳥，生四子焉，羽翼既成，將分於四海，其母悲鳴而送之，聲有似於此，謂其往而不返也。孔子使人問哭者，果曰：「父死家貧，賣子以葬，與之長決。」子曰：「回也善於識音矣。」』一本作『恒山』者，非。」趙曦明曰：「案：沈氏所引家語，見顔回篇，説苑辨物篇亦載之，『桓山』作『完山』。」器案：桓山之悲，取喻父死而賣子；今父尚健在，而送兄引用桓山之事，是爲大失也。又案：初學記十八、御覽四八九引家語作「恒山」，與沈氏所見一本合；抱朴子辨問篇作「完山」，與説苑合。又羅本、傅本、顔本、程本、胡本、何本及餘師録引「桓山」作「栢山」，係避宋諱缺末筆而誤；朱本作「北山」，又緣「栢山」音近而誤也。

〔一八〕一隅，注詳勉學篇「校定書籍」條。

〔一九〕觸塗之觸，與「觸類旁通」之觸義同，唐書崔融傳：「量物而稅，觸塗淹久。」

江南文制〔一〕，欲人彈射〔二〕，知有病累〔三〕，隨即改之，陳王得之於丁廙也〔四〕。山東風俗，不通擊難〔五〕。吾初入鄴，遂嘗以此忤人〔六〕，至今爲悔。汝曹必無輕議也。

〔一〕趙曦明曰：「文制，猶言製文。」器案：徐陵答李顒之書：「忽辱來告，文製兼美。」製、制古通。

〔二〕彈射，猶言指摘、批評。李詳曰：「張衡西京賦：『彈射臧否。』」器案：晉書五行志：「吴之風俗，相驅以急，言論彈射，以刻薄相尚。」

〔三〕詩品上：「張協文體華净，少病累。」所謂病累，主要指聲病而言。通鑑一二二胡注：「聲病，謂以平上去入四聲，緝而成文，音從文順謂之聲，反是則謂之病。」文鏡祕府論西册：「家製格式，人談疾累。」疾累即病累也，其書列有文二十八種病。

〔四〕趙曦明曰：「文選曹子建與楊德祖書：『僕嘗好人譏彈其文，有不善者，應時改定。昔丁敬禮常作小文，使僕潤飾之。僕自以才不能過若人，辭不爲也。敬禮謂僕：「卿何所疑難，文之佳惡，吾自得之，後世誰相知定吾文者邪？」吾嘗歎此達言，以爲美談。』」

〔五〕盧文弨曰：「難，乃旦切。」案：擊難，攻擊責難也。世説新語文學篇：「桓南郡與殷荆州共談，每相攻難。」攻難即此擊難也。

〔六〕宋本無「此」字。

凡代人爲文，皆作彼語，理宜然矣。至於哀傷凶禍之辭，不可輒代〔一〕。蔡邕爲胡金盈作母靈表頌曰：「悲母氏之不永，然委我而夙喪〔二〕。」又爲胡顥作其父銘曰：「葬我考議郎君〔三〕。」袁三公頌曰：「猗歟我祖，出自有嬀〔四〕。」王粲爲潘文則思親詩云：「躬此勞悴〔五〕，鞠予小人〔六〕；庶我顯妣，克保遐年。」而並載乎邕、粲之集〔七〕，此例甚衆。古人之所行，今世以爲諱〔八〕。陳思王武帝誄，遂深永蟄之思〔九〕；潘岳悼亡賦，乃愴手澤之遺〔一〇〕：是方父於蟲〔一一〕、匹婦於考也〔一二〕。蔡邕楊秉碑云：「統大麓之重〔一三〕。」潘尼贈盧景宣詩云：「九五思飛龍〔一四〕。」孫楚王驃騎誄云：「奄忽登遐〔一五〕。」陸機父誄〔一六〕云：「億兆宅心，敦叙百揆〔一七〕。」姊誄云：「俔天之和〔一八〕。」今爲此言，則朝廷之罪人也〔一九〕。王粲贈楊德祖詩云：「我君餞之，其樂洩洩〔二〇〕。」不可妄施人子，況儲君乎〔二一〕？

〔一〕郝懿行曰：「此論亦未盡然，如詩之小弁，宜曰之傅所作，即是哀傷凶禍之辭，可得代爲也。」

〔二〕餘師録「然」作「倐」，義較佳。盧文弨曰：「此文今蔡集有之。胡金盈，胡廣之女。此句作『胡委我以夙喪』。」劉寶楠漢石例一稱靈表例舉此及司徒袁公夫人馬氏靈表，云：「靈之爲善，常訓也，大戴禮曾子篇：『神靈者，品物之本也，陽之精氣曰神，陰之精氣曰靈。』詩靈臺傳：『神之精明者稱靈。』故漢書禮樂志安世房中歌，靈凡再見，郊祀歌練時日，靈凡八見，天地一見，赤蛟五見，皆謂神靈也。說文云：『靈，靈巫以玉事神，从玉霝聲。』又云：『靈或从巫。』案：靈本事神之玉，因以名神；其事神之巫，亦因以名靈。然則靈表者，以兆域爲神所依，故表其神靈，王稚子闕稱先靈是也。」

〔三〕盧文弨曰：「胡顥，廣之孫，議郎，名寧。」今蔡集無此篇，與下袁三公頌同逸。」

〔四〕左傳昭公八年杜注：「胡公滿，遂之後也，事周武王，賜姓曰嬀，封之陳。」廣韻二十一欣：「袁姓出陳郡、汝南、彭城三望，本自胡公之後。」詩周頌潛：「猗與漆、沮。」鄭箋：「猗與，歎美之言也。」

〔五〕羅本、傅本、顏本、程本、胡本、何本、朱本、文津本及餘師録「悴」作「瘁」，字通。詩小雅蓼莪：「哀哀父母，生我勞瘁。」鄭箋：「瘁，病也。」

〔六〕蓼莪：「母兮鞠我。」毛傳：「鞠，養。」

〔七〕趙曦明曰：「思親詩，今見粲集中。」

〔八〕宋本及餘師録引句末有「也」字。

〔九〕郝懿行曰：「文心雕龍指瑕篇云：『永蟄頗疑於昆蟲。』」李詳曰：「案藝文類聚十四曹植武帝誄：『潛闥一扃，尊靈永蟄。』」

〔一〇〕趙曦明曰："岳集中載悼亡賦，無此句。"郝懿行曰："潘岳悲内兄則云'感口澤'，及此云悼亡賦'愴手澤'，今檢潘集，都未見此二語，何也？"

〔一一〕趙曦明曰："禮記月令：'季秋之月，蟄蟲咸俯。'"

〔一二〕宋本及餘師録作"譬婦爲考也"。何焯曰："白詩中'譬'字多作'匹'。"趙曦明曰："禮記玉藻：'父没而不能讀父之書，手澤存焉爾。'"陳直曰："金樓子立言篇云：'陳思之文，羣才之雋也。武帝誄云：尊靈永蟄。明帝頌云：聖體浮輕。浮輕有似於蝴蝶，永蟄可擬於昆蟲，施之尊極，不其嗤乎。'之推之言，蓋與梁元帝相似。"

〔一三〕趙曦明曰："案今蔡集所載秉碑一篇，無此語。書舜典：'納于大麓，烈風雷雨弗迷。'"盧文弨曰："鄭康成注尚書大傳云：'山足曰麓，麓者，録也。古者，天子命大事，命諸侯，則爲壇國之外。堯聚諸侯，命舜陟位居攝，致天下之事，使大録之。'"案：漢書王莽傳中："予前在大麓，至於攝假。"用法與此同。陳槃曰："漢書于定國傳：'永光元年，春霜夏寒，日青無光，元帝以詔條責定國。定國惶恐，上書自劾，歸侯印，乞骸骨。元帝報曰：君相朕躬，不敢怠息。萬方之事，大録于君。能毋過者，其爲聖人。'此詔正用堯典'納于大麓'事，則訓麓爲録，不始于康成之注尚書大傳矣。"

〔一四〕趙曦明曰："今集中有送盧景宣詩一首，無此句。易乾卦：'九五，飛龍在天，利見大人。'案：九五，君位，飛龍，是聖人起而爲天子，故不可泛用。"

〔一五〕趙曦明曰：「此篇今已亡。禮記曲禮下：『告喪曰天王登假。』假讀爲遐。」器案：孫楚，晉書本傳云：「字子荊，太原中都人也。」隋書經籍志：「晉馮翊太守孫楚集六卷，梁十二卷，録一卷。」本書終制篇：「儻然奄忽。」文選馬融長笛賦：「奄忽滅没。」注：「方言：『奄，遽也。』」三國志蜀書先主傳：「亮上言於後主曰：『伏惟大行皇帝……奄忽升遐。』」文鏡祕府論地册十四例輕重錯謬之例：「陳王之誄武帝，遂稱『尊靈永蟄』；孫楚之哀人臣，乃云『奄忽登遐』。」原注：「子荊王驃騎誄，此錯謬一例也。見顔氏傳。」即據本文爲説。王楙野客叢書卷二十八曰：「登遐二字，晉人臣下亦多稱之，如夏侯湛曰：『我王母登遐。』孫楚除娣服詩曰：『神爽登遐忽一周。』又誄王驃騎曰：『奄忽登遐。』自此稱登遐者不少，亦當時未避忌爾，然不可謂臣下亦可稱也。」嚴可均輯孫楚文失收此句。王叔岷曰：「案墨子節喪篇：『秦之西有儀渠之國者，其親戚死，聚柴而焚之，燻上，謂之登遐。』（又見列子湯問篇、博物志異俗篇、劉子風俗篇。）列子黄帝篇：『而帝登假。』張湛注：『假當爲遐。』周穆王篇：『世以爲登假焉。』注：『假字當作遐。』」

〔一六〕陸機父抗，吴大司馬。類聚四七引機吴大司馬陸抗誄，無此二語，嚴可均輯全晉文失收，當據補。

〔一七〕趙曦明曰：「此語未見。左氏閔元年傳：『天子曰兆民。』書泰誓中：『紂有億兆夷人。』又康誥：『汝丕遠惟商耇成人，宅心知訓。』文選劉越石勸進表：『純化既敷，則率土宅心。』書益稷：『惇叙九族。』舜典：『納于百揆，百揆時叙。』」

〔一八〕顔本、朱本及餘師録「和」作「妹」。今機集無此文。趙曦明曰：「詩大雅大明：『大邦有子，俔天之妹。』傳：『俔，磬也。』説文：『俔，諭也。』謂譬喻也。牽遍切。」

〔一九〕器案：金樓子立言篇下：「古來文士，異世争驅，而慮動難固（周），鮮無瑕病。陳思之文，羣才之雋也，武帝誄云：『尊靈永蟄。』明帝頌云：『聖體浮輕。』『浮輕』有似於蝴蝶，『永蟄』可擬於昆蟲，施之尊極，不其嗤乎！」文心雕龍指瑕篇：「古來文才，異世争驅，或逸才以爽迅，或精思以纖密；而慮動難圓，鮮無瑕病。陳思之文，羣才之俊也，而武帝誄云：『尊靈永蟄。』明帝頌云：『聖體浮輕。』浮輕有似於胡蝶，永蟄頗疑於昆蟲，施之尊極，豈其當乎！左思七諷，説孝而不從，反道若斯，餘不足觀矣。潘岳爲才，善於哀文，然悲内兄則云『感口澤』，傷弱子則云『心如疑』。禮文在尊極，而施之下流，辭雖足哀，義斯替矣。」金樓、文心所言，足與顔氏之説互證。

〔二〇〕趙曦明曰：「此篇已亡。楊脩，字德祖，太尉彪之子。左氏隱元年傳：『公入而賦：「大隧之中，其樂也融融。」姜出而賦：「大隧之外，其樂也洩洩。」』」案：杜注：「洩洩，舒散也。」

〔二一〕後漢書安紀贊：「降奪儲嫡。」李賢注：「儲嫡，謂太子也。」董逌廣川書跋五：「秦、漢以後，禁忌稍嚴，文氣日益凋喪，然未若後世之纖密周細，求人功辠於此也。昔左氏書子皮即位，叔向言罕樂得其國；葉公作顧命，楚、漢之際爲世本者用之；潘岳奉其母，稱萬壽以獻觴；

張永謂其父柩，大行屈道；孫盛謂其父登遐；蕭惠開對劉成，甚如慈旨；竟陵謂顧憲之曰：『非君無以聞此德音。』鮑照於始興王則謂：『不足宣贊聖旨。』晉武詔山濤曰：『若居諒闇，情在難奪。』夫顧命、大行、諒闇、德音，後世人臣，不得用之。其以朕自況，與稱臣對客，自漢已絶於此，況後世多忌，而得用耶？顏之推曰：『古之文，宏才逸氣，體度風格，去今人實遠；但綴緝疏朴，未爲密緻耳。今世音律諧靡，章句對偶，避諱精詳，賢於往昔。』之推當北齊時，已避忌如此，其謂『綴緝疏朴』，此正古人奇處，方且以避諱精詳爲工，音律對偶爲麗，不知文章至此，衰敝已劇，尚將伥伥求名人之遺蹟邪？吾知溺於世俗之好者，此皆沈約徒隸之習也。」案：董氏之説，足與顏氏之説相輔相成，因此而附及之。又案：傅本、鮑本不分段。

挽歌辭者，或云古者虞殯之歌〔一〕，或云出自田横之客〔二〕，皆爲生者悼往告哀之意〔三〕。陸平原〔四〕多爲死人自歎之言〔五〕，詩格〔六〕既無此例，又乖製作本意〔七〕。

〔一〕此句及下句「云」字，抱經堂校定本俱作「曰」，宋本及各本俱作「云」，今據改。趙曦明曰：「左氏哀十一年傳：『公孫夏命其徒歌虞殯。』注：『虞殯，送葬歌曲。』」

〔二〕趙曦明曰：「崔豹古今注：『薤露、蒿里，並喪歌也。田横自殺，門人傷之，爲作悲歌，言人命如薤上之露，易晞滅也；亦謂人死魂魄歸乎蒿里，故有二章。至李延年乃分爲二曲，薤露送王公貴人，蒿里送士大夫庶人，使挽柩者歌之，世呼爲挽歌。』」案：田橫，齊王田榮弟，史記有傳。

〔三〕皆爲生者悼往告哀之意。傅本、胡本「告」作「苦」，不可從。

〔四〕趙曦明曰：「陸機爲平原内史。」

〔五〕趙曦明曰：「陸機挽歌詩三首，不全爲死人自歎之言，唯中一首云：『廣宵何寥廓，大暮安可晨？人往有反歲，我行無歸年！』乃自歎之辭。」器案：挽歌詩見文選卷二十八。繆襲挽歌云「造化雖神明，安能復存我」云云。陶潛挽歌辭云「嬌兒索父啼，良友撫我哭」云云。又云「看案盈我前，親舊哭我傍」云云。又云「嚴霜九月中，送我出遠郊」云云。並爲死人自歎之言，固不止一陸平原也。

〔六〕案：唐書藝文志丁部著録詩格、詩式，自元兢以下凡七家。據此，則詩格、詩式，雖自唐人始撰輯成書，而其説則六朝固已發之矣。

〔七〕宋本及餘師録「本意」作「大意」。郝懿行曰：「陶淵明自作挽歌，乃愈見其曠達，然故是變格爾。」

凡詩人之作，刺箴美頌，各有源流，未嘗混雜，善惡同篇也。陸機爲齊謳篇〔一〕，前叙山川物産風教之盛，後章忽鄙山川之情〔二〕，殊〔三〕失厥體。其爲吴趨行〔四〕，何不陳子光、夫差乎〔五〕？京洛行〔六〕，胡不述赧王、靈帝乎〔七〕？

〔一〕沈揆曰：「樂府（卷六十四）：『陸機齊謳行備言齊地之美，亦欲使人推分直進，不可妄有所營也。』」器案：文選齊謳行張銑注：「此爲齊人謳歌國風也，其終篇亦欲使人推分直進，不可苟有所營。」

〔二〕趙曦明曰：「非也。案本詩『惟師』以下，刺景公據形勝之地，不能修尚父、桓公之業，而但知戀牛山之樂，思及古而無死也。」器案：齊謳行云：「鄙哉牛山歎，未及至人情。」此鄙景公耳，非鄙山川也。齊景公登牛山，悲去其國而死，見韓詩外傳卷十、晏子春秋内篇諫上及外篇、列子力命篇及御覽四二八引新序。

〔三〕「殊」原作「疎」，傅本、朱本及餘師録作「殊」，義較勝，今據改正。

〔四〕沈揆曰：「樂府云：『崔豹古今注曰：「吴趨行，吴人以歌其地。」陸機吴趨行曰：「聽我歌吴趨。」趨，步也。』一本作『吴越行』者，非。」器案：文選吴趨行劉良注：「此曲，吴人歌其土風也。」

〔五〕趙曦明曰：「非也。吴趨乃平原桑梓之邦，以釋回增美爲體，何爲而陳子光、夫差乎？」

〔六〕案：樂府詩集卷三十九煌煌京洛行録魏文帝以下四首，無陸機之作，蓋在宋時已亡之矣。

〔七〕羅本、傅本、顔本、何本、朱本及餘師録「胡」作「何」，程本及胡本誤作「祠」。趙曦明曰：「非也。京洛爲天子之居，當以可法可戒爲體，何爲而述赧王、靈帝乎？」

自古宏才博學，用事誤者有矣；百家雜説，或有不同〔一〕，書儻湮滅，後人不見，故未敢輕議之。今指知決紕繆者〔二〕，略舉一兩端以爲誡〔三〕。詩云：「有鷕雉鳴〔四〕。」又曰〔五〕：「雉鳴求其牡。」毛傳亦曰：「鷕，雌雉聲。」又云：「雉之朝雊，尚求其雌〔六〕。」鄭玄注月令亦云：「雊，雄雉鳴〔七〕。」潘岳賦〔八〕曰：「雉鷕鷕以朝雊〔九〕。」是則混雜其雄雌矣〔一〇〕。詩云：「孔懷兄弟〔一一〕。」孔，甚也；懷，思也，言甚可思也。陸機與長沙顧母書〔一二〕，述從祖弟士璜死〔一三〕，乃言：「痛心拔腦〔一四〕，有如孔懷。」心既痛矣，即爲甚思，何故方言有如也〔一五〕？觀其此意，當謂親兄弟爲孔懷〔一六〕。詩云：「父母孔邇〔一七〕。」而呼二親爲孔邇，於義通乎？異物志〔一八〕云：「擁劍狀如蟹〔一九〕，但一螯偏大爾〔二〇〕。」何遜〔二一〕詩云：「躍魚如擁劍〔二二〕。」是不分魚蟹也。漢書：「御史府中列柏樹，常有野鳥數千，棲宿其上，晨去暮來，號朝夕鳥〔二三〕。」而文士往往誤作烏鳶用之〔二四〕。抱朴子説項曼都詐稱得仙〔二五〕，自云：「仙人以流霞一杯與我飲之，輒不飢渴〔二六〕。」而簡文詩云：「霞流抱朴椀〔二七〕。」亦猶郭象以惠施之辨爲莊周言也〔二八〕。後漢書：「囚司徒崔烈以鋃鐺鏁〔二九〕。」鋃鐺，大鏁也；世間多誤作金銀字〔三〇〕。武烈太子〔三一〕亦是數千卷學士〔三二〕，嘗作詩云：「銀鏁三公脚，刀撞僕射頭〔三三〕。」爲俗所誤〔三四〕。

〔一〕荀子解蔽篇：「今諸侯異政，百家異説，則必或是或非，或治或亂。」史記太史公自序：「整齊百家雜語。」正義：「整齊諸子百家雜説之語。」

〔二〕盧文弨曰：「禮記大傳：『五者，一物紕繆。』注：『紕，猶錯也。』釋文：『紕，匹彌切。繆，本或作謬。』」

〔三〕宋本、鮑本及餘師録引句末有「云」字。

〔四〕此及下句引詩，見邶風匏有苦葉。盧文弨曰：「鷕，説文以水切，今讀户小切。」

〔五〕又曰，抱經堂本作「又云」，宋本及各本都作「又曰」，今從之。

〔六〕見詩小雅小弁。

〔七〕見禮記月令季冬之月。郝懿行曰：「鄭注月令，今本無『雄』字，而云：『雊，雉鳴也。』説文亦云：『雊，雄雉鳴。』疑顔氏所見古本有『雄』字，而今本脱之歟？」

〔八〕趙曦明曰：「岳有射雉賦。」

〔九〕朱本注云：「雊，音垢，雌雄鳴也。」此朱軾臆説，不可從。

〔一〇〕趙曦明曰：「徐爰注此賦云：『延年以潘爲誤用。』案：詩『有鷕雉鳴』，則云『求牡』，及其『朝雊』，則云『求雌』，今云『鷕鷕朝雊』者，互文以舉，雄雌皆鳴也。』案：徐説甚是，古人行文，多有似此者。」段玉裁曰：「徐子玉與延年皆宋人也，黄門年代在後，其所作家訓，當是襲延年説耳。」案：段玉裁説文解字注四上雊篆：「雊，雄雉鳴也。言雄雉鳴者，别於鷕之爲雌雉鳴也。小雅：『雉之朝雊，尚求其雌。』邶風：『有鷕雉鳴。』下云：『雉鳴求其牡。』按：鄭注月令云：『雊，雉鳴也。』是雊不必系雄鳴，則毛公系諸雌，亦望文立訓耳。若潘安仁賦：『雉鷕鷕而朝雊。』此則所謂渾言不別也。顔延年、顔之推皆云潘誤用，未孰於訓詁之理。」

〔一一〕趙曦明曰：「詩小雅常棣作『兄弟孔懷』。」

〔一二〕趙曦明曰：「通典：『秦長沙郡，漢爲國，後漢復爲郡，晉因之。』」

〔一三〕器案：御覽六九五引陸機與長沙夫人書：「士璜亡，恨一襦少，便以機新襦衣與之。」即此一書也。

〔一四〕宋本、羅本、顔本、程本、胡本、何本、朱本「腦」作「惱」，傅本、抱經堂本及餘師録作「腦」，今從之。

〔一五〕「方」字，各本俱脱，宋本、鮑本及餘師録有，今據補正。

〔一六〕器案：魏志管輅傳：「辰叙曰：『辰不以闇淺，得因孔懷之親，數與輅有所諮論。』」通鑑一三六：「魏主乃下詔，稱『二王所犯難恕，而太皇太后追惟高宗孔懷之思』云云。」胡注：「二王於文成帝爲兄弟，詩曰：『兄弟孔懷。』」文館詞林六九一隋文帝答蜀王勑書：「嫉妒於弟，無惡不爲，滅孔懷之情也。」則以兄弟爲孔懷，自三國迄北隋，猶然相同也。孫能傳剡溪漫筆一曰：「詩文用歇後語，亦是一疵，東京、魏、晉以來多有之。崔駰云：『非不欲室也，惡登牆而摟處。』崔琰云：『哲人君子，俄有色斯之志。』傅亮云：『照鄰殆庶。』王融云：『風舞之情咸蕩。』皆載在文選，不以爲嫌，絶不可以爲法。陶淵明詩：『再喜見友于。』梁武帝戲劉溉：『文章假手。』孫蓋曰：『得無貽厥之力乎？』後學相承，遂謂兄弟爲友于，子孫爲貽厥，少陵詩：『山鳥幽花皆友于。』昌黎詩：『豈謂貽厥無基址。』顔魯公郭汾陽家廟碑：『友于著睦，貽厥有光。』皆未免俗。若爾，則率土之濱莫非王，何以云倒繃孩兒也。」案：孫氏言歇後語之疵，獨未及孔懷，此亦其鄰類也。王叔岷曰：「弘明集十一劉君白答僧巖法師書：『對孔懷之好，敦九族之美。』亦以兄弟爲『孔懷』。」

〔一七〕見詩周南汝墳。

〔一八〕趙曦明曰：「隋書經籍志：『異物志一卷，漢議郎楊孚撰。』」

〔一九〕古今注中魚蟲第五：「蟚蜞，小蟹也，生海邊，食土，一名長卿。其有一螯偏大，謂之擁劍，亦名執火，以其螯赤，故謂執火也。」

〔二〇〕北户録一崔龜圖注引「螯」作「鳌」。朱本注云：「螯，音敖，蟹大足，鳌同。」

〔二一〕趙曦明曰：「梁書文學傳：『何遜，字仲言，東海郯人。八歲能賦詩文章，與劉孝綽並見重當世。』」

〔二二〕案：何渡連圻二首作「魚遊若擁劍，猿掛似懸瓜」。

〔二三〕見漢書朱博傳。

〔二四〕宋祁曰：「浙本亦作『鳥』。余謂『鳥』字當作『烏』字。」緗素雜記八：「余案：白氏六帖與李濟翁資暇集，其餘簡編所載，及人所引用，皆以爲烏鳶，而獨家訓以爲不然，何哉？余所未諭。」（永樂大典二二三四五用此文，失記出處。）方以智通雅二四曰：「今稱御史爲烏臺，以朱博傳『御史府中列柏木，常有野烏數千』也。于文定泥顏氏家訓，以爲『鳥』誤作『烏』。智案：唐、宋來皆用烏府，考漢書原作『烏』字，或顏氏別見一本耶？」盧文弨曰：「此見朱博傳，本皆作『烏』，宋祁因顏此言，謂當作『鳥』。」周壽昌曰：「顏氏當日所見漢書，或傳鈔偶誤，宋氏取此孤證，欲改古書，未可信也。考御史府稱烏署，見唐制書；烏府、烏臺，見白六帖；唐張良器有烏臺賦云：『門凌晨而豸出，樹夕陽而烏來。』正用此事。是唐以來，漢書皆作『烏』，益可證。」陳直曰：「漢書刊本，烏鳥二字往往易混。例如張掖郡鸞鳥縣，宋嘉祐本即作鸞烏。蘇詩云：『烏府先生鐵作肝。』是宋人所見朱博傳即作野烏。顏氏所見本作野鳥，或字之異同，未可即定烏爲正確字。」

〔二五〕劉盼遂曰：「案：葛說又本王充論衡道虛篇。」

〔二六〕盧文弨曰：「見祛惑篇。」

〔二七〕今本簡文集無此詩。劉盼遂曰：「案抱朴子祛惑篇之說，又本之王充論衡道虛篇。道虛篇云：『河東蒲坂項曼都好道，學仙，委家亡去，三年而返家。問其狀，曰：「去時不能自知，忽見若卧形，有仙人數人將我上天，離月數里而止。見月上下幽冥，幽冥不知東西。居月之旁，其寒悽愴，口飢欲食，仙人輒飲我以流霞一杯。每飲一杯，數月不飢。不知去幾何年月，不知以何爲過，忽然若卧，復下至此。」河東號之曰斥仙。』此正爲抱朴子所本。簡文詩云：『霞流抱朴椀。』亦可云『霞流王充椀』乎？宜其爲顏氏之所譏也。」

〔二八〕趙曦明曰：「案：莊子天下篇，自『惠施多方』而下，因述施之言而辨正之。郭象注云：『昔吾未覽莊子，嘗聞論者争夫尺捶、連環之意，而皆云莊生之言。案：此篇較評諸子，至於此章，則曰其道舛駁，其言不中，乃知道聽塗説之傷實也。』則郭注本分明，顏氏譏之，誤也。」按：此指郭象未見莊子以前耳，非誤。

〔二九〕鋃鐺，宋本原注：「上音狼，下音當。」趙曦明曰：「後漢書崔駰傳：『孫寔，從弟烈，因傅母入錢五百萬，得爲司徒。獻帝時，子鈞與袁紹俱起兵山東，董卓以是收烈付郿獄，錮之鋃鐺鐵鏁。卓既誅，拜城門校尉。』」能改齋漫録七：「韓子蒼夏夜廣壽寺偶書云：『城郭初鳴定夜鐘，苾芻過盡法堂空。移牀獨向西南角，卧看琅璫動晚風。』案：顏氏家訓云云，顏所引鋃鐺字皆從金，子蒼所用字皆從玉，仍以鋃鐺爲鈴鐸，而非鏁也。子蒼博極羣書，恐當别有所本，洪龜父亦云：『琅璫鳴佛屋。』」器案：漢書王莽傳下：「以鐵鎖琅當其頸。」師古曰：「琅當，長鏁也。」字正從玉。至謂鈴鐸爲琅璫，當由「三郎郎當」而來耳。

〔三〇〕困學紀聞八引董彦遠除正字啓：「鎖定銀鐺之名，車改金根之目。」上句即此文所申斥之流比。何焯曰：「金銀借對，謂定銀爲鋃也。」

〔三一〕盧文弨曰：「南史忠壯世子方等傳：『字實相，元帝長子。少聰敏，有俊才，南討軍敗溺死，謚忠壯，元帝即位，改謚武烈世子。』」

〔三二〕器案：數千卷學士，謂讀數千卷書之學士。本書名實篇：「有一士族，讀書不過二三百卷。」又勉學篇：「若能常保數百卷書。」類說「保」作「飽」。俱謂讀若干卷書也。北史崔儦傳：「少以讀書爲務，負恃才地，大署其户曰：『不讀五千卷書者，無得入室。』」杜甫贈韋左丞詩：「讀書破萬卷。」

〔三三〕蕭方等無集傳世。案：北齊書王紘傳：「帝使燕子獻反縛紘，長廣王捉頭，帝手刃將下，紘曰：『楊遵彦、崔季舒，逃走避難，位至僕射尚書；冒死效命之士，反見屠戮，曠古未有此事。』帝投刃於地，曰：『王師羅不得殺。』遂捨之。」豈方等亦用近事耶？疑不能明也。

〔三四〕能改齋漫録此句作「蓋誤也」。

文章地理〔一〕，必須愜當。梁簡文〔二〕雁門太守行〔三〕乃云：「鵞軍攻日逐〔四〕，燕騎蕩康居〔五〕，大宛歸善馬〔六〕，小月送降書〔七〕。」蕭子暉〔八〕隴頭水〔九〕云：「天寒隴水急，散漫俱分瀉，北注徂黄龍〔一〇〕，東流會白馬〔一一〕。」此亦明珠之纇〔一二〕、美玉之瑕，宜慎之。〔一三〕

〔一〕案：本書勉學篇：「夫學貴能博聞也。郡國山川……皆欲根尋，得其原本。」尋詩經鄘風定之方中毛傳：「故建邦能命龜，田能施命，作器能銘，使能造命，升高能賦，師旅能誓，山川能説，喪紀能誄，祭祀能語：君子能此九者，可謂有德音，可以爲大夫。」釋文：「能説，如字。鄭志：『問曰：山川能説，何謂也？答曰：兩讀。或言説，説者説其形勢也；或曰述，述其故事也。』」孔穎達疏：「山川能説者，謂行過山川，能説其形勢而陳述其狀也。鄭志：『張逸問：傳曰山川能説，何謂？答曰：兩讀。或云説者説其形勢；或云述者，述其古事。』則鄭爲兩讀，以義俱通故也。」器案：後世地志、圖經之作，蓋權輿於此，漢書地理志所謂「采獲舊聞，考迹詩書，推表山川，以綴禹貢、周官、春秋，下及戰國、秦、漢焉」是也。

〔二〕趙曦明曰：「梁書簡文帝紀：『諱綱，字世纘，小字六通，高祖第三子。大寶二年，侯景使王偉等弒之。帝雅好題詩，其序云：「余七歲有詩癖，長而不倦；然傷於輕豔，當時號曰宮體。」』」案：隋書經籍志：「梁簡文帝集八十五卷，陸罩撰並録。」周書蕭大圜傳：「簡文集九十卷。」又案：簡文前已數見，不應在此始出注，兹仍沿趙、盧之失，率爾識之。

〔三〕趙曦明曰：「漢書匈奴傳：『趙武靈王自代並陰山下至高闕爲塞，置雲中、雁門、代郡。』漢書地理志：『雁門郡，秦置，屬并州。』」

〔四〕趙曦明曰：「左氏昭二十一年傳：『宋公子城與華氏戰于赭丘，鄭翩願爲鸛，其御願爲鵞。』漢書匈奴傳：『狐鹿孤單于立，以左大將爲左賢王，數年病死。其子先賢撣不得代，更以爲日逐王。日逐王者，賤於左賢王。』」案：左傳杜注：「鸛、鵞，皆陣名。」

〔五〕趙曦明曰：「戰國燕策：『蘇秦説燕文侯曰：「燕軍七百乘，騎六千匹。」』漢書西域傳：『康居國與大月氏同俗，東羈事匈奴。』」

〔六〕趙曦明曰：「漢書西域傳：『大宛國治貴城山，多善馬，馬汗血。武帝遣使者持千金及金馬以請宛善馬，不肯與，漢使妄言，宛遂攻殺漢使。於是天子遣貳師將軍伐宛，宛人斬其王毋寡首，獻馬三千匹。宛王蟬封與漢約，歲獻天馬二匹。』」

〔七〕趙曦明曰：「漢書西域傳：『大月氏爲單于攻破，乃遠去。不能去者，保南山羌，號小月氏。共稟漢使者有五翖侯，皆屬大月氏。』」盧文弨曰：「氏音支。翖與翕同。此殆言燕、宋之軍，其與此諸國皆不相及也。」陳直曰：「樂府詩集有簡文雁門太守行二首，獨無此四句，蓋當日所作，不止此數。而此四句反見褚翔雁門太守行篇中，（見馮氏詩紀。）之推爲當時人，屬於簡文所作，當然可信。又簡文此作係依題詠事，若漢樂府亦有此題，則專爲歌頌洛陽令王稚子而作也。」器案：此乃梁褚翔詩，非簡文詩也。梁簡文從軍行云：「先平小月陣，却滅大宛城，善馬還長樂，黄金付水衡。」見樂府詩集卷三十二，此蓋相涉而誤。又樂府詩集卷三十九載褚翔雁門太守行云：「戎車攻日逐，燕騎蕩康居，大宛歸善馬，小月送降書。」

〔八〕趙曦明曰：「梁書蕭子恪傳：『弟子暉，字景光。少涉書史，亦有文才。』」案隋書經籍志：「梁蕭子暉集九卷。」

〔九〕趙曦明曰：「後漢郡國志：『漢陽郡隴縣，州刺史治，有大坂，名隴坻。』注：『三秦記：「其坂九迴，不知高幾許，欲上者七日乃越。高處可容百餘家，清水四注下。」郭仲産秦州記曰：

「隴山東西百八十里，登山嶺東望秦川四五百里，極目泯然。山東人行役升此而顧瞻者，莫不悲思，故歌曰：隴頭流水，分離四下。念我行役，飄然曠野。登高遠望，涕零雙墮。」』」陳直曰：「馮氏詩紀蕭子暉詩，存春宵等三首，隴頭水樂府已佚。」

〔一〇〕趙曦明曰：「宋書朱脩之傳：『鮮卑馮宏稱燕王，治黃龍城。』」

〔一一〕趙曦明曰：「漢書西南夷傳：『自冉駹以東北，君長以十數，白馬最大，皆氐類也。』」盧文弨曰：「案：隴在西北，黃龍在北，白馬在西南，地皆隔遠，水焉得相及。」器案：此及雁門太守行所侈陳之地理，皆以夸張手法出之，顏氏以爲文章瑕纇，未當。又案：史記荆燕世家：「漢四年，使劉賈將二萬人、騎數百，渡白馬津，入楚地。」正義：「括地志云：『黎陽，一名白馬津，在滑州白馬縣北三十里。』」則此處白馬，正當以白馬津釋之，始與「東流」義會，不必遠摭西南之白馬氐以實之，且白馬氐何得言「東流會」也。

〔一二〕趙曦明曰：「淮南子氾論訓：『夏后氏之璜，不能無考；明月之珠，不能無纇。』」盧文弨曰：「考，瑕釁也。纇，若絲之結纇也，盧對切。」王叔岷曰：「淮南子説林篇：『若珠之有纇，玉之有瑕。』」

〔一三〕宋長白柳亭詩話卷二十六：「旨哉斯言，可爲輕於涉筆者戒。」

王籍〔一〕入若耶溪詩云：「蟬噪林逾静，鳥鳴山更幽。」江南以爲文外斷絶〔二〕，物無異議。簡文吟詠，不能忘之，孝元諷味〔三〕，以爲不可復得，至懷舊志載於籍傳。范陽盧詢祖〔四〕，鄴下才俊，乃言：「此不成語，何事於能〔五〕？」魏收亦然其論〔六〕。詩云〔七〕：「蕭蕭馬鳴，悠悠旆旌。」毛傳曰：「言不諠譁也。」吾每歎此解有情致〔八〕，籍詩生於此耳〔九〕。

〔一〕趙曦明曰：「梁書文學傳下：『王籍，字文海，琅邪臨沂人。七歲能屬文。及長，好學博涉，有才氣。除輕車、湘東王諮議參軍，隨府會稽，郡境有雲門天柱山，籍嘗遊之，累月不反，至若邪溪，賦詩云云，當時以爲文外獨絶。』案：此書作『斷絶』，疑誤。」

〔二〕御覽五八六引「文外」作「文章」。陳直曰：「南史王籍傳載若耶溪詩兩句，與之推所引相同。全詩共四韻，見馮氏詩紀。」器案：南史王籍傳：「至若邪溪賦詩云：『蟬噪林逾静，鳥鳴山更幽。』劉孺見之，擊節不能已。」劉孺字季幼，南史卷三十九有傳，梁武帝所稱爲「劉孺洛陽才」者也。

〔三〕案下文亦有「動静輒諷味」語。文心雕龍辨騷篇：「揚雄諷味，亦言體同詩雅。」

〔四〕「祖」字各本俱脱，今據宋本補。盧文弨曰：「魏書盧觀傳：『觀從子文偉，文偉孫詢祖，襲祖爵大夏男。有術學，文辭華美，爲後生之俊，舉秀才，至鄴。』」

〔五〕器案：論語雍也篇：「何事于仁，必也聖乎？」之推造句本此。苕溪漁隱叢話前一引蔡居厚寬夫詩話：「晉、宋間詩人，造語雖秀拔，然大抵上下句多出一意，如『魚戲新荷動，鳥散餘花落』、『蟬噪林逾静，鳥鳴山更幽』之類，非不工矣，終不免此病。」此亦言籍此詩之病累者。

〔六〕黄叔琳曰：「人世好尚不一，焉能強齊？ 菖菹膾炙，各從所嗜耳。」

〔七〕見小雅車攻。

〔八〕宋景文筆記中：「詩曰『蕭蕭馬鳴，悠悠旆旌』，見整而静也，顔之推愛之。『楊柳依依，雨雪霏霏』，寫物態，慰人情也，謝玄愛之。『遠猷辰告』，謝安以爲佳話。」陸象山語録：「『蕭蕭馬鳴』，静中有動。『悠悠旆旌』，動中有静。」王士禛古夫于亭雜録二曰：「愚案：玄與之推所云是矣，太傅所謂『雅人深致』，終不能喻其指。」

〔九〕古夫于亭雜録六：「顔之推標舉王籍『蟬噪林逾静，鳥鳴山更幽』，以爲自小雅『蕭蕭馬鳴，悠悠旆旌』得來，此神契語也。學古人勿襲形模，正當尋其文外獨絶處。」

蘭陵〔一〕蕭慤〔二〕，梁室上黄侯之子，工於篇什〔三〕。嘗有秋詩〔四〕云：「芙蓉露下落，楊柳月中疎。」時人未之賞也。吾愛其蕭散〔五〕，宛然在目〔六〕。潁川荀仲舉〔七〕、琅邪諸葛漢〔八〕，亦以爲爾。而盧思道〔九〕之徒，雅所不愜〔一〇〕。

〔一〕蘭陵，故址在今山東嶧縣東五十里。

〔二〕趙曦明曰：「北齊書文苑傳：『蕭慤，字仁祖，梁上黄侯曄之子。天保中入國，武平中太子洗馬，曾秋夜賦詩云云，爲知音所賞。』」

〔三〕隋書經籍志：「記室參軍蕭慤集九卷。」邢邵蕭仁祖集序：「蕭仁祖之文，可謂雕章間出。昔潘、陸齊軌，不襲建安之風；顔、謝同聲，遂革太原之氣。自漢逮晉，情賞猶自不諧；江北、江南，意製本應相詭。」

〔四〕陳直曰：「蕭慤原詩現存，題爲秋思，本文『秋』下當脱『思』字。慤詩多見於文苑英華、樂府詩集。馮氏詩紀輯有十七首。」器案：蕭慤秋思詩云：「清波收潦日，華林鳴籟初。芙蓉露下落，楊柳月中疎。燕幃緗綺被，趙帶流黄裾。相思阻音息，（詩紀云：「玉臺作『信』。」）結夢感離居。」

〔五〕文選謝玄暉始出尚書省：「乘此終蕭散，垂竿深澗底。」李周翰注：「蕭散，逸志也。」又江文通雜體詩三十首：「直置忘所宰，蕭散得遺慮。」李延濟注：「蕭散，空遠也。」

〔六〕苕溪漁隱叢話後九：「皮日休云：『北齊美蕭慤「芙蓉露下落，楊柳月中疎」；孟先生（浩然）有「微雲淡河漢，疎雨滴梧桐」……此與古人争勝於毫釐也。』」案：皮日休語見孟亭記，尤袤全唐詩話一亦載其説。許顗許彦周詩話云：「六朝詩人之詩，不可不熟讀，如『芙蓉露下落，楊柳月中疎』，鍛鍊至此，自唐以來，無人能及也。退之云：『齊、梁及陳、隋，衆作等蟬噪。』此語，吾不敢議，亦不敢從。」朱子語類一四〇：「或問：『李白「清水出芙蓉，天然去雕飾」，前輩多稱此語，如何？』曰：『自然之好。又如「芙蓉露下落，楊柳月中疎」，則尤佳。』」李東陽麓堂詩話：「『芙蓉露下落，楊柳月中疎』，有何深意，却自是詩家語。」

〔七〕趙曦明曰：「北齊書文苑傳：『荀仲舉，字士高，潁川人。仕梁爲南沙令，從蕭明於寒山被執，長樂王尉粲甚禮之，與粲劇飲，嚙粲指至骨。顯祖知之，杖仲舉一百。或問其故，答云：「我那知許，當時正疑是麈尾耳。」』」

〔八〕北史文苑傳下：「諸葛潁，字漢，丹楊建康人也。有集二十卷。」隋書亦有傳。此云琅邪，蓋舉郡望。陳直説略同。

〔九〕趙曦明曰：「北史盧子真傳：『玄孫思道，字子行。才學兼著，然不持細行，好輕侮人物。文宣帝崩，當朝人士各作挽歌十首，擇其善者而用之。魏收等不過得一二首，惟思道獨有八篇，故時人稱爲八米盧郎。』」案：隋書亦有傳。

〔一〇〕御覽五八六引三國典略：「齊蕭慤，字仁祖，爲太子洗馬，嘗於秋夜賦詩，其兩句云：『芙蓉露下落，楊柳月中疎。』曰：『蕭仁祖之斯文，可謂雕章間出。昔潘、陸齊軌，不襲建安之風；顔、謝同聲，遂革太乙之氣。自漢逮晉，情賞猶自不諧；河北、江南，意製本應相詭。』（案：「曰」上當脱「邢邵」二字。）顔黄門云：『吾愛其蕭散，宛然在目。而盧思道之徒，雅所不愜。』箕、畢殊好，理宜固然。」「大乙」，全北齊文作「太原」。

何遜詩〔一〕實爲清巧〔二〕，多形似之言〔三〕；揚都〔四〕論者，恨其每病苦辛〔五〕，饒貧寒氣〔六〕，不及劉孝綽〔七〕之雍容也〔八〕。雖然，劉甚忌之，平生誦何詩，常〔九〕云：「『蘧車響北闕』，懽懽不道車〔一〇〕。」又撰詩苑〔一一〕，止取何兩篇，時人譏其不廣〔一二〕。劉孝綽當時既有重名，無所與讓；唯服謝朓〔一三〕，常以謝詩置几案間，動静輒諷味〔一四〕。簡文愛陶淵明〔一五〕文，亦復如此。江南語曰：「梁有三何，子朗最多〔一六〕。」三何者，遜及思澄、子朗也。子朗信饒清巧。思澄遊廬山，每有佳篇，亦爲冠絶〔一七〕。

〔一〕梁書文學何遜傳：「東海王僧孺集其文爲八卷。初遜文章，與劉孝綽並見重於世，世謂之何劉。世祖著論論之云：『詩多而能者沈約，少而能者謝朓、何遜。』」

〔二〕東觀餘論跋何水曹集後云：「古人論詩，但愛遜『露滋寒塘草，月映清淮流』，及『夜雨滴空階，曉燈暗離室』爲佳，殊不知遜秀句若此者殊多，如九日侍宴云：『疎樹翻高葉，寒流聚細紋。日斜迢遞宇，風起嵯峨雲。』答高博士云：『幽居多卉木，飛蜨弄晚花，清池映疎竹。』還渡五洲云：『蕭散烟霧晚，淒清江漢秋。』答庾郎云：『蛺蝶縈空戲。』日暮望江云：『水影漾長橋。』贈崔録事云：『河流繞岸清，川平看鳥遠。』送行云：『江暗雨欲來，浪白風初起。』庾子山輩有所不逮。其他警句尚多，如早梅云：『枝横却月觀，花繞凌風臺。』銅爵妓云：『曲終相顧起，日暮松柏聲。』句殊雄古。而顔黄門謂其『每病苦辛，饒貧寒氣』，無乃太貶乎？」案詩品：「令暉歌詩，往往斷絶清巧。」

〔三〕器案：文選沈約宋書謝靈運傳論：「相如工爲形似之言，二班長於情理之說。」詩品上：「張協巧構形似之言。」形似，猶今言形象也。苕溪漁隱叢話三八載石林詩話云：「古人論詩多矣，吾獨愛湯惠休稱謝靈運如初日芙蕖，沈約稱王筠爲彈丸脱手，兩語最當人意。初日芙蕖，非人力所能爲，而精彩華麗之意，自然見於造化之外，然靈運諸詩，可以當此者無幾。彈丸脱手，雖是輸寫便利，動無違礙，然其精圓快速，發之在手，筠亦未能盡也。然作詩審到此地，豈復有餘事？韓退之贈張籍云：『君詩多態度，靄靄空春雲。』司空圖記戴叔倫語云：『詩人之辭，如藍田日暖，良玉生煙。』亦是形似之微妙者，但學者不能味其言耳。」王叔岷曰：「案宋胡仔苕溪漁隱叢話前集八：『詩眼云：形似之意，蓋出於詩人之賦，蕭蕭馬鳴、悠悠旆旌是也。古人形似之語，如鏡取形、燈取影也。』」沈約宋書謝靈運傳：「相如巧爲形似之言。」鍾嶸詩品上評張協詩：「巧構形似之言。」詩品序：「豈不以指事造形，窮情寫物，最爲詳切者邪？」所謂「指事造形，窮情寫物」，即「形似之言」也；中品評鮑照詩：「善製形狀寫物之詞。」猶言「善爲形似之言」耳。

〔四〕劉盼遂曰：「按：揚都指建業而言，本書終制篇云：『先君先夫人皆未還建業舊山，旅葬江陵東郭。承聖末，已啓求揚都，欲營遷厝，蒙詔賜銀百兩，已於揚州小郊北地燒塼，便值本朝淪没，流離如此，數十年間，絶於還望。……且揚都污毁，無復孑遺；還彼下濕，未爲得計。』此處以建業與揚都並言，明揚都即建業矣。又北齊書之推本傳觀我生賦自注：『靖侯以下七世，墳塋皆在白下。』亦即終制篇所云之『建業舊山』也，此亦揚都表建業之證。揚都之名，惟顔君用之，他人文中不多覯也。」器案：曹毗、庾闡並有揚都賦，唐、宋人類書多引之，則稱建業爲揚都尚矣，不得謂「他人文中多不覿」也，又世説新語文學篇兩言庾闡作揚都賦事，庾亮且「大爲其名價，云『可三二京、四三都』」矣。

〔五〕類説引「苦辛」作「苦卒」，東觀餘論卷下、苕溪漁隱叢話後二引作「辛苦」。弘法大師文鏡祕府論南卷論文意：「凡爲文章皆不難，又不辛苦。」昌齡詩格：「詩有六式，三曰不辛苦。」續金針詩格：「有自然句，有神助句，有容易句，有辛苦句。容易句，率意遂成。辛苦句，深思而得。」見類説卷五十一。

〔六〕下文「子朗信饒清巧」，饒字義同。通鑑九七胡注：「寒者，衰冷無氣燄也。」焦竑焦氏筆乘三：「古人論詩，但愛遜『露滋寒塘草，月映清淮流』、『夜雨滴空階，曉燈暗離室』爲佳。然遜句如此者甚多，如『天暮遠山清，潮去遥沙出』；『疏樹翻高葉，寒流聚細文』；『室墮傾城佩，門交接幰車』；『蕭散烟霞晚，淒涼江漢秋』；『薄雲巖際出，初月波中上』；『江暗雨欲來，浪白風初起』；『枝横却月觀，花遶淩風臺』；又『水影漾長橋，蛺蝶縈空戰』；『川平看鳥遠』，皆秀拔可喜。顔黄門乃謂其『每病苦辛，饒貧寒氣』，不幾於失實乎哉！」

〔七〕趙曦明曰：「梁書劉孝綽傳：『孝綽，字孝綽，彭城人。七歲能屬文。舅齊中書郎王融深賞異之，每言曰：「天下文章，若無我，當屬阿士。」阿士，孝綽小字也。』」

〔八〕史記司馬相如傳：「雍容閑雅甚都。」文選聖主得賢臣頌：「雍容垂拱。」吕延濟注曰：「雍容，閑和貌。」

〔九〕各本無「常」字，宋本有，今據補。

〔一〇〕「蘧車」，原作「蘧居」，今據孫志祖説校改，孫氏讀書脞録七曰：「案：『蘧居』，『居』字誤，當作『車』，蓋用蘧伯玉事。何遜早朝詩云：『蘧車響北闕，鄭履入南宮。』見藝文類聚朝會類、文苑英華，彭叔夏辨證云：『集本題作早朝車中聽望，是也。』『㦎㦎不道車』，是譏何詩語，然不得其解，豈以『蘧車』二字音韻不諧亮耶？」案：宋本原注：「㦎，呼麥反。」盧文弨曰：「玉篇：『乖戾也。』」陳直曰：「按：何遜集早朝車中聽望詩云：『詰旦鐘聲罷，隱隱禁門通，蘧車響北闕，鄭履入南宮。』蘧車用蘧瑗事，鄭履用鄭崇事。本詩蘧車兩字甚爲分明，而劉孝綽謂作蘧居，因指摘何遜詩句未切合車字，或孝綽當日所看傳本作蘧居耳。㦎字見玉篇，訓爲乖戾也。」器案：孫云「用蘧伯玉事」者，見列女傳仁智篇。廣韻二十一麥引李槩音譜：「㦎㦎，辯快。」此以重文見義，不當引玉篇之單字。

〔一一〕案：詩苑未見著録，隋書經籍志：「文苑一百卷，孔逭撰。」據玉海藝文志載中興書目：「逭集漢以後諸儒文章：賦，頌，騷，銘，評，弔，典，書，表，論，凡十，屬目録。」孝綽所撰詩苑，當是集漢以來諸家之詩，總此二書，則蔚爲文筆之大觀矣。范德機木天禁語謂：「唐人李淑有詩苑一書，今世罕傳。」蓋在唐代，孝綽之書已亡，而李淑續作之，然至元時，則李淑之書，一如孝綽之書，俱皆失傳矣。

〔一二〕趙曦明曰：「梁書何遜傳：『范雲見其對策，大相稱賞，因結忘年交好。自是一文一詠，雲輒嗟賞。沈約亦愛其文。』餘已見上注。」

〔一三〕齊書謝朓傳：「朓善草隸，長五言詩，沈約常云：『二百年來無此詩也。』」梁書庾肩吾傳：「梁簡文與湘東王書：『至如近世謝朓、沈約之詩，任昉、陸倕之筆，斯實文章之冠冕、述作之楷模。』」

〔一四〕動静輒諷味，御覽五九九引作「動輒諷吟味其文」。

〔一五〕趙曦明曰：「陶潛，字淵明，一字元亮。晉、宋、南史並有傳。」器案：昭明太子陶淵明集序：「余素愛其文，不能釋手。」則簡文弟兄俱愛陶文也。

〔一六〕趙曦明曰：「梁書文苑傳：『何思澄，字元静，東海郯人。少勤學，工文辭。起家爲南康王侍郎，累遷平南安成王行參軍兼記室，隨府江州，爲遊廬山詩，沈約見之，自以爲弗逮。除廷尉正，天監十五年，敕太子詹事。徐勉舉學士，入華林，撰徧略，勉舉思澄等五人應選，遷治書侍御史。出爲秣陵令。入兼東宫通事舍人，除安西湘東王録事參軍，舍人如故。時徐勉、周捨以才具當朝，並好思澄學，常遞日招致之。卒，有文集十五卷。初，思澄與宗人遜及子朗俱擅文名，時人語曰：「東海三何，子朗最多。」思澄聞之曰：「此言誤耳。如其不然，故當歸遜。」意謂宜在己也。子朗字世明，早有才思，工清言。周捨每與共談，服其精理。世人語曰：「人中爽爽何子朗。」爲固山令，卒，年二十四，文集行於世。』」

〔一七〕冠絶，爲時冠首，斷絶流輩。晉書劉琨傳：「冠絶時輩。」宋書顏延之傳：「文章之美，冠絶當時。」

名實第十

名之與實，猶形之與影也。德藝周厚〔一〕，則名必善焉；容色姝麗，則影必美焉。今不脩身〔二〕而求令名於世者〔三〕，猶貌甚惡而責妍影於鏡也。上士忘名，中士立名，下士竊名〔四〕。忘名者，體道合德，享鬼神之福祐，非所以求名也；立名者，脩身慎行，懼榮觀之不顯〔五〕，非所以讓名也；竊名者，厚貌深姦〔六〕，干浮華之虛稱，非所以得名也。

〔一〕德藝周厚，謂德行文藝周洽篤厚也。

〔二〕禮記大學：「古之欲明明德於天下者，先治其國；欲治其國者，先齊其家；欲齊其家者，先脩其身；欲脩其身者，先正其心；欲正其心者，先誠其意；欲誠其意者，先致其知；致知在格物。物格而後知致，知致而後意誠，意誠而後心正，心正而後身脩，身脩而後家齊，家齊而後國治，國治而後天下平。自天子以至於庶人，壹是皆以脩身爲本。」脩身者，朱熹大學章句以爲大學八條目之一。其説八條目曰：「於國家化民成俗之意，學者修己治人之方，則未必無小補。」荀子、楊子法言俱有修身篇也。

〔三〕盧文弨曰：「左氏襄二十四年傳：『夫令名，德之輿也；恕思以明德，則令名載而行之。』」

〔四〕盧文弨曰：「莊子逍遥遊：『聖人無名。』又天運篇：『老子曰：「名，公器也，不可多取。」』後漢書逸民傳：『法真逃名而名我隨，避名而名我追。』離騷：『老冉冉其將至兮，懼脩名之不立。』逸周書官人解：『規諫而不類，道行而不平，曰竊名者也。』」

〔五〕盧文弨曰：「老子道經：『雖有榮觀，宴處超然。』」器案：老子想爾注：「天子王公也，雖有榮觀，爲人所尊，務當重清静，奉行道誡也。」

〔六〕王叔岷曰：「案莊子列禦寇篇：『人者厚貌深情。』（又見劉子心隱篇。）意林引魯連子：『人皆深情厚貌以相欺。』」

人足所履，不過數寸，然而咫尺之途，必顛蹶於崖岸，拱把之梁〔一〕，每沈溺於川谷者，何哉？爲其旁無餘地故也〔二〕。君子之立己，抑亦如之。至誠之言，人未能信，至潔之行，物或致疑，皆由言行聲名，無餘地也。吾每爲人所毁，常以此自責。若能開方軌之路〔三〕，廣造舟之航〔四〕，則仲由之言信〔五〕，重於登壇之盟〔六〕，趙熹之降城〔七〕，賢於折衝之將矣〔八〕。

〔一〕把，各本皆作「抱」，今從宋本。孟子告子上：「拱把之桐梓。」即以「拱把」連文。何焯曰：「此謂獨木橋爾。」盧文弨曰：「梁，橋也。」器案：兩手所圍曰拱，隻手所握曰把。淮南子繆稱篇：「故若行獨梁，不爲無人競其容。」高誘注：「獨梁，一木之水橋也。」王叔岷曰：「莊子人間世篇：『其拱把而上者，求狙猴之杙者斬之。』」

〔二〕劉盼遂曰：「案：莊子外物篇：『夫地非不廣且大也，人之所用，容足耳。然則廁足而墊之致黃泉，人尚有用乎？然則無用之爲用也亦明矣。』顔氏此文，正取莊意。」

〔三〕趙曦明曰：「戰國齊策：『蘇秦説齊宣王曰：「秦攻齊，徑亢父之險，車不得方軌，馬不得並行，百人守險，千人不能過也。」』」盧文弨曰：「亢父，音剛甫。」王叔岷曰：「案史記淮陰侯列傳：『車不得方軌。』又見漢書韓信傳，顔注：『方軌，併行也。』」

〔四〕趙曦明曰：「詩大雅大明：『造舟爲梁。』傳：『天子造舟，諸侯維舟，大夫方舟，士特舟。』正義：『皆釋水文。李巡曰：「比其舟而渡曰造舟。」然則造舟者，比船於水，加板於上，如今之浮橋，杜預云：「則河橋之謂也。」』方言九：『舟自關而東，或謂之航。』」

〔五〕宋本「言信」作「證鼎」，原注：「一本作『言信』。」郝懿行曰：「案證鼎謂證魯之贋鼎也，韓非子以爲展禽事。」盧文弨曰：「案證鼎非子路事，韓非子説林下：『齊伐魯，索讒鼎，魯以其鴈往，齊人曰：「鴈也。」魯人曰：「真也。」齊人曰：「使樂正子春來，吾將聽子。」魯君請樂正子春。樂正子春曰：「胡不以其真往也？」君曰：「我愛之。」答曰：「臣亦愛臣之信。」』『鴈』與『贋』同，疑顔氏本誤用，而後人改之。」器案：證鴈鼎事，吕氏春秋審己篇以爲柳下季，郝氏以爲韓非子作展禽，非是。

〔六〕趙曦明曰：「左哀公十四年傳：『小邾射以句繹來奔，曰：「使季路要我，吾無盟矣。」使子路，子路辭。季康子使冉有謂之曰：「千乘之國，不信其盟，而信子之言，子何辱焉？」對曰：「魯有事於小邾，不敢問故，死其城下可也。彼不臣而濟其言，是義之也，由弗能。」』」器案：公羊傳莊公十三年何休注：「土基三尺、土階三等曰壇。會必有壇者，爲升降揖讓，稱先君以相接，所以長其敬。」

〔七〕羅本、傅本、顏本、程本、胡本、何本、文津本、别解「熹」作「喜」。沈揆曰：「後漢趙熹傳：『舞陰大姓李氏擁城不下，更始遣柱天將軍李寶降之，不肯，云：「聞宛之趙氏有孤孫熹，信義著名，願得降之。」使詣舞陰，而李氏遂降。』諸本誤作『趙喜』。」陳直曰：「趙注以各本皆誤作『趙喜』，非也，漢代熹喜二字通用，聞喜，韓仁銘碑額作聞熹是其證。」

〔八〕盧文弨曰：「衡，衡車也。晏子雜上：『仲尼曰：「不出於尊俎之間，而知千里之外，其晏子之謂也。可謂折衡矣。」』」

吾見世人，清名登而金貝〔一〕入，信譽顯而然諾〔二〕虧，不知後之矛戟，毁前之干櫓也〔三〕。虙子賤〔四〕云：「誠於此者形於彼〔五〕。」人之虚實真僞在乎心，無不見乎迹，但察之未熟耳。一爲察之所鑒，巧僞不如拙誠〔六〕，承之以羞大矣〔七〕。伯石讓卿〔八〕，王莽辭政〔九〕，當於爾時，自以巧密；後人書之，留傳萬代，可爲骨寒毛豎也〔一〇〕。近有大貴，以孝著聲〔一一〕，前後居喪，哀毀踰制，亦足以高於人矣。而嘗於苫塊之中〔一二〕，以巴豆〔一三〕塗臉，遂使成瘡，表哭泣之過〔一四〕。左右童豎〔一五〕，不能掩之，益使外人謂其居處飲食，皆爲不信。以一僞喪百誠者〔一六〕，乃貪名不已故也〔一七〕。

〔一〕盧文弨曰：「漢書食貨志：『金刀龜貝，所以通有無也。』説文：『貝，海介蟲也。象形。古者，貨貝而寶龜，周而有泉，至秦，廢貝行錢。』」器案：高僧傳釋道遠傳：「遠周貧濟乏，身無留財，有元紹比丘，每給以金貝，遠讓而弗受。」盧思道勞生論：「段珪、張讓，金貝是視。」亦以金貝連文。

〔二〕史記陳餘傳：「此固趙國立名義，不侵，爲然諾者也。」

〔三〕朱亦棟曰：「案韓非子難勢篇：『客曰：「人有鬻矛與楯者，譽其楯之堅，物莫能陷也。俄又譽其矛曰：『吾矛之利，物無不陷也。』人有應之曰：『以子之矛，陷子之楯，何如？』其人弗能應也。以爲不可陷之楯，與無不陷之矛，爲名不可兩立也。」』之推之語本此，趙氏失注。説文解字：『櫓，大盾也。』」鄭珍説同。器案：禮記儒行：「禮義以爲干櫓。」鄭玄注：「干櫓，小楯大楯也。」王叔岷曰：「案哀二年穀梁傳疏引莊子：『楚人有賣矛及楯者，見人來買矛，即謂之曰：此矛無何不徹。見人來買楯，則又謂之曰：此楯無何能徹者。買人曰：還將爾矛刺爾楯，若何？』」

〔四〕羅本、傅本、顏本、程本、胡本、何本、黄本、文津本、朱本、通録二「慮」作「宓」，宋本作「慮」。

趙曦明曰：「案顔氏有辨，在書證篇。宋本作『慮』，信顔氏元本，今從之。」

〔五〕盧文弨曰：「家語屈節解：『巫馬期入單父界，見夜漁者，得魚輒舍之，巫馬期問焉。漁者曰：「魚之大者，吾大夫愛之，其小者，吾大夫欲長之，是以得二者輒舍之。」巫馬期返以告孔子，曰：「宓子之德至矣，使民闇行，若有嚴刑於旁。敢問宓子何行而得於是？」孔子曰：「吾嘗與之言曰：『誠於此者刑於彼。』宓子行此術於單父也。」』案：刑、形古通。據家語乃孔子告子賤之言。」王叔岷曰：「吕氏春秋具備篇：『巫馬期短褐弊裘而往觀化於亶父，見夜漁者，得則舍之。巫馬期問焉，曰：漁爲得也，今子得而舍之，何也？對曰：宓子不欲人之取小魚也，今所舍者小魚也。巫馬期歸告孔子：宓子之德至矣！使小民闇行，若有嚴刑於旁。敢問宓子何以至於此？孔子曰：丘嘗與之言曰：誠乎此者刑乎彼。宓子必行此術於亶父也。』（又見淮南子道應篇。顔氏以『誠於此者形於彼』爲虙子賤之言，是也。盧文弨補注引家語屈節篇，不明句讀，以爲孔子告子賤之言，大謬！）史記仲尼弟子列傳：『宓不齊，字子賤。』家語弟子解：『宓不齊，魯人，字子賤。』」

〔六〕黄叔琳曰：「六字洵爲格言，當書紳佩之。」趙曦明曰：「韓非子説林上：『故曰巧詐不如拙誠。樂羊以有功見疑，秦西巴以有罪益信。』」器案：三國志劉曄傳注引傅子引諺，與韓非子同。

〔七〕趙曦明曰：「易恒：『九三，不恒其德，或承之羞。』」案：王弼注云：「德行無恒，自相違錯，不可致詰，故或承之羞也。」

〔八〕趙曦明曰：「左氏襄三十年傳：『伯有既死，使太史命伯石爲卿，辭。太史退，則請命焉。復命之，又辭。如是三，乃受策入拜。子産是以惡其爲人也，使次己位。』」

〔九〕趙曦明曰：「漢書本傳：『大司馬王根，薦莽自代，上遂擢莽爲大司馬。哀帝即位，莽上疏乞骸骨。哀帝曰：「先帝委政於君而棄羣臣，朕得奉宗廟，嘉與君同心合意。今君移病求退，朕甚傷焉。已詔尚書待君奏事。」又遣丞相孔光等白太后：「大司馬即不起，皇帝不敢聽政。」太后復令莽視事。已因傅太后怒，復乞骸骨。』」器案：白居易放言詩：「周公恐懼流言日，王莽謙恭未篡時；若使當時身便死，一生真僞有誰知。」意與顔氏相同。

〔一〇〕盧文弨曰：「豎，臣庾切，説文：『立也。』下亦音同。」

〔一一〕以孝著聲，各本及類説作「孝悌著聲」，今從宋本。

〔一二〕傅本、程本、胡本「於」作「以」。盧文弨曰：「禮記問喪：『寢苫枕塊，哀親之在土也。』」

〔一三〕盧文弨曰：「本草：『巴豆，出巴郡，有大毒。』」

〔一四〕郝懿行曰：「朱子有言：『割股廬墓，亦是爲人。』正謂此也。韓非子内儲説云：『宋崇門之巷人，服喪而毁甚瘠，上以爲慈愛於親，舉以爲官師。明年，人之所以毁死者歲十餘人。』余每讀而歎曰：甚哉，世人之愛名，一至此乎！且親死之謂何？又因以爲名，於汝心安乎？吁，亦異矣！」

〔一五〕盧文弨曰：「豎，小使之未冠者。」

〔一六〕文選答賓戲：「功不可以虛成，名不可以僞立。」

〔一七〕盧文弨曰：「案：下當分段。」今從之。

有一士族，讀書不過二三百卷，天才鈍拙，而家世殷厚，雅自矜持，多以酒犢珍玩〔一〕交諸名士，甘其餌者〔二〕，遞共吹噓〔三〕。朝廷以爲文華〔四〕，亦嘗〔五〕出境聘。東萊王韓晉明〔六〕篤好文學，疑彼製作，多非機杼〔七〕，遂設讌言〔八〕，面相討試〔九〕。竟日歡諧，辭人滿席，屬音賦韻，命筆爲詩，彼造次〔一〇〕即成，了非向韻〔一一〕。衆客各自沈吟，遂無覺者。韓退歎曰：「果如所量！」韓又嘗問曰：「玉珽杼上終葵首，當作何形？」乃答云：「珽頭曲圜，勢如葵葉耳〔一二〕。」韓既有學，忍笑爲吾說之。

〔一〕器案：酒犢，謂牛酒也。漢書公孫弘傳：「因賜告牛酒雜帛。」

〔二〕器案：餌謂以利誘人也。後漢書劉瑜傳：「姦情賕賂，皆爲吏餌。」

〔三〕共，各本作「相」，今從宋本。盧文弨曰：「後漢書鄭泰傳：『孔公緒清談高論，噓枯吹生。』盧思道孤鴻賦序：『翦拂吹噓，長其光價。』」器案：魏書郭祚傳：「主上直信李沖吹噓之說耳。」南齊書柳世隆傳：「愛之若子，羽翼吹噓，得升官次。」梁書劉遵傳：「皇太子與遵從兄陽羡令孝儀令：『吾之劣薄，其生也不能揄揚吹噓，使得騁其才用。』」文選劉孝標廣絶交論李善注引張升反論：「噓枯則冬榮，吹生則夏落。」又引劉孝標（當作綽）與諸弟書：「任（昉）既假以吹噓，各登清貫。」方言十二：「吹，扇，助也。」郭注：「吹噓，扇拂，相佐助也。」

〔四〕器案：後漢書班彪傳：「敷文華以緯國典。」北史李諤傳：「競騁文華，遂成風俗，江左、齊、梁，其弊彌甚。」文華，猶言文采也。

〔五〕宋本「嘗」作「常」。

〔六〕劉盼遂曰：「北齊書韓軌傳：『子晉明嗣爵，天統中，改封爲東萊王。諸勳貴子孫中，晉明最留心學問。』家訓所説，正其人也。」

〔七〕盧文弨曰：「此以織喻也，魏書祖瑩傳：『常語人云：「文章須自出機杼，成一家風骨，何能共人同生活也？」』」器案：省事篇：「機杼既薄，無以測量。」亦以織喻也。文選陸士衡文賦：「雖杼柚於余懷。」注：「杼柚，以織喻也。」機杼、杼柚同義。

〔八〕讌言，謂讌飲言説也。

〔九〕宋本「試」下有「爾」字。

〔一〇〕論語里仁篇：「造次必於是。」集解：「馬融曰：『造次，急遽。』」

〔一一〕盧文弨曰：「了非向韻，言絶非向來之體韻也。韻之爲言，始自晉、宋以來，有神韻、風韻、遠韻、雅韻之語。」器案：向，謂向來也，即以前之意。本書兄弟篇：「向來未著衣帽故也。」世説新語文學篇：「東亭即於閤下更作，無復向一字。」

〔二〕沈揆曰：「禮記玉藻注：『終葵首者，於杼上又廣其首，方如椎頭。』故以此答爲非。」盧文弨曰：「杼上終葵首，本周禮攷工記玉人文，杼者，殺也，於三尺圭上除六寸之下，兩畔殺去之，使已上爲椎頭。言六寸，據上不殺者而言。謂椎爲終葵，齊人語也。珽，他頂切。杼，直呂切。椎，直追切，今之槌也。殺，色界切。」郝懿行曰：「攷工記鄭注云：『齊人謂椎曰終葵。』馬融廣成頌云：『翚終葵。』是古以終葵爲椎之證也。然爾雅釋草復有『終葵繁露』之語，是終葵又爲草名，其葉圓葉，有似椎頭。然則顔氏所譏勢如葵葉之解，若證以爾雅，抑亦未爲全非也。」案：日知録卷三十二終葵條説略同。

治點子弟文章〔一〕，以爲聲價〔二〕，大弊事也〔三〕。一則不可常繼，終露其情；一則學者有憑，益不精勵〔四〕。

〔一〕少儀外傳下引「治」作「裝」。盧文弨曰：「治，直之切，理其亂也。點謂點竄潤飾之也。」器案：本書書證篇：「至晉世葛洪字苑，傍始加彡，音於景反。而世間輒改治尚書、周禮、莊、孟從葛洪字，甚爲失矣。」治字用法，與此文同。爾雅釋器：「滅謂之點。」注：「以筆滅字爲點。」説文：「點，小黑也。」蓋謂以筆加小黑以竄滅其字也。隋書李德林傳：「軍書羽檄，朝夕填委，一日之中，動逾百數，口授數人，文意百端，不加治點。」資治通鑑陳紀注：「治，修改也。點，塗點也。不加治點，不加塗改也。」則治點爲當時習用語。世説新語文學篇注引文章傳：「機善屬文，司空張華見其文章，篇篇稱善，猶譏其作文大治，謂曰：『人之作文，患於不才；至子爲文，乃患太多也。』」又文學篇：「籍時在袁孝尼家，宿醉，扶起書札爲之，無所點定，乃寫付使，時人以爲神筆。」與此文治點意同。外傳作「裝點」，非是。

〔二〕盧文弨曰：「聲，謂名聲著聞；價，如市馬者，得伯樂一顧而遂倍於常價也。聲價見後漢書姜肱傳。」器案：世説新語文學篇：「庾仲初作揚都賦成，以呈庾亮；亮以親族之懷，大爲其名價，云：『可三二京、四三都。』」爲名價，猶此言爲聲價也。

〔三〕傅本、顔本、胡本、何本「大」作「太」。

〔四〕精勵，謂精進勵奮也。少儀外傳「勵」作「厲」。後漢書朱浮傳：「學者精勵，遠近同慕。」趙曦明曰：「案：下當分段。」今從之。

鄴下有一少年，出爲襄國令〔一〕，頗自勉篤。公事經懷，每加撫卹，以求聲譽。凡遣兵役，握手送離，或齎梨棗〔二〕餅餌，人人贈別，云：「上命相煩，情所不忍；道路飢渴，以此見思。」民庶稱之，不容於口。及遷爲泗州別駕〔三〕，此費日廣，不可常周，一有僞情，觸塗〔四〕難繼，功績遂損敗矣〔五〕。

〔一〕趙曦明曰：「魏書地形志：『北廣平郡襄國，秦爲信都，項羽更名。二漢屬趙國，晉屬廣平郡。』」

〔二〕梨棗，程本、胡本作「黎棗」，今從宋本。

〔三〕趙曦明曰：「隋書地理志：『下邳郡，後魏置南徐州，後周改爲泗州。』通典職官十四：『州之佐史，漢有别駕、治中、主簿等官，别駕從刺史行部，别乘傳車，故謂之别駕。』注：『庾亮集答郭豫書：「别駕舊與刺史别乘，其任居刺史之半。」』」

〔四〕本書養生篇：「人生居世，觸塗牽繫。」觸塗，猶言觸處也。李衛公問對上：「四頭八尾，觸處爲首。」

〔五〕羅本、傅本、顔本、程本、胡本、何本、朱本「損敗」作「敗損」，今從宋本。本書治家篇、文章篇俱有「損敗」語。隋書食貨志：「每年收積，勿使損敗。」

或問曰：「夫神滅形消，遺聲餘價，亦猶蟬殼蛇皮〔一〕、獸迒鳥迹耳〔二〕，何預於死者，而聖人以爲名教乎〔三〕？」對曰：「勸也〔四〕，勸其立名，則獲其實。且勸一伯夷〔五〕，而千萬人立清風矣；勸一季札〔六〕，而千萬人立仁風矣；勸一柳下惠〔七〕，而千萬人立貞風矣；勸一史魚〔八〕，而千萬人立直風矣。故聖人欲其魚鱗鳳翼，雜沓參差〔九〕，不絶於世，豈不弘哉〔一〇〕？四海悠悠〔一一〕，皆慕名者，蓋因其情而致其善耳。抑又論之〔一二〕，祖考之嘉名美譽，亦子孫之冕服牆宇也，自古及今，獲其庇廕者亦衆矣〔一三〕。夫修善立名者，亦猶築室樹果，生則獲其利，死則遺其澤。世之汲汲者〔一四〕，不達此意，若其與魂爽〔一五〕俱昇，松柏偕茂者〔一六〕，惑矣哉！」

〔一〕淮南子精神篇：「抱素守精，蟬蜕蛇解。」蟬蜕蛇解，即謂蟬殼蛇皮也。李時珍本草綱目：「蟬蜕釋名：蟬殼。」

〔二〕宋本原注：「迒音航。」沈揆曰：「迒音航，又音岡，唐韻云：『獸迹。』諸本不考，以爲音闕。」盧文弨曰：「爾雅釋獸：『兔其跡迒。』」器案：説文解字叙：「見鳥獸蹏迒之跡。」文選西京賦劉良注：「迒，獸徑也。」梁范縝神滅論：「神即形也，形即神也。是以形存則神存，形謝即神滅也。」王叔岷曰：「案莊子寓言篇：『予蜩甲也？蛇蜕也？』成玄英疏：『蜩甲，蟬殼也。蛇蜕，皮也。』孟子滕文公上篇：『獸蹄鳥迹之道，交於中國。』」

〔三〕羅本、傅本、顔本、程本、胡本、何本、朱本、文津本無「名」字，今從宋本。向宗魯先生曰：「當作『而聖人以名爲教乎』。」器案：晉書阮瞻傳：「戎問曰：『聖人貴名教，老、莊明自然。』」

〔四〕黄叔琳曰：「一勸字已見大意。」

〔五〕孟子萬章下：「孟子曰：『伯夷目不視惡色，耳不聽惡聲，非其君不事，非其民不使，治則進，亂則退，横政之所出，横民之所止，不忍居也。思與鄉人處，如以朝衣朝冠，坐於塗炭也。當紂之時，居北海之濱，以待天下之清也。故聞伯夷之風者，頑夫廉，懦夫有立志。』」

〔六〕季札，春秋時吴國公子，讓國不居，見史記吴太伯世家。

〔七〕孟子萬章下：「孟子曰，『柳下惠不羞汙君，不辭小官，進不隱賢，必以其道，遺佚而不怨，阨窮而不憫，與鄉人處，由由然不忍去也，爾爲爾，我爲我，雖袒裼裸裎於我側，爾焉能浼我哉？故聞柳下惠之風者，鄙夫寬，薄夫敦。』」

〔八〕論語衛靈公篇：「子曰：『直哉史魚，邦有道如矢，邦無道如矢。』」集解：「孔曰：『衛大夫史鰌，有道無道，行直如矢，言不曲。』」

〔九〕盧文弨曰：「『魚鱗』疑當作『龍鱗』。後漢書光武紀：『天下士大夫固望其攀龍鱗，附鳳翼，以成其所志耳。』案：龍八十一鱗，具九九之數；鳳舉而百鳥隨之，皆言其多也。揚雄甘泉賦：『駢羅列布，鱗以雜沓兮，柴虒參差，魚頡而鳥盼。』參差，初登、初宜二切。『柴虒』，一本作『偨傂』，初綺、初擬二切。盼，胡剛切。蕭該音義：『諸詮傂音池，又音豸；蘇林音解豸冠之豸；韋昭音疏佳反。』」錢馥曰：「『參在侵韻，不入登韻，初登當是初金之誤，宋刊本漢書楊雄傳注作初林反，林金一也。』器案：史記淮陰侯列傳：「天下之士，雲合霧集，魚鱗雜遝。」漢書蒯通傳：「天下之士雲合霧集，魚鱗雜襲。」師古曰：「雜襲，猶雜沓，言相雜而累積。」揚子雲解嘲：「天下之士，雷動風合，魚鱗雜襲，咸營於八區。」皆作「魚鱗」之證。盧氏以爲當作「龍鱗」，非是。

〔一〇〕黄叔琳曰：「名通之論。」

〔一一〕後漢書朱穆傳：「悠悠者皆是。」李賢注：「悠悠，多也。」

〔一二〕黄叔琳曰：「尤見遠計。」

〔一三〕各本無「亦」字，今從宋本。左傳文公六年：「昭公將去羣公子，樂豫曰：『不可。公族，公室之枝葉也，若去之，則本根無所庇蔭矣。葛藟猶能庇其本根，故君子以爲比，況國君乎？』」

〔一四〕世之，各本作「世人」，今從宋本。漢書揚雄傳：「不汲汲於富貴。」師古注：「汲汲，欲速之義，如井汲之爲也。」

〔一五〕魂爽，謂魂魄精爽也。左傳昭公二十五年：「心之精爽，是謂魂魄；魂魄去之，何以能久？」

〔一六〕各本無「者」字，今從宋本。羅本「偕」作「皆」。詩小雅天保：「如松柏之茂。」案二卷本於此分卷，以上爲卷上，以下爲卷下。

涉務〔一〕第十一

士君子之處世〔二〕，貴能有益於物耳，不徒高談虛論，左琴右書〔三〕，以費人君禄位也。國之用材，大較〔四〕不過六事：一則朝廷之臣，取其鑒達治體〔五〕，經綸〔六〕博雅〔七〕；二則文史之臣，取其著述憲章〔八〕，不忘前古；三則軍旅之臣，取其斷決有謀，強幹〔九〕習事；四則藩屏〔一〇〕之臣，取其明練〔一一〕風俗，清白〔一二〕愛民；五則使命之臣，取其識變從宜，不辱君命〔一三〕；六則興造〔一四〕之臣，取其程功〔一五〕節費，開略〔一六〕有術，此則皆勤學守行者所能辨也。人性有長短，豈責具美〔一七〕於六塗哉？但當皆曉指趣〔一八〕，能守一職〔一九〕，便無媿耳。

〔一〕涉務二字義同，謂專心致力也。勉學篇：「恥涉農商，羞務工技。」即以涉務對文成義。魏書成淹傳：「子霄……亦學涉，好爲文詠。」涉字用法與此同。

〔二〕士君子之處世，羅本、傅本、顔本、程本、胡本、文津本及戒子通録二、别解作「夫君子之處世」，何本、黄本作「夫士君子之處世」，今從宋本。

〔三〕器案：古人往往以琴書並言。本書雜藝篇：「父子並有琴書之藝。」文選何敬祖贈張華：「逍遥綜琴書。」又陶淵明始作鎮軍參軍經曲阿作：「委懷在琴書。」又歸去來：「樂琴書以消憂。」又石季倫思歸引序：「入則有琴書之娱。」李善注並引劉歆遂初賦：「玩琴書以滌暢。」又任彦升爲范始興作求立太宰碑表：「琴書藝業述作之茂。」六臣注本李善曰：「謝承後漢書曰：『鄭敬，字次都，琴書自樂。』」胡克家重雕宋淳熙本李善注誤作「漢書曰」云云，鄭敬見後漢書郅惲傳，云：「惲於是迺去，從敬止，漁釣自娱。」又云：「敬字次都，清志高世，光武連徵不到。」注引謝沈書，亦云：「琴書自娱。」蓋「清志高世」之士，逍遥物外，謂之「琴書自娱」也可，謂之「漁釣自娱」亦無不可也。「左琴右書」，猶唐書楊綰傳之言「左右圖史」也，不必定其當爲「琴書」或「漁釣」也。

〔四〕盧文弨曰：「較，古岳、古孝二切。」器案：文選景福殿賦：「此其大較也。」李善注：「大較，猶大略也。」

〔五〕任昉王文憲集序：「若乃明練庶務，鑒達治體。」

〔六〕易屯卦象：「雲雷屯，君子以經綸。」中庸：「惟天下至誠，爲能經綸天下之大經。」朱熹注：「經、綸，皆治絲之事。經者，理其緒而分之；綸者，比其類而合之也。」

〔七〕楚辭招隱士序：「昔淮南王安，博雅好士。」

〔八〕禮記中庸：「仲尼祖述堯、舜，憲章文、武。」正義：「祖，始也，言仲尼祖述，始行堯、舜之道也。……憲，法也；章，明也，言夫子法明文、武之德。」

〔九〕強幹，謂強力能幹也。北齊書唐邕傳：「唐邕強幹，一人當千。」

〔一〇〕詩大雅板：「价人維藩，大師維垣，大邦維屏，大宗維翰。」毛傳：「藩，屏也。」鄭箋：「价，甲也，被甲之人，謂卿士掌軍事者。」

〔一一〕勉學篇：「明練經文，粗通注義。」任昉王文憲集序：「明練庶務。」明練，謂明曉練習也。

〔一二〕後漢書楊震傳：「故舊長者，或欲令爲開産業，震不肯，曰：『使後世稱爲清白吏子孫，以此遺之，不亦厚乎？』」

〔一三〕論語子路篇：「使於四方，不辱君命。」

〔一四〕興造，指土木建築之事。文選陸佐公石闕銘：「興建庠序。」吕向注：「建，立也。」興造、興建義同。

〔一五〕禮記儒行：「程功積事。」孔穎達疏：「程功，程效其功。」文選張平子西京賦：「程巧致功。」薛綜注：「程擇好匠，令盡致其功夫。」張銑注：「擇巧匠以致其功。」

〔一六〕宋本「開略」作「開悟」。

〔一七〕傅本、何本「具美」作「其美」，宋本等作「具美」，今從之。

〔一八〕論衡案書篇：「雖不盡見，指趣可知。」晉書徐邈傳：「開釋文義，標明指趣。」指趣，猶言旨意也。文選嵇叔夜琴賦並序：「覽其旨趣。」李善注：「趣，意也。」

〔一九〕史記太史公自序：「今夫子上遇明天子，下得守職。」

吾見世中文學之士〔一〕，品藻〔二〕古今，若指諸掌〔三〕，及有試用，多無所堪。居承平之世〔四〕，不知有喪亂之禍；處廟堂之下〔五〕，不知有戰陳〔六〕之急；保俸禄之資，不知有耕稼之苦；肆〔七〕吏民之上，不知有勞役之勤，故難可以應世經務也〔八〕。晉朝南渡，優借〔九〕士族，故江南冠帶〔一〇〕，有才幹者，擢爲令僕〔一一〕已下尚書郎中書舍人已上〔一二〕，典掌機要。其餘文義之士，多迂誕浮華，不涉世務〔一三〕；纖微〔一四〕過失，又惜行捶楚〔一五〕，所以處於清高〔一六〕，蓋護其短也〔一七〕。至於臺閣令史〔一八〕，主書〔一九〕監帥，諸王籤省〔二〇〕，並曉習吏用，濟辦時須〔二一〕，縱有小人之態，皆可鞭杖肅督，故多見委使，蓋用其長也。人每不自量，舉世怨梁武帝父子愛小人而疏士大夫，此亦眼不能見其睫耳〔二二〕。

〔一〕案：自孔門以文學列於四科（論語先進），漢魏以來，郡國各有文學掾，漢書王莽傳有文學官，隸釋卷十四學師宋恩等題名碑有文學師，官師之設，所以培育文學之士也。漢書儒林傳所謂「能通一藝以上，補文學、掌故缺」是也。六朝文學之士亦其選也。

〔二〕漢書揚雄傳：「稱述品藻。」師古曰：「品藻者，定其差品及文質。」江淹雜體詩序：「雖不足品藻淵流，亦無乖商榷云爾。」世説新語有品藻篇。

〔三〕禮記仲尼燕居：「治國其如指諸掌而已乎。」注：「治國指諸掌，言易知也。」論語八佾篇：「子曰：『知其説者之於天下也，其如示諸斯乎！』指其掌。」集解：「包曰：『如指示掌中之物，言其易了。』」中庸：「治國其如示諸掌乎？」朱熹注：「示與視同，視諸掌，言易見也。」陳槃曰：「案中庸鄭注曰：『示讀如寘諸河干之寘。寘，置也。物而在掌中，易爲知力者也。』疏：『治理其國，其事爲易，猶如置物於掌中也。』俞樾曰：『按周易坎上六：寘于叢棘。釋文云：寘，劉作示。周禮朝士注：示于叢棘。釋文曰：示，本作寘。詩鹿鳴篇：示我周行。箋云：示當作寘。正義曰：示、寘聲相近，故誤爲示也。』（俞樓雜纂六）今案鄭讀示爲寘，俞氏證成之，審也。吴語：『伍子胥曰：大夫種勇而善謀，將還玩吾國於股掌之上。』孟子公孫丑章：『武丁朝諸侯有天下，猶運之掌也。』荀子儒效篇：『圖回天下於掌上而辨黑白。』説苑政理篇：『楊朱見梁王，言治天下如運諸掌然。』列子湯問篇：『詹何謂楚莊王曰：大王治國，誠能若此，則天下可運於一握，將亦奚事哉？』』是置天下國家于掌握，古人有此口語，故孔子亦以此爲喻矣。天下國家已可置諸掌握，則治理自易矣。綜而言之，『示諸掌』讀作『寘諸掌』，以喻『治理其國，其事易爲，猶如置物於掌中』者，此古義也；讀作『指諸掌』，以爲『指示掌中之物，言其易了』者，非其朔也。蓋八佾、中庸、仲尼燕居雖同引孔子之言，然或則出於孔子授業弟子，或則出於七十子後學之徒，故其間不免小有差誤，自當以八佾與中庸所傳爲正。而仲尼燕居所引，則所謂傳聞異辭者也。今顏黄門云『若指諸掌』，此用仲尼燕居篇文也。雖亦不無所本，然以古義繩之，則固有未合。」

〔四〕承平，言治平相承，謂太平之持久也。漢書食貨志：「王莽因漢承平之業。」

〔五〕宋本「廟堂」作「廊廟」。戒子通録二引「下」作「中」。

〔六〕各本「陳」作「陣」，今從宋本。

〔七〕廣雅釋詁三：「肆，踞也。」王念孫疏證：「肆者，説文：『肆，極陳也。』義與踞相近。法言五百篇云：『夷俟倨肆。』漢書叙傳云：『何有踞肆於朝？』」器案：此文正用爲踞肆義。

〔八〕公羊傳襄公二十九年：「閽者何？門人也，刑人也。」何休注引孔子曰：「三王肉刑揆漸加，應世黠巧姦僞多。」白虎通五刑篇：「傳曰：『三皇無文，五帝畫象，三王明刑，應世以五。』」

應世，謂適應其時世也，此用其義。十六國春秋北燕録：「武以平亂，文以經務。」經務本此文。

〔九〕優借，謂從優假借，猶今言優待也。後漢書劉愷傳：「肅宗美其義，特優假之。」注：「假，借也。」優假、優借義並同。傳本、黄本作「優惜」，未可從。

〔一〇〕文選西京賦薛綜注：「冠帶，猶搢紳，謂吏人也。」

〔一一〕令僕，謂尚書令與僕射也。晉書殷浩傳：「服闋，徵爲尚書僕射，不拜，復爲建武將軍揚州刺史，遂參綜朝權。……後廢爲庶人。……桓温謂郗超曰：『浩有德有言，使向作令僕，足以儀刑百揆，朝廷用違其才耳。』」齊書徐孝嗣傳：「徐郎是令僕人。」盧文弨曰：「晉書職官志：『尚書令秩千石，受拜則策命之，以在端右故也。僕射，服秩與令同。尚書本漢承秦置，晉渡江，有吏部、祠部、五兵、左民、度支五尚書。』」

〔一二〕盧文弨曰：「晉書職官志：『尚書郎主作文書起草，更直五日，於建禮門内；初從三省詣臺，試守尚書郎中，歲滿，稱尚書郎，三年稱侍郎，選有吏能者爲之。中書舍人，晉初置舍人、通事各十人，江左合舍人、通事，謂之通事舍人，掌呈奏案。』」

〔一三〕史記禮書：「御史大夫鼂錯明於世務刑名。」漢書主父偃傳：「是時，徐樂、嚴安亦俱上書言世務。」世務，猶言時務也。文選陸士衡擬古詩：「曷爲牽世務？」吕向注：「何爲牽於時事。」又鮑明遠擬古詩：「晚節從世務。」五臣本作「時務」，張銑注：「言末年從時事。」又任彦升王文憲集序：「世務簡隔。」張銑注：「時務簡略隔絶。」

〔一四〕韓詩外傳九：「禍起於纖微。」後漢書陳元傳：「遺脱纖微。」文選曹子建七啟：「剖纖析微。」

〔一五〕黄叔琳曰：「捶楚士大夫，豈是美政？」盧文弨曰：「捶，之累切，説文：『以杖擊也。』『楚，荆也。』亦用以扑撻者。」器案：南史蕭琛傳：「時齊明帝用法嚴峻，尚書郎坐杖罰者，皆即科行。琛乃密啓曰：『郎有杖，起自後漢，爾時，郎官位卑，親主文案，與令史不異，故郎三十五人，令史二十人，是以古人多恥爲此職。自魏、晉以來，郎官稍重。方今參用高華，吏部又近於通貴，不應官高昔品而罰遵曩科。所以從來彈舉，雖在空文，而許以推遷，或逢赦恩，或入春令，便得息停。宋元嘉、大明中，經有被罰者，别由犯忤主心，非關常準。自泰始建元以來，未經施行，事廢已久，人情未習。自奉敕之後，已行倉部郎江重欣杖督五十，皆無不人懷慙懼，兼有子弟成長，彌復難爲儀適。其應行罰，可特賜輸贖，使與令史有異，以彰優緩之澤。』帝納之。自是應受罰者，依舊不行。」則惜行捶楚於郎官，始自齊明帝時。世説新語品藻篇：「袁彦伯爲吏部郎，子敬與郗嘉賓書曰：『彦伯已入，殊足頓興往之氣。故知捶撻自難爲人，冀小卻當復差耳。』」則東晉於郎官，亦行捶撻。杜甫送高三十五書記：「脱身簿尉中，始與捶楚辭。」杜牧寄姪阿宜：「參軍與簿尉，塵土驚皇皇，一語不中治，鞭箠身滿瘡。」則唐時於參軍與簿尉，亦行鞭箠也。

〔一六〕清高，各本作「清名」，今從宋本，此蕭琛所謂「參用高華」也。

〔一七〕蓋，原作「益」，宋本、羅本、傅本、鮑本作「蓋」，今據改正。盧文弨曰：「宋本『益』作『蓋』，以下文『蓋用其長』相對，『蓋』字是。」

〔一八〕器案：後漢書仲長統傳：「雖置三公，事歸臺閣。」注：「臺閣，謂尚書也。」盧文弨曰：「宋書百官志：『漢東京尚書令史十八人，晉初正令史百二十人，書令史百三十人，諸公令史無定員。』」

〔一九〕盧文弨曰：「案續漢書百官志，尚書六曹，一曹有三主書，故令史十八人。」

〔二〇〕盧文弨曰：「籤謂籤帥，省謂省事。自主書監帥以下，名位卑微，志故不載，而時見於列傳中。」器案：南史恩倖呂文顯傳：「故事：府州部內論事，皆籤，前直叙所論之事，後云籤日月，下又云某官某籤。故府州置典籤以典之。本五品吏，宋初改爲士職。」唐六典二九親王府典籤下原注引齊職儀云：「諸公領兵局，有典籤二人。」又案：齊書王敬則傳：「臨州郡，令省事讀辭，下教判決，皆不失理。」通鑑一五四胡注：「省事，蓋猶今之通事，兩敵相向，使之往來通傳言語。」

〔二一〕時須，謂一時切要也。杜甫送竇侍郎詩：「竇氏檢察應時須。」

〔二二〕趙曦明曰：「史記越世家：『齊使者曰：「幸也，越之不亡也，吾不貴其用智之如目見豪毛而不見其睫也。」』」器案：韓非子喻老篇：「杜子諫楚莊王曰：『臣患王之智如目也，能見百步之外，而不能自見其睫。』」取譬相同，在史記之前。

梁世士大夫，皆尚褒衣博帶〔一〕，大冠高履〔二〕，出則車輿，入則扶侍，郊郭之内，無乘馬者。周弘正爲宣城王〔三〕所愛，給一果下馬〔四〕，常服御之，舉朝以爲放達〔五〕。至乃尚書郎乘馬，則糾劾之〔六〕。及侯景之亂，膚脆骨柔，不堪行步，體羸氣弱，不耐寒暑，坐死倉猝者〔七〕，往往而然。建康令王復〔八〕性既儒雅〔九〕，未嘗乘騎，見馬嘶歕陸梁〔一〇〕，莫不震懾，乃謂人曰：「正是虎，何故名爲馬乎？」其風俗至此。

〔一〕盧文弨曰：「漢書雋不疑傳：『暴勝之請與相見，不疑褒衣博帶。』注：『言著褒大之衣、廣博之帶也。』」王叔岷曰：「案韓詩外傳一、五並云：『逢衣博帶。』淮南子氾論篇：『褒衣博帶。』（又見論衡别通篇。）又云：『豐衣博帶。』逢、褒、豐，並猶大也。」

〔二〕盧文弨曰：「後漢書光武帝紀：『光武絳衣大冠。』案：高履，猶高齒屐也。」器案：高齒屐，見勉學篇。

〔三〕盧文弨曰：「梁書哀太子大器傳：『太宗嫡長子，中大通三年封宣城郡王。』」器案：少儀外傳上引作「王宣城」，誤。

〔四〕趙曦明曰：「魏志東夷傳：『濊國出果下馬，漢桓時獻之。』注：『果下馬，高三尺，乘之，可於果樹下行，故謂之果下馬，見博物志、魏都賦。』」器案：漢書霍光傳：「召皇太后御小馬車。」注：「張晏曰：『漢廄有果下馬，高三尺，以駕輦。』師古曰：『小馬可於果樹下乘之，故號果下馬。』」北史尉景傳：「先是，景有果下馬，文襄求之，景不與，曰：『土相扶爲墻，人相扶爲王。一馬亦不得畜而索也。』」則果下馬在當時視爲珍品也。又案：述異記載「南郡出果下牛，高三尺」，則牛亦有此品，都言其矮小耳。

〔五〕晉書阮咸傳：「羣從昆弟，莫不以放達爲行。」又戴逵傳：「深以放達爲非。」世説新語任誕篇：「劉伶恒縱酒放達。」

〔六〕郝懿行曰：「吕覽所謂『痿蹷之機』者也，故自王公至士庶，未有不當習爲勤勞者。舍車乘馬，顔君所述，是其一端爾；精進之士，正宜推類求之。」

〔七〕少儀外傳「猝」作「卒」。通鑑一九二：梁武帝君臣，惟談苦空，侯景之亂，百官不能乘馬。胡三省注：「言所談者惟苦行空寂也。」

〔八〕宋本原注：「一本無自『建康令王復』已下一段。」案：羅本、傅本、顔本、程本、胡本、何本、朱本、黄本、文津本無此段，今從宋本。盧文弨曰：「通典州郡十二：『丹陽郡江寧，本名金陵，吴爲建業，晉避愍帝諱，改爲建康。』」

〔九〕漢書公孫弘卜式兒寬傳：「儒雅則公孫弘、董仲舒、兒寬。」

〔一〇〕盧文弨曰：「歕，普悶切。陸梁，跳躍也。」器案：穆天子傳五：「黄之池，其馬歕沙……黄之澤，其馬歕玉。」説文欠部：「歕，吹氣也。」今作噴。文選西京賦：「怪獸陸梁。」薛綜曰：「東西倡佯也。」劉良曰：「行走貌。」王叔岷曰：「莊子馬蹄篇言馬『翹足而陸』，釋文引司馬彪曰：『陸，跳也。』漢書揚雄傳：『飛蒙茸而走陸梁。』注引晉灼注：『走者陸梁而跳也。』」

古人欲知稼穡之艱難〔一〕，斯蓋貴穀務本〔二〕之道也。夫食爲民天〔三〕，民非食不生矣；三日不粒〔四〕，父子不能相存〔五〕。耕種之，茠鉏之〔六〕，刈穫之〔七〕，載積之，打拂之〔八〕，簸揚之〔九〕，凡幾涉手〔一〇〕，而入倉廩，安可輕農事而貴末業哉？江南朝士，因晉中興，南渡江〔一一〕，卒爲羈旅〔一二〕，至今八九世，未有力田〔一三〕，悉資俸禄而食耳。假令有者，皆信僮僕爲之〔一四〕，未嘗目觀起一墢土〔一五〕，耘一株苗；不知幾月當下〔一六〕，幾月當收，安識世間餘務乎？故治官則不了〔一七〕，營家則不辦〔一八〕，皆優閑之過也〔一九〕。

〔一〕尚書無逸：「先知稼穡之艱難。」僞孔傳：「稼穡，農夫之艱難，事先知之。」

〔二〕器案：本與下文末業對言，本謂農業，末指商賈。文選王元長永明十一年策秀才文注：「漢書詔曰：『農，天下之大本也，而人或不務本而事末，故生不遂。』（案：此文帝詔。）李奇曰：『本，農也。末，賈也。』」漢書食貨志上：「今背本而趨末食者甚衆，是天下之大殘也。」師古曰：「本，農業也；末，工商也，言人已棄農業而務工商矣。」

〔三〕盧文弨曰：「漢書酈食其傳：『王者以民爲天，而民以食爲天。』」器案：梁書元紀：「承聖二年詔：『食乃民天，農爲治本。』」

〔四〕尚書益稷上：「烝民乃粒。」僞孔傳：「米食曰粒。」

〔五〕漢書文紀：「今歲首不時，使人存問長老。」注：「存，省視也。」魏武帝短歌行：「越陌度阡，枉用相存。」

〔六〕趙曦明曰：「茠與薅同，呼毛切。」朱軾曰：「茠，音蒿，拔草也。鉏音鋤。」器案：説文艸部：「薅，或作茠。詩曰：『既茠荼蓼。』」今詩周頌良耜作「以薅荼蓼」，此蓋今古文之異。

〔七〕楚辭離騷：「願竢乎吾將刈。」王逸注：「刈，穫也。草曰刈，穀曰穫。」

〔八〕盧文弨曰：「打，都挺切，説文：『擊也。』『拂，過擊也。』」案：今人讀打爲都瓦切，誤。」器案：説文木部：「柫，擊禾連枷也。」則拂謂以連枷擊禾。

〔九〕詩小雅大東：「維南有箕，不可以簸揚。」

〔一〇〕涉手，猶言經手。穀梁傳襄公二十七年：「與之涉公事矣。」集韻：「涉，一曰歷也。」

〔一一〕少儀外傳下、戒子通録二「南」作「而」。

〔一二〕少儀外傳、戒子通録「卒」作「本」。史記陳杞世家：「羈旅之臣。」集解：「賈逵曰：『羈，寄旅客也。』」

〔一三〕力田，謂致力於田事。史記佞幸傳：「諺曰：『力田不如逢年。』」漢書文帝紀：「力田，爲生之本也。」

〔一四〕盧文弨曰：「信如信馬之信。」郝懿行曰：「晉簡文帝不識稻，亦正坐此。」

〔一五〕羅本、傅本、顔本、程本、胡本、何本、黄本「墢」作「撥」，宋本、文津本作「墢」，四庫全書求證曰：「刊本『墢』訛『撥』，據國語改。」今從之。盧文弨曰：「國語周語：『王耕一墢。』注：『一墢，一耦之發也。耜廣五寸，二耜爲耦，一耦之發，廣尺深尺。』墢，鉢、伐二音。」

〔一六〕下，謂下種。

〔一七〕春秋莊二十四年：「郭公。」注：「無傳，蓋經闕誤也。自曹羈以下，公羊、穀梁之説既不了，又不可通之于左氏，故不采用。」北史齊文宣紀：「帝内雖明察，外若不了。」不了，猶言不曉也。通鑑一六一胡三省注：「了事，猶言曉事也。」即謂了爲曉也。

〔一八〕三國志魏書司馬朗傳：「徙民恐其不辦，乃相率私還助之。」北史和士開傳：「國事分付大臣，何慮不辦。」

〔一九〕許驥曰：「自東晉以來，士大夫羈旅江南，傳至宋、齊，幾十餘世，皆資俸禄而食，不知力田，一遇世務，猝無以應，宜顔氏深以爲戒也。」案：此後，宋本有云：「世有癡人，不識仁義，不知富貴並由天命；爲子娶婦，恨其生資不足，倚作舅姑之大，蛇虺其性，惡口加誣，不識忌諱，罵辱婦之父母，却成教婦，不孝己身，不顧他恨，但憐己之子女，不愛其婦。如此之人，陰紀其過，鬼奪其算，不得與爲鄰，何況交結乎？避之哉！避之哉！」原注云：「此段一本見此篇，一本見歸心篇後。」趙曦明曰：「案：當削此歸彼。」今從之。

新編諸子集成

顔氏家訓集解

下

王利器 撰

中華書局

卷第五

省事　止足　誡兵　養生　歸心

省事第十二〔一〕

銘金人云："無多言，多言多敗；無多事，多事多患〔二〕。"至哉斯戒也！能走者奪其翼，善飛者減其指〔三〕，有角者無上齒，豐後者無前足，蓋天道不使物有兼焉也〔四〕。古人云："多爲少善，不如執一〔五〕；鼫鼠五能，不成伎術〔六〕。"近世有兩人〔七〕，朗悟士也，性多營綜〔八〕，略無成名，經不足以待問，史不足以討論，文章無可傳於集録〔九〕，書迹〔一〇〕未堪以留愛翫，卜筮射六得三，醫藥治十差五〔一一〕，音樂在數十人下，弓矢在千百人中，天文、畫繪〔一二〕、棊博〔一三〕，鮮卑語、胡書〔一四〕，煎胡桃油〔一五〕，鍊錫爲銀〔一六〕，如此之類，略得梗槩〔一七〕，皆不通熟。惜乎，以彼神明〔一八〕，若省其異端〔一九〕，當精妙也。

〔一〕郝懿行曰："省，讀所景切。省事，言不費事也。"

〔二〕説苑敬慎篇：「孔子之周，觀於太廟，右陛之前，有金人焉，三緘其口，而銘其背曰：『古之慎言人也，戒之哉！戒之哉！無多言，多言多敗；無多事，多事多患。』」案：御覽三九〇引孫卿子，亦載此銘，今荀子無文。御覽注云：「皇覽云：『出太公金匱。』家語、説苑又載。」趙曦明注此，劣及引家語觀周篇，失其本柢矣。此銘即黄帝六銘之一也。

〔三〕郝懿行曰：「『指』當爲『趾』字之譌。」

〔四〕盧文弨曰：「大戴禮易本命篇：『四足者無羽翼，戴角者無上齒，無角者膏而無前齒，有角者脂而無後齒。』漢書董仲舒傳：『夫天亦有所分予，予之齒者去其角，傅其翼者兩其足。』傅讀曰附。」

〔五〕執，宋本作「熟」。案：吕氏春秋有執一篇，云：「王者執一而爲萬物正。」宋本作「熟」，不可從。

〔六〕鼫，原作「鼯」，趙曦明曰：「『鼯』當作『鼫』，爾雅釋獸：『鼫鼠。』注：『形大如鼠，頸似兔，尾有毛，青黄色，好在田中食粟豆，關西呼爲鼩鼠。』説文：『鼫，五伎鼠也，能飛不能過屋，能緣不能窮木，能游不能度谷，能穴不能掩身，能走不能先人。』」盧文弨曰：「爾雅釋文：『鼫，或云即螻蛄也。鼩，郭音雀，將略反。』詩碩鼠正義引作『鼩』，音瞿。」郝懿行曰：「困學紀聞卷五云：『隋、唐志有蔡邕勸學篇一卷，易正義引之，云：「鼫鼠五能，不能成一伎術。」』」器案：易晉卦正義引蔡邕勸學篇：「鼫鼠五能，不能成伎。」王注曰：「能飛不能過屋，能緣不能窮木，能游不能度谷，能穴不能掩身，能走不能先人。」荀子勸學篇：「梧鼠五伎而窮。」楊倞注：「『梧鼠』當爲『鼫鼠』，蓋本誤爲『鼯』字，傳寫又誤爲『梧』耳。」大戴禮勸學篇：「鼫鼠五伎而窮。」蔡邕鼫鼠五能之説，即本之荀子、大戴禮，作「鼫」爲是，今據改正。至謂螻蛄爲鼫鼠，乃崔豹古今注之言，段氏説文注已斥其非矣。

〔七〕少儀外傳上引「兩」作「二」。郝懿行、李詳俱引杭世駿諸史然疑，指爲祖珽、徐之才二人。繆荃蓀雲自在龕隨筆一説同。南史張稷傳：「性疎率，朗悟有才略，起家著作佐郎。」

〔八〕盧文弨曰：「營綜，謂多所經營綜理也。説文：『綜，機理也。子宋切。』」器案：晉書王羲之傳：「羲之與殷浩書：『知安西敗喪，公私惋怛，不能須臾去懷，以區區江左，所營綜如此，天下寒心，固已久矣。』」

〔九〕後漢書律曆志：「是以集録爲上下篇。」文選任彦昇王文憲集序：「是用綴緝遺文，永貽世範，爲如干秩，如干卷，所撰古今集記、今書七志爲一家言，不列于集，集録如左。」

〔一〇〕雜藝篇：「真草書迹。」又：「書迹鄙陋。」書迹，猶言書體墨迹也。

〔一一〕少儀外傳上引「差」作「瘥」。案：周禮天官醫師：「歲終，則稽其醫事，以制其食，十全爲上，……十失四爲下。」注：「全猶愈也，以失四爲下者，五則半矣，或不治自愈。」

〔一二〕器案：此文畫繪，蓋亦指北朝時尚之胡畫，北史平鑒傳：「夜則胡畫以供衣食。」又下引祖珽善爲胡桃油以塗畫者是也。

〔一三〕盧文弨曰：「棊，圍棊。博，六博。」

〔一四〕「胡書」二字，各本無，今據宋本補。鮮卑語謂語言，胡書謂文字。庾信哀江南賦：「河南有胡書之碣。」法書要録卷二引庾元威論書言百體有胡書。廣弘明集二〇引蕭繹簡文帝法寶聯璧序：「大秦之籍，非符八體；康居之篆，有異六爻。」則當時外文之傳入中國者多矣，然庾、顔之所謂胡書，則指鮮卑文字也。

〔一五〕盧文弨曰：「北齊書祖珽傳：『陳元康薦珽才學，並解鮮卑語。珽善爲胡桃油以塗畫。』蓋此數者，皆當時所尚也。」

〔一六〕盧文弨曰：「神仙傳載尹軌能鍊鉛爲銀，後世亦有得其術者，然久未有不變者也。」

〔一七〕盧文弨曰：「梗槩，大略也。薛綜注張衡東京賦：『梗槩，不纖密。』」

〔一八〕黄帝内經：「心者，君主之官，神明出焉。」

〔一九〕論語爲政篇：「攻乎異端，斯害也已。」

上書陳事，起自戰國〔一〕，逮於兩漢，風流彌廣〔二〕。原其體度：攻人主之長短，諫諍之徒也；訐羣臣之得失，訟訴之類也；陳國家之利害，對策之伍也；帶私情之與奪，遊説〔三〕之儔也。總此四塗，賈誠〔四〕以求位，鬻言以干禄〔五〕。或無絲毫〔六〕之益，而有不省〔七〕之困，幸而感悟人主，爲時所納，初獲不貲〔八〕之賞，終陷不測之誅，則嚴助、朱買臣、吾丘壽王、主父偃之類甚衆〔九〕。良史所書，蓋取其狂狷一介〔一〇〕，論政得失耳，非士君子守法度者所爲也。今世所覩，懷瑾瑜而握蘭桂者〔一一〕，悉恥爲之。守門詣闕，獻書言計，率多空薄〔一二〕，高自矜夸〔一三〕，無經略之大體〔一四〕，咸粃糠〔一五〕之微事，十條之中，一不足採，縱合時務〔一六〕，已漏先覺〔一七〕，非謂不知，但患知而不行耳。或被發姦私，面相酬證，事途迴穴〔一八〕，翻懼愆尤〔一九〕；人主外護聲教〔二〇〕，脱加含養〔二一〕，此乃僥倖之徒，不足與比肩也〔二二〕。

〔一〕趙曦明曰：「案：若蘇秦、蘇厲、范雎、韓非、黄歇之輩皆是。」

〔二〕文心雕龍章表篇：「降及七國，未變古式，言事於主，皆稱上書。秦初定制，改書曰奏。漢定禮儀，則有四品：一曰章，二曰奏，三曰表，四曰議。章以謝恩，奏以按劾，表以陳請，議以執異。」漢書趙充國辛慶忌傳贊：「今之歌謡慷慨，風流猶存耳。」

〔三〕史記蘇秦傳：「蘇秦兄弟三人，皆遊説諸侯以顯名。」盧文弨曰：「説，舒芮切。」器案：漢紀孝武紀荀悦曰：「世有三遊，德之賊也：一曰遊俠，二曰遊説，三曰遊行。……飾辨辭，設詐謀，馳逐於天下，以要時勢者，謂之遊説。……此三遊者，亂之所由生也，傷道害德，敗法惑世，夫先王之所慎也。」

〔四〕賈誠，即賈忠，避隋文帝父楊忠諱改。賈，讀左傳「賈餘勇」之賈。

〔五〕論語爲政篇：「子張學干禄。」集解：「干，求也。禄，禄位也。」

〔六〕絲毫，宋本、朱本作「私毫」，未可從。

〔七〕盧文弨曰：「不省，不見省也。」

〔八〕盧文弨曰：「不貲，亦作『不訾』。顏師古注漢書蓋寬饒傳：『不貲者，言無貲量可以比之，貴重之極也。』」器案：通鑑五〇胡注云：「貲之爲言量也，不貲，謂無量可比也。」

〔九〕趙曦明曰：「漢書嚴朱吾丘主父徐嚴終王賈傳：『嚴助，會稽吴人。郡舉賢良，對策百餘人，武帝善助對，擢爲中大夫。後得朱買臣、吾丘壽王、司馬相如、主父偃、徐樂、嚴安、東方朔、枚皋、膠倉、終軍、嚴葱奇等，並在左右，及淮南王反，事與助相連，棄市。朱買臣，字翁子，吴人。詣闕上書，會邑子嚴助貴幸，薦買臣，拜爲中大夫，與助俱侍中。後告張湯陰事，湯自殺，上亦誅買臣。吾丘壽王，字子贛，趙人。爲侍中中郎，坐法免，上書願擊匈奴，拜東郡都尉，徵入爲光禄大夫侍中。後坐事誅。主父偃，齊國臨淄人。上書闕下，朝奏，暮召入見。所言九事，其八事爲律令，一事諫伐匈奴。是時，徐樂、嚴安亦俱上書言世務。上召見三人，謂曰：「公皆安在？何相見之晚！」皆拜爲郎中。偃數上疏言事，歲中四遷。大臣皆畏其口，賂遺累千金。爲齊相，刺齊王陰事，王自殺。上大怒，徵下吏治。公孫弘以爲齊王自殺，無後，非誅偃無以謝天下，遂族偃。』」盧文弨曰：「吾丘音虞丘，主父音主甫。」

〔一〇〕論語子路篇：「子曰：『不得中行而與之，必也狂狷乎！狂者進取，狷者有所不爲也。』」包

注：「狂者進取於善道，狷者守節無爲。」尚書秦誓：「如有一介臣。」釋文：「一介，耿介一心端慤者。」案：別解「一介」作「耿介」，蓋本此。

〔一一〕盧文弨曰：「瑾瑜，美玉；蘭桂，皆有異香。以喻懷才抱德之士，恥爲若人之所爲也。」器案：楚辭九章懷沙：「懷瑾握瑜兮，窮不知所示。」補注：「在衣爲懷，在手爲握。瑾瑜，美玉也。」拾遺記六後漢録曰：「夫丹石可磨而不可奪其堅色，蘭桂可折而不可掩其貞芳。」

〔一二〕空薄，謂空疏淺薄。三國志吴書孫權傳注引魏略：「孫權乃遣浩周爲牋魏王……又曰：『權本性空薄，文武不昭。』……又權與周書：『孤以空闇，分信不昭。』」空闇亦與空薄義近，闇昧則又進於空薄矣。

〔一三〕漢書地理志下：「矜夸功名。」黄叔琳曰：「做秀才當如守貞之女，上書陳事，何異倚市門乎？」

〔一四〕文選三國名臣贊序：「元首經略而股肱肆力。」呂向注曰：「經略，經營也。」

〔一五〕粃糠，羅本、傅本、顔本、程本、胡本、何本、朱本、別解作「糠粃」。盧文弨曰：「莊子逍遥遊釋文：『粃糠又作秕糠，猶煩碎。』」

〔一六〕漢書昭帝紀贊：「光知時務之要，輕繇薄賦，與民休息。」時務，謂當時之事務也。文選班孟堅答賓戲：「李斯奮時務。」注：「項岱曰：『時務，謂六國更相攻伐，争爲雄伯之務。』」又袁彦伯三國名臣贊序：「仰弘時務。」舊唐書卷二十三職官志二：「凡擇流外，取工書計，兼頗曉時務。」

〔一七〕孟子萬章上：「使先覺覺後覺。」趙岐注：「覺，悟也。」

〔一八〕穴，原作「宂」，今據郝、李説校改。盧文弨曰：「迂迴叢宂，言所值之不能一途。宂，而隴切。」郝懿行曰：「案韓詩云：『謀猷迴穴。』文選班固幽通賦用之，曹大家注云：『迴，邪也；穴，僻也。禍福相反。』」李詳曰：「案：『宂』當作『穴』，文選幽通賦：『叛迴穴其若兹。』曹大家注：『迴，邪也；穴，辟也。韓詩：「謀猷迴穴。」』善注：『韓詩曰：「謀猶迴泬。」』『穴』、『泬』義通，善得各據所引而用之。二字猶言反覆，盧讀爲而隴切，非是。」器案：郝、李校是。韓詩之「謀猷迴穴」，毛詩小雅小旻作「謀猶回遹」，穴、遹音近通用，盧以「穴」爲「宂」，非是。文選宋玉風賦：「迴穴錯迕。」李善注：「凡事不能定者迴穴，此即風不定貌。」漢書叙傳：「畔回穴其若兹兮。」顏師古注：「畔，亂貌也。回穴，轉旋之意也。」

〔一九〕翻，抱經堂校定作「飜」，宋本及諸明本都作「翻」，今從之。盧文弨曰：「『飜』與『翻』同。僁，俗愆字。」朱本注曰：「僁、愆同。」郝懿行曰：「僁，廣韻云：『俗愆字。』漢武帝立齊王策文云：『厥有僁不臧。』注：『僁與愆同。』」

〔二〇〕尚書禹貢：「聲教訖於四海。」正義曰：「聲教，聲威文教。」

〔二一〕盧文弨曰：「脱者，或然之辭。」

〔三二〕盧文弨曰：「言不足與之併肩事主也。」

諫諍之徒，以正人君之失爾，必在得言之地，當盡匡贊之規，不容苟免偷安，垂頭塞耳；至於就養有方〔一〕，思不出位〔二〕，干非其任，斯則罪人。故表記云：「事君，遠而諫，則諂也；近而不諫，則尸利也〔三〕。」論語曰：「未信而諫，人以爲謗己也〔四〕。」

〔一〕趙曦明曰：「禮記檀弓上：『事君有犯而無隱，左右就養有方。』」案：鄭玄注曰：「不可侵官。」

〔二〕易經艮象：「君子以思不出其位。」論語憲問篇：「君子思不出其位。」集注：「孔曰：『不越其職。』」

〔三〕趙曦明曰：「表記，禮記篇名。」器案：禮記鄭玄注云：「尸謂不知人事，無辭讓也。」陳澔集說：「呂氏曰：『陵節犯分，以求自達，故曰諂；懷禄固寵，主於爲利，故曰尸利也。』」

〔四〕論語子張篇：「君子……信而後諫，未信，則以爲謗己也。」

君子當守道崇德，蓄價待時〔一〕，爵禄不登，信由天命。須求趨競〔二〕，不顧羞慚，比較材能，斠量功伐〔三〕，厲色揚聲，東怨西怒；或有劫持宰相瑕疵，而獲酬謝〔四〕，或有諠聒時人視聽，求見發遣〔五〕。以此得官，謂爲才力，何異盜食致飽、竊衣取温哉〔六〕！世見躁競〔七〕得官者，便謂「弗索何獲」〔八〕；不知時運之來，不求亦至也〔九〕。見静退〔一〇〕未遇者，便謂「弗爲胡成」〔一一〕；不知風雲不與〔一二〕，徒求無益也。凡不求而自得、求而不得者〔一三〕，焉可勝算乎〔一四〕！

〔一〕蓄價，蓄養聲價。後漢書姜肱傳：「徵爲太常，告其友曰：『吾以虚獲實，遂藉聲價。』」風俗通義愆禮篇：「居緱氏城中，亦教授，坐養聲價。」

〔二〕須求，少儀外傳下作「干求」。晉書庾峻傳：「風俗趨競，禮讓陵遲。」南史王峻傳：「峻性詳雅，無趨競心。」

〔三〕盧文弨曰：「量，音良。伐亦功也。莊二十八年左氏傳：『且旌君伐。』」

〔四〕而，少儀外傳作「覬」。

〔五〕盧文弨曰：「猶今選人之在吏部者，先求分發。」案白居易自問：「老慵難發遣。」

〔六〕戒子通録二引分段。

〔七〕三國志魏書杜襲傳：「粲性躁進。」文選嵇康養生論：「今以躁競之心，涉希進之塗。」北史王遵業傳：「議者惜其人才，而譏其躁競。」躁進、躁競，音義俱同，謂浮躁而急進也。

〔八〕宋本及各本「謂」作「爲」，戒子通録、事文類聚前三九、羣書類編故事十四引亦作「爲」，抱經堂校定本作「謂」，少儀外傳亦作「謂」，今從之。趙曦明曰：「『謂』舊作『爲』，下同，古亦通用。」又曰：「左氏昭二十七年傳：『吴公子光曰：「上國有言曰：不索何獲？」』」

〔九〕求，宋本、羅本、傅本、程本、胡本、何本、鮑本作「然」，事文類聚、羣書類編故事同，趙引屠本、顔本、朱本及戒子通録作「索」，抱經堂本作「求」，今從之。又少儀外傳、戒子通録「也」作「矣」。

〔一〇〕晉書潘尼傳：「性静退不競。」

〔一一〕趙曦明曰：「書太甲下：『弗慮胡獲，弗爲胡成。』」

〔一二〕與，少儀外傳、羣書類編故事作「興」。趙曦明曰：「易乾文言傳：『雲從龍，風從虎。』後漢書劉聖公傳贊：『聖公靡聞，假我風雲。』又二十八將傳：『咸能感會風雲，奮其智勇。』」

〔一三〕凡不求而自得，求而不得者，此二句，少儀外傳作「凡不求而得者」六字。

〔一四〕盧文弨曰：「焉，於虔切。勝音升。」

齊之季世〔一〕，多以財貨託附外家，諠動女謁〔二〕。拜守宰者，印組〔三〕光華，車騎輝赫，榮兼九族，取貴一時〔四〕。而爲執政所患，隨而伺察，既以利得，必以利殆〔五〕，微染風塵〔六〕，便乖肅正，坑穽〔七〕殊深，瘡痏〔八〕未復，縱得免死，莫不破家，然後噬臍〔九〕，亦復何及。吾自南及北，未嘗一言與時人論身分也〔一〇〕，不能通達，亦無尤焉。

〔一〕左傳昭公三年：「晏子曰：『此季世也。』」文選天監三年策秀才文注：「季謂末年。」

〔二〕女謁，或言婦謁。羣書治要三一載文韜：「後宮不荒，女謁不聽。」荀子大略篇：「湯旱而禱曰：『婦謁盛與？』」楊倞注：「婦謁盛，謂婦言是用也。」詩經雲漢正義引春秋説題辭：「湯遭大旱，以六事謝過……女謁行與？」韓非子詭使篇：「近習女謁並行。」漢書李尋傳：「對詔問災異，……其于東方作，日初出時，陰雲邪氣起者，法爲牽于女謁，有所畏難。」後漢書楊賜傳：「賜上封事曰：『女謁行則讒夫昌。』」趙壹刺世疾邪賦：「女謁掩其視聽兮，近習秉其威權。」後漢書皇后紀序：「閨房肅雍，險謁不行。」注：「謁，請也。言能輔佐君子，和順恭敬，不行私謁。詩序曰：『雖則王姬，猶執婦道，以成肅雍之德。』又曰：『而無險詖私謁之心。』」趙曦明曰：「北齊書恩倖傳：『穆提婆，本姓駱，漢陽人。提婆母陸令萱嘗配入掖庭，大爲胡后所昵愛。令萱姦巧多機辯，取媚百端，宮庭之中，獨擅威福。天統初，奏引提婆入侍後主，官至録尚書事，封城陽王。令萱又媚穆昭儀，養之爲母，提婆遂改姓穆氏。及穆后立，令萱號曰太姬。武平之後，令萱母子勢傾中外，生殺予奪，不可盡言。』」器案：北齊書文宣紀：「天保七年詔：『或外家公主，女謁内成。』」又馮子琮傳：「太后爲齊安王納子琮長女爲妃，子琮因請假赴鄴，遂授吏部尚書。其妻恃親放縱，請謁公行，賄貨填積，守宰除授，先定錢帛多少，然後奏聞，其所通致，事無不允。子琮亦不禁制。」觀此，則知之推之言非誣矣。陳直曰：「按：之推觀我生賦云：『予武成之燕翼，遵春坊而原始，唯驕奢之是修，亦佞臣之云使。』自注云：『後主之在宮，乃使駱提母陸氏爲之，又胡人何洪珍等爲左右，後皆預政亂國焉。』陸氏爲陸令萱也。」

〔三〕盧文弨曰：「古者居官，人各一印，後世凡同曹司者，共一印。組即綬也，所以繫佩者。漢書嚴助傳：『方寸之印，丈二之組。』」

〔四〕盧文弨曰：「北齊書後主紀：『任陸令萱、和士開、高阿那肱、穆提婆、韓長鸞等宰制天下，陳德信、鄧長顒、何洪珍參預機權。各引親黨，超居非次，官由財進，獄以賄成。帑藏空竭，乃賜諸佞幸賣官，或得郡兩三，或得縣六七，各分州郡，下逮鄉官亦多中降者。』」

〔五〕殆，原作「治」，少儀外傳引作「殆」，義較勝，今從之。

〔六〕盧文弨曰：「風塵易以污人，言不能清潔也。」器案：世説新語賞譽篇：「王戎云：『太尉神姿高徹，如瑶林瓊樹，自然是風塵外物。』」又輕詆篇：「庾公權重，足傾王公，庾在石頭，王在冶城坐，大風揚塵，王以扇拂塵曰：『元規塵汙人。』」風塵義與此同。文選劉孝標辨命論：「必亭亭高竦，不雜風塵。」李善注：「郭璞遊仙詩曰：『高蹈風塵外。』」則風塵爲六朝人習用語。

〔七〕後漢書袁紹傳陳琳爲袁紹檄豫州曰：「坑穽塞路。」南史齊東昏侯紀：「陵冒雨雪，不避阬穽。」

〔八〕文選張平子西京賦：「所惡成瘡痏。」薛綜注：「瘡痏，謂瘢痕也。」李善注：「蒼頡曰：『痏，毆傷也。』」

〔九〕盧文弨曰："左氏莊六年傳：'楚文王過鄧，鄧三甥請殺之，曰：若不早圖，後君噬臍。'"郝懿行曰："案：噬臍二字本莊六年左傳文，杜征南注云：'若齧腹臍，喻不可及。'顔君此語，與左氏少異。"

〔一〇〕顔本、朱本"身"作"勢"。

王子晉云："佐饔得嘗，佐鬭得傷〔一〕。"此言爲善則預〔二〕，爲惡則去，不欲〔三〕黨人非義之事也。凡損於物，皆無與焉。然而窮鳥入懷，仁人所憫〔四〕，況死士歸我，當棄之乎？伍員之託漁舟〔五〕，季布之入廣柳〔六〕，孔融之藏張儉〔七〕，孫嵩之匿趙岐〔八〕，前代之所貴，而吾之所行也，以此得罪〔九〕，甘心瞑目〔一〇〕。至如郭解之代人報讎〔一一〕，灌夫之横怒求地〔一二〕，遊俠〔一三〕之徒，非君子之所爲也。如有逆亂之行，得罪〔一四〕於君親者，又不足卹焉〔一五〕。親友之迫危難也，家財己力，當無所吝；若横生圖計，無理請謁〔一六〕，非吾教也。墨翟之徒，世謂熱腹，楊朱之侶，世謂冷腸；腸不可冷，腹不可熱〔一七〕，當以仁義爲節文〔一八〕爾。

〔一〕趙曦明曰："王子晉，周靈王之太子也。周語下：'佐雝者嘗焉，佐鬭者傷焉。'雝與饔通。"器案：淮南子説林："佐祭者得嘗，救鬭者得傷。"（又見文子上德篇）亦本王子晉語。意林引唐子：「佐鬬者傷，預事者亡。」

〔二〕永樂大典六六二引「預」作「豫」。

〔三〕合璧事類續五一「欲」作「與」，類説、永樂大典仍作「欲」。

〔四〕趙曦明曰：「魏志邴原傳：『原與同郡劉政，俱有勇略雄氣，遼東太守公孫度畏惡欲殺之，政窘急往投原。』裴松之注引魏氏春秋曰：『政投原曰：「窮鳥入懷。」原曰：「安知斯懷之可入邪？」』」

〔五〕趙曦明曰：「史記伍子胥傳：『伍子胥者，楚人也，名員。奔吴，追者在後。有一漁父乘船，知伍胥之急，乃渡伍胥。』」盧文弨曰：「員音云。」

〔六〕趙曦明曰：「史記季布傳：『季布者，楚人也。爲氣任俠，有名於楚。項籍使將兵，數窘漢王。及項羽滅，高祖購布千金。布匿濮陽周氏，周氏獻計，髡鉗布，衣褐衣，置廣柳車中，之魯朱家所賣之。朱家心知是季布，買而置之田，誡其子，與同食。』」盧文弨曰：「史記集解：『服虔曰：「東郡謂廣轍車爲廣柳車。」鄧展曰：「喪車也。」李奇曰：「大隆穹也。」瓚曰：「今運轉大車是也。」』索隱：『禮曰：「設柳翣。」鄭康成注周禮云：「柳，聚也，諸飾所聚。」則是喪車稱柳。』」

〔七〕趙曦明曰：「後漢書黨錮傳：『張儉，字元節，山陽高平人。』孔融傳：『融，字文舉，魯國人，孔子二十世孫也。山陽張儉爲中常侍侯覽所惡，刊章捕儉。儉與融兄褒有舊，亡抵褒，不遇。時融年十六，見其有窘色，謂曰：「吾獨不能爲君主邪？」因留舍之。後事泄，儉得脱，兄弟争死，詔書竟坐褒焉。』」

〔八〕羅本、傅本、程本、胡本、何本及類説「嵩」誤「高」。趙曦明曰：「後漢書趙岐傳：『岐，字邠卿，京兆長陵人。恥疾宦官，中常侍唐衡兄玹爲京兆尹，收其家屬盡殺之。岐逃難，自匿姓名，賣餅北海市中。時安丘孫嵩游市，察非常人，呼與共載。岐懼失色。嵩屏人語曰：「我北海孫賓石，闔門百口，勢能相濟。」遂以俱歸，藏複壁中。』」陳直曰：「之推極推重孫嵩，從周人齊夜渡砥柱詩云『問我將何去，北海就孫賓』可證。」

〔九〕「罪」原作「辠」，宋本、黄本及類説作「罪」，今從之。

〔一〇〕後漢書馬融傳：「今獲所願，甘心瞑目。」

〔一一〕趙曦明曰：「史記遊俠傳：『郭解，軹人也，字翁伯。爲人短小精悍，以軀借交報仇。』」

〔一二〕趙曦明曰：「史記魏其侯傳：『武安侯田蚡爲丞相，使籍福請魏其城南田，不許。灌夫聞，怒罵籍福，福惡兩人有郄，乃謾自好，謝丞相。已而武安聞魏其、灌夫實怒不與田，亦怒曰：「蚡事魏其，無所不可，何愛數頃田？且灌夫何與也？」由此大怨灌夫、魏其。』」盧文弨曰：「横，户孟切，次下同。」

〔一三〕盧文弨曰：「史記游俠傳集解：『荀悦曰：「尚意氣，作威福，結私交，以立彊於世者，謂之遊俠。」』」

〔一四〕羅本、傅本、顔本、程本、胡本、何本、朱本「罪」作「辠」。

〔一五〕宋本、合璧事類「又」作「亦」。

〔一六〕少儀外傳下「理」作「禮」。

〔一七〕白居易雪中晏起偶詠所懷：「紅塵鬧熱白雲冷，好於冷熱中間安置身。」意蓋本此。

〔一八〕黄叔琳曰：「酌量最當，然亦最難，能如是者，君子哉！」盧文弨曰：「仁者愛人，而施之有等；義者正己，而處之得宜。墨氏之兼愛，疑於仁而實害於仁；楊氏之爲我，疑於義而實害於義，是以孟子必辭而闢之。」器案：孟子離婁上：「禮之實，節文斯二者是也。」史記禮書：「禮有節文。」

前在修文令曹〔一〕，有山東學士與關中太史競曆〔二〕，凡十餘人，紛紜累歲，内史牒付議官平之〔三〕。吾執論曰：「大抵諸儒所爭〔四〕，四分并減分兩家爾〔五〕。曆象之要，可以晷景測之〔六〕；今驗其分至薄蝕〔七〕，則四分疏而減分密〔八〕。疏者則稱政令有寬猛，運行致盈縮〔九〕，非算之失也；密者則云日月有遲速，以術求之，預知其度，無災祥也。用疏則藏姦而不信，用密則任數而違經。且議官所知，不能精於訟者〔一〇〕，以淺裁深，安有肯服？既非格令所司〔一一〕，幸勿當也〔一二〕。」舉曹貴賤，咸以爲然。有一禮官，恥爲此讓〔一三〕，苦欲留連，强加考覈〔一四〕。機杼〔一五〕既薄，無以測量，還復採訪訟人〔一六〕，窺望長短，朝夕聚議，寒暑煩勞〔一七〕，背春涉冬〔一八〕，竟無予奪〔一九〕，怨誚滋生，赧然而退，終爲内史所迫：此好名之辱也〔二〇〕。

〔一〕趙曦明曰：「本傳：『河清末，待詔文林館，大爲祖珽所重，令掌知館事。』」

〔二〕趙曦明曰：「隋書百官志：『祕書省領著作、太史二曹，太史曹置令丞各二人，司曆二人，監候四人。其曆、天文、漏刻、視祲，各有博士及生員。』」器案：競曆，謂争論曆法，此當指武平七年董峻、鄭元偉立議非難天保曆事，見隋書律曆志中。志稱其「争論未定，遂屬國亡」，與此言「竟無予奪」合。之推自言「舉曹貴賤，咸以爲然」，則固在齊修文令曹時事也。

〔三〕趙曦明曰：「隋書百官志：『内史置令二人，侍郎四人。』」盧文弨曰：「牒，徒叶切，説文：『札也。』廣韻：『書版曰牒。』案：後世官府移文謂之牒。平，平議也。後漢書霍諝傳：『前者温教，許爲平議。』」器案：徐師曾文體明辯：「公移：案公移者，諸司相移之詞也，其名不一，故以公移括之。唐世凡下達上，其制有六：……其六曰牒，有品以上公文皆稱牒。宋制……六部相移用公牒。……今制……諸司相移者曰牒。……大略因前代之制而損益之耳。」

〔四〕抱經堂校定本「争」作「執」，宋本及諸本都作「争」，今從之。

〔五〕趙曦明曰：「續漢律曆志：『元和二年，太初失天益遠，召治曆編訢、李梵等，綜校其狀，遂下詔改行四分，以遵於堯。熹平四年，蒙公乘宗紺孫誠上書，言受紺法術，當復改。誠術：以百三十五月二十三食爲法，乘除成月，從建康以上減四十一，建康以來減三十五。』」案：建康，漢順帝年號，僅一年，當公元一四四年。

〔六〕盧文弨曰：「晷，古委切，日景也。景，古影字，葛洪始加彡，詳見本書書證篇。」器案：漢書天文志：「日有中道，月有九行。中道者黄道，一曰光道。光道北至東井，去北極近，南至牽牛，去北極遠，東至角，西至婁，去極中。夏至至於東井，北近極，故晷短，立八尺之表，而晷景長尺五寸八分。冬至至於牽牛，遠極，故晷長，立八尺之表，而晷景長丈三尺一寸四分。春、秋分日至婁角，去極中，而晷中，立八尺之表，而晷景長七尺三寸六分。此日去極遠近之差，晷景長短之制，去極遠近難知，要以晷景。晷景者，所以知日之南北也。」

〔七〕分至，謂春分、秋分、夏至、冬至也。漢書天文志：「日月薄食。」注：「日月無光曰薄，京房易傳曰：『日月赤黄爲薄。』或曰：『不交而食曰薄。』韋昭曰：『氣往迫之爲薄，虧毁曰食也。』」蝕、食字通。

〔八〕疏，抱經堂校定本作「疎」。

〔九〕盈縮，亦謂嬴縮，漢書天文志：「歲星超舍而前爲嬴，退舍爲縮。」王先謙補注：「占經引七曜云：『超舍而前，過其所舍之宿以上一舍二舍三舍謂之嬴，退舍以下一舍二舍三舍謂之縮。』」

〔一〇〕黄叔琳曰：「君子於其所不知，蓋闕如也，亦是協恭和衷、推賢讓能之義，非僅畫蛇不須添足。」

〔一一〕格令，猶言律令。新唐書藝文志刑法類：「麟趾格四卷，文襄帝時撰。」

〔一二〕林思進先生曰：「史記張釋之傳：『廷尉奏當一人犯蹕當罰金。』索隱引崔浩曰：『當謂處其罪。』即此當字義。」

〔一三〕傅本、顔本、胡本、何本、朱本「讓」作「議」，宋本、羅本、程本、黄本作「讓」，今從之。

〔一四〕盧文弨曰：「覈，下革切，與核同。」

〔一五〕盧文弨曰：「機杼，言其胸中之經緯也。」器案：本書名實篇：「疑彼製作，多非機杼。」魏書祖瑩傳：「祖瑩嘗語人云：『文章須自出機杼，成一家風骨，何能共人生活也？』」取喻相似，則亦六朝人恒言也。

〔一六〕朱本於「採訪」斷句，以「訟人」屬下句讀，非是。

〔一七〕荀子榮辱篇：「爲堯禹則常愉佚，爲工匠農賈則常煩勞。」後漢書明帝紀：「煩勞羣司。」文選張平子四愁詩：「何爲懷憂心煩勞？」煩勞，謂煩苦勤勞也。

〔一八〕文選上林賦：「背秋涉冬。」閑居賦：「背冬涉春。」七發：「背秋涉冬。」句法與此同。穀梁傳襄公二十七年疏引徐邈曰：「涉猶歷也。」背春涉冬，猶今言過了春天到了冬天也。

〔一九〕各本「予」作「與」，今從宋本。周禮天官：「太宰之職，以八柄詔王馭羣臣：……三曰予，以駁其幸；……六曰奪，以駁其貧。」賈公彦疏：「三曰予以駁其幸，謂言語偶合於善，有以賜予之，故云以駁其幸。六曰奪以駁其貧者，謂臣有大罪，身死，奪其家資，故云以駁其貧。」左傳成公八年：「一與一奪，二三孰甚焉。」予、與，音義俱同。

〔二〇〕宋本原注：「一本『此好名好事之爲也』。」案：羅本、傅本、顔本、程本、胡本、何本、朱本、黄本有「好事」二字。

止足〔一〕第十三

禮云：「欲不可縱，志不可滿〔二〕。」宇宙可臻其極，情性不知其窮，唯在少欲知足〔三〕，爲立涯限爾〔四〕。先祖靖侯〔五〕戒子姪曰：「汝家書生門户，世無〔六〕富貴；自今仕宦〔七〕不可過二千石〔八〕，婚姻勿貪勢家〔九〕。」吾終身服膺〔一〇〕，以爲名言也。

〔一〕梁書有止足傳。

〔二〕趙曦明曰：「見禮記曲禮上。」

〔三〕各本「足」作「止」，今從宋本。

〔四〕藝文類聚十八引王僧孺爲韋雍州致仕表：「一旦攀附，遂無涯限。」涯限，猶言界限也。

〔五〕盧文弨曰：「之推九世祖名含，已釋在治家篇。」

〔六〕戒子通録「無」誤作「欲」。

〔七〕本篇下文：「仕宦稱泰。」史記平準書：「市井之子孫，不得仕宦爲吏。」又魯仲連傳：「而不肯仕宦任職。」後漢書陰皇后紀：「仕宦當作執金吾。」論衡逢遇篇：「吾年少之時，學爲文，文德成就，始欲仕宦。」仕宦，謂出仕服官也。

〔八〕盧文弨曰：「案：自漢以來，官制有中二千石、二千石、比二千石，此但不至公耳，然於官品亦優矣。邴曼容爲官，不肯過六百石，輒自免去，豈不更沖退哉？」器案：二千石，漢人謂之大官。仕宦之徒，沖退與躁進者，於此有以覘其趣焉。漢書疏廣傳：「今仕宦至二千石，宦成名立。」又寧成傳：「稱曰：『仕不至二千石，賈不至千萬，安可比人乎？』」世説新語賢媛篇：「王經少貧苦，仕至二千石，母語之曰：『汝本寒家子，仕至二千石，此可以止乎！』」江淹自序傳：「仕所望，不過諸卿二千石。」蓋自漢、魏以來，仕途險巇，一般浮沉於宦海者，率以此爲持盈之限云。北齊書張瓊傳：「有二子，長忻……普泰中，爲都督……以功尚魏平陽公主，除駙馬都尉、大將軍、開府儀同三司、建州刺史、南鄭縣伯。瓊常憂其太盛，每語親識曰：『凡人官爵，莫若處中；忻位秩太高，深爲憂慮。』」瓊與之推，俱北齊臣也，瓊之憂慮，與之推之服膺，其道一也。

〔九〕陳直曰：「按：顏真卿顏含大宗碑銘云：『桓温求婚姻，因其盛滿，不許，因誡子孫曰』云云。晉書顏含本傳亦叙及桓温求婚事，與大宗碑相同。」器案：景定建康志四三引晉李闡右光禄大夫西平靖侯顏府君碑：「王處明，君之外弟，爲子允之求君女婚；桓温，君夫人從甥也，求君小女婚；君並不許，曰：『吾與茂倫于江上相得，言及知舊，抆淚叙情，茂倫曰：「唯當結一婚姻耳。」吾豈忘此言？温負氣好名，若其大成，傾危之道；若其（闕）敗也，罪及姻黨。爾家書生爲門，世無富貴，終不爲汝樹禍。自今仕宦不可過二千石，（闕）婚嫁不須貪世位家。』」顏魯公文集大宗碑銘：「桓温求婚，以其盛滿不許，因誡子孫曰：『自今仕宦不可過二千石，婚姻勿貪世家。』」案：二文俱作「世」，此作「勢」，疑出妄改。

〔一〇〕漢書東方朔傳：「服膺而弗失。」師古曰：「服膺，俯服其胸臆也。」中庸：「得一善，則拳拳服膺，而弗失之矣。」朱熹注：「奉持而著之心胸之間，言能守也。」王叔岷曰：「莊子盜跖篇：『服膺而不舍。』」

天地鬼神之道，皆惡滿盈。謙虚沖損，可以免害〔一〕。人生衣趣以覆寒露，食趣以塞飢乏耳〔二〕。形骸之内，尚不得奢靡，己身之外，而欲窮驕泰邪〔三〕？周穆王〔四〕、秦始皇〔五〕、漢武帝〔六〕，富有四海，貴爲天子〔七〕，不知紀極〔八〕，猶自敗累，況士庶乎？常以二十口家，奴婢盛多，不可出二十人，良田十頃，堂室纔蔽風雨，車馬僅代杖策，蓄財數萬，以擬吉凶急速〔九〕，不啻此者〔一〇〕，以義散之〔一一〕；不至此者，勿非道求之。

〔一〕趙曦明曰：「易謙彖傳：『天道虧盈而益謙，地道變盈而流謙，鬼神害盈而福謙，人道惡盈而好謙。』」

〔二〕羅本、顔本、程本、胡本、何本、朱本、黄本兩「趣」字都作「取」，宋本、傅本作「趣」，今從之。盧文弨曰：「趣者，僅足之意，與孟子『楊子取爲我』之取同。」「塞」，顔本作「充」。「飢」，顔本、程本、胡本作「饑」，飢爲飢餓字，饑爲饑荒字，古書傳刻多混。通鑑十九胡三省注：「暫無曰乏。」

〔三〕禮記大學：「是故君子有大道，必忠信以得之，驕泰以失之。」

〔四〕趙曦明曰：「昭十二年左氏傳：『子革對楚子：「昔穆王欲肆其心，周行天下，將皆必有車轍馬跡焉。」』史記秦本紀：『造父以善御幸于周繆王，得驥、温驪、驊騮、騄耳之駟，巡狩，樂而忘歸。徐偃王作亂，造父爲繆王御，一日千里以救亂。』」

〔五〕趙曦明曰：「史記秦始皇紀：『二十六年，秦初併天下，除謚法，爲始皇帝，治馳道，築長城，作阿房宫，求不死藥，焚詩書，阬儒生。三十七年七月，崩于沙丘平臺。』」

〔六〕趙曦明曰：「桓譚新論：『漢武帝材質高妙，有崇先廣統之規，然多過差。既欲斥境廣土，又乃貪利争物，聞大宛有名馬，攻取歷年，士衆多死，但得數十匹耳。多徵會邪僻，求不急之方，大起宫室，内竭府庫，外罷天下，此可謂通而蔽矣。』」

〔七〕孟子萬章上：「富，人之所欲，富有天下，而不足以解憂；貴，人之所欲，貴爲天子，而不足以解憂。」

〔八〕盧文弨曰："左氏文十八年傳文。"

〔九〕易繫辭上："擬之而後言。"正義："聖人欲言之時，必擬度之而後言。"案：擬猶言預料也。

〔一〇〕盧文弨曰："啻與翅同。不啻，不但，言過之也。"劉盼遂曰："案：不啻此，謂過于此也，與不至此對文。六朝人以不啻爲常談，如左氏昭公元年傳：『君子曰："鮮不五稔。"』杜注：『少尚當歷五年，多則不啻。』此不啻爲過多之證。世說新語賞譽篇：『江思俊思懷所通，不翅儒域。』文學篇：『殷嘆曰："使我解四本，談不翅爾。"』排調篇：『婦笑曰："若使新婦得配參軍，生兒故可不啻如此。"』假譎篇：『王文度弟智，惡乃不翅。』皆謂過也、多也。翅、啻古通用。一切經音義引蒼頡篇云：『不啻，多也。』則此語之來也久矣。"器案：說文疒部："疷，病不翅也。"段玉裁注曰："翅同啻，古語不啻，如楚人言夥頤之類。世說新語：『王文度弟阿智，惡乃不翅。』晉、宋間人尚作此語。"

〔一一〕宋本句首有"皆"字。

仕宦稱泰，不過處在中品〔一〕，前望五十人，後顧五十人，足以免恥辱，無傾危也。高此者，便當罷謝，偃仰〔二〕私庭。吾近爲黄門郎〔三〕，已可收退；當時羈旅，懼罹謗讟，思爲此計，僅未暇爾〔四〕。自喪亂已來，見因託風雲〔五〕，徼倖富貴，旦執機權〔六〕，夜填坑谷〔七〕，朔歡卓、鄭〔八〕，晦泣顔、原者〔九〕，非十人五人也〔一〇〕。慎之哉！慎之哉〔一二〕！

〔一〕器案：張瓊所謂「處中」，亦是此意，詳見上注。

〔二〕詩小雅北山：「或棲遲偃仰。」馬瑞辰通釋曰：「偃仰，猶偃息、媅樂之類，皆二字同義。」

〔三〕趙曦明曰：「隋書百官志上：『門下省置侍中、給事黄門侍郎各六人。』」器案：隋書百官志中記後齊官制云：「門下省，掌獻納諫正及司進御之職。侍中、給事黄門侍郎各六人。」又百官志上記梁官制云：「門下省，置侍中、給事黄門侍郎各四人。」

〔四〕終制篇：「計吾兄弟，不當仕進。但以門衰，骨肉單弱，五服之内，傍無一人，播越他鄉，無復資廕，使汝等沈淪廝役，以爲先世之恥，故靦冒人間，不敢墜失，兼以北方政教嚴切，全無隱退者故也。」兩説可以相補。

〔五〕後漢書朱景王杜馬劉傅堅馬列傳論：「中興二十八將，前世以爲上應二十八宿，未之詳也。然咸能感會風雲，奮其智勇，稱爲佐命，亦各智能之士也。」又劉玄劉盆子列傳贊：「聖公靡聞，假我風雲。」注：「易曰：『雲從龍，風從虎，聖人作而萬物覩。』假，借也。言聖公初起，無所聞知，借我中興風雲之便。」

〔六〕三國志魏書夏侯玄傳：「天爵之外通，而機權之門多矣。」機權，謂機要權柄也。

〔七〕抱經堂校定本「填」作「殞」，宋本、羅本、傅本、顧本、何本、朱本作「填」，今據改。程本、胡本誤作「損」。

〔八〕盧文弨曰：「史記貨殖傳：『蜀卓氏之先，趙人也，徙臨邛，室至僮千人，田池射獵之樂，擬於人君。』程鄭，山東遷虜也，亦冶鑄，富埒卓氏。』」

〔九〕黄叔琳曰：「意平語鍊。」盧文弨曰：「顔、原，謂顔淵、原思。」

〔一〇〕盧文弨曰：「言如此者，其人衆多也。」

〔一一〕此句，抱經堂校定本不重，宋本及各本俱重，今據補。

誡兵第十四〔一〕

顔氏之先，本乎鄒、魯，或分入齊，世以儒雅〔二〕爲業，徧在書記。仲尼門徒，升堂者七十有二〔三〕，顔氏居八人焉〔四〕。秦、漢、魏、晉，下逮齊、梁，未有用兵以取達者。春秋世〔五〕，顔高〔六〕、顔鳴〔七〕、顔息〔八〕、顔羽〔九〕之徒，皆一鬬夫耳。齊有顔涿聚〔一〇〕，趙有顔冣〔一一〕，漢末有顔良〔一二〕，宋有顔延之〔一三〕，並處將軍之任，竟以顛覆。漢郎顔駟〔一四〕，自稱好武，更無事迹。顔忠以黨楚王受誅〔一五〕，顔俊以據武威見殺〔一六〕，得姓已來，無清操者，唯此二人，皆罹禍敗。頃世亂離，衣冠〔一七〕之士，雖無身手〔一八〕，或聚徒衆，違棄素業，徼倖戰功。吾既羸薄〔一九〕，仰惟〔二〇〕前代，故寘心〔二一〕於此，子孫誌之。孔子力翹門關，不以力聞〔二二〕，此聖證也〔二三〕。吾見今世士大夫，纔有氣幹〔二四〕，便倚賴之，不能被甲執兵，以衞社稷〔二五〕，但微行險服〔二六〕，逞弄拳擘〔二七〕，大則陷危亡，小則貽恥辱，遂無免者。

〔一〕郝懿行曰：「案：此篇首，乃顏氏族譜敘也。」陳直曰：「顏真卿家廟碑銘云：『系我宗，邾顏公，子封郳，魯附庸。』比本文『本乎鄒、魯』句，敘得姓之始爲詳。」

〔二〕器案：儒雅，謂儒素大雅，漢書公孫弘傳：「儒雅則公孫弘、董仲舒。」

〔三〕論語先進篇：「子曰：『由也升堂矣，未入於室也。』」朱熹集注：「升堂入室，喻入道之次第。」史記仲尼弟子列傳：「孔子曰：『受業身通者，七十有七人，皆異能之士也。』」索隱：「孔子家語亦有七十七人，唯文翁孔廟圖作七十二人。」梁玉繩史記志疑曰：「案弟子之數，有作七十人者，孟子云『七十子』，呂氏春秋遇合篇『達徒七十人』，淮南泰族及要略訓俱言七十，漢書藝文志序、楚元王傳所稱『七十子喪而大義乖』，是已。有作七十二人者，孔子世家、文翁禮殿圖、後漢書蔡邕傳鴻都畫像、水經注八漢魯峻冢壁象、魏書李平傳學堂圖皆七十二人，顏氏家訓誡兵篇所稱『仲尼門徒升堂者七十二』，是已。有作七十七人者，此傳及漢地理志是已。孔子家語七十二弟子解實七十七人，今本脱顏何，止七十六人。其數無定，難以臆斷。」

〔四〕趙曦明曰：「史記仲尼弟子列傳：『顏回，字子淵，魯人。顏無繇，字路，回之父。顏幸，字子柳；顏高，字子驕；顏祖，字襄；顏之僕，字叔；顏噲，字子聲；顏何，字冉，皆魯人。』案：

今家語止七十六人，蓋脱去顏何一人，索隱於史記顏何下引家語云：『字稱。』今史記字冉，蓋傳寫脱其半耳。索隱明言家語與史記同，則其爲脱誤更明甚。今家語顏高作顏刻，顏祖作顏相。」器案：急就篇一：「顏文章。」顏師古注：「顏氏本出顓頊之後。顓頊生老童。老童生吴回，爲高辛火正，是謂祝融。祝融生陸終。陸終生六子，其五曰安，是爲曹姓，周武王封其苗裔於邾，爲魯附庸，在魯國鄒縣，其後，邾武公名夷父，字曰顏，故春秋公羊傳謂之顏公，其後遂稱顏氏，齊、魯之間，皆爲盛族。孔子弟子達者七十二人，顏氏有八人焉。四科之首，回也標爲德行。韓子稱儒分爲八，而顏氏處其一焉。漢有顏駟、顏異、顏安、顏樂，以春秋名家。」顏魯公家廟碑：「戰國有率、燭，秦有芝、貞，漢有異、肆。」又案：陋巷志卷五劉載奉敕撰朱虚伯顏噲贊：「顏氏之族，咸爲弟子。」劉載，宋史卷二百六十二有傳。李詳曰：「案：顏真卿家廟碑亦言『孔門達者七十二人，顏氏有八人』，蓋本家訓。」

〔五〕羅本、傅本、顏本、程本、胡本、何本、朱本、文津本、鮑本、汗青簃本都作「春秋之世」。

〔六〕趙曦明曰：「定八年左氏傳：『公侵齊，門於陽州，士皆坐列，曰：「顏高之弓六鈞。」皆取而傳觀之。陽州人出，高奪人弱弓，籍丘子鉏擊之，與一人俱斃。偃且射子鉏，中頰，殪。顏息射人，中眉，退曰：「我無勇，吾志其目也。」』」

〔七〕趙曦明曰：「昭廿六年傳：『齊師圍成。師及齊師戰於炊鼻。林雍羞爲顏鳴右，下。苑何忌取其耳。顏鳴去之。苑子之御曰：「視下顧。」苑子剕林雍，斷其足。鑋而乘於他車以歸。

顏鳴三人齊師，呼曰：『林雍乘。』」

〔八〕各本俱無「顏息」，宋本有，今從之。事詳上顏高條注引左氏傳。

〔九〕趙曦明曰：「左哀十一年傳：『齊國書、高無丕帥師伐我，及清，孟孺子洩帥右師，顏羽御，邴洩爲右。戰于郊，右師奔。孟孺子語人曰：「我不如顏羽而賢于邴洩，子羽鋭敏，我不欲戰而能默。」洩曰：「驅之。」』」

〔一〇〕盧文弨曰：「韓非子十過篇：『昔田成子遊於海而樂之，顏涿聚曰：「君遊海而樂之，柰人有圖國者何？君雖樂之，將安得？」田成子援戈將擊之，顏涿聚曰：「昔桀殺關龍逢，而紂殺王子比干，今君雖殺臣之身以三之，可也。臣言爲國，非爲身也。」君乃釋戈，趣駕而歸，聞國人有謀不納田成子者矣。』説苑正諫篇以爲諫齊景公，顏涿聚作顏燭趨，左傳作顏涿聚，史記、古今人表俱作顏濁鄒，他書譌者不具出。」

〔一一〕宋本原注：「『冣』或作『聚』。」段玉裁曰：「冣，才句切，上多一點，是俗最字。」盧文弨曰：「史記趙世家：『幽繆王遷七年，秦人攻趙，趙大將李牧、將軍司馬尚將，擊之。李牧誅，司馬尚免，趙忽及齊將顏聚代之。趙忽軍破，顏聚亡去。』馮唐傳：『遷用郭開讒，卒誅李牧，令顏聚代之。』索隱：『聚音以喻反，漢書作最。』」器案：戰國策趙策下：「秦使王翦攻趙，趙使李牧、司馬尚禦之。……趙王疑之，使趙蔥及顏最代將，斬李牧，廢司馬尚。後三月，王翦因急擊，大破趙，殺趙蔥，虜趙王遷及其將顏最，遂滅趙。」字正作最。

〔一二〕趙曦明曰：「三國志袁紹傳：『以顏良爲將軍，攻劉延於白馬。太祖救延，與良戰，破，斬良。』」

〔一三〕趙曦明曰：「案：宋書顏延之傳：嘗領步兵校尉，未嘗爲將軍。其子竣傳云：『竣字士遜。世祖踐阼，以爲侍中，遷左衛將軍。丁憂，起爲右將軍。以所陳多不被納，頗懷怨憤，免官。竣頻啓謝罪，並乞性命，上愈怒，及竟陵王誕爲逆，因此陷之於獄，賜死。』」錢大昕曰：「案：延之未嘗以將兵顛覆，其子竣雖不善終，亦非由將兵之故，且與其父何與？後讀宋書劉敬宣傳：『王恭起兵京口。以劉牢之爲前鋒，牢之至竹里，斬恭大將顏延。』乃悟此文顏延下衍一『之』字。牢之事本在晉末，而見於宋書，故之推繫之宋耳。或後來校書者，因延之爲宋人，妄改『晉』爲『宋』也。」

〔一四〕趙曦明曰：「漢武故事：『顏駟，不知何許人，文帝時爲郎，武帝輦過郎署，見駟龐眉皓髮，問曰：「叟何時爲郎？何其老也！」對曰：「臣文帝時爲郎，文帝好文而臣好武；至景帝好美，而臣貌醜；陛下即位，好少，而臣已老，是以三世不遇。」上感其言，擢拜會稽都尉。』」器案：後漢書張衡傳注、御覽三八三、又七七四引漢武故事都云：「顏駟，江都人。」元和姓纂：「顏駟，江都人。」顏魯公集世系譜序：「漢有異、肆、安樂。」疑「駟」即「肆」。胡本「駟」作「泗」，誤。

〔一五〕趙曦明曰：「後漢書楚王英傳：『永平十三年，男子燕廣告英與漁陽王平、顏忠等造作圖書，有逆謀。事下案驗，廢英，徙丹陽涇縣，自殺。坐死徙者以千數。』」器案：後漢書濟南安王康傳：「其後人上書告康招來州郡姦猾漁陽顏忠、劉子産等，又多遺其繒帛，案圖書，謀議不軌。事下考。」又耿純傳：「子阜徙封莒鄉侯，永平十四年，坐同族耿歙與楚人顏忠辭語相連，國除。」又馬武傳：「子檀嗣，坐兄伯濟與楚王英黨顏忠謀反，國除。」又寒朗傳：「永平中，以謁者守侍御史，與三府掾屬共考案楚獄顏忠、王平等，辭連及隧鄉侯耿建（惠棟謂「隧」當作「吕」，「建」當作「阜」），……試以建等物色，獨問忠、平，而二人錯愕不能對，朗知其詐，乃上言建等無姦，專爲忠、平所誣。……後平、忠死獄中。」續漢書天文志中：「永平九年，……廣陵王荆與沈涼、楚王英與顏忠各謀逆，事覺，皆自殺。十三年十二月，楚王英與顏忠等造作妖謀反，事覺，英自殺，忠等皆伏誅。」

〔一六〕徐鯤曰：「魏志張既傳：『是時，武威顏俊、張掖和鸞、酒泉黄華、西平麴演等，並舉郡反，自號將軍，更相攻擊。俊遣使送母及子詣太祖爲質求助。太祖問既，既曰：「俊等外假國威，内生傲悖，計定勢足，後即反耳。今方事定蜀，且宜兩存而鬥之，猶卞莊子之刺虎，坐收其斃也。」太祖曰：「善。」歲餘，鸞遂殺俊，武威王祕又殺鸞。』」案：此事通鑑繫於漢獻帝建安二十四年，劉盼遂亦引以爲證。器案：張澍涼州府志備考人物卷二據張既傳以顏俊爲武威人，誤列入涼州府，使見顏之推此文，當不致有此舛誤也。

〔一七〕器案：漢書杜欽傳注：「衣冠，謂士大夫也。」文選奏彈王源集注：「鈔曰：『衣冠，謂簪纓人也。』」歐陽修撰王道卿制：「唐將相之後，能以勛名自繼其家者，號稱衣冠盛事。」胡三省通鑑三二二注：「衣冠，當時士大夫及貴游子弟也。」

〔一八〕趙曦明曰：「身手，謂有勇力習武藝者，故杜少陵詩云：『朔方健兒好身手。』」郝懿行曰：「案：身手未詳所出，杜少陵詩云：『朔方健兒好身手。』蓋本於此。好身手猶言好拳勇歟？」

〔一九〕盧文弨曰：「羸，力追切。」

〔二〇〕仰惟，盧文弨曰：「惟，思也。」

〔二一〕寘心，盧文弨曰：「寘猶息也。」器案：詩經周南卷耳：「寘彼周行。」傳：「寘，置也。」又小雅谷風：「寘予于懷。」箋：「寘，置也。置我于懷，言至親己也。」寘懷、寘心義同。

〔二二〕趙曦明曰：「列子說符篇：『孔子之勁，能招國門之關，而不肯以力聞。』」案：招與翹同，舉也。」盧文弨曰：「此或孔子父叔梁紇事，見左氏襄十年傳：『偪陽人啓門，諸侯之士門焉，縣門發，郰人紇抉之以出門者。』後遂移之孔子。」器案：呂氏春秋慎大篇、淮南主術篇及道應篇、論衡效力篇，都以爲孔子事，蓋相傳如此。

〔二三〕盧文弨曰：「王肅有聖證論，此語所本。」

〔二四〕列子楊朱篇：「行年六十，氣幹將衰。」盧文弨曰：「氣力強幹。」陳槃曰：「呂本中曰：『魏、晉以後，評品人物，多言幹局識鑒，如何楨文學器幹；郭展有器度幹用；徐邈同郡魏觀有鑒識器幹；蜀先主機權幹略，不逮魏武；劉弘有幹略政事之才。』（紫微雜説）槃案：幹，質也。淮南原道：『柔弱者，生之榦也。』高注：『榦，質也。』榦、幹字通。又植也。僞家語六本：『貞以幹之。』王注：『貞正以爲幹植。』成十三年左傳：『禮，身之幹也。』會箋：『幹，脊骨也。昭二十五年：楄柎藉幹。注：幹，脊骨是也。無脊骨則不立。』質植、脊骨，義亦得通。又僖十一年左傳：『禮，國之幹也。』（亦見襄三十年傳）昭七年傳：『禮，人之幹也。無禮，無以立。』人賴幹以植立，推而至于國，理亦然也。」

〔二五〕禮記檀弓下：「仲尼曰：『能執干戈以衛社稷，雖欲勿殤也，不亦可乎！』」

〔二六〕盧文弨曰：「微行，易爲姦也。險服，如曼胡之纓、短後之衣是。」

〔二七〕掔，各本作「腕」，今從宋本。盧文弨曰：「説文：『手掔也，楊雄曰：「掔，握也。」從手取聲，烏貫切。』」

國之興亡，兵之勝敗，博學所至，幸討論之。入帷幄之中〔一〕，參廟堂之上〔二〕，不能爲主盡規以謀社稷〔三〕，君子所恥也。然而每見文士，頗讀兵書〔四〕，微有經略〔五〕。若居承平之世〔六〕，睥睨宫閫〔七〕，幸災樂禍〔八〕，首爲逆亂，詿誤善良〔九〕；如在兵革之時，構扇〔一〇〕反覆，縱横説誘〔一一〕，不識存亡，强相扶戴〔一二〕：此皆陷身滅族之本也。誡之哉！誡之哉！

〔一〕盧文弨曰：「漢書高帝紀：『運籌帷幄之中，決勝千里之外，吾不如子房。』」

〔二〕呂氏春秋召類篇：「修之於廟堂之上，而折衝乎千里之外。」

〔三〕羅本、傅本、顔本、程本、胡本、何本、朱本、文津本、鮑本、汗青簃本「盡」作「畫」。

〔四〕器案：頗與下句微對文，亦微少義。史記叔孫通傳：「臣願頗采古禮，與秦儀雜就之。」文選天監三年策秀才文：「九流七略，頗常觀覽。」李善注：「廣雅：『頗，少也。』」諸頗字義並同。

〔五〕左傳昭公七年注：「經營天下，略有四海，故曰經略。」

〔六〕羅本、傅本、顔本、程本、胡本、何本、朱本、文津本、汗青簃本無「居」字，今從宋本。

〔七〕抱經堂校定本「闠」作「闈」，宋本及各本俱作「闠」，今據改。盧文弨曰：「睥睨，猶言占察，漢書竇田列傳作『辟倪』，亦作『俾睨』、『睥睨』，並同，匹詣、研計二切。」

〔八〕左傳僖公十四年：「慶鄭曰：『背施無親，幸災不仁。』」又莊公二十年：「今王子頹歌舞不倦，樂禍也。」

〔九〕盧文弨曰：「詿音卦，廣雅：『欺也。』」陳直曰：「漢書霍光傳云：『謀爲大逆，欲詿誤善良。』爲之推所本。」王叔岷曰：「案史記孝文本紀：『詿誤吏民。』（又見漢書文帝紀）張儀列傳：『詿誤人主。』」

〔一〇〕庾信哀江南賦：「桀黠構扇，憑陵畿甸。」

〔一一〕盧文弨曰：「縱，即容切，亦作從。横，户盲切。説，始芮切。」

〔二〕盧文弨曰："「強，其兩切。扶戴，謂推奉以爲主也。」

習五兵〔一〕，便乘騎〔二〕，正可稱武夫爾〔三〕。今世士大夫，但不讀書，即稱武夫兒〔四〕，乃飯囊酒甕也〔五〕。

〔一〕趙曦明曰："「周禮夏官司兵："『掌五兵。』注："『鄭司農曰："「戈，殳，戟，酋矛，夷矛。」此車之五兵，步卒之五兵。則無夷矛，而有弓矢。』」

〔二〕宋本「乘騎」作「騎乘」。盧文弨曰："「騎，其寄切。」

〔三〕羅本、何本、文津本「正」作「止」，顔本、程本、胡本、朱本、黄本作「上」，宋本、傅本作「正」，今從之。

〔四〕宋本「即」下有「自」字。

〔五〕盧文弨曰："「金樓子立言篇："『禰衡曰："「荀彧強可與言，餘人皆酒甕飯囊。」」』鄭珍曰："「意林引抱朴子云："『禰衡常云："「孔融、荀彧，強可與語，餘人酒瓮飯囊。」」』」器案："抱朴子外篇彈禰："「荀彧猶強可與語，過此以往，皆木梗泥偶，似人而無人氣，皆酒瓮飯囊耳。」意林所引，蓋即此文。論衡別通篇「腹爲飯坑，腸爲酒囊」，義同。

養生第十五〔一〕

神仙之事，未可全誣；但性命在天，或難鍾值〔二〕。人生居世，觸途牽縶〔三〕：幼少〔四〕之日，既有供養之勤；成立之年，便增妻孥之累。衣食資須〔五〕，公私驅役〔六〕，而望遁跡山林，超然塵滓〔七〕，千萬不遇〔八〕一爾。加以金玉之費〔九〕，鑪器所須，益非貧士所辦〔一〇〕。學如〔一一〕牛毛，成如麟角〔一二〕。華山之下，白骨如莽〔一三〕，何有可遂之理？考之内教，縱使得仙，終當有死，不能出世，不願汝曹專精於此〔一四〕。若其愛養神明，調護氣息〔一五〕，慎節起卧，均適寒暄〔一六〕，禁忌食飲〔一七〕，將餌藥物〔一八〕，遂其所稟，不爲夭折者，吾無間然〔一九〕。諸藥餌法，不廢世務也。庾肩吾常服槐實〔二〇〕，年七〔二一〕十餘，目看細字〔二二〕，鬚髮猶〔二三〕黑。鄴中〔二四〕朝士，有單服杏仁、枸杞、黄精、朮、車前得益者甚多〔二五〕，不能一一説爾〔二六〕。吾嘗患齒，摇動欲落〔二七〕，飲食熱冷〔二八〕，皆苦疼痛。見抱朴子牢齒之法〔二九〕，早朝叩齒三百下爲良〔三〇〕；行之數日，即便平愈〔三一〕，今恒持之〔三二〕。此輩小術，無損於事，亦可脩也〔三三〕。凡欲餌藥〔三四〕，陶隱居太清方中〔三五〕總録甚備，但須精審〔三六〕，不可輕脱〔三七〕。近有王愛州〔三八〕在鄴學服松脂〔三九〕，不得節度，腸塞而死，爲藥所誤者甚多〔四〇〕。

〔一〕器案：文選嵇叔夜養生論注：「嵇喜爲康傳曰：『康性好服食，常采御上藥。以爲神仙稟之自然，非積學所致，至於導養得理，以盡性命，若安期、彭祖之倫，可以善求而得也。著養生篇。』」六朝人養生之説，大較如此。正統道藏洞神部「臨」字五號有抱朴子養生論一卷。

〔二〕宋本、續家訓、羅本、傅本、何本、鮑本作「鍾值」，顏本、朱本作「相值」，程本、胡本、抱經堂本作「種植」。器案：歸心篇云：「如以行善而偶鍾禍報，爲惡而儻值福徵。」彼以鍾值對文，與此以鍾值連文義同，此本書作「鍾值」之證，今從宋本等。

〔三〕盧文弨曰：「縶，陟立切，詩小雅白駒傳：『絆也。』」

〔四〕抱經堂校定本「幼少」作「幼小」，各本都作「幼少」，今據改正。

〔五〕晉書范汪傳：「舉召役調，皆相資須。」南史蔡廓傳：「有所資須，皆就典者取焉。」

〔六〕抱經堂校定本「驅役」作「勞役」，今從宋本改正。驅役，謂奔走役使。文選潘岳在懷縣作詩：「驅役宰兩邑，政績竟無施。」

〔七〕南史劉敬宣諸人傳論：「或能振拔塵滓，自致封侯。」

〔八〕續家訓、羅本、傅本、顏本、程本、胡本、何本、朱本、黄本、文津本「不遇」作「不過」，今從宋本。

〔九〕趙曦明曰：「抱朴子金丹篇：『昔左元放神人授之金丹僊經，余師鄭君以授余。受之已二十餘年矣，資無儋石，無以爲之，但有長歎耳。』又云：『朱草喜生巖石之下，刻之，汁流如血。以玉及八石金銀投其中，便可丸如泥，久則成水；以金投之，名爲金漿；以玉投之，名爲玉醴。』」

〔一〇〕續家訓「益」作「蓋」。

〔一一〕宋本「如」作「若」，今從續家訓及餘本。

〔一二〕趙曦明曰：「蔣子萬機論：『學者如牛毛，成者如麟角。』」（案：見御覽四九六、困學紀聞十三引）郝懿行說同。劉盼遂曰：「按：二語出抱朴子極言篇，云：『若夫睹財色而心不戰、聞俗言而志不沮者，萬夫之中有一人爲多矣，故爲者如牛毛，獲者如麟角也。』趙注雖引蔣子萬機論語，然黄門意自用葛氏書也。」器案：抱朴子自叙篇：「然亦是不急之末學，知之譬如麟角鳳距，何必用之？」亦以麟角喻學成。徐陵徐孝穆集卷三諫仁山深法師罷道書：「覓之者等若牛毛，得之者譬猶麟角。」北史文苑傳序：「學者如牛毛，成者如麟角。」亦本萬機論。本書勉學篇云：「身死名滅者如牛毛，角立傑出者如芝草。」取譬亦同。

〔一三〕黄叔琳曰：「可以破愚。」趙曦明曰：「華山，仙人多居焉。初學記引華山記云：『山頂有千葉蓮花，服之羽化。山下有集靈宫，漢武帝欲懷集仙者，故名。』今云『白骨如莽』，言其不可信也。左氏哀元年傳：『吴日敝於兵，暴骨如莽。』杜注：『草之生於廣野，莽莽然，故曰草莽。』」盧文弨曰：「孔叢子陳士義篇：『魏王曰：「吾聞道士登華山，則長生不死，意亦願之。」對曰：「古無是道，非所願也。」』」劉盼遂曰：「按：抱朴子登涉篇云：『凡爲道合藥及避亂隱居者，莫不入山。然不知入山法者，多遇禍害。故諺有之曰：「太華之下，白骨狼藉。」』」

〔一四〕續家訓「世」作「此」，「願」作「勸」。廣弘明集十三釋法琳辨正論引此文作「神仙之事，有金玉之費，頗爲虚放。華山之下，白骨如莽，何有得仙之理？縱使得仙，終當有死，不能出世，不勸汝曹學之」，頗有纂改也。

〔一五〕胡三省通鑑一一五注：「氣一出一入謂之息。」

〔一六〕宋本、鮑本「寒暄」作「暄寒」。

〔一七〕案：漢書藝文志方技略經方有神農黄帝食禁七卷，日本康賴醫心方二九引本草食忌，即言禁忌食飲之事。

〔一八〕器案：詩小雅四牡：「不遑將父。」毛傳：「將，養也。」

〔一九〕論語泰伯篇：「禹，吾無閒然。」盧文弨曰：「抱朴子極言篇：『養生之方：唾不及遠，行不疾步。耳不極聽，目不久視。坐不至久，卧不及疲。先寒而衣，先熱而解。不欲極飢而食，食不過飽；不欲極渴而飲，飲不過多。不欲甚勞甚逸。冬不欲極温，夏不欲窮涼；大寒，大熱，大風，大霧，皆不欲冒之。五味入口，不欲偏多。卧起有四時之早晚，興居有至和之常制。忍怒以全陰氣，抑喜以養陽氣。然後先服草木以救虧缺，後服金丹以定無窮。』」文廷式純常子枝語三九：「二程遺書云：『問：「神仙之説有諸？」曰：「不知若何。若曰白日飛昇之類則無。若言居山谷間保形鍊氣以延年益壽則有之。譬如一罏火，置之風中則易過，置之密室則難過，有此理也。」』顏氏家訓云云，此意與程子略近，六朝人所以好言服餌也。然參同契云：『廣求名藥，與道乖殊。』野葛巴豆，學者所宜慎耳。」器案：顏、程言養生而不信神仙輕舉之説，此合於醫家調養之學，非服食求神仙者比也。

〔二〇〕趙曦明曰：「梁書文苑傳：『庾於陵弟肩吾，字子慎。太宗在藩，雅好文章士；與東海徐摛、吴郡陸杲、彭城劉遵、劉孝儀、孝威，同被賞接。太清中，侯景陷京師，逃赴江陵，未幾卒。』名醫別録：『槐實味酸鹹，久服，明目益氣，頭不白，延年。』」

〔二一〕事類賦二五「七」作「九」。

〔二二〕事類賦「字」作「書」。

〔二三〕事類賦「猶」作「皆」。

〔二四〕盧文弨曰：「晉書地理志：『魏郡鄴，魏武受封居此。』」

〔二五〕宋本「車前」作「煎者」，原注：「一本有『車前』字。」續家訓、類説同今本。又續家訓「枸」作「狗」。案：枸、狗古音近通用，左傳釋文：「『枸』又作『狗』。」是其證。盧文弨曰：「古有服杏金丹法，云出左慈，除瘖、盲、攣、跛、疝、痔、瘻、癇、瘡、腫，萬病皆愈；久服，通靈不死云云。其説妄誕，杏仁性熱，降氣，非可久服之藥。本草經：『枸杞，一名杞根，一名地骨，一名地輔，服之，堅筋骨，輕身，耐老。』博物志：『黄帝問天老曰：「天地所生，豈有食之令人不死者乎？」天老曰：「太陽之草，名曰黄精，餌而食之，可以長生。」』列仙傳：『涓子好餌朮節，食其精，三百年。』神仙服食經：『車前實，雷之精也，服之行化。八月採地衣，地衣者，車前實也。』」劉昐遂引吴承仕曰：「別録陶隱居曰：『赤朮葉細無椏，根小苦而多膏，可作煎用。』此朮煎之説也。車前雖冷利，仙經亦服餌之。疑朮煎、車前二物，或宜並列。」

〔二六〕宋本注云：「一本無此六字。」案：類説無此六字。

〔二七〕醫心方二七引「摇動」作「動摇」。

〔二八〕醫心方作「飲熱食冷」。

〔二九〕醫心方「子」下有「云」字。按：抱朴子應難篇：「或問堅齒之道，抱朴子曰：『能養以華池，浸以醴液，清晨建齒三百過者，永不動摇。』」

〔三〇〕宋本「叩」作「建」。案：醫心方亦作「建」，與抱朴子同，類説與今本同。又醫心方「早」作「旦」。

〔三一〕續家訓、類説及各本均無「便」字，宋本及醫心方有，今從之。

〔三二〕醫心方「今」上有「至」字，「持」作「將」。

〔三三〕醫心方「也」作「之」。

〔三四〕宋本「欲」作「諸」。

〔三五〕趙曦明曰：「梁書陶弘景傳：『字通明，丹陽秣陵人。止於句容之句曲山，曰：「此山下是第八洞天，名金壇華陽之天。」乃中山立館，自號華陽隱居。天監四年，移居積金東澗。善辟穀導引之法，年逾八十，而有壯容。大同二年卒，年八十五。』隋書經籍志：『太清草木集要二卷，陶隱居撰。』」陳直曰：「道家傳説神仙居住有三清，謂上清、太清、玉清。此隱居醫方命名之所本。」器案：道藏洞真部記傳類「龍」下茅山志九，記陶隱居在山所著書，有太清玉石丹藥集要三卷、太清諸草木方集要三卷。

〔三六〕晉書裴秀傳：「作禹貢地域圖……皆不精審，不可依據。」

〔三七〕續家訓及諸本都作「輕服」，今從宋本作「輕脱」，注已見風操篇。

〔三八〕盧文弨曰：「隋書地理志：『九真郡，梁置愛州。』」

〔三九〕趙曦明曰：「本草：『松脂，一名松膏，久服，輕身，不老延年。』」

〔四〇〕趙曦明曰：「文選古詩（十九首）：『服食求神仙，多爲藥所誤。』」

夫養生者先須慮禍〔一〕，全身保性，有此生然後養之，勿徒養其無生也〔二〕。單豹養於内而喪外，張毅養於外而喪内〔三〕，前賢所戒也。嵇康著養生之論，而以慠物受刑〔四〕；石崇冀服餌之徵〔五〕，而以貪溺取禍〔六〕，往世之所迷也。

〔一〕續家訓及各本無「者」字，宋本及醫心方二七引有，今從之。又醫心方「慮禍」下有「求福」二字。

〔二〕黄叔琳曰：「見道語。」

〔三〕趙曦明曰：「莊子達生篇：『善養者如牧羊，視其後者而鞭之。魯有單豹者，巖居而水飲，不與民共利，行年七十，而猶有嬰兒之色。不幸遇餓虎，餓虎殺而食之。有張毅者，高門縣簿，無不走也，行年四十，而有内熱之病以死。豹養其内而虎食其外，毅養其外而病攻其内，此二子者，皆不鞭其後者也。』」盧文弨曰：「又見呂氏春秋必己篇。喪，息浪切。」王叔岷曰：「案淮南子人間篇：『單豹倍世離俗，巖居谷飲，不衣絲麻，不食五穀，行年七十，猶有童子之色，卒而遇飢虎，殺而食之。張毅好恭，遇宫室廊廟必趨，見門閭聚衆必下。厮徒馬圉，皆與伉禮。然不終其壽，内熱而死。豹養其内，而虎食其外；毅脩其外，而疾攻其内。』」

〔四〕續家訓及各本「慠」作「傲」，今從宋本。

〔五〕宋本原注：「『徵』一作『延年』。」按：醫心方引此句作「石崇冀服餌之延」。

〔六〕盧文弨曰：「文選石季倫思歸引序：『又好服食咽氣，志在不朽，慠然有陵雲之操。』晉書石苞傳：『苞少子崇，字季倫。生於齊州，故小名齊奴。少敏惠有謀。財産豐積，後房百畝，皆衣紈繡，珥金翠，絲竹盡當時之選，庖膳窮水陸之珍。嘗與王敦入太學，見顔回、原憲象，歎曰：「若與之同升孔堂，去人何必有間。」敦曰：「不知餘人云何？子夏去卿差近。」崇正色曰：「士當身名俱泰，何至甕牖間哉！」崇有妓曰緑珠，孫秀使人求之，崇盡出數十人以示之，曰：「任所擇。」使者曰：「本受命索緑珠。」崇曰：「吾所愛，不可得也。」秀怒，乃矯詔收崇。緑珠自投樓下而死。崇母兄妻子，無少長，皆被殺害。』」

夫生不可不惜，不可苟惜。涉險畏之途，干禍難之事〔一〕，貪欲以傷生，讒慝而致死，此君子之所惜哉。行誠孝〔二〕而見賊，履仁義而得罪，喪身以全家，泯軀而濟國，君子不咎也。自亂離已來，吾見名臣賢士，臨難求生，終爲不救，徒取窘辱，令人憤懣〔三〕。侯景之亂，王公將相，多被戮辱，妃主姬妾，略無全者〔四〕。唯吴郡太守張嵊〔五〕，建義不捷，爲賊所害，辭色不撓；及鄱陽王世子謝夫人〔六〕，登屋詬怒，見射而斃。夫人，謝遵女也。何賢智操行〔七〕若此之難？婢妾引決〔八〕若此之易？悲夫！

〔一〕續家訓、朱本「干」作「于」，誤。

〔二〕誠孝，即忠孝，之推避隋諱改。

〔三〕盧文弨曰：「令，力呈切。懣音悶。」王叔岷曰：「漢書司馬遷傳：『是僕終已不得舒憤懣以曉左右。』顏注：『懣，煩悶也。』」

〔四〕劉盼遂曰：「按：之推本傳觀我生賦：『疇百家之或在，覆五宗而翦焉，獨昭君之哀奏，唯翁主之悲絃。』自注：『公主子女，見辱見讎。』皆謂此事。」

〔五〕趙曦明曰：「梁書張嵊傳：『嵊，字四山，鎮北將軍稷之子也。大同中，遷吴興太守。太清二年，侯景陷宫城。嵊收集士卒，繕築城壘。賊遣使招降之，嵊斬其使。爲劉神茂所敗，乃釋戎服，坐聽事，賊臨之以刃，終不爲屈。乃執以送景，子弟同遇害者十餘人。』」

〔六〕趙曦明曰：「梁書鄱陽王恢傳：『恢子範，以晉熙爲晉州，遣子嗣爲刺史。嗣字長胤，性驍果，有膽略，傾身養士，能得其死力。範薨，嗣猶據晉熙。侯景遣任約來攻，嗣出壘距之。時賊勢方盛，咸勸且止，嗣按劍叱之，曰：「今之戰，何有退乎？此蕭嗣效命死節之秋也。」遂中流矢，卒於陣。』案：南史但言妻子爲任約所虜，蓋史脱略。」

〔七〕盧文弨曰：「操，七到切。行，下孟切。」

〔八〕盧文弨曰：「漢書司馬遷傳：『臧獲婢妾，猶能引決。』」器案：文選報任少卿書：「不能引決自裁。」李周翰注曰：「言不能引志決列，以自裁毁。」

歸心第十六〔一〕

三世之事〔二〕，信而有徵，家世歸心〔三〕，勿輕慢也。其間妙旨〔四〕，具諸經論〔五〕，不復於此，少能讚述，但懼汝曹猶未牢固，略重勸誘爾〔六〕。

〔一〕釋道宣廣弘明集序：「顔之推之歸心，詞彩卓然，迥張物表。」王應麟困學紀聞九：「顔之推歸心篇倣屈子天問之意。」沙門祥邁辨僞録二：「顔之推之述篇，雲開日朗。」陶貞一退菴文集讀顔氏家訓説：「予讀顔氏家訓，歎其處末流之世，傾側擾攘，猶能以正訓於家，庶幾乎道矣。其論文體，固不能無溺於時；而譏正誤謬，考據得失，亦可謂卓乎大雅者歟！信哉，其能以訓也。獨其歸心一篇，我不可以無辨。夫所謂内典者，吾誠不知其何如。如或好之，則亦同於老、莊之書，備其爲一家言已矣。之推乃引而合之於儒，爲之疏通而證明之，甚之曰『是非堯、舜、周公所及也』。嘻，是豈可以爲訓乎？之推之謂不可及者，剖析形有，運載羣生，萬行歸空，千門入善，辨才智慧，是爲極矣。吾則以爲聖人之道，莫載莫破，天地且不能加也，何有於形有？何況於羣生？彼法未來，其所以運載者未嘗息，而剖析者未嘗晦，曾未有以增益於其際也。且夫既已空矣，亦復何歸？所歸既空，何門之樹？何善之入？以此爲智，適見其愚；以此爲辨，未爲無礙。仁義禮智信者，吾儒之所謂道也。之推曰：『內典初門，設五種禁，而仁義禮智信皆與之符。』庸詎知夫有以必殺爲仁者乎？以殺爲不仁，庸詎知夫有以不殺爲不仁者乎？五常之道，至粗至精；其行之也，有經有權。彼五禁者，以爲仁義禮智信之一端焉斯可耳，以是爲極，不若是淺也。之推既從而稱之，又慮其負謗於世，而爲之釋，則吾亦將因其所釋而釋之。釋一曰：『夫遥大之物，寧可度量，今人所知，莫如天地。』而迄無了者。若將以天地之變化，驗彼佛之神通，何其謬也。天地之變者，時也，運也；其不變者，道也。聖人知其不變者而已。就如所云，則夫宇宙之內，智有所不及，明有所不睹，而又遑知其他。海外九州，鄒衍之妄誕；恒沙一粒，彼法之元虚，相提而論，其敝正同。談海外者，其身固未嘗至海外也，鄒衍何從而知之？言恒沙者，其身固未嘗至恒沙也，之推何從而信之？以天地有象之疑，猶爲未盡，而欲於無象者，以擬議其象，其亦惑矣。釋二曰：『信謗之徵，有如影響，時儻差闌，終當獲報。』此尤惑也。聖人言善惡，不言禍福，言禍福，不言報應。善有餘慶，惡有餘殃，禍福無不自己求之者，其理固然也。禮樂以導於前，條律以驅於後，猶不能使天下之人，皆懷刑畏罪，以就於善，而欲以泯泯不可知之報應，以整齊其民，亦見其疎矣。惟庸夫庸婦，深信其説而趨之如歸，乃其信而趨之者，其身固嘗蹈於現在之禍而不知，甚矣其踈也。爲賢者之不可不明其理也，賢者擇於善惡而禍福有計者矣。爲庸愚之不可不知其說也，庸愚溺於報應而善惡有不審者矣。兩者俱無益焉，而又安所取諸？釋三曰：『俗僧之學經律，何異士人之學詩、禮？士於全行有闕，則僧於戒行有玷，士猶求祿位，而僧何慙供養。』此言可以媿吾儒，而不可以爲是也。士之不才，猶得什取其一以爲用。民食其力，士食其業，廢力而失業，則固王者之所不容也。今天下羣僧，無慮數萬，無事而教之，不得而教也，有事而使之，不得而使也，是上之人常失數十萬人之用也。不才之臣之居於祿位也，以其位之不可闕也，王者易其人，而不必易其位。毁禁之侶之慙於供養也，非謂其養之不可闕也，王者禁其養，而安得不禁其人？是固不可同年而語也。釋四曰：『儒有不屈王侯，隱有讓王辭相，安可計其賦役，以爲罪人？』而内教亦猶是矣。此又不通之論也。夫儒之所謂隱者，必其道誠有過人，足以當朝廷之辟命，而志有不屑焉，故隱也，豈今林林者之盡謂之隱也？且彼隱者，亦自有其職業，不聞以山林之客而受供養之資，而烏得而議之？甚矣，之推之惑也！世名妙樂，國號禳佉，其地如何？自然稻米，無盡寶藏，其物如何？必如之推之說，舉一世之人，盡舍其業，以歸於無何有之鄉，而後乃合大覺之本旨也。釋五曰：『今人貧賤勞苦，莫不怨尤前世不修，以此而論，安可不爲之地？』是故形體可死而有不可死，神爽可棄而有不可棄也。此尤惑之甚者矣。貧賤者，命之受也；勞苦者，時之爲也，皆不足爲道累。其有怨尤，此則婦人女子之所爲，之推儒者，不宜有是言也。且彼以貧苦者宿世之愆，曾不知怨尤者今世之累，不思泯怨尤於今，而欲絶貧苦於後，其亦計於遠而忽於近矣。彼其所爲修者何也？爲善焉耳。佛法有靈，何不報爲善之益於身，令天下昭然共曉，而必曰以俟後世也？生乎今之世者，既不能知其後，生乎後之世者，復不能知其前。於是則從而愚之曰此其爲前之功，此其後之福，而當其身毫無與焉，是直舉其身而棄之也。嗚呼！尚何形神之有哉？君子但知修其身，是故愛其神而保其形。愛之奚爲？曰：將以有爲也。保之奚爲？曰：欲以全歸也。可以朽，可以無朽，可以昭於天，可以歿於地者，此物此志也。若舍其身而求之，兀然而生，寂寂然而處，是其形固已死，而其神固已離，雖其身之存，亦所謂尸居餘氣者耳。之推欲援儒以入佛，而復以君子之克己復禮、濟時益物者爲比，以爲衍慶於天下，猶其延福於將來，而不知其説之鄙且倍也。嘻！佛之爲書，昌黎闢之；東坡、樂天之徒，未嘗不好之。闢之，非謗也，好之，非諂也；之推則諂矣。之推雖諂佛，而實無以窺其微，大氐皆俗僧福田利益之説，而又欲調停於儒釋，以自掩其跡，是固不可以垂訓也。闢之與好之者，不妨兩存；若之推之説，固不可以無辨也。」盧文弨曰：「高安朱文端梓此書，删去此篇，以其崇釋而輕儒也。北平黄崑圃少宰所梓乃全文。（器案：黄删節此篇，朱本乃全文，盧氏説誤。）有一學者，猶以爲不宜，勸當删去。余謂昔人之書，美惡皆當仍之，使後人得悉其所學之純駁，自爲審擇可耳。余於釋氏之書，寓目者少，不能如李善之注頭陀寺碑，覽者幸無尤焉。」郝懿行曰：「案：歸心一篇，意在且甚佞佛，便爾掊擊周、孔，非儒者之言也。又案勉學篇，顔君既稱老、莊之書爲任縱之徒，持論可謂正譏何晏、王弼附農、黄之化，棄周、孔之業，而又歷詆魏、晉諸公，下逮梁武父子，將以導衆生而矣。至於内典梵經，大體所歸，不出老、莊之緒論，特於福善禍淫，鑿鑿言之，將以導衆生而警羣迷，爲下等人説法爾。頗怪顔君於老、莊則斥之，於釋家即尊奉之，老、莊空説清静虚無，則鄙而不信，佛氏一切言福田利益，則信而不疑，是忘青出於藍，而忽冰生於水矣。觀終制一篇，大意不出乎此，可謂明目而不自見其睫者也。」龔自珍最録歸心篇曰：「夫説法人者，立宗立因立喻，道大原，覺羣聾，華雨自天，天樂墜空，斯比丘之躅，非居士之宗。居士者，詞氣夷易，略説法要，引人易入也，而不入於突，在家爲家訓，在教爲始教，以儒者多樂之。」器案：「歸心」即江總自叙所謂「歸心釋教」（陳書江總傳）、隋煬帝勅度一千人出家所謂「歸心種覺」（廣弘明集二八上）、徐孝克天台山修禪寺智顗禪師放生碑所謂「歸心染服」（國清百録二）之意。論語堯曰篇：「天下之民歸心焉。」此「歸心」二字所本。東晉以後，歷史上出現南北分裂及五胡亂華的大混亂局面，兵連禍結，民不聊生，於是佛教便乘機發展起來，上自帝王，下至百姓，都或多或少地受其欲解脱人生痛苦的宗教洗禮。蕭衍捨身，謝靈運、沈約爲佛弟子，劉勰出家，之推歸心，都説明了當時文學之士以内教爲精神世界之麻醉品的具體表現。法苑珠林一一九雜集部著録威衛録事蕭宣慈撰歸心録三卷，又六三引李氏歸心録二條，蓋與顔氏此篇同一蘄嚮云。

〔二〕釋法琳辯正論六、沙門祥邁辨僞録二引句首有「佛家」二字。續家訓曰：「三世之説，如楚英、梁武，不脱禍敗，則云過去世中，緣業所招，見在世中善惡，須至未來世中償報。若是則齋薰祭祀，上覬將來之福，與夫應若影響，所求如願，聞音解脱，抑又乖戾。」趙曦明曰：「三世，過去、未來、現在也。」

〔三〕宋本「家世歸心」作「家世業此」，續家訓、羅本、傅本、顔本、程本、胡本、何本、朱本作「家業歸心」，廣弘明集十三引同，卷三又作「家素歸心」。

〔四〕程本、胡本作「妙音」，未可從，下文亦云：「迷大聖之妙旨。」

〔五〕趙曦明曰：「内典經、律、論各一藏，謂之三藏。」

〔六〕宋本「重」作「動」，未可從。

原夫四塵五廕〔一〕，剖析形有，六舟三駕〔二〕，運載羣生，萬行歸空，千門入善〔三〕，辯才智惠〔四〕，豈徒七經、百氏之博哉〔五〕？明非堯、舜、周、孔所及也〔六〕。内外兩教〔七〕，本爲一體，漸積爲異〔八〕，深淺不同。内典初門，設五種禁〔九〕；外典仁義禮智信，皆與之符〔一〇〕。仁者，不殺之禁也；義者，不盜之禁也；禮者，不邪之禁也；智者，不酒之禁也〔一一〕；信者，不妄之禁也〔一二〕。至如畋狩軍旅，燕享刑罸〔一三〕，因民之性〔一四〕，不可卒除〔一五〕，就爲之節，使不淫濫爾〔一六〕。歸周、孔而背釋宗，何其迷也〔一七〕！

〔一〕原本不分段，磧砂藏經廣弘明集三引此分段，今從之。續家訓無「夫」字。廣弘明集「廕」作「陰」。盧文弨曰：「楞嚴經：『我今觀此，浮根四塵，衹在我面，如是識心，實居身内。』注：『四塵，色、香、味、觸也。』五廕即五陰，亦名五蘊。心經：『照見五蘊皆空。』注：『五蘊者，色與受、想、行、識也。五者皆能蓋覆真性，封蔀妙明，故總謂之蘊。亦名五陰，亦名五衆。』」器案：佛書有五陰譬喻，謂以聚沫喻色，水中泡喻痛，熱時欲喻想，芭蕉喻行，幻喻識，言皆空虚也。

〔二〕徐鯤曰：「唐釋道宣廣弘明集十五梁晉安王綱菩提樹頌叙云：『海度六舟，城安四攝。』又十九卷蕭子顯御講金字摩訶般若波羅蜜經叙云：『百福殊相，入同無生；萬善異流，俱會平等。故能導羣盲而並驅，方六舟而俱濟。』」案：六舟即六波羅蜜也。劉孝標注世説新語文學篇：『波羅蜜，此言到彼岸也。經言到者有六焉：一曰檀，檀者，施也；二曰尸羅，尸羅者，持戒也；三曰羼提，羼提者，忍辱也；四曰毘梨耶，毘梨耶者，精進也；五曰禪，禪者，定也；六曰般若，般若者，智慧也。然則五者爲舟，般若爲導，導則俱絶有相之流，升無相之彼岸也。』又按：六波羅蜜亦稱六度，詳見釋藏六度集經。梁簡文帝大法頌序云：『出五險之聚，升六度之舟。』」嚴式誨曰：「陳宣帝懺文：『登六度舟，入三昧海。』」盧文弨曰：「梁簡文帝唱導文：『帝釋淵廣，泛波若之舟；净居深沈，駕牛車之美。』王勃龍華寺碑：『四門幽闢，顧非相而遲迴；三駕晨嚴，臨有爲而出頓。』案：三駕即三乘，見法華經。羊車喻聲聞乘，鹿車喻緣覺乘，牛車喻菩薩乘。」向楚先生曰：「案經譬喻品：『佛説火宅，喻賜諸子，三車而出。』火宅經云：『羊車、鹿車、牛車，競共馳走，争出火宅。』偈云：『當以三車，隨汝所欲。』又云：『有大白牛，肥壯多力，形體姝好，以駕寶車，多諸儐從，而待衛之，是以妙車等賜諸子。』是三駕即三車也。」器案：楊炯盂蘭盆賦：「上可以薦元符於七廟，下可以納羣動於三車。」李紳題法華寺五言二十韻：「指喻三車覺，開迷五陰纏。」三駕三車，隨文切響，其本柢要以三乘爲正。三乘具如盧説，向氏所舉大白牛車，則以喻一佛乘，言如來以三乘導人，而以大乘爲度脱也。

〔三〕嚴式誨曰：「仁王經：『若菩薩摩訶薩住千佛刹，作忉利天，修千法名門，説十善道，化一切衆生。』」器案：千法名門，亦言百法名門，釋藏有百法名門論也。

〔四〕辯正論、崇正辨一引「惠」作「慧」，盧文弨曰：「惠與慧同。」器案：華嚴經：「若能知法永不滅，則得辯才無礙法。若得辯才無礙法，則得開演無邊法。」辯才，謂雄辯之才。

〔五〕辨僞録、崇正辨「七經」作「六經」，此蓋祥邁、胡寅習聞六經之名，尠聞七經之説而肊改之。趙曦明曰：「後漢書張純傳注：『七經謂詩、書、禮、樂、易、春秋及論語也。』」盧文弨曰：「之推此言，得罪名教也。」

〔六〕廣弘明集三、又十三此句作「明非堯、舜、周、孔、老、莊之所及也」，辨僞録作「非堯、舜、周、孔、老、莊所能及也」。案：下文言「歸周、孔」，即承此爲説，似原本無「老莊」二字，或由後代帝王崇道抑佛，釋氏弟子纂輯辯正、辨僞二論，遂并老、莊而詆之耳。

〔七〕案：内教謂佛教，外教謂儒學。晉釋道安有二教論。下文内典指佛書，外典指儒書；漢人以讖緯爲内書，則以儒家經典爲外書，其來尚矣。

〔八〕漸謂漸教，指佛理。極謂宗極，指儒學。廣弘明集十八謝靈運辨宗論：「釋氏之論，聖道雖遠，積學能至，累盡鑒生，不應漸悟。孔氏之論，聖道既妙，雖顔殆庶，體無鑒周，理歸一極。」又答法勗問：「二教不同者，隨方應物，所化異地也。大而校之：華民易於見理，難於受教，故閉其累學，而開其一極；夷人易於受教，難於見理，故閉其頓了，而開其漸悟。漸悟雖可至，昧頓了之實；一極雖知寄，絶累學之冀。良由華人悟理無漸，而誣道無學；夷人悟理有學，而誣道有漸。是故權實雖同，其用各異。」梁釋智藏奉和武帝三教詩：「安知悟云漸，究極本同倫。」

〔九〕廣弘明集三引「教五種禁」作「設五種之禁」。

〔一〇〕廣弘明集三引此句作「與外書仁義五常符同」。廣弘明集十三郗超奉法要：「五戒：一者不殺，不得教人殺，常當堅持，盡形壽；二者不盜，不得教人盜，常當堅持，盡形壽；三者不淫，不得教人淫，常當堅持，盡形壽；四者不欺，不得教人欺，常當堅持，盡形壽；五者不飲酒，不得以酒爲惠施，常當堅持，盡形壽。若以酒爲藥，當推其輕重，要於不可致醉。醉有三十六失，經教以爲深戒。不殺則長壽，不盜則常泰，不淫則清净，不欺則人常敬信，不醉則神理明治。」魏書釋老志：「又有五戒：去殺、盜、淫、妄言、飲酒，大意與仁、義、禮、智、信同，名爲異耳。」日本了尊悉曇輪略圖鈔七：「五行大義云：『五常，仁、義、禮、智、信也，行之終久恒不闕，故名爲常。以此能成其直，故云五德。』殺乖仁，盜乖義，淫乖禮，酒乖智，妄乖信，此五者不可造次而虧。」

〔一〕「酒」，原誤作「淫」，今據廣弘明集三引校改。

〔二〕趙曦明曰：「宋書沈約之言政如此。」器案：趙説誤，此魏書魏收之言也，已見上引。

〔三〕廣弘明集三引「燕享刑罰」作「醼饗刑罰」。

〔四〕「因」原作「固」，今據宋本、續家訓、傅本及廣弘明集三引改。

〔五〕胡本「可」作「言」。廣弘明集三音義「卒」作「猝」。盧文弨曰：「卒，倉没切。」

〔六〕後漢書梁商傳：「刑不淫濫。」國語周語下韋昭注：「淫，濫也。」

〔七〕胡寅崇正辨一曰：「之推，先師之後也，既不能遠嗣聖門，又詆毁堯、舜、周、孔，著之于書，訓爾後裔；使當聖君賢相之朝，必蒙反道敗德之誅矣。今其説尚存，與釋氏吹波助瀾，不可以不辯。」

俗之謗者〔一〕，大抵有五：其一，以世界外事及神化無方爲迂誕也〔二〕；其二，以

吉凶禍福或未報應爲欺誑也；其三，以僧尼行業〔三〕多不精純〔四〕爲姦慝也；其四，以靡費金寶減耗課役〔五〕爲損國也；其五，以縱有因緣如報善惡〔六〕，安能辛苦今日之甲，利益後世之乙乎〔七〕？爲異人也。今並釋之於下云。

〔一〕廣弘明集三引分段，今從之。

〔二〕史記孝武紀：「事如迂誕。」正義：「迂，遠也；誕，大也。」器案：迂、訏通，大也；迂誕同義字。

〔三〕三國志魏書武紀：「任俠放蕩，不拘行業。」

〔四〕文選東都賦白雉詩：「容絜朗兮於純精。」謝偃高松賦：「感天地之粹質，稟陰陽之精純。」

〔五〕隋書高祖紀：「詔以河南八州水，免其課役。」舊唐書卷二十三職官志二：「凡賦役之制有四：一曰租，二曰調，三曰役，四曰課。」廣韻三十九過：「課，税也。」役，繇役也。

〔六〕廣弘明集三「如」作「而」。

〔七〕「益」字原無，廣弘明集三引有，與上辛苦對文，是，今據補。朱子語類一二六：「或有言修後世者。先生曰：『今世不修，却修後世，何也！』」亦顔氏此意。虛設甲乙，已注風操篇。

釋一曰：夫遥大之物〔一〕，寧可度量〔二〕？今人所知〔三〕，莫若天地〔四〕。天爲積氣，地爲積塊〔五〕，日爲陽精，月爲陰精〔六〕，星爲萬物之精，儒家所安也〔七〕。星有墜落，乃爲石矣〔八〕；精若是石，不得有光〔九〕，性又質重，何所繫屬〔一〇〕？一星之徑，大者百里〔一一〕，一宿首尾〔一二〕，相去數萬；百里之物，數萬相連，闊狹從斜〔一三〕，常不盈縮。又星與日月，形色同爾〔一四〕，但以大小爲其等差〔一五〕；然而日月又當石也〔一六〕？石既牢密，烏兔焉容〔一七〕？石在氣中，豈能獨運？日月星辰，若皆是氣，氣體輕浮，當與天合，往來環轉，不得錯違〔一八〕，其間遲疾，理宜一等〔一九〕；何故日月五星二十八宿，各有度數，移動不均〔二〇〕？寧當氣墜〔二一〕，忽變爲石？地既滓濁，法應沈厚〔二二〕，鑿土得泉，乃浮水上〔二三〕；積水之下〔二四〕，復有何物？江河百谷，從何處生〔二五〕？東流到海，何爲不溢？歸塘尾閭，渫何所到〔二六〕？沃焦之石，何氣所然〔二七〕？潮汐去還，誰所節度〔二八〕？天漢懸指，那不散落〔二九〕？水性就下，何故上騰〔三〇〕？天地初開，便有星宿；九州未劃〔三一〕，列國未分，翦疆區野〔三二〕，若爲躔次〔三三〕？封建已來，誰所制割？國有增減〔三四〕，星無進退，災祥禍福，就中不差；乾象之大〔三五〕，列星之夥，何爲分野，止繫中國〔三六〕？昴爲旄頭，匈奴之次〔三七〕；西胡、東越〔三八〕、彫題、交阯，獨棄之乎〔三九〕？以此而求，迄無了者，豈得以人事尋常，抑必宇宙外也〔四〇〕？

〔一〕廣弘明集三、法苑珠林四引「大」作「天」。

〔二〕法苑珠林「寧」作「非」。

〔三〕法苑珠林「所」作「難」。

〔四〕宋本「若」作「著」。大正藏法苑珠林四校記云：「明本『地』作『也』。」

〔五〕廣弘明集無「地爲積塊」四字。法苑珠林作「俗云天爲精氣」，「精」字涉下文而誤。

〔六〕法苑珠林無「月爲陰精」四字。

〔七〕法苑珠林「家」作「教」。

〔八〕崇正辨、王鴻儒凝齋筆語引「星有墜落乃爲石矣」作「星墜爲石」。趙曦明曰：「列子天瑞篇：『杞國有人憂天崩墜，身亡所寄，廢寢食者。又有憂彼之所憂者，曉之曰：「天，積氣耳，亡處亡氣，柰何憂崩墜乎？」其人曰：「天果積氣，日月星宿不當墜邪？」曉之者曰：「日月星宿亦積氣中之有光耀者，正使墜，亦不能有所中傷。」其人曰：「柰地壞何？」曉者曰：「地，積塊耳，充塞四虛，亡處亡塊，柰何憂其壞？」』説文：『日，實也，太陽之精。月，闕也，太陰之精。星，萬物之精，上爲列星。』左僖十六年傳：『隕石于宋五，隕星也。』」

〔九〕廣弘明集、法苑珠林「得」作「可」。

〔一〇〕崇正辨、凝齋筆語「屬」作「焉」。

〔一一〕盧文弨曰：「徐歷長曆：『大星徑百里，中星五十，小星三十，北斗七星間相去九千里，皆在日月下。』」

〔一二〕趙曦明曰：「天上一度，在地二百五十里。」

〔一三〕日本大正藏法苑珠林校記云：「宋、元、明本及日本宮内省圖書寮藏宋本『從』作『縱』。」盧文弨曰：「從，子容切。」

〔一四〕法苑珠林「形」作「光」。

〔一五〕法苑珠林此句作「但以大小差别不同」。漢書游俠傳序：「自卿大夫以至於庶人，各有等差。」謂等級差别也。

〔一六〕廣弘明集三、法苑珠林「也」作「邪」。盧文弨曰：「也與邪通。」崇正辨、凝齋筆語「當」下有「是」字。

〔一七〕趙曦明曰：「春秋元命苞：『陽數起於一，成於三，故日中有三足烏。月兩設以蟾蠩與兔者，陰陽雙居，明陽之制陰，陰之制陽。』」郝懿行曰：「案：此段意旨，本於楚辭天問，而文特汗漫。」器案：天問云：「顧兔在腹。」淮南精神篇：「日中有踆烏，而月中有蟾蜍。」高誘注：「踆猶蹲也，謂三足烏。蟾蜍，蝦蟆。」陳槃曰：「甘氏星經：『日者，陽宗之精也，爲雞二足，爲烏三足。三足鷄（槃案當作『烏』）在日中。而烏之精爲星，以司太陽之行度。……月者，陰宗之精也。爲兔四足，爲蟾蜍三足。兔在月中。而蟾蜍之精爲星，以司太陰之行度。』（楊升庵文集卷七十四引）天問：『夜光何德？死則又育。厥利維何？而顧菟在腹。』注：『言月中有菟。』淮南子精神篇：『日中有踆烏。』史記龜策列傳褚先生曰：『孔子聞之曰……日爲德，爲君於天下，辱於三足之烏。』」

〔一八〕廣弘明集三「錯」作「偕」，隨函音義云：「偕音皆，俱也。」法苑珠林作「背」。

〔一九〕廣弘明集三、法苑珠林「宜」作「寧」。

〔二〇〕胡寅曰：「謹考之六經，惟春秋書隕石於宋，不言星墜爲石也。既以星爲石，又以日月爲石，皆之推臆説，非聖人之言也。之推又曰：『日月星辰，若皆是氣，則當與天相合，安能獨運？』殊不考堯之曆象、舜之璿璣、箕子之五紀、周易之大衍也。天杳然在上，左右遲速，幾於不可考矣。然聖人步之以數，驗之以氣，正之以時物，參之以人事，自古至今，了無差忒，凡垂象之變，皆有應驗，其精者預知某日日食，某日月食，飛星彗孛，出不虚示；則天雖高也，日月星辰雖遠也，智者仰觀，若指諸掌耳。之推學博而雜，是以其惑如此。孔子曰：『蓋有不知而作者。』孟子曰：『人之易其言也，無責爾矣。』其之推之謂乎！」凝齋筆録曰：「愚謂日月星辰，皆氣之精而麗于天體，如火光不可搏執，其隕而爲石者，以得地氣故耳，非在天即石也；有隕未至地而光氣遂散者，亦不爲石也。」器案：古人爲時代所局限，對於諸天體的疑問，不能得到科學的回答，故臆説紛紜，不足致詰也。趙曦明曰：「尚書堯典正義：『六歷諸緯與周髀皆云：「日行一度，月行十三度十九分度之七。」漢書律曆志：金、水皆日行一度，木日行千七百二十八分度之百四十五，土日行四千三百二十分度之百四十五，火日行萬三千八百二十四分度之七千三百五十五。又二十八宿所載黄赤道度各不同。』」

〔二一〕法苑珠林「墜」作「墮」。

〔二二〕盧文弨曰：「『沈』俗作『沉』。」王叔岷曰：「案淮南子天文篇：『重濁者滯凝而爲地。』列子天瑞篇：『濁重者下爲地。』」

〔二三〕趙曦明曰：「晉書天文志：『天在地外，水在天外，水浮天而載地者也。』」

〔二四〕續家訓「之」作「已」，崇正論作「以」。

〔二五〕崇正辨「谷」誤「物」。盧文弨曰：「尚書洪範：『一五行：一曰水……。』正義：『易繫辭曰：「天一地二，天三地四，天五地六，天七地八，天九地十。」此即是五行生成之數，天一生水，地六成水，陰陽各有匹偶，而物得成焉。』」器案：老子：「江海所以能爲百谷王者，以其善下之。」泉出通川者爲谷。

〔二六〕法苑珠林「渫」作「渠」。盧文弨曰：「楚辭天問：『東流不溢，孰知其故？』列子湯問篇：『夏革曰：「渤海之東，不知幾億萬里，有大壑焉，實惟無底之谷，其下無底，名曰歸墟，八紘九野之水，天漢之流，莫不注之，而無增無減焉。」』張湛注曰：『歸墟或作歸塘。』」器案：列子釋文引或本、文選吴都賦注、御覽六〇、又六七引列子都作「歸塘」，與家訓合。趙曦明曰：「莊子秋水篇：『天下之水，莫大於海，萬川歸之，不知何時止而不盈；尾閭泄之，不知何時已而不虚。』」案：渫與泄同。」

〔二七〕趙曦明曰：「玄中記：『天下之強者，東海之沃焦焉。沃焦者，山名也，在東海南三萬里，海水灌之而即消。』」

〔二八〕崇正辨「誰」作「何」。趙曦明曰：「抱朴子：『麋氏曰：潮者，據朝來也；夕者，言夕至也。一月之中，天再東再西，故潮水再大再小也。又夏至日居南宿，陰消陽盛，而天高一萬五千里，故夏潮大也。冬時日居北宿，陰盛陽消，而天卑一萬五千里，故冬潮小也。又春日日居東宿，天高一萬五千里，故春潮漸起也。秋日日居西宿，天卑一萬五千里，故秋潮漸減也。』」盧文弨曰：「案：此段見御覽（卷三三、又六八）所引，今抱朴子無之。」

〔二九〕崇正辨「那」作「何」。趙曦明曰：「爾雅釋天：『析木謂之津，箕木之間漢津也。』漢書天文志：『漢者亦金散氣，其本曰水。』晉書天文志：『天漢起東方，經尾箕之間，謂之天河，亦謂之漢津，分爲二道，在七星南而没。』」

〔三〇〕胡寅曰：「地之有水，猶人之有血也；故地中有水，大易八卦之明象也。若曰地浮水上，乃釋氏四輪之妄談也。水爲五行之本，其氣周流于天，萬物或升或降，或凝或散，皆氣機之自然；故草則有滋，山石則有液，人則有血，土則有水；金則水之所生，無足怪者。佛之學不明乎氣，以氣爲幻，故學之者其蔽如此。」趙曦明曰：「淮南子原道訓：『天下之物，莫柔於水，上天則爲雨露，下地則爲潤澤。』」王叔岷曰：「案孟子告子上篇：『人性之善也，猶水之就下也。』淮南齊俗篇：『譬若水之下流。』」

〔三一〕廣弘明集三、法苑珠林「劃」作「畫」。

〔三二〕廣弘明集三、隨函音義曰：「謂翦截疆界。」

〔三三〕趙曦明曰：「方言十二：『躔，歷行也，日運爲躔，月運爲逡。』禮記月令：『季冬，日窮於次。』鄭注：『次，舍也。』」盧文弨曰：「史記天官書：『角亢氐，兗州；房心，豫州；尾箕，幽州；斗，江、湖；牽牛婺女，揚州；虚危，青州；營室東壁，并州；奎婁胃，徐州；昴畢，冀州；觜觿參，益州；東井輿鬼，雍州；柳七星張，三河；翼軫，荆州。』晉書天文志載太史令陳卓言郡國所入宿度尤詳。」劉盼遂曰：「若爲，蓋柰何之轉語，若猶那也、何也，那亦柰何之短言也。唐人詩多以若爲二字連言，用爲問辭，如王維送晁監還日本詩『别離方異域，音信若爲通』、杜荀鶴宫怨詩『承恩不在貌，教妾若爲容』、羅虬比紅兒詩『虢國夫人照夜璣，若爲求得與紅兒』等，皆是也。」又引吴承仕曰：「南史二十三詔答王景文陳解揚州曰：『人居貴要，但問心若爲耳。』又五十僧遠問明僧紹曰：『天子若來，居士若爲相對？』若爲，晉、宋以來通語，猶今人之言怎麽樣矣。」器案：説文繫傳足部徐鍇曰：「躔，星之躔次，星所履行也。」劉淇助字辨略五：「若爲，猶云如何也。」

〔三四〕續家訓「有」作「不」。

〔三五〕廣弘明集三、法苑珠林「乾」作「懸」。崇正辨「象」作「坤」。

〔三六〕黄叔琳曰：「此最可疑。」趙曦明曰：「周禮春官保章氏：『掌天星以志星辰日月之變動，以觀天下之遷，辨其吉凶，以星土辨九州之地所封，封域皆有分星，以觀妖祥。』漢書地理志：『秦地於天官，東井輿鬼之分野；魏地，觜觿參之分野；周地，柳七星張之分野；韓地，角亢氏之分野；趙地，昴畢之分野；燕地，尾箕之分野；齊地，虚危之分野；魯地，奎婁之分野；宋地，房心之分野；衛地，營室東壁之分野；楚地，翼軫之分野；吴地，斗之分野；粤地，牽牛婺女之分野也。』」毛奇齡曰：「分野即是分星。第分野二字，出自周語『歲在鶉火，我有周之分野』語。分星二字，出自周禮保章氏『以星土辨九州之地，所封封域皆有分星』語。雖分星、分野兩有其名，而皆不得其所分之法。大抵古人封國，上應天象。在天有十二辰，在地有十二州。上下相應，各有分屬；則在天名分星，在地名分野，其實一也。特其説則自古有之，而其書不傳。惟鄭玄注周禮則云：『諸國封域，所分甚煩，今已亡其書。堪輿雖載郡國星度，皆非古法。惟十二次大界所分，則其存可言。』然春秋正義又謂：『即其存可言者，亦不知出自誰説。』則舊經所據，皆已滅沫無可考矣。……若今所傳者，則漢成時劉向實造爲分野之説，而班氏取之入地理志中，遂爲千秋不易之科律；即晉唐諸志及僧一行輩皆各爲增飾，以成其説。雖與鄭氏所云相表裏，而各有不同。」(西河合集經問十五)

〔三七〕趙曦明曰：「史記天官書：『昴曰旄頭，胡星也。』」

〔三八〕法苑珠林「越」作「夷」。

〔三九〕廣弘明集三、法苑珠林、崇正辨「阯」作「趾」。趙曦明曰：「史記東越傳：『閩越王無諸及越東海王摇者，其先皆越王句踐之後也。』後漢書南蠻傳：『禮記稱南方曰蠻、雕題、交阯，其俗男女同川而浴，故曰交阯。』」盧文弨曰：「雕題、交阯，禮記王制文。雕謂刻也，題謂額也，非惟雕額，亦文身也。雕、彫，趾、阯，俱通用。」

〔四〇〕廣弘明集三、法苑珠林此句作「抑必宇宙之外乎」。

凡人之信〔一〕，唯耳與目；耳目之外〔二〕，咸致疑焉。儒家説天，自有數義：或渾或蓋，乍宣乍安〔三〕。斗極所周，管維所屬〔四〕，若所親見〔五〕，不容不同；若所測量，寧足依據？何故信凡人之臆説，迷大聖之妙旨〔六〕，而欲必無恒沙世界、微塵數劫也〔七〕？而鄒衍亦有九州之談〔八〕。山中人不信有魚大如木，海上人不信有木大如魚〔九〕；漢武不信弦膠〔一〇〕，魏文不信火布〔一一〕；胡人見錦，不信有蟲食樹吐絲所成〔一二〕；昔在江南〔一三〕，不信有千人氈帳，及來河北，不信有二萬斛船〔一四〕：皆實驗也。

〔一〕廣弘明集三、法苑珠林俱分段，今從之。法苑珠林「之」作「所」。案「之」猶「所」，訓見助字辨略。尚書無逸：「則知小人之依。」蔡沈集傳：「小人所恃以爲生。」史記樂毅傳：「薊丘之植，植于汶篁。」索隱：「言薊丘所植。」皆訓「之」爲「所」。

〔二〕廣弘明集三、法苑珠林此句作「自此之外」。

〔三〕廣弘明集三、法苑珠林作「或渾或蓋，乍穹乍安」，續家訓作「或渾或蓋，乍穹乍蒼」。何焯曰：「虞喜有安天論。」趙曦明曰：「晉書天文志：『古言天者有三家：一曰蓋天，二曰宣夜，三曰渾天。漢靈帝時，蔡邕于朔方上書，言：「宣夜之學，絶無師法。周髀術數具存，考驗天狀，多所違失，惟渾天近得其情。」蔡邕所謂周髀者，即蓋天之説也。其所傳，則周公受於殷高。其言天似蓋笠，地似覆槃，天地各中高外下。宣夜之書，漢祕書郎郗萌記先師相傳，云日月衆星，自然浮生虚空之中，無所根繫。成帝咸康中，會稽虞喜因宣夜之説，作安天論。至於渾天理妙，學者多疑，張平子、陸公紀之徒，咸以爲莫密於渾象者也。」盧文弨曰：「虞昺有穹天論，云：『天形穹窿如笠，而冒地之表。』」器案：乍亦或也，漢書叙傳：「乍臣乍驕。」三國志魏書武紀注引魏武故事：「十二月己亥令曰：『乍前乍却，以觀世事。』」義與此同。渾、蓋、宣、安，俱指説天家數，改「安」爲「蒼」，於義未當。

〔四〕續家訓、法苑珠林「斗」作「計」。廣弘明集三、法苑珠林「管」作「苑」，當是「筦」訛，音形俱近也。趙曦明曰：「史記天官書：『北斗七星，所謂璿璣玉衡以齊七政。杓攜龍角，衡殷南斗，魁枕參首。用昏建者杓，杓自華以西南；夜半建者衡，衡殷中州、河、濟之間；平旦建者魁，魁，海、岱以東北也；斗爲帝車，運于中央，臨制四鄉，分陰陽，建四時，均五行，移節度，定諸紀，皆繫於斗。』」盧文弨曰：「楚辭天問：『筦維焉繫？天極焉加？』筦一作斡，顔師古匡謬正俗：『斡、管二音不殊，近代流俗，音斡烏活切，非也。』淮南天文訓：『東北爲報德之維，西南爲背陽之維，東南爲常羊之維，西北爲蹏通之維。』張衡靈憲：『八極之維，徑二億三萬二千三百里。』」

〔五〕法苑珠林「所」作「有」。

〔六〕法苑珠林「迷」作「疑」。

〔七〕廣弘明集三、法苑珠林「也」作「乎」。崇正辨引「恒」下有「河」字。趙曦明曰：「金剛經：『諸恒河所有沙數，佛世界如是，寧爲多不？』法華經：『如人以力摩三千大千土，復盡末爲塵，一塵爲一刧，如此諸微塵數，其劫復過是。』」胡寅曰：「天地雖大，然中央者，氣之正也。以人物觀之，非東夷、西戎、南蠻、北狄所可比也。天地與人，俱是一氣，生於地者既如此，則精氣之著乎天者亦必然矣。北辰帝座，自有環域，明堂三台，儼分躔次，災祥所應，中國當之；其餘列宿分野，亦莫不然，班班可考，固非四夷之所得占也。之推於耳目所及者，尚未深曉矣，乃欲信驗宇宙之外，河沙世界，微塵數刧，不謂之自誑乎！」

〔八〕趙曦明曰：「史記孟子荀卿列傳：『騶衍著書十餘萬言，以爲儒者所謂中國者，於天下乃八十一分居其一分耳。中國名曰赤縣神州，赤縣神州内自有九州，禹之序九州是也，不得爲州數。中國外，如赤縣神州者九，乃所謂九州也。於是有裨海環之，人民禽獸莫能相通者，如一區中者，乃爲一州；如此者九，乃有大瀛海環其外，天地之際焉。』騶、鄒同。」

〔九〕御覽九三五引「有魚」、「有木」作「有大魚」、「有大木」。法苑珠林三七亦有「山中人」二語。御覽類説引此作「釋氏戒世人，不可以耳目不及，便爲虚誕，如山中人不信有大魚如木」云云。御覽八三七、又九五二引孫綽子，有海人與山客辨其方物，嵇康答釋難宅無吉凶攝生論：「是海人所以終身無山，山客白首無大魚也。」

〔一〇〕法苑珠林、類説「武」下有「帝」字。趙曦明曰：「東方朔十洲記：『鳳麟洲在西海中央。仙家煮鳳喙及麟角，合煎作膏，名之爲續弦膠，能續弓弩斷弦；刀劍斷折之金，以膠連續之，使力士掣之，他處乃斷，所續之際，終無斷也。』漢武不信。未詳。」器案：雲笈七籤二六引十洲記鳳麟洲云：「仙家煮鳳喙及麟角，合煎作膠，名之爲續弦膠，或名連金泥。此膠能續弓弩已斷之弦，連刀劍已斷之金，更以膠連續之處，使力士掣之，他處乃斷，所續之際，終無所損也。天漢三年，帝幸北海，祠恒山，四月，西國王使至，獻靈膠四兩，及吉光毛裘，武帝受以付外庫，不知膠裘二物之妙用也，以爲西國雖遠，而上貢者不奇，稽留使者未遣。久之，武帝幸華林園射虎，而弩弦斷，使者從駕，又上膠一分，使口濡以續弩弦。帝驚曰：『異物也。』乃使武士數人，共對掣引，終日不脱，如未續時。其膠色青如碧玉。」則十洲記原載有此事，宋人猶及見之，今本出後人綴輯，蓋非完書矣。博物志二亦詳此事。

〔一一〕類説「文」下有「帝」字。趙曦明曰：「魏志三少帝紀：『景初三年，西域重譯獻火浣布。詔大將軍太尉臨試，以示百寮。』搜神記：『漢世西域舊獻此布，中間久絶。至魏初時，人疑其無有。文帝以爲火性酷烈，無含生之氣，著之典論，明其不然。及明帝立，詔刊石廟門之外及太學，永示來世。至是西域獻之，於是刊滅此論。天下笑之。』」器案：抱朴子内篇論仙：「魏文帝窮覽洽聞，自呼於物無所不經，謂天下無切玉之刀、火浣之布。及著典論，嘗據言此事。其間未期一物畢至。帝乃歎息，遽毁斯論。事無固必，殆爲此也。」列子湯問篇：「周穆王大征西戎，西戎獻錕鋙之劍、火浣之布。其劍長尺有咫，練鋼赤刃，用之切玉，如切泥焉。火浣之布，浣之必没於火，布則火色，垢則布色，出火而振之，皓然疑乎雪。皇子以爲無此物，傳者之妄。」云皇子以爲無此物云云，即本典論爲言，此亦僞列子後出之證。

〔一二〕爾雅翼二四引「樹」作「木」，紺珠集四引「樹」作「葉」，「所」作「而」。器案：類聚六五、御覽八二五引玄中記：「大月氏有牛名曰日及，割取肉三斤，明日瘡愈。漢人入國，示之，以爲珍異。漢人曰：『吾國有蟲，大如小指，名曰蠶，食桑葉，爲人吐絲。』外國復不信有之。」金樓子志怪篇亦載此事。

〔一三〕法苑珠林引此句作「吴人身在江南」。陳與義簡齋詩集一送吕欽問監酒授代歸胡穉注引「江南」下有「人」字。

〔一四〕廣弘明集三、法苑珠林「斛」作「石」。御覽八二五引「二萬斛船」作「萬石舟舡」，與上「千人氈帳」對文，較今本爲勝；胡注簡齋詩集引亦作「一萬斛」。五燈會元十一汝州葉縣廣教院歸省禪師：「問：『如何是塵中獨露身？』師曰：『塞北千人帳，江南萬斛船。』」容齋四筆九：「頃在豫章，遇一遼僧於上藍，與之閑談，曰：『南人不信北方有千人帳，北人不信南人有萬斛之舟，蓋土俗然也。』」亦本此文，俱作「萬斛」，似今本「二萬斛」乃「一萬斛」之誤也。

世有祝師及諸幻術〔一〕，猶能履火蹈刃，種瓜移井〔二〕，倏忽之間，十變五化〔三〕。人力所爲，尚能如此，何況神通感應〔四〕，不可思量，千里寳幢，百由旬座，化成浄土，踊出妙塔乎〔五〕？

〔一〕續家訓及廣弘明集三俱分段，今從之。法苑珠林「世」上有「如」字。廣弘明集、隨函音義曰：「幻術，虚誑也，倒書予字是。」

〔二〕趙曦明曰：「列子周穆王篇：『穆王時，西極之國有化人來，入水火，貫金石，反山川，移城邑，乘虚不墜，觸石不硋。』張湛注：『化人，幻人也。』張衡西京賦：『奇幻儵忽，易貌分形，吞刀吐火，雲霧杳冥，畫地成川，流渭通涇。』」盧文弨曰：「御覽載孔偉七引云：『弄幻之術，因時而作，耕瓜種菜，立起尋尺，投芳送臭，賣黄售白。』硋音礙。儵與倏同。耕，耘本字。」劉盼遂曰：「御覽卷九百七十八引搜神記曰：『吴時有徐光，常行幻術。於市里從人乞瓜，其主弗與。便從索瓣，種之。俄而瓜蔓延生花實，乃取食之，因賜觀者。及視所賣，皆亡耗矣。』黄門種瓜之説，殆用此事。」又曰：「洛陽伽藍記卷一景樂寺云：『寺中雜技，剥驢投井，擲棗種瓜，須臾之間，皆得食之。』楊衒之與顔氏時代接近，故所言多相同也。抱朴子内篇對俗篇：『若道術不可學得，則變易形貌，吞刀吐火，坐在立亡，興雲起霧，召致蟲蛇，合聚魚鼈，三十六石立化爲水，消玉爲粭，潰金爲漿，入淵不沾，蹴刀不傷。幻化之事，九百有餘，按而行之，無不皆效。何爲獨不肯信仙之可得乎？』據葛説，是幻化之術，在晉已盛。」又引吴承仕曰：「抱朴子對俗篇：『變形易貌，吞刀吐火。』又云：『瓜果結實於須臾，魚龍瀺灂於盤盂。』皆方士幻化之術。」器案：漢書張騫傳：「大宛諸國發使隨漢使，來觀漢廣大，以大鳥卵及黎軒眩人獻於漢。」注：「應劭曰：『眩，相詐惑也。』師古曰：『眩讀與幻同，即今吞刀吐火、植瓜種樹、屠人截馬之術皆是也，本從西域來。』」

〔三〕廣弘明集三、法苑珠林「十變五化」作「千變萬化」，列子周穆王篇言化人變幻，亦云「千變萬化」，隋書盧思道傳載勞生論亦云：「千變萬化，鬼出神入。」

〔四〕廣弘明集三、法苑珠林「況」作「妨」。

〔五〕廣弘明集三、法苑珠林「出」作「生」。盧文弨曰：「法苑珠林：『神通感應，不可思量，寶幢百由旬，化成凈坐，踊生妙塔。』釋玄應注放光般若經：『由旬，正言踰繕那，此譯云合也應也，計合應爾許度量，同此方驛邏也。案：五百弓爲一拘盧舍，八拘盧舍爲一踰繕那，即此方三十里也，言古者聖王一日所行之里數也。』又注涅槃經云：『繕那亦有大小，或八俱盧舍，一俱盧舍，謂大牛鳴音，其聲五里。昔來俱取八俱盧舍，即四十里也。』案：兩説不同。又古者天子吉行五十里，師行乃三十里耳。顏氏以幻術相比況，然則釋氏之説，亦盡皆幻術耳，而乃篤信之，何哉？量，呂張切。幢，宅江切。塔亦作墖，西域浮屠也。」郝懿行曰：「法苑珠林：『須達爾時爲穰佉國大臣，名須達多，此園地還廣一由旬，純以七寶布地，奉施如來，起爲住處。』支僧載外國事曰：『由旬者，晉言四十里。』又一切經音義三引由旬作俞旬，而云：『五百弓爲一拘盧舍，八拘盧舍爲一踰繕那，即此方三十里也。』」器案：水經河水注一又作由巡，以係對音，故字無定準也。妙法蓮華經見寶塔品第十一云：「爾時，佛前有七寶塔，高五百由旬，縱廣二百五十由旬，從地踊出，住在空中，種種寶物而莊校之。」踊出妙塔事出於此。

釋二曰：夫信謗之徵〔一〕，有如影響〔二〕；耳聞目見，其事已多，或乃精誠不深，業緣未感〔三〕，時儻差闌〔四〕，終當獲報耳。善惡之行，禍福所歸。九流百氏〔五〕，皆同此論，豈獨釋典爲虚妄乎？項橐、顏回之短折〔六〕，伯夷、原憲之凍餒〔七〕，盜跖、莊蹻之福壽〔八〕，齊景、桓魋之富强〔九〕，若引之先業，冀以後生，更爲通耳〔一〇〕。如以行善而偶鍾禍報，爲惡而儻值福徵〔一一〕，便生怨尤〔一二〕，即爲欺詭，則亦堯、舜之云虚〔一三〕，周、孔之不實也，又欲〔一四〕安所依信〔一五〕而立身乎〔一六〕？

〔一〕廣弘明集三「徵」作「興」。

〔二〕尚書大禹謨：「惠迪吉，從逆凶，惟影響。」僞孔傳：「吉凶之報，若影之隨形，響之應聲，言不虚。」

〔三〕趙曦明曰：「王屮頭陀寺碑：『宅生者緣，業空則緣廢。』李善注引維摩經：『如影從身，業緣生見。』僧肇曰：『身，衆緣所成，緣合則起，緣散則離。』金光明經：『所謂無明緣行，行緣識，識緣名，名緣色，色緣受，受緣觸，觸緣愛，愛緣取，取緣有，有緣生，生緣老死憂悲苦惱滅聚。』」徐鯤曰：「按：元注作『如影從身，業緣生見』，乃沿選本李注之誤，今據釋藏維摩詰本經改，正作『是身如影，從業緣見』。然自來校文選者，自何義門而下多所釐訂，惟李善所引佛書，沿譌襲謬，不可縷舉，從未有爲之校改者，良由不翻閱釋氏諸書故也。予欲檢對釋藏，一一正其譌舛脱漏，俾李注復還舊觀；而衣食於奔走，苦無寧晷，未知何時得遂此願也。謹附識於此。」

〔四〕廣弘明集三「闌」作「間」，誤，蓋「闌」以形近作「閑」，又由「閑」轉寫爲「間」也。盧文弨曰：「儻本亦作黨，古同儻。差，初牙切。闌猶晚也，謂報應或有差互而遲晚也。」

〔五〕趙曦明曰：「漢書藝文志，一儒家流，二道家流，三陰陽家流，四法家流，五名家流，六墨家流，七縱横家流，八雜家流，九農家流，十小説家流，其可觀者，九家而已。范甯穀梁傳序：『九流分而微言隱。』疏不數小説家。漢書叙傳：『總百氏，贊篇章。』」

〔六〕續家訓、廣弘明集三、崇正辨「槖」作「託」。趙曦明曰：「戰國秦策：『甘羅曰：「項槖生七歲而爲孔子師。」』」盧文弨曰：「淮南脩務訓作項託，其短折未詳。家語弟子解：『顔回二十九而髮白，三十一早死。』」器案，淮南子説林篇：「項託使嬰兒矜，以類相慕。」高注：「項託年七歲，窮難孔子，而爲之作師。」新序難事五：「秦項託七歲爲聖人師。」論衡實知篇：「夫項託年七歲，教孔子。」三國志魏書楊阜傳注引皇甫謐列女傳：「夫項槖、顔淵，豈復百年，貴義存耳。」抱朴子内篇塞難：「而項、楊無春彫之悲矣。」又外篇自叙：「故項子有含穗之嘆，楊烏有夙折之哀。」弘明集正誣論：「顏、項夙夭。」俱謂項橐短折。黄瑜雙槐歲鈔六先聖大王云：「保定滿城縣南門有先聖大王祠，神姓項，名託，周末魯人。年八歲，孔子見而奇之，十歲而亡，時人尸而祝之，號小兒神。」（又見天中記二五引圖經）十歲而亡之説，亦未知何據。陳槃曰：「顏子卒年，或曰十八，或曰三十二，或曰三十三，或曰三十七，或曰三十九，或曰四十一，或曰四十八，可參孫璧文考古録卷三，並可通。盧氏補注止引家語弟子解三十一早死之説，殆未廣也。」

〔七〕此句原作「原憲、伯夷之凍餒」，今據廣弘明集三引乙正。盧文弨曰：「韓詩外傳一：『原憲居魯，環堵之室，茨以蒿萊，蓬户甕牖，桷桑而無樞，上漏下溼，匡坐而絃歌。子貢往見之。原憲楮冠黎杖而應門，正冠則纓絶，振襟則肘見，納履則踵決。子貢曰：「嘻，先生何病也！」原憲仰而應之曰：「憲貧也，非病也。」』史記伯夷傳：『義不食周粟，隱於首陽山，采薇而食之，遂餓死。』」案：原憲事又詳莊子讓王篇。

〔八〕趙曦明曰：「伯夷傳：『盜跖日殺不辜，肝人之肉，暴戾恣睢，聚黨數千人，横行天下，竟以壽終。』跖亦作蹠，並之石切。正義：『蹠者，黄帝時大盜之名，以柳下惠弟爲天下大盜，故世倣古號之盜跖。』」案：莊子有盜跖篇。華陽國志南中志：「南中，在昔夷、越之地。周之季世，楚威王遣將軍莊蹻泝沅水，出且蘭，以伐夜郎。既降，而秦奪楚黔中地，無路得反，遂留王滇池。蹻，楚莊王苗裔也。』」盧文弨曰：「高誘注淮南主術篇云：『莊蹻，楚威王之將軍，能大爲盜也。』蹻，其虐切，又去遥切。」器案：淮南主術篇：「明分以示之，則跖、蹻之姦止矣。」論衡命義篇：「行惡者禍隨而至，而盜跖、莊蹻横行天下，聚黨數千，攻奪人物，斷斬人身，無道甚矣！宜遇其禍，乃以壽終。夫如是，隨命之説，安所驗乎？」以跖、蹻並舉，此顔氏所本。唐孫思邈有福壽論，則福壽之説，六朝、唐人皆言之。

〔九〕盧文弨曰：「齊景公有馬千駟，見論語。桓魋，宋司馬向魋也，司馬牛之兄，宋景公嬖之，後欲害公，不能而出奔。禮記檀弓上：『桓司馬自爲石椁，三年而不成。』此足以見其富强矣。魋，杜回切。」

〔一〇〕廣弘明集三「通」作「實」。

〔一一〕本書養生篇：「但性命在天，或難鍾值。」彼以鍾值連文，此以鍾值對舉。鍾、值義同，文選劉越石勸進表：「方今鍾百王之季。」李善注：「鍾，當也。」

〔一二〕續家訓及各本「生」作「可」，廣弘明集三、法苑珠林亦作「可」，今從宋本。崇正辨引此數句作「乃以行善而偶鍾禍報，即便怨尤，爲惡而倘值福徵，乃爲欺詭」。

〔一三〕抱經堂校定本脱「亦」字，宋本、續家訓及各本都有，今據補。

〔一四〕抱經堂校定本脱「欲」字，宋本、續家訓及各本都有，今據補。

〔一五〕音辭篇：「不可依信，亦爲衆矣。」依信，謂依據信賴也。

〔一六〕胡寅曰：「夏至之日，一陰初生，而其時則至陽用事也，陰雖微，其極必有膠折墮指之寒。冬至之日，一陽初生，而其時則至陰用事也，陽雖微，其極必有爍石流金之暑。在人積善積惡，所感亦如此而已。顔回、伯夷之生也，得氣之清而不厚，故賢而不免乎夭貧；盜跖、莊蹻之生也，得氣之戾而不薄，故惡而後得其年壽，此皆氣之偏也。若四凶當舜之時，則有流放竄殛之刑，元、凱當堯之世，則有奮庸亮采之美，此則氣之正也，何必曲爲先業、後世因果之説乎？若行善有禍而怨，行惡值福而恣，此乃市井淺陋之人，計功效於旦暮間者，何乃稱於君子之前乎？盜跖膾人肝，雖得飽其身，而人惡之至今；顔子食不充口，而德名流於千古。若顔子之心，窮亦樂，通亦樂，單瓢陋巷，何足以移之；鍾鼎廟堂，何足以淫之；威武死生，何足以動之。而鄙夫見之，乃以貧賤夭折爲顔子之宿報，嗚呼！陋哉！之推又云：『若不信報應之説，則無以立身。』然則自孟子而上，列聖羣賢，舉無以立身，而後世髡首胡服，蠢蠢蠢蠢，千百其羣者，皆立身之人歟？」盧文弨曰：「淮南詮言訓：『君子爲善，不能使福必來；不爲非，而不能使禍無至。福之至也，非其所求，故不伐其功；禍之來也，非其所生，故不悔其行。』論衡幸偶篇：『孔子曰：「君子有不幸，而無有幸；小人有幸，而無不幸。」』今爲釋氏之學者，大率以利誑誘人、以禍恐喝人者也，知道之君子，庶不爲所惑焉。」

釋三曰：開闢已來〔一〕，不善人多而善人少〔二〕，何由悉責其精絜乎〔三〕？見有名

僧高行，棄而不説；若覩凡僧流俗〔四〕，便生非毁〔五〕。且學者之不勤，豈教者之爲過？俗僧之學經律，何異士人之學詩、禮〔六〕？以詩、禮之教〔七〕，格朝廷之人〔八〕，略無全行者；以經律之禁〔九〕，格出家之輩，而獨責無犯哉〔一〇〕？且闕行之臣，猶求禄位，毁禁之侣，何慚供養乎〔一一〕？其於戒行，自當有犯〔一二〕。一披法服〔一三〕，已墮僧數，歲中所計，齋講誦持，比諸白衣，猶不啻山海也〔一四〕。

〔一〕崇正辨「已」作「以」。

〔二〕盧文弨曰：「見莊子胠篋篇。」王叔岷曰：「案劉孝標辯命論：『天下善人少惡人多。』劉子傷讒篇：『代之善人少而惡人多。』」

〔三〕顔本、程本、胡本及廣弘明集三、崇正辨「絜」作「潔」。盧文弨曰：「絜，古潔字，俗本即作潔。」案：國語周語：「有神降于莘，内史過曰：『國之將興，其君齋明衷正，精潔惠和。』」又晉語：「優施曰：『必於申生，其爲人也，小心精潔。精潔易辱。』」精潔，謂精白潔浄也。

〔四〕廣弘明集三「凡僧」作「凡猥」。

〔五〕廣弘明集三「非」作「誹」。

〔六〕崇正辨無兩「之」字。案：古書率以詩、禮代表儒家經典，此蓋本於論語季氏篇，陳亢聞伯魚過庭之訓爲學詩、學禮也。莊子外物篇：「儒以詩、禮發冢。」唐書王方慶傳：「父弘直冠屨詩、禮，畋獵史傳。」

〔七〕廣弘明集三無「以」字。

〔八〕廣弘明集三「人」作「士」。盧文弨曰：「格猶裁也。」

〔九〕廣弘明集三無「以」字。陳書後主紀：「太建十四年四月庚子詔：『又僧尼道士，挾邪左道，不依經律，……並皆禁絶。』」又見南史陳後主紀。經律，謂佛典佛法也，佛教三藏有經藏、律藏。

〔一〇〕崇正辨此句作「可獨責其無犯乎」。黄叔琳曰：「通論。」

〔一一〕胡寅曰：「中國聖王之治，有善則賞，有惡則刑，務爲明白。惟昏君亂世，然後覆護罪人，與之禄位，非詩、禮然也。之推言佛之化，非孔子之所及，則其化人必速，豈宜更有毁禁犯戒者哉？如其有之，則是佛化之未至也，又從而保芘之，是與惡人爲地耳。且儒者之教，養老賓祭必以肉，故畜之牧之以待用；今之推許僧毁禁，則僧坊可以爲豕牢矣。儒者之教，養老賓祭必以酒，故種秫造麴，蘖釀之以待用；今之推許僧毁禁，則僧坊可以築糟丘矣。儒者之教，男婚女嫁，以續人之大倫，故通媒妁、行親迎以成禮；今之推許僧毁禁，則僧坊可以爲家室，畜婢妾，聯姻婭，無不可者矣。世有僧食肉、飲酒、豢妻子，則人惡之尤甚；之推謂禮無慙於供養，何勇於保奸，而果於戕正，顛倒迷謬，如此其甚哉！」

〔一二〕朱軾曰：「良由儒行不興，致此譏議。然顔公何得爲墮行僧解嘲？恐並爲佛教罪人耳。」

〔一三〕廣弘明集三「披」作「被」。

〔一四〕盧文弨曰："僧衣緇，故謂世人爲白衣。山海以喻比流輩爲高深也。顏氏此言，又顯爲犯戒者解脱矣。"器案：釋氏稱在俗人曰白衣，以天竺之婆羅門及俗人多服鮮白衣也。六朝以與緇流並稱，則曰緇素，或曰黑白。維摩詰經方便品："雖爲白衣，奉持沙門清淨律行。"

釋四曰：内教多途，出家自是其一法耳。若能誠孝〔一〕在心，仁惠爲本，須達、流水〔二〕，不必剃落鬚髮〔三〕；豈令罄井田而起塔廟，窮編户〔四〕以爲僧尼也？皆由爲政不能節之，遂使非法之寺，妨民稼穡，無業之僧，空國賦算〔五〕，非大覺之本旨也〔六〕。抑又論之：求道者，身計也；惜費者，國謀也。身計國謀，不可兩遂〔七〕。誠臣徇主而棄親〔八〕，孝子安家而忘國，各有行也。儒有不屈王侯高尚其事〔九〕，隱有讓王辭相避世山林〔一〇〕，安可計其賦役，以爲罪人〔一一〕？若能偕化黔首〔一二〕，悉入道場〔一三〕，如妙樂之世〔一四〕，穰佉之國〔一五〕，則有自然稻米〔一六〕，無盡寶藏〔一七〕，安求田蠶之利乎〔一八〕？

〔一〕誠孝即忠孝，之推避隋諱改。

〔二〕嚴式誨曰："須達爲舍衛國給孤獨長者之本名，祇園精舍之施主也，見經律異相。"器案：又見須達經及中阿含須達多經。向楚先生曰："金光明經：『流水長者見涸池中有十千魚，遂將二十大象，載皮囊，盛河水置池中，又爲稱祝寶勝佛名。後十年，魚同日升忉利天，是諸天子。』清孫枝蔚澤物圖徙魚詩云：『東坡居士非詩人，流水長者之後身。』即引此也。」器案：范攄雲溪友議下金仙指：「李羣玉嘗斷僧結黨屠牛捕魚事曰：『遠違西天之禁戒，犯中國之條章，不思流水之心，輒舉庖丁之刃。』」葛立方韻語陽秋十二：「金光明經（卷四流水品）載流水長者子以象負水，救十千魚，生忉利天，可謂悲濟之極、報驗之速矣。厥後見於記傳，有放蝂得金、放龜得印者，其類甚多，遂使上機生無緣之慈，下士冀有因之果，皆流水長者子之慈意也。」亦舉流水長者救魚事以爲仁惠之證。

〔三〕廣弘明集三「剃」作「鬄」，「鬚」作「髦」。徐鯤曰：「魏書釋老志：『諸服其道者，則剃落鬚髮，釋累辭家，結師資，遵律度，相與和居，治心修净，行乞以自給，謂之沙門，或曰桑門，亦聲相近，總謂之僧，皆胡言也。』」器案：四十二章經：「除鬚髮而爲沙門。」妙法蓮華經序品第一：「剃除鬚髮，而被法服。」

〔四〕漢書高帝紀下：「諸將故與帝爲編户民。」師古曰：「編户者，言列次名籍也。」又梅福傳：「孔氏子孫不免編户。」師古曰：「列爲庶人。」

〔五〕宋本「空」作「失」。盧文弨曰：「漢書高帝紀：『四年八月，初爲算賦。』如淳曰：『漢儀注：民年十五以上，至五十六，出賦錢，人百二十爲一算，爲治庫兵車馬。』」

〔六〕廣弘明集三「旨」作「指」。趙曦明曰：「僧肇曰：『佛者何也？蓋窮理盡性，大覺之稱也。』」盧文弨曰：「阿育王經：『如來大覺於菩提樹下覺諸法。』佛地論：『佛者，覺也，覺一切種智，復能開覺有情。』」

〔七〕廣弘明集三「遂」作「道」。

〔八〕顔本、程本、胡本、朱本「徇」作「狗」，是後起字。誠臣即忠臣，避隋諱改。

〔九〕盧文弨曰：「易蠱上九爻辭『不屈』作『不事』。」

〔一〇〕崇正辨「隱」作「釋」。盧文弨曰：「莊子有讓王篇。辭相，如顔闔、莊周之輩皆是。」

〔一一〕廣弘明集三句末有「也」字。

〔一二〕廣弘明集三「偕」作「皆」。盧文弨曰：「史記秦始皇本紀：『二十六年，更名民曰黔首。』集解：『應劭曰：「黔亦黎黑也。」』」

〔一三〕盧文弨曰：「梁書處士傳：『庾詵，字彦寶，晚年尤遵佛教，宅内立道場，環繞禮懺。』」錢大昕恒言録五：「通典：『隋煬帝改郡縣佛寺爲道場。』是道場本寺院之别名也。今以作佛事爲道場。」

〔一四〕嚴式誨曰：「觀無量壽經：『見彼國土，極妙樂事。』」

〔一五〕續家訓及各本「禳」作「穰」，廣弘明集三作「儴」，隨函音義曰：「儴，而章反。佉，丘迦反。」盧文弨曰：「當作『儴』。」趙曦明曰：「佛説彌勒成佛經：『其先轉輪聖王名儴佉，有四種兵，不以威武，治四天下。』」郝懿行説同。崇正辨「佉」作「祛」。

〔一六〕廣弘明集三「稻」作「秔」，隨函音義曰：「秔，音庚，與粳同。」崇正辨作「粇」。器案：大樓炭珠名餤經鬱華曰品：「有浄潔粳米，不耕種，自然生出一切味，欲食者取浄潔粳米炊之。有珠名餤珠，著釜下，光出熱飯。四方人來悉共食之，食未竟，亦不盡。」自然粇米，即謂無因待而自生者。山海經海外南經載國，郭璞注：「大荒經云：『此國自然有五穀衣服。』」又大荒南經：「有載民之國……食穀，不績不經，服也；不稼不穡，食也。」郭璞注：「言自然有布帛也，五穀自生也。」隋書王劭傳上言文獻皇后生天：「有自然種種音樂，震滿虚空。」自然義並同。

〔一七〕嚴式誨曰：「維摩詰經佛道品：『以祐利衆生，諸有貧窮者，現作無盡藏。』」器案：南史郭祖深傳：「梁武時，上封事曰：『都下佛寺，五百餘所，窮極宏麗，僧尼十餘萬，資産豐沃。所在郡縣，不可勝言。道人又有白徒，尼則皆畜養女，皆不貫人籍；天下户口，幾亡其半。向使偕化黔首，悉入道場，衣誰爲織？田誰爲耕？果有自然米稻，無盡寶藏乎？』」顔氏此文，即襲用之。

〔一八〕崇正辨「乎」作「也」。胡寅曰：「聖人之道，成己則推而仁民，仁民則推而愛物，正身則推而齊家，齊家則推而治國平天下，但有先後之序，而無不可兩遂之計也。之推不知乃祖之所學於孔子者，而馳心外求，宜其差跌之遠也。儒有不事王侯，辭榮避世，如漢祖之四皓、光武之嚴陵，舉世求之，不過數人而已。時君表異之，以風化天下，崇廉恥，興禮讓，既得優賢之禮，又無蠹民之害，何不可之有？今僧徒所在以千萬計，遊手空談，不耕不織，而庸夫愚子，十人居九，皆得免於賦役，誠爲有國之大蠹，豈可與逸民高士同科而待哉？據今之世，鬻祠部度牒爲僧，一人纔費緍錢百餘，又皆哀人之財而非出己也。以他人之財，而易終身之安逸温飽，所以奸宄愚庸之人，皆樂爲之。農夫辛勤，輸納王税，歲歲有常而無已，又有豐凶水旱之變，其苦最甚，較其利，誠不如爲僧之優也。然良民日少，賦役日減，而坐食者益衆，善爲國者，不計目前利入之微，而思耗蠹生民之大，必有覺於斯術矣。之推又曰：『使黔首皆入道場，則有自然秔米，無盡寶藏，何用田蠶之利？』夫佛以乞丐爲化，忘廉恥，棄辭讓，見人之有者，卑身下意以求之，言福田利益以誘之，張地獄酷毒以劫之，必得而後已，不顧其他也。所以積少爲多，雖貧而富，不籍耕桑，衣食自足；苟有廉恥之人必已不爲矣，又況聖人之道乎？」盧文弨曰：「今之緇徒，每艷稱極樂國世界，思衣得衣，思食得食，此理之所必無者，祇可以誑誘貪癡惰窳之庸夫耳。夫非勤身苦力，而坐獲美利，君子方以爲懼，辭而不居；即信如斯言，亦必非意之所樂也。」徐文靖管城碩記二十：「按南史郭祖深傳，梁武時上封事曰：『都下佛寺五百餘所，窮極宏麗，僧尼十餘萬，資產豐沃；所在郡縣，不可勝言。道人又有白徒，尼則皆畜養女，皆不貫人籍，天下户口，幾亡其半。』向使偕化黔首，悉入道場，衣誰爲織？田誰爲耕？果有自然米稻、無盡寶藏乎？」山海經曰：『巫載民盼姓，食穀，不績不經，服也；不稼不穡，食也。』郭璞曰：『言自然有布帛也，五穀自生也。』不知其即爲極樂之世，穰佉之國否也。玄中記曰：『大月氏及西胡，有牛名日及牛，以今日割取肉三四斤，明日其肉已復，瘡已愈。』唐書中天竺傳曰：『其畜有稍割牛，黑色，角細長尺許，十日一割，不然，困且死。人食其血，或曰壽五百歲，牛壽如之。土溽熱，稻歲四熟，禾之長者没橐駝。』此固其地氣使然，非謂自然稻米也。抱朴子曰：『南海晉安有九熟之稻。』唐書南蠻傳曰：『墮婆登國，種稻，月一熟。』此亦其地氣使然，豈果有自然米稻、無盡寶藏者乎？釋氏妙法蓮花經開卷即説布施，如言：或有行施金銀、珊瑚、真珠、牟尼、硨磲、瑪瑙、金剛、奴婢、車乘、寶飾、輦輿。歡喜布施。又名衣上服價值千萬，或無價衣施佛及僧，千萬億種旃檀寶舍，衆妙卧具施佛及僧云云。如果有自然稻米、無盡寶藏，又何切切於布施爲哉？」

釋五曰：形體雖死，精神猶存。人生在世，望於後身似不相屬；及其殁後，則與前身似猶老少朝夕耳〔一〕。世有魂神〔二〕，示現夢想〔三〕，或降童妾〔四〕，或感妻孥，求索飲食〔五〕，徵須福祐，亦爲不少矣〔六〕。今人貧賤疾苦，莫不怨尤前世不修功業〔七〕；以此而論，安可不爲之作地乎〔八〕？夫有子孫，自是天地間一蒼生耳，何預身事〔九〕？而乃愛護，遺其基址，況於己之神爽〔一〇〕，頓欲棄之哉〔一一〕？凡夫蒙蔽〔一二〕，不見未來，故言彼生與今非一體耳〔一三〕；若有天眼〔一四〕，鑒其念念隨滅，生生不斷，豈可不怖畏邪〔一五〕？又君子處世，貴能克己復禮〔一六〕，濟時益物。治家者欲一家之慶，治國者欲一國之良，僕妾臣民，與身竟何親也，而爲勤苦修德乎？亦是堯、舜、周、孔虚失愉樂耳〔一七〕。一人修道，濟度幾許蒼生？免脱幾身罪累〔一八〕？幸熟思之！汝曹若觀俗計〔一九〕，樹立門户〔二〇〕，不棄妻子〔二一〕，未能出家〔二二〕；但當兼修戒行〔二三〕，留心誦讀〔二四〕，以爲來世津梁〔二五〕。人生難得〔二六〕，無虚過也。

〔一〕廣弘明集三無「似」字。崇正辨此句作「人没後與前身似朝夕爾」。

〔二〕崇正辨「魂神」作「神魂」。淮南子説山篇高注：「魄，人陰神也；魂，人陽神也。」

〔三〕廣弘明集三「示」作「亦」。

〔四〕廣弘明集三「童」作「僮」。

〔五〕顔本「求」作「取」。

〔六〕盧文弨曰：「世亦有黠鬼能效人語言。有久客在外者，其家思之，鬼即爲若人語其家，言客死之苦，求索徵須，無所不至，未幾，而其人歸矣。此焉可盡信爲真實哉！」

〔七〕廣弘明集三「業」作「德」。

〔八〕崇正辨「而論」作「論之」。廣弘明集三「安可不爲之作地乎」作「可不爲之作福地乎」。

〔九〕廣弘明集三「預」作「以」。

〔一〇〕盧文弨曰：「昭七年左氏傳：『子産曰：「人生始化曰魄，既生魄，陽曰魂。用物精多則魂魄强，是以有精爽至於神明。」』此神爽即精爽也。」器案：世説新語文學篇注引孫楚除婦服詩：「神爽登遐，忽已一周。」

〔一〕廣弘明集三「哉」作「乎」，下有「故兩疎得其一隅，累代詠而彌光矣」二句。盧文弨曰：「疎與疏同。漢書疏廣傳：『廣字仲翁，東海蘭陵人也。地節三年立皇太子，廣爲太傅，兄子受字公子，爲少傅，在位五歲，乞骸骨，賜黄金二十斤，皇太子贈以五十斤。既歸，日令家共具設酒食，請族人故舊賓客，相與娛樂。子孫幾立産業基阯，廣曰：「自有舊田廬，足以共衣食，此金聖主所以惠養老臣也，故樂與鄉黨宗族共饗其賜。」』此云得其一隅者，蓋子孫固當愛護，而己爲尤重，兩疏則知重己矣，是得其一隅也。此兩句正與上文意相足。」胡寅曰：「轉化之説，佛氏所以恐動下愚，使之歸其教也。破其説者，散於後章，因事而言，不一而足；同志之士，宜共思其非，以趨於正，勿爲所惑也。世傳死人附語，大抵多是婦人及愚夫，其所憑者，又皆蠢然臧獲之流耳，未聞有得道正人死而附語，亦未聞剛明之士爲鬼所憑，此理灼然易見也。至於求索飲食，徵須福祐，此何等鬼耶？之推愛護神爽，爲之作地，亦可笑矣，亦可哀矣，不知死生之故甚矣，亦不知鬼神之情狀極矣，亦爲先師不肖之子孫，忝辱厥祖，無以加矣。」

〔二〕廣弘明集三於此分段，「蒙」作「矇」。

〔三〕廣弘明集三「今」下有「生」字。

〔四〕趙曦明曰：「金剛經：『如來有天眼者。』涅槃經：『天眼通非礙，肉眼礙非通。』」

〔五〕傅本、顔本、程本、胡本、何本、朱本「邪」作「耶」。

〔一六〕盧文弨曰：「見左氏昭十二年傳。」器案：傳文云：「仲尼曰：『古也有志：「克己復禮，仁也。」』」語本論語顏淵篇。

〔一七〕廣弘明集三無「耳」字。

〔一八〕本書終制篇：「殺生爲之，翻增罪累。」後漢書鄧騭傳：「終不敢横受爵，上以增罪累。」案，荀子王制篇：「累多而功少。」楊注：「累，憂累也。」

〔一九〕傳本「觀」作「顧」。續家訓「汝曹若觀俗計」作「人生居世，須顧俗計」，辨正論信毁交報篇作「人生居世，須顧存俗計」。盧文弨曰：「觀疑規字之誤。」

〔二〇〕六朝人最重門户，故顏氏此書中數以爲言，後娶篇云：「家有此者，皆門户之禍也。」治家篇云：「鄴下風俗，專以婦持門户。」皆其證也。

〔二一〕續家訓、廣弘明集三此句作「不得悉棄妻子」。

〔二二〕續家訓「未能」作「一皆」。辨正論「家」下有「者」字。廣弘明集三此句作「一皆出家者」。

〔二三〕廣弘明集「行」作「業」。辨正論此句作「猶當兼行」。

〔二四〕史記留侯世家：「良常習誦讀之。」浄土三經音義卷三：「誦讀，郭知玄曰：『誦，無本闇還也。』孫愐曰：『對文曰讀，背文曰誦。』」

〔二五〕續家訓「世」下衍「出」字。廣弘明集三、辨正論「津梁」作「資糧」。王叔岷曰：「淮南子本經篇：『瑶光者，資糧萬物者也。』」（又見文子下德篇）

〔二六〕案：北涼曇無讖譯北本涅槃經卷二三：「人身難得，如優曇花。」後漢支婁伽讖譯雜譬喻經：「有十七事，人於世間甚大難：一者值佛世難；二者正使值佛，得成爲人難；三者正使得成爲人，在中國生難；四者正使在中國生，種姓家難；五者正使種姓家，四支六情完具難；六者正使四支六情完具，財産難；七者正使得財産，善知識難；八者正使得善知識，智慧難；九者正使得智慧，善心難；十者正使得善心，能布施難；十一者正使能布施，欲得賢善有德人難；十二正使得賢善有德人，往至其所難；十三者正使至其所，得宜適難；十四正使得宜適，受聽問訊説中正難；十五正使得中正，解智慧難；十六正使得解智慧，能受深經種種難；十七正使能受深經，依行得道難。是爲十七事。」此文「人生難得」本此。黄氏日鈔七九曉諭新城縣免讐殺榜：「人生難得，中土難逢。」則又成爲勸世的口頭禪了。

儒家君子〔一〕，尚離庖廚，見其生不忍其死，聞其聲不食其肉〔二〕。高柴、折像〔三〕，未知内教，皆能不殺，此乃仁者自然用心〔四〕。含生之徒〔五〕，莫不愛命；去殺之事，必勉行之。好殺之人〔六〕，臨死報驗，子孫殃禍，其數甚多，不能悉録耳〔七〕，且示數條於末〔八〕。

〔一〕何焯曰：「宋本誤連上文。」李詳媿生叢録卷四：「顏氏家訓歸心篇後有『好殺果報』七條，法苑珠林九十一殺生部，而字句略有異同。注云：『右七驗出弘明雜傳。』案：唐釋道宣卷三十引家訓七條，題曰誡殺家訓，著之推名。道世撰珠林在道宣後，第引弘明，不引顏氏原書，改題曰弘明雜傳，非別有一書也。」器案：自此以下，至於篇末，廣弘明集二六引作「誡殺家訓」，蓋唐代家訓本，此下自爲一篇，以誡殺爲目，法苑珠林一一九著録之推誡殺訓一卷，且以之單行也。

〔二〕趙曦明曰：「見孟子梁惠王篇。」

〔三〕廣弘明集「折像」作「曾皙」，注云：「一作『折像』。」沈揆曰：「家語弟子行：『高柴啓蟄不殺，方長不折。』後漢方術傳：『折像幼有仁心，不殺昆蟲，不折萌芽。』」趙曦明曰：「後漢書：『折象，字伯武，廣漢雒川人。』」

〔四〕廣弘明集此句作「此皆仁者自然用心也」。

〔五〕拾遺記三周靈王録曰：「含生有識，仰之如日月焉。」含生猶言有生。

〔六〕廣弘明集句首有「見」字。

〔七〕廣弘明集「悉」作「具」。

〔八〕續家訓曰：「之推正言殺生報應之事甚多，意在戒殺。至於言『爲子娶婦，責婦家生資，蛇虺毒口，誣罵婦家，如此之人，鬼奪其算』。此言不俟三世，立即有報，惡之之甚也，因亦戒貪。又引高柴、折像事，所謂高柴者，啓蟄不殺，方長不折，孔子曰：『啓蟄不殺，則順人道也；方長不折，則仁恕也。成湯恭以恕，是以日躋。』蓋湯去網三面故也。折像者，父國，有貲財二億，家僮八百。誓約：『……』」像幼有仁心，不殺昆蟲，不折萌芽，感多藏厚亡之義，乃散資産，周施親疎。」

梁世有人〔一〕，常以雞卵白和沐，云使髮光〔二〕，每沐輒二三十枚〔三〕。臨死〔四〕，髮中但聞啾啾數千雞雛聲〔五〕。

〔一〕法苑珠林七三、翻譯名義集二「世」作「時」。

〔二〕翻譯名義集「光」下有「黑」字。

〔三〕續家訓、羅本、傅本、顏本、程本、胡本、何本、朱本、文津本、鮑本、汗青簃本及廣弘明集、法苑珠林、辨正論信毀交報篇陳子良注、翻譯名義集「輒」下俱有「破」字。法苑珠林九一引弘明雜傳「輒」下亦有「破」字。又法苑珠林、翻譯名義集「枚」下有「雞卵」二字，辨正論注有「雞子」二字。

〔四〕廣弘明集、法苑珠林、辨正論注、翻譯名義集「死」作「終」。

〔五〕廣弘明集、法苑珠林、辨正論注、翻譯名義集「髮中但聞」乙作「但聞髮中」，「雞雛聲」作「雞兒之聲」。

江陵劉氏〔一〕，以賣䱇羹爲業〔二〕。後生一兒頭是䱇〔三〕，自頸以下〔四〕，方爲人耳〔五〕。

〔一〕法苑珠林「江陵」上有「梁時」二字。

〔二〕廣弘明集、法苑珠林、一切經音義九九引俱無「羹」字。陳直曰：「鱔即鱓俗字，始見於集韻。」

〔三〕宋本「頭」上有「俱」字，廣弘明集、法苑珠林七三、又九一「頭」下有「具」字，御覽九三七「頭」下有「目」字，辨正論注「頭」下有「真」字。今案：有「具」字是，「俱」字、「目」字、「真」字，俱形近之誤。

〔四〕廣弘明集、辨正論注及御覽引「以」作「已」。

〔五〕辨正論注「耳」作「身」。

王克爲永嘉郡守〔一〕，有人餉羊〔二〕，集賓欲醼〔三〕。而羊繩解，來投一客，先跪兩拜，便入衣中〔四〕。此客竟不言之，固無救請〔五〕。須臾，宰羊爲羹〔六〕，先行至客〔七〕。一臠入口，便下皮内，周行徧體，痛楚號叫〔八〕，方復説之。遂作羊鳴而死〔九〕。

〔一〕廣弘明集無「守」字。法苑珠林七三「王克」上有「梁時」二字，亦無「守」字。今案：無「守」字是。趙曦明曰：「宋書州郡志：『永嘉太守，晉明帝太寧元年分臨海立。』」陳直曰：「王克見南史卷二十三王彧傳，爲彧之曾孫。又王克官主客，見西陽雜俎卷三。」器案：北周書王褒傳：「江陵城陷，元帝出降，褒與王克等同至長安，俱授儀同大將軍。」又庾信傳：「時陳氏與朝廷通好，南北流寓之士，各許還其舊國。陳氏乃請王褒及信等數十人；高祖惟放王克、殷不害等，信及褒並留而不遣。」即此人也。

〔二〕辨正論陳注「餉」作「饟」。

〔三〕抱經堂校定本「醼」作「燕」，宋本、續家訓及各本都作「醼」，今據改。

〔四〕陳録善誘文：「王克殺羊，羊奔客而拜訴。」即本顔氏此文。

〔五〕辨正論注「固」作「因」。

〔六〕廣弘明集「羊」下衍「者」字。辨正論注「羊」作「畢」。

〔七〕三輔黄圖一：「始皇三十五年，營朝宫於渭南上林苑，庭中可受十萬人，車行酒，騎行炙。」行炙，謂以盤盛炙肉，傳遞至各客座前也。

〔八〕法苑珠林七三「叫」作「噭」。

〔九〕廣弘明集「遂」作「還」。

梁孝元在江州時，有人爲望蔡縣令〔一〕，經劉敬躬亂〔二〕，縣廨〔三〕被焚，寄寺而住〔四〕。民將牛酒作禮〔五〕，縣令以牛繫刹柱〔六〕，屏除形像〔七〕，鋪設牀坐〔八〕，於堂上接賓〔九〕。未殺之頃，牛解，徑來至階而拜〔一〇〕，縣令大笑，命左右宰之。飲噉醉飽〔一一〕，便卧簷下。稍醒而覺體癢〔一二〕，爬搔隱疹〔一三〕，因爾成癩〔一四〕，十許年死〔一五〕。

〔一〕趙曦明曰：「宋書州郡志豫章太守下有望蔡縣，漢靈帝中平中，汝南上蔡民分徙此地，立縣名曰上蔡，晉武帝太康元年更名。」

〔二〕法苑珠林脱「亂」字。盧文弨曰：「梁書武帝紀下：『大同八年春正月，安城郡民劉敬躬挾左道以反，内史蕭詵委郡東奔。敬躬據郡，進攻廬陵，取豫章，妖黨遂至數萬，前逼新淦、柴桑。二月，江州刺史湘東王遣中兵曹子郢奪之，擒敬躬，送京師，斬于建康市。』」

〔三〕盧文弨曰：「廣韻：『廨，古隘切，公廨也。』」

〔四〕辨正論注作「寄在寺住」。

〔五〕辨正論注作「民將牛酒祖令」。

〔六〕續家訓無「刹」字。法苑珠林無「柱」字。太平廣記一三一此句作「縣令以牛擊殺」。盧文弨曰：「刹，初鎋切，旛柱也。釋玄應衆經音義：『刹，字書無此，即剎字略也。』案：開元尊勝幢作剎字。」陳直曰：「按：盧氏補注云云，證之梁大同二年孝敬寺刹銘，宗士標撰文（見古刻叢鈔），可證刹爲六朝時通行之字。又刹下銘文云：『大同六年太歲庚申，五月十五日壬戌建刹。四衆圍繞，歌唄成羣，彩鳳珠旛，含風曜日。』與盧氏補注刹爲旛柱正合。」器案：隋諸葛子恒造象記作「剎」。

〔七〕辨正論注「形像」作「佛像」。

〔八〕辨正論注作「布設牀座」，一切經音義九九「鋪」作「抪」，云：「或作『鋪』。」

〔九〕辨正論注「堂」上有「佛」字。太平廣記「賓」下有「客」字。

〔一〇〕大正藏法苑珠林校記云：「宋、元、明本及宫寮本『階』作『陛』。」劉淇助字辨略四：「徑，直也。」

〔一一〕法苑珠林「噉」作「啗」。廣弘明集、法苑珠林「醉飽」作「飽酒」，辨正論注作「飽醉」。盧文弨曰：「噉，徒濫切，亦作啗、啖，同。」

〔一二〕宋本「稍」作「投」。廣弘明集、法苑珠林、辨正論注作「投醒即覺體痒」。盧文弨曰：「玉篇：『痒，餘兩切，痛痒也。又作癢，同。』」李慈銘曰：「案：痒，説文本字作蛘。」

〔一三〕羅本、何本及辨正論注、太平廣記「爬」作「把」。廣弘明集「隱疹」作「癮疹」，太平廣記作「癮胗」，大正藏法苑珠林校記云：「宫寮本、明本作『癮疹』。」辨正論注及大正藏法苑珠林校記引宋本作「隱軫」。盧文弨曰：「玉篇：『癮疹，皮外小起也。』」

〔一四〕法苑珠林此句作「因爾須臾變成大患」。盧文弨曰：「癩，説文作癘，惡疾也。」

〔一五〕廣弘明集此句作「十餘年死」，法苑珠林作「經十餘年便死」，大正藏校記云：「宋、元、明本『年』作『日』。」辨正論注作「十年方死」。

楊思達爲西陽郡守〔一〕**，值侯景亂，時復旱儉，飢民盜田中麥**〔二〕**。思達遣一部曲守視**〔三〕**，所得盜者，輒截手腕**〔四〕**，凡戮十餘人**〔五〕**。部曲後生一男，自然無手。**

〔一〕續家訓無「楊」字。廣弘明集、辨正論注無「守」字。法苑珠林「楊」上有「梁」字，大正藏校記云：「宋、元、明及宮寮本『梁』上尚有『時』字。」趙曦明曰：「晉書地理志：『弋陽郡統西陽縣，故弦子國。』宋書孝武紀：『大明二年，復西陽郡。』」

〔二〕顏本、程本、胡本、朱本及法苑珠林引「飢」作「饑」，二字古多混用。

〔三〕辨正論注「視」作「捉」。盧文弨曰：「續漢書百官志：『大將軍營五部，部校尉一人，部下有曲，曲有軍候一人。』」

〔四〕「擘」原作「腕」，今據宋本校改，與誡兵篇合；辨正論注作「臂」。

〔五〕辨正論注「戮」作「截」，「人」下有「手」字。

齊有一奉朝請〔一〕，家甚豪侈，非手殺牛，噉之不美〔二〕。年三十許，病篤，大見牛來〔三〕，舉體如被刀刺〔四〕，叫呼而終〔五〕。

〔一〕廣弘明集「齊」下有「國」字，法苑珠林有「時」字。盧文弨曰：「宋書百官志下：『奉朝請，無員，亦不爲官，漢東京罷省，三公、外戚、宗室、諸侯多奉朝請。奉朝請者，奉朝會請召而已。』朝，陟遥切；請，疾政切。」

〔二〕續家訓、廣弘明集、辨正論注、太平廣記一三一引句首有「則」字。

〔三〕辨正論注「大」作「便」。

〔四〕辨正論注此句作「觸膚體如被刀刺」。

〔五〕法苑珠林「叫」作「噭」，大正藏校記引宋、元、明及宫寮本作「訆」。案：龍龕手鑑卷一言部：「訆，音口，先相口可。」與叫字義别，或是釋行均望文生訓也。辨正論注「終」作「死」。

江陵高偉〔一〕，隨吾入齊，凡數年，向幽州淀中捕魚〔二〕。後病，每見羣魚齧之而死〔三〕。

〔一〕法苑珠林作「齊時江陵高偉」。

〔二〕趙曦明曰：「淀，堂練切，玉篇：『淺水也。』案：北方亭水之地，皆謂之淀。此幽州淀，疑即今趙北口地。」

〔三〕御覽九三五引無「每」字。

世有癡人〔一〕，不識仁義，不知富貴並由天命。爲子娶婦，恨其生資〔二〕不足，倚作舅姑之尊〔三〕，虵虺其性，毒口加誣〔四〕，不識忌諱，罵辱婦之父母，卻成教婦不孝己身〔五〕，不顧他恨。但憐己之子女〔六〕，不愛己之兒婦〔七〕。如此之人，陰紀其過，鬼奪其算〔八〕。慎不可與爲鄰〔九〕，何況交結乎〔一〇〕？避之哉〔一一〕！

〔一〕器案：廣弘明集無此條，則所見本不在此篇，當從宋本入涉務篇爲是。

〔二〕事文類聚後十三「生資」作「奩資」。

〔三〕宋本及事文類聚「尊」作「大」。

〔四〕宋本及事文類聚「毒」作「惡」。

〔五〕續家訓、羅本、傅本、顏本、程本、胡本、何本、朱本、文津本此句作「卻云教以婦道，不孝己身」，事文類聚作「卻教成婦，不孝己身」。

〔六〕羅本、傅本、程本、何本「但」作「怛」。續家訓、羅本、傅本、顏本、程本、何本、朱本「憐」作「伶」。

〔七〕宋本此句作「不愛其婦」，事文類聚作「不顧其婦」。

〔八〕器案：初學記十七、御覽四〇一引河圖：「黄帝曰：『凡人生一日，天帝賜算三萬六千，又賜紀二千；聖人得三萬六千七百二十，凡人得三萬六千。一紀主一歲，聖人加七百二十。』」初學記同卷又引河圖：「孝順二親，得算二千天，司録所表事，賜算中功。」抱朴子對俗篇：「行惡事：大者司命奪紀，小者奪算，隨所輕重，故所奪有多少也。凡人之受命得壽，自有本數，數本多者，則紀算難盡而遲死；若所禀本少，而所犯者多，則紀算速盡而早死。」又微旨篇：「按：易内戒及赤松子經及河圖記命符皆云：『天地有司過之神，隨人所犯輕重，以奪其算，算減則人貧耗疾病，屢逢憂患，算盡則人死。』」感應篇：「太上曰：『禍福無門，唯人自召，善惡之報，如影隨形，是以天地有司過之神，依人所犯輕重，以奪人算，算盡則死。又有三台北斗神君在人頭上，録人罪惡，奪其紀算。」又云：「凡人有過，大則奪紀，小則奪算。」臧琳拜經日記九云：「紀算，謂年壽也，十二年謂紀，百日爲算。」

〔九〕宋本作「不得與爲鄰」，事文類聚同。

〔一〇〕續家訓及各本此句作「仍不可與爲援，宜遠之哉」，今從宋本。事文類聚「交結」作「結交」。

〔一一〕趙曦明曰：「宋本在涉務篇末，俗本在此。今案：此段亦言因果，附此爲是。」器案：唐、宋人所見歸心篇，自「儒家君子尚離庖廚」以下爲誡殺篇，此段言因果不言誡殺，仍當宋本附列涉務篇爲是，趙説非是。又鮑本、事文類聚重「避之哉」三字。

卷第六

書證

書證第十七〔一〕

詩云：「參差荇菜〔二〕。」爾雅云：「荇，接余也。」字或爲莕〔三〕。先儒解釋皆云：水草，圓葉細莖，隨水淺深。今是水悉有之〔四〕，黄花似蓴〔五〕，江南俗亦呼爲猪蓴〔六〕，或呼爲荇菜〔七〕。劉芳具有注釋〔八〕。而河北俗人多不識之，博士皆以參差者是莧菜，呼人莧爲人荇〔九〕，亦可笑之甚。

〔一〕黄叔琳曰：「此篇純是考據之學，當另爲一書，全删。」

〔二〕見詩經周南關雎。

〔三〕接，續家訓及各本作「萎」，今從宋本。趙曦明曰：「爾雅釋草：『莕，接余，其葉苻。』釋文：『莕音杏，本亦作荇。接如字，説文作萎，音同。』」器案：爾雅郭注云：「叢生水中，葉圓，在莖端，長短隨水深淺。江東菹食之。亦呼爲莕，音杏。」齊民要術九作菹藏生菜法第八十八引詩義疏：「接余，其葉白，莖紫赤，正圓，徑寸餘，浮在水上，根在水底，莖與水深淺等，大如釵股，上青下白，以苦酒浸之爲菹，脆美，可案酒，其華蒲黄色。」此即下文顔氏所謂「先儒解釋皆云」之説也。

〔四〕是水，猶言凡有水處。風操篇：「是書皆觸。」「是」字義同。

〔五〕埤雅卜五引「花」作「華」。元刊黄氏摘千家注紀年杜工部詩史卷一醉歌行黄希注引「黄花」作「花黄」，「似」下脱「蓴」字，又有「苗可爲菹」四字一句。盧文弨曰：「『蓴』亦作『蒓』，廣韻：『蓴，蒲秀。』又：『蒓，水葵也。』」

〔六〕盧文弨曰：「政和本草：『鳬葵，即莕菜也。一名接余。』唐本注云：『南人名猪蓴，堪食。』别本注云：『葉似蓴，莖澀，根極長，江南人多食，云是猪蓴，全爲誤也。猪蓴與絲蓴同一種，以春夏細長肥滑爲絲蓴，至冬短爲猪蓴，亦呼爲龜蓴，此與鳬葵，殊不相似也。』」郝懿行曰：「陸璣詩疏：『蓴乃是茆，非荇也，茆荇二物相似而異，江南俗呼荇爲猪蓴，誤矣。』」

〔七〕續家訓「菜」作「葉」，未可從。

〔八〕趙曦明曰：「隋書經籍志：『毛詩箋音證十卷，後魏太常卿劉芳撰。』」盧文弨曰：「魏書劉芳傳：『芳字伯文，彭城人。』傳内『音證』作『音義證』，本卷後亦云『劉芳義證』。」

〔九〕趙曦明曰：「爾雅釋草：『蕢，赤莧。』注：『今莧菜之有赤莖者。』」盧文弨曰：「本草圖經：『莧有六種，有人莧，赤莧，白莧，紫莧，馬莧，五色莧。入藥者人、白二莧，其實一也，但人莧小而白莧大耳。』」邵晉涵爾雅正義云：「夬九五云：『莧陸夬夬。』荀爽云：『莧者，葉柔而根堅且赤。』是赤莧爲易所取象也。釋文引宋衷云：『莧，莧菜也。』孔疏引董遇説，以爲人莧。案今莧菜有赤紫白三種，人莧則白莧之小者，與荀義異也。」

詩云：「誰謂荼苦〔一〕？」爾雅〔二〕、毛詩傳〔三〕並以荼，苦菜也。又禮云：「苦菜秀〔四〕。」案：易統通卦驗玄圖〔五〕曰：「苦菜生於寒秋，更冬歷春，得夏乃成。」今中原苦菜則如此也。一名游冬〔六〕，葉似苦苣而細，摘斷〔七〕有白汁，花黄似菊〔八〕。江南別有苦菜，葉似酸漿〔九〕，其花或紫或白，子大如珠，熟時或赤或黑，此菜可以釋勞。案：郭璞注爾雅〔一〇〕，此乃藏黄蒢也〔一一〕。今河北謂之龍葵〔一二〕。梁世講禮者，以此當苦菜；既無宿根，至春子方生耳，亦大誤也。又高誘注呂氏春秋曰：「榮而不實曰英〔一三〕。」苦菜當言英，益知非龍葵也〔一四〕。

〔一〕見詩邶風谷風。盧文弨曰：「宋本即接『禮云苦菜秀』，在此句下。今案：文不順，故不從宋本。」

〔二〕爾雅釋草：「荼，苦菜。」釋文：「荼音徒，説文同。案：詩云：『誰謂荼苦。』大雅云：『堇荼如飴。』本草云：『苦菜一名荼草，一名選，生益州川谷。』名醫別録：『一名游冬，生山陵道旁，冬不死。』月令：『孟夏之月，苦菜秀。』易通卦驗玄圖云：『苦菜生於寒秋，經冬歷春，得夏乃成。』今苦菜正如此，處處皆有，葉似苦苣，亦堪食，但苦耳。今在釋草篇。本草爲菜上品，陶弘景乃疑是茗，失之矣。釋木篇有『檟苦荼』，乃是茗耳。」

〔三〕續家訓及各本無「詩」字，今從宋本。盧文弨曰：「經典序録：『河間人大毛公爲詩故訓傳，一云魯人，失其名。』初學記：『荀卿授魯國毛亨，作詁訓傳，以授趙國毛萇。』案：故與詁同。傳，張戀切。」

〔四〕趙曦明曰：「月令孟夏文。」

〔五〕盧文弨曰：「隋書經籍志：『易統通卦驗玄圖一卷。』不著撰人。」器案：爾雅釋草釋文、重修政和經史證類備用本草二七、離騷草木疏二引無「統」字。又引下文「更冬」作「經冬」。

〔六〕廣雅釋草：「游冬，苦菜也。」王念孫疏證引此及爾雅釋文，云：「案：顔、陸二家之辨，皆得其實。」

〔七〕盧文弨曰：「唐本草注引此『摘斷』作『斷之』，吴仁傑離騷草木疏引此亦有『之』字。」器案：埤雅十七、升庵文集七九引亦作「斷之」。

〔八〕趙曦明曰：「本草：『白苣，似萵苣，葉有白毛，氣味苦寒。又苦菜一名苦苣。』」盧文弨曰：「案：苦苣即苦藘，江東呼爲苦蕒。廣雅：『蕒，藘也。』案：藘、苣、藘同。唐本草注顔説與桐君略同。」升庵文集卷七十九苦菜：「顔氏家訓引易通卦驗玄圖云云。又按：唐王冰注素問引古月令『四月，吴葵華』，而無『苦菜秀』一句。本草吴葵、龍葵析爲二條，其形與性所説不殊。孫真人千金方治手腫亦用吴葵。唐本草注吴葵云：『即關、河間謂之苦菜者。』亦既曉了矣，乃復分苦菜龍葵二條，何耶？俗作鵝兒菜，又名野苦蕒。」案：廣雅釋草：「蕒，蘪也。」王氏疏證：「此亦苦菜之一種也。蘪或作藘，或作苣，説文云：『藘，菜也，似蘇者。』玉篇云：『藘，今之苦藘，江東呼爲苦蕒。蕒，苦蕒，菜也。』廣韻云：『蕒，吴人呼苦藘。』顔氏家訓云：『苦菜，葉似苦苣而細。』是苦苣即苦菜之屬也。」

〔九〕盧文弨曰：「爾雅：『葴，寒漿。』注：『今酸漿草，江東呼曰苦葴。』」

〔一〇〕趙曦明曰：「隋書經籍志：『爾雅五卷，郭璞注。圖十卷，郭璞撰。』」

〔一一〕趙曦明曰：「爾雅釋草：『蘵，黄蒢。』注：『蘵草葉似酸漿，花小而白，中心黄，江東以作葅食。』」郝懿行曰：「案：顔君所説此物，即是爾雅注所謂苦葴，今京師所稱紅姑孃者也，與蘵黄蒢稍異焉。」案：納蘭性德飲水詞有眼兒媚詠紅姑娘。

〔一二〕趙曦明曰：「古今注：『苦葴，一名苦蘵，子有裹，形如皮弁，始生青，熟則赤，裹有實，正圓如珠，亦隨裹青赤。』唐本草注：『苦蘵，葉極似龍葵，但龍葵子無殼，苦蘵子有殼。』」邵晉涵爾雅正義曰：「『本草陶注云：『益州有苦菜，乃是苦蘵。』唐本注云：『苦蘵即龍葵也，俗亦名苦菜，非荼也。龍葵所在有之，葉圓花白，子若牛李，子生青熟黑，但堪煮食，不任生噉。』」

〔一三〕趙曦明曰：「隋書經籍志：『吕氏春秋二十六卷，秦相吕不韋撰，高誘注。』」盧文弨曰：「此注見孟夏紀。榮而不實者謂之英，本爾雅文。」

〔一四〕續家訓無「也」字。

詩云：「有杕之杜〔一〕。」江南本並木傍施大，傳曰：「杕，獨皃也〔二〕。」徐仙民音徒計反〔三〕。説文曰：「杕，樹皃也〔四〕。」在木部。韻集音次第之第〔五〕，而河北本皆爲夷狄之狄〔六〕，讀亦如字，此大誤也〔七〕。

〔一〕有杕之杜，詩凡三見：唐風杕杜，又有杕之杜，及小雅鹿鳴杕杜也。

〔二〕盧文弨曰：「皃，古貌字，宋本即作『貌』，下並同。」郝懿行曰：「案：毛傳本作『杕，特皃』，特雖訓獨，顔君竟改作獨，非。」

〔三〕趙曦明曰：「徐仙民，名邈，晉書在儒林傳。隋書經籍志：『毛詩音十六卷，徐邈等撰；毛詩音二卷，徐邈撰。』」案：采薇序：「杕杜以勤歸也。」釋文：「杕，大計反。」

〔四〕趙曦明曰：「隋書經籍志：『説文十五卷，許慎撰。』」

〔五〕趙曦明曰：「隋書經籍志：『韻集六卷，晉安復令吕静撰。』」器案：江式上古今文字源流作「韻集五卷」。

〔六〕郝懿行曰：「釋文云：『杕，徒細反，本或作夷狄之狄，非也，下篇同。』據此，則唐風杕杜、有杕之杜兩篇，杕字皆有作狄字者，顔君、陸氏並以爲誤，是也。」案：佩觿上：「杕杜文乖。」

注：「杕，大計翻，北齊、河北毛詩本多作狄。」

〔七〕臧琳經義雜記十八：「釋文云：『杕杜本或作夷狄字，非也。下篇同。』據此，則唐風杕杜、有杕之杜兩篇，杕字皆有作狄者，顏、陸並以爲誤，是也。顏引毛傳云：『杕，獨皃也。』今杕杜篇孔、陸本皆作『特貌』，特字訓獨，顏引毛傳竟作獨，非。有杕之杜箋亦云：『特生之杜。』顏引説文：『杕，樹皃也。』今本無『也』字，大徐本有『詩曰有杕之杜』六字，小徐本即作錯語。今據顏舉説文，不云引詩，則楚金本是。」許宗彦曰：「經學自東晉後，分爲南北。自唐以後，則有南學而無北學。……五經正義所謂定本，蓋出於顏師古（元注：『見本傳』）。師古之學，本之之推。之推家訓書證篇每是江南本而非河北本。師古爲定本時，輒引晉、宋以來之本，折服諸儒，則據南本爲定可知已。（詩疏稱定本集注，蓋指崔靈恩本。崔集衆解爲毛詩集注二十四卷。釋文亦間引定本，當是後人羼入，非其原文。）孔穎達本兼涉南北學，本傳稱其習鄭氏尚書、王氏易。至其爲正義，則已有顏氏考定本在前；且師古首董其事，遂專南學，而北學由此遂廢矣。」（鑑止水齋集十四記南北學）文廷式純常子枝語三九：「顏氏家訓書證篇每稱江南、河北本異同，孔沖遠正義亦折衷於定本，故以六朝人文字攷訂經典，雖不悉關經師家法，要以見唐以前傳本之殊别耳。」

詩云：「駉駉牡馬〔一〕。」江南書皆作牝牡之牡，河北本悉爲放牧之牧〔二〕。鄴下博士

見難〔三〕云：「駉頌既美僖公牧于坰野之事，何限騲騭乎〔四〕？」余答曰：「案：毛傳〔五〕云：『駉駉，良馬腹幹肥張也。』其下又云：『諸侯六閑四種〔六〕：有良馬，戎馬，田馬，駑馬。』若作牧放之意，通於牝牡，則不容限在良馬獨得駉駉之稱。良馬，天子以駕玉輅，諸侯以充朝聘郊祀，必無騲也。周禮圉人職：『良馬，匹一人〔七〕。駑馬，麗一人〔八〕。』圉人所養，亦非騲也〔九〕；頌人舉其强駿者言之，於義爲得也。易曰：『良馬逐逐〔一〇〕。』左傳云：『以其良馬二〔一一〕。』亦精駿之稱〔一二〕，非通語也。今以詩傳良馬，通於牧騲〔一三〕，恐失毛生〔一四〕之意，且不見劉芳義證乎〔一五〕？」

〔一〕詩魯頌駉文。

〔二〕李詳曰：「案臧氏琳經義雜記：『唐石經作牡馬，驗其改刻之痕，本是牧字。』文選李少卿答蘇武書：『牧馬悲鳴。』李善注引毛詩曰：『駉駉牧馬。』藝文類聚九十三、太平御覽五十五引『駉駉牧馬』。初學記二十九、白氏六帖九十六引『駉駉牡馬』。則唐人亦兼具兩本矣。」

〔三〕盧文弨曰：「難，乃旦切。」

〔四〕續家訓「騲騭」作「驒駱」。沈揆曰：「諸本皆作『驒駱』，獨謝本作『騲騭』，考之字書：『騲，牝馬也；騭，牡馬也。』顔氏方辯『駉駉牡馬』，故博士難以『何限於騲騭』，後又言『必無騲也』，『亦非騲也』，義益明白。驒駱二字，雖見駉頌，施之於此，全無意義，故當從謝本。」趙曦明曰：「詩序：『駉，頌僖公也。公能遵伯禽之法，儉以足用，寬以愛民，務農重穀，牧于坰野，魯人尊之。於是季孫行父請命于周，而史克作是頌。』案唐石經初刻牝牡之牡，後改放牧之牧，陸德明釋文作牡，云：『説文同。』正義却改作牧。」器案：南史王融傳：「駉駉之牧，遂不能嗣。」即本魯頌，則江南書亦有作「牧」之本。爾雅釋畜：「牡曰騭，牝曰騇。」郭注：「今江東呼駁馬爲騭。騇，草馬名。」陸德明音義云：「『草』本亦作『騲』」，魏志云：『教民畜牸牛騲馬。』」案三國志魏書杜畿傳作「草馬」。晉書涼武昭王傳：「家有騧草馬生白額駒。」顔師古匡謬正俗六草馬：「問曰：牝馬謂之草馬，何也？答曰：本以牡馬壯健，堪駕乘及軍戎者，皆伏皁櫪，芻而養之；其牝馬唯充蕃字，不暇服役，常牧于草，故稱草馬耳。淮南子曰：『夫馬之爲草駒之時，跳躍揚蹏，翹足而走，人不能制。』高誘曰：『五尺已下爲駒，放在草中，故曰草駒。』是知草之得名，主於草澤矣。」據此，則騲爲草之俗體，今猶稱家畜之牝者爲草猪、草狗、草驢、草雞；家狗交尾曰走草；又婦女生産曰坐草，蓋亦牝草引申之義。

〔五〕續家訓、傅本、顔本、胡本、何本「毛傳」作「毛詩」，今從宋本。

〔六〕抱經堂校定本原脱「四種」二字，各本俱有，今據補。

〔七〕續家訓「匹」誤「四」。

〔八〕周禮鄭玄注云：「麗，耦也。」詩鄘風干旄正義引王肅云：「夏后氏駕兩謂之麗。」

〔九〕盧文弨曰：「『所養』下當有『良馬』二字。」續家訓「騲」作「驒」。

〔一〇〕續家訓「易曰」作「易云」。趙曦明曰：「易大畜：『九三，良馬逐，利艱貞。』案：釋文：『鄭康成本作逐逐，云兩馬走也。』是此書所本。」郝懿行曰：「案：今易文云：『良馬逐。』此衍一字者，蓋從鄭易，陸氏釋文引之云：『良馬逐逐，兩馬走也。』」

〔一一〕趙曦明曰：「見宣公十二年。」

〔一二〕續家訓「駿」作「駱」。

〔一三〕續家訓「牧騂」作「騨駿」。

〔一四〕毛生，謂漢河間太守毛萇，撰詩傳十卷，今傳。史記儒林傳：「言禮，自魯高唐生。」索隱：「自漢以來，儒者皆號生。」稱毛萇爲毛生，義亦猶此。

〔一五〕趙曦明曰：「周禮夏官校人：『天子十有二閑，馬六種；邦國六閑，馬四種；家四閑，馬二種。凡馬特居四之一。』注：『鄭司農云：「四之一者，三牝一牡。」』」段玉裁曰：「以周官攷之，則有牡無牝之説全非。」盧文弨曰：「案：校人職又云：『駑馬三良馬之數。』康成注：『良，善也。』則毛傳所云良馬，亦祇言善馬耳。凡執駒攻特之政，皆因其牝牡相雜處耳。坰野放牧之地，亦非駕輅朝聘祭祀可比，自當不限騲騭。鄘風干旄亦言良馬，何必定指爲牡？況毛傳以良馬、戎馬、田馬、駑馬四種爲言者，意在分配駉之四章，統言之，則皆得良馬之名；析言之，則良馬乃四種之一。左傳云：『趙旃以其良馬二濟其兄與叔父，以他馬反，遇敵不能去。』此正善與駑之別也，作傳者豈屑屑致辨於牝牡之間乎？顔君引證，亦殊未確。」

臧琳經義雜記十八曰：「魯頌：『駉駉牡馬。』正義曰：『駉駉然腹幹肥張者，所牧養之良馬也。定本牧馬字作牡馬。』釋文：『牡馬，茂后反，草木疏云：「騭馬也。」説文同，本或作牧。』顔氏家訓書證云云。據此，則六朝時本已有『牡馬』、『牧馬』兩文矣，故正義作『牧』，云：『定本作「牡」』，（今正文皆作「牡」，非。）釋文作『牡馬』，云：『本或作「牧」』。唐石經作『牡馬』，驗其改刻之痕，本是『牧』字。文選李少卿答蘇武書：『牧馬悲鳴。』李善引毛詩曰：『駉駉牧馬。』藝文類聚九十三、太平御覽五十五引『駉駉牧馬』，初學記二十九、白氏六帖九十六引『駉駉牡馬』，則唐人亦兼具兩本矣。宋呂東萊讀詩記首章猶作『牧馬』。今考之『駉駉牡馬』，傳云：『駉駉，良馬腹幹肥張也。』『在坰之野』，箋云：『牧於坰野者，避民居與良田也。』『薄言坰者』，傳云：『牧之坰野則駉駉然。』箋云：『坰之牧地，水草既美，牧人又良。』則知『在坰之野』、『薄言坰者』二句，方及牧事，首句止言馬之良駿，而未及於牧也。釋文於『牡馬』下引草木疏云：『騭馬也。』案：爾雅釋畜：『牡曰騭。』則陸氏草木蟲魚疏亦作『牡馬』矣。釋文序録：『陸機（案當作「璣」），字元恪，吴太子中庶子。』乃三國時人，非晉之陸機，遠在顔氏之前，其本更爲可據，是當作『牡馬』爲定也。（牡、牧二字，形聲皆相近。）」器案：馬瑞辰毛詩傳箋通釋仍從顔説，兩存之可也。魏書劉芳傳：「芳撰毛詩箋音義證十卷，周官、儀禮義證各五卷。」

月令云〔一〕：「荔挺出。」鄭玄注云：「荔挺，馬薤也〔二〕。」説文云：「荔，似蒲而小，根可爲刷。」廣雅〔三〕云：「馬薤，荔也。」通俗文〔四〕亦云馬藺〔五〕。易統通卦驗玄圖〔六〕云：「荔挺不出，則國多火災。」蔡邕月令章句〔七〕云：「荔似挺〔八〕。」高誘注吕氏春秋云：「荔草挺出也〔九〕。」然則月令注荔挺爲草名，誤矣〔一〇〕。河北平澤率生之。江東頗有此物，人或種於階庭，但呼爲旱蒲〔一一〕，故不識馬薤。講禮者乃以爲馬莧；馬莧〔一二〕堪食，亦名豚耳，俗名馬齒。江陵嘗有一僧，面形上廣下狹；劉緩幼子民譽〔一三〕，年始數歲，俊晤善體物〔一四〕，見此僧云：「面似馬莧。」其伯父縚因呼爲荔挺法師〔一五〕。縚親講禮名儒〔一六〕，尚誤如此。

〔一〕抱經堂校定本脱「云」字，宋本及各本俱有，今據補。

〔二〕盧文弨：「薤，本作䪥，户戒切。」

〔三〕趙曦明曰：「隋書經籍志：『廣雅三卷，魏博士張揖撰。』」案：文選司馬長卿子虚賦：「其高燥則生葴菥苞荔。」郭璞注：「張揖曰：『荔，馬荔也。』」廣雅釋草：「馬䪥，荔也。」王念孫疏證曰：「馬荔，猶言馬藺也，荔葉似䪥而大，則馬䪥之所以名矣。」

〔四〕趙曦明曰：「隋書經籍志：『通俗文一卷，服虔撰。』」

〔五〕類説「藺」作「蘭」。器案：説文艸部：「藺，莞屬。」玉篇艸部：「藺，似莞而細，可爲席，一名馬藺。」

〔六〕御覽一〇〇〇引作「易統驗玄圖」。

〔七〕趙曦明曰：「隋書經籍志：『月令章句十二卷，漢左中郎將蔡邕撰。』」

〔八〕御覽引作「荔以挺出」，以、似古通。盧文弨曰：「荔似挺，語不明，據本草圖經引作『荔以挺出』，當是也。」

〔九〕見呂氏春秋十一月紀。

〔一〇〕郝懿行曰：「謂之馬䪁者，此草葉似䪁而長厚，有似於蒲，故江東名爲旱蒲，三月開紫碧華，五月結實作角子，根可爲刷。今時織布帛者，以火熨其根，去皮，束作餬刷，名曰炊帚是矣。俗人呼爲馬蘭，非也，蓋馬藺之譌爾。周書時訓篇云：『荔挺不生，卿士專權。』合之通卦驗，則知康成之讀，未可謂非也。」

〔一一〕續家訓及各本「旱」作「早」，御覽亦作「早」，今從宋本。

〔一二〕抱經堂校定本及餘本不重「馬莧」二字，今據宋本校補。

〔一三〕陳直曰：「按：之推觀我生賦自注云：『與文珪、劉民英等，與世子游處。』民英與民譽當爲弟兄輩，爲劉縚或劉緩之子無疑。」

〔一四〕羅本、傅本、顔本、程本、胡本、何本、朱本、文津本「晤」作「悟」，今從宋本。又御覽引「俊」作「儁」。體物，猶言體貌事物。文選文賦：「賦體物而瀏亮。」李善注：「賦以陳事，故曰體物。」李周翰注：「賦象事，故體物。」

〔一五〕續家訓、羅本、傅本、顏本、程本、胡本、何本、文津本、朱本及御覽引「紹」上有「劉」字，今從宋本。器案：酉陽雜俎前十六廣動植之一序：「劉紹誤呼荔挺，至今可笑，學者豈容略乎？」即本此文。

〔一六〕器案：親猶言本人或本身，即謂劉紹本人是講禮名儒也。與風操篇「是我親第七叔」、「思魯等第四舅母，親吴郡張建女也」，用法相似而微有不同。

詩云：「將其來施施〔一〕。」毛傳云：「施施，難進之意。」鄭箋云：「施施，舒行皃也〔二〕。」韓詩亦重爲施施。河北毛詩皆云施施。江南舊本，悉單爲施，俗遂是之，恐爲少誤〔三〕。

〔一〕詩王風丘中有麻文。

〔二〕案：今本鄭箋作「施施，舒行伺間獨來見己之貌」。

〔三〕抱經堂校定本「爲」作「有」，宋本、續家訓、羅本、傅本、顏本、何本、朱本作「爲」，今從之。臧琳經義雜記二八曰：「考詩丘中有麻，三章，章四句，句四字，獨『將其來施施』五字，據顏氏説，知江南舊本皆作『將其來施』，顏以傳、箋重文而疑其有誤。然顏氏述江南、河北書本，河北者往往爲人所改，江南者多善本，則此文之悉單爲施，不得據河北本以疑之矣。若以毛、鄭皆云施施，而以作施施爲是，則更誤。經傳每正文一字，釋者重文，所謂長言之也。禮記樂記曰：『詩云：「肅雝和鳴，先祖是聽。」夫肅肅，敬也；雝雝，和也。』又詩邶谷風：『有洸有潰。』傳：『洸洸，武也；潰潰，怒也。』箋云：『君子洸洸然，潰潰然，無温潤之色。』釋文引韓詩亦云：『潰潰，不然之貌。』檜匪風：『匪風發兮，匪車偈兮。』漢書王吉傳引此詩並引説曰：『是非古之風也，發發者；是非古之車也，揭揭者。』是可知毛、鄭皆云施施，與正文悉單作施，爲各成其是矣。」又二曰：「毛詩爲古文，齊、魯、韓爲今文，古文多假借，故作詁訓傳者以正字釋之，若今文則經直作正字。毛詩丘中有麻：『將其來施。』傳：『施施，難進之意。』韓詩作『將其來施施』。是今文皆以訓詁代經也。」馬瑞辰毛詩傳箋通釋七曰：「毛詩古本止作『將其來施』，傳以『施施』釋之，猶詩『憂心有忡』，傳以『冲冲』釋之；『碩人其頎』，傳以『頎頎』釋之也。後人據傳及韓詩以改經，遂誤作『施施』耳。今按：依古本作『將其來施』，與二章『將其來食』句法正相類。二章傳言：『子國復來，我乃得食。』箋：『言其將來食，庶其親己，己得厚待之。』義皆未協。爾雅：『食，僞也。』僞、爲古通用。左氏哀元年傳：『後雖悔之，不可食已。』猶言不可爲已。尚書：『食哉維時。』食哉，猶言爲哉；爲哉，猶言勉哉也。魏志華陀傳：『陀恃能厭食事。』猶云厭爲事也。皆以食爲爲。此詩『來食』，猶云『來爲』，與鳧鷖詩『福禄來爲』同義。爲者，助也。『來施』，猶言『來食』，施亦爲也，助也。傳、箋訓爲『施施』，失之。」徐鼒讀書雜釋三曰：「孟子：『施施從外來。』施施連文，似本此詩。且趙岐注云：『施施，猶扁扁，喜説之貌。』與鄭箋『舒行伺間』意略同。張揖廣雅釋訓亦云：『施施，行也。』此皆在顔之推所見江南舊本以前，則毛詩之連文，無可疑矣。又孟子音義曰：『施，丁依字，詩曰：「將其來施施。」張音怡。』」

詩云：「有渰萋萋，興雲祁祁〔一〕。」毛傳云：「渰，陰雲皃。萋萋，雲行皃。祁祁，徐皃也〔二〕。」箋云：「古者，陰陽和，風雨時，其來祁祁然，不暴疾也。」案：渰已是陰雲，何勞復云「興雲祁祁」耶？「雲」當爲「雨」，俗寫誤耳。班固靈臺詩〔三〕云：「三光宣精〔四〕，五行布序〔五〕，習習祥風〔六〕，祁祁甘雨〔七〕。」此其證也〔八〕。

〔一〕續家訓「雲」作「雨」，未可從。宋本原注：「詩：『興雨祁祁。』注云：『興雨如字，本作興雲，非。』」趙曦明曰：「案：此乃陸德明釋文中語，非顔氏所注。」器案：此詩經小雅大田文。

〔二〕金石録引「徐」下無「皃」字。段玉裁説文解字注十一篇上二渰篆下云：「雨雲貌。各本作雲雨貌，今依初學記、太平御覽正。毛傳曰：『渰，雲興貌。』顔氏家訓定本集注作『陰雲』，恐許所據徑作『雨雲』。『渰』，漢書作『黤』。按：有渰淒淒，謂黑雲如鬌，淒風怒生，此山雨欲來風滿樓之象也；既而白雲瀰漫，風定雨甚，則興雲祁祁，雨我公田也。詩之體物瀏亮如是。」

〔三〕案：班固靈臺詩，見文選班孟堅東都賦後。

〔四〕東都賦李善注：「淮南子曰：『夫道紘宇宙而章三光。』高誘曰：『三光，日月星也。』」

〔五〕東都賦李善注：「尚書曰：『五行：一曰水，二曰火，三曰木，四曰金，五曰土也。』」

〔六〕東都賦李善注：「毛詩曰：『習習谷風。』禮斗威儀：『君乘火而王，其政頌平，則祥風至。』宋均曰：『即景風也，其來長養萬物。』」

〔七〕東都賦李善注：「尚書考靈耀曰：『熒惑順行甘雨時也。』」

〔八〕段玉裁曰：「雲自下而上，雨自上而下，故素問曰：『地氣上爲雲，天氣下爲雨。』諸書皆言興雲、作雲，無有言興雨者。韓詩外傳、吕氏春秋、漢書皆作『興雲祁祁』，『興雲祁祁，雨我公田』，如言『英英白雲，露彼菅茅』也。」又詩經小學卷二曰：「按詩人體物之工於此二句可見。凡夏雨時行，始暴而後徐，其始陰氣乍合，黑雲如鬈，淒風怒生，衝波掃葉，所謂有渰淒淒也。繼焉暴風稍定，白雲漫汗，彌布宇宙，雨脚如繩，所謂興雲祁祁，雨我公田也。有渰淒淒，言雲而風在其中。興雲祁祁，言雲而雨在其中。雨字分上去聲，後儒俗説，古無是也。上句言興雨，又言雨我公田，則無味矣。英英白雲，露彼菅茅。興雲祁祁，雨我公田。其字法正同，雨我之雨，必讀去聲，則露彼之露，又將讀何聲耶？於此知善善惡惡之類，皆俗儒分别而戾於古矣。」盧文弨曰：「案：鹽鐵論水旱篇、後漢書左雄傳皆作『興雨祁祁』，觀箋『其來不暴疾』之語，自指雨言，金石録及隸釋載無極山碑作『興雲』，洪氏謂：『漢代言詩者自不同。』斯言得之。」臧琳經義雜記二十曰：「案：説文水部云：『渰，雲雨皃，從水弇聲。』與毛傳『陰雲貌』正合，未嘗訓渰爲雲也。箋云『其來祁祁然不暴疾』者，蓋雲興即雨降，孟子梁惠王下：

『若大旱之望雲霓也。』荀子雲賦：『友風而子雨。』何邵公云：『雲實出於地，而施於上乃雨。』故箋云『其來』，明此雲是雨之先來者也。經如作『雨』，則止言風雨不暴疾可矣，何又追論其來乎？顏氏引傳、箋爲經作『興雨』之證，余審傳、箋，知經必作『興雲』也。正義曰：『經「興雨」或作「興雲」，誤也，定本作「興雨」。』釋文：『「興雨」如字，本或作「興雲」，非也。』又呂氏春秋務本引詩『興雲祁祁』，漢書食貨志引詩『興雲祁祁』。（器案：唐寫本漢書食貨志上作「興雨」。）隸釋載無極山碑云：『觸石膚寸，興雲祁祁。』韓詩外傳八亦作『興雲』，則知自秦未焚書以前，及兩漢、六朝至於唐初，皆作『興雲』，無有作『興雨』者。（孟子：「天油然作雲。」注：「油然，興雲之貌。」顧寧人金石文字記載開母廟石闕銘云：「穆清興雲降雨。」）顏氏說詩『有杕之杜』，『駉駉牧馬』，『將其來施』，及毛傳『叢木，寂木』，『青衿，青領』，皆引河北本、江南本爲證，則當時猶有兩書，獨此止云『雲當爲雨』，而不言有本作『雨』，可見此條出自顏氏臆說，絕無憑據，而頓欲輕改千年已來相傳之本，甚矣，其誤也！陸、孔所見本有作『興雲』，而以『興雨』爲是，開成石經亦作『興雨』，皆爲顏氏所惑也。又呂覽務本、後漢書左雄傳，今作『興雨』，蓋後人據近本毛詩所改，王伯厚詩考引呂覽作『興雲』，此其明證。」器案：清人正顏氏失言，甚是，故詳列之。揚雄少府箴：「祁祁如雲。」則所見本亦作「興雲」。御覽一〇引纂要：「雨雲曰湇雲，亦曰油雲。」

禮云〔一〕：「定猶豫，決嫌疑〔二〕。」離騷曰：「心猶豫而狐疑〔三〕。」先儒未有釋者〔四〕。案：尸子曰：「五尺犬爲猶〔五〕。」説文云：「隴西謂犬子爲猶。」吾以爲人將犬行，犬好豫在人前，待人不得，又來迎候，如此往還，至於終日，斯〔六〕乃豫之所以爲未定也，故稱猶豫〔七〕。或以爾雅曰：「猶如麂，善登木〔八〕。」猶，獸名也，既聞人聲，乃豫緣木，如此上下，故稱猶豫〔九〕。狐之爲獸，又多猜疑，故聽河冰無流水聲，然後敢渡〔一〇〕。今俗云：「狐疑〔一一〕，虎卜〔一二〕。」則其義也〔一三〕。

〔一〕愛日齋叢鈔、永樂大典一〇四八三引「禮云」作「禮記云」。

〔二〕盧文弨曰：「『決嫌疑，定猶與』，禮記曲禮上文，釋文：『與音預，本亦作豫。』」

〔三〕劉盼遂曰：「按：猶豫與狐疑皆雙聲連綿字，以聲音嬗衍，難可據形立訓也。猶豫，于説文作冘淫，一部冘字説解云：『冘淫，行皃。』即遅遅其行之意。於易作由豫，易豫卦九四爻象傳：『由豫大有得，志大行也。』馬融注：『由猶疑也。』於禮作猶與，作猶豫，曲禮：『卜筮者，先聖之所以使民決嫌疑、定猶與也。』釋文：『與音預，本亦作豫。』於楚辭作夷猶，作容與，作夷由，九歌湘君：『君不行兮夷猶。』王逸章句：『夷猶，猶豫也。』九章：『然容與而狐疑。』涉江：『船容與而不進兮。』張銑文選注云：『容與，徐動貌。』後漢書馬融傳：『或夷由未殊。』李賢注引楚辭作『夷由』，於後漢書作冘豫，馬援傳：『計冘豫未決。』案：冘豫亦猶豫也。於水經注作淫預，江水第一：『江中有孤石爲淫預石，冬出水二十餘丈，夏則没，亦有裁出處矣。』今案：此堆特險，舟子所忌，夏水洄洑，沿泝滯阻，故受淫預之名矣。俗亦作灩預字。凡此皆冘淫二字之因聲演變，第同喉音斯可矣。狐疑者，史記淮陰侯傳云：『猛虎之猶豫，不若蜂蠆之致螫；騏驥之蹢躅，不如駑馬之安步；孟賁之狐疑，不如庸夫之必致也。』狐疑與猶豫，蹢躅，皆雙聲字，狐疑與嫌疑爲一聲之轉，顔氏誤以猶豫爲犬子豫在人前，狐疑爲狐聽河冰，特望文生訓，而不知難溝通于羣籍也。」器案：劉氏此説，本之王觀國，詳後注〔九〕。

〔四〕羅本、顔本、程本、胡本、朱本「者」誤「書」，何本空白。

〔五〕抱經堂校定本「五」誤「六」，宋本及各本，以及洪興祖楚辭離騷補注、永樂大典引俱作「五」，今據改正。趙曦明曰：「隋書經籍志：『尸子二十卷，秦相衛鞅上客尸佼撰。』」盧文弨曰：「今新出尸子廣澤篇作『犬大爲豫，五尺』。」案：尸子已佚，今以汪繼培輯本爲佳，其卷上廣澤篇無文，卷下據家訓、爾雅釋獸釋文、止觀輔行宏決四之四、文選養生論注引：「五尺大犬爲猶。」

〔六〕洪興祖引「斯」作「此」。

〔七〕洪興祖引作「故謂不決曰猶豫」。

〔八〕此爾雅釋獸文，郭璞注：「健上樹。」

〔九〕王觀國學林九：「字書猷亦作猶，離騷：『心猶豫而狐疑兮，欲自適而不可。』漢書蒯通傳：

『猛虎之猶與，不如蜂蠆之致蠚；孟賁之狐疑，不如童子之必至。』此析離騷之句以爲之文也。漢書高后紀曰：『祿然其計，使人報産及諸呂，老人或以爲不便，計猶豫。』顏師古注曰：『猶，獸名，性疑慮，善登木，故不決者稱猶豫。』顏氏家訓曰：『爾雅：「猶如麂，善登木。」』猶對狐，以獸對獸也。觀國案：猶豫者，心不能自決定之辭也。爾雅釋言曰：『猶，圖也。』釋獸曰：『猶如麂，善登木。』所謂猷圖者，圖謀之而未定也。猶豫者，爾雅釋言所謂猷圖是已，顏師古注漢書，與顏氏家訓，不悟爾雅釋言自有猷圖之訓，而乃引釋獸『猶如麂』以訓之，誤矣。廣韻去聲曰：『猶音救。』注引爾雅：『猶如麂，善登木。』然則猶獸音救也。且先事而圖之爲猶，後事而圖之爲豫，故曲禮曰：『卜筮者，所以使民決嫌疑、定猶豫也。』以嫌疑對猶豫，則猶非獸也。離騷：『心猶豫而狐疑兮。』此一句文也，非以猶豫對狐疑也。猶或爲冘，後漢書馬援傳曰：『諸將多以王師之重，不宜遠入險阻，計冘豫未決。』廣韻曰：『冘豫，不定也。』以此觀之，則猶非獸益明矣。爾雅曰：『猷，圖也。』郭璞注曰：『周禮：「以猷鬼神示。」』謂圖畫。』觀國按：周禮春官：『凡以神仕者，掌三神之灋，以猷鬼神示之居。』鄭氏注曰：『猷，圖也。』謂制神之位次，而爲之牲器時服以圖之，乃謀圖之圖，非圖畫也，郭璞誤矣。猶、猷、冘三字通用，豫、預、與三字通用。』盧文弨曰：「顏師古注漢書高后紀猶豫，即同此二義。史記呂后本紀作猶與，索隱：『猶，鄒音以獸切。與亦作豫。崔浩云：「猶，猿類也，卬鼻長尾。」』又說文云：「猶，獸名，多疑。」故比之也。按：狐性亦多疑，度冰而聽水聲，故云狐疑也。今解者又引老子「與兮若冬涉川，猶兮若畏四鄰」，以爲猶與是常語。且按狐聽而云「若冬涉川」，則與是狐類不疑，「猶兮若畏四鄰」，則猶定是獸，自保不同類，故云畏四鄰也。』曲禮上正義：『説文云：「猶，獸名，玃屬。」與亦是獸名，象屬。此二獸皆進退多疑。人多疑惑者似之。』」器案：酉陽雜俎前十二語資：「梁遣黄門侍郎明少遐、秣陵令謝藻、信威長史王纘冲、宣城王文學蕭愷、兼散騎常侍袁狎、兼通直散騎常侍賀文發宴魏使李騫、崔劼，温涼畢……狎曰：『河冰上有狸迹，便堪人渡。』劼曰：『狸當爲狐，應是字錯。』少遐曰：『是狐性多疑，鼬性多預，因此而傳耳。』劼曰：『鵲以巢避風，雉去惡政，乃是鳥之一長，狐疑鼬預，可謂獸之一短也。』」則猶豫又有鼬預之説，皆望文生訓耳，姑存之，以廣異聞。

〔一〇〕各本都無「敢」字，今從宋本，大典本亦有。水經河水注一：「述征記曰：『盟津，河津，恒濁，方江爲狹，比淮、濟爲闊，寒則冰厚數丈。冰始合，車馬不敢過，要須狐行，云此物善聽，冰下無水乃過，人見狐行方渡。』」

〔一一〕水經河水注一：「且狐性多疑，故俗有狐疑之説。」埤雅：「狐性疑，疑則不可以合類，故從孤省。」

〔一二〕趙曦明曰：「虎苑：『虎知衝破，每行以爪畫地卜食，觀奇偶而行。今人畫地卜曰虎卜。』」器案：説郛本李淳風感應經、北户録二、御覽七二六、又八九二引博物志：「虎知衝破，又能畫地卜。今人有畫物上下者，推其奇偶，謂之虎卜。」今博物志佚此文，黄省曾獸經及王穉登虎苑上俱本此爲説，而不出博物志之名。埤雅三：「虎奮衝波，又能畫地卜食。……類從曰：『虎行以爪圻地，觀奇耦而行。今人畫地觀奇耦者，謂之虎卜。』」

〔一三〕續家訓「也」作「矣」。

左傳曰〔一〕：「齊侯痎，遂痁〔二〕。」説文云：「痎，二日一發之瘧〔三〕。痁，有熱瘧也〔四〕。」案：齊侯之病，本是間日一發，漸加重乎故〔五〕，爲諸侯憂也。今北方猶呼痎瘧〔六〕，音皆〔七〕。而世間傳本多以痎爲疥，杜征南〔八〕亦無解釋，徐仙民音介〔九〕，俗儒就爲通〔一〇〕云：「病疥，令人惡寒，變而成瘧〔一一〕。」此臆説也。疥癬小疾，何足可論，寧有患疥轉作瘧乎〔一二〕？

〔一〕抱經堂校定本脱「左傳曰」三字，宋本及各本都有，今據補。

〔二〕器案：説文繫傳十四痎下引此「痎」作「疥」，左傳昭公二十年作「疥」，改「疥」爲「痎」，見釋文引梁元帝及正義引袁狎説。之推從梁元帝甚久，此即用其説，繫傳改家訓爲「疥」，失其本真。

〔三〕續家訓「瘧」作「虐」，下並同，未可從。

〔四〕羅本、傅本、顏本、程本、胡本「瘧」作「虐」，未可從。

〔五〕向宗魯先生曰：「『故』字疑當重，『乎故』句絶。」

〔六〕羅本、傅本、顏本、程本、胡本、朱本「瘧」作「虐」，未可從。

〔七〕案左傳釋文：「痎又音皆。」

〔八〕趙曦明曰：「晉書杜預傳：『預字元凱，位征南大將軍，自稱有左傳癖。』」

〔九〕案：左傳正義云：「徐仙民音，作疥。」蓋言據徐仙民音，則字作疥也。釋文云：「舊音戒。」即用徐讀也。

〔一〇〕通，猶言解説也。漢書夏侯勝傳：「先生通正言。」師古曰：「通謂陳道之也。」案：續漢書五行志五注引風俗通曰「劭故往觀之，何在其有人也。……劭又通之曰」云云。又引風俗通曰「光和四年四月，南宫中黄門寺有一男子長九尺」云云。臣昭注曰：「檢觀前通，各有未直。」世説新語文學篇：「支道林、許掾諸人共在會稽王齋頭。支爲法師，許爲都講。支通一義，四座莫不厭心；許送一難，衆人莫不抃舞。」又：「支道林、許、謝盛德共集王家，謝顧謂諸人：『今日可謂彦會。時既不可留，此集固亦難常，當共言詠，以寫其懷。』許便問主人：『有莊子不？』正得漁父一篇。謝看題，便各使四坐通。支道林先通，作七百許語，敍致精麗，才藻奇拔，衆咸稱善。」通皆解説之意。然則此亦漢魏六朝恒言也。

〔一一〕宋本「瘧」作「痁」。

〔一二〕段玉裁曰：「改『疥』爲『痎』，其説非是，見陸德明釋文，正義則主痎説居多。」臧琳經義雜記十六曰：「正義曰：『後魏之世，嘗使李繪聘梁，梁人袁狎與繪言及春秋，説此事云：「『痎』當爲『痎』，痎是小瘧，痁是大瘧，疥（此蓋「疥」字之譌，或云俗疹字。）患積久，以小致大，非疥也。」狎之所言，梁主之説也。案説文：「疥，搔也。瘧，熱寒並作。痁，有熱瘧。痎，二日一發瘧。」今人瘧有二日一發，亦有頻日發者，俗人仍呼二日一發久不差者爲痎瘧，則梁主之言，信而有徵也。是齊侯之瘧，初二日一發，後遂頻日熱發，故曰痎（舊譌「疥」）遂痁。以此久不差，故諸侯之賓問疾者多在齊也。若其不然，疥搔小患，與瘧不類，何云「疥遂痁」乎？徐仙民音作疥，是先儒舊説皆爲「疥遂痁」，初疥後痁耳。今定本亦作「疥」。』又釋文云：『齊侯疥，舊音戒，梁元帝音該，依字則當作「痎」，説文云：「兩日一發之瘧也。」痎又音皆，後學之徒，僉以疥字爲誤。案傳例，因事曰遂；若痎已是瘧疾，何爲復言「遂痁」乎？』案説文疒部痁下引春秋傳曰：『齊侯疥遂痁。』則左氏古文本作『疥』，杜云：『痁，瘧疾。』以疥搔俗所共知，故不釋，如作『痎』，亦爲瘧，杜氏安得專訓痁爲瘧疾乎？顔云：『世間傳本多爲「疥」，徐仙民音介。』孔云：『徐仙民音作「疥」，今定本亦作「疥」。』陸云：『舊音戒。』是漢、晉以及唐初皆作『疥』矣。陸云：『梁元帝音該，依字則當作「痎」。』袁狎云：『「疥」當爲「痎」。』顔云：『「世間傳本多以「痎」爲「疥」。』是梁人雖作痎音，於傳文尚未擅改，故陸、孔及定本皆作『疥』，亦不言有作『痎』者。顔氏誤從梁主説，私改爲『痎』，誤矣，正義雖知舊作『疥』，而誤以『痎』爲是；惟釋文則以『痎』爲非，援傳例以證明之，是也。顔氏引俗儒云：『病疥，令人惡寒，變而成痁。』案：今人病疥，亦多寒熱交發，俗呼爲瘧寒，轉變成瘧，勢所固有；若作『痎』字，説文爲二日一發瘧，謂三日之中歇二日一發。瘧有頻日發者爲輕，間日一發稍重，二日一發難愈爲最重，故孔云：『俗人仍呼二日一發久不差者爲痎瘧。』可見瘧疾輕重，古今同名。痁爲有熱瘧，蓋是頻日發者，若云『痎而痁』，是重者轉輕矣。顔引説文，又云：『齊侯之病，本間日一發，漸加重乎故。』是誤解説文二日一發爲二日之中一發矣。袁狎云：『痎是小瘧，痁是大瘧。』孔云：『齊侯之瘧，初二日一發，後遂頻日熱發。』是皆未知瘧之輕重而倒置之也。」郝懿行曰：「顔氏欲改『疥』爲『痎』，説本梁元帝，陸德明釋文已辨其非。近日臧琳經義雜記卷十六駁之，是矣。」李慈銘越縵堂日記丙上曰：「幼讀左傳『齊侯疥遂痁』，竊疑癬疥豈能化熱症，杜征南無注，林注（案謂林堯叟春秋左傳句解）謂『疥』當作『痎』，又恐其臆説，近閲顔之推家訓，言古本固作『痎』云云，然則其誤亦古矣，而林注亦何可厚非耶。」案：林注多臆説，不脱宋人空言積習；李氏於此，不檢舊説，而爲之張目，亦疏矣。

尚書曰：「惟影響〔一〕。」周禮云：「土圭測影，影朝影夕〔二〕。」孟子曰：「圖影失形〔三〕。」莊子云：「罔兩問影〔四〕。」如此等字，皆當爲光景之景。凡陰景者，因光而生，故即謂爲景〔五〕。淮南子呼爲景柱〔六〕，廣雅云：「晷柱挂景〔七〕。」並是也。至晉世葛洪字苑〔八〕，傍始加彡〔九〕，音於景反。而世間輒改治尚書、周禮、莊、孟從葛洪字，甚爲失矣〔一〇〕。

〔一〕宋本「影」作「景」，續家訓及各本都作「影」，今據改。趙曦明曰：「尚書大禹謨文。」

〔二〕宋本「影」都作「景」，續家訓及各本都作「影」，今據改。趙曦明曰：「地官大司徒：『以土圭之法測土深，正日景以求地中，日南則景短多暑，日北則景長多寒，日東則景夕多風，日西則景朝多陰。』深，尺鴆切。」

〔三〕宋本「影」作「景」，續家訓及各本都作「影」，今據改。沈揆曰：「未詳，或恐是外書。」盧文弨曰：「孟子外書孝經第三：『傳言失指，圖景失形，言治者尚覈實。』」孫志祖讀書脞録二曰：「近刻孟子外書四篇，……掇拾子書中所引孟子逸篇以成文，詞旨深陋，通儒疑之。余謂即其篇題之謬誤，尤可直斷其爲僞而無疑。王充論衡云：『孟子作性善之篇，以爲人性皆善。』是篇名性善，非性善辨也。孟子道性善、性惡當辨，性善何辨之有？孝經一書，孔子以授曹子。豈有孟子著書亦以孝經名篇之理？蓋四篇之目，當以性善爲一；辨文次之；説孝經，則必其中有推闡孝經名篇之説，而惜乎其書之久佚也。今作僞者，並此篇名之句讀尚誤，又何論其它乎？或曰：宋劉昌詩蘆浦筆記云：『予鄉新喻謝氏多藏古書，有性善辨一帙。』則以性善辨爲篇題，古矣，安見其僞？予曰：謝氏所藏即僞書也。後人不察，或即因此一帙而附益以三篇，亦未可知。其一篇既以性善辨標題，則不得不以文説爲二、孝經爲三矣。然總之皆僞也。……僞孟子外書，宋以後人僞之也。……孟子之有外書，僞書也。趙邠卿已譏其不能閎深……蓋作是書者，較之僞古文尚書，學愈疏而心愈狡也。」

〔四〕宋本「影」作「景」，續家訓及各本都作「影」，今據改。盧文弨曰：「見齊物論，郭注：『罔兩，景外之微陰也。』」器案：釋文：「『景』本或作『影』，俗也。」

〔五〕宋本脱「謂」字，續家訓及各本俱有，今據補。翻譯名義集卷五引此句作「即謂景也」。

〔六〕盧文弨曰：「俶真訓：『以鴻蒙爲景柱，而浮揚乎無畛崖之際。』」器案：淮南繆稱篇：「列子學壺子，觀景柱而知持後矣。」許慎注：「先有形而後有影，形可亡，而影不可傷。」事見列子説符篇，今本列子無「柱」字，當補。

〔七〕趙曦明曰：「釋天：『晷柱，景也。』無『挂』字，此疑衍。」

〔八〕趙曦明曰：「洪傳及隋書經籍志皆不載所撰字苑，南史劉杳傳嘗引其書。」器案：兩唐志都著録葛洪要用字苑一卷，今有任大椿輯本。佩觿：「葛洪字苑，景字加彡。」楚辭九章：「入景響之無應兮。」洪興祖補注：「景，於境切，物之陰影也。葛洪始作影。」

〔九〕宋本原注：「彡，音杉。」孫志祖讀書脞録四曰：「顔氏家訓書證篇：『景字至晉世葛洪字苑，傍始加彡。』而惠氏九經古義乃云：『高誘淮南子注曰：「景，古影字。」誘，漢末人，當時已有作景旁彡者，非始于葛洪字苑。』志祖案：高誘淮南注並無此語，俗刻原道篇注有之，乃明人妄加。唯大戴禮曾子天圓篇注有『景古以爲影字』語，盧辯固在葛洪後也。段懋堂則云：『惠定宇説漢張平子碑即有影字，不始于葛洪。』然則古義之説，蓋誤據俗本淮南子，當改引張平子碑方合。」陳直曰：「按：或説漢張平子碑即有影字，不始於葛洪。張碑原石久佚，殊不可據。東晉末爨寶子碑云：『影命不長。』此影字之始見。又東魏武定六年邑主造石像銘云：『台鈞相望，珪璋叠影。』景之作影，在六朝時始盛行耳。葛洪字苑久佚，今影字始見於廣韻。」

〔一〇〕段玉裁曰：「惠定宇説漢張平子碑即有影字，不始於葛洪；漢末所有之字，洪亦采集而成，非自造也。」

太公六韜〔一〕，有天陳、地陳、人陳、雲鳥之陳〔二〕。論語曰：「衞靈公問陳於孔子〔三〕。」左傳：「爲魚麗之陳〔四〕。」俗本多作阜傍車乘之車〔五〕。案諸陳隊〔六〕，並作陳、鄭之陳〔七〕。夫行陳之義，取於陳列耳，此六書爲假借也〔八〕，蒼、雅及近世字書〔九〕，皆無别字，唯王羲之小學章〔一〇〕，獨阜傍作車，縱復俗行，不宜追改六韜、論語、左傳也。

〔一〕趙曦明曰：「隋書經籍志：『太公六韜五卷，文韜、武韜、龍韜、虎韜、豹韜、犬韜。』」

〔二〕盧文弨曰：「六韜：『武王問太公曰：「凡用兵，爲天陣、地陣、人陣，奈何？」太公曰：「日月星辰斗杓，一左一右，一迎一背，此謂天陣；丘陵水泉，亦有左右前後之利，此謂地陣；用馬用人，用文用武，此謂人陣。」』又：『武王問曰：「引兵入諸侯之地，高山磐石，其避無草木，四面受敵，士卒迷惑，爲之奈何？」太公曰：「當爲雲鳥之陣。」』案此書，作陣字俗。」又曰：「注引六韜，見三陳篇。又下所引，今本在烏雲山兵篇，下又有烏雲澤兵篇，云：『烏散而雲合，變化無窮者也。』凡烏皆鳥字之譌。案：握奇經：『八陣：天、地、風、雲爲四正，飛龍、翼虎、鳥翔、蛇蟠爲四奇。』杜少陵詩：『共説總戎雲鳥陳。』正本此，可知烏爲誤字也。」

〔三〕見衛靈公篇。

〔四〕趙曦明曰：「見桓五年。」盧文弨曰：「麗，力知切。」器案：文選張平子東京賦：「鵝鸛魚麗，箕張翼舒。」薛綜注：「鵝鸛、魚麗，並陣名也，謂武士發於此，而列行如箕之張、如翼之舒也。」

〔五〕盧文弨曰：「乘，實證切。」

〔六〕續家訓及各本「隊」作「字」，今從宋本。

〔七〕盧文弨曰：「陳、鄭之陳並如字，下陳列同。」陳直曰：「陣字始見於玉篇及廣韻，據本文則晉時已有作陣者。又東魏武定六年邑主造石像銘云：『入衛鈎陣，出宰藩岳。』陣字亦書作陣。」

〔八〕續家訓「此」下有「於」字，較是。何焯曰：「攷諸説文，則敶字從攴陳聲者列也，此爲行敶字，古字少，通借作陣字。」盧文弨曰：「周禮地官保氏：『養國子以道，教之六藝，五曰六書。』

注：『鄭司農曰：「六書：象形，會意，轉注，處事，假借，諧聲也。」』許慎説文：『假借者，本無其字，依聲託事，令長是也。』」

〔九〕續家訓句首有「諸」字。蒼謂蒼頡篇，雅謂爾雅。

〔一〇〕抱經堂校定本「王義之」作「王義」，今仍從宋本。趙曦明曰：「隋書經籍志：『小學篇一卷，晉下邳内史王義撰。』諸本並作『王羲之』，乃妄人謬改，而佩觿及唐志皆從之，失攷之甚。」徐鯤曰：「魏書任城王雲傳：『彝兄順，字子和，年九歲，師事樂安豐，初書王羲之小學篇數千言，晝夜誦之，旬有五日，一皆通徹。豐奇之。』唐書藝文志：『王羲之小學篇一卷。』」孫志祖讀書脞録七：「案：王羲之爲會稽内史，非下邳，故注以爲誤。然王羲之小學篇，亦見北史任城王雲傳，安知非隋志誤邪？恐當仍以舊本爲是。」器案：左傳昭公二十六正義引王羲之，蓋亦出小學章。佩觿上：「軍陳爲陣，始于逸少（小學章）。」王楙野客叢書二一：「古之陰影字用景字，如周禮『以土圭測景』之類是也，自葛洪撰字苑，始加彡爲陰影字。古之戰陣字用陳字，如『靈公問陳』之類是也，至王羲之小學章，獨自旁作車爲戰陣字。而今魏、漢間書，或書影字、陣字，後人改之耳，非當時之本文也。」即本顔氏此文爲説，亦作「王羲之」。

詩云：「黄鳥于飛，集于灌木〔一〕。」傳云：「灌木，叢木也。」此乃爾雅之文〔二〕，故李巡〔三〕注曰：「木叢生曰灌。」爾雅末章又云：「木族生爲灌。」族亦叢聚也〔四〕。所以江南詩古本皆爲叢聚之叢，而古叢字似冣字，近世儒生因改爲冣〔五〕，解云：「木之冣高長者。」案：衆家爾雅及解詩無言此者，唯周續之毛詩注音爲徂會反〔六〕，劉昌宗詩注〔七〕音爲在公反，又祖會反〔八〕：皆爲穿鑿〔九〕，失爾雅訓也〔一〇〕。

〔一〕周南葛覃文。

〔二〕見釋木。

〔三〕經典釋文叙録：「爾雅，李巡注三卷，汝南人，後漢中黄門。」隋書經籍志：「梁有漢中黄門李巡爾雅注三卷，亡。」器案：李巡見後漢書宦者吕强傳。巡此注，亦見詩經皇矣正義引，作「木叢生曰灌木」。

〔四〕盧文弨曰：「郭注：『族，叢。』」器案：詩正義引孫炎云：「族，叢也。」吕氏春秋辯土篇高注：「族，聚也。」莊子養生主郭注：「交錯聚結爲族。」

〔五〕續家訓作「皆爲藂藂之叢，而藂字似冣字，近世儒生，因改爲冣」，字有譌脱；羅本、傅本、顔本、程本、胡本、何本、朱本、文津本「皆爲叢聚之叢」作「皆爲藂聚之藂」，今從宋本。趙曦明曰：「案：藂俗叢字，而漢書息夫躬傳已有之。又有蕞字，見東方朔傳，師古曰：『古叢字也。』其下皆從取。段氏則以爲詩傳本是『冣木』，冣與聚與叢古通用，説文在冖部，才句切，積也。又曰部：『最，祖會切，犯而取也。』俗作冣，故易與冣混。」段玉裁説文解字注七篇下最篆：「最，犯取也。鍇曰：『犯而取也。』按：犯而取，猶冡而前，冣之字訓積，最之字訓犯取，二字義殊而音亦殊。顏氏家訓謂『冣爲古聚字』。手部撮字从最爲音義，皆可證也。今小徐本此下多『又曰會』三字，係淺人增之，韵會無之，是也。『最』俗作『冣』，六朝如此作。」郝懿行曰：「古叢字作菆，或作蕞，並似冣字，故俗儒因斯致誤。太玄經云：『鳥托巢于菆，人寄命于公。』漢書東方朔傳云：『蕞珍怪。』此皆古叢字也。」

〔六〕宋本原注：「又音祖會反。」趙曦明曰：「五字似衍。」錢馥曰：「祖會反，即毛詩音義之徂會反，何所見而謂『又音祖會反』五字衍乎？豈以徂會、祖會爲一乎？徂，從母；祖，精母。」器案：續家訓「徂」作「祖」，無注文「又音祖會反」五字，佩觿亦作「祖」，見下引。趙曦明曰：「宋書隱逸傳：『周續之，字道祖，鴈門廣武人。年十二，詣豫章太守范寧受業，通五經並緯候。高祖踐阼，爲開館東郊外，招集生徒。素患風痺，不復堪講，乃移病鍾山，景平元年卒。通毛詩六義及禮、論、公羊傳，皆傳於世。』」馬瑞辰毛詩傳箋通釋一魏晉宋齊傳詩各家考：「序録言：宋徵士雁門周續之、豫章雷次宗……並爲詩義序。……周續之所著詩義序，不見隋志。據鄭氏箋標題下釋文云：『續之釋題已如此。』是德明固嘗見道祖書者；而顏氏家訓及顏師古匡繆正俗並引續之毛詩音，則續之書唐時猶存，不知隋志何以失載耳。」陳直曰：「唐貞觀二十一年思順坊造彌勒像記云：『松柱樌叢。』陸德明爾雅正義作樌，云：『字又作灌。』造像記作樌叢，以證陸氏之有本，是唐初灌又作樌也。」器案：陳氏引陸德明爾雅正義誤，當作爾雅釋文。阮元爾雅注疏校勘記云：「灌木叢木，唐石經、單疏本、雪牕本同。釋文：

『樌，古亂反，字又作灌，音同。』按下『木族生爲灌』，釋文：『樌，古半反，或作灌。』玉篇：『樌，木叢生也。今作灌，文在釋文。』當從陸本作樌。毛詩作灌，假借字，蓋今本所據改，或郭氏引詩作灌，後人援注改之。」

〔七〕盧文弨曰：「劉昌宗，經典釋文載之於李軌、徐邈之間，當是晉人，有周禮、儀禮音各一卷，禮記音五卷。其毛詩音，匡謬正俗引兩條：一，鵲巢箋『冬至加功』，劉、周等音加爲架；一，采蘩傳『山夾水曰澗』，劉、周又音夾爲頰。集韻又引其尚書音、左傳音，而隋書經籍志皆不載。」

〔八〕宋本「祖」作「狚」。

〔九〕漢書王吉傳：「以意穿鑿，各取一切，權譎自在。」後漢書徐防傳：「不依章句，妄生穿鑿。」

〔一〇〕吴承仕經籍舊音辨證一曰：「經典釋文：『灌木，叢木也，才公反，俗作藂，一本作最，作外反。』顔氏家訓云云。段玉裁、陳奂、嚴元照等，並以叢之異文應作㝡，誤㝡作最，故有徂會、祖會之音。承仕案：諸家説是也。叢從取聲；㝡從冖取，取亦聲；聚從取聲；叢㝡聚族，皆屬古侯部，音近義同。侯對轉東，叢得音在公反；㝡在侯部，本音才句反。此四文者，隨用其一，理皆可通。若最字從冃取會意，本屬泰部，聲義並殊，劉昌宗、周續之、陸德明等所下徂會、祖會、作外等反，皆最字本音，與灌木義無涉，之推斥之，其識卓矣。」器案：佩觿上：「菆木用最。」原注：「灌木爲菆木，周續毛詩注音祖會翻，或别本作最，皆非也。」即本之推此文。

「也」是語已〔一〕及助句〔二〕之辭，文籍備有之矣。河北經傳，悉略此字，其間字有不可得無者，至如「伯也執殳〔三〕」，「於旅也語〔四〕」，「回也屢空〔五〕」，「風，風也，教也〔六〕」，及詩傳云〔七〕：「不戢，戢也；不儺，儺也〔八〕。」「不多，多也〔九〕。」如斯之類，儻削此文，頗成廢闕〔一〇〕。詩言：「青青子衿〔一一〕。」傳曰：「青衿，青領也，學子之服〔一二〕。」按：古者，斜領下連於衿，故謂領爲衿。孫炎、郭璞注爾雅，曹大家注列女傳〔一三〕，並云：「衿，交領也〔一四〕。」鄴下詩本，既無「也」字，羣儒因謬説云：「青衿、青領，是衣兩處之名，皆以青爲飾。」用釋「青青」二字，其失大矣！又有俗學，聞經傳中時須也字，輒以意加之，每不得所，益成可笑〔一五〕。

〔一〕語已，即語尾。説文只部：「只，語已詞也。」又矢部：「矣，語已詞也。」則語已之説，漢人已有之。廣雅釋詁：「曰，欥……也，乎，些，只，詞也。」

〔二〕助句，即語助詞。禮記檀弓上：「檀弓曰：『何居？』」鄭注：「居讀爲姬姓之姬，齊、魯之間語助也。」正義曰：「何居是語詞。」千字文：「謂語助者，焉哉乎也。」説文曰部：「曰，詞也。」徐鍇曰：「凡稱詞者，虚也，語氣之助也。」

〔三〕趙曦明曰：「詩衛風伯兮文。」

〔四〕趙曦明曰：「儀禮鄉射禮記文。」

〔五〕趙曦明曰：「論語先進文。」

〔六〕趙曦明曰：「詩小序文。」

〔七〕續家訓無「及」字。

〔八〕續家訓「儺」作「難」，趙曦明曰：「見小雅桑扈篇。」

〔九〕趙曦明曰：「見大雅卷阿篇。」器案：又見桑扈篇。

〔一〇〕續家訓句末有「也」字。

〔一一〕器案：説文無衿字，「裣，交衽也」，即衿字。

〔一二〕趙曦明曰：「見鄭風。」

〔一三〕羅本、傅本、顔本、程本、胡本、何本「列」作「烈」，今從宋本。隋書經籍志：「列女傳十五卷，劉向撰，曹大家注。」曾鞏序録曰：「劉向序列女傳，凡八篇，隋志及崇文總目皆稱向列女傳十五篇，曹大家注；以頌義考之，蓋大家所注，離其七篇爲十四，與頌義凡十五篇，而益以陳嬰母及東漢以來凡十六事耳。」器案：大家注今已佚。曾謂「大家所注，離其七篇爲十四」，是，昭明文選原三十卷，注家分爲六十卷，正其比也。

〔一四〕趙曦明曰：「郭注見爾雅釋器『衣眥謂之襟』下，曹注今已亡。」

〔一五〕宋本、續家訓及各本「成」都作「誠」，今從抱經堂校定本。器案：六朝、唐人鈔本古書多有虚字，後人往往加以删削，日本島田翰古文舊書考卷一於春秋經傳集解下言之甚詳，其言曰：「又是書『之也』、『矣也』、『也矣』之類極多，詩小雅四月：『六月徂暑。』毛傳：『六月火星中暑盛而往矣。』玉燭寶典引『矣』下有『也』字。羣書治要引書君陳：『爾無忿疾于頑。』注：『無忿疾之也。』宋本以下皆去『也』字。（元和活字本羣書治要校讐頗粗，多不足據，誤脱「之也」二字，今從祕府舊鈔原本。）周官春官：『以冬至日，致天神人鬼。』鄭注：『致人鬼於祖廟。』寶典引『廟』下有『之也矣哉也乎也』七字，（黎純齋古逸叢書所收寶典以影貞和鈔本爲藍本，而頗有校改，貞和本本子「致」字並作「鼓」，又無「於」字，黎本蓋依注疏本改，今據舊鈔卷子十二卷足本。又案：如此七字語詞，更無意義，是恐書語辭以取句末整齊，以爲觀美耳。但古書實多語辭，學者宜分别見之也。）地官：『日至景尺有五寸，謂之地中。』鄭注：『今潁川陽城爲然。』寶典引『然』下有『之者也』三字。（貞和本無「今」字，「潁」譌「頭」，黎本作「潁」，是據注疏本改也，今依卷子本。）寶典引禮記月令：『天子乃難以達秋氣。』鄭注：『王居明堂禮曰：「仲秋，九門磔禳，以發陳氣，禦止疾疫之者耳也。」』而附釋音本以下，皆删『之者耳也』四字。（祕府舊鈔注疏七十卷本有「也」字，貞和本「止」譌「王」，無「疫」字，黎本從注疏本改，今依卷子本。）寶典引易通卦驗玄曰：『反舌者，反舌鳥之矣。』（「驗」下疑脱「注」字，上「反」字當作「百」字，貞和本「曰」作「口」，「也」上無「之矣」二字，黎本校改「口」作

「曰」，今從卷子本。案：此蓋通卦驗鄭玄注文也，（案：此説非是。）而藝文類聚引此文，亦不爲注語，恐非是。貞和本無下「舌」字，藝文類聚引有，卷子本同類聚，今從之。）陸善經文選音決鈔（音決鈔已佚，今據金澤稱名寺舊藏文選集注所引。）及藝文類聚引，並省『之矣』二字，隸釋載熹平石經殘碑云：『鳳兮鳳兮，何而德之衰也。』與莊子人間世所載同，自開成石本始脱『而』字，而後來印本，並删『而也』二字。尚書大傳：『在外者皆金聲。』注：『金聲其事煞。』寶典引『煞』下有『矣也』二字。（貞和本「煞」作「然」，「煞」即「殺」字俗體，黎本從本書改，今據卷子本。）寶典引尚書考靈曜：『仲夏一日，日出於寅，入於戌。』而五行大義、七緯所引，則無二『於』字。（貞和本作「夏仲」，卷子本作「仲夏」，案上下例，卷子本似是。）白虎通：『萬物乎甲，種類分也。』（貞和本無「甲」字，黎本據本書補，卷子本有「甲」字。）寶典引『分』下有『之』字，與卷子本集注文選所引合。然則之也者，蓋漢、隋之語辭，又傳注之體乃然也。（又案：間有增置語助，以爲句末整齊者，然不可爲例。）至唐初遺意頗存，李隆基開元初注本孝經事君章：『進思盡忠。』注：『進見於君，則思盡忠節之也。』而石、臺以下，皆省『之也』二字。其他，唐鈔本楊雄傳注、金澤文庫卷子本集注文選等，皆多有語辭。由是而觀，其書愈古者，其語辭極多；其語辭益尠者，其書愈下。蓋先儒注體，每於句絶處，迺用語辭，以明意義之深淺輕重，漢、魏傳疏，莫不皆然；而淺人不察焉，迺擅删落、加之。及刻書漸行，務略語辭，以省其工，並不可無者而皆删之，於是蕩然無復古意矣。顔之推北齊人，而言：『河北經傳，悉略語辭。』然則經傳之災，其來亦已久矣。」

易有蜀才注〔一〕，江南學士，遂不知是何人。王儉四部目録〔二〕，不言姓名，題云：「王弼後人。」謝炅〔三〕、夏侯該〔四〕並讀數千卷書，皆疑是譙周〔五〕；而李蜀書一名漢之書〔六〕，云：「姓范名長生，自稱蜀才〔七〕。」南方以晉家渡江後〔八〕，北間傳記，皆名爲僞書，不貴省讀〔九〕，故不見也〔一〇〕。

〔一〕趙曦明曰：「隋書經籍志：『周易十卷，蜀才注。』」朱亦棟羣書札記曰：「案：揚子法言問明篇：『蜀莊沉冥，蜀莊之才之珍也。』則蜀才乃嚴君平也。豈范長生自比君平，故稱蜀才與？考唐書藝文志：『常璩華陽國志十三卷，漢之書十卷，李蜀書九卷。』則漢之書似別是一種，非李蜀書也。」

〔二〕趙曦明曰：「南齊書王儉傳：『儉字仲寶，瑯邪臨沂人，專心篤學，手不釋卷，解褐祕書郎，太子舍人，超遷祕書丞。上表求校墳籍，依七略撰七志四十卷，上表獻之。又撰定元徽四部書目。』隋書經籍志：『魏氏代漢，采掇遺亡，藏在祕書中外三閣，祕書郎鄭默始制中經，祕書監荀勗更著新簿，分爲四部：一曰甲部，二曰乙部，三曰丙部，四曰丁部。其後，中朝遺書稍流江左。宋元嘉八年，祕書監謝靈運造四部目録，大凡六萬四千五百八十二卷。元徽元年，王儉又造目録，大凡一萬五千七百四卷。』」

〔三〕盧文弨曰：「炅，古迥切。」陳直曰：「按：炅字有三音，在人名應正讀爲古迥切。或爲寒熱之熱字，見素問王砯注及居延漢簡。又爲貴字簡文，見於杭州鄒氏所藏大富炅鐸。桂未谷謂炅爲桂字變文，其説可商。」器案：元和姓纂卷八：「昋音桂，或作炅，漢衛尉昋横，彭城，漢上計掾昋景雲，見姓苑。城陽，後漢陳球碑：『城陽炅横被誅，有四子守墳墓，改姓炅氏；一子居徐州郡，雲之先也，姓昋氏；一子居幽州，姓桂氏；一子居華陰，姓炔氏，皆九畫，以避難也。』」案：「九畫」當作「八畫」。又案：兩唐書姚思廉傳：「思廉受詔，與魏徵共修梁史，思廉又採謝炅等衆家梁史，以成梁書五十卷。」此人即撰梁史之謝炅也。尋隋書經籍志有梁書四十九卷，梁中書郎謝吴撰，本一百卷。又梁皇帝實録五卷，梁中書郎謝吴撰紀元帝事。南史蕭韶傳謂所撰太清紀中之議論，多出於謝吴。史通史官篇舉梁之修史學士有謝吴，正史篇又云「梁史……祕書監謝吴」云云。「謝吴」俱「謝炅」之誤也。

〔四〕宋本原注：「一本『該』字下注云：『五代和宫傳凝本作「諺」、作「詠」未定。』」趙曦明曰：「案：隋書經籍志：『漢書音二卷，夏侯詠撰。』作『詠』爲是。」劉盼遂曰：「案：『該』爲『詠』之形誤，切韻序敦煌本云：『夏侯詠韻略。』今本廣韻亦誤作『該』。隋書經籍志：『四聲韻略十三卷，夏侯詠撰。』李涪刊誤曰：『梁夏侯詠撰四聲韻略十二卷。』皆不作『該』。」

〔五〕趙曦明曰：「蜀志譙周傳：『周字允南，巴西西充國人。耽古篤學，研精六經，尤善書札。丞相亮領益州牧，命爲勸學從事。』」

〔六〕趙曦明曰：「隋書經籍志：『漢之書十卷，常璩撰。』」嚴式誨曰：「案：『一名漢之書』五字，顏氏自注語，當旁注。據此，則李蜀書即漢之書，而唐志乃有蜀李書九卷，又有漢之書十卷，蓋未見其書而據舊文録之耳。」器案：史通古今正史篇：「蜀初號成，後改稱漢，李勢散騎常侍常璩撰漢書十卷，後入晉祕閣，改爲蜀李書。」

〔七〕宋景文筆記中：「易家有蜀才，顏之推曰：『范長生自稱蜀才。』則蜀人也。」徐文靖管城碩記二八：「楊氏（升庵集）曰：『注疏中有蜀才姓名，宋儒謂蜀才即范長生，蓋別無所見也。陳子昂集：東海王霸、西山蜀才，皆避人養德，躬耕求志。由此觀之，范長生與蜀才自是二人。』按後魏書：昭帝十年，李雄僭稱成都王，年號建興。時涪陵人范長生頗有術數，勸雄即真；十二年，僭稱皇帝，拜長生爲天地太師，領丞相、西山王。陳子昂集所謂西山蜀才也。唐書藝文志有蜀才注易十卷，陸氏釋文所引易有蜀才本。王應麟玉海曰：『蜀才，人多不識，顏之推曰：范長生也。』以蜀才爲范長生，非宋儒之説，亦非二人。」趙熙曰：「范長生，見晉書載記。」器案：經典釋文叙録：「蜀才注，十卷。蜀李書云：『姓范，名長生，一名賢，隱居青城北，自號蜀才。李雄以爲丞相。』」華陽國志李特雄壽勢志：「建元太武，迎范賢爲丞相。賢既至，尊爲天地太師，封西山侯，復其部曲，軍征不預，租稅皆入賢家。賢名長生，一名延久，又名九重，一曰支，字元，涪陵丹興人也。」後魏書李雄傳：「昭帝十年，雄僭稱成都王，號年建興，置百官。時涪陵人范長生頗有術數，雄篤信之，勸雄即真。十二年，僭稱皇帝，號大成，改年爲晏平，拜長生爲天地太師，領丞相、西山王。」楊升庵文集四八曰：「蜀音葵。」器案：據此，則字當作蜀，元和姓纂十二齊：「蜀，見纂要。」

〔八〕續家訓及各本無「家」字，今從宋本，此猶言周家、漢家也。本書稱梁亦曰梁家，風操篇：「梁家亦有孔翁歸。」終制篇：「吾年十九，值梁家喪亂。」皆謂其本朝耳。

〔九〕續家訓「貴」作「肯」。

〔一〇〕朱軾曰：「陸氏釋文時有引列。」

禮王制云：「贏股肱〔一〕。」鄭注云：「謂擐衣出其臂脛〔二〕。」今書皆作擐甲之擐〔三〕。國子博士蕭該〔四〕云：「擐當作擐，音宣，擐是穿著之名，非出臂之義〔五〕。」案字林，蕭讀是〔六〕，徐爰〔七〕音患，非也。

〔一〕盧文弨曰：「贏，力果切。」

〔二〕朱本注云：「擐，音宣，引也。」續家訓「擐」誤「捋」。

〔三〕朱本注云：「擐，音患，貫也。」郝懿行曰：「案禮注雖作『擐』字，陸氏釋文云：『擐舊音患，今讀宜音宣，依字作擐，字林云：「擐臂也，先全反。」是。』據陸氏之意，以擐擐通也。然攷儀禮士虞禮『鉤袒』注云：『如今擐衣。』則知『擐』當爲『擐』矣。」器案：說文手部：「擐，貫也。」引春秋成二年傳：「擐甲執兵。」

〔四〕顔本、程本、胡本、何本、朱本「蕭」誤「玄」。盧文弨曰：「隋書儒林何妥傳附：『蘭陵蕭該者，梁鄱陽王恢之孫也，少封攸侯。梁荆州陷，與何妥同至長安。性篤學，詩、書、春秋、禮記並通大義，尤精漢書，甚爲貴游所禮。開皇初，賜爵山陰縣公，拜國子博士。奉詔與妥正定經史，然各執所見，遞相是非，久而不能就；上譴而罷之。該後撰漢書及文選音義，咸爲當時所貴。』」

〔五〕盧文弨曰：「著，張略切。」

〔六〕段玉裁曰：「揮，説文只作援，其云『纕援臂也』，纕即攘臂字。」

〔七〕隋書經籍志：「禮記音二卷，宋中散大夫徐爰撰。」

漢書：「田肎賀上〔一〕。」江南本皆作「宵」字〔二〕。沛國劉顯〔三〕博覽經籍，偏精班漢，梁代謂之漢聖〔四〕。顯子臻，不墜家業〔五〕。讀班史，呼爲田肎。梁元帝嘗問之，答曰：「此無義可求，但臣家舊本，以雌黄改『宵』爲『肎』。」元帝無以難之〔六〕。吾至江北〔七〕，見本爲「肎」。

〔一〕續家訓及各本「肎」作「肯」，乃俗字，今從宋本。引漢書見高紀六年。陳直曰：「按：東魏武定六年邑主造像銘云：『方琢是肯，樹此福堂。』肯字六朝人寫法，極與宵字相似，故易致誤。」

〔二〕續家訓「胥」作「胥」，下同。佩觿上：「田肯云胥。」原注：「漢書『田肯』，是，作『胥』者非。」即本之推此文。史記高紀：「田肯賀。」索隱：「漢紀及漢書作『胥』，劉顯云：『相傳作「肯」也。』」

〔三〕趙曦明曰：「梁書劉顯傳：『顯字嗣芳，沛國相人。博涉多通。顯有三子：莠，荏，臻。臻早著名。』」器案：隋書經籍志云：「梁時明漢書有劉顯、韋稜，陳時有姚察，隋代有包愷、蕭該，並爲名家。」又著録：「漢書音二卷，梁潯陽太守劉顯撰。」

〔四〕器案：北史文苑劉臻傳：「精於兩漢書，時人謂之漢聖。」以漢聖爲顯子臻，恐誤。王觀國學林一：「古之人精通一事者，亦或謂之聖……隋劉臻精兩漢，謂之漢聖，唐衞大經邃于易，謂之易聖……蓋言精通其事，而他人莫能及也。」

〔五〕趙曦明曰：「隋書文學劉臻傳：『臻字宣摯，梁元帝時遷中書舍人。江陵陷没，入周，冢宰宇文護辟爲中外府記室，軍書羽檄，多成其手。』」器案：隋書楊汪傳：「受漢書於劉臻。」

〔六〕盧文弨曰：「難，乃旦切。」

〔七〕何焯改「江北」爲「河北」，云：「『河』字以意改。」

漢書王莽贊云：「紫色蠅聲〔一〕，餘分閏位。」蓋謂非玄黄之色，不中律吕之音也。近有學士，名問〔二〕甚高，遂云：「王莽非直鳶髆虎視，而復紫色蠅聲〔三〕。」亦爲誤矣〔四〕。

〔一〕續家訓、羅本、顔本、程本、胡本、何本、朱本、文津本、奇賞本「䵷」作「蛙」，今從宋本，下同。

〔二〕韓非子亡徵篇：「不以功伐課試，而好以名問舉錯。」名問亦言名聞，莊子人間世：「名聞不争，未達人心。」俱謂以名聞於人，莊子德充符篇所謂「彼且蘄以諔詭幻怪之名聞」是也。

〔三〕續家訓、羅本、顔本、程本、胡本、何本、朱本、文津本、奇賞本無「而」字。

〔四〕顔本「亦」誤「外」，朱本作「誡」。趙曦明曰：「此條已見前勉學篇，『鳶髆虎視』，彼作『鴟目虎吻』，與漢書合。」

簡策字，竹下施束〔一〕，末代隸書，似杞、宋之宋〔二〕，亦有竹下遂爲夾者〔三〕；猶如刺字之傍應爲朿〔四〕，今亦作夾〔五〕。徐仙民春秋、禮音〔六〕，遂以筴爲正字〔七〕，以策爲音，殊爲顛倒〔八〕。史記又作悉字〔九〕，誤而爲述，作妬字，誤而爲姤，裴、徐、鄒皆以悉字音述〔一〇〕，以妬字音姤〔一一〕。既爾，則亦可以亥爲豕字音〔一二〕，以帝爲虎字音乎〔一三〕？

〔一〕宋本原注：「朿，七賜反。」

〔二〕趙曦明曰：「書斷：『隸書，下邽人程邈所作也。邈始爲縣吏，得罪始皇，幽繫雲陽獄中，覃思十年，損益大小篆方員，而爲隸書三千字，奏之始皇。始皇善之，用爲御史。以奏事繁多，篆字難成，乃用隸字，以爲吏人佐書，務趨便捷，故曰隸書。』」王叔岷曰：「案論語雍也篇：『將入門，策其馬。』日本正平本『策』作『筞』，正所謂『似杞、宋之宋』也。」

〔三〕徐鯤曰：「按魯語：『臧文仲聞柳下季子之言，使書以爲三筴。』莊子駢拇篇：『問臧奚事，則挾筴讀書。』管子海王篇：『海王之國，謹正鹽筴。』皆爲簡策之策。」王叔岷曰：「案莊子馬蹄篇：『前有橛飾之患，而後有鞭筴之威。』文選司馬相如上書諫獵一首注、一切經音義八四、御覽三五九、八九六、記纂淵海六一引，『筴』皆作『策』，此正所謂『竹下爲夾』者也。」

〔四〕續家訓、傅本、鮑本、汗青簃本「字」作「史」，未可從。

〔五〕段玉裁曰：「曲禮挾訓箸，字林作筴，則筴不可以代策，明矣。」徐鯤曰：「按：史記封禪書：『使博士諸生刾六經中作王制。』索隱曰：『小顏云：「刾作刺，謂采取之也。」』又毛詩魏風葛屨篇：『是以爲刺。』魯詩作刾，見顧炎武石經考。」陳直曰：「自南北朝至唐初策字無不作筞，確與宋字相似。惟梁永陽王太妃墓誌仍書作策，是用正體，比較少見。又案：安定王元燮造像：『官華州刾史。』刺正作刾，與之推所説當時字體正合。（僅舉一例。）」

〔六〕趙曦明曰：「隋書經籍志：『春秋左氏傳音三卷，禮記音三卷，並徐邈撰。』」

〔七〕顏本「正」作「宜」，未可從。

〔八〕郝懿行曰：「案：簡策字當爲朿，古文从竹爲䇲，經傳以夾爲筴，徐仙民以策爲音，得之矣。策，馬箠也，俗借爲朿字，顏君顧譏徐邈，何耶？左氏定四年傳曰：『備物典筴。』釋文云：

『本或冊，或作篇。』」

〔九〕朱本分段。

〔一〇〕宋本「裴」作「衺」，秦曼青校宋本作「斐」，鮑本、汗青簃本作「裴」，段玉裁曰：「當作『裴』。」今從之。續家訓（後人補寫作「衺」）、羅本、傅本、程本、胡本、何本、文津本、朱本作空白，顔本遂於「徐」字跳行另起，皆非也。趙曦明曰：「隋書經籍志：『史記八十卷，宋南中郎外兵參軍裴駰注。史記音義十二卷，宋中散大夫徐野民撰。史記音三卷，梁輕車録事參軍鄒誕生撰。』」器案：裴駰見宋書裴松之傳。駰字龍駒，河東聞喜人。父松之字世期，注三國志。徐野民即徐廣，東莞人，唐書藝文志：「徐廣史記音義十三卷。」鄒誕生，司馬貞史記索隱序及後序，俱以爲南齊輕車録事，與隋志異。

〔一一〕器案：姤者，妒之俗體，妒作妬，又以形近誤爲姤耳。此事郭忠恕亦言之，其佩觿下去聲自相對云：「妬姤：上，丁故翻，嫉妬，説文作『妒』；下，古候翻，卦名。」

〔一二〕續家訓及各本無「則」字，今從宋本。趙曦明曰：「家語弟子解：『子夏反衞，見讀史志者，云：「晉師伐秦，三豕渡河。」子夏曰：「非也，己亥耳。」讀史志者問諸晉史，果曰己亥。』」王叔岷曰：「案吕氏春秋察傳篇：『子夏之晉，過衞，有讀史記者，曰：晉師三豕涉河。子夏曰：非也，是己亥也。夫己與三相近，亥與豕相似。至於晉而問之，則曰：晉師己亥涉河也。』風俗通正失篇：『晉師己亥渡河，有三豕之文，非夫大聖至明，孰能原析之乎！』」

〔一三〕趙曦明曰：「抱朴子遐覽篇：諺曰：『書三寫，魚成魯，帝成虎。』」

張揖云：「虙，今伏羲氏也〔一〕。」孟康漢書古文注亦云：「虙，今伏〔二〕。」而皇甫謐〔三〕云：「伏羲或謂之宓羲。」按諸經史緯候〔四〕，遂無宓羲之號。虙字從虍〔五〕，宓字從宀〔六〕，下俱爲必，末世傳寫，遂誤以虙爲宓，而帝王世紀因誤更立名耳〔七〕。何以驗之？孔子弟子虙子賤爲單父宰〔八〕，即虙羲之後〔九〕，俗字亦爲宓，或復加山〔一〇〕。今兗州永昌郡城，舊單父地也〔一一〕，東門有子賤碑，漢世所立，乃曰：「濟南伏生〔一二〕，即子賤之後。」是虙之與伏〔一三〕，古來通字〔一四〕，誤以爲宓〔一五〕，較可知矣〔一六〕。

〔一〕續家訓、羅本、傅本、顔本、程本、胡本、何本、朱本、文津本「虙」作「宓」。漢書序例：「張揖，字稚讓，清河人，一云河間人，魏太中博士。」案：張揖著作，兩唐志著録有廣雅四卷、埤蒼三卷、三蒼訓詁三卷、雜字一卷、古文字訓三卷。廣韻五質：「宓，美畢切，埤蒼云：『祕宓。』又音謐。」又一屋：「虙，房六切，古虙犧字，説文云：『虎皃。』又姓，虙子賤是也。」是二字固有别也。

〔二〕續家訓、羅本、傅本、顔本、程本、胡本、何本、朱本、文津本「虙」作「宓」。嚴式誨曰：「案：『古文』二字，疑當在『亦云』二字下。」趙曦明曰：「隋書經籍志：『梁有漢書孟康音九卷。』」

陳直曰：「漢武梁祠畫像題字云：『伏戲倉精，初造王業。』知東漢時已寫『虙』作『伏』，與張揖、孟康稱爲『虙』今『伏』，正相吻合。」器案：三國志魏書杜恕傳注引魏略：「孟康，字公休，安平人。黄初中，以於郭后有外屬，并受九親賜拜，遂轉爲散騎侍郎。是時，散騎皆以高才英儒充其選，而康獨緣妃嬙，雜在其間，故于時皆共輕之，號爲阿九。康既無才敏，因在冗官，博讀書傳，後遂有所彈駁，其文義雅而切要，衆人乃更加意。正始中，出爲弘農，領典農校尉。……嘉平末，徙渤海太守，徵入爲中書令，後轉爲監。」又案：佩觿上：「不齊之稱宓賤。」原注引李涪説：「案：不齊姓虙，音調伏之伏，作宓者非。」與之推説同。王叔岷曰：「案御覽七八引帝王世紀作『或謂之密犧』，下有注云：『一解云：宓，古伏字，後誤以宓爲密，故號曰密犧。』（鮑刻本『宓』並作『虙』。）又引易坤靈圖、易通卦驗並作『宓犧』。（鮑刻本『宓』亦作『虙』。）」

〔三〕晉書皇甫謐傳：「皇甫謐，字士安，幼名静，安定朝那人。……所著詩賦誄頌論難甚多，又撰帝王世紀、年歷、高士、逸士、列女等傳、玄晏春秋，並重於世。」

〔四〕續家訓無「按」字。

〔五〕宋本原注：「虍音呼。」

〔六〕顔本、程本、胡本、朱本「宀」作「宂」，未可從。宋本原注：「宀音綿。」

〔七〕趙曦明曰：「帝王世紀即皇甫謐所著。」

〔八〕續家訓「虙」作「宓」。史記仲尼弟子列傳：「宓不齊，字子賤，少孔子三十歲。孔子謂：『子賤，君子哉！魯無君子，斯焉取斯。』子賤爲單父宰，反命於孔子，曰：『此國有賢不齊者五人，教不齊所以治者。』孔子曰：『惜哉！不齊所治者小；所治者大，則庶幾矣。』」盧文弨曰：「單父音善甫。」

〔九〕續家訓「虙」作「宓」。

〔一〇〕雲麓漫鈔九引「復」作「宓」。李詳曰：「案：梁玉繩漢書人表攷：『密轉訛爲宓，其由來已久。晉書李密，華陽國志作李宓，蜀志秦宓，後漢書方術董扶傳作秦密，淮南泰族以宓子賤作密子賤。路史叙伏羲後有密氏。』（此隱括梁氏之言，與梁原旨微異。）又案：陸機演連珠：『蒲密之黎。』善注辨或説『密爲宓子賤』之非，不知此二字以音相通久矣！（庾子山哀江南賦：『豺牙密厲。』『宓』，一本作『密』。）」陳直曰：「按：唐滎陽令盧正道清德文頌云：『琴鳴密賤。』『虙』作『宓』，正之推所謂當時『或復加山』也。」

〔一一〕史記仲尼弟子傳正義引「父」下有「縣」字。

〔一二〕趙曦明曰：「漢書儒林傳：『伏生，濟南人。故爲秦博士。孝文時，求能治尚書者，時伏生年九十餘，老不能行，於是詔太常使掌故鼂錯往受之，得二十八篇。』」

〔一三〕各本「是」下有「知」字，楚辭辯證上亦有。史記正義引無「知」字，與抱經堂校定本同。續家訓「虙」作「宓」。

〔一四〕雲麓漫鈔、楚辭辯證「字」作「用」。

〔一五〕續家訓、雲麓漫鈔、楚辭辯證「宓」作「密」，未可從。

〔一六〕史記正義引「知」作「明」，又云：「虙字从虍，音呼，宓从宀，音緜，下俱爲必，世傳寫誤也。」楚辭辯證：「『虙妃』一作『宓妃』。說文：『虙，房六反，虎行皃。』『宓，美畢反，安也。』集韻云：『虙與伏同。虙犧氏，亦姓也。宓與密同，亦姓，俗作密，非是。』補注引顏之推說云：『虙字本从虍，虙子賤，即伏犧之後，而其碑文說濟南伏生，又子賤之後，是知古字伏虙通用，而俗書作宓，或復加山，而並轉爲密音耳。』此非大義所繫，今亦姑存其說，以備參考。」案：王觀國學林四論伏勝非子賤後一條，亦襲用顏氏此文，不悉録也。尋段玉裁說文解字注五篇上虙篆下云：「顏氏家訓云：張揖、孟康皆云『虙、伏古今字』，而皇甫謐帝王世紀云：『伏羲或謂之宓羲。』案諸經史緯候，遂無宓羲之號，虙宓二字下俱爲必，是以誤耳。孔子弟子虙子賤即虙羲之後，俗字亦爲宓。今兗州永昌郡城東門子賤碑，漢世所立，云：濟南伏生即子賤之後，是虙之與伏，古來通字，誤以爲宓，較可知矣。顏語謂虙音房六切，與伏音同，而宓音綿一切，與虙音殊，故謂宓羲、宓子賤皆誤字，不知虙宓古音正同，故虙羲或作宓羲，其爲伏羲者，如毛詩苾字，韓詩作馥，語之轉也。宓子賤之當爲虙子賤，則出黄門臆測，而陸氏釋文、張氏五經文字從之，蓋古未有作虙子賤者；若論其同從必聲，則作虙子賤，亦無不可。」

太史公記〔一〕曰："寧爲雞口，無爲牛後〔二〕。"此是删戰國策耳〔三〕。案：延篤戰國策音義〔四〕曰："尸，雞中之王。從，牛子〔五〕。"然則，"口"當爲"尸"，"後"當爲"從"，俗寫誤也〔六〕。

〔一〕孫奕示兒編二三引無"記"字。器案：漢、魏、南北朝人稱司馬遷史記爲太史公記，如漢書楊惲傳、論衡道虛篇、漢紀孝武紀、風俗通義皇霸篇、又聲音篇、又祀典篇、穆天子傳序及抱朴子論仙篇等俱是也。俞正燮癸巳類稿十一太史公釋名曰："史記本名太史公書，題太史以見職守，而復題曰公，古人著書稱子，漢時稱生稱公也。"

〔二〕趙曦明曰："見蘇秦傳。"案：張守節正義曰："雞口雖小猶進食，牛後雖大乃出糞也。"案：文選爲曹公作書與孫權吕向注作"雞口"、"牛後"。

〔三〕趙曦明曰："見韓策。"

〔四〕趙曦明曰："隋書經籍志：『戰國策論一卷，漢京兆尹延篤撰。』"郝懿行曰："延篤，見後漢書，其戰國策音義，本傳所無，存以俟考。"案：後漢書延篤傳："延篤，字叔堅，南陽犨人也。少從潁川唐溪典受左氏傳，旬日能諷之，典深敬焉。又從馬融受業，博通經傳及百家之言，能著文章，有名京師。……永康元年卒於家。鄉里圖其形于屈原之廟。篤論解經傳，多所駁正，後儒服虔等以爲折中。所著詩論銘書應訊表教令，凡二十篇云。"

〔五〕類説作"尸者雞中之主，從者牛之子"。案：史記蘇秦傳索隱引戰國策延篤注曰："尸，雞中主也；從，謂牛子也。言寧爲雞中之主，不爲牛之從後也。」文選阮元瑜爲曹公作書與孫權注引延叔堅戰國策注曰：「尸，雞中主也；從，牛子也。『從』或爲『後』，非也。」張萱疑耀四：「蘇秦説韓：『寧爲雞口，無爲牛後。』今本戰國策、史記皆同，惟爾雅翼釋豵篇：『寧爲雞尸，無爲牛從。尸，主也，一羣之主，所以將衆者。從，從物者也，隨羣而往，制不在我也。』此必有據，且於縱横事相合。今本『口』字當是『尸』字之誤，『後』字當是『從』字之誤也。」洪頤煊讀書叢録十曰：「犍，從牛也。案：説文新坿：『犍，犗牛也。』一切經音義卷十四引通俗文：『以刀去陰曰犍。』淮南氾論訓：『禽獸可羈而從也。』凡牛已犗者即訓從，故亦謂之從牛。顔氏家訓書證篇引戰國策『寧爲雞尸，無爲牛從』，延篤以爲牛子，非是。」王念孫讀書雜志戰國策三亦以「雞尸」「牛從」爲是，不悉録也。

〔六〕盧文弨曰：「案：口、後韻協。秦正以牛後鄙語激發韓王，安得如延篤所言乎？且雞尸之語，别無他證，奈何信之。」梁玉繩史記志疑二九曰：「索隱及羅願爾雅翼釋豵、沈括筆談並言之，然非也。餘冬叙録云：『口、後韻叶，如「寧爲秋霜，毋爲檻羊」之類，古語自如此。』（案：閔元京湘煙録十六引弭子元説同。）」朱亦棟曰：「按：口與後叶，與漢書『寧爲秋霜，無爲檻羊』正同，若尸、從則不叶矣。補正引正義云：『雞口雖小，乃啄食；牛後雖大，乃出糞。此蓋以惡語侵韓，故昭侯怒而從之也。』最爲得解。」李慈銘越縵堂日記丙集曰：「此説不可從。尸字之義，不見所據。況口、後協韻，古語如是；牛子爲從，尤所未聞。」器案：佩觿上：「雞尸虎穴之議。」原注：「太史公記曰：『寧爲雞口。』戰國策音義曰：『尸，雞之主。』則『口』當爲『尸』。」即本之推此文。七修類稿二〇亦謂史記口、後爲是，亦不悉録也。

應劭風俗通〔一〕云：「太史公記〔二〕：『高漸離變名易姓，爲人庸保〔三〕，匿作於宋子〔四〕，久之作苦，聞其家堂上有客擊筑〔五〕，伎癢〔六〕，不能無出言。』」案：伎癢者，懷其伎而腹癢也。是以潘岳射雉賦亦云：「徒心煩而伎癢〔七〕。」今史記並作「徘徊〔八〕」，或作「徬徨〔九〕不能無出言」，是爲俗傳寫誤耳〔一〇〕。

〔一〕宋本「劭」作「邵」。案：古劭、邵多混，如晉書陳邵有傳，隋書經籍志禮類作陳劭，即其證。應劭，後漢書有傳，字仲遠，汝南南頓人。趙曦明曰：「隋書經籍志：『風俗通義三十一卷，録一卷，應劭撰，梁三十卷。』案：今止存十卷。」器案：此所引見聲音篇。

〔二〕見史記刺客荆軻傳。

〔三〕史記刺客荆軻傳索隱：「欒布傳曰：『賣庸於齊，爲酒家人。』漢書作『酒家保』。案：謂庸作於酒家，言可保信，故云庸保。鶡冠子曰：『伊尹保酒。』」案：庸、傭通，杜甫八哀詩趙次公注引作「爲人傭保」。

〔四〕趙曦明曰：「史記刺客傳集解：『徐廣曰：「宋子，縣名，今屬鉅鹿。」』」

〔五〕宋本、續家訓作「聞其家堂客有擊筑」，杜詩趙注又引作「聞其家堂有擊筑」。趙曦明曰：「宋本譌。」案：文選荆軻歌注引應劭漢書注曰：「筑狀似琴而大頭，安弦以竹擊之，故名曰筑。」

〔六〕續家訓、文選射雉賦李善注、緗素雜記二引「癢」作「養」。林思進先生曰：「技癢二字，非西漢時所有，於史公文尤不類，不得遽以應劭所云，謂爲俗寫誤也。」

〔七〕案：潘賦見文選。盧文弨曰：「潘賦本作『伎懩』，徐爰注：『有伎藝而欲逞曰伎懩。音養。』」

〔八〕宋本「徘徊」作「俳佪」。

〔九〕案：今史記作「傍偟不能去每出言」。

〔一〇〕杜詩趙注引作「是爲俗寫傳誤也」。

太史公論英布〔一〕曰：「禍之興自愛姬，生於妬媢，以至滅國〔二〕。」又漢書外戚傳亦云：「成結寵妾妬媢之誅〔三〕。」此二「媢」並當作「娼」，娼亦妬也，義見禮記、三蒼〔四〕。且五宗世家亦云：「常山憲王后妬娼〔五〕。」王充論衡云：「妬夫娼婦生，則忿怒鬭訟〔六〕。」益知娼是妬之别名。原英布之誅爲意賁赫耳〔七〕，不得言媢〔八〕。

〔一〕趙曦明曰：「史記黥布傳：『布，六人也，姓英氏。背楚歸漢，立爲淮南王。信、越誅，布大恐，陰聚兵候伺旁郡警急。所幸姬疾，請就醫。醫家與中大夫賁赫對門，赫自以爲侍中，乃厚餽遺，從姬飲醫家。姬侍王，譽赫長者，具説狀。王疑其與亂，欲捕赫。赫詣長安上變，言布謀反有端。漢繫赫，使案驗布。布族赫家，發兵反。上自將擊布，布數與戰不利，走江南。長沙王使人紿布，之番陽，番陽人殺之，遂滅黥布。』」

〔二〕盧文弨曰：「今史記作『禍之興自愛姬殖，妒媢生患，竟以滅國』，妒本字，亦作妬，通。」器案：佩觿上：「妒媢提福之殊。」原注：「英布之禍，興自愛姬，成於妒媢。『媢』當作『媢』（音冒），妒也，義見世家。」即本之推此文。

〔三〕趙曦明曰：「傳云：『孝成趙皇后女弟趙昭儀姊妹專寵十餘年，卒皆無子。帝暴崩，皇太后詔大司馬莽與御史、丞相、廷尉問發病狀，昭儀自殺。哀帝即位，尊皇后爲皇太后。司隸解光奏言，趙氏殺後宫所産諸子，請事窮究。哀帝爲太子，亦頗得趙太后力，遂不竟其事。哀帝崩，王莽白太后，詔貶爲孝成皇后，又廢爲庶人，就其園自殺。』案：所引是議郎耿育疏中語。今本漢書仍作『媢』，史記黥布傳索隱引作『媢』。」

〔四〕盧文弨曰：「禮記大學：『媢疾以惡之。』鄭注：『媢，妬也。』史記五宗世家索隱：『郭璞注三蒼云：「媢，丈夫妒也。」又云：「妒女爲媢。」』」

〔五〕趙曦明曰：「世家：『常山憲王舜，以孝景中五年，用皇子爲常山王。王有所不愛姬生長男棁，王后脩生太子勃。王内多幸姬，王后希得幸。及憲王病，王后亦以妬媢不常侍病，輒歸舍；醫進藥，太子勃不自嘗藥，又不宿留侍病；及王薨，王后、太子乃至。憲王雅不以棁爲人數，太子代立，又不收恤棁。棁怨王后、太子。漢使者視憲王喪，棁自言王病時，王后、太子不侍，及薨六日出舍，及勃私姦等事。有司請廢王后脩，徙王勃，以家屬處房陵。上許之。』」

〔六〕盧文弨曰：「論死篇：『妒夫媢妻，同室而處，淫亂失行，忿怒鬬訟。』」

〔七〕宋本原注：「賁音肥。」

〔八〕沈揆曰：「説文：『媢，夫妒婦也。』益可明顔氏之説。」器案：史記黥布傳索隱：「案：王邵音冒，媢亦妒也。漢書外戚傳亦云：『成結寵妾妬媢之誅。』又論衡云：『妬夫媢婦。』則媢是妬之别名。今原英布之誅，爲疑賁赫與其妃有亂，故至滅國，所以不得言妬媢是媚也。一云：『男妬曰媢。』」小司馬蓋即據顔氏此文爲説。漢書五行志第七中之下：「桓公八年十月雨雪。周十月，今八月也，未可以雪。劉向以爲時夫人有淫齊之行，而桓有妬媢之心。」師古曰：「媢謂夫妬婦也。」

史記始皇本紀：「二十八年，丞相隗林、丞相王綰等〔一〕議於海上〔二〕。」諸本皆作山林之「林〔三〕」。開皇〔四〕二年五月，長安民掘得秦時鐵稱權〔五〕，旁有銅塗鐫銘二所〔六〕。其一所曰：「廿六年，皇帝盡併兼天下諸侯，黔首〔七〕大安，立號爲皇帝，乃詔丞相狀、綰，灋度量鼎不壹歉疑者〔八〕，皆明壹之〔九〕。」凡四十字。其一所曰：「元年，制詔丞相斯、去疾〔一〇〕，灋度量，盡始皇帝爲之，皆□刻辭焉〔一一〕。今襲號而刻辭不稱始皇帝[一二]，其於久遠也[一三]，如後嗣爲之者，不稱成功盛德，刻此詔□左[一四]，使毋疑。」凡五十八字，一字磨滅，見有五十七字，了了分明[一五]。其書兼爲古隸。余被敕寫讀之，與內史令李德林[一六]對，見此稱權[一七]，今在官庫；其「丞相狀」字，乃爲狀貌之「狀」，爿旁作犬[一八]；則知俗作「隗林」，非也，當爲「隗狀」耳[一九]。

〔一〕史記始皇本紀索隱曰：「隗姓，林名，有本作『狀』者，非。顏之推云云，王劭亦云然，斯遠古之證也。」

〔二〕海上，謂東海之濱。時始皇帝撫東土，至於琅邪，與羣臣議於海上。

〔三〕沈濤銅熨斗齋隨筆三：「丞相隗林，索隱云云，案：小司馬既云作『狀』者非，何以又引顏氏家訓爲證？蓋索隱本亦作『隗狀』，云『有本作林者非』，故引顏、王二家之說，以證是『狀』非『林』，今本『林』『狀』二字傳寫互易，遂矛盾不可通矣。」器案：沈說是。佩觿上：「丞相之林是狀。」原注：「始皇本紀：『二十八年，丞相隗狀、王綰等議於海上。』俗作『隗林』者，非也。」即本之推此文，字正作「狀」。宋董逌廣川書跋四作「疾」，當是形近之誤。

〔四〕趙曦明曰：「開皇，隋文帝年號。」郝懿行曰：「開皇是隋文帝紀年，顏公又爲隋官矣。」

〔五〕續家訓「稱」作「秤」。史記秦始皇本紀索隱引作「京師穿地，得鑄稱權」。玉海八引史記正義「民」作「人」，「掘」作「穿地」二字，「稱」作「秤」。

〔六〕玉海作「有銘二所」。歐陽修集古録跋尾一：「秦度量銘。右秦度量銘二，按顏氏家訓：『隋開皇二年，之推與李德林見長安官庫中所藏秦鐵稱權，傍有鐫銘二。』其文正與此二銘同，之推因言：『司馬遷秦始皇本紀書丞相隗林，當依此作隗狀。』遂録二銘，載之家訓。余之得此二銘也，迺在祕閣校理文同家。同，蜀人，自言嘗遊長安，買得二物，其上刻二銘，出以示余。其一乃銅鍰，不知爲何器，其上有銘，循環刻之，乃前一銘也。其一乃銅方版，可三四寸許，所刻乃後一銘也。考其文，與家訓所載正同。然之推所見是鐵稱權，而同所得乃二銅器，余意秦時兹二銘刻於器物者非一也。及後又於集賢殿校理陸經家得一銅版，所刻與前一銘亦同，益知其然也，故並録之云。嘉祐八年七月十日書。」器案：梅堯臣陸子履示秦篆寶詩題注載銘文，亦前一銘也。

〔七〕史記秦始皇本紀：「更名民曰黔首。」集解：「應劭曰：『黔，亦黎黑也。』」

〔八〕宋本原注：「㔻音則。」梅堯臣作「法度量則不一嫌疑者」。廣川書跋曰：「家訓所傳則從鼎，而此從貝爲異。許慎説文兼有二字，蓋籀書文異。」喬松年蘿藦亭札記四曰：「此拓本予見之，諦審『歉疑』之『歉』，蓋是『嫌』字，其『女』旁在右耳。」器案：喬説是。予藏秦銅權，其銘文正是「兼」旁右安「女」字。梅堯臣作「嫌」，不誤。

〔九〕羅本、傅本、顔本、程本、胡本、朱本、廣川書跋、紺珠集四「皆明壹之」作「皆壹明之」，非是，予藏秦銅權銘文正作「皆明壹之」，梅堯臣作「皆明一之」。廣川書跋曰：「壹從壺，昆吾圜器，其從吉，聲也。壹爲專，非數也。其以權量專明之，所以一度量于天下。」

〔一〇〕器案：元年，謂二世元年也。史記秦始皇本紀：「三十七年十月癸丑，始皇出游，左丞相斯從，右丞相去疾守，少子胡亥愛慕請從，上許之。……三十有七年，親巡天下……七月丙寅，始皇崩於沙丘平臺。……二世皇帝元年春，二世東巡郡縣，李斯從，到碣石，竝海南至會稽，而盡刻始皇所立刻石，石旁著大臣從者名，以章先帝成功盛德焉。皇帝曰：『金石刻，盡始皇帝所爲也，今襲號，而金石刻辭不稱始皇帝，其於久遠也，如後嗣爲之者，不稱成功盛德。』丞相臣斯、臣去疾、御史大夫臣德昧死言云云。」集解：「徐廣曰：『去疾，姓馮。』」尋漢書馮奉世傳：「其先馮亭爲韓上黨守……戰死於長平。……及秦滅六國，而馮亭之後馮毋擇、馮去疾、馮劫皆爲秦將相焉。」則馮去疾乃馮亭之後也。權銘稱「丞相斯、去疾」，據秦始皇本紀則李斯爲左丞相，馮去疾爲右丞相也。又秦始皇本紀云：「(二世)二年冬，下去疾、斯、劫吏，案責他罪。去疾、劫曰：『將相不辱。』自殺。」蓋是時去疾爲左丞相，李斯爲右丞相，故名次在斯之上也。劫則御史大夫馮劫也，亦馮亭之後也。

〔一一〕宋本空一格，拓本及廣川書跋、沈揆攷證作「有」。

〔一二〕趙曦明曰：「『而』本作『所』，沈氏改。」器案：廣川書跋作「而」，續家訓作「所」。

〔一三〕趙曦明曰：「『也』本作『世』，沈氏改。」案：廣川書跋作「也」，續家訓作「世」。段玉裁說文解字注十二篇下：「廿，秦刻石也字。秦始皇本紀：『二世元年，皇帝曰：金石刻，盡始皇帝所爲也，今襲號，而金石刻辭不稱始皇帝，其於久遠也，如後嗣爲之者，不稱成功盛德。』顏氏家訓載開皇二年，長安掘得秦鐵稱權，有鐫銘，與史記合，『其於久遠也』『也』字正作『廿』，俗本譌作『世』。薛尚功歷代鐘鼎款識載秦權一、秦斤一，文與家訓大同，而權作『廿』，斤作『殹』，又知『也』『殹』通用，鄭樵謂『秦以殹爲也』之證也。『殹』蓋與『兮』同，『兮』『也』古通，故毛詩『兮』『也』二字，他書所稱或互易，石鼓『汧殹沔沔』，『汧殹』即『汧兮』。」

〔一四〕刻此詔□左，廣川書跋此句作「刻此銘故刻左」，「銘」當是「詔」字之誤。續家訓、沈氏攷證本、羅本、程本、胡本、何本、鮑本□不空，拓本作「故刻」二字，傅本、朱本作「于」字，顏本跳行另起，今從宋本。

〔一五〕沈揆曰「蜀有秦權二銘，篆文明具，因備載之，以考顏氏之異。『廿六年，皇帝盡併兼天下諸侯，黔首大安，立號爲皇帝，乃詔丞相狀、綰，灋度量鼎不壹歉疑者，皆明壹之。』凡四十字，顏氏亦四十字，而今本有四十一字，蓋誤以『廿』爲『二十』字。『明壹之』，顏氏誤作『壹明之』，義未安，當從篆本（永樂大典八二六九「本」作「文」）。鼎，古則字，謝本音制，非。壹，古壹字。『元年，制詔丞相斯、去疾，灋度量，盡始皇帝爲之，皆有刻辭焉，今襲號，而刻辭不稱始皇帝，其於久遠也，如後嗣爲之者，不稱成功盛德，刻此詔，故刻左，使毋疑。』凡六十字。顏氏稱『五十八字，一字磨滅，見有五十七字，了了分明』。『皆有刻辭焉』，顏氏無『有』字。『而刻辭不稱』，顏氏誤以『而』字作『所』字。『其於久遠也』，顏氏誤以『也』字作『世』字，説文廿注云：『秦刻石也字。』權銘正作廿字。『刻此詔故刻左』，顏氏缺『故刻』二字，而云『一字磨滅』。字數不同，恐顔氏所見秦權，自有異同，故仍從顔氏。若『而』字『也』字則真誤，故改焉。」盧文弨曰：「案：今家訓亦作『明壹之』，當是後人所改正。海鹽張燕昌芑堂云：『鄭夾漈以石鼓文殹字，與秦權殹字同，遂疑石鼓文爲秦制，則秦權似當作殹。』文弨案：顔所見是『廿』字，與『世』形近，故誤作『世』，必非『殹』字。或鄭所見之權又不同。」

〔一六〕趙曦明曰：「隋書李德林傳：『德林字公輔，博陵安平人。除中書侍郎。齊主召入文林館，又令與黄門侍郎顔之推同判文林館事。高祖受顧命，爲丞相府屬。登阼之日，授内史令。』」

〔一七〕胡本「此」作「在」，未可從。

〔一八〕續家訓「作」作「施」。

〔一九〕陳直曰：「之推所云『秦鐵稱權，旁有銅塗』，當爲以銅片嵌置在鐵質之上，其制造手法，與甘肅慶陽所出鐵權形式正同。史記秦始皇本紀索隱引顔之推云：『隋開皇初，京師穿地得鐵稱權，有銘云始皇時量器，丞相隗狀、王綰二人列名，其作狀貌之字，時令校寫，親所按驗。王劭亦云然，斯遠古之證也。』索隱所引，當即出於家訓，與今本事實雖同，文字則差異甚遠。本書稱與李德林共校，索隱則作王劭，此爲唐時古本，故備録之。以見傳世各古籍，與古本往往有絶大之距離。」又按：「秦代權量，刻始皇廿六年詔書者，共四十字，刻二世元年詔書者，共六十字，而兩詔共一百字，千篇一律，絶無差異。二世詔書文云：『元年制詔丞相斯、去疾，灋度量，盡始皇帝爲之，皆有刻辭焉。今襲號，而刻辭不稱始皇帝，其於久遠也（或作毆字），如後嗣爲之者，不稱成功盛德。刻此詔，故刻左，使毋疑。』之推記爲共五十八字，本因模糊之字而錯誤。而沈氏考異謂顔氏所見秦權自有異同。盧氏補注更以鄭樵之秦權又不同，皆屬支離之談。其争論焦點，在也毆二字之不同，殊不知本爲『於其久遠也』一句之變文，特各權量多數作也字，少數作毆耳。」器案：顔氏此文，實開後代以金石文證史之先例。史記高祖本紀：「母曰劉媪。」索隱：「近今有人云：母温氏。貞時打得班固泗水亭長古石碑文，其字分明作『温』字，云『母温氏』。貞與賈膺復、徐彦伯、魏奉古等執對，反復沈對，古人未聞。」案：此文碑序文也，銘載古文苑及藝文類聚卷十。又儒林列傳：「伏生者，濟南人也。」集解：「張晏曰：『伏生名勝，伏氏碑云。』」自宋以來，金石之學專門名家矣。

漢書云：「中外禔福〔一〕。」字當從示〔二〕。禔，安也，音匙匕之匙，義見蒼雅、方言〔三〕。河北學士皆云如此。而江南書本〔四〕多誤從手〔五〕，屬文者對耦，並爲提挈之意，恐爲誤也〔六〕。

〔一〕趙曦明曰：「見司馬相如傳。」案：史記司馬相如傳同。

〔二〕續家訓「示」誤「是」。

〔三〕案：説文示部説同。

〔四〕抱經堂校定本脱「本」字，宋本、續家訓及各本都有，今據補。書本爲六朝、唐人習用之詞，本篇下文云：「江南書本『穴』皆誤作『六』。」玉燭寶典引字訓解瀹字曰：「其草或草下，或水旁，或火旁，皆依書本。」晁公武古文尚書詁訓傳引劉炫尚書述義曰：「『四隩既宅』，今書本『隩』皆作『墺』。」漢書孔光傳：「犬馬齒載。」顏師古注：「讀與耋同，今書本有作『截』者，俗寫誤也。」又外戚孝成趙皇后傳：「赫蹏紙。」顏師古注：「今書本『赫』字或作『擊』。」慧琳一切經音義七七引風俗通：「案：劉向別録：『讎校：一人讀書，校其上下，得謬誤，爲校。一人持本，一人讀書，若怨家相對，爲讎。』」又引集訓：「二人對本校書曰讐。」則書本之説，漢代已有之，且有區別，本者猶今言底本，書者猶今言副本。爰及趙宋，刻板大行，名義遂定，如岳珂九經三傳沿革例遂以書本爲一例焉。

〔五〕趙曦明曰：「下云『恐爲誤』，則此處『誤』字衍。」案：佩觿上：「妒媚、提福之殊。」原注：「漢書禔福，上字從示，音匙匕之匙，俗或從手，誤也。」即本之推此文爲説。

〔六〕續家訓及各本無「也」，今從宋本。

或問〔一〕：「漢書注：『爲元后父名禁，改禁中爲省中〔二〕。』何故以『省』代『禁』？」答曰：「案：周禮宫正：『掌王宫之戒令糾禁〔三〕。』鄭注云：『糾，猶割也，察也〔四〕。』李登云：『省，察也〔五〕。』張揖云：『省，今省詧也〔六〕。』然則小井、所領二反，並得訓察。其處既常有禁衛省察〔七〕，故以『省』代『禁』。詧，古察字也。」

〔一〕續家訓「問」下有「曰」字。

〔二〕器案：此昭紀「共養省中」下伏儼注引蔡邕文，今見獨斷上。三輔黄圖六雜録及漢書昭紀顔注，説俱與蔡邕同。

〔三〕趙曦明曰：「紖，今書作『糾』，乃正字，注同。」

〔四〕續家訓無「割」下「也」字。宋本原注：「一本無『猶割也』三字。」趙曦明曰：「本注元有。」

〔五〕器案：此蓋出聲類，今佚。隋書經籍志：「聲類十卷，魏左校令李登撰。」

〔六〕段玉裁曰：「此蓋出古今字詁，謂『省』今字作『省』。」器案：古今字詁今佚，任大椿小學鉤沈古今字詁收此文，王念孫校云：「案上『省』字當作『㱐』，説文：『㱐，古文省字。』」

〔七〕續家訓「常」作「當」。

漢明帝紀：「爲四姓小侯立學〔一〕。」按：桓帝加元服〔二〕，又賜四姓及梁、鄧小侯帛〔三〕，是知皆外戚也。明帝時，外戚有樊氏、郭氏、陰氏、馬氏爲四姓〔四〕。謂之小侯者，或以年小獲封〔五〕，故須立學耳〔六〕。或以侍祠猥朝〔七〕，侯非列侯，故曰小侯〔八〕，禮云：「庶方小侯〔九〕。」則其義也。

〔一〕趙曦明曰：「『漢』上當有『後』字。」盧文弨曰：「在永平九年。」

〔二〕羅本、傅本、顔本、程本、胡本、何本、朱本、文津本「按」作「校」，屬上句讀，與後漢書明紀合；

今從宋本。後漢書安紀：「永初三年春正月庚子，皇帝加元服。」李賢注：「元服，謂加冠也。士冠禮曰：『令月吉辰，加爾元服。』鄭玄云：『元，首也。』」

〔三〕盧文弨曰：「後漢書桓帝紀：『建和二年春正月甲子，皇帝加元服，賜四姓及梁、鄧小侯、諸夫人以下帛，各有差。』四姓見下。皇后紀：『和熹鄧皇后，諱綏，太傅禹之孫，父訓，護羌校尉。順烈梁皇后，諱妠，大將軍商之女。』」

〔四〕文選爲范尚書讓吏部封侯第一表注引「爲」上有「是」字。

〔五〕器案：漢書外戚傳下：「哀帝即位，遣中郎謁者張由，將醫治中山小王。」小王、小侯義同，蓋俱謂其以年小獲封也。

〔六〕趙曦明曰：「後漢書樊宏傳：『宏字靡卿，南陽湖陽人，世祖之舅。』皇后紀：『光武郭皇后，諱聖通，真定稾人。父昌，仕郡功曹。光烈陰皇后，諱麗華，南陽新野人。兄識爲將。明德馬皇后，伏波將軍援之小女。』」

〔七〕爲范尚書讓吏部封侯第一表注引應劭漢官典職有四姓侍祠侯。

〔八〕案：此説本袁宏，見後漢紀明紀。陳直曰：「按：續漢書百官志云：『中興以來，唯以功德賜位特進者，次車騎將軍；賜位朝侯，次五校尉；賜位侍祠侯，次大夫。』劉昭注引胡廣制度曰：『是爲猥諸侯。』與本文吻合。五十年前，西安曾出朝侯小子殘碑，亦其證也。」

〔九〕趙曦明曰：「禮記曲禮下：『庶方小侯，入天子之國曰某人，於外曰子，自稱曰孤。』」

後漢書云：「鸛雀銜三鱓魚〔一〕。」多假借爲鱣鮪之鱣；俗之學士，因謂之爲鱣魚。案：魏武四時食制〔二〕：「鱣魚大如五斗奩〔三〕，長一丈。」郭璞注爾雅〔四〕：「鱣長二三丈〔五〕。」安有鸛雀能勝一者〔六〕，況三乎〔七〕？鱣又純灰色，無文章也。鱓〔八〕魚長者不過三尺，大者不過三指，黄地黑文，故都講云：「蛇鱓，卿大夫服之象也〔九〕。」續漢書及搜神記〔一〇〕亦説此事，皆作「鱓」字。孫卿云：「魚鼈鰌鱣〔一一〕。」及韓非〔一二〕、説苑〔一三〕皆曰：「鱣似蛇，蠶似蠋。」並作「鱣」字。假「鱣」爲「鱓」，其來久矣〔一四〕。

〔一〕宋本原注：「鱓音善。」御覽九三七、山樵暇語五引都有「音善」二字。案：引後漢書見楊震傳。

〔二〕盧文弨曰：「案：魏武食制，唐人類書多引之，而隋、唐志皆不載；唐志有趙武四時食法一卷，非此書。」器案：和名類聚鈔四引四時食制經，當即此書。

〔三〕御覽引「斗」作「升」。案：自漢以來，俗寫「斗」作「什」，即許慎所譏「人持十爲斗」者。「什」、「升」二字形近，因此古書多混。

〔四〕御覽引「雅」下有「云」字。

〔五〕續家訓及各本無「三」字，今從宋本，御覽及重修政和證類本草二〇引都有「三」字，與爾雅釋魚郭注原文合。又御覽「丈」誤「尺」。趙曦明曰：「郭注：『鱣，大魚，似鱏而短鼻，口在領下，體有邪行甲，無鱗，肉黄，大者長二三丈。今江東呼爲黄魚。』」

〔六〕盧文弨曰：「勝音升。」案：楊震傳注：「案：續漢及謝承書，『鱣』字皆作『鱓』，然則鱣、鱓古字通也。鱣魚長不過三尺，黄地黑文，故都講云：『蛇鱓，卿大夫之服象也。』郭璞云：『鱣魚長二三丈，音知然反。』安有鸛雀能勝二三丈乎？此爲鱣明矣。」李賢即本此文爲説。

〔七〕續家訓、羅本、傅本、顏本、程本、胡本、何本、朱本、文津本及御覽、靖康緗素雜記四、山樵暇語引「三」下都有「頭」字，今從宋本。

〔八〕御覽作「鱣」。

〔九〕趙曦明曰：「後漢書楊震傳：『震字伯起，弘農華陰人。常客居於湖，不答州郡禮命數十年。後有冠雀銜三鱣魚，飛集講堂前，都講取魚進曰：「蛇鱣者，卿大夫服之象也；數三者，法三台也。先生自此升矣。」』注：『冠，音貫，即鸛雀也。鱣、鱓字古通，長不過三尺，黄地黑文，故都講云然。』案：都講，高第弟子之稱也。」

〔一〇〕續家訓無「及」字。御覽引「書」誤「記」。趙曦明曰：「隋書經籍志：『續漢書八十三卷，晉祕書監司馬彪撰。搜神記三十卷，晉干寶撰。』」器案：今搜神記無此文，能改齋漫録四引靖康緗素雜記引此文，「搜神記」作「謝承書」，楊震傳李賢注亦云：「案續漢及謝承書。」而御覽九三七引謝承後漢書正有此文，疑當作「謝承書」爲是。

〔一一〕御覽「鰌鱣」作「鱣鰌」。盧文弨曰：「荀子富國篇：『黿鼉魚鼈鰌鱣，以别一而成羣。』」

〔一二〕趙曦明曰：「隋書經籍序：『韓非子二十卷，韓公子非撰。』」盧文弨曰：「韓非説林下：『鱣似蛇，人見蛇則驚駭，漁者持鱣。』」

〔一三〕趙曦明曰：「隋書經籍志：『説苑二十卷，漢劉向撰。』」盧文弨曰：「説苑談叢篇：『鱓欲類蛇。』今本不作鱣。」器案：「鱣似虵，蠶似蠋」云云，見韓非子内儲説上，盧氏漫引説林下爲證，非是。又見淮南子説林篇，「鱣」作「鱓」。

〔一四〕御覽「矣」作「乎」。郝懿行曰：「案：後漢書注有辨，即本此條而爲説。又案：玉篇有䱉字，解云：『魚似蛇，同鱓。』大戴禮勸學篇云：『非虵䱉之穴，而無所寄托。』山海經：『灌河之水，其中多䱉。』注云：『亦鱓魚字。』然則後漢書三鱣之鱣，蓋本作䱉，俗人不識，妄增其上爲鱣爾。至于韓非、説苑，皆曰鱣蛇，荀子書中亦有䲡鱣，並同斯誤，字形乖謬，非鱓鱣可以假借也。」器案：郝説是。御覽九三七鱓魚類下注云：「與䱉同，音善。」「䱉」即「䱉」之誤。又引謝承後漢書楊震事，則作「三鱣」。又九三六鱣類引後漢書楊震事作「三鱣」，殆即顔氏所謂「假鱣爲鱓，其來久矣」者也。佩觿上：「楊震之鱓非鱣。」原注：「鱓音善，是也；作鱣、陟連翻者，非。」即本之推此文。

後漢書：「酷吏樊曄爲天水郡守〔一〕，涼州爲之歌曰：『寧見乳虎穴，不入冀府寺〔二〕。』」而江南書本「穴」皆誤作「六」。學士因循，迷而不寤。夫虎豹穴居，事之較者〔三〕，所以班超云：「不探虎穴，安得虎子〔四〕？」寧當論其六七耶〔五〕？

〔一〕趙曦明曰：「隋書地理志：『天水郡統縣六，有冀城。』」盧文弨曰：「案：續漢書郡國志：『涼州漢陽郡。』劉昭注：『武帝置爲天水，永平十七年更名。』」

〔二〕各本「冀府」都作「曄城」，今從抱經堂校定本改正。趙曦明曰：「酷吏傳：『樊曄，字仲華，南陽新野人。爲天水太守，政嚴猛。』章懷注：『乳，産也。猛獸産乳，護其子，則搏噬過常，故以爲喻。』釋名：『寺，嗣也，官治事者，相嗣續於其内也。』」盧文弨曰：「案：諸本皆作『曄城寺』，譌，今據本傳改。其歌曰：『游子常苦貧，力子天所富。寧見乳虎穴，不入冀府寺。大笑期必死，忿怒或見置。嗟我樊府君，安可再遭値！』」器案：冀爲天水太守治所。佩觿上：「雞尸、虎穴之議。」原注：「後漢樊曄爲天水守，涼州歌曰：『寧見乳虎穴，不入曄城寺。』齊代江南本『穴』皆誤作『六』，並傳寫失也。」即本之推此文，亦誤作「曄城」。

〔三〕盧文弨曰：「較，音教，明著貌。」

〔四〕趙曦明曰：「後漢書班超傳：『超字仲升，扶風平陵人。使西域，到鄯善，王禮敬甚備，後忽疎懈，召問侍胡曰：「匈奴使來，今安在？」胡具服其狀。超乃會其吏士三十六人激怒之，官屬皆曰：「今在危亡之地，死生從司馬。」超曰：「不入虎穴，不得虎子。因夜以火劫虜，必大震怖，可盡殄也。」』」

〔五〕續家訓、羅本、傅本、顔本、程本、胡本、何本、朱本、文津本「耶」作「乎」，今從宋本。

後漢書楊由傳云：「風吹削肺〔一〕。」此是削札牘之柹耳〔二〕。古者，書誤則削之，故左傳云「削而投之」是也〔三〕。或即謂札爲削，王褒童約〔四〕曰：「書削代牘。」蘇竟書云：「昔以摩研編削之才〔五〕。」皆其證也。詩云：「伐木滸滸〔六〕。」毛傳云：「滸滸，柹貌也。」史家假借爲肝肺字〔七〕，俗本因是悉作脯腊之脯〔八〕，或爲反哺之哺〔九〕。學士因解〔一〇〕云：「削哺，是屏障之名。」既無證據，亦爲妄矣！此是風角占候耳〔一一〕。風角書〔一二〕曰：「庶人風者〔一三〕，拂地揚塵轉削〔一四〕。」若是屏障，何由可轉也？

〔一〕續家訓及各本「肺」作「胏」，今從宋本。趙曦明曰：「方術傳：『楊由，字哀侯，成都人。有風吹削哺，太守以問由。由對曰：「方當有薦木實者，其色黃赤。」頃之，五官掾獻橘數包。』章懷注：『「哺」當作「胏」。』」案：宋本後漢書李賢注作「『哺』當作『柹』，音孚廢反」。

〔二〕續家訓及各本「柹」作「柹」，今從宋本。盧文弨曰：「柹，說文作杮，『削木札樸也，从木朩聲，陳、楚謂櫝爲杮，芳吠切』。案：今人皆作『柹』，說文以爲赤實果也。」案：段玉裁說文解字注六篇上：「柹，削木朴也。各本作『削木札樸也』，今依玄應書卷十九正。朴者，木皮也。樸者，木素也。柹安得有素？則作『朴』是矣。知『札』爲衍文者，玄應引倉頡篇曰：『柹，札也。』此下文云：『陳、楚謂之札柹。』玄應曰：『江南名柹，中國曰札，山東名朴豆。』廣韵『柹』注曰：『斫木札。』然則札非簡牒之札，乃柹之一名耳。許以札、柹系諸陳、楚方言，則此云

『削木朴』已足。小雅『伐木許許』，許書作『所所』，毛云：『許許，柹貌。』泛謂伐木所斫之皮。許云『削木』，猶斫木也。顔氏家訓必云『削札牘之柹』，又廣之證，恐非許意。晉書：『王濬造船，木柹蔽江而下。』柹之證也。漢書中山靖王、劉向、田蚡傳，多言肺附，謂斫木之柹札也，已於帝室親近，猶柹札附於大木材也，此柹之假借字也。後漢楊由傳：『風吹削肺。』亦『柹』之假借也。一譌爲脯，再譌爲哺，釋之者曰：『削哺，是屏障之名。』絶無證據。」器案：漢書禮樂志：「削則削。」師古曰：「削者，謂有所删去，以刀削簡牘也。」簡者竹簡，札者木牘也。

〔三〕趙曦明曰：「左氏襄廿七年傳：『宋向戌欲弭諸侯之兵以爲名，晉、楚皆許之。既盟，請賞，公與之邑六十，以示子罕。子罕曰：「天生五材，民並用之，聖人以興，亂人以廢，皆兵之由也；而子求去之，不亦誣乎？以誣道蔽諸侯，罪莫大焉；縱無大討，而又求賞，無厭之甚也。」削而投之。左師辭邑。』」

〔四〕盧文弨曰：「『童』，宋本作『僮』。案：説文：『童，奴也。僮，幼也。』則俗本作『童』是，從之。」器案：予所見宋本、海昌沈氏静石樓藏影宋鈔本及秦曼青校宋本，「童」不作「僮」，唯鮑本作「僮」耳，翁方綱譏盧氏未見宋本，此又其證矣。

〔五〕趙曦明曰：「後漢書蘇竟傳：『竟字伯況，扶風平陵人。建武五年，拜侍中，以病免。初，延岑護軍鄧仲況擁兵據南陽陰縣爲寇，而劉歆兄子龔爲其謀主，竟與龔書曉之曰：「走昔以摩研編削之才，與國師公從事出入，校定祕書，竊自依依，末由自遠。』」云云。」器案：李賢注云：「編，次也。削謂簡也。」東觀漢記蘇竟傳正作「摩研編簡之才」。

〔六〕詩經小雅伐木文，今本「滸滸」作「許許」。

〔七〕陳直曰：「按：此指史記魏其武安傳『上初即位，富於春秋，蚡以肺腑爲京師相』而言。顏師古注漢書：『一説肺，碎木札也。』」

〔八〕續家訓、羅本、傅本、顏本、程本、胡本、何本、朱本、文津本無「因是」二字，今從宋本。佩觿上：「削柹（一作『柹』）施脯。」原注：「柹，芳吠翻。風吹削柹，是；作『脯』，非。」即本之推此文。

〔九〕宋本句末有「字」字。

〔一〇〕楊由傳注引無「解」字。

〔一一〕後漢書郎顗傳注：「風角，謂候四方四隅之風，以占吉凶也。」

〔一二〕趙曦明曰：「隋書經籍志：『風角要占十二卷。』餘不勝舉。」

〔一三〕文選宋玉風賦：「夫庶人之風，塕然起於窮巷之間，堀堁揚塵，勃鬱煩冤，衝孔襲門，動沙堁，吹死灰，駭溷濁，揚腐餘，邪薄入甕牖，至於室户。故其風中人，狀直憞溷鬱邑，毆温致濕，中心慘怛，生病造熱，中脣爲胗，得目爲蔑，啗齰嗽獲，死生不卒，此所謂庶人之雌風也。」

〔一四〕楊由傳注引作「庶人之風，揚塵轉削」。案：益部耆舊傳：「文學冷豐持雞酒以奉由。時有客，不言。客去，豐起，欲取雞酒，由止之曰：『向風吹轉柹，當有持雞酒來者，度是二人。』豐曰：『實在外，須客去，乃取耳。』」即此事而異傳。

三輔決録〔一〕云：「前隊大夫〔二〕范仲公，鹽豉蒜果共一筩〔三〕。」「果」當作魏顆之「顆」〔四〕。北土通呼物一凷〔五〕，改爲一顆，蒜顆是俗間常語耳。故陳思王鷂雀賦〔六〕曰：「頭如果蒜〔七〕，目似擘椒〔八〕。」又道經云：「合口誦經聲璅璅，眼中淚出珠子碟〔九〕。」其字雖異，其音與義頗同。江南但呼爲蒜符，不知謂爲顆〔一〇〕。學士相承，讀爲裹結之裹〔一一〕，言鹽與蒜共一苞裹〔一二〕，内筩中耳。正史削繁〔一三〕音義又音蒜顆爲苦戈反，皆失也〔一四〕。

〔一〕趙曦明曰：「隋書經籍志：『三輔決録七卷，漢太僕趙岐撰，摯虞注。』」案：書今佚，有張澍、茆泮林輯本。

〔二〕林思進先生曰：「漢書王莽傳中：『河東、河内、弘農、河南、潁川、南陽爲六隊郡，置大夫，職如太守。』」器案：師古注：「隊音遂。」又地理志上：「南陽郡，莽曰前隊。」漢書王莽傳有前隊大夫甄阜。又案：漢書百官公卿表下：「天漢四年，弘農太守沛范方、渠中翁爲執金吾。」師古曰：「中讀曰仲。」翁、公字亦通；但籍貫年代俱不合，當是另一人。

〔三〕御覽八五五、九七七引三輔決録：「平陵范氏，南陵舊語曰：『前隊大夫范仲公，鹽豉蒜果共一筩。』言其廉儉也。」器案：北堂書鈔一四六、太平御覽八五五引謝承後漢書：「羊續爲南陽太守，鹽豉共壺。」亦言其廉儉也。又案：左昭二十年：「和如羹焉，水火醯醢鹽梅。」孔穎達疏：「醯，酢也。醢，肉醬也。梅，果實似杏而醋。禮記内則炮豚之法云：『調之以醯醢。』尚書説命云：『若作和羹，爾惟鹽梅。』是古人調鼎用鹽梅也。此説和羹而不言豉，古人未有豉也。禮記内則、楚辭招魂備論飲食，而不言及豉，史游急就篇乃有『蕪荑鹽豉』，蓋秦、漢以來始爲之耳。」史記貨殖列傳：「蘖麴鹽豉千荅。」索隱：「三倉云：『㮇，盛鹽豉器，音他果反。』」則盛鹽豉自有專器，今范仲公乃以鹽豉蒜顆共一筩，以言其廉儉也。又齊書張融傳：「融食炙始畢，行人便去，融欲求鹽蒜，口終不言。」以鹽蒜並言，蓋二物常置以備用也。

〔四〕續家訓「魏」作「塊」。趙曦明曰：「魏顆，晉大夫，見宣十五年左氏傳。」郝懿行曰：「果字古有顆音，不須改字。莊子逍遥遊篇云：『三餐而反，腹猶果然。』釋文云：『果，徐如字，又苦火反。』是果有顆音也。」器案：郝説是，莊子闕誤引文如海本「果」作「顆」，是其證。蓋顆亦果聲，古通用。

〔五〕顔本、程本、胡本、朱本「土」作「士」。御覽引「凷」作「段」，無「改」字。朱本注：「凷，塊同。」趙曦明曰：「音塊。」桂馥札樸四曰：「案：漢書賈山傳：『使其後世，曾不得蓬顆蔽冢而託葬焉。』顔注：『顆謂土塊。』」郝懿行曰：「呼物一凷爲一顆者，漢書賈山傳注：『晉灼曰：

「東北人名土塊爲蓬顆。」師古曰：「顆謂土塊，蓬顆言塊上生蓬者耳。」」是呼塊爲顆，北人通語也。顆與塊一聲之轉。」

〔六〕鷃雀賦，續家訓作「陳王雀雛賦」，誤。趙曦明曰：「説文：『鷃，摯鳥也。』」盧文弨曰：「此賦，藝文類聚卷九十一載之。」案：又見御覽九二八、九六五引。

〔七〕續家訓「果蒜」作「蒜果」，御覽作「蒜顆」。沈揆曰：「諸本皆作『雀鷃賦』。」又云：「『蒜果』者非。」

〔八〕何本、朱本、文津本「擘」作「花」，程本、胡本空白一字，今從宋本。

〔九〕盧文弨曰：「玉篇：『碟，烏火反。』」劉盼遂曰：「按敦煌出土唐寫本老子化胡經載老子十六變詞云：『一變之時，生在南方亦如火，出胎墮地獨能坐，合口誦經聲璅璅，眼中淚出珠子碟。父母世間驚怪我，復畏寒凍來結果，身著天衣謹知我。』黄門所云道經，斥老子化胡經而言也。」

〔一〇〕續家訓無「知」字。

〔一一〕劉盼遂引吴承仕曰：「蒜符之符，殆爲誤字，既云『學士讀爲包裹之裹』，則其音必與裹近，符字从付，絶非其類，以是明之。」陳直曰：「江南人至今呼蒜頭一個爲一顆，蒜頭莖部稱爲浮（與符同音），分爲二名，與之推所言符顆爲一名稍異。」

〔一二〕續家訓此句作「言鹽豉與蒜共苞一裹」，羅本、傅本、顏本、程本、胡本、何本、朱本、文津本作

「言鹽與蒜共一裹苞」，今從宋本。

〔三〕趙曦明曰：「隋書經籍志：『正史削繁九十四卷，阮孝緒撰。』」

〔四〕盧文弨曰：「今人言顆，俱從苦戈切，又言蒜蒲，疑上符字當爲『苻』，苻有蒲音，左傳『萑苻』是也。」案：廣韻三十四果：「顆，苦果反。」又左傳昭公二十年作「萑蒲」，不作「萑苻」。

有人訪吾曰：「魏志蔣濟上書云『弊攰之民〔一〕』，是何字也〔二〕？」余應之曰：「意爲攰即是攰倦之攰耳〔三〕。張揖、吕忱〔四〕並云：『支傍作刀劍之刀，亦是剞字。』不知蔣氏自造支傍作筋力之力，或借剞字，終當音九僞反〔五〕。」

〔一〕趙曦明曰：「魏志蔣濟傳：『濟字子通，楚國平阿人。爲護軍將軍，加散騎常侍。景初中，外勤征役，内務宫室，而年穀飢儉，濟上疏曰：「今雖有十二州，民數不過漢時一大郡，農桑者少，衣食者多。今其所急，唯當息耗百姓，不至甚弊；弊攰之民，儻有水旱，百萬之衆，不爲國用。」』」

〔二〕續家訓及各本無「是」字，今從宋本。

〔三〕宋本原注：「要用字苑云：『攰音九僞反，字亦見埤蒼、廣雅及陳思王集。』」續家訓及各本原注「攰」作「攰」，無「亦」字及「埤蒼」二字，「集」下有「也」字。盧文弨曰：「攰，集韻作攰。要用字苑，即葛洪之書。」郝懿行曰：「攰音垝，集韻作攰，疲極也。」器案：集韻五寘：「攰，攰，疲極也，或作㔞。」廣雅釋言下：「尯，券也。」券與倦同。尯即𤺋也。

〔四〕器案：隋書經籍志：「字林七卷，晉弦令呂忱撰。」史記會注本魏公子傳正義：「忱字伯雍，任城人，吕姓，晉弦令，作字林七卷。」字林今有任大椿、陶方琦輯本。

〔五〕郝懿行曰：「玉篇云：『刬同剞，居蟻切，刀曲也。』是㓟字支傍作刀，與剞字音義俱同之證。」俞正燮癸巳類稿卷七：「集韻云：『攰，疲極也。亦作㔞，居僞切。』又云：『刬，刀取物也，紀披切。又曲刀也，舉綺切。』案：顏氏家訓書證篇謂：『獘㔞之民，是攰倦義。張揖、呂忱並云：刬，支旁着刀，亦是剞字。』然則魏志蔣濟言獘㔞，或是借剞之刬。六朝人刬㔞字俱不分晰，實俱假借，刬剞則曲刀，㔞攰則崎嶇，非倦疲也。漢書司馬相如傳子虛賦：『儌𠘧受詘。』注云：『蘇林曰：𠘧音倦𠛎之𠛎。』似分𠘧𠛎爲兩字。宋婁機班馬字類二十四職列『儌𠘧受屈』字，又從瓦，上林賦『窮極倦𠛎』注云：『郭璞曰：倦𠛎，疲憊也。』𠘧𠛎瓻𠛎，俱不成字。疲㔞獘刬倦𠛎，均當作御，從人卻聲，儌御，受屈也。通作踦𨇮之𨇮，從卂谷聲。」陳直曰：「按：㓟字支旁从刀，蔣濟作从力。之推意爲蔣氏自造之字。但六朝時功字或作刅，見楊大眼造像，是當時刀與力兩字，在俗體上本不區分也。」

晉中興書〔一〕：「太山羊曼常穨縱任俠〔二〕，飲酒誕節，兗州號爲䶩伯〔三〕。」此字皆無音訓〔四〕。梁孝元帝常謂吾曰：「由來不識。唯張簡憲見教，呼爲嚃羹之嚃〔五〕。自爾便遵承之，亦不知所出。」簡憲是湘州刺史張纘謚也〔六〕，江南號爲碩學。案：法盛世代殊近，當是耆老相傳〔七〕；俗間又有黯黯語〔八〕，蓋無所不施〔九〕、無所不容之意也〔一〇〕。顧野王玉篇〔一一〕誤爲黑傍沓。顧雖博物〔一二〕，猶出簡憲、孝元之下，而二人皆云重邊〔一三〕。吾所見數本，並無作黑者。重沓是多饒積厚之意〔一四〕，從黑更無義旨〔一五〕。

〔一〕趙曦明曰：「隋書經籍志：『晉中興書七十八卷，起東晉，宋湘東太守何法盛撰。』」器案：吴仁傑兩漢刊誤補遺八、王觀國學林四俱稱顔氏家訓黯字用盛弘之晉書云云。案：此乃引何法盛晉中興書，下文所云「法盛世代殊近」者是也，吴、王之説非也。

〔二〕史記季布傳集解：「如淳曰：『相與信爲任，同是非爲俠。』」續家訓「任俠」作「宏任」，不可據。

〔三〕趙曦明曰：「晉書羊曼傳：『曼字祖延，任達穨縱，好飲酒。温嶠等同志友善，並爲中興名士。時州里稱陳留阮放爲宏伯，高平郗鑒爲方伯，太山胡毋輔之爲達伯，濟陰卞壺爲裁伯，陳留蔡謨爲朗伯，阮孚爲誕伯，高平劉綏爲委伯，而曼爲黯伯，號兖州八伯，蓋擬古之八儁。其後更有四伯：大鴻臚陳留江泉以能食爲穀伯，豫章太守史疇以太肥爲笨伯，散騎郎高平張嶷以狡妄爲猾伯，而曼弟聃字彭祖，以狼戾爲瑣伯，蓋擬古之四凶。』」

〔四〕續家訓及各本，又靖康緗素雜記四引「皆」都作「更」，今從宋本。

〔五〕盧文弨曰：「禮記曲禮上：『毋嚃羹。』音他合切。」

〔六〕趙曦明曰：「梁書張緬傳：『纘字伯緒，緬第三弟也，爲岳陽王詧所害。元帝承制，贈侍中中衛將軍開府儀同三司，謚簡憲。』」

〔七〕抱經堂定本「是」作「時」，宋本、續家訓及各本都作「是」，今從之。

〔八〕靖康緗素雜記「俗間」作「世間」。宋本「䛐䛐」下有「音沓」二字小注，趙曦明以爲二大字，非是。續家訓及各本無此注。段玉裁曰：「『音沓語』，謂音沓語之沓也。」盧文弨曰：「段氏之説，古誠有之，顏氏却無此文法。且方辯䛐伯之音，何必於俗間之言先爲之作音乎？此本謂俗間有䛐䛐之語耳，宋本不當從。」案：學林引有「䛐䛐然無賢不肖之辨」一句，今本無之。

〔九〕宋本「施」作「見」，續家訓及各本、又靖康緗素雜記引都作「施」，今從之。

〔一〇〕靖康緗素雜記引「容」作「用」。盧文弨曰：「案：今謂多言者爲佗佗諸諸。荀子正名篇：『愚者之言，芴然而粗，嘖然而不類，誻誻然而沸。』與顏氏所解不同；顏氏自謂當時人語意如此，必不誤也。今人堆物亦云沓沓，與無所不容意頗近之。若無所不施，與孟子所言，似亦相近也。」案：孟子離婁上：「詩（大雅板）曰：『天之方蹶，無然泄泄。』泄泄猶沓沓也。事君無義，進退無禮，言則非先王之道者猶沓沓也。」

〔一一〕趙曦明曰：「隋書經籍志：『玉篇三十一卷，陳左將軍顧野王撰。』唐書經籍志：『三十卷。』案：今本同唐志。」

〔一二〕左傳昭公元年：「晉侯聞子産之言，曰：『博物君子也。』」

〔一三〕抱經堂校定本「云」作「曰」，宋本、續家訓及各本都作「云」，今據改。

〔一四〕兩漢刊誤補遺作「黯者多饒積厚之貌」，學林作「黯者多饒積厚」，都作「黯」，不作「重沓」。廣韻二十七合：「黯，積厚。」即用顏説。陳直曰：「晉書羊曼傳：『稱爲中興名士，兖州八伯，蓋擬古之八儁。』頹縱任俠，正表述其名士行動。之推解重沓是多饒厚積之義，未知所本。」

〔一五〕靖康緗素雜記曰：「唐常袞窒賣官之路，一切以公議格之，非文辭者，皆擯不用，世謂之黯伯，以其黯黯無賢不肖之辨云，蓋兖州之遺意也。」學林引顏氏家訓此文曰：「黯從黑，黯從重，二字雖同音榻，而義各不同。玉篇、廣韻皆曰：『黯，羊曼爲黯伯也。黯，積厚也。』蓋羊曼爲黯伯從黑，而顏氏家訓乃用從重之黯，是以顏氏推其義不行也。顏氏所引乃盛弘之晉書，用從重之黯已爲誤；今世所行晉書，乃唐太宗所修，於羊曼傳用從黑之黯爲不誤矣。」又引晉書羊曼傳曰：「以此觀之，則黯者乃美稱，是八儁之中居一儁也。若如顏氏家訓所稱，則多饒積厚，與夫黯黯無賢不肖之辨，皆非美稱矣；非美稱，則豈容在八儁之列邪？今案羊曼以任達頹縱好飲酒而得黯伯之名，則黯者豁達不拘小節之稱也。顏氏所訓，與此皆不合矣。」又曰：「（新唐書）常袞傳謂：『懲元載敗，窒賣官之路，一切以公議格之。』蓋其進退人才，皆出於朝廷之公論，而以賄者不容於濫進，非文詞者皆擯不用，則俗吏不在所用也。爲宰相而能如此，是真賢宰相也。而史乃以黯黯無賢不肖之辨而加之，何以史辭之自紊如此？蓋史臣引顏氏家訓釋黯伯之語，而不知於常袞傳之意則不合也。」臧琳經義雜記卷十八：「案：説文曰部：『沓，語多沓沓也。从水从曰。臣鉉等曰：語多沓沓，若水之流，故从水會意。』（水部又有涾字，云：「涫溢也。今河朔方言謂沸溢爲涾。从水沓聲。」）顔氏引俗間有䵬䵬之語，自注音沓。則䵬當作沓矣。語多沓沓，義與羊曼任俠誕節之行亦合，从水已爲多義，俗人復加重旁。煩沓則鮮有潔者，故又或从黑旁也。即論羊曼之行，與潔己者正相反。玉篇黑部：『䵬，丑合切，晉書有䵬伯。』與顔所見本同。廣韻廿七合：『䵬，晉書有兗州八伯，太山羊曼爲䵬伯。』以䵬爲積厚字，是所據晉書亦从黑而不从重也。今晉書羊曼傳云：『曼字祖延，任達頽縱，好飲酒，州里稱曼爲䵬伯。』蓋從顔氏説用何法盛書也。」

古樂府歌詞〔一〕，先述三子，次及三婦，婦是對舅姑之稱。其末章云：「丈人且安坐〔二〕，調絃未遽央〔三〕。」古者，子婦供事舅姑，旦夕在側，與兒女無異〔四〕，故有此言〔五〕。丈人亦長老之目，今世俗猶呼其祖考爲先亡丈人〔六〕。又疑「丈」當作「大」〔七〕，北間風俗，婦呼舅爲大人公。「丈」之與「大」，易爲誤耳。近代文士，頗作三婦詩〔八〕，乃爲匹嫡並耦己之羣妻之意〔九〕，又加鄭、衛之辭，大雅君子〔一〇〕，何其謬乎〔一一〕？

〔一〕類説「歌詞」作「詞調」。

〔二〕類説「坐」作「在」，未可據。

〔三〕愛日齋叢鈔「未遽央」作「渠未央」。趙曦明曰：「樂府清調曲相逢行：『相逢狹路間，道隘不容車。不知何年少，夾轂問君家。君家誠易知，易知復難忘。黄金爲君門，白玉爲君堂；堂上置尊酒，作使邯鄲倡。中庭生桂樹，華燈何煌煌。兄弟兩三人，中子爲侍郎。五日一來歸，道上自生光，黄金絡馬頭，觀者盈道傍。入門時左顧，但見雙鴛鴦，鴛鴦七十二，羅列自成行。音聲何噰噰，鶴鳴東西廂。大婦織綺羅，中婦織流黄，小婦無所爲，挾瑟上高堂，丈人且安坐，調絲方未央。』案：又一首長安有狹邪行末云：『丈人且徐徐，調絃詎未央。』」段玉裁説文解字注五篇下央字箋云：「央，央中也。央，逗，複舉字之未删者也。月令曰：『中央土。』詩箋云：『夜未渠央。』古樂府：『調弦未詎央。』顔氏家訓作『未遽央』，皆即『未渠央』也。渠央者，中之謂也，詩言未央，謂未中也。毛傳：『央，且也。』且者，薦也，凡物薦之則有二，至於艾而爲三矣。下文『夜未艾』。艾者，久也。箋云：『芟末曰艾。』以言夜先雞鳴時，合初昏與艾言之，是央爲中也。」盧文弨曰：「案：『詎未央』必本是『未渠央』，『渠』與『遽』音義同，故顔即引作『未遽央』，若詎之訓爲豈，豈未央則是已過中矣，不與詩意大相左乎？詩小雅庭燎曰：『夜未央。』箋云：『夜未央，猶言夜未渠央。』詩意本此。若巨字亦可讀爲渠，漢書高帝紀：『項伯告羽曰：「沛公不先破關中，公巨能入乎？」』服虔曰：『巨音渠，猶未應得入也。』案：服氏之解最妙，言公遽能入乎？乃顔師古轉以服説爲非，而讀巨爲詎，言公豈能入乎？語索然矣。與改詩爲詎未央者，其見解正相似耳。」郝懿行曰：「未遽央，古語也，或稱未渠央，說見顏師古匡謬正俗。」

〔四〕類說、新編事文類聚翰墨大全後丙一引「兒」作「男」。

〔五〕續家訓曰：「案：漢武祠太一於甘泉，祭后土於汾陰，乃立樂府。樂府之名，始起於此。是時，舉相如等數十人，造爲詩篇，以合八音，祠事，使童男女歌之。通一經之士，不能獨知其詞，集五經家乃能知其意。後世慕古而賤之，或不知古義，若三婦詞是也。三婦詞，之推言：『古者，子婦供事舅姑，朝夕在側，與兒女無異。』言古者，明之推時不如此也。之推既居江南，又寓河朔；今江左風俗，多與之推時同，河南北亦大抵如古，亦或家各有異。」

〔六〕郝懿行曰：「案：先亡丈人，非宜稱於祖考，顏君疑『丈』當爲『大』，是也。」

〔七〕續家訓「作」作「爲」。類說此句作「『丈人』疑當爲『大人』」。陳直曰：「孔雀東南飛古詩云：『三日斷五匹，大人故嫌遲。』似古代子婦對舅稱爲丈人，或稱爲大人，對姑只稱爲大人耳。又按：玉臺新詠載梁武帝長安有狹邪十韻云：『丈人少徘徊。』王筠三婦艷云：『丈人且安臥。』據此詠三婦詩，作丈人者居多耳。」

〔八〕何焯曰：「然則三婦艷『艷』乃是曲調，猶昔昔鹽『鹽』字，非艷冶也。」

〔九〕續家訓「意」作「妄」，未可從。

〔一〇〕續家訓曰：「班固彈射遷之臧否多矣，亦不究三五之世次，何也？然固以遷爲小雅巷伯之倫，遷雖昧於知人，高譽李陵，不及大雅之明哲，然所論著，裴駰稱遷：『雖時有紕繆，總其大較，信命世之宏才。』而固便比之閹寺，此固之短也。而固倚權貴，失兢慎，卒亦不免，蓋有甚焉。用智猶目，信乎！後世因固之論，遂目賢者爲『大雅』，孔文舉稱禰衡曰『正平大雅』是也。」器案：文選西都賦：「大雅宏達，於兹爲羣。」李善注：「大雅，謂有大雅之才者，詩有大雅，故以立稱焉。」又上林賦：「揜羣雅。」注：「張揖曰：『詩小雅之材七十四人，大雅之材三十一人，故曰羣雅也。』」又爲曹公作書與孫權：「大雅之人。」李善注：「班固漢書贊曰：『大雅卓爾不羣，河間獻王近之矣。』」張銑注：「大雅，謂君子。」又檄吳將校部曲文：「大雅君子，於安思危。」

〔一一〕續家訓「其」作「得」。盧文弨曰：「宋南平王鑠始仿樂府之後六句作三婦艷詩，猶未甚猥褻也。梁昭明太子、沈約俱有『良人且高卧』之句。王筠、劉孝綽尚稱『丈人』，吳均則云『佳人』，至陳後主乃有十一首之多，如『小婦正横陳，含嬌情未吐』等句，正顔氏所謂鄭、衛之辭也。張正見亦然，皆大失本指。梁元帝纂要：『楚歌曰艷。』」案：文體明辨雜體詩十四：「三婦艷體，齊王融詩曰：『大婦織羅綺，中婦織流黄，小婦獨無事，挾瑟上高堂，丈夫且安坐，調絃詎未央。』又梁蕭統詩曰：『大婦舞輕巾，中婦拂華茵，小婦獨無事，紅黛潤芳津，良人且高卧，方欲薦梁塵。』是也。」

古樂府歌百里奚詞〔一〕曰：「百里奚，五羊皮。憶别時〔二〕，烹伏雌，吹扊扅〔三〕；今日富貴忘我爲〔四〕！」「吹」當作炊煮之「炊」〔五〕。案：蔡邕月令章句〔六〕曰：「鍵，關牡也〔七〕，所以止扉〔八〕，或謂之剡移〔九〕。」然則當時貧困，并以門牡木作薪炊耳。聲類作扊〔一〇〕，又或作扂〔一一〕。

〔一〕黄山谷戲書秦少游壁詩任淵注、陳后山和黄預久雨詩任淵注引此都作「樂府載百里奚妻辭」。

〔二〕陳后山詩注「別」作「昔」。

〔三〕盧文弨曰：「扊扅，余染、余之二切。」

〔四〕趙曦明曰：「樂府解題引風俗通：『百里奚爲秦相，堂上樂作，所賃澣婦，自言知言。呼之，搏髀援琴撫絃而歌者三。問之，乃其故妻，還爲夫婦也。』此所舉乃其首章。」

〔五〕能改齋漫録七：「予謂作『吹』，其義亦通。扊扅作薪以爲火，則有吹之義。漢書：『趙氏無炊火焉。』木華海賦曰：『熺炭重燔，吹烱九泉。』李善曰：『吹猶然也。烱，光也，言火之光，下照九泉。』」器案：吹、炊古通，荀子仲尼篇：「可炊而傹也。」楊倞注：「炊與吹同。」莊子逍遥遊篇：「生物之以息相吹也。」釋文：「吹，崔本作炊。」又在宥篇：「而萬物炊累焉。」釋文：「炊本作吹。」是其證。

〔六〕趙曦明曰：「隋書經籍志：『月令章句十二卷，漢中郎將蔡邕撰。』」器案：蔡書已佚，今有王謨、蔡雲、陸堯春、臧庸、馬國翰、黄奭、馬瑞辰、葉德輝諸家輯本，巴縣向宗魯先生有月令章句疏證，其叙録已由商務印書館印行。

〔七〕宋本句末衍「牡」字，續家訓及各本、又類説、紺珠集、靖康緗素雜記二、黄山谷詩注、陳后山詩注引都不衍，今從之。

〔八〕宋本句末衍「也」字，續家訓及各本、又類説、紺珠集、靖康緗素雜記、黄山谷詩注、陳后山詩注引都不衍，今從之。

〔九〕「或謂」以下，紺珠集作「謂之㡡㢒，謂其貧無薪，以門作爨耳，吹當作炊」。

〔一〇〕宋本「㡡」下衍「㢒」字，續家訓及各本都不衍，今從之。趙曦明曰：「隋書經籍志：『聲類十卷，魏左校令李登撰。』」器案：李書已佚，今有任大椿、陳鱣、馬國翰輯本。

〔一一〕趙曦明曰：「玉篇：『㡡同㡡。』」器案：靖康緗素雜記曰：「㡡或作㡡，余染反；㢒或作㡣，余之反。」

通俗文，世間題〔一〕云「河南服虔字子慎造〔二〕」。虔既是漢人，其叙乃引蘇林〔三〕、張揖；蘇、張皆是魏人。且鄭玄以前，全不解反語〔四〕，通俗反音〔五〕，甚會近俗〔六〕。阮孝緒又云「李虔所造〔七〕」。河北此書，家藏一本，遂無作李虔者〔八〕。晉中經簿及七志〔九〕並無其目，竟不得知誰制。然其文義允愜，實是高才。殷仲堪常用字訓〔一〇〕亦引服虔俗説，今復無此書，未知即是通俗文，爲當〔一一〕有異？近代或更有服虔乎？

不能明也〔三〕。

〔一〕續家訓「間」下有「皆」字。隋書經籍志著録有服虔通俗文，今有臧鏞堂、馬國翰輯本。

〔二〕後漢書儒林傳：「服虔，字子慎，初名重，又名祇，後改爲虔，河南滎陽人也。」漢書先儒注解名姓：「服虔，後漢尚書侍郎，高平令，九江太守。」

〔三〕三國志魏書劉劭傳注引魏略：「蘇林字孝友，博學多通古今寄指，凡諸書傳文間危疑，林皆釋之。建安中，爲五官將文學，甚見禮待。黄初中，爲博士給事中。文帝作典論所稱蘇林者是也。以老歸第，國家每遣人就問之，數加賜遺。年八十餘卒。」宋景祐校刊本漢書附秘書丞余靖奏文内云：「蘇林，字孝友（一云彦友），陳留外黄人。魏給事中、領祕書監、散騎常侍、永安衞尉、太中大夫，黄初中，遷博士，封安成侯。」陳直曰：「姚振宗隋書經籍志考證云：『蘇林、張揖，並在魏初。林建安中爲五官中郎將文學，揖太和中爲博士，揖卒年無考。林年八十餘，景初末卒，當建安之初，林年將四十矣，揖年當相去不遠。此二人必及見於服子慎，服序及蘇、張，不足疑也。』姚説雖不十分正確，然可用備參考。」

〔四〕盧文弨曰：「反與翻同，下同。」郝懿行曰：「案漢書注有服虔及應劭，並有反音，不一而足，疑未能明也。」

〔五〕續家訓「音」誤「意」。

〔六〕會，各本作「爲」，今從宋本及續家訓改正。會猶言合也，下文「皆取會流俗」意同。張宗泰謂或是「附會近俗」，非是。

〔七〕阮孝緒有七録，云通俗文李虔所造，當出其中。李虔通俗文，隋志不載，兩唐志云：「李虔續通俗文二卷。」則是李虔續子慎之書也。今有臧鏞堂、馬國翰輯本，然兩書却不分。

〔八〕段玉裁曰：「李密一名虔，見李善文選注。」器案：段氏引文選注，見李令伯陳情事表注引華陽國志。李密名虔，亦見晉書本傳。

〔九〕趙曦明曰：「晉中經簿已見前。隋書經籍志：『王儉又撰七志：一曰經典志，紀六藝、小學、史記、雜傳；二曰諸子志，紀古今諸子；三曰文翰志，紀詩賦；四曰軍書志，紀兵書；五曰陰陽志，紀陰陽圖緯；六曰術藝志，紀方技；七曰圖譜志，紀地域及圖書；其道、佛附見，合九條。』」

〔一〇〕趙曦明曰：「隋書經籍志：『梁有常用字訓一卷，殷仲堪撰，亡。』」

〔一一〕器案：爲，抑辭也。詩周頌思文正義：「太誓之注，不能五至……不知爲一日五來？爲當異日也？」

〔一二〕臧琳經義雜記十七曰：「案隋書經籍志：『通俗文一卷，服虔撰。』次在梁沈約四聲、李槩音譜、釋静洪韻英之下，則隋志亦不以爲漢之服子慎所撰。唐志無服書，有李虔續通俗文二卷，初學記器物部舟第十一下引李虔通俗曰：『晉曰舶，音泊。』則阮氏七録所言，信有徵矣。然唐人書中所引，皆作服虔；太平御覽、廣韻或譌作風俗通，又作風俗論。文選琴賦：『嘔噱終日。』李注引服虔通俗篇：『樂不勝謂之嗢噱。嗢，烏没切；噱，巨略切。』名雖不同，要即一書也。」夾注引錢大昕曰：「案：晉書孝友傳：『李密一名虔。』未審即其人否。」臧鏞堂拜經堂文集卷二刻通俗文序：「顏黄門謂『通俗文世題河南服虔子慎造』，魏書江式表次此於方言、埤、蒼之間，是北人悉以此爲漢服子慎所著。然梁阮氏七録本言李虔造，徵之初學記，阮録爲信。唐志稱『李虔續通俗文』，殆蹈北人之見，惑於爲有兩書，遂誤以李氏爲續篇歟？鏞堂核之，斷此非漢人之書，有三證焉：凡漢、魏古籍，悉登晉志，今中經籍及七志並無其目，此一證也；自孫叔然以前，未解反切，而通俗文反音，頗近時俗，此二證也；叙引蘇林、張揖皆魏人，論世在子慎之後，此三證也。既至阮氏始爲著録，則此書當出自晉、宋間人，豈因北方學者咸尊服氏，遂以名同而易姓乎？梁劉昭注續漢書始見徵引，傳至唐季而亡，此係六朝以前小學家，爲釋名、廣雅之流，先儒注經史，多所援據，不第通俗而已。且古今土俗不同，名物互易，由古目之爲俗者，由今目之爲古矣。爰采一切經音義諸書，略次其先後，以存一家絶學，署曰服虔，仍其舊也。稿始己酉仲夏，迄今十有一年，時有補正，本無定本也。己未秋，甘泉林君仲雲客南海，林君見斯編，喜之，欲取以付梓，因爲校正若干條，足以補鏞堂所未逮，此書自是有定本矣；遂叙宿昔所聞，及今之論定者於篇末以詒之。」

或問：「山海經，夏禹及益所記〔一〕，而有長沙、零陵、桂陽、諸暨〔二〕，如此郡縣不

少，以爲何也〔三〕？」答曰：「史之闕文〔四〕，爲日久矣；加復秦人滅學〔五〕，董卓焚書〔六〕，典籍錯亂，非止於此。譬猶本草神農所述〔七〕，而有豫章、朱崖、趙國、常山、奉高、真定、臨淄、馮翊等郡縣名〔八〕，出諸藥物；爾雅周公所作〔九〕，而云『張仲孝友〔一〇〕』；仲尼修春秋，而經書孔丘卒〔一一〕；世本左丘明所書〔一二〕，而有燕王喜、漢高祖〔一三〕；汲冢瑣語〔一四〕，乃載秦望碑〔一五〕；蒼頡篇李斯所造，而云『漢兼天下，海内并廁，豨黥韓覆〔一六〕，畔討滅殘〔一七〕』；列仙傳劉向所造，而贊云七十四人出佛經〔一八〕；列女傳亦向所造，其子歆又作頌〔一九〕，終于趙悼后〔二〇〕，而傳有更始韓夫人〔二一〕、明德馬后〔二二〕及梁夫人嫕〔二三〕：皆由後人所羼〔二四〕，非本文也。」

〔一〕梁玉繩史記志疑卷三十五曰：「劉秀上山海經奏、吴越春秋無余外傳、論衡別通、路史後紀，並謂『山海經益作』，隋志及顔氏家訓書證云『禹、益所記』，水經注叙及濁漳水注並云『禹著』，史通雜述篇言『夏禹敷土，實著山經』，尤袤以爲『恢誕不經』，定爲先秦之書，朱子以爲『緣楚辭天問而作』（見通考），吾丘衍閒居録謂『凡政字皆避去，知秦時方士所著』，楊慎升庵集以爲『出於太史終古、孔甲之流』，疑莫能定，文多冗複，似非一時一手所爲。」器案，博物志六文籍考亦謂：「山海經或云禹所作。」

〔二〕趙曦明曰：「漢書地理志：『長沙國，秦郡。零陵郡，武帝元鼎六年置。桂陽郡，高帝置。會稽郡，秦置，有諸暨縣。』」徐鯤曰：「案海内經云：『舜之所葬，在長沙零陵界中。』海内東經云：『潢水出桂陽西北山。』『諸暨』當爲『餘暨』，海内東經云：『浙江出三天子都，在其東，在閩西北入海，餘暨南。』」

〔三〕續家訓曰：「論衡言：『禹之治水，以益爲佐。益又主記物，窮天之廣，極地之長，表三十五國，通海内外。其在海外者，若大人國、君子國、穿胸民、不死民之類，皆在絶域，人迹所不至，而禹、益能至者，故謂之神禹。而後人於山海經乃益以秦、漢郡縣名者，何也？』」案：此見別通篇。

〔四〕論語衛靈公篇：「子曰：『吾猶及史之闕文也。』」集解：「包曰：『古之良史，于書字有疑則闕之，以待知者。』」

〔五〕趙曦明曰：「史記秦始皇本紀：『丞相李斯請史官非秦記皆燒之；非博士官所職，天下敢有藏詩、書、百家語者，悉詣守、尉雜燒之；有敢偶語詩、書者，棄市。令下三十日不燒，黥爲城旦。』」

〔六〕趙曦明曰：「後漢書董卓傳：『遷天子西都長安，悉燒宗廟官府居家，二百里内，無復孑遺。』」徐鯤曰：「風俗通逸文：『光武車駕徙都洛陽，載素簡紙經，凡二千兩。董卓盪覆王室，天子西移，中外倉卒，所載書七十車，於道遇雨，分半投棄。卓又燒煳觀閣，經籍盡作灰燼，所有餘者，或作囊帳。先王之道，幾湮滅矣。』」

〔七〕趙曦明曰：「隋書經籍志：『神農本草八卷，又四卷，雷公集注。』」

〔八〕趙曦明曰：「漢書地理志：豫章郡，高帝置。合浦郡，武帝元鼎六年開，縣五，有朱盧。（續志作「朱崖」。）趙國，故秦邯鄲郡，高帝四年爲趙國。常山郡，高帝置。泰山郡，高帝置，縣二十四，有奉高。真定國，武帝元鼎四年置。齊郡，縣十二，有臨淄，師尚父所封。左馮翊，故秦内史，武帝太初元年更改。孫星衍校定神農本草序：「陶弘景亦云：『所出郡縣乃後漢時制，疑仲景、元化等所記。』按薛綜注張衡賦引本草：『太一禹餘糧一名石腦，生山谷。』是古本無郡縣名。太平御覽引經上云生山谷或山澤，下云生某山某郡。明生山谷，本經文也……其下出郡縣，名醫所益。今大觀本草本俱作黑字，或合其文云某山川谷、某郡川澤，恐傳寫之誤，古本不若此。」（問字堂集卷三）陳直曰：「本草之名，始見於漢書平帝紀及樓護傳。陶弘景本草序略云：『今之所藏，有此四卷，是其本經。所出郡縣，乃後漢時制，疑仲景、元化等所記。』之推所疑，陶弘景已先言之，但朱厓郡在元帝時已罷棄，趙國在東漢亦廢，蓋此書由兩漢人陸續增補，弘景專指爲後漢人所附益，亦未必然。」器案：正統道藏「尊」字一號華陽陶隱居集卷上本草序：「至於藥性所主，當以識識相因，不爾，何由得聞？至於桐、雷乃著在於編簡；此書應與素問同類，但後人多更脩飾之爾。秦皇所焚，醫方卜術不預，故猶得全録。而遭漢獻遷徙，晉懷奔迸，文籍焚靡，千不遺一，今之所存，有此四卷，是其本經，所出郡縣，乃後漢時制，疑仲景、元化等所記。又云有桐君採藥録，說其花葉形色；藥對四卷，論其佐使相須。魏、晉已來，吴普、李當之等更復損益，或五百九十五，或四百四十一，或三百一十九，或三品混揉，冷熱舛錯，草石不分，蟲獸無辨。」唐書于志寧傳：「初，志寧與司空李勣修定本草並圖合五十四篇。帝曰：『本草尚矣，今復修之，何也？』對曰：『昔陶弘景以神農經合名醫別録，江南偏方，不能周曉，藥石往往紕繆，四百餘物，今考定之，又增後世所用百物，此其所以異也。』帝曰：『本草、別録，何爲而異？』對曰：『班固載黄帝内、外經，不記本草，至梁七録，乃始載之，世稱神農本草，以拯人疾；而黄帝已來，文字不傳，以識相付，至于桐、雷，乃載篇册。乃所記郡縣，多在漢時，疑仲景、華陀，竄記其語。別録者，魏、晉已來，吴普、李當之所記，其言花葉形色，佐使相須，附經以説，故仲景合而録之。』帝曰：『善。』其書遂大行。」掌禹錫嘉祐補注本草序：「或疑其間所録生出郡縣，有後漢地名者，以爲張仲景、華陀輩所爲，是又不然也。」

〔九〕趙曦明曰：「唐陸德明經典釋文序録：『爾雅釋詁一篇，蓋周公所作；釋言以下，或言仲尼所增，子夏所足，叔孫通所益，梁文所補：張揖論之詳矣。』」器案：此當直引張揖上廣雅表，不當引釋文序録，陸氏所謂「釋詁一篇，爲周公所作」，亦誤解張義，邵晉涵、王念孫已辨之矣。爾雅序邢昺疏云：「春秋元命苞曰：『子夏問夫子：「何春秋不以初哉首基爲始何？」』是以知周公所造也。率斯以降，超絶六國，越踰秦、楚，爰及帝劉，魯人叔孫通撰置禮記，文不違古。今俗所傳三篇爾雅，或言仲尼所增，或言子夏所益，或言叔孫通所補，或言是沛郡梁文所著，皆解家所傳，既無正驗云云。」

〔一〇〕趙曦明曰：「小雅六月篇。」陳直曰：「按：仁和譚復堂謂爾雅爲魯詩未成之訓詁傳，其説是也。故『張仲孝友』、『有客宿宿』，皆直引詩句。」器案：西京雜記上：「郭威，字文偉，茂陵人也。好讀書，以謂：『爾雅，周公所制，而爾雅有「張仲孝友」，張仲，宣王時人，非周公之制明矣。』余嘗以問揚子雲，子雲曰：『孔子門徒游、夏之儔所記，以解釋六藝者也。』（器案：鄭玄駁五經異義説同。）家君以爲外戚傳稱史佚教其子以爾雅，爾雅，小學也。又記言孔子教魯哀公學爾雅。爾雅之出遠矣。舊傳學者，皆云周公所記也，『張仲孝友』之類，後人所足耳。」

〔一一〕趙曦明曰：「春秋：『哀公十有六年，夏四月己丑，孔丘卒。』杜注：『仲尼既告老去位，猶書卒者，魯之君臣宗其聖德，殊而異之。』」器案：王觀國學林二曰：「公羊經止獲麟，而左氏經止孔丘卒。蓋小邾射不在三叛人之數，則自小邾射以下，皆魯史記之文，孔子弟子欲記孔子卒之年，故録以續孔子所修之經也。顔氏家訓曰：『春秋絶筆於獲麟，而經稱孔丘卒。』顔氏以此爲疑，蓋非所疑也。」案：觀國之説，可補征南之注，釋黄門之疑，時因而最録之。

〔一二〕原注：「此説出皇甫謐帝王世紀。」趙曦明曰：「漢書藝文志：『世本十五篇，古史官記黄帝以來訖春秋時諸侯大夫。』」器案：史記集解序索隱引劉向曰：「世本，古史官明於古事者之所記也，録黄帝已來帝王諸侯及卿大夫系謚名號，凡十五篇也。」隋志：「世本二卷，劉向撰。」周禮春官小史：「掌邦國之志，奠繫世，辨昭穆。」注：「鄭司農云：『繫世謂帝繫、世本之屬是也。』」疏：「天子謂之帝繫，諸侯謂之世本。」史通正史篇：「楚、漢之際，有好事者，録自古帝王公卿大夫之世，終乎秦末，號曰世本，十五篇。」則世本或有續書，今有孫馮翼、雷學淇、茆泮林、張澍、秦嘉謨輯本。

〔一三〕秦嘉謨世本輯補曰：「案：世本乃周時史官相承著録之書，劉向别録（案：即前注引史記索隱所引之劉向説）周官鄭注、（案：見小史注）已明言之，故有燕王喜耳。若漢高祖乃漢人補録系代，非原文也。以世本爲左丘明所作，亦自顏書始發之，其實漢書司馬遷傳、後漢書班彪傳中未之明言。」器案：史記趙世家集解引世本云：「孝成王丹生悼襄王偃。偃生今王遷。」稱遷爲今王，則世本蓋戰國末趙人之所作也。史通古今正史篇云：「楚、漢之際，有好事者，録自古帝王公侯卿大夫之世，終乎秦末，號曰世本。」此言實得其當。而意林引傅子云：「楚、漢之際，有好事者作世本，上録黄帝，下逮漢末。」此又爲知幾所本。其「漢末」當作「秦末」，既云「楚、漢之際」，何得「下逮漢末」也，明其爲誤文矣。又案：之推詆世本載燕王喜、漢高祖事，當出宋衷補綴，隋志載世本四卷，宋衷撰。蓋衷既爲之注，又加綴續也。史記燕召公世家索隱：「案：今系本無燕代系，宋衷依太史公書以補其闕。」顏氏所謂「後人所羼」是也。陳槃曰：「槃案：雷學淇曰：『隋書經籍志謂宋衷亦撰世本。因其作注且補燕繫。』（介菴經説二帶繫説）是則世本之有燕王世繫，宋衷所補。然雷氏此説，今未詳所出。張澍曰：『隋志又有世本四卷，宋衷簒。宋衷蓋注而廣之也。』又曰：『或又以爲宋衷所編。

不知仲子(衷)實廣其注。故劉昫以爲經秦漢儒者改易,斯爲確論。』(世本後序)案張説蓋是也。」

〔一四〕趙曦明曰:「晉書束晳傳:『太康二年,汲郡人不準盜發魏襄王墓,或言安釐王冢,得竹書數十車,有瑣語十一篇,諸國卜夢妖怪相書也。』」器案:隋志:「古文瑣語四卷,汲冢書。」兩唐志同,宋以後不見著録,今有洪頤煊、馬國翰、嚴可均輯本。

〔一五〕趙曦明曰:「史記秦始皇本紀:『三十七年,上會稽,祭大禹,望于南海,而立石刻頌秦德。』」陳直曰:「按:秦望碑之名,他無所見,後代通稱爲會稽刻石耳。秦望蓋山名也。」器案:墨池編曰:「斯善書,自趙高以下,或見推伏,刻諸名山碑璽銅人,並斯之筆。斯書秦望紀功石云:『吾死後五百三十年間,當有一人,替吾跡焉。』」續家訓作「秦皇碑」,誤。法書要録二引庾元威論書所載百體書,有秦望汲冢書,亦指此。

〔一六〕器案:法書要録二載庾元威論書云:「夫蒼、雅之學,儒博所宗,自景純注解,轉加敦尚。漢、晉正史及古今字書,並云:『蒼頡九篇,是李斯所作。』今竊尋思,必不如是。其第九章論豨、信、京劉等,郭云:『豨、信是陳豨、韓信,京劉是大漢,西土是長安。』此非讖言,豈有秦時朝宰談漢家人物? 牛頭馬腹,先達何以安之?」庾説可與此互參,此即漢志所云「里閭書師所續」者耳。今有孫星衍、任大椿、梁章鉅、陶方琦、王幹臣、李滋然輯本。

〔一七〕宋本注云:「一本『戚殃』。」盧文弨曰:「陽湖孫淵如定作『殘滅』,以顏氏爲非。」案:此四句居延木觚所寫者亦有之，詳勞榦居延漢簡釋文頁五六一。原文分甲乙丙三面，存五十四字。陳直曰：「居延漢簡釋文頁五六一有蒼頡篇第五章殘簡，存『漢兼天下，海内並厠』八字，孫星衍蒼頡篇輯本對於『叛討滅殘』句，以意改校爲『殘滅』，因厠滅二字爲韻，比較理長，所惜木簡只存上兩句，究不能定其孰是。」

〔一八〕盧文弨曰：「今所傳本七十人，分江妃二女爲二，亦止七十二人。贊無『出佛經』之語。」徐鯤曰：「按劉孝標注世説新語文學篇引列仙傳曰：『歷觀百家之中，以相檢驗，得仙者百四十六人，其七十四人，已在佛經，故撰得七十二人，可以多聞博識焉，遐觀焉。』又釋藏冠字唐釋法琳破邪論云：『前漢成帝時，都水使者光禄大夫劉向著列仙傳云：「吾搜檢藏書，緬尋太史，創撰列仙圖，自黄帝以下六代迄到于今，得仙道者七百餘人，向檢虚實，定得一百四十六人。」又云：「其七十四人，已見佛經矣。」』推劉向言藏書者，蓋始皇時人間藏書也。尋道安所載十二賢者，亦在七十四之數，今列仙傳見有七十二人，據上二書，則列仙傳人數當有七十二，而今本止得七十。又其贊中無『出佛經』之語，蓋係後人捃摭類書而成，故多所刊削竄改，非復劉向之原書，更非復顔所見之舊本矣。」俞正燮癸巳類稿卷十四僧徒僞造劉向文考云：「弘明集宋宗炳明佛論，一名神不滅論，引劉向列仙傳序云：『七十四人，在於佛經。』又云：『佛爲黄面夫子。』其言欲證佛在劉向前。時劉義慶世説注亦引劉子政列仙傳云：『列觀百家之中，以相檢驗，得仙者百四十六人，其七十四人，已在佛經，故撰得七十，可以爲多若一聞博識者遐覽焉。』梁僧佑弘明論引漢元之時，劉向序列仙云：『七十四人，出在佛經。』一若劉向實有此文也者。顔氏家訓書證篇引劉向列仙傳贊云：『七十四人出佛經。此由後人所羼，非本文也。』顔氏通矣。唐則向書又增，破邪論又引列仙傳云：『其七十四人，已見佛經矣。』辨正論内九箴篇引劉向古舊二録云：『佛經流於中夏百五十年，後老子方説五千文。』又引劉向古録云：『惠王時已漸佛教。』法苑珠林卷二十引劉向列仙傳云：『吾搜檢太史藏書，辨撰列仙圖，黄帝以下迄於今，定檢實録百四十六人，其七十四人，已見佛經矣。』破邪論又引劉向傳云：『吾徧尋典策，往往見於佛經。』法苑珠林亦引劉向傳云：『博觀史册，往往見有佛經。』案所引向言，俱似辨諍；向時尚無人知有佛者，向何用辨？是知作僞者之非賢矣。」案：俞氏證成之推之説詳矣，玉燭寶典四云：「漢成帝時，劉向删列仙傳，得一百卌六人。其七十四人，已見佛經，餘七十二爲列仙傳。」亦襲道士僞書爲説者。而南宋時，僧志磐撰佛祖統記，謂其所見之傳，猶有此語，但佛經已改爲仙經，詳佛祖統記卷三十四，則緇流僞造劉向文，至宋時尚有加無已也。余嘉錫四庫提要辨證卷十九謂：「今本無此語，乃宋以後黠道士所删。」

〔一九〕趙曦明曰：「隋書經籍志：『列女傳十五卷，劉向撰，曹大家注。列女傳頌一卷，劉歆撰。』」器案：漢書藝文志諸子略：「劉向所序六十七篇。」原注：「新序、説苑、世説、列女傳頌、圖也。」初學記卷二十五引别録：「臣向與黄門侍郎歆所校列女傳，種類相從爲七篇。」劉向所序云者，蓋班固以命劉氏父子所著書之名也。

〔二〇〕盧文弨曰：「趙悼倡后，趙悼襄王之后也。史記趙世家集解徐廣引列女傳曰：『邯鄲之倡。』」

〔二一〕趙曦明曰：「後漢書劉聖公傳：『聖公爲更始將軍，後即皇帝位，寵姬韓夫人尤嗜酒，每侍飲，見常侍奏事，輒怒曰：「帝方對我飲，正用此時持事來乎？」起，抵破書案。』列女傳所載略同。」

〔二二〕趙曦明曰：「已見。」

〔二三〕趙曦明曰：「列女傳：『梁夫人嫕者，梁竦之女，樊調之妻，漢孝和皇帝之姨，恭懷皇后之同産姊也。恭懷后生和帝，竇后欲專恣，乃誣陷梁氏，後竇后崩，嫕從民間上書訟焉。』」陳直曰：「之推敘列女傳終卷，與續補列女傳次第相吻合，知今本去古未遠。」

〔二四〕沈揆曰：「説文：『羼，羊相厠也。一曰相出前也。初限切。』」案：段玉裁説文解字注四篇上羼篆下云：「羼，羊相厠也。……一曰相出前也。相厠者，雜厠而居；相出前者，突出居前也。顏氏家訓曰：『典籍錯亂，皆由後人所羼。』此相出前引伸之義。」

或問曰：「東宫舊事〔一〕何以呼鴟尾爲祠尾〔二〕？」答曰：「張敞者，吴人〔三〕，不甚稽古，隨宜記注〔四〕，逐鄉俗訛謬〔五〕，造作書字耳。吴人呼祠祀爲鴟祀，故以祠代鴟字〔六〕；呼紺爲禁，故以糸傍作禁代紺字〔七〕；呼盞爲竹簡反，故以木傍作展代盞字〔八〕；呼鑊字爲霍字，故以金傍作霍代鑊字〔九〕；又金傍作患爲鐶字，木傍作鬼爲魁字〔一〇〕，火傍作庶爲炙字〔一一〕，既下作毛爲髺字〔一二〕；金花則金傍作華，窗扇則木傍作扇〔一三〕：諸如此類，專輒〔一四〕不少〔一五〕。

〔一〕趙曦明曰：「隋書經籍志：『東宫舊事，十卷。』」器案：東宫舊事，隋志不著撰人，唐書經籍志：「東宫舊事，十卷，張敞撰。」新唐書藝文志：「張敞晉東宫舊事十卷。」説郛卷五十九收一卷，題晉張敞撰。

〔二〕蘇鶚蘇氏演義上：「蚩者，海獸也。漢武帝作柏梁殿，有上疏者，云：『蚩尾，水之精，能辟火災，可置之堂殿。』今人多作鴟字，見其吻如鴟鳶，遂呼爲鴟吻。顔之推亦作此鴟。劉孝孫事始作蚩尾，既是水獸，作蚩尤之蚩是也。蚩尤銅頭鐵額，牛角牛耳，獸之形也；作鴟鳶字，即少意義。」

〔三〕郝懿行曰：「余問：『張敞寧是畫眉京兆者耶？』牟默人答曰：『非也。其書多言晉事，蓋是晉人耳。』」懿行案：京兆張敞，河東平陽人，徙杜陵，非吴人也。」器案：張敞，晉吴郡吴人，仕至侍中尚書、吴國内史，見宋書張茂度傳。

〔四〕隨宜，隨順時宜。本書雜藝篇：「武烈太子，偏能寫真，坐上賓客，隨宜點染，即成數人。」宋書庾悦傳：「劉毅表曰：『屬縣彫散，調役送迎，不得休止，亦應隨宜併減，以簡衆費。』」

〔五〕續家訓、顔本、程本、胡本「逐」作「遂」，今從宋本。靖康緗素雜記一引亦作「逐」。逐鄉俗，猶言徇俗。

〔六〕顔本「祠」作「祀」，未可從。續家訓及羅本以下各本無「字」字，今從宋本。蘇鶚蘇氏演義上：「蚩者，海獸也。漢武帝作柏梁殿，有上疏者云：『蚩尾，水之精，能辟火災，可置之殿堂。』今人多作鴟字，見其吻如鴟鳶，遂呼之爲鴟吻。顔之推亦作此鴟。劉孝孫事始作此蚩尾。既是水獸，作蚩尤之蚩是也。蚩尤銅頭鐵額，牛角牛耳，獸之形也。作鴟鳶字，即少意義。」黄朝英緗素雜記一：「古老傳云：『蚩聳尾出于頭上，遂謂之鴟尾。』顔氏家訓云云……。余按倦游雜録云：『漢以宫殿多災，術者言：天上有魚尾星，宜爲其象冠于屋，以禳之。今亦有。自唐以來，寺觀舊殿宇尚有爲飛魚形尾上指者，不知何時易名爲鴟吻，狀亦不類魚尾。』又按陳書：『舊制：三公黄閣，廳事置鴟尾。後主時，蕭摩訶以功授侍中，詔摩訶閣門，施行馬，廳事寢堂並置鴟尾。』又北史宇文愷傳云：『自晉以前，未有鴟尾，用鴟字。』宋子京詩云：『久叨鴟尾三重閣。』兼撰新唐書，皆用鴟字。又江南野録云：『和臺殿閣，各有鴟吻。自乾德之後，天王使至則去之，使還復用，至是遂除。』此又用鴟吻，竟未詳其旨。」

〔七〕盧文弨曰：「説文：『系，讀若硯，莫狄切。』各本作『系』，乃繫字，譌。」

〔八〕宋本、續家訓及各本「展」下有「以」字，抱經堂本無，今據删。俞正燮癸巳類稿卷七曰：「南史劉杳傳云：『杳在任昉坐，人餽昉格酒，字作榐，昉問：此字是否？杳曰：非也。葛洪字苑作木旁吝。』按顏氏家訓書證篇云：『張敞東宮舊事以木旁作棖代盞字，竹簡反。』則棖自音盞。宋書謝靈運傳山居賦注云：『櫧酒味甘，兼以療病治癰核。』魏賈勰齊民要術卷七作櫧酒法云：『取櫧葉合花釀之。』唐皮日休詩：『櫧酒三瓶寄夜航。』注云：『櫧酒出沈約集，音式徑反，木名，汁甘可爲酒。』是謝靈運、賈勰、沈約自作櫧，葛洪、任昉、劉杳自作格，梁人自作棖，俱於篆文無以下筆，正當作杒也。」器案：梁書劉杳傳：「在任昉坐，有人餉槠酒而作棖字，昉問杳：『此字是不？』杳對曰：『葛洪字苑作木傍若，今據廣雅：「槠，榴柰也。」此非本義。』」今案：作棖酒者，乃謂盞酒，即此所謂鄉俗訛謬所造之字，是言量，非言質，任、劉不識俗別字，乃以槠字解之，非是。抑據此知東宮舊事所有別字，誠如顏氏所謂「逐鄉俗造作」，非自我作故也。

〔九〕宋本「霍」作「雈」。案：從蒦從霍之字，古以音近互注或疊用，故六朝俗別字以金傍作霍代鑊字也。白虎通巡狩篇：「南方爲霍山者何？霍之爲言護也，言太陽用事，護養萬物也。」太平御覽二一引三禮義宗：「南嶽謂之霍，霍者，護也，言陽氣用事，盛夏之時，護養萬物，故以爲稱。」文選魯靈光殿賦：「濩濩燐亂。」又琴賦：「霍濩紛葩。」即其例證。

〔一〇〕續家訓及羅本以下諸本，「魁」作「槐」，今從宋本作「魁」。何焯曰：「然則木傍鬼之槐，乃俗字之不可用者也。」趙曦明曰：「案：説文，槐从木，鬼聲，則是正體當如此。宋本作『魁』，説文：『羹斗也。』今以槐爲魁方是誤，故定從宋本。」李慈銘曰：「案：郭忠恕佩觿序云：『縹棖鑵鏸，代紺盞鑊鐶之字；氅祠槐熫，作髻鴟魁炙之文。』自注：『已上出顔氏家訓。』則本爲『魁』無疑。」器案：慧琳一切經音義五二：「魁取苦迴反，説文：『羹斗曰魁。』經文從木作槐、欄二形，非體也。」據此，則六朝、唐代寫經生書「魁」正作「槐」。

〔一一〕陳槃曰：「賈子匈奴篇：『美胾膹炙肉。』俞樾曰：『膹即炙之異文。炙從火從肉，此變從火爲從羙，則以義而兼聲矣，故炙亦作熫。……庶與羙同聲。周官庶氏注曰：庶讀如藥羙之羙。然則膹從羙聲，猶熫從庶聲矣。』」

〔一二〕續家訓「髻」作「曁」，未可從。

〔一三〕佩觿上：「金華則金畔著華，㯏扇則木旁作扇。」原注：「此二句出顔氏家訓。」

〔一四〕專輒，亦本書習用詞，本篇下文：「但令體例成就，不爲專輒耳。」「後人專輒加傍日耳。」又雜藝篇：「加以專輒造字，猥拙甚於江南。」晉書劉弘傳：「敢引覆餗之刑，甘受專輒之罪。」段玉裁説文解字注以爲「凡人有所倚恃而妄爲之」。札樸卷三：「顔氏家訓多用『專輒』字，蓋習語也。王濬上書：『案春秋之義，大夫出疆，由有專輒。』桓温上表：『義存社稷之利，不顧專輒之罪。』王弘上表：『敢引覆餗之刑，甘受專輒之罪。』范甯傳：『甯若以古制宜崇，自當列上，而敢專輒，惟在任心。』北史楊愔傳：『專輒之失，罪合萬死。』又崔鴻傳：『愚賤無因，不敢輕輒。』南齊書廬陵王傳：『凡諸服章，自今不啟吾知，復專輒作者，後有所聞，當復得痛杖。』檀弓：『汏哉叔氏，專以禮許人。』正義云：『專輒許諾。』匡謬正俗：『劉周之徒音夾爲頻，亦爲專輒。』晉王蘊爲吳興太守，郡荒人飢，開倉贍恤，主簿執諫，蘊曰：『專輒之愆，罪在太守。』」

〔一五〕陳直曰：「本段文字，皆言張敞吳人，訛謬造作書字，以下例舉襟、搌、䆉、鎴、槐、熫、氈、鏵、榻等字，似合張敞及蕭子雲、邵陵王創作之僞體而言。上述皆由東晉末至南朝之俗字，與北朝之俗體別字，屬於異體同工。南朝碑刻，流傳絶少，現無從印證。（梁陵各闕，及蕭憺、蕭秀碑，所用尚係正體。）吾鄉北固山甘露寺梁代鐵鑊，現已久佚，不知是否亦作䆉耳。（墨莊漫録只録全文，不依原書字體。）但隋當陽玉泉道場鐵鑊題字及東魏邑主造石像銘，鑊字均用正體，並不作䆉。」

又問：「東宮舊事『六色罽緄』〔一〕，是何等〔二〕物？當作何音？」答曰：「案：説文云：『莙，牛藻也，讀若威。』音隱：『塢瑰反〔三〕。』即陸機所謂『聚藻，葉如蓬』者也〔四〕。又郭璞注三蒼〔五〕亦云：『藴，藻之類也，細葉蓬茸生。』然〔六〕今水中有此物，一節長數寸，細茸如絲，圓繞可愛〔七〕，長者二三十節，猶呼爲莙〔八〕。又寸斷五色絲〔九〕，横著線股間繩之〔一〇〕，以象莙草，用以飾物，即名爲莙；於時當紺〔一一〕六色罽，作此莙以飾緄帶，張敞因造糸旁畏耳〔一二〕，宜作隈〔一三〕。」

〔一〕鮑本注：「『緦』疑是『隈』字。」

〔二〕何等，漢、魏、六朝人習用語，猶今言什麼。史記三王世家：「王夫人曰：『陛下在，妾又何等可言。』」後漢書東平憲王蒼傳：「日者問東平王：『處家何等最樂？』」孟子公孫丑篇：「敢問夫子惡乎長？」趙岐注：「丑問孟子才志所長何等。」呂氏春秋愛類篇：「其故何也？」高誘注：「爲何等故也。」藝文類聚八五引笑林：「問人可與何等物？」左延年從軍行：「從軍何等樂？」俱其例證。

〔三〕宋本「音隱」下有「疑是隈字」四字。續家訓「瑰」作「塊」，朱本於「音」字斷句，御覽九九九引無「隱」字及「反」字，俱非是。沈揆曰：「説文：『莙，牛藻也，從艸君聲，讀若威。渠隕切。』與顔氏所引不同，未詳。」盧文弨曰：「隋書經籍志：『説文音隱，四卷。』宋本此書『音隱』下有『疑是隈字』四字，此不知音隱是書名，誤認爲莙字作音耳。沈氏攷證亦但疑『渠隕』與『塢瑰』有異，則此當又在沈之後校者所加，亦非出沈氏，今故删去。至『渠隕切』，乃徐鉉等所加，不可爲據；音隱所音，正與讀若威合，當從之。」段玉裁説文解字注一篇下莙篆：「從艸君聲，讀若威。渠殞切，十三部。按君聲而讀若威，此由十三部轉入十五部，張敞之變爲緦，緦音隈，説文音隱之音塢瑰反，字林窘亦音巨畏反，皆是也。唐韵渠殞切，則不違本部，地有南北，時有古今，語言不同之故。竊疑左傳薀藻即莙字，薀與藻爲二，猶筐與筥、錡與釜皆爲二也。」郝懿行曰：「按：爾雅釋文云：『莙，其隕反，孫居筠反。』則當讀爲君若菌矣；而説文讀若威，顔氏音以塢瑰反，是已。」沈濤銅熨斗齋隨筆三：「音隱，書名，隋書經籍志有説文音隱四卷，之推引是書音莙爲塢瑰反耳，舊校『隱』字下注云：『疑是隈字。』誤認隱爲莙字之音，以爲莙不當音隱，疑爲隈字之誤，非也。」器案：君、威二字，古聲近通用，如君姑亦作威姑，即其例證，故許慎讀莙若威。説文音隱，今有畢沅輯本。

〔四〕宋本「機」作「璣」，御覽「璣」作「機」，「聚」作「藴」，「即」上有「竊」字。四庫全書考證曰：「刊本『璣』譌『機』，據書録解題改。」趙曦明曰：「隋書經籍志：『毛詩草木蟲魚疏二卷，烏程令吴郡陸機撰。』」盧文弨曰：「經典釋文序録：『陸璣，字元恪，吴太子中庶子，烏程令。』案：諸書多有作陸機者，無妨二人同名。顔氏所引語，在詩召南『于以采藻』句下。」陳直曰：「按：吴陸璣毛詩草木疏，經典釋文作陸璣字元恪，吴太子中庶子，烏程令，是正確的。其他各本作陸機者，均爲誤字。本文宋本原作陸璣，趙注依俗本逕改作陸機則大謬。」器案：詩正義引陸機云：「藻，水草也，生水底，莖大如釵股，葉如蓬蒿，謂之聚藻。」

〔五〕續家訓及羅本以下諸本無「又」字，今從宋本。左傳隱公元年：「蘋蘩藴藻之菜。」

〔六〕御覽「然」字在「生」字上，是。

〔七〕朱本「圓」作「圜」。

〔八〕盧文弨曰：「今人俱呼爲藴，與威音亦一聲之轉。」

〔九〕羅本、顔本、朱本「又」作「尺」。

〔一〇〕盧文弨曰："「著，側略切。」"案：段玉裁説文解字注「繩」作「繞」，見下注〔一三〕。

〔一一〕御覽「紺」作「紲」，未可據。

〔一二〕顔本、程本、胡本「糸」作「絲」，宋本、羅本、傅本、何本作「系」，今從抱經堂校定本。盧文弨曰："「『糸』，别本訛『絲』，宋本作『系』，亦訛，今改正。」"

〔一三〕續家訓「作」作「音」，是。盧文弨曰："「『隈』字似當作『莙』。」"段玉裁説文解字注一篇下莙篆："「莙，牛藻也，見釋艸。按藻之大者曰牛藻，凡艸類之大者多曰牛曰馬，郭云：『江東呼馬藻矣。』陸機（璣）云：『藻二種：一種葉如雞蘇，莖大如箸，長四五尺。一種莖大如釵股，葉如蓬，謂之聚藻，扶風人謂之藻，聚爲發聲也。』牛藻當是葉如雞蘇者；但析言則有别，統言則皆謂之藻，亦皆謂之莙。顔氏家訓云：『莙艸細細葉，蓬茸水中，一節長數寸，細茸如絲，圓繞可愛。東宫舊事所云，六色罽緄者，凡寸斷五色絲，横著線股間繞之，以象莙艸，用以飾物，即名爲莙；於時當縛六色罽，作此莙以飾緄帶，張敞因造糸旁畏耳。』據此，則莖如釵股者亦謂之莙也。」"陳槃曰："「漢書藝文志：『蒼頡多古字，俗師失其讀。宣帝時，徵齊人能正讀者，張敞從受之。』楊樹達曰：『郊祀志記敞辨識美陽鼎刻書，顔氏家訓書證篇記敞造緄字，與此記敞從受倉頡正讀，皆敞篤志古文之事也。』（漢書管窺三）槃案據周氏補正引郝、洪二氏説，則此作東宫舊事之張敞，東晉人。此君不甚稽古，與漢宣時『篤志古文』之張敞不類。楊氏當誤，用附識於此。」"

柏人城東北有一孤山〔一〕，古書〔二〕無載者。唯闞駰十三州志〔三〕以爲舜納於大麓，即謂〔四〕此山，其上今猶有堯祠焉；世俗或呼爲宣務山，或呼爲虚無山〔五〕，莫知所出。趙郡士族有李穆叔、季節兄弟〔六〕、李普濟〔七〕，亦爲學問，並不能定鄉邑此山〔八〕。余嘗爲趙州佐〔九〕，共太原王邵讀柏人城西門内碑。碑是漢桓帝時柏人縣民〔一〇〕爲縣令徐整所立，銘曰〔一一〕：「山有巏嵍〔一二〕，王喬所仙〔一三〕。」方知此巏嵍山也〔一四〕。巏字遂無所出。嵍字依諸字書〔一五〕，即旄丘之旄也；旄字〔一六〕，字林一音亡付反〔一七〕，今依附俗名，當音權務耳〔一八〕。入鄴，爲魏收説之，收大嘉歎。值其爲趙州莊嚴寺碑銘，因〔一九〕云：「權務之精〔二〇〕。」即用此也〔二一〕。

〔一〕盧文弨曰：「柏人，漢縣，晉以前皆屬趙國，隋書地理志改爲柏鄉，屬趙郡。」陳直曰：「按：漢書地理志柏人縣屬趙國。北魏延昌中始改爲栢仁，見魏寧遠將軍栢仁男楊翬碑，北齊李清報德碑亦作栢仁。栢人，漢高祖附會解爲迫人，其地當因産栢子仁藥味而得名。金匱要略藥方中杏仁、桃仁皆作杏人、桃人，故在北魏時逕改爲栢仁。之推在當時仍寫作栢人，不從時尚也。」

〔二〕雲谷雜記三無「書」字。

〔三〕趙曦明曰：「闞駰十三州志，隋書經籍志十卷。」器案：闞駰，字玄陰，敦煌人，魏書有傳。所纂十三州志，今有張澍輯本。

〔四〕雲谷雜記「謂」作「爲」，古通。

〔五〕路史發揮五：「今柏人城之東北有孤山者，世謂虀山，所謂巏嵍山也。記者以爲堯之納舜在是。十三州志云：『上有堯祠。俗呼宣務山，謂舜昔宣務焉。或曰虛無，訛也。』」陳漢章曰：「水經濁漳水注引應劭説云：『尚書曰：「堯將禪舜，納之大麓之野。」鉅鹿縣取目焉。』」器案：李雲章朴村詩集六送王思遠之任唐山：「干言鄰衛俗，瓘務古堯封。」原注云：「瓘務，今名宣務，闞駰十三州志以爲舜納于大麓即此山。」則字又作「瓘務」。

〔六〕北史李公緒傳：「公緒，字穆叔，性聰敏，博通經傳……雅好著書，撰典言十卷、禮質疑五卷、喪服章句一卷、古今略紀二十卷、趙紀八卷、趙語十二卷，並行於世。……公緒弟槩，字季節，少好學……撰戰國春秋及音譜，並行於世。」又崔贍傳：「李概與清河崔贍爲莫逆之友，概將東還，贍遺之書曰：『仗氣使酒，我之常弊；詆訶指切，在卿尤甚。足下告歸，吾於何聞過也。』」北齊書文苑荀仲舉傳：「仲舉與趙郡李概交款，概死，仲舉因至其宅，爲五言詩十六韻以傷之，詞甚悲切，世稱其美。」

〔七〕北史李雄傳：「映子普濟，學涉有名，性和韻，位濟北太守，時人語曰：『入麤入細李普濟。』」朱本「普」作「莊」，誤。

〔八〕續家訓無「並」字。

〔九〕宋本「余」作「佘」，誤；雲谷雜記作「余」，不誤。趙曦明曰：「通典：『趙國，後魏爲趙郡，明帝兼置殷州，北齊改殷州爲趙州。』」案：隋書百官志中：「上上州刺史置府，屬官有長史、司馬、録事、功曹、倉曹、中兵等參軍事。」

〔一〇〕朱本無「碑」字。顔本此句誤作「是漢師市高相人縣民」。

〔一一〕續家訓及羅本以下諸本「曰」並作「云」，説文繫傳十八巹下引亦作「云」。

〔一二〕宋本、續家訓、羅本、傅本、程本、何本、朱本「山」並作「土」，顔本、胡本誤作「士」。顔本「巏」誤作「諸」。續家訓及羅本以下諸本「嵍」作「務山」二字，宋本無「山」字。雲谷雜記此句作「土有巏嵍山」。抱經堂校定本定作「山有巏嵍」，今從之。段玉裁曰：「『嵍』當作『嵍』。」盧文弨曰：「案：隋地理志作『巏𡾋山』，然正字當作『嵍』。」陳直曰：「段説是也。猶左氏傳之公叔務人，鄁公鐘則作鄁公敄人也。」器案：説文繫傳引作「魏郡有小山，名嵍，又名巏，古碑云：『山有巏嵍，王喬所僊。』」盧改及段説，並與之合；唯以巏嵍爲一山一名，説又有别。若楊升庵文集卷七十八作「上有巏務山，王橋所僊」，則又以譌傳譌也。

〔一三〕顔本「王喬」誤作「不高」。趙曦明曰：「列仙傳：『王子喬者，周靈王太子晉也，遊伊、洛之間，道人浮丘公接以上嵩高山。』」

〔一四〕宋本及羅本以下諸本「嵍」作「務」，下同，抱經堂本按文義校定，今從之。續家訓此句作「方知此巏字也」，雲谷雜記作「方知此巏嵍字也」。

〔一五〕續家訓「敄」作「務」，與諸本同。「字書」，宋本及續家訓如此作，它本都譌作「子書」。

〔一六〕「即旄丘之旄也旄字」八字，續家訓作「即髦丘之字」，雲谷雜記作「即旄丘之旄字」。吴承仕經籍舊音辨證一曰：「『字林』上『旄也』二字疑衍。」

〔一七〕盧文弨曰：「詩旄丘釋文：『字林作堥，亡周反，又音毛。』山部又有嵍字，亦云：『嵍丘，亡付反，又音旄。』」郝懿行曰：「案：爾雅釋丘：『前高，旄丘。』釋文引字林『旄』作『嵍』，又作『堥』，俱亡付反。然則此巏務之『務』，依字林當作『嵍』，或作『堥』，今本疑傳寫之誤爾。」徐文靖曰：「案：瑣言：『唐韓定辭爲鎮州王鎔書記，聘燕帥劉仁恭，舍於賓館，命幕客馬彧延接，馬有詩贈韓云：「邃（器案：全唐詩話六作「燧」。）林芳草緜緜思，盡日相攜陟麗譙；別後巏嵍山上望，羨君將復見王喬。」』神仙傳：『王喬爲柏人令，於東北巏嵍山得道。』或詩所用正此也。巏嵍『嵍』字作平聲，玉篇音雚旄，是也，後漢書『務光』一作『牟光』，則務有牟音矣。」器案：東坡題跋卷二書韓定辭馬郁詩：「韓定辭不知何許人，爲鎮王鎔書記，聘燕帥劉仁恭，舍於賓館，命幕客馬郁延接，馬有詩贈韓曰：『燧林芳草綿綿思，盡日相逢陟麗譙；別後巏嵍山上望，羨君時復見王喬。』郁詩雖清秀，然意在試其學問。韓即席酬之：『崇霞臺上神仙客，學辨癡龍藝更多，盛德好將銀筆述，麗辭堪與雪兒歌。』座中賓客，靡不欽訝，稱爲妙句，然疑其銀筆之僻也。他日，郁從容問韓以雪兒銀筆之事，韓曰：『昔梁元帝爲湘東王時，好學著書，常記録忠臣義士及文章之美者。筆有品，或以金銀飾，或用班竹爲管；忠孝全者用金管書之，德行清粹者用銀筆書之，文章贍麗者用班竹管書之，故湘東王之譽，振於九江。雪兒，李密之愛姬，能歌舞，每見賓僚文章有奇麗中意者，即付雪兒協奇律歌之。』又問：『癡龍出自何處？』曰：洛下有洞穴，曾有人誤墜其中，因行數里，漸見明曠，見有宮殿人物凡九處；又有大羊，髯有珠，人取食之不知。後出，以問張華，華曰：『此九仙館也。大羊名癡龍耳。』定辭後問郁：『巏嵍山今當在何處？』郁曰：『此隋郡之故事，何謙光而下問？』由是兩相悦服，結交而去。」此所言，較瑣言、全唐詩話爲備，故詳録之。

〔一八〕段玉裁説文解字注九篇下嵍篆：「按此篆許書本無，後人增之；許書果有是山，則當廁於山名之類矣。顔氏家訓：『柏人城東有山，世或呼爲宣務山。予讀柏人城内漢桓帝時所立碑銘：上有巏嵍，王喬所仙。巏字遂無所出，嵍字依諸字書，即旄丘之旄矣。嵍字，字林一音忘付反，今依附俗名，當音權務。』經典釋文曰：『字林有堥，亡周反，一音毛，堥，丘也。又有嵍，亡附反，一音毛，亦云嵍，丘也。』據顔、陸之書，字林乃有嵍字，則許書之本無此顯然矣。旄丘見詩，爾雅曰：『前高曰旄丘。』劉成國曰：『如馬舉頭垂髦。』依字林嵍丘即旄丘。乃丘名，非山名也。」吴承仕曰：「案：旄丘字正作『嵍』，或作『堥』，『旄』則假字也。周書牧誓『羌髳』，即角弓之『如蠻如髦』，柏舟『髧彼兩髦』，説文引作『髳』，皆其比。敄在幽部，毛在宵部，部居相近，故有亡周、亡付等音；而蕭該漢書音義以務音爲乖僻，未爲審諦。（蕭該説，見清官本漢書叙傳。）」器案：漢書陳餘傳：「斬餘泜水上。」注：「晉灼曰：『問其方人，音柢。』師古曰：『晉音根柢之柢，音丁計反；今其土俗呼水則然。』」案：以俗呼定古地名，取諸目驗，六朝、唐人多如此者，尤以水經注爲習見不尠，家訓此文，亦其一例也。

〔一九〕續家訓及羅本以下各本無「因」字，雲谷雜記同。

〔二〇〕雲谷雜記「權務」作「巏嵍」。何焯曰：「『權』疑作『巏』。」案：嚴可均輯全北齊文，失收魏收此文，當據補。

〔二一〕路史發揮五注：「寰宇記云：『邢州堯山縣有宣務山，一曰虛無山，在西北四里，高一千一百五十尺。城冢記云「堯登此山，東瞻淇水，務訪賢人」者也。』巏嵍，王喬所仙，顏之推與王劭見之，以示魏收；收大驚嘆，及作莊嚴寺碑用之。而之推遂以入廣韻，（此說欠妥）音爲權務。然嵍本音旄，故亦用旄，字林乃爲亡付、亡夫二切，故玉篇止音藋旄。瑣言載馬郁贈韓定辭云：『別後巏嵍山上望，羨君無語對王喬。』蘇子瞻愛之，不知爲平聲矣。列仙傳：『王喬爲柏人令，於東北巏嵍山得道。』故詩銘及之。」

或問：「一夜何故五更？更何所訓〔一〕？」答曰：「漢、魏以來，謂爲甲夜、乙夜、丙夜、丁夜、戊夜〔二〕，又云鼓〔三〕，一鼓、二鼓、三鼓、四鼓、五鼓，亦云一更、二更、三更、四更、五更〔四〕，皆以五爲節〔五〕。西都賦亦云：『衞以嚴更之署〔六〕。』所以爾者，假令正月建寅〔七〕，斗柄夕則指寅，曉則指午矣；自寅至午，凡歷五辰。冬夏之月〔八〕，雖復長短參差〔九〕，然辰間遼闊，盈不過六〔一〇〕，縮不至四，進退常在五者之間〔一一〕。更，歷也，經也，故曰五更爾〔一二〕。」

〔一〕盧文弨曰：「五更，古衡切；下更，古孟切，除此一字外，下皆古衡切。」嚴式誨曰：「『更何所訓』更字，似亦應讀古衡切。」

〔二〕盧文弨曰：「文選陸佐公新刻漏銘：『六日無辨，五夜不分。』李善注引衛宏漢舊儀曰：『晝漏盡，夜漏起，省中用火，中黄門持五夜：甲夜，乙夜，丙夜，丁夜，戊夜也。』」

〔三〕趙曦明曰：「句，或可省。」盧文弨曰：「句本讀斷，然語不甚明，今改作『此鼓字衍』，則易明矣。」案嚴本「句或可省」四字，據盧説改作「此鼓字衍」。又案：類説、文昌雜録一、杜甫和賈至舍人早朝大明宫元刊集千家注分類本引王洙注引，正無此「鼓」字。

〔四〕苕溪漁隱叢話前十一引此二句作「又謂之五鼓，亦謂之五更」。

〔五〕漁隱叢話、杜工部草堂詩箋十三書堂飲既夜復邀李尚書下馬月下賦絶句注引句末有「也」字。

〔六〕趙曦明曰：「西都賦，班固作，薛綜注西京賦曰：『嚴更，督行夜鼓也。』」器案：緗素雜記引作「西都賦亦云重以虎威章溝嚴更之署」，乃西京賦文。

〔七〕盧文弨曰：「令，力呈切。」

〔八〕緯略十、紺珠集四引「月」作「晷」。

〔九〕盧文弨曰：「復，扶又切。參差，初金、初宜二切。」

〔一〇〕續家訓及羅本以下諸本、類說、文昌雜録「過」作「至」，緯略、紺珠集作「盡」。

〔一一〕緯略、紺珠集「者」作「時」。

〔一二〕塵史下引家訓曰：「何名五更？曰：正月建寅，斗柄昏在寅中，曉則午中矣，歷五辰也。更，歷也。」與今本微異，蓋出節引。緗素雜記、杜甫集王洙注引仍同今本。

爾雅云：「朮，山薊也〔一〕。」郭璞注云：「今朮似薊而生山中。」案：朮葉〔二〕其體似薊，近世文士，遂讀薊爲筋肉之筋〔三〕，以耦地骨用之〔四〕，恐失其義。

〔一〕盧文弨曰：「朮，徒律切。薊，古帝切。」錢馥曰：「朮本作茱，或省艸，廣韻、集韻、韻會並直律切，舌上音，澄母；若作徒律切，則是舌頭音，定母。」又曰：「隔標亦可，然究不若直律之音和也。」器案：引爾雅釋草文。盧音徒律切，「徒」蓋「徙」之誤。

〔二〕續家訓、顏本、程本、胡本「朮」作「木」，誤。

〔三〕盧文弨曰：「筋，居勤切。」陳直曰：「按：自漢以來，隸書從魚與從角之字，往往不分，曹全碑鰥寡作觶寡，正同此例。從月亦然，本文筋字，南北朝時俗寫作葋，與薊字極相似，故易致誤。」

〔四〕盧文弨曰：「本草：『枸杞，一名地骨。』」

或問：「俗名傀儡子爲郭禿，有故實乎〔一〕？」答曰：「風俗通云：『諸郭皆諱禿〔二〕。』當是前代人有姓郭而病禿者〔三〕，滑稽戲調〔四〕，故後人爲其象〔五〕，呼爲郭禿，猶文康象庾亮耳〔六〕。」

〔一〕續漢書五行志注引風俗通：「靈帝時，京師賓婚嘉會，皆作魁欙，酒酣之後，續以挽歌。魁欙，喪家之樂。」通典一四六云：「窟礧子，亦曰魁礧子，作偶人以戲，善歌舞。本喪樂也，漢末始用之嘉會。北齊後主高緯尤所好。」陳漢章曰：「說文：『傀，偉也。儡，相敗也。』非此義。今俗謂木偶戲爲傀儡，本此。梅鼎祚字彙有櫆字，吳任臣字彙補有欙字，皆俗。其說云：『起於喪家，後行之嘉會。』又唐段安節樂府雜録云：『傀儡子起於漢祖平城之圍，陳平造。』」器案：窟礧子，一作窟籠子，亦曰魁礧子，作偶人以戲，即傀儡也，見唐書音訓。郭禿又作郭公，酉陽雜俎前八：「宋元素右臂上刺胡蘆，上出人首，如傀儡戲郭公者。」樂府詩集八七邯鄲郭公歌解題引樂府廣題曰：「北齊後主高緯雅好傀儡，謂之郭公。時人戲爲郭公歌云云。」歌曰「邯鄲郭公九十九，技兩漸盡入滕口」云云。

〔二〕趙曦明曰：「此語今逸。」龔向農先生曰：「玉燭寶典五引風俗通云：『俗說：五月蓋屋，令人頭禿。謹案：易、月令，五月純陽，姤卦用事，齊麥始死。夫政趣民收穫，如寇盜之至，與時競也。』又云：『除黍稷，三豆當下，農功最務，間不容息，何得晏然除覆蓋室寓乎？今天下諸郭皆諱禿，豈復家家五月蓋屋耶？』」

〔三〕趙曦明曰："『代人』二字，宋本作『世』。"器案：事文類聚前四三、羣書通要乙九、事文大全壬九引同宋本；續家訓、類説同今本。

〔四〕盧文弨曰："調，徒弔切，宋本誤倒作『調戲』，今不從。"器案：事文類聚同宋本，續家訓作「戲調」。

〔五〕盧文弨曰："段安節樂府雜録：『傀儡子，自昔傳云，起於漢祖在平城爲冒頓所圍，陳平造木偶人，舞於陴間。冒頓妻閼氏謂是生人，慮下其城，冒頓必納妓女，遂退軍。後樂家翻爲戲，其引歌舞，有郭郎者，髮正秃，善優笑，閭里呼爲郭郎，凡戲場必在俳兒之首也。』"器案：類説「象」作「像」。事物紀原九："「風俗通曰：『漢靈帝時，京師賓昏嘉會，皆作魁礧。』梁散樂亦有之。北齊後主高緯尤所好也。顔氏家訓云：『古有秃人，姓郭，好諧謔。』今傀儡郭郎子是也。」

〔六〕沈揆曰："「晉書亮本傳，謚文康。」趙曦明曰："「文康亦當時樂曲名。宋本連下不分段，今從俗間本。」盧文弨曰："「通典樂六：『禮畢者，本自晉太尉庾亮家，亮卒，其後追思亮，因假爲其面，執翳以舞，象其容，取謚以號之，謂文康樂。每奏九部樂歌則陳之，故以禮畢爲名。』」嚴式誨曰："「案：此出隋書音樂志下，通典非根柢。又『其後追思亮』，『後』字當依隋書、通典作『伎』。」（器案：「樂歌則陳之」，「歌」字亦當依隋書作「終」。）劉盼遂曰："「案：此句與上文『傀儡子爲郭秃』相對，『文康』應亦爲戲劇名。考梁武帝命周捨作上雲樂詞云：『西方老胡，厥名文康，遨遊六合，傲誕三皇。西觀濛汜，東戲扶桑，南泛大蒙之海，北至無通之鄉。昔與若士爲友，共弄彭祖扶牀。往年暫到崑崙，復值瑶池舉觴。周帝迎以上席，王母贈以玉漿。故乃壽如南山，老若金剛。青眼智智，白髮長長。蛾眉臨髭，高鼻垂口。非直能俳，又善飲酒。簫歌從前，門徒從後，濟濟翼翼，各有分部。鳳凰是老胡家雞，師子是老胡家狗。陛下撥亂反正，再朗三光，澤與雨施，化與風翔。覘雲候吕，來遊大梁。重駟修路，始届帝鄉。伏拜金闕，瞻仰玉堂。從者小子，羅列成行，悉知廉節，皆識義方。歌管愔愔，鏗鼓鏘鏘，響震鈞天，聲若鵷凰，前却中規矩，進退得宫商，舉技無不佳，胡舞最所長。老胡寄篋中，復有奇樂章，齎持數萬里，願以奉聖皇。乃欲次第説，老耄多所忘。但願明陛下，壽千萬歲，歡樂未渠央。』據周詩觀之，則『文康』爲一戲劇名色必矣。隋書樂志：『梁三朝樂第四十四，設寺子導安息孔雀鳳凰文鹿，胡舞連登上雲樂歌舞伎。』更足證上雲樂爲歌舞之名，而『文康』又爲劇中主要脚色也。庾亮字文康，胡俳雖名文康，然而實非元規，猶傀儡子名郭秃，而實非郭秃也。」陳直曰：「盧氏之説是也。與上云樂之老胡文康，不能混爲一事。」器案：李太白文集二有上雲樂，原注云：「老胡文康辭，或云范雲及周捨所作，今擬之。」其辭曰：「金天之西，白日所没。康老胡雛，生彼月窟，巉巖容儀，戍削風骨。碧玉炅炅雙目瞳，黄金拳拳兩鬢紅。華蓋垂下睫，嵩岳臨上脣。不覩詭譎貌，豈知造化神。大道是文康之嚴父，元氣乃文康之老親。撫頂弄盤古，推車轉天輪。云見日月初生時，鑄冶火精與水銀，陽烏未出谷，顧兔半藏身，女媧戲黄土，團作愚下人，散在六合間，濛濛若沙塵，生死了不盡，誰明此胡是仙真。西海栽若木，東溟植扶桑，别來幾多時，枝葉萬里長。中國有七聖，半路頹鴻荒。陛下應運起，龍飛入咸陽。赤眉立盆子，白水興漢光。叱咤四海動，洪濤爲簸揚。舉足蹋紫微，天關自開張。老胡感至德，東來進仙倡，五色師子，九苞鳳凰，是老胡雞犬，鳴舞飛帝鄉，淋漓颯沓，進退成行。能胡歌，獻漢酒，跪雙膝，並兩肘，散花指天舉索手，拜龍顔，獻聖壽。北斗戾，南山摧，天子九九八十一萬歲，長傾萬歲杯。」李白此篇，係擬周詩而作，辭義尤爲詼詭，故全録之，以見此種俳樂，至唐猶盛行，而顔氏「文康象庾亮」之説之爲無稽也。又續家訓分段，今從之。

或問曰：「何故名治獄參軍爲長流乎〔一〕？」答曰：「帝王世紀云：『帝少昊崩，其神降于長流之山〔二〕，於祀主秋〔三〕。』案：周禮秋官，司寇主刑罰、長流之職〔四〕，漢、魏捕賊掾〔五〕耳。晉、宋以來，始爲參軍，上屬司寇，故取秋帝所居爲嘉名焉〔六〕。」

〔一〕趙曦明曰：「隋書百官志：『後齊制，上上州刺史，有外兵、騎兵、長流、城局、刑獄等參軍事。』」陳直曰：「按：北史序傳：『李撝字道熾，魏武定中司空長流參軍。』又東魏李仲璇修孔子廟碑有平南將軍長流參軍徐柒保題名，東魏太公吕望表碑陰有輔國將軍長流參軍督新縣事尚□□題名。據此，長流之名，起於東魏，隋書百官志謂起於北齊，非也。」器案：宋書百官志上：「今諸曹則有録事、記室、户曹、倉曹、中直兵、外兵、騎兵、長流賊曹、刑獄賊曹、城局賊曹、法曹、田曹、水曹、鎧曹、車曹、士曹、集右户、墨曹，凡十八曹參軍，不署曹者無定員。江左初，晉元帝鎮東丞相府有録事記室，……凡十三曹，今闕所餘十二曹也。其後又有直兵、長流、刑獄、城局、水曹、右户、墨曹七曹，高祖爲相，合中兵、直兵置一參軍，曹則猶二也。今小府不置長流參軍者，置禁防參軍。」趙注引後齊制，尚未得其本柢。

〔二〕原注：「此事本出山海經，『流』作『留』。」案：御覽二二五引注作「事出山海經」。通鑑一四五胡三省注引原注作正文。盧文弨曰：「西山經：『長留之山，其神白帝，少昊居之。』」器案：御覽三八八引山海經，「留」作「流」，古通。

〔三〕原注：「此説本於月令。」案：抱經堂校定本「主」作「爲」，宋本、續家訓及羅本以下各本都作「主」，御覽、通鑑注、楊升庵文集五〇亦作「主」，今從之。朱亦棟曰：「案：長流二字，切音爲秋，即秋官之謂也；顔氏所引，毋乃迂曲與？」

〔四〕御覽「職」下有「也」字。

〔五〕陳直曰：「捕賊掾，當爲『賊捕掾』顛倒之誤字。兩漢有賊捕掾，見漢書張敞傳及李孟初神祠碑。晉有賊捕掾，見晉書職官志。」

〔六〕楊慎曰：「古呼治獄參軍爲長流。帝王世紀云：『少昊崩，其神降於長流之山，於祀主秋。』秋官司寇主刑罰也，故取秋帝所居爲嘉名也，亦猶今稱刑官曰白雲司也。」見升庵文集卷五十。盧文弨曰：「晉書職官志，縣有獄小吏、獄門亭長、都亭長、賊捕掾等員。」器案：通鑑一四五胡注：「職官分紀：『長流參軍，主禁防。晉從公府有長流參軍，小府無長流參軍，置禁防參軍。』」又案：漢書薛宣傳有賊曹掾張扶，後漢書岑晊傳有中賊曹吏張牧，續漢書百官志一：「賊曹主盜賊事。」

客有難主人曰〔一〕：「今之經典，子皆謂非〔二〕，說文所言〔三〕，子皆云是〔四〕，然則許慎勝孔子乎？」主人拊掌大笑〔五〕，應之曰：「今之經典，皆孔子手迹耶？」客曰：「今之說文，皆許慎手迹乎？」答曰：「許慎檢以六文，貫以部分〔六〕，使不得誤，誤則覺之〔七〕。孔子存其義而不論其文也〔八〕。先儒尚得改文從意〔九〕，何況書寫流傳耶〔一〇〕？必如左傳止戈爲武〔一一〕，反正爲乏〔一二〕，皿蟲爲蠱〔一三〕，亥有二首六身之類〔一四〕，後人自不得輒改也，安敢以說文校其是非哉〔一五〕？且余亦不專以說文爲是也，其有援引經傳，與今乖者，未之敢從〔一六〕。又相如封禪書曰：『導一莖六穗於庖，犧雙觡共抵之獸〔一七〕。』此導訓擇〔一八〕，光武詔云『非從有豫養導擇之勞』是也〔一九〕。而說文云：『䆃是禾名〔二〇〕。』引封禪書爲證〔二一〕；無妨自當有禾名䆃〔二二〕，非相如所用也。『禾一莖六穗於庖〔二三〕』，豈成文乎？縱使相如天才鄙拙，強爲此語〔二四〕，則下句當云『麟雙觡共抵之獸』，不得云犧也。吾嘗笑許純儒，不達文章之體，如此之流，不足憑信[二五]。大抵服其爲書，隱括有條例[二六]，剖析窮根源，鄭玄[二七]注書，往往引以爲證[二八]；若不信其說，則冥冥不知一點一畫，有何意焉[二九]。」

〔一〕盧文弨曰：「難，乃旦切。」

〔二〕抱經堂校定本「謂」作「爲」，宋本、續家訓及羅本以下諸本、少儀外傳上皆作「謂」，今從之。

〔三〕宋本「言」作「明」，續家訓及羅本以下諸本、少儀外傳、示兒編二三引都作「言」，今從之。

〔四〕續家訓「云」上有「言」字，當衍其一。

〔五〕續家訓及羅本以下諸本「拊」作「撫」，古通，詩小雅蓼莪「拊我育我」，後漢書梁竦傳引作「撫我畜我」，即其例證。王叔岷曰：「後漢書方術左慈傳：『操大拊掌笑。』」

〔六〕盧文弨曰：「六文即六書。分，扶問切。許慎說文序：『周禮：八歲入小學，保氏教國子，先以六書：一曰指事，視而可識，察而可見，上下是也；二曰象形，畫成其物，隨體詰詘，日月是也；三曰形聲，以事爲名，取譬相成，江河是也；四曰會意，比類合誼，以見指撝，武信是也；五曰轉注，建類一首，同意相受，考老是也；六曰假借，本無其字，依聲託事，令長是也。』又曰：『分別部居，不相雜廁，凡十四篇，五百四十部，九千三百五十三文，重一千一百六十三，解說凡十三萬三千四百四十一字。其建首也，立一爲耑，方以類聚，物以羣分，同條牽屬，共理相貫，雜而不越，據形系聯，引而申之，以究萬原，畢終於亥，知化窮冥。』」

〔七〕郝懿行曰：「案：此許氏説文所以考信往古、有驗來今、永爲不刊之書也。然傳寫至今，亦或有部分雜廁，點畫淆譌，而令人不覺其誤者矣。好學深思之士，所以孜孜矻矻，必於此究心焉爾。」

〔八〕莊子齊物論：「六合之外，聖人存而不論。」

〔九〕趙曦明曰：「『改』俗本作『臨』，今從宋本。」器案：續家訓、羅本、傅本及少儀外傳、示兒編引亦作「改」。

〔一〇〕盧文弨曰：「鄭康成注易，苞蒙，苞當作彪，苞荒，荒當作康，枯楊之枯，讀爲无姑，皆甲宅之皆，讀爲倦解。其於三禮，或從古文，或從今文。杜子春、二鄭於周禮，亦時以意屬讀。此所謂改文從意者也。」

〔一一〕趙曦明曰：「左宣十二年傳：『楚重至於邲，潘黨曰：「君盍築武軍而收晉尸，以爲京觀？臣聞克敵必示子孫，以無忘武功。」楚子曰：「非爾所知也。夫文止戈爲武。」』」

〔一二〕趙曦明曰：「左宣十五年傳：『伯宗曰：「天反時爲災，地反物爲妖，民反德爲亂，亂則妖災生，故文反正爲乏。」』」

〔一三〕趙曦明曰：「左昭元年傳：『晉侯有疾，秦伯使醫和視之，曰：「是謂近女室，疾如蠱。」趙孟曰：「何謂蠱？」對曰：「淫溺惑亂之所生也。於文皿蟲爲蠱，穀之飛亦爲蠱，在周易『女惑男、風落山謂之蠱☶』，皆同物也。」』」

〔一四〕趙曦明曰：「左襄三十年傳：『晉悼夫人食輿人之城杞者。絳縣人或年長矣，無子，而往與於食。疑年，使之年，曰：「臣生之歲，正月甲子朔，四百有四十五甲子矣。其季於今三之一也。」吏走問諸朝，史趙曰：「亥有二首六身，下二如身，是其日數也。」士文伯曰：「然則二萬六千六百有六旬也。」』」

〔一五〕宋景文筆記下：「學者不讀説文，余以爲非是。古者有六書，安得不習？春秋『止戈爲武』，『反正爲乏』，『亥二首六身』，韓子『八厶爲公』，子夏辨『三豕渡河』，仲尼登泰山，見七十二家字皆不同，聖賢尚爾，何必爲固陋哉！」

〔一六〕趙曦明曰：「俗本分段，今從宋本連。」器案：續家訓亦分段。少儀外傳、示兒編引省略「又相如封禪書曰」云云一段，直接下文「大抵服其爲書」云云，則所見亦不分段。

〔一七〕趙曦明曰：「漢書司馬相如傳：『相如既病免，家居茂陵，天子使所忠往求其書，而相如已死，其妻曰：「長卿未死時，爲一卷書，曰：有使來求書，奏之。」其書言封禪事。』注：『鄭氏曰：「導，擇也。一莖六穗，謂嘉禾之米於庖廚以供祭祀。」服虔曰：「犧，牲也；觡，角也；抵，本也。武帝獲白麟，兩角共一本，因以爲牲也。」』」盧文弨曰：「案：作『導』者，漢書也，文選從之，史記則作『䆃』字。觡，古百切。」

〔一八〕説文繫傳卷三十六袪妄篇引作「導，擇禾也」。

〔一九〕趙曦明曰：「後漢光武紀：『建武十三年正月，詔曰：「往年已有豫養導擇之勞，至乃煩擾道上，疲費過所；其令太官勿復受。」』」器案：後漢書和熹鄧皇后紀：「自非供陵廟稻粱米，不得導擇。」亦以導擇連文爲義。

〔二〇〕各本「䆃」都作「導」，下同，抱經堂校定本作「䆃」，今從之。胡本「禾」譌「未」。四庫全書考證曰：「『禾名』，刊本『禾』訛『未』，今改。」

〔二一〕説文繫傳引「引」上有「乃」字。段玉裁説文解字注七篇上䆃篆：「䆃，䆃米也。從禾道聲。司馬相如曰：『䆃一莖六穗也。』䆃米也，三字句，各本删『䆃』字，改『米』爲『禾』，自呂氏字林、顔氏家訓時已然，今正。䆃，擇也，擇米曰䆃米，漢人語如此，雅俗共知者，漢書百官表、後漢殤帝、和帝紀皆有䆃官，注皆云：『䆃官主擇米。』鄧后詔曰：『減大官䆃官，自非共陵廟稻粱米，不得䆃擇。』光武詔曰：『郡國異味，有豫養䆃擇之勞。』凡作『導』者，譌字也。䆃米是常語，故以䆃米釋䆃篆，如河下云河水、嶲下云嶲周之比，淺人槩謂複字而删之，又改『米』爲『禾』，吕忱、徐廣、顔之推、司馬貞皆執誤本説文，謂䆃是禾名，豈知䆃果禾名，則許書之例，當與穖、穆、私三篆爲伍，而不廁於此。」又曰：「史、漢司馬相如傳封禪文曰：『囿騶虞之珍羣，徼麋鹿之怪獸，䆃一莖六穗於庖，犧雙觡共柢之獸，獲周餘珍，放龜於岐，招翠黄乘龍於沼。』鄭德云：『䆃，擇也。一莖六穗，謂嘉禾之米。』鄭語最明憭。言於庖者，擇米作飯，必於庖也。吕忱乃云『禾一莖六穗謂之䆃』，蓋不讀封禪文，而誤斷許書之句度矣。」

〔二二〕續家訓「䆃」訛「道」。

〔二三〕胡本「穗」訛「稔」。

〔二四〕盧文弨曰：「強，其兩切。」

〔二五〕盧文弨曰：「案：䆃是禾名，亦有擇義。凡一字而兼數義者，説文多不詳備；若如顏氏之説，則其書之窒礙難通者多矣，豈獨此乎？」學林五曰：「詳觀封禪書四句，每句首一字皆虚字，非實字，曰囿、曰徼、曰䆃、曰犧，乃一類也，其義可見。若以䆃爲瑞禾，則其句曰禾一莖六穗于庖，于句法爲無義矣。前漢百官公卿表少府屬官有導官令，顏師古注曰：『導官主擇米。』唐書百官志有䆃官令二人，掌䆃擇米麥而供。在漢書用導字，在唐書用䆃字，而其官皆以擇米麥爲職，則導、䆃皆訓擇，又可知也。」黄生字詁曰：「漢時相如、楊雄皆通古文，許氏多取其説，此䆃字特引相如，則知封禪本作䆃，漢書導字，或傳寫之誤爾。索隱引鄭訓擇䆃字，乃知相如自以擇米爲䆃，而以爲嘉禾之名，則諸家皆承説文之誤也。（據索隱所引，則今説文訓内脱一『嘉』字。）又案導字本訓引，無擇義，漢少府導官主擇米，以導爲擇，必漢時之通語，特相如識其本字宜爲䆃耳，後遂通作導。釋名：『導，所以櫟鬢，齊主衣中玉導。』古擇米必有其器，櫟鬢之器似之，故以爲名。唐百官志有䆃官令，尚用此䆃字。」黄承吉字詁附校曰：「按：犧即是牲，不過祭祀牲之美者，而謂之爲犧，其實牲也。封禪文下句云：『犧雙角共觝之獸。』而上句云：『䆃一莖六穗於庖。』以下句例上句，則可見䆃即是禾，不過祭祀禾之美者，而謂之䆃，其實禾也。必如此而後相如上下句之文義乃爲相當適合，非是則辭義不合。然則説文訓䆃爲禾，實不誤也。凡實象之字，必先起於虚義，相如用䆃犧二字，乃以實象而當爲虚義用之，許氏所訓之禾也，是解䆃字之實象，下文引相如云『䆃一莖六穗』，兼解䆃字之虚義；鄭氏之訓，專是訓其虚義。然字中有禾，而泛訓爲擇，不屬於禾，已非䆃字之全解，不逮許矣。䆃乃實是擇禾，不擇何以成爲美禾，以供祭祀？猶之犧字，未有不擇而成爲美牲，以供祭祀者。若竟訓犧爲擇，亦不可矣。蓋非凡牲皆謂之犧，乃於衆牲中獨別擇此牲，而謂之犧，則一舉犧，而別擇之義自在其中，以非別擇，先無以爲犧也，所謂虚義也。然雖別擇，而犧固原是牲，不得謂犧因別擇而遂非牲也，所謂實象也。然則犧字因原當訓牲矣。犧既原即牲，則其牲雖由別擇而來，然不能以別擇爲其牲名號之實象，亦斷不得以其所以名號此牲之字，反屬於別擇之虚義；然則犧字亦必不得訓之爲擇牲矣。以犧字例䆃字，則䆃字即明，犧既仍當訓牲，則䆃自然仍當訓禾，封禪文之䆃與犧，乃謂以之爲䆃、以之爲犧耳，説文固不誤也。」器案：黄氏説是，所謂實象，即今之所謂名詞，所謂虚義，即今之所謂名詞動用，以其時尚無文法專業，故爾不覺辭費耳。陳直曰：「按：漢代少府屬官有導官令。西安胡氏藏有『䆃丞』印，（現存陜西省博物館。）蓋䆃爲正字，導爲假借字。之推以導字專訓擇，猶狹義。」器案：北堂書鈔五五引環濟帝王要略：「䆃官令掌諸御米飛麫也。」與唐志言「䆃擇米麫」説合。王叔岷曰：「案説文繫傳引『憑』作『馮』，（馮憑古今字。）並云：臣鍇以爲導訓擇治，乃從寸。故漢書有導官，字不從禾也。相如云：䆃一莖六穗於庖。猶言此禾也，則有一莖六穗在庖。此犧也，則有雙觡共抵之獸。雖今之作者，對屬之當，何以過此！況在古乎？上句末有於庖字，乃云禾一莖六穗於庖。下句末有之獸字，所以云犧雙觡共抵之獸。猶言殺此雙觡共抵之獸，交互對之爾。若依之推云：導，擇也。則是擇一莖六穗於庖，麟雙觡共抵之獸，非徒鄙陋，乃不成文，豈相如之意哉！屬對允愜，文字相避，近自陳、隋爾。封禪書又云：招翠黄乘龍於沼，鬼神按靈圉賓於閒館。（乘下舊脱龍字，圉舊誤囿。）如此者不可勝數，豈鄙拙乎？」

〔二六〕示兒編引「隱」作「檃」。少儀外傳「有」作「其」，疑「具」之誤。説文木部：「檃，栝也。栝，檃也。」徐鍇曰：「按尚書有隱栝之也。隱，審也；栝，檢栝也，此即正邪曲之器也。荀卿子曰『隱栝之側多曲木』是也。（見法行篇。）古今皆借隱字。」

〔二七〕少儀外傳「玄」作「氏」。

〔二八〕以，原作「其」，今據少儀外傳、玉海四四引改。郝懿行曰：「鄭氏雜記注明引許氏説文解字一條，其它隨類援證，難以悉數。又陸璣詩疏『山有栲』下亦引説文爲證。」器案：儀禮既夕禮、禮記雜記注都引説文解字「有輻曰輪，無輻曰輇」。周禮考工記注引「鋝，鍰也」。其它相合，而未揭櫫説文之名者，尚非一二端也。

〔二九〕趙曦明曰：「下當分段。」器案：續家訓、少儀外傳、示兒編都連寫不分段。

世間小學者，不通古今，必依小篆，是正書記；凡爾雅、三蒼、説文，豈能悉得蒼頡本指哉？亦是隨代損益，㸦有同異〔一〕。西晉已往字書，何可全非？但令體例成就，不爲專輒耳〔二〕。考校是非，特須消息〔三〕。至如「仲尼居」，三字之中，兩字非體，三蒼「尼」旁益「丘」〔四〕，説文「尸」下施「几」〔五〕：如此之類，何由可從〔六〕？古無二字，又多假借，以中爲仲，以説爲悦，以召爲邵，以閒爲閑：如此之徒，亦不勞改。自有訛謬，過成鄙俗〔七〕，「亂」旁爲「舌」〔八〕，「揖」下無「耳」〔九〕，「黿」、「鼉」從「龜」，「奮」、「奪」從「雚」〔一〇〕，「席」中加「帶」〔一一〕，「惡」上安「西」〔一二〕，「鼓」外設「皮」，「鑿」頭生「毀」〔一三〕，「離」則配「禹」〔一四〕，「壑」乃施「豁」，「巫」混「經」旁〔一五〕，「皋」分「澤」片〔一六〕，「獵」化爲「獦」〔一七〕，「寵」變成「竉」〔一八〕，「業」左益「片」〔一九〕，「靈」底著「器」，「率」字自有律音〔二〇〕，強改爲別；「單」字自有善音，輒析成異〔二一〕：如此之類，不可不治〔二二〕。吾昔初看説文，蚩薄世字〔二三〕，從正則懼人不識〔二四〕，隨俗則意嫌其非，略是不得下筆也〔二五〕。所見漸廣，更知通變，救前之執〔二六〕，將欲半焉。若文章著述，猶擇微相影響者行之，官曹文書，世間尺牘，幸不違俗也〔二七〕。

〔一〕㸦，宋本如此作，續家訓及羅本以下諸本作「各」，少儀外傳上、示兒編二二引亦作「各」。又示兒編「同異」作「異同」。趙曦明曰：「㸦、互同。」郝懿行曰：「㸦，俗互字。」

〔二〕本書雜藝篇：「加以專輒造字，猥拙甚於江南。」晉書劉弘傳：「敢引覆餗之刑，甘受專輒之罪。」又王濬傳：「案春秋之義，大夫出疆，由有專輒。」説文段注云：「凡人有所倚恃而妄爲之。」

〔三〕續家訓「特」作「時」。消息注見風操篇。王叔岷曰：「案卷子本玉篇言部：『劉向别録：讎校中經。野王案，謂考校之也。』」

〔四〕郝懿行曰：「説文亦有屔字，不獨三蒼。」説文：「屔，反頂受水丘也。」段玉裁注曰：「釋丘曰：『水潦所止泥丘。』釋文曰：『依字又作屔。』郭云『頂上洿下』者，孔子世家：『叔梁紇與顔氏女禱於尼丘，得孔子，生而首上圩頂，故因名曰丘，字仲尼。』按白虎通曰：『孔子反宇，是謂尼丘，德澤所興，藏元通流。』蓋頂似尼丘，故以類命爲象，屔是正字，泥是古通用字，尼是假借字。水潦所止，是爲泥淖，儀禮注曰：『淖者，和也。』劉瓛述張禹之説：『仲者中也，尼者和也，孔子有中和之德，故曰仲尼。』張固從泥淖得解。顔氏家訓乃曰：『至如仲尼居三字之中，兩字非體，三蒼尼旁益丘，説文尸下施几，如此之類，何由可從？』玉裁謂：『若言駭俗，則難依；若言古義，則不可不知也。』又漢碑有作『仲泥』者，淺人深非之，豈知其合古義哉？」器案：漢碑作「仲泥」，見隸釋夏堪碑。

〔五〕宋本、續家訓及羅本以下諸本，「尸」都作「居」，今從抱經堂校定本。盧文弨曰：「説文：『凥，處也。從尸，得几而止。孝經曰：「仲尼凥。」凥謂閒凥如此。』案：今之居字，説文以爲蹲踞字。」嚴式誨曰：「案：居字不誤，猶下文所謂『席中加帶，惡上安西』也。」

〔六〕少儀外傳及示兒編引省略「考校是非」至「何由可從」一段。盧文弨曰：「顏氏此言，洵通人之論也。庸俗之人，全不識字，固無論已；有能留意者，率欲依傍小篆，盡改世間傳授古書，徒然駭俗，益爲不學者所藉口，顏氏所云『特須消息』者，吾甚韙其言。且以漢人碑版流傳之字亦多互異，何可使之盡遵說文？晉、魏已降，鄙俗尤多，若盡改之，凡經昔人所指摘者，轉成虚語矣。故頃來所梓書，非甚謬者，不輕改也。」器案：宋景文筆記中：「仲尼居，三蒼作尼，說文作尻。」本此。

〔七〕少儀外傳「過」作「適」。

〔八〕劉盼遂曰：「以下十四句，黄門所舉諸俗字，具見於邢澍金石文字辨異、楊紹廉金石文字辨異續篇、趙之謙六朝别字記、楊守敬楷法溯源、羅振玉六朝碑别字諸書，而陸德明經典釋文敘録條例云：『五經文字，乖替者多，至如黿鼉從龜，亂辭從舌，席下爲帶，惡上安西，析傍著片，離邊作禹，直是字譌，不亂餘讀。如寵字作竉，錫字爲鍚，用支代文，將无混旡，若斯之流，便成兩失。』張守節史記正義論字例云：『若其黿鼉從龜，亂辭從舌，覺學從與，泰恭從小，匱匠從走，巢藻從果，耕耤從禾，席下爲帶，美下爲大，裹下爲衣，極下爲點，析傍著片，惡上安西，餐側出頭，離邊作禹，此之等類，直是字譌。寵錫爲鍚，以支代文，將无混旡，若兹之流，便成兩失。』陸、張所舉，與黄門大同小異，殆即轉襲此文歟？」

〔九〕程本「下」作「右」。徐鯤曰：「案：後魏弔殷比干墓文『揖』作『揖』，所謂『下無耳』者也。顧炎武金石文字記所載諸碑別體字，如『緝』作『緝』、『葺』作『葺』之類甚多，不獨『揖』字爲然。又考『咠』爲『胥』之別體，乃更有『胥』誤爲『咠』者，如『壻』作『堲』、『揟』作『揖』之類，輾轉譌謬，即『咠』之一字，已不可致詰。」

〔一〇〕徐鯤曰：「案：此非正作『雚』字，如後魏弔比干墓文『奮』作『奮』，曹娥碑『奪』作『奪』，皆從『雚』之破體耳。」雚，原注：「胡官反。」宋本「反」作「切」，秦曼青校宋本仍作「反」。續家訓及羅本以下諸本「胡官反」作「音館」。

〔一一〕器案：文選上林賦：「逡巡避廗。」李善注：「『廗』與『席』古字通。」隸書「席」作「廗」，見漢司隸從事郭究碑、益州太守高眹脩周公禮殿碑。王叔岷曰：「案莊子寓言篇：『其家公執席，……舍者避席，……舍者與之争席矣。』日本舊鈔卷子皆作廗。」

〔一二〕王叔岷曰：「案莊子庚桑楚篇：『若是而萬惡至者，皆天也。』日本舊鈔卷子本惡作悪。」

〔一三〕韓非子外儲説左上：「鄭縣人卜子使其妻爲袴，……妻子因毁新。」太平御覽六九五引「毁」作「鑿」。淮南子説林篇：「毁瀆而止水。」意林「毁」作「鑿」。則俱以「鑿頭生毁」之故也。

〔一四〕王叔岷曰：「案莊子外物篇：『任公子得若魚，離而腊之。』日本舊鈔卷子本離作雝。」

〔一五〕徐鯤曰：「案：太公吕望碑『巫』作『巫』，而諸碑中『經』字旁多有作『巠』者，『巫』與『巠』相似，『巠』與『巫』亦相似，故以爲混也。」

〔一六〕續家訓及宋景文筆記上「片」作「外」。盧文弨曰：「家語困誓篇：『望其壙，睪如也。』荀子大略篇作『皋如也』，如此尚多。」郝懿行曰：「『皋』、『睪』古通用，大戴禮及荀子書並有此字。」器案：古「皋」、「澤」字相同，孫叔敖碑云：「收九罡之利。」婁壽以爲「澤」字；但「皋」爲白下本（土刀切），「睪」爲四下夲，本一字，漢碑從四下芉者誤矣。詩大雅鶴鳴：「鶴鳴于九臯。」毛傳：「臯，澤也。」釋文引韓詩以爲「九折之澤」。左傳襄公十七年：「澤門之皙。」詩大雅緜正義引作「皋門之皙」，釋文：「『澤』本作『皋』。」史記范雎傳：「舉兵而攻滎陽，則鞏、成臯之道不通。」戰國策秦策三作「舉兵而攻滎陽，則成睪之路不通」。史記封禪書澤山，集解徐廣曰：「『澤』一作『皋』。」此俱「皋」、「澤」古字同之證。

〔一七〕原注：「獦，音葛，獸名，出山海經。」鮑本「葛」誤作「曷」，宋景文筆記、少儀外傳、示兒編引注都作「音葛」。佩觿上：「獸名之獦（音葛，見山海經）爲田獵（力業翻）。」即本之推此文，亦作「音葛」。

〔一八〕原注：「寵，音郎動反，孔也，故從穴。」盧文弨曰：「從穴者，窟寵字，五經文字音籠，今兩音俱有。」

〔一九〕「片」，今從秦曼青校宋本；顏本作「臯」，續家訓及餘本誤作「土」，宋景文筆記誤同。段玉裁曰：「『土』字誤，當本是『片』字；『業』俗作『牒』，見廣韻。」嚴式誨曰：「爾雅釋宮：『大版謂之業。』釋文所據本正作『牒』。」

〔二〇〕器案：御覽十六引春秋元命包：「律之爲言率也，所以率氣令達也。」又引蔡邕月令章句曰：「律，率也。」廣雅釋言：「律，率也。」

〔二一〕郝懿行曰：「案：篇海：『单，時戰切，音善，姓也。』廣韻：『單，單襄公之後。』然則单、單二文，作字雖異，音訓則同，輒析成異，非通論也。又姓亦有讀單複之單者，廣韻云『可單氏後改爲單氏』是也。」

〔二二〕盧文弨曰：「治，直之切。」案：少儀外傳引「治」作「知」。陳直曰：「按：顔氏列舉當時之俗體字，今以六朝碑刻證之，無不吻合。如亂字作乱，見於龍藏寺碑。揖字作揖，見於東魏敬使君碑。席字作㡽，見於北周寇臻墓志。惡字作悪，見於東魏邑主造石像銘。鼓字作皷，見於孫秋生造像。鑿字作鑿，見於唐思順坊造彌勒像記。離字作離，見於龍藏寺碑。鼜字作鼜，見敬使君碑。皋字作睪，見於吊比干文之翶翔。獵字作獦，見於隋陳詡墓志（見古刻叢鈔）及唐皇甫君碑。寵字作寵，見漢樊安碑、鄭文公碑及唐李文碑。靈字作霊，見於邑主造石像銘。上列各字，僅各舉一二例，只有乱字，現今仍如此寫法。至於獵作獦，漢張遷碑腊字已作臈，賈誼書勢卑篇逕作『不獦猛獸』，疑出六朝人之傳寫。寵作寵者，在六朝人從穴與從宀之字，往往不區分，猶寅之作窅、宦之作宧也。」

〔二三〕少儀外傳、示兒編引「蚩」作「嗤」，古通。

〔二四〕續家訓「識」作「及」。

〔二五〕少儀外傳「略」作「爲」。

〔二六〕胡本「救」誤「敕」。

〔二七〕盧文弨曰：「今常行文字，如中間從日，緜亘亦從日，茀但從艸，准許從兩點去十，橘柿從市之類，亦難違俗也。案：下當分段。」器案：示兒編引止此，則以爲當分段也，今從之。

案：彌亘字從二間舟，詩云「亘之秬秠」是也〔一〕。今之隸書，轉舟爲日；而何法盛中興書乃以舟在二間爲舟航字，謬也。春秋説以人十四心爲德〔二〕，詩説以二在天下爲酉〔三〕，漢書以貨泉爲白水真人〔四〕，新論以金昆爲銀〔五〕，國志以天上有口爲吴〔六〕，晉書以黄頭小人爲恭〔七〕，宋書以召刀爲邵〔八〕，參同契以人負告爲造〔九〕：如此之例〔一〇〕，蓋數術謬語，假借依附，雜以戲笑耳。如猶轉貢字爲項〔一一〕，以叱爲七〔一二〕，安可用此定文字音讀乎？潘、陸諸子離合詩、賦〔一三〕，栻卜、破字經〔一四〕，及鮑昭謎字〔一五〕，皆取會流俗〔一六〕，不足以形聲論之也。

〔一〕趙曦明曰：「大雅生民之篇。」盧文弨曰：「亘，古鄧反，本作𠄢。」器案：宋景文筆記中：「亘從二間舟，隸改舟爲日，何法盛以再一爲舟航字。」即本此文，而字有譌舛，當據此訂正。

〔二〕續家訓、海録碎事十九「説」下衍「文」字。

〔三〕盧文弨曰：「春秋説、詩説皆緯書也，今多不傳。德本作悳，乃直心也；酉本作丣。二説所言，皆非本誼。」陳直曰：「按：德本作悳，乃直心也。今以人十四心爲德，則應作德。東魏武定六年邑主造石像銘字正作德。此蓋北朝之俗字，當時从人从彳，本不區分，故儀字繁作儀，（見元寧造像記。）徒字省作徒，（見北齊丈八大像記。）彼字省作彼也。（見東魏李洪演造像記。）春秋説雖爲古緯書，又經北朝人竄改也。」

〔四〕趙曦明曰：「後漢書光武帝紀論：『王莽篡位，忌惡劉氏，以錢文有金刀，故改爲貨泉；或以貨泉爲白水真人。』」盧文弨曰：「案：真字，説文從匕，乃變化字，從目，從乚（音偃），八所乘載也；貨字下從貝，與真字不同。」陳直曰：「按：泉字秦篆作[篆字]、王莽變作[篆字]，（在錢文及「宜泉撲滿」、「左作貨泉」陶片上皆相同。）中竪筆斷，故以爲白水二字。又貨字作[篆字]，盧氏以爲从化从貝，與真字不同；竊以爲此反對王莽篡漢，演出讖緯之説，本非解六書之義也。」

〔五〕盧文弨曰：「桓譚新論今不傳。錕乃錕鋙字，本亦作昆吾，非銀也。」龔向農先生曰：「御覽八百十二引桓譚新論：『鋁則金之公，而銀者金之昆弟也。』」于省吾雙劍誃殷契駢枝續篇：「漢龍氏竟：『和己昆易清且明。』『昆易』即『銀錫』，顔氏家訓書證篇：『新論以金昆爲銀。』是其證。」器案：正統道藏「似」字二號石藥爾雅：「鉛精一名金公。鉛白一名金公。」銀下無文，蓋不以爲从昆也。

〔六〕趙曦明曰：「吴志薛綜傳：『綜下行酒，勸西使張奉曰：蜀者何也？有犬爲獨，無犬爲蜀，横眉句身，虫入其腹。奉曰：不當復説君吴邪？綜應聲曰：無口爲天，有口爲吴，君臨萬邦，天子之都。』」盧文弨曰：「案：吴字下從矢，阻力切，説文：『傾頭也。』今以爲天，謬矣；惜張奉不能舉而正之。」郝懿行曰：「『國志』上疑脱『三』字。」德案：「裴松之上三國志表已簡稱國志，非有脱誤也。」器案：文選袁彦伯三國名臣序贊：「余以暇日，常覽國志。」亦簡稱國志，晉書袁宏傳同。陳直曰：「按：吴字在谷朗碑、赤烏七年吴家吉祥磚（見八瓊室金石補正卷八頁十二）及晉三臨辟雍碑皆作吳，不作天上有口。至吴衡陽太守葛府君碑額（此當爲梁人書），及梁吴平侯反書神道闕、隋吴公女尉富娘墓志，始皆作吴，結體爲天上有口，與魏志薛綜傳所記正合。蓋俗體在晉以前尚不能施於碑刻也。」

〔七〕抱經堂校定本「人」作「兒」，他本及海録碎事都作「人」，今改。趙曦明曰：「宋書五行志：『王恭在京口，民間忽云：「黄頭小人欲作賊，阿公在城下指縛得。」又云：「黄頭小人欲作亂，賴得金刀作蕃扞。」黄字上，恭字頭也；小人，恭字下也。尋如謡者言焉。』」盧文弨曰：「案：恭字上從共，下從心；黄字本作黃，説文從田，從炗，炗，古文光；今以恭爲黄頭小人，非字義。又案宋志，『忽云』當作『忽謡云』，脱一『謡』字。」陳直曰：「按：恭字下本从心，但歐陽詢書隋皇甫君碑『長樂恭侯』、『恭孝爲基』兩恭字均正作恭，簡心爲小，與晉末謡諺黄頭小兒正合。知唐人所寫別體，必本於六朝時代。」

〔八〕傅本、顔本、胡本、海録碎事「刀」作「力」。「卲」，各本及海録碎事都作「劭」，抱經堂本作

「卲」，云：「諸書多作『劭』，譌，案文義當作『卲』。」趙曦明曰：「宋書二凶傳：『元凶劭，字休遠，文帝長子。始興王濬素佞事劭，與劭並多過失，使女巫嚴道育爲巫蠱，上大怒，搜討不獲，謂劭、濬已當斥遣道育，而猶與往來，惆悵惋駭，欲廢劭，賜濬死。濬母潘淑妃以告濬，濬馳報劭。劭與腹心張超之等數十人及齋閤，拔刀徑上，超之手行弒逆，劭即僞位。世祖及南譙王義宣、隨王誕、諸方鎮並舉義兵，劭、濬及其子並梟首暴尸，其餘同逆皆伏誅。』南史：『文帝諒闇中生劭，初命之曰卲，在文爲召刀，後惡焉，改刀爲力。』」盧文弨曰：「案：召旁作刀，只有卲字，廣雅：『斷也。』音貂，必不以此爲名。蓋本是卲字，從卩，子結切，高也。而隸書之卩，文頗近刀，故改從力以易之。應卲、王卲，亦本從卩，今多有力旁作者。從卩訓高，從力訓勉，兩字皆説文所有，而當時以卩爲刀，故顔氏以爲謬爾。今南史亦皆誤。」器案：宋景文筆記上：「春秋説以人十四心爲德，詩説以二在天下爲酉，漢書以貨泉爲白水真人，新論以金昆爲銀，國志以天上有口爲吴，晉書以黄頭小人爲恭，宋書以召力爲劭。」即本此文。

〔九〕盧文弨曰：「參同契下篇魏伯陽自叙，寓其姓名，末云：『柯葉萎黄，失其華榮，吉人乘負，安穩長生。』四句（當云二句）合成造字。今顔氏云『人負告』，豈『人負吉』之訛歟？」孫詒讓曰：「漢隸『造』字或變『告』爲『吉』（見韓勅、禮器、孔龢諸碑），故參同契有『吉人』之語，顔氏家訓書證篇云云，於形雖合，而『告人負造』義不可通，疑後人妄改。」鄭珍曰：「漢碑『造』作『造』。」陳直曰：「按：造字从辵告聲，參同契原文作『吉人乘負，安穩長生』。在魏伯陽字謎爲『人負吉』，本文則作『人負告』。蓋吉告二字，在東漢隸書即往往混同，武梁祠畫像題字帝俈即帝嚳，是从告變爲从吉之證。」器案：佩觿上：「中興書舟在二間爲舟，（彌亘字從二間舟，今之隸書，轉舟爲日，而何法盛中興書乃以舟在二間爲舟航字，謬也。）春秋説人十四心爲德，詩説二在天下爲酉，國志口在天上爲吴，晉書黄頭小人爲恭，參同以人負告爲造，新論之金昆配物，（謂銀字從金昆。）後漢之白水稱祥。（時王莽作翦勿錢，文曰貨泉，有類白水真人字，應漢光武中興。自「中興」已下至此，皆出顏氏家訓。）」俞正燮癸巳類稿卷七緯字論：「漢人言緯讖非聖人所作，中多近鄙別字，頗類世俗之辭，恐貽誤後生。今檢五行大義釋名引元命包云：『水立字兩人交一從中出者爲水。一者數之始，兩人譬男女，陰陽交以起一也。』開元占經地名體引元命包云：『地者，易也，言萬物懷任易變化，含吐應節，故其爲字，土力於乚者爲地。（此真鄙誤。）』日名體引元命包云：『四合共一者爲日。』太平御覽引元命包云：『日者，口合共一。』又云：『兩口御士爲喜。』又云：『屈中挾乚而起者爲史。』又云：『仁者情志好生人，故其爲人以仁，其立字二人爲仁。』又云：『八推十爲木，八者陰，合十者陽數。』（亦不可解）又云：『十加一爲土。』廣韻十月引元命包云：『罔言爲詈，刀詈爲罰。』初學記引元命包云：『人散二者爲火。』説郛載元命包云：『廷尉立字，士垂一人（以篆形言），詰屈折著爲廷，示戴尸首，以寸者爲尉，言寸度治法數之分，惟尸稽於十，舍則法有分（未詳），故爲尉示與尸寸。』一切經音義分別業報略集引春秋元命包云：『刑字從刀從井，井以飲人，人入井争水，陷於泉，以刀守之，割其情欲，人畏慎以全命也，故從刀從井也。』月令正義、藝文類聚並引説題辭云：『星精，陽之榮也，陽精爲日，日分爲星，故其字日下生也。』法苑珠林引説題辭云：『天合爲大一，分爲殊名，故立字一大爲天。』太平御覽引説題辭云：『唅字爲言口含也。（别字）』又云：『𠧪米爲粟，𠧪者，金所立，米者陽精。』又云：『黍者，緒也，故其立字禾入水爲黍。』又引考異郵云：『其字蟲動於凡中者爲風。』注云：『虫動於凡中，言陽氣無不周也。』文選西都賦注引春秋漢含孳云：『劉季握卯金刀，卯在東方，陽所立，仁且明。金在西方，陰所立，義成功。刀居右，字成章，刀擊秦，枉矢東流。』顔氏家訓書證篇引春秋説云：『人十四心爲德。』詩説云：『二在天下爲酉。』其言或是或否，緯直記之而已。漢以泉爲白水，董爲千里草，魏以角爲刀下用，秦以田斗爲卑，晉以亨爲二月了，恭爲黄頭小人，宋以劉有兩口，齊以桑爲四十而有二點，梁以瑱爲一十一十月一八，以侯景爲小人百日，侯景以侯爲天一人，周以宣政爲宇文亡日，隋以業爲苦來，唐以元吉合成唐字，李爲十八子，遼以永爲潰土二水，史皆記之，緯記言而已，豈能日持六書之義執談字形，述謡讖之人而一一代之改訂也。隋志言：『東漢俗儒趨時增廣。』史緯之體應爾，不得云『俗儒趨時』也。」

〔一〇〕抱經堂校定本「例」臆改爲「類」。

〔一一〕趙曦明曰：「『如猶』二字疑倒。」

〔一二〕續家訓「叱」誤「匕」。徐鯤曰：「御覽九百六十五東方朔别傳曰：『武帝時，上林獻棗，上以所持杖擊未央前殿檻，呼朔曰：『叱叱，先生來來，先生知此篋中何等物？』朔曰：『上林獻棗四十九枚。』上曰：『何以知之？』朔曰：『呼朔者，上也；以杖擊檻兩木，兩木者，林也；來來者，棗也；叱叱，四十九枚。』上大笑，賜帛十匹。」郝懿行曰：「以叱爲七，疑用東方朔對漢武帝語也。」陳直曰：「按：齊民要術敍棗引東方朔傳曰：『武帝時，上林獻棗，上以杖擊未央殿檻，呼朔曰：叱叱，先生來來，先生知此篋裡何物？朔曰：上林獻棗四十九枚。上曰：何以知之？朔曰：呼朔者上也；以杖擊檻，兩木林也；朔來來者，棗也；叱叱者，四十九也。上大笑，賜帛十匹。』叱字本从匕，現正以叱爲七，與之推所言當日俗體字正合。本段東方朔外傳以『兩來來』爲棗字謎，亦爲六朝人寫法，此傳當爲六朝人所依託無疑。」

〔一三〕趙曦明曰：「晉潘岳離合詩云：『佃漁始化，人民穴處。意守醇樸，音應律呂。桑梓被源，卉木在野。鍚鸞未設，金石弗舉。害咎蠲消，吉德流普。谿谷可安，奚作棟宇。嫣然以憙，焉懼外侮？熙神委命，己求多祜。嘆彼季末，口出擇語。誰能默誡，言喪厥所。壟畝之諺，龍潛巖阻。尠義崇亂，少長失叙。』乃『思楊容姬難堪』六字。陸詩未見。」陳直曰：「按：離合詩體始創於東漢末孔融。潘岳所作離合詩，爲思楊容姬難堪六字，楊容姬則爲晉荆州刺史楊肇之女也。」

〔一四〕「栻」原作「拭」，今據段玉裁、徐鯤説校改。沈揆曰：「隋書經籍志有破字要訣一卷，又有式經一卷，拭卜破字經未詳。」段玉裁曰：「『拭』乃『栻』之訛，是卜者所用之盤，楓天棗地，漢書王莽傳内有此字，本亦作式，漢書藝文志有羡門式法。破字即今之拆字也。」徐鯤曰：「按栻卜與破字經當係兩種，不連讀也。段云云，鯤案：史記日者列傳：『旋式正棊。』索隱：『案：式即栻也。』又宋書蔡廓子興宗傳：『爲郢州府參軍，彭城顔敬以式卜曰：「亥當作公，官有大字者不可受也。」及有開府之授，而太歲在亥，果薨於光禄大夫之號焉。』據此，則式卜乃自爲一術明矣。其破字經，段以爲即今之拆字也，當攷。」

〔一五〕趙曦明曰：「宋鮑照集字謎三首云：『二形一體，四支八頭，四八一八，飛泉仰流。』乃『井』字。『頭如刀，尾如鉤，中央横廣，四角六抽，右面負兩刃，左邊雙屬牛。』乃『龜』字。『乾之一九，隻立無偶，坤之二六，宛然雙宿。』乃『土』字。」郝懿行曰：「潘岳離合詩及鮑照謎字，並見藝文類聚。」

〔一六〕取會，猶言迎合也。文心雕龍諧隱：「辭淺會俗。」王叔岷曰：「案鍾嶸詩品序：『故云會於流俗。』」

河間邢芳語吾云〔一〕：「賈誼傳云：『日中必熭〔二〕。』注：『熭，暴也。』曾見人解云：『此是暴疾之意，正言日中不須臾，卒然便昃耳。』此釋爲當乎〔三〕？」吾謂邢曰：「此語本出太公六韜〔四〕，案字書，古者暴曬字與暴疾字相似〔五〕，唯下少異，後人專輒加傍日耳。言日中時，必須暴曬，不爾者，失其時也。晉灼已有詳釋〔六〕。」芳笑服而退〔七〕。

〔一〕盧文弨曰："語，牛倨切。"

〔二〕朱軾曰："熭，音衛。"器案：漢書賈誼傳注："孟康曰：『熭，音衛。日中盛者必暴熭也。』臣瓚曰：『太公曰："日中不熭，是謂失時；操刀不割，失利之期。"言當及時也。』師古曰：『此語見六韜，熭謂暴曬之也。』"

〔三〕昊，篇海類編："同昃。"盧文弨曰："卒與猝同。當，丁浪切。"

〔四〕太公六韜，今存六卷。"日中必熭"，語見卷一文韜寸土七。

〔五〕暴、暴字，鮑本、抱經堂校定本如此作，今從之，餘本都作暴。郝懿行曰："暴曬字從米，暴疾字從夲，故云相似。"

〔六〕新唐書藝文志有晉灼漢書集注十四卷，又音義十七卷。今漢書誼本傳顔注未引晉灼。顔師古漢書注叙例："晉灼，河南人，晉尚書郎。"

〔七〕續家訓"芳"誤"方"。器案：續家訓於"芳笑服而退"下，尚有如下一條："禮樂志云：『給太官挏馬酒。』李奇注以馬乳爲酒也，揰挏乃成，二字並從手，揰（都統反）挏（達孔反）此謂撞擣挺挏之；今爲酪（器案：當作"酪"）酒亦然。向學士又以爲種桐時，大官釀馬酒乃熟，極孤陋之甚也。"凡三行餘，文與勉學篇大致相同。黄丕烈跋云："顔氏家訓，以廉臺田家印本爲最舊，謂出於嘉興沈揆本，余向有之，疑是元翻宋槧，今取此刻校之，書證篇十七顔氏正文多

『禮樂志云給太官挏馬酒』云云一條，計三行有奇，此沈本所無，而先列正文於前，向來著録家多不載此語，月霄特爲拈出，俾世之見此志，如見此書矣。復見心翁又記。」器案：宋時顔氏家訓有異本，尚得一證，佩觿上云：「雞尸虎穴之議，妒媚提福之殊，楊震之鱓非鱣，丞相之林是狀，摎毐變嫪，（摎音劉，是；作嫪，郎到翻，非。）田肯云宵，削柹施脯，菽木用最。」原注云：「自雞口已下，顔氏家訓説。」案：佩觿所舉，俱見此篇，惟「摎毐」無文，亦不見他篇，則宋人所見本，有軼出今本之外者矣。

卷第七

音辭　雜藝　終制

音辭第十八〔一〕

夫九州之人，言語不同，生民已來，固常然矣。自春秋標齊言之傳〔二〕，離騷目楚詞之經〔三〕，此蓋其較明之初也。後有揚雄著方言，其言大備〔四〕。然皆考名物之同異，不顯聲讀之是非也〔五〕。逮鄭玄注六經〔六〕，高誘解呂覽、淮南〔七〕，許慎造説文，劉熹製釋名〔八〕，始有譬況假借以證音字耳〔九〕。而古語與今殊别，其間輕重清濁〔一〇〕，猶未可曉；加以内言外言〔一一〕、急言徐言、讀若之類〔一二〕，益使人疑。孫叔言創爾雅音義〔一三〕，是漢末人獨知反語〔一四〕。至於魏世，此事大行。高貴鄉公不解反語，以爲怪異〔一五〕。自兹厥後〔一六〕，音韻鋒出〔一七〕，各有土風〔一八〕，遞相非笑，指馬之諭〔一九〕，未知孰是。共以帝王都邑，參校方俗，考覈古今〔二〇〕，爲之折衷。搉而量之〔二一〕，獨金陵與洛下耳〔二二〕。南方水土和柔，其音清舉而切詣〔二三〕，失在浮淺，其辭多鄙俗。北方山川深厚，其音沈濁而鈋鈍〔二四〕，得其質直〔二五〕，其辭多古語〔二六〕。然冠冕君子，南方爲優；閭里小人，北方爲愈。易服而與之談，南方士庶，數言可辯；隔垣而聽其語，北方朝野，終日難分。而南染吴、越，北雜夷虜，皆有深弊，不可具論〔二七〕。其謬失輕微者，則南人以錢爲涎〔二八〕，以石爲射〔二九〕，以賤爲羨〔三〇〕，以是爲舐〔三一〕；北人以庶爲戍〔三二〕，以如爲儒〔三三〕，以紫爲姊〔三四〕，以洽爲狎〔三五〕。如此之例，兩失甚多〔三六〕。至鄴已來〔三七〕，唯見崔子約、崔瞻叔姪〔三八〕，李祖仁、李蔚兄弟〔三九〕，頗事言詞，少爲切正。李季節著音韻決疑，時有錯失〔四〇〕；陽休之造切韻，殊爲疎野〔四一〕。吾家兒女〔四二〕，雖在孩稚，便漸督正之；一言訛替〔四三〕，以爲己罪矣。云爲品物〔四四〕，未考書記者〔四五〕，不敢輒名，汝曹所知也。

〔一〕此篇，黄本全删。續家訓七曰：「昔齊永明中，沈約撰四聲譜；而周顒善識聲韻，始以平上去入四聲制韻。原其制韻，本協者爲文，而音辭由此出焉。然五方之人，各各不同，格以四聲，灼然可見，吴、楚則多輕淺，燕、趙則傷重濁，秦、隴則去聲爲入，梁、益則平聲似去。至於君子之音辭，自然多同矣。春秋傳曰：『楚武授師子焉。』楊雄方言：『子者，戟也。』言授𣏟以戟也。……自周顒以來，制韻皆本於律，不可差之毫忽，如東冬、清青之類，不相通也。音辭之間，總其大較，固難如此之拘矣。」

〔二〕宋本及續家訓「標」作「摽」，非是，今不從；從木從扌之字，古書多混也。趙曦明曰：「春秋公羊隱五年傳：『公曷爲遠而觀魚？登來之也。』注：『登來，讀言得來。得來之者，齊人語也；齊人名求得爲得來，其言大而急，由口授也。』又桓六年正月『寔來』傳：『曷爲謂之寔來？慢之也。曷爲慢之？化我也。』注：『行過無禮謂之化，齊人語也。』詳見困學紀聞七。」案：清人淳于鴻恩著公羊方言疏箋一卷，言之綦詳，有光緒戊申金泉精舍刊本。

〔三〕抱經堂校定本「楚詞」作「楚辭」，宋本、續家訓及餘本都作「楚詞」，今據改正。趙曦明曰：「史紀屈原傳：『憂愁幽思而作離騷。離騷者，猶離憂也。』王逸離騷經序：『經，徑也，言己放逐離別，中心愁思，猶依道徑以風諫君也。』案：逸説非是，經字乃後人所加耳。此言離騷多楚人之語，如羌字、些字等是也。」

〔四〕續家訓及各本、玉海四五「其言」作「其書」，今從宋本。趙曦明：「隋書經籍志：『揚子方言十三卷，郭璞注。』」

〔五〕宋本、玉海無「也」字，今從餘本。

〔六〕趙曦明曰：「後漢書鄭玄傳：『玄字康成，北海高密人。黨事禁錮，遂隱修經業，杜門不出。凡玄所注：周易、尚書、毛詩、儀禮、禮記、論語、孝經、尚書大傳、中候、乾象曆等，凡百餘萬言。』」器案：顔文言六經，范書所舉者才五經，通志玄傳、册府元龜六〇五於范書所舉五者之外，尚有周官禮注，史承節鄭公祠堂碑亦有之，而周官禮注十二卷，今固赫然具存矣，此蓋范書之傳寫者偶然脱之耳。

〔七〕趙曦明曰：「隋書經籍志：『吕氏春秋二十六卷，淮南子二十一卷，並高誘注。』」器案：誘，涿人，見水經易水注。淮南子叙目載誘少從同縣盧植學，建安十年，辟司空掾，除東郡濮陽令，十七年遷監河東。吕氏春秋序載誘正孟子章句，作淮南、孝經解，畢訖，復爲吕氏春秋解。

〔八〕「熹」，續家訓作「喜」，不可從。盧文弨曰：「隋書經籍志：『釋名八卷，劉熙撰。』册府元龜：『漢劉熙爲安南太守，撰禮謚法八卷，釋名八卷。』直齋書録解題稱漢徵士北海劉熙成國撰，此書作劉熹，文選注引李登聲類：『熹與熙同。』世説新語言語篇：『王坦之令伏滔、習鑿齒論青、楚人物。』注：『滔集載其論略，青士有才德者，後漢時有劉成國。』又後漢書文苑傳：『劉珍字秋孫，一名寶，南陽蔡陽人，撰釋名三十篇。』篇數不同，非此書也。」郝懿行曰：「劉成國名熙，或言熹者，蓋古字通用。」

〔九〕盧文弨曰：「此不可勝舉，聊舉一二以見意。鄭注易大有『明辯遰』，讀如明星晢晢，晉初爻摧讀如南山崔崔，周禮太宰斿讀如囿游之游，疾醫祝讀如注病之注，儀禮士冠禮缺讀如有頍者弁之頍，鄉飲酒禮疑讀爲仡然從於趙盾之仡，禮記檀弓居讀如姬姓之姬，中庸人讀如人相偶之人；高誘注吕覽貴公篇蔇讀車笓之笓，功名篇茹讀如船漏之茹；注淮南原道訓悅讀如人空頭扣之扣，屈讀秋雞無尾屈之屈；許慎説文辵讀若春秋公羊傳曰辵階而走，臤讀若鏗鏘之鏗；劉熙釋名，皆以音聲相近者爲釋。熙有孟子注七卷，今不傳，文選注引『獻猶軒，軒在物上之稱也』。又『螬者，齊俗名之如酒槽也』。亦是譬況假借。」器案：玉海無「耳」字。陸德明釋文叙録：「古人音書，止爲譬況之説，孫炎始爲反語。」張守節史記正義論例：「先儒音字，比方爲音，至魏秘書孫炎，始作反音。」

〔一〇〕左傳昭公二十年，晏子曰：「先王之濟五味、和五聲也，以平其心、成其政也。聲亦如味，一氣，二體，三類，四物，五聲，六律，七音，八風，九歌，以相成也。清濁大小，短長疾徐，哀樂剛柔，遲速高下，出入周疏，以相濟也。」此爲最早言聲音之清濁者。漢書律曆志：「古者，黄帝合而不死，名察發斂，定清濁。」孟康曰：「清濁，謂聲律之清濁也。」續漢書律曆志：「量有輕重，平以權衡；聲有清濁，協以律吕。」宋書范曄傳載獄中與諸甥書以自序：「性别宫商，識清濁。」又謝靈運傳論：「一簡之内，音韻盡殊；兩句之中，輕重悉異。」詩品序：「但令清濁通流，口吻調利。」切韻序：「欲廣文路，自可清濁皆通；若賞知音，即須輕重有異。」悉曇藏卷二引沈約四聲譜：「韻有二種：清濁各别爲通韻，清濁相和爲落韻。」又引韻詮商略清濁例云：「先代作文之士，以清濁之不足，則兼取協韻以會之；協韻之不足，則仍取並韻以成之。」釋中算妙法蓮華經釋文卷上：「今案華字有三音，平聲輕重與去聲也。平聲輕則花也；重則榮華，美也；去則華山，西岳也。今爲取花，用平輕也。不空三藏儀軌作花字者，蓋此意焉。」夢溪筆談卷十五：「每聲復有四等，謂清、次清、濁、平也，如顛天田年、邦胮龐厖之類是也。」日本見在書目小學家有清濁音一卷。

〔一二〕「内言外言」，續家訓及各本作「外言内言」，今從宋本，玉海同。

〔一三〕盧文弨曰：「漢書王子侯表上：『襄嚵侯建。』晉灼曰：『音内言毚菟。』（原誤作史記云云，今據宋本漢書校改。）又『猇節侯起』。晉灼云：『猇音内言鴞。』爾雅釋獸釋文：『猰，晉灼音内言餲。』而外言未見，如何休注宣八年公羊傳云：『言乃者，内而深；言而者，外而淺。』亦可推其意矣。又莊二十八年公羊傳：『春秋伐者爲主，伐者爲客。』何休於上句注云：『伐人者爲客，讀伐長言之。』於下句注云：『見伐者爲主，讀伐短言之，皆齊人語也。』高誘注呂氏春秋慎行論：『鬩，鬭也，讀近鴻，緩氣言之。』又注淮南本經訓：『蛩，兗州謂之膢。膢讀近殆，緩氣言之。』此所謂徐言也。又注地形訓：『旄讀近綢繆之繆，急氣言乃得之。』余謂如詩大雅文王『豈不顯』、『豈不時』，但言『不顯』『不時』，公羊隱元年傳注『不如』即『如』，亦是其比。讀若之例，説文爲多。他若鄭康成注易乾文言：『慊讀如羣公溓之溓。』高誘注淮南原道訓：『抗讀扣耳之扣。』類皆難解。又劉熙釋名：『天，豫、司、兗、冀以舌腹言之，天，顯也；青、徐以舌頭言之，天，坦也。』『風，兗、豫、司、冀横口合脣言之，風，氾也；青、徐踧口開脣推氣言之，風，放也。』古人爲字作音，類多如此。」周祖謨曰：「案：内言外言、急言徐言，前人多不能解。今依音理推之，其義亦可得而説。考古人音字，言内言外言者，凡有四事：公羊傳宣公八年：『曷爲或言而，或言乃？』何休注：『言乃者内而深，言而者外而淺。』此其一；漢書王子侯表上：『襄巉侯建。』晉灼：『巉音内言毚兔。』（各本譌作「巉菟」，今正。）此其二；『猇節侯起。』晉灼：『猇音内言鴞。』此其三；爾雅釋獸釋文：『㹥，晉灼音内言餉。』此其四。推此四例推之，所謂内外者，蓋指韻之洪細而言。言内者洪音，言外者細音。何以知言内者爲洪音？案：巉，唐王仁昫切韻在琰韻，音自染反（敦煌本、故宫本同），篆隸萬象名義、新撰字鏡並音才冉反，與王韻同；惟顔師古此字作士咸反（今本玉篇同），則在咸韻也。如是可知巉字本有二音：一音自染反，一音士咸反。自染即漸字之音，漸三等字也；士咸即毚字之音，毚二等字也。江永音學辨微辯等列云：『音韻有四等：一等洪大，二等次大，三四皆細，而四尤細。』是三四等與一二等有洪細之殊。以今語釋之，即三四等有i介音，一二等無i介音。有i介音者，其音細小；無i介音者，其音洪大。晉灼音巉爲毚兔之毚，是作洪音讀，不作細音讀也。顔注士咸反，正與之合。蓋音之侈者，口腔共鳴之間隙大；音之歛者，口腔共鳴之間隙小。大則其音若發自口内，小則其音若發自口杪。故曰巉音内言毚兔。是内外之義，即指音之洪細而言無疑也。依此求之，猇節侯之猇，晉灼音内言鴞，鴞，唐寫本切韻在宵韻，音于驕反。（王國維抄本第三種。以下言切韻者並同，凡引用第二種者，始分别標明。）考漢書地理志濟南郡有猇縣，應劭音箎，蘇林音爻。爻，切韻胡茅反，在肴韻，匣母二等字也。鴞則爲喻母三等字。喻母三等，古歸匣母，是鴞爻聲同，而韻則有弇侈之異。今晉灼猇音内言鴞，正讀爲爻，與蘇林音同。（切韻此字亦音胡茅反。）此藉内言二字可以推知其義矣。復次，爾雅釋獸：『猰貐，類貙，虎爪，食人，迅走。』釋文云：『猰字亦作猰，諸詮之烏八反，韋昭烏繼反，服虔音蟿，晉灼音內言餔。案：字書餔音噎。』今案：噎，切韻烏結反，在屑韻，四等字；餔，曹憲博雅音作於結反（見釋言），與字書音噎同。（考淮南子本經篇：『猰貐鑿齒。』高誘云：『猰讀車軋履人之軋。』軋，切韻音烏黠反，在黠韻，二等，今晉灼此字音內言餔，正作軋音，與高誘注若合符節。（切韻猰音烏黠反，即本高誘、晉灼也。）然則內言之義，指音之洪者而言，已明確如示諸掌矣。至如外言所指，由何休公羊傳注可得其確解。何休云：『言乃者內而深，言而者外而淺。』乃，切韻音奴亥反，在海韻，一等字也。而，如之反，在之韻，三等字也。乃，屬泥母。而，屬日母。乃、而古爲雙聲，惟韻有弇侈之殊。『乃』既爲一等字，則其音侈；『而』既爲三等字，則其音弇。『乃』無i介音，『而』有i介音。故曰言乃者內而深，言而者外而淺。是外言者，正謂其音幽細，若發自口杪矣。夫內外之義既明，可進而推論急言徐言之義矣。考急言徐言之説，見於高誘之解呂覽、淮南。其言急氣者，如：淮南俶真篇：『牛蹏之涔，無尺之鯉。』注：『涔讀延祜曷問（此四字當有誤），急氣閉口言也。』地形篇：『其地宜黍，多旄犀。』注：『旄讀近綢繆之繆，急氣言乃得之。』氾論篇：『太祖軵其肘。』注：『軵，擠也，讀近茸，急察言之。』説山篇：『牛車絶轔。』注：『轔讀近藺，急舌言之乃得也。』説林篇：『亡馬不發户轔。』注：『轔，户限也。楚人謂之轔。轔讀近鄰，急氣言乃得之也。』修務篇：『腃胅哆噅。』注：『腃讀權衡之權，急氣言之。』（腃，正文及注刻本均誤作啳，今正。）此皆言急氣者也。其稱緩氣者，如：淮南子原道篇：『蛟龍水居。』注：『蛟讀人情性交易之交，緩氣言乃得耳。』本經篇：『飛蛩滿野。』注：『蛩，一曰蝗也，沇州謂之螣。讀近殆，緩氣言之。』（吕覽仲夏紀：『百螣時起。』注：『螣讀近殆，兖州人謂蝗爲螣。』與此同。）修務篇：『胡人有知利者，而人謂之駤。』注：『駤讀似質，緩氣言之，在舌頭乃得。』吕覽慎行篇：『相與私鬨。』注：『鬨讀近鴻，緩氣言之。』此皆言緩氣者也。即此諸例觀之，急氣緩氣之説，似與聲母聲調無關，其意當亦指韻母之洪細而言。蓋凡言急氣者，多爲細音字，凡言緩氣者，多爲洪音字。如涔，山海經北山經：『管涔之山。』郭璞注：『涔音岑。』故宫本王仁昫切韻鋤簪反，在侵韻，與郭璞音合。案：岑三等字也。旄讀綢繆之繆（切韻：旄，莫袍反），繆，切韻武彪反，在幽韻，四等字也。軵讀近茸，（説文亦云：軵讀茸。廣韻而容、而隴二切。）茸，切韻（王摹第二種）而容反，在鍾韻，三等字也。轔讀近藺若鄰，（切韻：轔，力珍反。）藺，廣韻良刃切，在震韻。鄰，切韻力珍反，在真韻。鄰藺皆三等字也。腃讀若權衡之權（敦煌本王仁昫切韻及廣韻字作臛，音巨員反），權，切韻巨員反，在仙韻，三等字也。以上諸例，或言急氣言之，或言急察言之，字皆在三四等。至如蛟讀人情性交易之交（蛟，切韻古肴反），交，切韻古肴反，在肴韻，二等字也。螣讀近殆，螣，廣韻徒得切，在德韻，殆，徒亥切，在德韻，螣殆雙聲，皆一等字也。（吕覽任地篇高注：「兖州謂蜮爲螣，音相近也。」蜮，廣韻音或，與螣同在德韻，廣韻螣音徒得切，與高注相合。）鬨讀近鴻（廣韻：鬨，胡貢切。），鴻，切韻(王摹本第二種)音胡籠反，在東韻，一等字也。以上諸例，同稱緩氣，而字皆在一二等。夫一二等爲洪音，三四等爲細音，故曰凡言急氣者皆細音字，凡言緩氣者皆洪音字。惟上述之駤字，高云：『讀似質，緩氣言之。』適與此説相反。蓋駤廣韻音陟利切，在至韻，與交質之質同音，(質又音之日切。)駤質皆三等字也。三等爲細音，而今言緩氣，是爲不合。然緩字殆爲急字之誤無疑也。如是則急言緩言之義已明。然而何以細音則謂之急，洪音則謂之緩？嘗尋繹之，蓋細音字爲三四等字，皆有i介音，洪音字爲一二等字，皆無i介音。有i介音者，因i爲高元音，且爲聲母與元音間之過渡音，而非主要元音，故讀此字時，口腔之氣道，必先窄而後寬，而筋肉之伸縮，亦必先緊而後鬆。無i介音者，則聲母之後即爲主要元音，故讀之輕而易舉，筋肉之伸縮，亦極自然。是有i介音者，其音急促造作，故高氏謂之急言。無i介音者，其音舒緩自然，故高氏謂之緩言。急言緩言之義，如是而已。此亦與何休、晉灼所稱之内言外言相似。(晉灼，晉尚書郎，其音字稱内言某，内言之名，當即本於何休。)蓋當東漢之末，學者已精於審音。論發音之部位，則有横口在舌之法。論韻之洪細，則有内言外言急言緩言之目。論韻之開合，則有踧口籠口之名。論韻尾之開閉，則有開脣合脣閉口之説。(横口踧口開脣合脣，並見劉熙釋名。)論聲調之長短，則有長言短言之别。(見公羊傳莊公二十八年何休注。)剖析毫釐，分别黍絫，斯可謂通聲音之理奥，而能精研極詣者矣。惜其學不傳，其書多亡，後人難以窺其用心耳。嘗試論之，中國審音之學，遠自漢始，迄今已千有餘年。於此期間，學者審辨字音，代有創獲。舉其大者，凡有七事：一，漢末反切未興以前經師之審辨字音。二，南朝文士讀外典知五音之分類。三，齊、梁人士之辨别四聲。四，唐末沙門之創製字母。五，唐末沙門之分韻爲四等。六，宋人之編製韻圖。七，明人之辨析四呼。此七事者，治聲韻學史者固不可不知也。」器案：論衡詰術篇：「口有張歙，聲有内外。」亦言讀音口有開合，聲有洪細也。此又漢人之言内言外言之可考見者。又案：唐沙門不空譯孔雀明王經卷上自注云：「此經須知大例：若是尋常字體旁加口者，即彈舌呼之；但爲此方無字，故借音耳。」彈舌呼借音字，即兩漢以來轉讀外語對音之發展，此又治聲韻學史者不可不知之事也。又案：盧文弨所舉難解之鄭、高二讀，則鄭注之「羣公濂」，當即公羊傳文十三年之「羣公廩」，廩濂不同，蓋即嚴、顔之異，清人類能言之（詳陳立公羊義疏）。至高注之「扣耳」，蓋爲「扣首」（向宗魯先生説）或「扣馬」（李哲明説）之誤。則一爲異文，一爲譌字，至爲明白，而曰「類皆難解」，何耶！又案：段玉裁周禮漢讀考序：「漢人作注，於字發疑正讀，其例有三：一曰讀如、讀若，二曰讀爲、讀曰，三曰當爲。讀如、讀若者，擬其音也；讀爲、讀曰者，易其字也；……當爲者，定爲字之誤、聲之誤而改其字也。」尋周禮天官序官：「六曰主，以利得民。」注：「玄謂利讀如『上思利民』之利。」漢讀考云：「漢人注經必兼讀如、讀爲二者，有讀爲而後經可通也。說文解字之例有讀如，無讀爲，祇釋其本字，不必易字也。又讀如之下必用他字而不用本字，蓋字書之體，一字而包數音數義，不爲分别之詞。」此言讀如、讀爲之分，因明白矣。

〔一三〕何焯校改「言」爲「然」，云：「宋本譌『言』。」王應麟玉海小學類曰：「世謂倉頡製字，孫炎作音，沈約撰韻，同爲椎輪之始。」趙曦明曰：「隋書經籍志：『爾雅音義八卷，孫炎撰。』」盧文弨曰：「案：魏志王肅傳稱孫叔然，以名與晉武帝同，故稱其字。陸德明釋文亦云：『炎字叔然。』今此作『叔言』，亦似取莊子『大言炎炎』爲義。得無炎本有兩字耶？故仍之。」劉盼遂引吴承仕曰：「按：炎字叔然，義相應。盧説本作『叔言』者，取『大言炎炎』之義，古來有此體例乎？明『言』爲誤字矣。」

〔一四〕盧文弨曰：「反音翻，下同。」郝懿行曰：「案：反語非起於孫叔然，鄭康成、服子慎、應仲遠年輩皆大於叔然，並解作反語，具見儀禮、漢書注，可考而知。余嘗以爲反語，古來有之，蓋自叔然始暢其説，而後世因謂叔然作之爾。」周祖謨曰：「案反切之興，前人多謂創自孫炎。然反切之事，決非一人所能獨創，其淵源必有所自。章太炎國故論衡音理篇即謂造反語者非始於孫叔然，其言曰：『案：經典釋文序例謂漢人不作音，而王肅周易音，則序例無疑辭，所録肅音用反語者十餘條。尋魏志肅傳云：「肅不好鄭氏，時樂安孫叔然授學鄭玄之門人，肅集聖證論以譏短玄，叔然駁而釋之。」假令反語始于叔然，子雍豈肯承用其術乎？又尋漢地理志廣漢郡梓潼下應劭注：「潼水所出，南入墊江。墊音徒浹反。」遼東郡沓氏下應劭注：「沓水也，音長答反。」是應劭時已有反語，則起于漢末也。』由是可知反語之用，實不始于孫炎。顔師古漢書注中所録劭音，章氏亦未盡舉，而應劭音外，復有服虔音數則。如惴音章瑞反，鯫音七垢反，鱬音奴溝反（廣韻人朱切），痏音於鬼反（廣韻榮美切），踢音石臭反（廣韻他歷切），是也。故唐人亦謂反切肇自服虔。如景審慧琳一切經音義序云：『古來反音，多以旁紐而爲雙聲，始自服虔，原無定旨。』唐末日本沙門安然悉曇藏引唐武玄之韻詮反音例亦云：『服虔始作反音，亦不詰定。』（大正新修大藏經）是皆謂反切始自服虔也。服、應爲漢靈帝、獻帝間人，是反切之興，時當漢末，固無疑矣。然而諸書所以謂始自孫炎者，蓋服、應之時，直音盛行，反切偶一用之，猶未普徧。及至孫炎著爾雅音義，承襲舊法，推而廣之，故世以孫炎爲創製反切之祖。至若反切之所以興於漢末者，當與象教東來有關。清人乃謂反切之語，自漢以上即已有之，近人又謂鄭玄以前已有反語，皆不足信也。」

〔一五〕趙曦明曰：「魏志三少帝紀：『高貴鄉公諱髦，字彦士，文帝孫，東海定王霖子，在位七年，爲賈充所弑。』」周祖謨曰：「案：經典釋文叙録謂高貴鄉公有左傳音三卷。此云『高貴鄉公不解反語，以爲怪異』，事無可考。釋文所録高貴鄉公反音一條，或本爲比況之音，而後人改作者也。」案：經典釋文周禮「其浸波溠」下云：「音詐，左傳音曰：『李莊加反，字林同。』劉昨雖反，云與音大不同，故今從高貴鄉公。」吴承仕經籍舊音辨證二曰：「案：劉音昨雖反，韻部甚遠；釋文以昨雖之音爲不切，故從高貴鄉公之音。左傳莊四年：『除道梁溠。』釋文：『高貴鄉公音側嫁反。』即此之首音詐也。又按：顔氏家訓稱『高貴鄉公不解反語，以爲怪異』，而左氏釋文乃引其反語，與顏說不相應。今疑高貴鄉公於左傳『梁溠』字直音詐，而陸德明改爲側嫁反耳。」

〔一六〕文心雕龍變通篇：「自茲厥後。」尚書無逸：「自時厥後。」今言從此以後。

〔一七〕荀子王制篇：「嘗試之說鋒起。」楊倞注：「鋒起，謂如鋒刃齊起，言銳而難拒也。」漢書東方朔傳：「舍人所問，朔應聲輒對，變作鏠出，莫能窮者。」鏠即鋒字。徐陵皇太子臨辟雍頌：「音辭鋒起。」義同。

〔一八〕左傳成公九年：「使與之琴，操南音。……范文子曰：『樂操土風，不忘舊也。』」土風，謂土音也。此則作方言解，應劭風俗通義序所謂：「風者，天氣有寒煖，地形有險易，水泉有美惡，草木有剛柔也。俗者，含血之類，像之而生，故言語歌謳異聲，鼓舞動作殊形，或直或邪，或善或淫也。」此土風之真詮也。

〔一九〕趙曦明曰：「莊子齊物論：『以指喻指之非指，不若以非指喻指之非指也；以馬喻馬之非馬，不若以非馬喻馬之非馬也。天地，一指也。萬物，一馬也。』」

〔二〇〕錢馥曰：「覈，下革切。」

〔二一〕各本「摧」作「權」，續家訓作「摧」，今從宋本。文心雕龍通變篇：「摧而論之。」

〔二二〕景定建康志四二「獨」作「唯」。盧文弨曰：「金陵，今江南江寧府，吳、東晉、宋、齊、梁、陳咸都之；洛下，今之河南開封府，周、漢、魏、晉、後魏咸都之，故其音近正，與鄉曲殊也。」嚴式誨曰：「洛下爲河南府，非開封府。」劉盼遂説同。周祖謨曰：「金陵即建康，爲南朝之都城。洛下即洛陽。世説新語雅量篇稱謝安作洛生詠，劉注引宋明帝文章志云：『安能作洛下書生詠？』是俗稱洛陽爲洛下。洛陽爲魏、晉、後魏之都城。蓋韻書之作，北人多以洛陽音爲主，南人則以建康音爲主，故曰搉而量之，獨金陵與洛下耳。」器案：隋書經籍志小學類有河洛語音一卷，王長孫撰。蓋即以帝王都邑之音爲正音，參校方俗，考覈古今，爲之折衷者。

〔二三〕景定建康志無「詣」字，非是。文心雕龍樂府篇：「奇辭切至。」切詣猶切至也。

〔二四〕續家訓「訛鈍」作「訛鈍」，義較勝。盧文弨曰：「訛，五禾切，説文：『圜也。』」

〔二五〕續家訓「其」作「在」。論語顔淵篇：「質直而好義。」

〔二六〕盧文弨曰：「淮南地形訓：『清水音小，濁水音大。』陸法言切韻序：『吴、楚則時傷輕淺，燕、趙則多傷重濁，秦、隴則去聲爲入，梁、益則平聲似去。』」郝懿行曰：「案：北方多古語，至今猶然。市井閭閻，轉相道説，按之雅記，與古不殊，學士老死而不喻，里人童幼而習知，奚獨樵夫笑士，不談王道者也？余著證俗文，頗詳其事。」周祖謨曰：「案：經典釋文叙録云：『方言差别，固自不同，江北、江南，最爲鉅異。或失在浮清，或滯於重濁。』與顔説相同。顔謂南人之音辭多鄙俗者，以其去中原雅音較遠，而言辭俗俚，於古無徵故也。」王叔岷曰：「案鍾嶸詩品中評陶潛詩：『世歎其質直。』評應璩詩：『善爲古語。』」

〔二七〕周祖謨曰：「此論南北士庶之語言各有優劣。蓋自五胡亂華以後，中原舊族多僑居江左，故南朝士大夫所言，仍以北音爲主。而庶族所言，則多爲吴語。故曰：『易服而與之談，南方士庶，數言可辨。』而北方華夏舊區，士庶語音無異，故曰：『隔垣而聽其語，北方朝野，終日難分。』惟北人多雜胡虜之音，語多不正，反不若南方士大夫音辭之彬雅耳。至於閭巷之人，則南方之音鄙俗，不若北人之音爲切正矣。」（參見陳寅恪先生東晉南朝之吴語一文。）

〔二八〕段玉裁曰：「錢，昨先切，在一先；涎，夕連切，在二仙：分斂侈。」錢馥曰：「案：一先昨先切，前、㴸、湔、騚、䈯、瀐六字，錢在二仙，昨仙切，與涎同部，而母各別，錢，從母，涎，邪母。」

〔二九〕段玉裁曰：「石，常隻切；射，食亦切：同在二十二昔而有别。」王叔岷曰：「案淮南子兵略篇：『合戰必立矢射之所及。』王念孫雜志云：『矢射當爲矢石，聲之誤也。意林引此正作矢石，劉晝新論兵術篇同。』此所謂『以石爲射』也。」

〔三〇〕段玉裁曰：「賤，才線切；羨，似面切：同在三十三線而有别。」

〔三一〕段玉裁曰：「是，承紙切；舐，神紙切：同在四紙而音别。」周祖謨曰：「此論南人語音，聲多不切。案：錢，切韻昨仙反，涎，叙連反，同在仙韻；而錢屬從母，涎屬邪母，發聲不同。賤，唐韻（唐寫本，下同）才線反，羨，似面反，同在線韻；而賤屬從母，羨屬邪母，發聲亦不相同。南人讀錢爲涎，讀賤爲羨，是不分從邪也。石，切韻常尺反，射，食亦反，同在昔韻；而石屬禪母，射屬牀母三等。是，切韻承紙反，舐，食氏反，同在紙韻；而是屬禪母，食屬牀母三等。南人誤石爲射，讀是爲舐，是牀母三等與禪母無分也。」

〔三二〕段玉裁曰：「庶在九御，戍在十遇，二音分大小。」

〔三三〕段玉裁曰：「如在九魚，人諸切；儒在十虞，人朱切。」

〔三四〕段玉裁曰：「紫，將此切，在四紙；姊，將几切，在五旨；二韻古音大分别。」

〔三五〕段玉裁曰：「洽，侯夾切，入韻第三十一；狎，胡甲切，入韻第三十二。」

〔三六〕周祖謨曰：「此論北人語音，分韻之寬，不若南人之密。案：庶、戍同爲審母字，廣韻庶在御韻，戍在遇韻，音有不同。庶，開口，戍，合口。如、儒同屬日母，如在魚韻，儒在虞韻，韻亦有開合之分；北人讀庶爲戍，讀如爲儒，是魚、虞不分也。又紫、姊同屬精母，而紫在紙韻，姊在旨韻，北人讀紫爲姊，是支、脂無别矣。又洽、狎同爲匣母字，切韻分爲兩韻；北人讀洽爲狎，是洽、狎不分也：由此足見北人分韻之寬。」又曰：「以上所論，爲南北語音之大較。然亦有爲之推所未論及者。如南人以匣、于爲一類，北人以審母二三等爲一類，是也。南人不分匣、于者，如原本玉篇云作胡動反，屬作胡甫反，經典釋文論語爲政章尤切爲下求，唐寫本尚書釋文殘卷猾反爲于八，皆是。北人審二審三不分者，如北史魏收傳博陵崔巖以雙聲語嘲收曰：『愚魏衰收。』洛陽伽藍記李元謙嘲郭文遠婢曰：『凡婢雙聲。』皆是。蓋衰、雙爲審母二等，收、聲爲審母三等，今以衰收、雙聲爲體語，是審母二三等無别也。且魏收答崔巖曰：『顔巖腥瘦。』腥屬心母，瘦屬審母二等，魏以腥瘦爲雙聲，是心、審二母更有相混者矣。至於韻部，則北音鍾、江不分，删、寒不分，燭、覺不分，均可由北朝人士詩文之協韻考覈而知，與南朝蕭梁之語音迴別，此皆顏氏之所未及論，故特表而出之。」

〔三七〕周祖謨曰：「案：之推入鄴，當在齊天保八年，觀我生賦自注云：『至鄴便值陳興。』是也。」

〔三八〕趙曦明曰：「北齊書崔㥄傳：『子瞻，字彦通。聰明強學，所與周旋，皆一時名望。叔子約，司空祭酒。』」周祖謨曰：「『崔瞻』，北史卷二十四作『崔贍』，贍與彦通義相應，當不誤。若作『瞻』，則不倫矣。贍，㥄子，清河東武城人。北史云：『贍清白善容止，神采嶷然，言不妄發。齊大寧元年除衞尉少卿，使陳還，遷吏部郎中，天統末卒。』崔子約見同卷崔儦傳，傳云：『子約長八尺餘，姿神儁異，魏定武中爲平原公開府祭酒。與兄子贍俱詣晉陽，寄居佛寺。贍長子約二歲，每退朝久立，子約憑几對之，儀望俱華，儼然相映；諸沙門竊窺之，以爲二天人也。齊廢帝乾明中爲考功郎，病卒。』」

〔三九〕周祖謨曰：「李祖仁、李蔚，見北史卷四十三李諧傳。諧，頓丘人，仕魏終秘書監。史稱：『諧長子岳，字祖仁，官中散大夫。岳弟庶，方雅好學，甚有家風。庶弟蔚，少清秀，有襟期倫理，涉觀史傳，專屬文辭，甚有時譽。仕齊，卒於秘書丞。』弟若，即與劉臻、顏之推同詣陸法言門宿，共論音韻者也。見法言切韻序。」

〔四〇〕續家訓「音韻」作「音譜」。趙曦明曰：「隋書經籍志：『修續音韻決疑十四卷，李槩撰。』又『音譜四卷』。」周祖謨曰：「案：李季節見北史卷三十三李公緒傳。公緒，趙郡平棘人。史云：『公緒弟槩，字季節，少好學，然性倨傲。爲齊文襄大將軍府行參軍，後爲太子舍人，爲副使聘于江南，後卒於并州功曹參軍。撰戰國春秋及音譜，並行於世。』槩平生與清河崔贍爲莫逆之交，槩將東還，贍遺之書曰：『仗氣使酒，我之常弊，詆訶指切，在卿尤甚。足下告歸，吾於何聞過也。』（見北史崔贍傳。）足見相欵之密。其所著音韻決疑及音譜皆亡。音譜之分韻，敦煌本王仁昫切韻猶記其梗槩。如佳、皆不分，先、仙不分，蕭、宵不分，庚、耕、青不分，尤、侯不分，咸、銜不分，均與切韻不合。音韻決疑，文鏡秘府論（天册）所録劉善經四聲論中，嘗引其序云：『案：周禮，凡樂，圜鍾爲宫，黄鍾爲角，太族爲徵，姑洗爲羽。商不合律，蓋與宫同聲也。五行則火土同位，五音則宫商同律，闇與理合，不其然乎？吕静之撰韻集，分取無方，王微之製鴻寶，詠歌少驗。平上去入，出行閭里，沈約取以和聲，律吕相合。竊謂宫商徵羽角，即四聲也，羽讀如括羽之羽，以之和同，以位羣音，無所不盡。豈其藏理（一作「埋」）萬古，而未改於先悟者乎？』此論五音與四聲相配之次第，爲後人之所宗，故附著之。」器案：「音韻決疑」，續家訓作「音譜決疑」，文鏡秘府論天册四聲論所録劉善經四聲論引音韻決疑序云云（已見周祖謨氏所引），又曰：「經每見當世文人論四聲者衆矣，然其以五音配偶，多不能諧；李氏忽以周禮證明，商不合律，與四聲相配便合，恰然懸同。愚謂鍾、蔡以還，斯人而已。」音韻決疑原作音譜決疑，余撰文鏡祕府論校注，據正智院本定爲音韻決疑。隋書經籍志小學類箸録：「修續音韻決疑十四卷，李槩撰。音譜四卷，李槩撰。」則音韻決疑與音譜爲兩書明矣。而日本見在書目有音譜決疑十卷，注：「齊太子舍人李節撰。」又音譜決疑二卷，注：「李槩撰。」作者不知前之音譜決疑當作音韻決疑，而後之音譜決疑則又涉上文而誤衍「決疑」二字，乃分别列李節、李槩之名以别之，不知割裂古人名字，如介之推一作介推，維昔而然矣。陸法言切韻序云：「陽休之韻略、周思言音韻、李季節音譜、杜臺卿韻略等，各有乖互。」真旦韻詮序云：「李季節之輩，定音譜於前，陸法言之徒，修切韻於後。」音譜、音韵決疑二書俱亡。音譜之分韵部，敦煌本王仁昫切韻猶存其梗概，如佳、皆不分，先、仙不分，蕭、宵不分，庚、耕、青不分，尤、侯不分，咸、銜不分，皆與切韻不合也。凡切韵目録所注分部之陽、吕、夏、杜、李，陽即陽休之，吕即吕静，夏即夏侯詠，杜即杜臺卿，李即李季節槩也，亦可見其書之大要也。

〔四一〕趙曦明曰：「隋書經籍志：『韻略一卷，陽休之撰。』」周祖謨曰：「北齊書卷四十二陽休之傳云：『休之，字子烈，右北平無終人。父固，魏洛陽令。休之儁爽有風槩，少勤學，愛文藻，仕齊爲尚書右僕射。周武平齊，除開府儀同。隋開皇二年終於洛陽。』其所著韻略已亡。（器案：今有任大椿、馬國翰輯本。）劉善經四聲論云：『齊僕射陽休之，當世之文匠也。乃以音有楚、夏，韻有訛切，辭人代用，今古不同，遂辨其尤相涉者五十六韻，科以四聲，名曰韻略。制作之士，咸取則焉。後生晚學，所賴多矣。』據此可知其書體例之大概。王仁昫切韻亦記其分韻之部類，如冬、鍾、江不分，元、痕、魂不分，山、先、仙不分，蕭、宵、肴不分，皆與切韻不合。其分韻之寬，尤甚於李季節音譜，此顔氏之所以譏其疎野也。」器案：陸法言切韻序：

「陽休之韻略、周思言音韻、李季節音譜、杜臺卿韻略等，各有乖互。」切韻之作，之推「多所決定」，宜二家之論定陽、李之書，講若畫一也。

〔四二〕宋本「兒女」作「子女」。

〔四三〕訛替，訛誤差替。本書雜藝篇：「訛替滋生。」拾遺記二：「扶婁之國，故俗謂之婆猴技，則扶婁之音，訛替至今。」顏延之爲齊世子論會稽表：「頃者以來，稍有訛替。」

〔四四〕云爲，猶言所爲。漢書王莽傳中：「帝王相改，各有云爲。」又：「災異之變，各有云爲。」「品物」，續家訓作「器物」。

〔四五〕傳本、何本「考」作「可」。

古今言語，時俗不同；著述之人，楚、夏〔一〕各異。蒼頡訓詁〔二〕，反稗爲逋賣〔三〕，反娃爲於乖〔四〕；戰國策音刎爲免〔五〕，穆天子傳音諫爲間〔六〕；說文音戛爲棘〔七〕，讀皿爲猛〔八〕；字林音看爲口甘反〔九〕，音伸爲辛〔一〇〕；韻集以成、仍〔一一〕、宏、登合成兩韻〔一二〕，爲、奇、益、石分作四章；李登聲類以系音羿〔一三〕，劉昌宗周官音讀乘若承〔一四〕：此例甚廣，必須考校〔一五〕。前世反語，又多不切〔一六〕，徐仙民毛詩音反驟爲在遘〔一七〕，左傳音切椽爲徒緣〔一八〕，不可依信，亦爲衆矣。今之學士，語亦不正；古獨何人，必應隨其譌僻乎〔一九〕？通俗文曰：「入室求曰搜〔二〇〕。」反爲兄侯〔二一〕。然則兄當音所榮反〔二二〕。今北俗通行此音，亦古語之不可用者〔二三〕。璵璠，魯人寶玉〔二四〕，當音餘煩〔二五〕，江南皆音藩屏之藩〔二六〕。岐山當音爲奇，江南皆呼爲神祇之祇〔二七〕。江陵陷没，此音被於關中，不知二者何所承案〔二八〕。以吾淺學，未之前聞也〔二九〕。

〔一〕文選魏都賦：「音有楚、夏。」吕向注：「音，人語音也。夏，中國也。」山海經海内東經郭璞注：「歷代久遠，古今變易，語有楚、夏，名號不同。」文鏡秘府論天册引劉善經四聲論：「音有楚、夏，韻有訛切。」

〔二〕周祖謨曰：「蒼頡訓詁，後漢杜林撰，見舊唐書經籍志。」

〔三〕段玉裁曰：「案：廣韻稗，傍卦切，與逋賣音異。一説，曹憲廣雅音賣，麥稼切，入禡韻，逋賣一反，蓋亦入禡韻也。」錢馥曰：「賣，吴下俗音麥稼切，入禡韻，稗亦入禡韻，然固並母，不讀幫母也。逋，博孤切。」錢大昕十駕齋養新録五：「廣韻稗，傍卦切，與逋異母。」喬松年蘿藦亭札記四：「案：粺在集韻讀旁卦切，又步化切，是當讀作罷也，今人皆讀作敗，作薄邁切，即之推所讀逋賣反也，洪武正韻從之。」周祖謨曰：「此音不知何人所加。稗爲逋賣反，逋爲幫母字，廣韻作傍卦切，則在并母，清濁有異。顔氏以爲此字當讀傍卦切，故不以蒼頡訓詁之音爲然。」

〔四〕段玉裁曰：「娃，於佳切，在十三佳，以於乖切之，則在十四皆。」

〔五〕段玉裁曰：「國策音當在高誘注內，今缺佚不完，無以取證。」錢大昕曰：「當是高誘音，古無輕脣。」（「輕」原作「重」，從李慈銘校改。）郝懿行曰：「案：說文無刎字，禮記檀弓釋文云：『刎，勿粉反，徐亡粉反。』其免字，唐韻亡辨切，而檀弓及內則釋文並有問音，春秋傳：『陳侯免，擁社。』徐邈讀免無販切，音萬。然則古音通轉，音刎爲免，亦未大失也。」喬松年曰：「刎之音免，殆因免可讀問而致然。蓋讀免爲問，因以爲刎音也。」周祖謨曰：「案：刎，切韻音武粉反，在吻韻，免音亡辨反，在獮韻，二音相去較遠，故顏氏不得其解。考刎之音免，殆爲漢代青、齊之方音。如釋名釋形體云：『吻，免也，入之則碎，出則免也。』吻、刎同音，劉成國以免訓刎，取其音近，與高誘音刎爲免正同。又儀禮士喪禮：『衆主人免于房。』注云：『今文免皆作絻。』釋文：『免音問。』禮記內則：『枌榆免薧。』釋文免亦音問。是免有問音也。刎、問又同爲一音，惟四聲小異。高誘之音刎爲免，正古今方俗語音之異耳，又何疑焉。顏氏固不知此，即清儒錢大昕、段玉裁諸家，亦所不寤，審音之事，誠非易易也。」

〔六〕趙曦明曰：「穆天子傳三：『道里悠遠，山川閒之。』郭注：『閒音諫。』」段玉裁曰：「案顏語，知本作『山川諫之』，郭讀諫爲閒，用漢人易字之例，而後義可通也。後人援注以改正文，又援正文以改注，而『閒音諫』之云，乃成弔詭矣。若山海經郭傳亦作『山川閒之』，則自用其說也。漢儒多如此。讀諫爲閒，於六書則假借之法，於注家則易字之例，不當與上下文一例稱引。」盧文弨鍾山札記三：「文弨讀韓非子內儲說下六微云：『文王資費仲而遊於紂之旁，令之諫紂而亂其心。』凌瀛初本獨改諫爲閒；不知此亦讀諫爲閒，正與穆天子傳一例。意林引風俗通：『陳平諫楚千金。』太平御覽三百四十六引零陵先賢傳：『劉備謂劉璋將楊懷曰：「汝小子何敢諫我兄弟之好。」』亦皆以諫爲閒。」周祖謨曰：「案：段氏之言是也。詩大雅板：『是用大諫。』左傳成公八年引作簡，簡即閒之上聲，是諫、閒古韻相同。唐韻諫古晏反，在諫韻，閒古莧反（去聲），在襇韻，諫、閒韻不同類，故顔氏以郭注爲非。然不知删、山兩韻，（舉平聲以賅上去入。）郭氏固讀同一類也。如切韻菅音古顔反，在删韻，閒音古閑反，在山韻，而山海經北山經『條菅之水出焉』，郭傳：『菅音閒。』是其證矣。」器案：韓非子十過篇：「内史廖曰：『君其遺之女樂，以亂其政，而後爲由余請期，以疏其諫；彼君臣有閒，而後可圖也。』」諫、閒並用，史記秦本紀、説苑反質篇並改諫爲閒矣。白虎通諫諍篇：「諫者何？諫者，閒也，更也，是非相閒，革更其行也。」論衡譴告篇：「故諫之爲言閒也。」諫、閒古音相近，故得假借爲用也。

〔七〕錢大昕曰：「今分黠、職兩韻。」周祖謨曰：「案：唐韻戛音古黠反，在黠韻，棘音紀力反，在職韻。二音韻部相去甚遠，故顔氏深斥其非。今考説文音戛爲棘，自有其故。蓋『戛』説文訓『戟也』。又『戟』訓『有枝兵也，讀若棘』。是戛、戟同音。戟之讀棘，由於音近義通。詩斯干『如矢斯棘』，左氏傳隱公十一年『子都拔棘以逐之』，禮記明堂位『越棘大弓』，箋、注並訓棘爲戟，是棘戟一物也。棘本謂木叢生有刺，而戟亦謂之棘者，蓋以形旁出兩刃，如木之有刺，故亦曰棘。今戛既與戟、棘同義，故亦讀若棘矣。考説文之讀若，不盡擬其字音，亦有兼明假借者，如此之例是也。雖戛、棘、戟三字於古音之屬類不同，而同爲一語，皆爲見母字，故得通假。段注説文戛字下云：『棘在一部（案即古部之部），相去甚遠，疑本作「讀若孑」而誤。』是不明説文説若之例也。然顏氏亦習於故常，僅知戛字音古黠反，而不知戛字本有二音。二者之訓釋亦不相同。書益稷：『戛擊鳴球。』釋文：『馬注：戛，櫟也，居八反。』此一音也。張衡西京賦：『立戈迤戛。』説文：『戛，戟也，讀若棘。』此又一音也。漢人音字，固嘗分别言之。如漢書王子侯表羹頡侯信，應劭云：『頡音戛擊之戛。』其云『戛擊之戛』，正所以别於戈戛之戛也。若戛古僅有古黠反一音，應劭當直音頡爲戛矣，何爲詞費，而云『戛擊之戛』乎？足證戛字古有二音。後世韻書只作古黠反，而紀力一音乃湮没無聞矣。幸説文存之矣，而顏氏又從而非之，此古音古義之所以日漸訛替也。」

〔八〕錢大昕曰：「皿，武永切，猛，莫杏切，同韻而異切。」周祖謨曰：「説文讀皿爲猛，與冏讀若獷同例。切韻皿，武永反；猛，莫杏反；冏，舉永反；獷，古猛反，同在梗韻，而猛、獷爲二等字，皿、冏爲三等字，音之洪細有别，故之推以皿音猛爲非。案：猛從孟聲，孟從皿聲，猛、孟、皿三字音皆相近。孟古音讀若芒，史記芒卯，淮南子作孟卯是也。猛字，揚雄太玄經彊測與傷、強協韻，則亦在陽部。説文皿、盌均云讀若猛，蓋謂皿、盌當與猛同韻，顧炎武唐韻正卷九云：『皿，古音武養反。』是也。」

〔九〕段玉裁曰："看當爲口干反，而作口甘，則入談韻，非其倫矣。今韻書以邯入寒韻，徐鉉所引唐韻已如此，其誤正同。"周祖謨曰："看，切韻音苦寒反，在寒韻。字林音口甘反，讀入談韻，與切韻音相去甚遠。考任大椿字林考逸所録寒韻字，無讀入談韻者，疑甘字有誤。若否，則當爲晉世方音之異。如忝從天聲，切韻音他玷反，舑從干聲，廣韻音徒甘、直廉二切（廣韻引字林云：小熟也），是其比矣。至如段氏所舉之邯字，漢書高紀章邯，蘇林音酒酣之酣，故宫本王仁昫切韻音胡甘反，在談韻，此即邯之本音。惟邯鄲之邯，切韻所以收入寒韻，音胡安反者，蓋受鄲字之同化（assimilate）而音有變，與漢書楊雄傳㻞環之環，蘇林音宏相同。段氏以此與看音口甘相比，非其類也。後世韻書邯僅作胡安反，其本音則無人知之矣。"

〔一〇〕段玉裁曰："此蓋因古書信多音申故也。"錢大昕曰："古無心、審之別。"周祖謨曰："伸，切韻音書鄰反，辛音息鄰反，申爲審母三等，辛爲心母，審、心同爲摩擦音，故方言中，心、審往往相亂。字林音伸爲辛，是審母讀爲心母矣。此與漢人讀蜀爲叟相似。錢大昕謂古無心、審之别，非是。蓋此僅爲方音之歧異，非古音心、審即爲一類也。"

〔一一〕續家訓"成仍"作"戒佩"，未可據。魏書江式傳："吕静作韻集五卷，宫、商、角、徵、羽各爲一篇。"

〔一二〕段玉裁曰："今廣韻本於唐韻，唐韻本於陸法言切韻。法言切韻，顔之推同撰集；然則顔氏所執，略同今廣韻。今廣韻成在十四清，仍在十六蒸，别爲二韻。宏在十三耕，登在十七登，亦别爲二韻。而吕静韻集成、仍爲一類，宏、登爲一類，故曰合成兩韻。今廣韻爲、奇同在五支，益、石同在二十二昔，而韻集爲、奇别爲二韻，益、石别爲二韻，故曰分作四章。皆與顏説不合，故以爲不可依信。」錢大昕曰：「漢世言小學者，止於辨别文字，至魏李登、吕静，始因文字，類其聲音；雖其書不傳，而宫、商、角、徵、羽之分配，實自二人始之。顏氏家訓言『韻集以成、仍、宏、登合成兩韻，爲、奇、益、石分作四章』，猶後人分部也。」劉盼遂曰：「案：據此知韻書分部，自吕静韻集已然。世謂隋代以前，惟分四聲，韻目之析，始于陸法言者，非也。今清宫出唐寫本王仁昫刊繆補缺切韻平聲一目録，冬下注云：『無上聲，陽與鍾、江同，吕、夏侯别，今依吕、夏侯。』脂下注云：『吕、夏侯與微韻大亂雜，陽、李、杜别，今依陽、李。』真下注云：『吕與文同，夏侯、陽、杜别，今依夏侯、陽、杜。』臻下注云：『無上聲，吕、陽、杜與真同，夏别，今依夏。』按：所云夏侯者夏侯詠，陽者陽休之，杜者杜臺卿，吕即斥吕静韻集也；所云吕有别、吕有雜亂者，皆就韻集分部言也。此亦與黄門所云兩部四章，足互相證明者。又按：陸雲集與兄書云：『徹與察皆不與日韻，思維不能得，願賜此一字。』又云：『李氏云雪與列韻，曹（謂子建之子志也）便不復用，人亦復云，曹不可用者，音自難得正。』又云：『音楚，願兄便定之。兄音與獻、彦之屬，皆願仲宣須賦獻與服索。張公語雲云：「兄文故自楚，須作文爲思，昔所識文，乃視兄作誄，又令結使説音耳。」』案：據上三事，決晉前無分韻之書，而爾時之士，則競講韻部，故呂氏分韻之書遂應運而生也。」周祖謨曰：「案：爲、奇、益、石分作四章者，蓋韻集爲、奇不同一韻，益、石不同一韻也。王仁昫切韻所注呂氏分韻之部類，與切韻不合者甚多。如脂與微相亂，真、臻、文，董、腫，語、麌，吻、隱，旱、潸，巧、皓，敢、檻，養、蕩，耿、静、迥，箇、禡，宥、候，艷、梵，質、櫛，錫、昔，麥、葉、怗、洽，藥、鐸，諸韻無分，是也。」

〔一三〕隋書潘徽傳：「撰集字書，名爲韻纂，徽爲序曰：『……又有李登聲類，呂静韻集，始判清濁，纔分宮羽；而全無引據，過傷淺局，詩賦所須，卒難爲用。』」封氏聞見記一：「魏李登撰聲類十卷，凡一萬一千五百二十字，以五聲命字。」盧文弨曰：「案：廣韻：系，古詣切，羿，五計切，同在十二霽，而音微有别。」錢馥曰：「廣韻：系，胡計切，喉音，匣母；若古詣切，則牙音，見母，乃係字之音也。羿，五計切，牙音，疑母。」周祖謨曰：「李登以系音羿，牙喉音相溷矣。」

〔一四〕錢大昕曰：「乘，食陵切，音同繩；承，署陵切，音同丞：此牀、禪之别。今江浙人讀承如乘。」段玉裁曰：「廣韻：乘，食陵切，音同繩；承，署陵切，音同丞。今江浙人語多與劉昌宗音合。」錢馥曰：「『劉讀乘爲丞，今人讀承爲乘，互有不是；乘，牀母，承，禪母。」俞樾曰：「文子上德篇：『月望日奪光，陰不可以承陽。』愚案：陰之承陽，乃是正理，何言不可乎？『承』當爲『乘』，顔氏家訓音辭篇引劉昌宗周官音讀乘若承，是承乘音同也。淮南子説山篇正作

『乘』。」吴承仕經籍舊音辨證二：「案：周禮釋文引昌宗音，唯此乘石一事，音常烝反，其車乘字並音繩證反。校以廣韻聲類，承、常屬禪，乘、繩屬神（唐寫本切韻同），當之推時，其類别蓋與切韻同，而昌宗則以常、繩同用，故特斥之，意謂乘合音食陵反，而昌宗誤音爲承（廣韻：承，署陵切，與常烝反同音），羿合音五計反，而李登誤音爲系，此亦古今音變之一例。（劉昌宗下距顔之推卒時約二百四五十年。）」周祖謨曰：「案：經典釋文叙録，劉昌宗周官音一卷。周禮夏官：『王行乘石。』釋文云：『劉音常烝反。』常烝即承字音。乘爲牀母三等，承爲禪母。顔氏以爲二者有分，不宜混同，故論其非。考牀、禪不分，實爲古音。如詩抑：『子孫繩繩。』韓詩外傳作『子孫承承』，繩，牀母，承，禪母也。詩下武：『繩其祖武。』後漢書祭祀志劉昭注引謝承書東平王蒼上言作『慎其祖武』，繩，牀母，慎，禪母也。又釋名釋飲食：『食，殖也，所以自生殖也。』以殖訓食，食，牀母，殖，禪母也。此類皆是。下至晉、宋，以迄梁、陳，吴語牀、禪亦讀同一類。如嗜，廣韻常例切，玉篇音食利切是也。」王叔岷曰：「案莊子逍遥遊篇：『乘雲氣。』文選謝靈運七月七日夜詠牛女詩注引『乘』作『承』，讓王篇：『乘以玉輿。』日本舊鈔卷子本『乘』作『承』，（書鈔一五八、御覽五四引並同。）並乘、承同音通用之例。」

〔一五〕後漢書律曆志：「舊文錯異，不可考校。」韋昭國語序：「及劉光禄於漢成世，始更考校，是正疑謬。」考校，謂考訂校正也。

〔一六〕續家訓「又」作「文」。錢大昕曰：「顏氏以前世反語爲不切，由於未審古音。」

〔一七〕趙曦明曰：「隋書經籍志：『毛詩音二卷，春秋左傳音三卷，並徐邈撰。』」錢大昕曰：「廣韻：『驟，鋤祐切。』在宥韻，依徐音，當入候韻。」

〔一八〕續家訓「切」作「反」。錢大昕曰：「廣韻：『椽，直攣切。』古音直如特，與徒緣無二音也。今分澄、定兩母。」段玉裁曰：「驟字今廣韻在四十九宥，鋤祐切。依仙民在遘反，則當入五十候，與陸、顏不合。廣韻：『椽，直攣切。』仙民音亦與陸、顏不合。然仙民所音，皆與古音合契，而釋文亦俱不取之，驟但載助救、仕救二反，皆非知仙民者也。」吴承仕經籍舊音辨證二：「案：廣韻：『驟，鋤祐切；椽，直攣切。』直屬澄，徒屬定，鋤屬牀，在屬從，古聲類同。之推以徐邈之反語爲不切者，疑其時聲紐定、澄、牀、從，皆已別異，故謂爲譌僻，不可依信也。又案：今本釋文，與顏引亦不相應，蓋徐邈毛詩、左傳音，隋、唐之際卷帙尚完，故其所稱引，或非今本釋文所能具也。」周祖謨曰：「徐仙民反驟爲在遘，驟爲宥韻字，遘爲候韻字，以遘切驟，韻之洪細有殊，故顏氏深斥其非。而在遘與鋤祐聲亦不同，鋤，牀母，在，從母，牀、從不同類。疑今本『在』爲『仕』字之誤，仕、在形近而訛。鋤、仕皆牀母字也。詩四牡：『載驟駸駸。』釋文：『驟，助救反，又仕救反。』玉篇驟亦音仕救切，足證在爲訛字。此云毛詩音反驟爲仕遘，左傳音切椽爲徒緣，上論韻，下論聲，若作在遘，則聲韻均有不合，於辭例不順，故知在必有誤。椽，徐反爲徒緣者，考左傳桓公十四年：『以大官之椽，歸爲盧門之椽。』

釋文：『椽，音直專反。』直專與徒緣本爲一音，但直專爲音和切，徒緣爲類隔切，顔氏病其疏緩，故曰不可依信。」

〔一九〕錢大昕曰：「讀此知古音失傳，壞於齊、梁，顔氏習聞周、沈緒言，故多是古非今。」

〔二〇〕此句，原誤作「通俗文曰入室日（句）搜」，今從盧氏重校正改。按：續家訓正作「入室求曰搜」。段玉裁説文解字注七篇下索篆：「索，入家挍也。挍，求也。顔氏家訓曰：『通俗文云：入室求曰搜。』按當作『入室求曰索』，今俗語云搜索是也。索，經典多假索爲之，如探嘖索隱是。」

〔二一〕續家訓「侯」作「舊」。

〔二二〕郝懿行曰：「案：兄音所榮反，它無所見，唯釋名云：『兄，公，俗間又曰兄伀。』與此相近；其伀即所榮聲之轉，或音隨俗變也。」

〔二三〕段玉裁曰：「搜，所鳩反；兄，許榮反。服虔以兄切搜，則兄當爲所榮反，而不諧協。顔時，北俗兄字所榮反，南俗呼許榮反，顔謂兄侯，所榮二反，雖傳聞自古語，而不可用也。又搜反兄侯，則在侯韻，合今人語，而法言改入尤韻，當時韻與服異也。入室求日與法言合，黄門摭之，蓋與下句連文並引。」（段説從錢馥引。）錢馥曰：「案：『日』當作『曰』，不宜句；通俗文言入室尋求謂之搜，反搜爲兄侯也。楊子方言：『搜，略也，求也，就室曰搜，於道曰略。』許氏説文解字：『索，入家搜也。』入室求與入家搜同意。又案：當音語氣，顔氏蓋謂搜所鳩反，兄許榮反，通俗文以兄切搜，則兄當音所榮反矣；而兄固許榮反也，則兄侯之反爲不正矣。今北俗通行此兄侯反之音，雖是古反語，亦不可用也。若顏時北俗兄字所榮反，則兄字謌而搜字不謌也。顏氏自訂兄字可矣，何必引通俗文乎？段注不得顏意。」周祖謨曰：「『此音』，當指兄侯反而言，顏云兄當音所榮反者，假設之辭。其意謂搜以作所鳩反爲是，若作兄侯，則兄當反爲所榮矣，豈不乖謬？服音雖古，亦不可承用，故曰今北俗通行此音，亦古語之不可用者。段氏不得其解。」

〔二四〕趙曦明曰：「左定五年傳：『季平子卒，陽虎欲以璵璠斂。』注：『璵璠，美玉，君所佩。』」器案：說文玉部：「璵璠，魯之寶玉。」

〔二五〕趙曦明曰：「釋文同。」

〔二六〕錢大昕曰：「熕，附袁切，藩，甫垣切，此奉、非異母。」

〔二七〕說文繫傳十二郊下引此句作「郊本音奇，後人始音抵也」，文有訛誤。錢大昕曰：「古書支與氏通，江南音不誤。廣韻祇、岐同紐，正用江南音，是法言亦不盡用顏說。」盧文弨曰：「廣韻：『璠，附袁切；藩，甫煩切；奇，渠羈切；祇，巨支切。』岐與同紐，亦巨支切。俗間俱讀岐爲奇，與顏氏合。」周祖謨曰：「切韻：『熕，附袁反；藩，甫煩反。』二字同在元韻，而熕爲奉母，藩爲非母，清濁有異。切韻璠作附袁反，與顏說正合。惟左傳定公五年：『季平子卒，陽虎欲以璵璠斂。』釋文：『璠音煩，又方煩反。』空海篆隸萬象名義本顧野王玉篇而作，璠音甫園反。方烦、甫園，即爲藩音。是江南有此一讀。切韻：『奇，渠羈反；祇，巨支反。』二字同在支韻，皆羣母字，而等第有差。奇三等，祇四等。切韻岐山之岐，音巨支、渠羈二反（見王抄切韻第二種，故宫本王仁昫切韻同），易升卦象曰：『王用享于岐山。』釋文云：『岐，其宜反，或祁支反。』亦有二音。祁支即巨支，其宜即渠羈也。顔云：『河北、江南所讀不同。』亦言其大略耳。考原本玉篇岐即作渠宜反，是江南亦有讀奇者也。」

〔二八〕通鑑一四二胡注：「案，文案也，藏之以案據。」

〔二九〕續家訓「之」作「知」。

北人之音，多以舉、莒爲矩，唯李季節云：「齊桓公與管仲於臺上謀伐莒，東郭牙望見桓公〔一〕口開而不閉〔二〕，故知所言者莒也〔三〕。然則莒、矩必不同呼〔四〕。」此爲知音矣。

〔一〕「見」字原脱，今據宋本補。

〔二〕盧文弨曰：「管子小問篇作『開而不闔』，説苑作『吁而不吟』。」

〔三〕趙曦明曰：「吕氏春秋重言篇：『齊桓公與管仲謀伐莒，謀未發而聞於國，桓公怪之。管仲曰：「國必有聖人也。」桓公曰：「嘻！日之役者，有執柘杵而上視者，意者其是耶？」乃令復役，無得相代。少頃，東郭牙至。管子曰：「此必是已。」乃令賓者延之而上，分級而立。

管子曰：「子邪？言伐莒者！」對曰：「然。」管子曰：「我不言伐莒，子何故言伐莒？」對曰：「臣聞君子善謀，小人善意。臣竊意之也。」管仲曰：「子何以意之？」對曰：「臣聞君子有三色：顯然喜樂者，鍾鼓之色也；湫然清凈者，衰絰之色也；艴然充盈，手足矜者，兵革之色也。日者，臣望君之在臺上也，君呿而不唫，所言者莒也；君舉臂而指，所當者莒也。臣竊以慮諸侯之不服者，其惟莒乎！臣故言之。」」『柘杵』本作『蹠𤸱』，訛，從説苑權謀篇改。」盧文弨曰：「注『呂氏有執柘杵而上視者』，管子作『執席食以視上者』。」器案：顏氏此文，係據管子小問篇，亦見韓詩外傳四、論衡知實篇、金樓子志怪篇。段玉裁説文解字注一篇下莒篆：「然則莒、矩必不同呼，此爲知音矣。按廣韻莒矩雖分語、麌，然雙聲同呼，顏氏云『北人讀舉莒同矩』者，唐韻矩其呂切，北人讀舉莒同之矣。李季節音譜讀舉莒居許切，則與矩之其呂不同呼，合於管子所云『口開而不閉』，廣韻『矩，俱雨切』，非唐韻之舊矣。」又按：孟子『以遏徂莒』，毛詩作『徂旅』，知莒從呂聲，本讀如呂，是所以口開而不閉，不第如李季節所云也。」

〔四〕盧文弨曰：「廣韻舉、莒俱居許切，在八語，矩，俱雨切，在九麌，故云不同呼。」段玉裁曰：「説文巨、榘同字，即今矩字也，其呂切；舉、莒皆居許切，此本孫愐唐韻，唐韻距陸法言、顏黄門輩尚未遠也。廣韻亦引説文榘，其呂切，莒、榘同在八語而不同呼，莒第一聲開口，榘第三聲閉口也；若如廣韻矩讀俱雨切，則雖與莒分别八語、九麌，而實同呼矣。此廣韻與唐韻出入不同之一條，黄門所云『北人多以舉、莒爲矩』者，北人三字皆其吕切也。李季節音譜出，而後知舉、莒讀居許切，合於管子所云口開而不閉。又案：毛詩『以按徂旅』，孟子作『以遏徂莒』，然則古人莒、旅同音。莒從吕聲，本讀如吕，管子所云『口開而不闔』，彼時正讀吕音耳。」説文艸部莒下段玉裁注：「顏氏家訓云：『北人之音，多以舉莒爲矩，惟李季節云：齊桓公與管仲於臺上謀伐莒，東郭牙望桓公口開而不閉，故知所言者莒也。然則莒、矩必不同呼。此爲知音矣。』按：廣韻莒、矩雖分語、麌，然雙聲同呼。顏氏云『北人讀舉、莒同矩』者，唐韵：『矩，其吕切。』北人讀舉、莒同之矣。李季節音譜讀舉、莒『居許切』，則與矩之『其吕』不同呼，合於管子所云『口開而不閉』，廣韻『矩，俱雨切』，非唐韵之舊矣。又案：孟子『以遏徂莒』，毛詩作『徂旅』，知莒從吕聲，本讀如吕，是所口開而不閉，不第如李季節所云也。」錢馥曰：「巨，説文以爲規矩字，經典以爲鉅細字，唐韻其吕切，乃爲巨（鉅）字作音耳，説文加音切者，于巨（矩）字之下引之誤也。（説文金部：「鉅，其吕切。」五經文字艸部：「萬與矩同。」見考工記經典釋文。萬，姜禹反，矩，俱宇反，姜禹、俱宇、俱雨，一也。）且矩即讀其吕切，牙音第三羣母，與莒之居許切，牙音第一見母，同爲攝口呼，不無清濁之分，非有開口、閉口之别也。所云莒、矩不同呼者，自當讀矩爲俱雨切，與莒分八語、九麌之爲是也。北音則舉、莒，並讀俱雨切耳。莒從吕聲，不必即讀爲吕，如舉從與聲，夫豈當讀爲與字乎？吕，力舉切，亦撮口呼。説文工部巨重文無榘字。案：䀠部瞿字説云：『从䀠矩聲。』則説文非無矩字也，正文偶缺耳。（吴氏新唐書糾謬鄭餘慶傳「損增儀矩」，謂矩當作榘，辛楣詹事校云：「廣韻、集韻皆云榘同矩，榘雖説文正字，然經典規矩字皆不從木，似不必改。」案：説固是矣，然吴氏有知，未必心服也，宜以此證之。）」牟庭相雪泥書屋雜志三：「道德經『下者舉之』，舉與抑爲韻，音紀。顔氏家訓云云，據顔黄門、李季節之説，矩音幾語反，微閉口言之，而舉、莒皆音居倚反，微開口言之也。今之人皆以舉、莒爲矩，無復知古讀之不同音矣。」周祖謨曰：「此引李季節之言，當見音韻決疑。舉、莒切韻音居許反，在語韻，矩音俱羽反，在麌韻。顔氏舉此以見魚、虞二韻，北人多不能分，與古不合。李氏舉桓公伐莒事，以證莒、矩音呼不同，其言是矣。蓋莒爲開口，矩爲合口。故東郭牙望桓公口開而不閉，知其所言者莒也。」器案：舉、莒、矩，古音呼俱同，率相通用，故春秋定公四年之柏舉，公羊作伯莒；水經江水三注之舉水，庾仲雍作莒水，京相璠作洰水；顔氏以舉、莒、矩並舉，此其徵也。

夫物體自有精麤，精麤謂之好惡〔一〕；人心有所去取，去取謂之好惡〔二〕。此音見於葛洪、徐邈〔三〕。而河北學士讀尚書云好生惡殺〔四〕。是爲一論物體，一就人情，殊不通矣〔五〕。

〔一〕續家訓不重「精麤」二字。盧文弨曰：「好、惡並如字讀。」

〔二〕續家訓不重「去取」二字。宋本原注：「上呼號、下烏故反。」器案：經典釋文叙録條例、史記正義論音例俱云：「夫質有精麤，謂之好惡；心有愛憎，稱爲好惡。」説與顔氏同，蓋俱本之葛洪、徐邈。

〔三〕周祖謨曰：「案：以四聲區別字義，始於漢末。好、惡之有二音，當非葛洪、徐邈所創，其説必有所本（詳見拙著四聲別義釋例）。葛有要用字苑一卷，見兩唐志。徐有毛詩、左傳音，見經典釋文叙録。」

〔四〕宋本原注：「好，呼號反。惡，於各反。」

〔五〕盧文弨曰：「顧氏炎武音論：『先儒兩聲各義之説不盡然。余考惡字，如楚辭離騷有曰：「理弱而媒拙兮，恐導言之不固。時溷濁而嫉賢兮，好蔽美而稱惡。閨中既已邃遠兮，哲王又不寤。懷朕情而不發兮，余焉能忍與終古。」又曰：「何所獨無芳艸兮，爾何懷乎故宇。時幽昧以眩曜兮，孰云察余之美惡。」漢趙幽王友歌：「我妃既妬兮，誣我以惡。讒女亂國兮，上曾不寤。」此皆美惡之惡而讀去聲。漢劉歆遂初賦：「何叔子之好直兮，爲羣邪之所惡；賴祁子之一言兮，幾不免乎徂落。」魏丁儀厲志賦：「嗟世俗之參差兮，將未審乎好惡；咸隨情而與議兮，固真僞以紛錯。」此皆愛惡之惡而讀入聲。乃知去入之別，不過發言輕重之間，而非有此疆爾界之分也。』案：顧氏此言極是，但不可施於今耳。」錢大昕曰：「予謂顧氏之説辨矣。讀顔氏家訓乃知好、惡兩讀，出於葛洪字苑，漢、魏以前，本無此分別也。陸氏經典釋文於孝經『愛親者不敢惡于人』、『行滿天下無怨惡』並云：『惡，烏路反，舊如字。』『示之以好惡而民知禁』云：『好，如字，又呼報反；惡，如字，又烏路反。』元朗本篤信字苑者，而於此處兼存兩讀，可見人之好惡，物之好惡，義本相因，分之無可分也。」郝懿行曰：「案：好惡古音多不分別。臧玉林經義雜記第十五云：『案：孝經天子章：「愛親者不敢惡於人。」卿大夫章：「行滿天下無怨惡。」釋文並云：「惡，烏路反，舊如字。」又三才章：「示之以好惡而民知禁。」釋文：「好，如字，又呼報反；惡，如字，又烏路反。」則好、惡二字，雖各具兩義，古人實通之矣。「讀尚書云好生惡殺」句，原注「好，呼號反」，當依唐韻作呼皓切，此蓋誤。』」

甫者，男子之美稱，古書多假借爲父字；北人遂無一人呼爲甫者，亦所未喻〔一〕。唯管仲、范增之號，須依字讀耳〔二〕。

〔一〕王國維觀堂集林卷三女字説曰：「經典男子之字，多作某父，彝器則皆作父，無作甫者，知父爲本字也。男子字曰某父，女子字曰某母，蓋男之美稱莫過于父，女子之美稱莫過于母，男女既冠笄，有爲父母之道，故以某父某母字之也。漢人以某甫之甫爲且字，顔氏家訓並譏北人讀某父之父與父母之父無別，胥失之矣。」王叔岷曰：「案莊子讓王篇：『大王亶父居邠。』詩大雅緜正義引『父』作『甫』，尚書大傳略説、家語好生篇並同，亦父、甫通用之例。」

〔二〕宋本原注：「管仲號仲父，范增號亞父。」盧文弨曰：「案：太公望號師尚父，乃師之尚之父之，亦當依字讀。」郝懿行曰：「臧玉林又云：『説文父作㕛，从又舉杖；甫作𤰈，从用父，父亦聲。是父甫本同聲，故經傳多假父爲甫。士冠禮曰：「伯某父。」注：「甫是丈夫之美稱，孔子爲尼甫，周大夫有嘉父（案：即詩家父），宋大夫有孔甫，是其類。字或作父。」又「章甫」注：「甫或爲父。」詩大明：「維時尚父。」傳：「尚父，可尚可父。」箋云：「尚父，吕望也，尊稱焉。」正義云：「父亦男子之美號。」釋名釋親：「父，甫也，始生己也。」則父、甫非特字通，義亦本通，是皆不必强爲區別矣。』懿行按：據詩正義，以尚父之父亦男子之美稱，此説是也。」周祖謨曰：「甫、父二字不同音，切韻：『甫，方主反；父，扶雨反。』皆麌韻字，而甫非母，父奉母。北人不知父爲甫之假借，輒依字而讀，故顔氏譏之。」

案：諸字書，焉者鳥名〔一〕，或云語詞，皆音於愆反〔二〕。自葛洪要用字苑分焉字音訓：若訓何訓安，當音於愆反，「於焉逍遥」、「於焉嘉客」〔三〕、「焉用佞」、「焉得仁」〔四〕之類是也；若送句〔五〕及助詞，當音矣愆反，「故稱龍焉」、「故稱血焉」〔六〕、「有民人焉」、「有社稷焉」〔七〕、「託始焉爾」〔八〕、「晉、鄭焉依」〔九〕之類是也。江南至今行此分别，昭然易曉；而河北混同一音，雖依古讀，不可行於今也〔一〇〕。

〔一〕「者」字原誤作「字」，宋本以下諸本及續家訓都作「者」，今據改正。野客叢書八亦誤作「字」。

〔二〕「詞」原作「辭」，宋本以下諸本及續家訓、野客叢書都作「詞」，今據改正。「音於愆反」，野客叢書作「音嫣」，下同，當出王楙所改。

〔三〕趙曦明曰：「見詩小雅白駒篇。」

〔四〕趙曦明曰：「見論語公冶長篇。」

〔五〕器案：古言文章，有發送之説，發句安頭，送句施尾。文心雕龍頌讚篇：「昭灼以送文。」又章句篇：「乎哉矣也，亦送末之常例。」日本藤原宗國作文大體：「送句，施尾。者也，而已，者歟，如是，云爾，如爾，如此，如件，以何，畢之，者乎，如斯，焉，矣，耳，乎，哉，也，此等類皆名送句。」野客叢書「助詞」作「助語」，「音矣愆反」作「音延」，亦出王楙所改。

〔六〕趙曦明曰：「見易坤文言。」

〔七〕趙曦明曰：「見論語先進篇。」

〔八〕趙曦明曰：「隱二年公羊傳文。」

〔一九〕趙曦明曰：「隱六年左傳文。」

〔一〇〕周祖謨曰：「案：焉音於愆反，用爲副詞，即安、惡一聲之轉。安（烏寒切）惡（哀都切）皆影母字也。焉音矣愆反，用爲助詞，即矣、也一聲之轉。矣（于紀切）也（羊者切）皆喻母字也。焉（於愆反）焉（矣愆反）之分，陸氏經典釋文區別甚嚴。凡訓何者，並音於虔反，語已辭，則云如字。如左傳隱公六年：『我周之東遷，晉、鄭焉依。』釋文：『焉如字，或於虔反，非。』（案：晉、鄭焉依，即晉、鄭是依之意。）又論語：『子曰：「十室之邑，必有忠信如丘者焉，不句。）是也。惟公羊桓公二年：『殤公知孔父死，已必死，趨而救之，皆死焉。』釋文焉音於虔反，殆誤。」器案：野客叢書八：「左傳：『晉、鄭焉依。』今讀爲延字，非嫣字也。然觀庾信有『晉、鄭靡依』之語，是讀爲嫣字矣。考顏氏家訓云云，然則『晉、鄭焉依』者，謂晉、鄭相依也，焉者語助，而庾信謂靡依，則失其義。」今案：庾信謂靡依，即釋文所云「或於虔反」之音也。

如丘之好學也。」』釋文：『焉如字，衛瓘於虔反，爲下句首。』（案：晉衛瓘注本，焉字屬下

邪者〔一〕，未定之詞〔二〕。左傳曰「不知天之棄魯邪？抑魯君有罪於鬼神邪〔三〕」，莊子云「天邪地邪〔四〕」，漢書云「是邪非邪〔五〕」之類是也。而北人即呼爲也〔六〕，亦爲誤矣〔七〕。難者曰：「繫辭云：『乾坤，易之門户邪〔八〕？』此又爲未定辭乎〔九〕？」答曰：「何爲不爾！上先標問，下方列德以折之耳〔一〇〕。」

〔一〕宋本原注：「音耶。」

〔二〕經典釋文序録：「如、而靡異，邪（不定之詞）、也（助句之詞）弗殊，如此之儔，恐非爲得，將來君子，幸留心焉。」

〔三〕趙曦明曰：「見左昭廿六年傳，第二句不作邪，本文『是故及此也』，也亦可通邪，説在下。」

〔四〕盧文弨曰：「案：當作『父邪母邪』，見大宗師篇。」王叔岷曰：「案此疑是莊子佚文，不必改從大宗師篇。」

〔五〕趙曦明曰：「武帝李夫人歌，見外戚傳。」

〔六〕羅本、傅本、顏本、程本、胡本、何本、朱本「也」下有「字」字。郝懿行曰：「案：呼邪爲也，今北人俗讀猶爾。」

〔七〕盧文弨曰：「案：也字可通邪，如論語：『子張問十世可知也？』荀子正名篇：『其求物也？養生也？粥壽也？』皆作邪字用。當由互讀，故得相通。」周祖謨曰：「案：盧説是也。邪、也古多通用。惟後世音韻有異，切韻邪以遮反，在麻韻，也以者反，在馬韻，邪平聲，也爲上聲。」

〔八〕趙曦明曰：「本文乃『乾坤其易之門邪』。」器案：釋文：「『其易之門邪』，本又作『門户邪』。」

〔九〕羅本、傅本、程本、胡本此句作「此又未爲定辭乎」，何本作「此又未爲定詞乎」。

〔一〇〕「方」原誤作「乃」，各本俱作「方」，今據改正。「列」，程本作「刻」，劉盼遂引吴承仕曰：「『列德』當作『劾德』，校者意改爲『列』耳。」器案：吴説是，程本作「刻」，即「劾」之訛體也。又案：劉淇助字辨略二：「案：凡邪、乎、與、哉，並有兩義：一疑而未定之辭，一詠歎之辭。如『乾坤其易之門邪』，是詠歎辭也。如管子『如此而近有德而遠有色，則四封之内視其君，其猶父母邪』，韓昌黎施先生墓銘『縣曰萬年，原曰神禾，高四尺者，先生墓邪』，並是詠歎之辭。呼邪爲也，固非；而單訓未定，其意亦狹。」

江南學士讀左傳，口相傳述[一]，自爲凡例[二]，軍自敗曰敗，打破人軍曰敗[三]。諸記傳未見補敗反，徐仙民讀左傳，唯一處有此音[四]，又不言自敗、敗人之别，此爲穿鑿耳[五]。

〔一〕續家訓「口相傳述」作「曰相傳迷亂」，疑有譌誤。

〔二〕杜預春秋序：「其發凡以言例，皆經國之常制，周公之垂法，史書之舊章，仲尼從而修之，以成一經之通體。」凡例一詞本此，至今相沿襲用也。

〔三〕宋本原注：「敗，補敗反。」

〔四〕續家訓「處」作「家」。

〔五〕臧琳經義雜記二六：「案：經典釋文條例云：『夫質有精麤，謂之好惡（並如字），心有愛憎，稱爲好惡（上呼報反，下烏路反），當體即云名譽（音預），論情則曰毁譽（音餘），及夫自敗（蒲邁反）、敗他（蒲敗反）之殊，自壞（呼怪反）、壞撤（音怪）之異，此等或近代始分，或古已爲别，相仍積習，有自來矣。余承師説，（案：唐書本傳云：『受學於周宏正。』）皆辯析之。』又郭忠恕佩觿上云：『國風（如字）之爲曰風（去聲），男女（如字）之爲女（尼據翻），于名譽（去聲）之爲毁譽（平聲。大象賦云：『有少微之養寂，無進賢之見譽，參器府之樂肆，犯貫索之刑書。』），自敗（如字）之爲敗（補邁翻。案：已上皆原注。），他其求意，有如此者。』則自敗、敗他之有别，與好惡、毁譽、名譽等例同耳。好惡、毁譽等既有兩讀，則敗字亦不當混一。公羊傳宣八年，伐字亦有長言短言之别，左傳哀元年『夫先自敗也已』，敗當蒲邁反，『安能敗我』，敗當蒲敗反。河北學士讀尚書『好生惡殺』皆如字，顔氏嘗以爲『不通人情物體』，何於此敗字又泥之甚耶？」盧文弨曰：「左氏哀元年傳：『夫先自敗也已，安能敗我？』案：釋文無音，知本不異讀也。」錢大昕曰：「廣韻十七夬部，敗有薄邁、補邁二切，以自破、破他爲别，此之推指爲穿鑿者。」劉盼遂曰：「案：敦煌唐寫本切韻去聲十七夬：『敗，薄邁反，自敗曰敗。』又：『敗字北邁反，破他曰敗。』是顔氏定切韻時，分自敗、敗他二音，依江南音讀，與家訓合。又案：王氏筠説文句讀辵部退字注云：『退，敦也，攴部敗，毁也，是知退、敗一字，此重文之在兩部者也。顔氏家訓『江南學士讀左傳自敗曰敗，打破人軍曰敗』。此人殆不知有退字，若知之，當如字林之分壞、敦爲二字矣。』」周祖謨曰：「案：自敗、敗人之音有不同，實起於漢、魏以後之經師，漢、魏以前，當無此分别。徐仙民左傳音亡佚已久，惟陸氏釋文存其梗概。釋文於自敗、敗他之分，辨析甚詳。叙録云：『夫質有精麤，謂之好惡（並如字），心有愛憎，稱爲好惡（上呼報反，下烏路反）；當體即云名譽（音預），論情則曰毁譽（音餘）；及夫自敗（蒲邁反）、敗他（補敗反，補原誤作蒲，今正）之殊，自壞（呼怪反）、壞撤（音怪）之異，此等或近代始分，或古已爲别，相仍積習，有自來矣。余承師説，皆辨析之』云云。考左傳隱公元年：『敗宋師于黄。』釋文云：『敗，必邁反，敗佗也，後放此。』斯即陸氏分别自敗、敗他之例。他如『敗國』、『必敗』、『敗類』、『所敗』、『侵敗』等敗字，皆音必邁反。必邁、補敗音同。

是必江南學士所口相傳述者也。爾後韻書乃兼作二音，唐韻夬部：『自破曰敗，薄邁反；破他曰敗，北邁反。』即承釋文而來。北邁與必邁、補敗同屬幫母，薄邁與蒲邁同屬並母，清濁有異。盧氏引左傳哀公元年『自敗敗我』釋文無音一例，以證本不異讀，非是。蓋此或釋文偶有遺漏，卷首固已發凡起例矣。」器案：尚書太甲中：「欲敗度，縱敗禮。」釋文：「敗，必邁反，徐甫邁反。」此處敗字二音，主次有別，所以明清濁有異，亦徐仙民音之可考見者。

古人云：「膏粱難整〔一〕。」以其爲驕奢自足，不能剋勵也〔二〕。吾見王侯外戚語多不正，亦由内染賤保傅、外無良師友故耳〔三〕。梁世有一侯，嘗對元帝飲謔，自陳「癡鈍」，乃成「颸段」，元帝答之云：「颸異涼風〔四〕，段非干木〔五〕。」謂「郢州」爲「永州」。元帝啓報簡文，簡文云：「『庚辰吴入，遂成司隸〔六〕。』」如此之類，舉口皆然。元帝手教諸子侍讀，以此爲誡〔七〕。

〔一〕續家訓「整」作「正」，與國語合。盧文弨曰：「晉語七：悼公曰：『夫膏粱之性難正也，故使惇惠者教之，使文敏者道之，使果敢者諗之，使鎮靖者修之。』」器案：六朝以膏粱爲富貴之美稱。柳芳論氏族：「凡三世有三公者曰膏粱，有令、僕者曰華腴。」

〔二〕器案：文選陸士衡君子有所思行注及王子淵聖主得賢臣頌注引賈逵國語注曰：「膏，肉之肥者，粱，食之精者，言其食肥美者率驕放，其性難正也。」顏説本之。

〔三〕「良」各本作「賢」，抱經堂校定本從宋本作「良」，案：續家訓亦作「良」，今從之。又續家訓無「保」、「友」二字。

〔四〕趙曦明曰：「説文：『颸，涼風也。』」

〔五〕趙曦明曰：「段干木，魏文侯時人。廣韻引風俗通，以段爲氏。」器案：類説卷六廬陵官下記：「有武將見梁元帝，自陳『痴鈍』，乃訛爲『颸段』，帝笑曰：『颸非涼風，段非干木。』」即本此文。

〔六〕趙曦明曰：「春秋：『定四年冬十有一月庚午，蔡侯以吴子及楚人戰于柏舉，楚師敗績，楚囊瓦出奔鄭。庚辰，吴入郢。』」錢大昕曰：「案司州所領郡縣無永州之名，竊疑『永』爲『雍』之譌，郢、雍聲相近，猶鈍之與段耳。雍州正漢司隸州所部也。」龔道耕先生曰：「『後漢鮑永爲司隸校尉，有名。六朝文詞，習用其事，故簡文云然。謂其以庚辰吴入之郢，誤呼爲鮑司隸之名耳，與地理無涉。」周祖謨曰：「案：梁侯自陳『癡鈍』而成『颸段』，上字聲誤，下字韻誤。蓋癡切韻丑之反，颸楚治反，二字同在之韻，而癡爲徹母，颸爲穿母二等，舌齒部位有殊。鈍王仁昫切韻徒困反，在慁韻，段徒玩反，在翰韻，同屬定母，而韻類有別。故元帝短之。至如謂『郢州』爲『永州』，則聲韻皆非矣。郢切韻以整反，在静韻，永榮昞反，在梗韻。梗、静韻有洪殺，以、榮聲有等差，豈可混同？其音不正，是不學之過也。簡文所云『庚辰吴入』云者，曾運乾喻母古讀考云：『後漢書：「鮑永字君長，建武十一年徵爲司隸校尉，永辟扶風鮑恢爲都從事，帝嘗曰：貴戚且宜斂手，以避二鮑。又永父宣，哀帝時爲司隸校尉，永子昱，中元時拜司隸校尉，帝嘗曰：吾固欲天下知忠臣之子復爲司隸也。」簡文答語，舉春秋吴入楚都爲郢之歇後語，舉後漢抗直不阿之司隸爲永之歇後語，齊、梁之際，多通聲韻，故剖判入微如此云。』」

〔七〕「誡」原作「戒」，宋本以下諸本及續家訓都作「誡」，今據改正。

河北切攻字爲古琮〔一〕，與工、公、功三字不同，殊爲僻也〔二〕。比世有人名暹〔三〕，自稱爲纖〔四〕；名琨，自稱爲衮；名洸，自稱爲汪；名勬〔五〕，自稱爲獡〔六〕。非唯音韻舛錯〔七〕，亦使其兒孫避諱紛紜矣〔八〕。

〔一〕續家訓「切」作「反」。

〔二〕趙曦明曰：「廣韻攻與公、工、功皆同紐。」器案：尚書甘誓：「左不攻于左，汝不恭命；右不攻于右，汝不恭命。」墨子明鬼下引兩「攻」字都作「共」，與河北切音近。經典釋文叙録條例云：「又以登、升共爲一韻，攻、公分作兩音，如此之儔，恐非爲得。」陳直曰：「戰國時陶工人題名，皆作匋攻某，攻工同聲，本無疑義，故之推引爲笑柄。」

〔三〕顔本、程本、胡本、朱本「比」作「北」，未可從。北齊有崔暹，北齊書有傳，此或指其人。

〔四〕盧文弨曰："廣韻暹與纖皆息廉切，不知顏讀何音。"

〔五〕"葯"，宋本原注："音藥。"

〔六〕宋本原注："犳音爍。"崇文本"爍"誤"焥"，陳漢章曰："『焥』當是『爍』之譌，廣韻十八藥：『爍，書藥切。』同紐下有犳。"

〔七〕王叔岷曰："案楚辭九歎惜賢：『情舛錯以曼憂。』"

〔八〕趙曦明曰："蓋謂同音之字難避也。"周祖謨曰："案：此雜論當時語音之不正。攻字切韻（王寫本第二種）有二音：一訓擊，在東韻，與工、公、功同紐，音古紅反；一訓伐，在冬韻，音古冬反。二者聲同韻異。此云河北切爲古琮，即與古冬一音相合。顏氏以爲攻當作古紅反，河北之音，恐未爲得。暹、纖切韻並音息廉反，在鹽韻，顏讀當與切韻相同，疑此『纖』字或爲『殲』、『瀸』等字之誤。殲、瀸切韻子廉反，亦鹽韻字，而聲有異。暹心母，殲精母也。琨切韻古渾反，在魂韻，衮古本反，在混韻，一爲平聲，一爲上聲，讀琨爲衮，則四聲有誤。洸切韻古皇反，汪烏光反，二字同在唐韻，而洸爲見母，汪爲影母。讀洸爲汪，牙喉音相亂。葯音藥，切韻以灼反，犳音爍，書灼反。葯爲喻母，犳爲審母。讀葯爲犳，亦舛錯之甚者。揆顏氏此論，無不與切韻相合。陸氏切韻序嘗稱『欲更捃選精切，除削疎緩，顏外史、蕭國子多所決定』。由此可知，切韻之分聲析韻，多本乎顏氏矣。"

雜藝第十九〔一〕

真草書迹〔二〕，微須留意。江南諺云：「尺牘書疏，千里面目也〔三〕。」承晉、宋餘俗，相與事之，故無頓狼狽者〔四〕。吾幼承門業〔五〕，加性愛重，所見法書〔六〕亦多，而翫習功夫頗至〔七〕，遂不能佳者，良由無分故也〔八〕。然而此藝不須過精。夫巧者勞而智者憂〔九〕，常爲人所役使，更覺爲累〔一〇〕；韋仲將遺戒〔一一〕，深有以也。

〔一〕黄叔琳曰：「此篇所述雖瑣細，然亦遊藝之所不廢。」

〔二〕盧文弨曰：「真書即隸書，今謂之楷書。晉書衞瓘傳：『子恒，善草隸書，爲四體書勢云：「隸書者，篆之捷也。上谷王次仲始作楷法。」又曰：「漢興而有草書，不知作者姓名。」』案：真草之語，見魏武選舉令及蔡琰别傳。」器案：褚先生補史記三王世家：「謹論次其真草詔書，編於左方。」則真草之語，西漢已有之矣。

〔三〕類説「尺」作「亦」，蓋「赤」字之誤，古尺、赤通用。翰苑新書六五引此作「書疏尺牘，千里眉目」，極是，牘、目協韻，諺語本色也。當據改正。劉盼遂曰：「按：諺語多屬韻語，此文當是『書疏尺牘，千里面目』，牘與目爲韻。」其説是也。永樂大典一九六三六引「面目」亦作「眉目」。盧文弨曰：「漢書游俠傳：『陳遵贍於文辭，善書，與人尺牘，主皆藏去以爲榮。』師古曰：『去亦藏也，音邱吕反，又音舉。』案：今人多作弆字。疏，所助切。」器案：晉書夏侯湛傳載所撰抵疑曰：「若乃羣公百辟，卿士常伯……坐而論道者，又充路盈寢，黄幄玉階之内，飽其尺牘矣。」則尺牘一詞，自漢晉以來，已爲人所習用矣。尋漢書韓信傳：「奉咫尺之書。」師古曰：「八寸曰咫。咫尺者，言其簡牘或長咫，或短尺，喻輕率也。今俗言尺書，或言尺牘，蓋其遺語耳。」又案：後漢書蔡邕傳：「相見無期，唯是書疏，可以當面。」庾元威論書：「王延之有言：『勿欺數行尺牘，即表三種人身。』」唐書卷六十六房玄齡傳（高祖稱玄齡）足堪委任軍書表奏曰：「千里之外，猶對面語耳。」與江南諺意相會。

〔四〕盧文弨曰：「狼狽，獸名，皆不善於行者，故以喻人造次之中，書迹不能善也。」徐鯤曰：「段云：『狼狽即狼跋，李善西征賦注云：「文字集略曰：狼狽即狼跋也。孔叢子曰：吾於狼狽，見聖人之志。」（器案：見李令伯陳情表注引。）孔叢子所云，謂狼跋之詩也。跋狽古通用。（器案：爾雅釋文：「跋，郭音貝。」）跟又謁狽。酉陽雜俎乃言狼狽，狽獸如蛩蛩之與蟨，迷誤日甚矣。』」

〔五〕器案：門業，謂家門素業。弘明集十一孔稚圭答竟陵王啓：「民積世門業，依奉李老，以沖静爲心，以素退成行。」南史賀琛傳：「梁武帝召見文德殿，與語，悦之，謂徐勉曰：『琛殊有門業。』」又文學傳論：「丘靈鞠等，或克荷門業，或風懷慕尚。」案：梁書顔協傳：「博涉羣書，工於草隸。」陳思書小史七：「顔協……爲湘東王記室。少博涉羣書，工草隸飛白。吴人范懷約能隸書，協學其書，殆過真也。荆楚碑碣，皆協所書。時有會稽謝善勛，能爲八體六文，方寸千言，京兆韋仲善飛白，並在湘東王府。善勛爲録事參軍，仲爲中兵參軍，府中以協優於韋仲，而減於善勛。」此之推所謂「吾幼承門業」也。

〔六〕器案：法書，謂書迹之可以爲楷法者。唐張彦遠有法書要録十卷。

〔七〕金壺記中引「頗至」作「益智」。器案：隸釋廣漢長王君治石路碑：「功夫九百餘日。」三國志魏書三少帝紀：「齊王芳青龍七月秋八月己酉詔曰：『……昨出已見治道得雨，當復更治，徒棄功夫。』」梁書馮道根傳：「每征伐終，不言功，其部曲或怨之，道根喻曰：『明主自鑒功夫多少，吾亦何事？』」則功夫爲漢、魏、六朝人習用語。

〔八〕盧文弨曰：「分謂天分，扶問切。」

〔九〕陳直曰：「按：莊子德充符云：『能者勞而智者憂，無能者無所求。』」器案：莊子列禦寇：「巧者勞而智者憂，无能者无所求。」顔氏用列禦寇篇文也。

〔一〇〕「更覺爲累」，紺珠集四引作「乃覺累身」。

〔一一〕朱本「戒」作「訓」。趙曦明曰：「世説巧藝篇：『韋仲將能書，魏明帝起殿，欲安榜，使仲將登梯題之。既下，頭鬢皓然，因敕兒孫勿復學書。』劉孝標注：『文章叙録：「韋誕，字仲將，京兆杜陵人。以光禄大夫卒。」衛恒四體書勢云：「誕善楷書，魏宫觀多誕所題。明帝立陵霄觀，誤先釘榜，乃籠盛誕，轆轤長絙引上，使就題之。去地二十五丈，誕甚危懼。乃戒子孫，絶此楷法，箸之家令。』」器案：世説新語方正篇注引宋明帝文章志曰：「太元中，新宫成，議者欲屈王獻之題榜，以爲萬代寶。謝安與王語次，因及魏時起陵雲閣，忘題榜，乃使韋仲將縣梯上題之，比下，鬚髮盡白，裁餘氣息，還語子弟云：『宜絶楷法。』安欲以此風動其意。王解其旨，正色曰：『此奇事！韋仲將魏朝大臣，寧可使其若此！有以知魏德之不長。』安知其心，迺不復逼之。」獻之以方正自處，故不爲人所役使，賢于之推習藝不須過精之説矣。陳直曰：「按：在魏志及世説新語巧藝篇、書品、齊民要術等書，皆云韋誕字仲將。西安前出後秦時追立東漢京兆尹司馬芳殘碑，獨書作韋誕字子茂，蓋其初字也。」

王逸少風流才士，蕭散〔一〕名人，舉世惟知其書〔二〕，翻以能自蔽也〔三〕。蕭子雲每歎曰：「吾著齊書〔四〕，勒成一典，文章弘義〔五〕，自謂可觀；唯以筆迹得名，亦異事也〔六〕。」王褒地胄〔七〕清華〔八〕，才學優敏，後雖入關，亦被禮遇。猶以書工〔九〕，崎嶇碑碣之間〔一〇〕，辛苦筆硯之役，嘗悔恨曰：「假使吾不知書，可不至今日邪〔一一〕？」以此觀之，慎勿以書自命〔一二〕。雖然，廝猥之人，以能書拔擢者多矣〔一三〕。故道不同不相爲謀也〔一四〕。

〔一〕文選謝玄暉始出尚書省詩：「乘此終蕭散。」李周翰注：「蕭散，逸志也。」又江文通雜體詩：

「蕭散得遺慮。」吕延濟注：「蕭散，空遠也。謂縱心空遠也。」晉書恭帝紀論：「迴首無良，忽焉蕭散。」蕭散，俱謂蕭閑散澹也。

〔二〕「惟」原作「但」，宋本以下諸本及續家訓都作「惟」，今據改正。

〔三〕此句，紺珠集四作「是以小技而掩其義」。趙曦明曰：「晉書王羲之傳：『羲之字逸少。幼訥於言，及長辯贍，以骨鯁稱。尤善隸書，爲古今之冠。論者稱其筆勢，以爲飄若浮雲，矯若驚龍。』案：逸少人品絶高，有遠識，此以風流蕭散目之，亦淺甚矣。」郝懿行曰：「晦菴朱子論王右軍，意亦如此。」

〔四〕少儀外傳下「著」作「編」。

〔五〕金壺記中「弘」作「内」。

〔六〕金壺記「亦」下有「爲」字。趙曦明曰：「梁書蕭子恪傳：『子恪第八弟子顯，著齊書六十卷。』又：『子雲字景喬，子恪第九弟也。善草隸，爲世楷法。自云善效鍾元常、王逸少，而微變字體。高祖論其書曰：「筆力勁駿，心手相應，巧踰杜度，美過崔寔，當與鍾元常並驅争先。」其見賞如此。著晉書一百十卷。』無著齊書事，此葢誤記也。」

〔七〕盧思道勞生論：「地胄高華。」通鑑一一〇胡三省注：「地謂門地。」

〔八〕南史到撝傳：「晏先爲國常侍，轉員外散騎郎，此二職清華所不爲，故以此嘲之。」北史李彪傳：「以才拔等望清華。」清華，謂清流華胄。

〔九〕少儀外傳「書工」作「工書」。陳直曰：「本書慕賢篇云：『丁君十紙，不敵王褒數字。』現今傳世北周時碑刻無王褒書丹者。僅在萬歲通天帖中，鉤摹有褒筆迹，略見一般而已。」

〔一〇〕後漢書竇憲傳注：「方者謂之碑，圓者謂之碣。」

〔一一〕趙曦明曰：「周書王褒傳：『褒字子淵，琅邪臨沂人。自祖儉至父規，並有重名於江左。褒識量淵通，志懷沈静，博覽史傳，尤工屬文。梁國子祭酒蕭子雲，其姑夫也，特善草隸。褒遂相模範，而名亞子雲，並見重於世。江陵城陷，元帝出降。褒與王克等數十人俱至長安。太祖謂褒及克曰：「吾即王氏甥也。卿等並吾之舅氏，當以親戚爲情，勿以去鄉介意。」俱授車騎大將軍儀同三司，並荷恩眄。世宗篤好文學，褒與庾信才名最高，特加親待，乘輿行幸，褒常侍從。』」器案：北史儒林趙文深傳：「及平江陵之後，王褒入關，貴游等翕然並學褒書，文深之書，遂被遐棄。文深慚恨，形於言色。後知好尚難及，亦改習褒書；然竟無所成，轉被譏議，謂之學步邯鄲焉。」（又見御覽七四九引三國典略）此亦褒入周後以書見重於世之事。

〔一二〕朱軾曰：「字畫必楷正，非求工也，即此便是敬。顔公數百言，何曾道着！」

〔一三〕續家訓無「書」字。器案：北齊書張景仁傳：「張景仁者，濟北人也。幼孤，家貧，以學書爲業，遂工草隸，選補内書生，與魏郡姚元標、潁川韓毅、同郡袁買奴、滎陽李超等齊名。世宗並引爲賓客。……自蒼頡以來，以八體取進，一人而已。」之推所謂「廝猥之人，以能書拔擢者」，蓋即指張景仁之流也。

〔一四〕此用論語衞靈公篇文。郝懿行曰：「案：爲之猶賢乎已，且當作博弈觀。顏君此論，頗似未公否？」

梁氏祕閣散逸以來〔一〕，吾見二王真草多矣〔二〕，家中嘗得十卷，方知陶隱居〔三〕、阮交州〔四〕、蕭祭酒〔五〕諸書〔六〕，莫不得羲之之體〔七〕，故是書之淵源〔八〕。蕭晚節所變，乃是右軍〔九〕年少時法也。

〔一〕宋本「氏」作「武」，續家訓及諸本都作「氏」，今從之。何焯曰：「疑『氏』字是，或『代』字之譌。」案：祕閣，猶言內府。歷代名畫記一：「梁武帝尤加寶異，仍更搜葺。元帝雅有才藝，自善丹青，古之珍奇，充牣內府。侯景之亂，太子綱數夢秦皇更欲焚天下書，既而內府圖畫數百函果爲景所焚也。及景之平，所有畫皆載入江陵，爲西魏將于謹所陷，元帝將降，乃聚名畫法書及典籍二十四萬卷，遣後閤舍人高善寶焚之。帝欲投火俱焚，宮婢牽衣得免。吳、越寶劍，並將斫柱令折，乃歎曰：『蕭世誠遂至于此！儒雅之道，今夜窮矣。』于謹等於煨燼之中，收其書畫四千餘軸歸于長安。故顏之推觀我生賦云：『人民百萬而囚虜，書史千兩而烟颺。』史籍已來，未之有也。普天之下，斯文盡喪。」顏氏所言梁氏祕閣散逸，當指此事。

〔二〕趙曦明曰：「二王，羲之、獻之也。本傳：『獻之，字子敬。七八歲時學書，羲之密從後掣其筆，不得，歎曰：「此兒後當復有大名。」嘗書壁爲方丈大字，羲之甚以爲能；觀者數百人。」

〔三〕器案：法書要録二、道藏茅山志一載梁武帝、陶隱居書啓各數通，多爲論列右軍書者。隱居又號華陽真逸，所書瘞鶴銘，或以爲王羲之書，亦足爲陶書得羲之之體之證。説見王觀國學林七。陳直曰：「陶隱居書，今未見摹本。淳化閣帖五、袁昂書品云：『陶隱居書，如小兒形狀未長成，而骨體甚峭快。』焦山瘞鶴銘絶非隱居手筆。」

〔四〕嚴式誨曰：「案：張懷瓘書斷中：『梁阮研，字文幾，陳留人。官至交州刺史。善書，其行草出于大王，其隸則習於鍾公。行草入妙，隸書入能。』又説陶宏景云：『時稱與蕭子雲、阮研，各得右軍一體。』正本家訓。」器案：庾肩吾書品：「阮研，字文機。」茅山志卷二十：「交州刺史始興王司馬阮研。」陳思書小史七：「阮研，字文磯，陳留人。官至交州刺史。善書，其行草出於逸少，精熟尤甚。其勢若飛泉交注，奔競不息。張懷瓘云：『文磯與子雲齊名，時稱蕭、阮等各得右軍一體。』而此公筋力最優。比之於勇，則被堅執鋭，所向無前；論之於談，則緩頰朵頤，離堅合異。有李信、王離之攻取，無子貢、魯連之變通，可謂力過弘景，雄蓋子雲。其隸則習於鍾公，風致稍怯。庾肩吾云：『阮研居今觀古，盡窺衆妙之門，雖師王祖鍾，終成别構一法，亦有得矣。』書賦云：『文磯纖潤，穩正利草；輭媚横流，姿容娟好。若其抑阮褒殷，度幾同塵，似泉激溜于懸磴，木垂條於晚春。』」案：阮研之字，一作文幾，一作文磯，皆有義理，未能輒定。法書要録二引袁昂古今書評：「阮研書如貴胄，失品次叢悴，不復排突英賢。陶隱居書如吴興小兒，形容雖未成長，而骨體甚駿快。蕭子雲書如上林春花，遠近瞻望，無處不發。」又引庾元威論書：「余見學阮研書者，不得其骨力婉媚，唯學攣拳委盡。」案：淳化閣帖四有阮交州研書，題云：「阮研，梁陳留人，官至交州刺史。」東觀餘論卷上米元章跋祕閣法帖第四有阮研。陳直曰：「法書會要載陶隱居與梁武帝論書啟云：『近聞有一人學阮研書，遂不可復別。』庾肩吾書品阮研文機列在上之下。淳化閣帖四，摹有阮研書一道。又藝文類聚有阮研棹歌行一首，則阮研不獨能書，兼亦工詩也。」

〔五〕趙曦明曰：「謂子雲也。本傳：『大同二年，遷員外散騎常侍國子祭酒。』」

〔六〕抱經堂校定本脱「諸書」二字，宋本及諸本、續家訓、金壺記中都有此二字，今據補正。

〔七〕宋本「體」上有「逸」字，續家訓及各本都無。金壺記引此句作「莫不得逸少之體」，亦無「逸」字。嚴式誨曰：「案：法書要録三李嗣真書品後：『顏黄門有言：「阮交州、蕭國子、陶隱居各得右軍一體。」』書斷下同（見前）。則宋本『逸體』乃『一體』之譌，當據改補。」

〔八〕金壺記「源」下有「矣」字。

〔九〕趙曦明曰：「『義之官右軍將軍。』」器案：據此則羲之法書，有「年少時法」與「真草」之分。御覽六六六引太平經：「郗愔字方回，高平金鄉人。爲晉鎮軍將軍。心尚道法，密自遵行。善隸書，與右軍相埒。手自起寫道經，將盈百卷，于今多有在者。」（今所見正統道藏太平經無文，「入」上太平經卷之一百十四，某訣第一百九十二云：「前文原缺。」卷之一百十六云：「原缺一百一十五。」又某訣第二百四云：「前文原缺。」則今本缺文多矣。）則所謂「右軍年少時法」者，蓋亦取會時俗之隸書也。其後變爲「真草」，即之推所謂「楷正可觀，不無俗字」，亦即韓愈石鼓歌所謂「羲之俗書趁姿媚」者，即今所見蘭亭序之等是也。王維故人張諲工詩善易卜兼能丹青草隸頃以詩見贈聊獲酬之詩：「團扇草書輕内史。」亦謂羲之工草書也。

晉、宋以來，多能書者。故其時俗，遞相染尚，所有部帙，楷正可觀，不無俗字，非爲大損[一]。至梁天監之間，斯風未變；大同之末，訛替滋生。蕭子雲改易字體，邵陵王頗行僞字[二]；朝野翕然，以爲楷式，畫虎不成[三]，多所傷敗。至爲「一」字，唯見數點[四]，或妄斟酌，逐便轉移[五]。爾後墳籍，略不可看。北朝喪亂之餘，書迹鄙陋[六]，加以專輒[七]造字，猥拙甚於江南。乃以百念爲憂[八]，言反爲變，不用爲罷[九]，追來爲歸[一〇]，更生爲蘇[一一]，先人爲老[一二]，如此非一，偏滿經傳[一三]。唯有姚元標工於楷隸[一四]，留心小學，後生師之者衆。洎於齊末，祕書繕寫，賢於往日多矣。

〔一〕示兒編二二引「爲」作「其」。陳直曰：「按：梁陵各神道闕及始興王蕭憺碑、安成王蕭秀碑（憺碑爲貝義淵書），兩碑皆無俗字，與之推所言正合。」

〔二〕宋本原注：「一本注：『前上爲草，能傍作長之類是也。』」案：續家訓、羅本、傅本、顔本、程本、胡本、何本、朱本及類説引此十二字注，都作正文，少儀外傳上及示兒編仍作注文，今從宋本。又少儀外傳引「僞」作「譌」，注「草」作「廾」、「長」作「长」，示兒編「草」作「艸」、「長」作「长」。案：龍龕手鑑一刀部：「㣊，音前。」「山」當是「中」字形近之誤。陳直曰：「十二字確是正文，宋本不可信，趙注删去非也。北齊馬天祥造像『孰能詳之』，書能作『䏻』，正之推所謂『能傍作長』也。」

〔三〕趙曦明曰：「畫虎不成，馬援語，已見。」

〔四〕陳直曰：「按：『至爲「一」字，唯見數點』者，以『休』爲例，晉人草書，休字下多加一字作『㱏』。北魏賈思伯碑及司馬昞墓志亦皆作『㱏』，至元詮墓志『詮字休賢』，便變『休』作『烋』矣。（以上僅舉一例。）又李璧墓志御史中丞作『中烝』，亦變一字爲數點之例。」

〔五〕羅本、傅本、顔本、程本、胡本、何本、朱本「逐」作「遂」；宋本、續家訓及類説作「逐」，今從之。

〔六〕類説「鄙」作「猥」，涉下文而誤。

〔七〕晉書劉弘傳：「敢引覆餗之刑，甘受專輒之罪。」又王濬傳：「案春秋之義，大夫出疆，猶有專輒。」段玉裁説文解字注十四篇上輒篆：「車兩輢也。凡專輒用此字者，此引申之義。凡人有所倚恃而妄爲之，如人在輿之倚於輢也。」桂馥札樸卷三亦有説。

〔八〕龍龕手鑑心部：「㥑，古文，於求反，志也，亦㥑愁也，今作憂，同。」器案：穆子容太公碑：「器業優洽。」優字从㥑。

〔九〕器案：龍龕手鑑三不部：「甭，音弃。」音與此别。陳直曰：「『言反爲變，不用爲罷』，不見於北朝各石刻。」

〔一〇〕龍龕手鑑一來部：「𩰢，音歸。」

〔一一〕趙曦明曰：「此字今猶然。」郝懿行曰：「案：更生爲蘇，流俗至今，傳以爲然。」案：龍龕手鑑三更部：「甦，音蘇。」

〔一二〕徐鯤曰：「顧炎武金石文字記云：『追來爲𩰢，見穆子容太公碑，作𩰢；先人爲老，見張猛龍碑，作𠅈；更生爲蘇，今人猶用之。』」李詳曰：「案：張猛龍碑、北齊姜纂造像記並有𠅈字，謂張老及老君也。其餘諸造像記，亦屢見之。」俞樾湖樓筆談卷五引説文序、經典釋文序、史記正義序及此證隸書詭異。

〔一三〕魏書江式傳：「延昌三年上表，求撰集古今文字，有云：『皇魏承百王之季，紹五運之緒，世易風移，文字改變，篆形謬錯，隸體失真，俗學鄙習，復加虚巧；談辯之士，又以意説炫惑於時，難以釐改。故傳曰：「以衆非非行正。」信哉，得之於斯情矣！乃曰：追來爲歸，巧言爲辯，（案：龍龕手鑑一言部：「㕮，古文辯字。」「㓤」當作「巧」。）小兒爲覶，（案：龍龕手鑑二垔部：兒部：「覶，於盈切，覶兒。」此文「覶」當爲「覶」之誤。）神蟲爲蠶，（案：龍龕手鑑一「蝅，古，昨含反，吐絲虫也。」）如斯甚衆，皆不合孔氏古書、史籀大篆、許氏説文、石經三字也。』」職官分紀十五引韋述集賢注記載開元十九年集賢院四庫書中古代書云：「齊、周書紙墨亦劣，或用後魏時字，自反爲歸，（案：龍龕手鑑三自部：「皈，音歸。」）文子爲字，欠畫加點，應三反四，又無當時名輩書記。」蘇氏演義上：「只如田夫民爲農，（案：龍龕手鑑一田部有畓字，音同。）百念爲憂，更生爲蘇，兩隻爲雙，神蟲爲蠶，明王爲聖，（案：龍龕手鑑三玉部：「㙷，古文，音聖。」即此字。）不見爲覔，（龍龕手鑑三見部作覔。）美色爲豔，口王爲國，（案：龍龕手鑑一口部：「国，俗，邦國也。正作國。」）文字爲學。如此之字，皆後魏流俗所撰，學者之所不用。」顧炎武金石文字記亦就後魏孝文帝弔比干墓文記其別構字。諸所言北朝俗字，可以互參，近人乃有碑别字、碑别字補之作，可備觀焉。又案：魏書世祖紀：「始光二年，初造新字千餘，頒下遠近，永爲楷式。」則顔氏所斥爲「專輒造字」者，特其一隅耳。

〔一四〕「標」，宋本、續家訓作「摽」，未可從。「楷」，宋本作「草」，續家訓及諸明本都作「楷」，今從之。盧文弨曰：「案：此言繕寫墳籍，方以楷正爲善，斷無兼取於草，草固有逐便轉移者，已見排斥於上矣，今改從楷字。」徐鯤曰：「北史崔浩傳：『左光禄大夫姚元標以工書知名於時。』」器案：魏書崔玄伯傳附崔恬傳：「左光禄大夫姚元標以工書知名於時，見濳（玄伯父）書，謂爲過於己也。」陳直曰：「北齊書張景仁傳亦云：『魏郡姚元標。』皆與本文相合。」北齊西門豹祠堂碑即姚元標所書。

江南閭里間有畫書賦，乃陶隱居弟子杜道士所爲〔一〕；其人未甚識字，輕爲軌則〔二〕，託名貴師，世俗傳信，後生頗爲所誤也〔三〕。

〔一〕續家訓、羅本、傅本、程本、胡本、何本、鮑本「乃」上有「此」字。

〔二〕史記律書：「王者制事立法，物度軌則。」文選左太沖吴都賦：「四方之所軌則。」吕向注：「軌，法也，言可以爲四方之法則也。」

〔三〕盧文弨曰：「案：林罕字源偏傍小説序云：『俗有隸書賦者，假託許慎爲名，頗乖經據。』顔氏家訓云：『斯實陶先生弟子杜道士所爲，大誤時俗，吾家子孫，不得收寫。』案：此作『畫書』，林作『隸書』，此云『貴師』，即隱居也，而林以爲『假託許慎』，未知實一書否。」

畫繪之工，亦爲妙矣；自古名士，多或能之。吾家嘗有梁元帝手畫蟬雀白團扇及馬圖〔一〕，亦難及也。武烈太子偏能寫真〔二〕，坐上賓客，隨宜〔三〕點染，即成數人，以問童孺，皆知姓〔四〕名矣。蕭賁〔五〕、劉孝先〔六〕、劉靈〔七〕，並文學已外，復佳此法。翫閱古今〔八〕，特可寶愛。若官未通顯，每被公私使令，亦爲猥役〔九〕。吴縣顧士端出身湘東王國侍郎〔一〇〕，後爲鎮南〔一一〕府刑獄參軍，有子曰庭，西朝〔一二〕中書舍人，父子並有琴書之藝，尤妙丹青，常被元帝所使，每懷羞恨〔一三〕。彭城劉岳，橐之子也，仕爲驃騎府管記、平氏縣令〔一四〕，才學快士，而畫絶倫。後隨武陵王入蜀〔一五〕，下牢〔一六〕之敗，遂爲陸護軍〔一七〕畫支江寺壁，與諸工巧雜處。向使三賢都不曉畫，直運素業〔一八〕，豈見此恥乎？

〔一〕抱經堂校定本脱「家」字，各本俱有，今據補正。羅本、傅本、程本、胡本、黄本「嘗」作「常」。續家訓「團」作「圓」。歷代名畫記七：「梁元帝蕭繹，字世誠，武帝第七子。初生便眇一目，聰慧俊朗，博涉技藝，天生善書畫。初封湘東王，後乃即位，年四十七，追號元帝，廟號世祖。嘗畫聖僧，武帝親爲贊之。任荆州刺史日畫蕃客入朝圖，帝極稱善。又畫職貢圖並序，善畫外國來獻之事。姚最云：『湘東天挺生知，學窮性表，心師造化，象人特盡神妙，心敏手運，不加點理。聽訟之暇，衆藝之餘，時遇揮毫，造化驚絶，足使荀、衛閣筆，袁、陸韜翰。』」器案：藝文類聚五五引梁元帝職貢圖序云：「臣以不佞，推轂上游，夷歌成章，胡人遥集，款開蹶角，沿泝荆門，瞻其容貌，訴其風俗；如有來朝京輦，不涉漢南，别加訪採，以廣聞見，名爲職貢圖云爾。」案：樓鑰攻媿集七五跋傅欽甫所藏職貢圖亦詳此事。陳直曰：「唐張彦遠歷代名畫記記梁元帝有自畫宣尼像，又嘗畫聖僧，武帝親爲贊之。有職貢圖、蕃客入朝圖、鹿圖、師利圖、鵜鶘陂澤圖等，並有題印。職貢圖現尚存殘卷，南京博物館藏，見一九六〇年文物七期。又元帝另著山水松石格，文字朴茂，四庫提要疑爲僞託，非是。」

〔二〕歷代名畫記七：「梁元帝長子方等，字實相。尤能寫真，坐上賓客，隨意點染，即成數人，問兒童皆識之。後因戰殁，年二十二。贈侍中中軍將軍、揚州刺史，謚忠莊太子。」案：南史梁元帝諸子傳：「元帝即位，改謚武烈世子。」宋長白柳亭詩話卷十五：「描貌曰寫真，又曰寫照，又曰寫生，俗所謂傳神肖像也。顔氏家訓曰：『武烈太子偏能寫真。』梁簡文詠美人看畫詩：『可憐俱是畫，誰能辨寫真。』老杜天育驃騎歌：『故獨寫真傳世人，見之座右久更新。』是人物俱可言寫真也。」

〔三〕真誥卷十九翼真檢一：「唯有異同疑昧者，略摽言之，其酆宮鬼官，乃可隨宜顯説。」「隨宜」，即歷代名畫記所言「隨意」，元稹開元觀閑居酬吴士矩侍御四十韻：「几案隨宜設，詩書逐便拈。」隨宜、逐便對文，義亦相同。

〔四〕傳本「姓」作「其」。

〔五〕徐鯤曰：「南史齊竟陵王子良傳：『子昭曹，昭曹子賁，字文奂，形不滿六尺，神識耿介。幼好學，有文才，能書善畫，于扇上圖山水，咫尺之内，便覺萬里爲遥。矜慎不傳，自娱而已。』案：又見歷代名畫記七。陳直曰：「金樓子著書篇云：『奇字二帙二十卷，金樓付蕭賁撰。』又碑集十帙百卷，付蘭陵蕭賁撰。」樂府詩集載蕭賁有長安道五言一首。」

〔六〕趙曦明曰：「梁書劉潛傳：『第七弟孝先，武陵王紀法曹主簿。王遷益州，隨府轉安西記室。承聖中，與兄孝勝俱隨紀軍出峽口，兵敗，至江陵，世祖以爲黄門侍郎，遷侍中。兄弟並善五言詩，見重於世，文集值亂，今不具存。』」

〔七〕本書勉學篇「思魯等姨夫彭城劉靈」云云。詳彼文注。

〔八〕「翫閲古今」，宋本作「翫古知今」，續家訓及諸明本都作「翫閲古今」，今從之。

〔九〕趙曦明曰："猥，並雜也。"

〔一〇〕續家訓、羅本、傅本、程本、胡本、何本無"王"字。趙曦明曰："隋書百官志：'王國置中尉侍郎，執事中尉。'"

〔一一〕器案：勉學篇有鎮南録事參軍。

〔一二〕器案：西朝指江陵，梁元帝建都於此，猶兄弟篇之稱江陵爲西臺。

〔一三〕郝懿行曰："案：唐初宰相閻立本馳譽丹青，亦嘗懷此羞恨也。"

〔一四〕趙曦明曰："宋書州郡志：'南義陽太守，領縣二，有平氏令，漢舊名，屬南陽。'"

〔一五〕續家訓"入蜀"下複出"下牢"二字，不可從。南史梁武帝諸子傳："武陵王紀，字世詢，武帝第八子也。……天監十三年封武陵王……大同三年爲都督、益州刺史。"

〔一六〕下牢，梁宜州舊治，在今湖北宜昌市西北。元刊本集千家注分類杜工部詩十秋風二首鄭卬注引荆州記："峽江突起最險處，山復陡下，名下牢關。"陸游入蜀記六："八日五鼓盡，解船過下牢關。……西望羣山如闕，江出其間，則所謂下牢灘也。歐陽文忠公有下牢津詩：'入峽山漸曲，轉灘山更多。'即此也。"

〔一七〕陳直曰："陸護軍爲陸法和，見北史藝術傳，梁元帝以法和都督郢州刺史，加司徒，封江乘縣公。後奔齊入周，仍爲顯宦，獨不載陸官護軍將軍事。據之推觀我生賦云：'懿永寧之龍蟠，奇護軍之電掃。'自注云：'護軍將軍陸法和破任約於赤亭湖，侯景退走大敗。'歷官與本文正合。支江當爲枝江簡寫，隋書地理志枝江縣屬南郡。史稱法和奉佛法，故令劉岳畫枝江縣某寺之壁畫也。」

〔一八〕三國志魏書徐胡傳評：「徐邈清尚弘通，胡質素業貞粹。」晉書陸納傳：「汝不能光益父叔，乃復穢我素業邪！」素業，謂儒素之業，雲麓漫鈔六載唐科目有抱儒素科。

弧矢之利，以威天下〔一〕，先王所以觀德擇賢〔二〕，亦濟身〔三〕之急務也。江南謂世之常射〔四〕，以爲兵射，冠冕儒生，多不習此；別有博射〔五〕，弱弓長箭，施於準的，揖讓昇降〔六〕，以行禮焉。防禦寇難，了無所益〔七〕。亂離之後，此術遂亡。河北文士，率曉兵射，非直葛洪一箭，已解追兵〔八〕，三九讌集〔九〕，常縻榮賜。雖然，要輕禽，截狡獸〔一〇〕，不願汝輩爲之。

〔一〕趙曦明曰：「易繫辭下傳：『弦木爲弧，剡木爲矢，弧矢之利，以威天下，蓋取諸睽。』」

〔二〕趙曦明曰：「禮記射義：『射者，何也？射以觀德也。孔子曰：射者何以射，何以聽，循聲而發，發而不失正鵠者，其唯賢者乎！』」

〔三〕濟讀如論語雍也篇「博施於民，而能濟衆」之濟。何晏集解：「孔安國曰：『濟民於患難。』」皇侃疏：「救濟衆民之患難。」邢昺疏：「振濟衆民於患難。」

〔四〕續家訓、羅本、傅本、程本、胡本、何本「謂」作「爲」，今從宋本。

〔五〕南史柳惲傳：「惲嘗與琅琊王瞻博射，嫌其皮闊，乃摘梅帖烏珠之上，發必命中，觀者驚駭。」案：梁書蕭琛傳：「善弓馬，遣人伏地持帖，奔馬射之，十發十中；持帖者亦不懼。」皮與帖俱謂射垜也。博射如博弈也。

〔六〕抱經堂校定本「昇」作「升」；宋本作「陞」；續家訓、羅本、傅本、程本、胡本、何本、朱本、鮑本、汗青簃本作「昇」，今從之。

〔七〕梁書庾肩吾傳：「梁簡文與湘東王書：『了不相似，……了無篇什之美。』」了字用法，與此相同。廣雅釋詁：「了，訖也。」

〔八〕續家訓「非」作「策」，未可據。盧文弨曰：「抱朴子自叙篇：『昔在軍旅，曾手射追騎，應弦而倒，殺二賊一馬，遂得免死。』」

〔九〕三九，已詳勉學篇注。

〔一〇〕盧文弨曰：「要與邀同。枚乘七發：『逐狡獸，集輕禽。』」器案：三國志魏書文紀注引魏文帝典論自叙：「要狡獸，截輕禽。」此用其文。

卜筮者，聖人之業也；但近世無復佳師，多不能中。古者，卜以决疑〔一〕，今人生疑於卜〔二〕，何者？守道信謀，欲行一事，卜得惡卦，反令恡恡〔三〕，此之謂乎！且十中六七，以爲上手〔四〕，粗知大意，又不委曲。凡射奇偶，自然半收〔五〕，何足賴〔六〕也。世傳云：「解陰陽者，爲鬼所嫉，坎壈貧窮，多不稱泰〔七〕。」吾觀近古以來，尤精妙者，唯京房〔八〕、管輅〔九〕、郭璞〔一〇〕耳，皆無官位，多或罹災，此言令人益信。儻值世網〔一一〕嚴密，強負此名，便有詿誤〔一二〕，亦禍源也。及星文風氣〔一三〕，率不勞爲之。吾嘗學六壬式〔一四〕，亦值世間好匠，聚得龍首、金匱、玉軨變、玉歷十許種書〔一五〕，討求〔一六〕無驗，尋亦悔罷。凡陰陽之術，與天地俱生，其吉凶德刑〔一七〕，不可不信；但去聖既遠〔一八〕，世傳術書，皆出流俗，言辭鄙淺，驗少妄多。至如反支不行〔一九〕，竟以遇害；歸忌寄宿，不免凶終〔二〇〕：拘而多忌〔二一〕，亦無益也。

〔一〕趙曦明曰：「左氏桓十一年傳：『卜以決疑，不疑何卜？』」

〔二〕「生疑」，抱經堂校定本作「疑生」，宋本、續家訓、諸明本及類説都作「生疑」，今據改正。

〔三〕宋本原注：「怏音敕，惕也。」續家訓此句作「反令怏怏」，無注；類説作「反經怏怏」，「經」誤，蓋「令」以形近誤爲「今」，「今」又以音近誤爲「經」也。怏通作飭，説文：「飭，惕也。」鄭玄注易云：「飭，惕懼也。」廣韻二十四職：「怏，從也，慎也。」又：「飭，意慎，怏又惕也。」二字音並與敕同，恥力切。作快者，唐、宋別本。

〔四〕器案：上手，謂上等手藝。隋書楊素傳：「素箭爲第一上手。」唐段安節樂府雜録：「箜篌，太和中有季齊皐者，亦爲上手。」抱朴子外篇譏惑：「吴之善書，則有皇象、劉纂、岑伯然、朱季平，皆一代之絶手。」絶手、上手義相近。

〔五〕續家訓、類説「半收」作「一半」。

〔六〕廣雅釋詁：「賴，恃也。」

〔七〕抱經堂校定本引屠本「稱泰」作「通泰」。案：顔本、朱本亦作「通泰」。盧文弨曰：「壈，力敢切。楚詞九辯：『坎壈兮貧士失職而志不平。』壈，一作廩。」

〔八〕趙曦明曰：「漢書京房傳：『房字君明，東郡頓丘人。治易，事梁人焦延壽。延壽曰：「得我道以亡身者，必京生也。」其説長於災變，分六十卦，更值日用事，以風雨寒温爲候，各有占驗。房用之尤精。上意向之。石顯、五鹿充宗皆嫉之，出爲魏郡太守，去月餘，徵下獄，與前從房受學者張博皆棄市。』」

〔九〕趙曦明曰：「魏志管輅傳：『輅字公明，平原人。安平趙孔曜薦於冀州刺史裴徽曰：「輅雅性寬大，與世無忌，仰觀天文，則妙同甘、石，俯覽周易，則思齊季主。」徽辟爲文學從事，大友善之。正元二年，弟辰謂輅曰：「大將軍待君意厚，冀當富貴乎？」輅歎曰：「天與我才明，不與我年壽，恐四十七八間，不見女嫁兒娶婦也。」卒年四十八。』」

〔一〇〕趙曦明曰：「璞字景純，河東聞喜人。妙於陰陽算曆。有郭公者，客居河東，精於卜筮，復從之受業。公以青囊中書九卷與之，遂洞五行、天文、卜筮之術，攘災轉禍，通致無方，雖京房、管輅不能過也。王敦謀逆，使璞筮，璞曰：『無成。』曰：『卿更爲筮壽幾何？』答曰：『思向卦，明公起事必禍不久，若往武昌，壽不可測。』敦大怒曰：『卿壽幾何。』曰：『命盡今日日中。』敦怒，收璞詣南岡斬之。」

〔一一〕嵇康難養生論：「奉法循理，不絓世網。」

〔一二〕漢書文紀：「濟北王背德反上，詿誤吏民。」師古曰：「詿亦誤也。音卦。」

〔一三〕漢書藝文志數術略天文：「泰壹雜子星二十八卷，五殘雜變星二十一卷，黄帝雜子氣三十三篇，常從日月星氣二十一卷，皇公雜子星二十二卷，淮南雜子星十九卷，泰壹雜子雲雨三十四卷，國章觀霓雲雨三十四卷，金度玉衡漢五星客流出入八篇，漢五星彗客行事占驗八卷，漢日旁氣行事占驗三卷，漢流星行事占驗八卷，漢日旁氣行占驗十三卷，……天文者，序二十八宿，步五星日月，以紀吉凶之象，聖王所以參政也。易曰：『觀乎天文以察時變。』然星事㓙悍，非湛密者弗能由也。夫觀景以譴形，非明王亦不能服德也。以不能由之臣，諫不能聽之主，此所以兩有患也。」案：古人對於天文氣象，不能具有正確之科學認識，於是倡爲種種封建迷信的奇談怪論，將以自欺欺人，由今日觀之，俱不足致詰也。

〔一四〕趙曦明曰：「隋書經籍志：『六壬式經雜占九卷，六壬式兆六卷。』餘未見。」俞正燮癸巳類稿六壬古式考曰：「太白陰經云：『元女式者，一名六壬式，元女所造，主北方萬物之始，因六甲之壬，故曰六壬。』」器案：道藏「薑」字三號黄帝龍首經序曰：「令六壬領吉凶。」注：「言日辰陰陽及所坐所養之御，三陰三陽，故曰六壬也。」

〔二五〕「玉軨變玉曆」，宋本原注：「一本作『玉變玉曆』。」案：續家訓、明、清諸本都與一本同，癸巳類稿作「玉軨五變玉曆」，未知所本。盧文弨曰：「道藏目録：『黄帝龍首經三卷。』注：『上經三十六占，下經三十六占，共七十二占，法像六壬占門。』又黄帝金櫃玉衡經一卷，亦六壬占法。」趙熙曰：「隋經籍志五行有黄帝龍首經二卷，又遯甲叙三元玉曆立成一卷，郭遠行撰。」俞正燮癸巳類稿六壬書跋曰：「道藏『菫』三至『菫』六，爲黄帝龍首經二卷，黄帝金匱玉衡經一卷，黄帝授三子元女經一卷。抱朴子極言篇云：『案龍首記。』（器案：遐覽篇亦引黄帝龍首經。）顏氏家訓雜藝篇云：『吾嘗學六壬式，亦值世間好匠，聚得龍首、金匱、玉軨五變、玉曆十許種書。』其書古雅也。其在目録者，隋書經籍志五行類有黄帝龍首經二卷，元女式經要法一卷，通志藝文略有金匱經三卷，焦竑國史經籍内有六壬龍首經一卷。檢釋藏笑道論云：『黄帝金匱何以不在道書之列乎？』知其書周、秦廣行。辨正論出道僞謬篇云：『元都觀經目六千三百六十三卷，觀中見有本二千四十卷，中諸子論八百八十四卷，黄帝龍首經一部五卷，元女、皇人等譔。宋人陸静修所上目，經書、藥方、符圖一千二百二十八卷，並無前色，乃妄添八百八十四卷。』釋氏之説，大率嗔妒忿戾，悖其師法，然幸有其言，合之顏氏家訓及隋志，知此數種是古書，久行於世，齊、梁時續收入道藏者。今覽龍首經，有吏家、長者、客、諸侯、二千石、令、長、丞、尉，金匱玉衡經有縣官、贅壻，授三子元女經有喚人、白獸，知是遂古相傳，秦、漢間始著筆札，甘石星經、靈樞、素問之流比。又自唐人校寫，至今未改，彌可寶貴矣。」器案：漢書藝文志數術略有堪輿金匱十四卷，通志藝文略天文類有玉鈐步氣術一卷，五行類有齊人行兵天文龜眼玉鈐經二卷，玉鈐三命祕術一卷，道家類有太上玉曆經一卷。文苑英華二二五引顏之推神仙詩：「願得金樓要，思逢玉鈐篇。」則此「玉軨」疑「玉鈐」之誤。唐沈珣授契苾通振武節度使制：「挺鵠立鷹揚之操，知玉鈐金匱之書。」亦以玉鈐、金匱並言。

〔一六〕顏延之重釋何衡陽達性論：「討求道義，未是要説耳。」集韻：「討，一曰求也。」

〔一七〕器案：德刑，亦陰陽五行生剋之説。漢書藝文志數術略五行有刑德七卷。淮南天文訓：「日爲德，月爲刑。月歸而萬物死，日至而萬物生。」

〔一八〕孟子盡心下：「去聖人之世，若此其未遠也。」文心雕龍諸子篇：「夫自六國以前，去聖未遠。」

〔一九〕抱經堂本脱「至」字，各本及續家訓俱有，今據補。

〔二〇〕趙曦明曰：「後漢書王符傳：『明帝時，公車以反支日不受章奏。』章懷注：『凡反支日，用月朔爲正：戌亥朔，一日反支；申酉朔，二日反支；午未朔，三日反支；辰巳朔，四日反支；寅卯朔，五日反支；子丑朔，六日反支。見陰陽書。』又郭躬傳：『桓帝時，汝南有陳伯敬者，行必矩步，坐必端膝，行路聞凶，便解駕留止，還觸歸忌，則寄宿鄉亭。年老寢滯，不過舉孝廉。後坐女婿亡吏，太守邵夔怒而殺之。』章懷注：『陰陽書曆法曰：「歸忌日，四孟在丑，四仲在寅，四季在子，其日不可遠行、歸家及徙也。」』」徐鯤曰：「漢書游俠陳遵傳：『王莽敗，張竦爲賊兵所殺。』注：『李奇曰：「竦知有賊，當去，會反支日不去，因爲賊所殺，桓譚以爲通人之蔽也。」』」鄭珍、李慈銘、龔道耕先生説同。器案：論衡辨祟篇：「塗上之暴尸，未必出以往亡；室中之殯柩，未必還以歸忌。」禮記王制：「執左道以亂政。」鄭玄注：「謂誣蠱俗禁。」正義曰：「俗禁者，若張竦反支、陳伯子往亡歸忌是也。」案：今臨沂銀雀山出土漢元光元年曆譜，在日干支下間書「反」字，即所謂反支日也。王符傳所載，即符潛夫論愛日篇文也。陳直曰：「敦煌木簡有永元六年曆譜云：『十一日甲午，破血忌反支。』」

〔三〕徐鯤曰：「漢書司馬遷傳：『竊嘗觀陰陽之術，大詳而衆忌諱，使人拘而多畏。然其叙四時之大順，不可失也。』（案：當引史記太史公自序。）又後漢書方術傳序：『子長亦云：「觀陰陽之書，使人拘而多忌。」』蓋爲此也。」

算術亦是六藝要事〔一〕；自古儒士論天道、定律曆者，皆學通之〔二〕。然可以兼明，不可以專業。江南此學殊少，唯范陽祖暅〔三〕精之，位至南康太守〔四〕。河北多曉此術。

〔一〕盧文弨曰：「周禮保氏：『六藝，六曰九數。』鄭司農云：『九數：方田，粟米，差分，少廣，商功，均輸，方程，贏不足，旁要。今有重差，句股。』疏云：『此皆依九章算術而言。今以句股替旁要。』案：今所傳周髀，乃周公問於殷高者，即句股之法。」

〔二〕盧文弨曰：「如張蒼、鄭康成、蔡邕、張衡諸人，皆明此術。」郝懿行曰：「案：長安許商善爲算，著五行論曆，見前漢書儒林傳。又馬融集諸生考論圖緯，聞鄭康成善算，迺召見於樓上。見後漢書鄭玄傳。王文考與父叔師到泰山從鮑子真學算，到魯賦靈光殿，見博物志。」

〔三〕宋本原注：「暅，音亘。」盧文弨曰：「隋書律曆志中：『梁初因齊用元嘉曆。天監三年，下詔定曆。員外散騎侍郎祖暅奏稱：「史官今所用何承天曆，稍與天乖，緯緒參差，不可承案。」被詔付靈臺與新曆對課疎密。至大同十年，制詔更造新曆。』」器案：廣弘明集三引阮孝緒七録序：「乃分數術之文，更爲一部，使奉朝請祖暅撰其名録。」南史祖沖之傳：「（祖沖之）子暅之，字景爍。少傳家業，究極精微，亦有巧思，入神之妙，般、倕無以過也。當其詣微之時，雷霆不能入，嘗行遇僕射徐勉，以頭觸之，勉呼乃悟。父所改何承天曆，時尚未行，梁天監初，暅之更脩之，於是始行焉。位至太舟卿。」此即顏氏所說之祖暅。六朝人信奉道教，率於名下綴「之」字；顏氏蓋嫌其一門五世，命名相似，故去「之」字簡稱祖暅耳。隋書經籍志子部天文類有天文録三十卷，梁奉朝請祖暅之撰。

〔四〕鮑本「位」作「仕」。

醫方之事，取妙極難，不勸汝曹以自命也。微解藥性，小小和合〔一〕，居家得以救急，亦爲勝事，皇甫謐〔二〕、殷仲堪〔三〕則其人也。

〔一〕墨子非攻中：「和合其注藥。」和合，猶今言配方也。

〔二〕趙曦明曰：「晉書皇甫謐傳：『謐有高尚之志，自號玄晏先生。後得風痺疾，猶手不輟卷。或勸謐脩名廣交。謐以爲居田里之中，亦可以樂堯、舜之道，何必崇接世利，事官鞅掌，然後爲名乎？作玄守論以答之。初服寒食散，而性與之忤，每委頓不倫。』隋書經籍志：『皇甫謐、曹歙論寒食散方二卷，亡。』」器案：唐書藝文志有皇甫謐黄帝三部鍼經十二卷。

〔三〕趙曦明曰：「晉書殷仲堪傳：『仲堪，陳郡人。父病積年，衣不解帶，躬學醫術，究其精妙，執藥揮淚，遂眇一目。居喪哀毁，以孝聞。』」趙熙曰：「隋書經籍志：『梁有殷荆州要方一卷，殷仲堪撰，亡。』」

禮曰：「君子無故不徹琴瑟〔一〕。」古來名士，多所愛好。洎於梁初，衣冠子孫，不知琴者，號有所闕；大同以末，斯風頓盡。然而此樂愔愔〔二〕雅致〔三〕，有深味哉！今世曲解〔四〕，雖變於古，猶足以暢神情也〔五〕。唯不可令有稱譽，見役勳貴，處之下坐〔六〕，以取殘盃冷炙之辱〔七〕。戴安道猶遭之〔八〕，況爾曹乎〔九〕！

〔一〕續家訓曰：「樂記有之：『致樂以治心者也，致禮以治躬者也。心中斯須不和不樂，而鄙詐之心入矣；外貌斯須不莊不欽，而漫易之心入之矣。』」器案：樂府詩集琴曲歌辭：「琴者，先王所以脩身理性、禁邪防淫者也。是故君子無故不去其身。」且君子不可斯須而去禮，是以居處必慎獨而常恭，君子不可斯須而去樂，是以琴瑟無故則不徹。』」盧文弨曰：「禮記曲禮下：『大夫無故不徹縣，士無故不徹琴瑟。』」

〔二〕趙曦明曰：「文選嵇叔夜琴賦：『愔愔琴德，不可測兮。』李善注：『韓詩曰：「愔愔，和悦貌。」』」器案：杜甫奉贈韋左丞丈二十二韻詩，分門集注引「愔愔」作一「音」字，類説作「憒憒」，俱誤。周捨上雲樂：「歌管愔愔，鏗鼓鏘鏘。」

〔三〕文選袁彦伯三國名臣序贊：「雅致同趣。」注：「嵇康贈秀才詩曰：『仰慕同趣。』」按：今猶言雅致、雅趣。

〔四〕曲，琴曲歌辭；解，歌辭段數。琴一曲曰曲，一段曰解。

〔五〕風俗通義聲音篇：「琴，其道行和樂而作者，命其曲曰暢。暢者，言其道之美暢，猶不敢自安，不驕不溢，好禮不以暢其意也。」

〔六〕元刊集千家注分類杜工部詩卷十九奉贈韋左丞丈二十二韻王洙注、宋刊本草堂詩箋三注引「坐」作「座」。

〔七〕御覽七五八引郭澄之郭子：「王光禄曰：『正得殘槃冷炙。』」此顏氏所本。杜甫奉贈韋左丞丈二十二韻：「殘盃與冷炙，到處潛悲辛。」又本顏氏此文；師民瞻注曰：「殘盃，謂甕之餘者，香已埋歇；柔肉曰炙，冷炙，謂宿炙也。」

〔八〕趙曦明曰：「晉書隱逸傳：『戴逵，字安道，譙國人。少博學，善屬文，能鼓琴。武陵王晞使人召之，逵對使者破琴，曰：「戴安道不爲王門伶人。」』」

〔九〕宋長白柳亭詩話卷二十：「顏之推家訓：『殘杯冷炙之悲，戴安道猶遭之，況汝曹乎！』故知高適所云『世上何人不識君』、張謂『知君到處有逢迎』者，姑爲大言以自快耳，其實不堪回想也。」

家語曰：「君子不博，爲其兼行惡道故也〔一〕。」論語云：「不有博弈者乎？爲之，猶賢乎已〔二〕。」然則聖人不用博弈爲教；但以學者不可常精，有時疲倦，則儻爲之，猶勝飽食昏睡、兀然〔三〕端坐〔四〕耳。至如吴太子以爲無益，命韋昭論之〔五〕；王肅〔六〕、葛洪〔七〕、陶侃〔八〕之徒，不許目觀手執，此並勤篤之志也。能爾爲佳。古爲大博則六箸，小博則二焭〔九〕，今無曉者。比世所行，一焭十二棊，數術淺短，不足可翫。圍棊有手談、坐隱之目〔一〇〕，頗爲雅戲〔一一〕；但令人躭憒〔一二〕，廢喪實多，不可常也。

〔一〕盧文弨曰：「家語五儀解：『哀公問於孔子曰：「吾聞君子不博，有之乎？」孔子曰：「有之。」公曰：「何爲？」對曰：「爲其有二乘。」公曰：「有二乘則何爲不博？」子曰：「爲其兼行惡道也。」』」

〔二〕此論語陽貨篇文。趙曦明曰：「説文：『博，局戲，六箸十二棊也。古者，烏曹作博。』方言五：『圍棊謂之弈，自關而東，齊、魯之間皆謂之弈。』」器案：藝文類聚七四引李秀四維賦序：「四維戲者，衛尉摯侯之所造也，畫紙爲局，截木爲棊。」則博弈又有四維之名。

〔三〕劉伶酒德頌：「兀然而醉，怳然而醒。」文選遊天台山賦注：「兀，無知之貌也。」

〔四〕北史高昂傳：「誰能端坐讀書，作老博士也。」

〔五〕趙曦明曰：「吴志韋曜傳：『曜字弘嗣，吴郡雲陽人。爲太子中庶子。時蔡穎亦在東宫，性好博弈；太子和以爲無益，命曜論之。』注：『曜本名昭，史爲晉諱改之。』」案：韋昭博弈論見本傳及文選卷五十二，略云：「今世之人，多不務經術，好翫博弈，廢事棄業，忘寢與食，窮日盡明，繼以脂燭。當其臨局交争，雌雄未決，專精鋭意，心勞體倦，人事曠而不修，賓旅闕而不接。至或賭及衣服，徙棊易行，廉恥之意弛，而忿戾之色發。然其所志，不出一枰之上，所務不過方罫之間，技非六藝，用非經國，求之於戰陣，則非孫、吴之倫也，考之於道藝，則非孔氏之門也。」

〔六〕王肅事未詳。陳直曰：「藝文類聚二十三有王肅家誡，僅説誡酒，惡博應亦爲此篇之佚文。」

〔七〕葛洪抱朴子外篇自叙：「見人博戲，了不目眄，或强牽引觀之，殊不入神，有若晝睡，是以至今不知棊局上有幾道，樗蒲齒名。亦念此輩末技，亂意思而妨日月，在位有損政事，儒者則廢講誦，凡民則忘稼穡，商人則失貨財。至於勝負未分，交争都市，心熱於中，顔愁於外，名之爲樂，而實煎悴。喪廉恥之操，興争競之端，相取重貨，密結怨隙。昔宋閔公、吴太子致碎首之禍，生叛亂之變，覆滅七國，幾傾天朝，作戒百代，其鑒明矣。」

〔八〕趙曦明曰：「晉中興書：『陶侃爲荆州，見佐吏博弈戲具，投之於江，曰：「圍棊，堯、舜以教愚子；博，殷紂所造。諸君並國器，何以此爲？」』」王叔岷曰：「御覽七五三引晉中興書：『陶侃在荆州，見佐吏博奕戲具，投之於江，曰：圍棊者，堯舜以教愚子；博者，商紂所造。諸君並懷國器，何以爲此？（注：一本作「爲牧猪奴戲」。）』又見藝文類聚七四。趙曦明注所引晉中興書，與類聚同，與御覽略異。晉書陶侃傳：『諸參佐或以談戲廢事者，乃命取其酒器蒱博之具，悉投之於江；吏將則加鞭朴，曰：樗蒱者牧豬奴戲耳！』」

〔九〕趙曦明曰：「鮑宏博經：『博局之戲，各設六箸，行六棊，故云六博。用十二棊，六白六黑。所擲骰謂之瓊。瓊有五采，刻爲一畫者謂之塞，兩畫者謂之白，三畫者謂之黑，一邊不刻者，在五塞之間，謂之五塞。』」盧文弨曰：「廣雅：『博箸謂之箭。』楚辭招魂：『箟蔽象棊有六簙。』王逸注：『蔽，簙箸也。』案：焭，渠營切，即瓊也。温庭筠詩用雙瓊，即二焭也。」器案：史記蔡澤傳：「君獨不觀夫博者乎？或欲大投，或欲分功。」集解：「投，投瓊也。」索隱：「言夫博弈，或欲大投其瓊以致勝；或欲分功者，謂觀其勢弱，則投地而分功，以救遠也。」西京雜記四：「許博昌，安陵人也。善陸博……法用六箸，或謂之究，以竹爲之，長六分。或用二箸。博昌又作大博經一篇，今世傳。」案：究即茕之誤。字又作𥳑，唐寫本王仁昫刊謬補缺切韻卌一清：「𥳑，博𥳑子，一曰投，渠營反。」宋本御覽七五四引繁欽威儀箴：「操𥳑弄棊。」原注：「瞿營切，𥳑，博子。」隋書經籍志：「梁有大小博法一卷。」唐志又有大博經行棊戲法二卷，鮑宏小博經一卷。劉夢得文集觀博云：「客有以博戲自任者，遲余觀焉。初，主人執握塑之器，置於廡下，曰：『主進者要約之。』既揖讓，即次有博齒二，異乎齒負之齒，其制用骨，觚稜四均，鏤以朱墨，耦而合數，取應期月，視其轉止，依以爭道。是制也，通行之久矣，莫詳所祖，以其用必投擲，故以博投詔之。」陳直曰：「按：漢望都壁畫後有石棋盤圖，共畫十七道。韋昭博奕論，文選李善注引邯鄲淳藝經云：『棊局縱横各十七道，合二百八十九道，白黑棊子各一道五十枚。』又藝文類聚卷七十四引晉蔡洪圍棋賦云：『算途授卒，三百爲羣。』是晉時棋局猶爲十七道。沈括夢溪筆談云：『奕棋古用十七道，與後世法不同，今世棋局縱横各十九道，未詳何人所加。』」

〔一〇〕趙曦明曰：「世説新語巧藝篇：『王中郎以圍棊是坐隱，支公以圍棊爲手談。』」器案：藝文類聚七四引沈約棊品序：「支公以爲手談，王生謂之坐隱。」御覽七五三、能改齋漫録七引語林：「王以圍棊爲手談，在哀制中祥後，客來，方幅爲會戲。」則又以手談爲王。高承事物紀原九：「王積新棊勢譜圖曰：『王郎號爲坐隱，祖約稱爲手談。』由是言之，雖説有小同異，然疑晉以來語也。」案：唐志有王積薪金谷園九局圖一卷，云：「開元待詔。」一作「新」，一作「薪」，未知誰是。

〔一二〕南史朱異傳：「沈約戲異曰：『卿年少，何不廉？』天下唯文義棊書，卿一時將去，可謂不廉也。』」沈戲朱之言，與顔氏此文所論列者合觀之，足覘當時風尚。

〔一三〕盧文弨曰：「憒，胡對切，心亂也。」

投壺之禮〔一〕，近世愈精。古者，實以小豆，爲其矢之躍也〔二〕。今則唯欲其驍，益多益喜〔三〕，乃有倚竿、帶劍、狼壺、豹尾、龍首之名〔四〕。其尤妙者〔五〕，有蓮花驍〔六〕。汝南周瓚，弘正之子〔七〕，會稽賀徽，賀革之子〔八〕，並能一箭四十餘驍〔九〕。賀又嘗爲小障，置壺其外，隔障投之，無所失也。至鄴以來，亦見廣寧、蘭陵諸王〔一〇〕，有此校具〔一一〕，舉國遂無投得一驍者〔一二〕。彈棊〔一三〕亦近世雅戲〔一四〕，消愁〔一五〕釋憒〔一六〕，時可爲之。

〔一〕此句上，胡本有「欲」字，未可從。

〔二〕盧文弨曰：「禮記投壺：『壺頸脩七寸，腹脩五寸，口徑二寸半，容斗五升。壺中實小豆焉，爲其矢之躍而出也。壺去席二矢半。矢以柘若棘，毋去其皮。』」

〔三〕續家訓「驍」作「驕」，類説、紺珠集四引此句作「今以躍爲貴謂之驕」，類説又云：「『驕』一作『驍』。」何焯曰：「驍者，似投入而復躍出，挂于壺之口耳而名。」趙曦明曰：「西京雜記下：『武帝時，郭舍人善投壺，以竹爲矢，不用棘也。古之投壺，取中而不求還；郭舍人則激矢令還，一矢百餘反，謂之爲驍，言如博之竪梟於掌中爲驍傑也。每爲武帝投壺，輒賜金帛。』」

〔四〕御覽七五三引投壺變（隋志：「梁有投壺變一卷，晉光禄大夫虞潭撰。」）：「謂之投壺者，取名篠（他由切）籔，漸而轉易，鑄金代焉。逮之於後，人事生矣。壺底去一尺，其下筍以龍玄，（玄，月中蝦蟇，隨其生死也。横曰筍，龍蛇之形。）運之以臕（平表切）蝦、（謂龍下臕螭也。）燕尾，（燕識候而歸，人來去有恒，投而歸人，自數之極也。）矢十二，（數之極也。）長二尺八寸。（法於恒矢，古用柘棘。）古者投壺，擊鼓爲節，帶劍十二，（入檢類二帶，謂之帶劍。）倚十八，（倚並左右如狼尾狀。）狼壺二十，（令矢圓轉，面於壺口。）劍驕七十八，（帶劍還如後也。）三百六十籌得一馬，（言三百六十，歲功成也。馬謂之近黨，同得勝也。）三馬成都。」虞氏彼文之燕尾、龍筍，當即顔氏此文之豹尾、龍首。司馬光投壺格：「倚竿，箭斜倚壺口中。帶劍，貫耳不至地者。狼壺，轉旋口上而成倚竿者。龍尾，倚竿而箭羽正向己者。龍首，倚竿而箭首正向己者。」則顔氏之豹尾，司馬氏又作龍尾也。

〔五〕續家訓「尤」作「以」。

〔六〕續家訓、紺珠集「驍」作「驕」。紺珠集又云：「『驕』一作『驍』。」

〔七〕盧文弨曰：「陳書周弘正傳：『子瓚，官至吏部郎。』」

〔八〕盧文弨曰：「梁書儒林傳：『賀瑒子革，字文明。少通三禮，及長，徧治孝經、論語、毛詩、左傳。』其子未見。」徐鯤曰：「南史賀革傳：『子徽，美風儀，能談吐，深爲革愛。先革卒，革哭之，因遘疾而卒。』」

〔九〕「並能一箭四十餘驍」，續家訓作「並能一箭四十餘憍三十餘驕」，「憍」當是「驕」誤。陳直曰：「按：投壺貴驍，始見於西京雜記之郭舍人，以今語譯之，投壺時竹箭往復不落地謂之驍，比於武士之驍勇也。又徐陵玉臺新詠序云：『雖復投壺玉女，爲歡盡於百驍。』蓋夸大之詞。」

〔一〇〕趙曦明曰：「北齊文襄六王傳：『廣寧王孝珩，文襄第二子。愛賞人物，學涉經史，好綴文，有伎藝。蘭陵武王長恭，一名孝瓘，文襄第四子。面柔心壯，音容兼美。爲將躬勤細事，每得甘美，雖一瓜數果，必與將士共之。』」

〔一一〕文選奏彈劉整：「整語采音，其道汝偷車校具……車欄、夾杖、龍牽，實非采音所偷。」此文校具，與文選義同，當指小障。校謂校飾也。史記司馬相如傳封禪文：「校飾厥文。」潛夫論浮侈篇：「校飾車馬。」皆其例也。晉宋以來，此語尤衆。法顯佛國記：「國人於此起塔，金銀校飾。」又云：「其處亦起大塔，金銀校飾。」又云：「此二處亦起大塔，皆衆寶校飾。」又云：「於是王即於小兒塔上起塔，衆寶校飾。」又云：「乃校飾大象。」又云：「精舍盡以金薄七寶校飾。」又云：「皆珠璣校飾。」古鈔本文選顏延年赭白馬賦：「寶校星纏。」注：「校，裝飾也。」傅子有校工篇，言婦人首飾及其他車服輿馬之飾。南齊書輿服志：「受福望龍諸校飾。」又云：「鳳皇銜花諸校飾。」又云：「金輅制度校飾。」又云：「皇太子象輅校飾。」又云：「指南車皆銅校飾。」又云：「卧輦校飾如坐輦。」又云：「漆函犖車皆金塗校飾。」又云：「輿車校飾。」諸校字義並同。蓋工藝謂之校飾，其物品則謂之校具也。

〔一二〕續家訓「驍」作「驕」。

〔一三〕趙曦明曰：「藝經：『彈棊，二人對局，黑白棊各六枚，先列棊相當，下呼上擊之。』世說巧藝篇：『彈棊始自魏宮内，用妝奩戲。文帝於此戲特妙，用手巾角拂之，無不中者。有客自云能，帝使爲之；客著葛巾角，低頭拂棊，妙踰於帝。』注：『傅玄彈棊賦叙曰：「漢成帝好蹴鞠。劉向謂勞人體，竭人力，非至尊所宜御，乃因其體作彈棊。」則此戲其來久矣。』」器案：御覽七五五引彈棊經後序：「彈棊者，雅戲也，非同於五白梟楲之數，不游乎紛競詆欺之間，淡薄自如，故趨名近利之人，多不尚焉。蓋道家所爲，欲習其偃亞導引之法，擊博騰擲之妙自暢耳。」夢溪筆談十八：「彈棊，今人罕爲之。有譜一卷，蓋唐人所爲。其局方二尺，中心高如覆盂，其巔爲小壺，四角隆起，今大名開元寺佛殿上有一石局，亦唐時物也。李商隱詩云：『玉作彈棊局，中心最不平。』謂其中高也。白樂天詩：『彈棊局上事，最妙是長斜。』謂抹角斜彈，一發過半局，今譜中具有此法。柳子厚叙棊用二十四棊者，即此戲也。」老學庵筆記十：「呂進伯作考古圖云：『古彈棊局，狀如香爐。』蓋謂其中隆起也。李義山詩云：『玉作彈棊局，中心亦不平。』今人多不能解，以進伯之説觀之，則粗可見。然恨其藝之不傳也。魏文帝善彈棊，不復用指，第以手巾拂之；有客自謂絶藝，及召見，自抵首以葛巾拂之，文帝不能及也。此説今不可解矣。大明（當作「名」）龍興寺佛殿有魏宫玉石彈棊局，上有黄初中刻字。政和中取入禁中。」陳直曰：「藝文類聚卷七十四有梁元帝謝東宫賜彈碁局啟，知梁時確盛行此戲。」

〔一四〕李清照打馬賦：「實小道之上流，競深閨之雅戲。」琅琊代醉篇卷三十五以雅戲列目，本此。

〔一五〕消愁，亦言消憂。文選曹子建朔風詩：「誰與消憂。」五臣本「憂」作「愁」。

〔一六〕永樂大典卷二千二百五十七引「憒」作「憒」。

終制〔一〕第二十

死者，人之常分，不可免也〔二〕。吾年十九〔三〕，值梁家喪亂，其間與白刃爲伍者，亦常數輩〔四〕；幸承餘福，得至於今。古人云：「五十不爲夭〔五〕。」吾已六十餘，故心坦然，不以殘年爲念。先有風氣之疾〔六〕，常疑奄然〔七〕，聊書素懷〔八〕，以爲汝誡。

〔一〕器案：終制，謂送終之制，猶今言遺囑。後漢書宋均傳：「送終逾制。」三國志魏書文帝紀：「表首陽山東爲壽陵，作終制云云。」又常林傳注引魏略：「沐並作終制。」晉書石苞傳：「豫爲終制。」金樓子有終制篇。黄叔琳曰：「古多厚葬，故楊王孫之論，班史傳之，魏、晉間人效其義，多載之於史，要非中道也。況近世物力日艱，人子之情日減，若復以薄葬爲訓，將舉而委之於壑矣。然此篇從遭亂不得厚葬其親，説到己身不當有加於先，猶惻然動仁人孝子之感也。」紀昀曰：「崑圃先生之説甚是。然厚葬可也，厚斂不可也，二事大有分別，混而一之，則反生拗戾矣。先生亦未免草草也。」

〔二〕王叔岷曰：「案陶潛與子儼等疏：『天地賦命，生必有死，自古聖賢，誰能獨免！』金樓子終制篇：『夫有生必有死，達人恒分。』」

〔三〕陳直曰：「之推觀我生賦云：『未成冠而登仕，財解履以從軍。』自注云：『時年十九，釋褐湘東王國右常侍，以軍功加鎮西墨曹參軍。』又之推古意云：『十五好詩、書，二十彈冠仕。』皆與本文相合。」

〔四〕輩猶言人次。史記秦始皇本紀：「高使人請子嬰數輩。」用法與此相同。

〔五〕趙曦明曰：「蜀志先主傳注：諸葛亮集載先主遺詔勑後主曰：『人五十不稱夭，年已六十有餘，何所復恨！不復自傷。但以卿兄弟爲念。』」

〔六〕史記扁鵲倉公列傳：「所以知齊王太后病者，臣意診其脈，切其太陰之口，溼然風氣也。脈法曰：『沈之而大堅、浮之而大緊者，病主在腎。』腎切之而相反也，脈大而躁。大者，膀胱氣也。躁者，中有熱而溺赤。」

〔七〕奄然，即下文奄忽之意。文選馬季長長笛賦：「奄忽滅没。」李善注：「方言：『奄，遽也。』」

〔八〕齊書蕭惠基傳：「豈吾素懷之本耶？」素懷，謂平生懷抱。

先君先夫人皆未還建鄴舊山〔一〕，旅葬〔二〕江陵東郭。承聖末，已啓求揚都〔三〕，欲營遷厝〔四〕。蒙詔賜銀百兩，已於揚州小郊北地燒塼〔五〕，便值本朝〔六〕淪没，流離如此，數十年間，絶於還望。今雖混一〔七〕，家道〔八〕罄窮，何由辦此奉營〔九〕資費？且揚都汙毁，無復孑遺〔一〇〕，還被下溼〔一一〕，未爲得計。自咎自責，貫心刻髓〔一二〕。計吾兄弟，不當仕進；但以門衰，骨肉單弱，五服〔一三〕之内，傍無一人，播越〔一四〕他鄉，無復資廕〔一五〕；使汝等沈淪廝役〔一六〕，以爲先世之恥；故靦冒〔一七〕人間，不敢墜失〔一八〕。兼以北方政教嚴切〔一九〕，全無隱退者故也。

〔一〕盧文弨曰：「之推九世祖含隨晉元帝東渡，故建鄴乃其故土也。本傳觀我生賦：『經長干以掩抑，展白下以流連。』自注：『靖侯以下七世墳塋皆在白下。』」器案：舊山，猶今言故鄉。文選謝靈運過始寧墅詩：「剖竹守滄海，枉帆過舊山。」吕延濟注：「謂枉曲船帆，來過舊居。」又初發石首城詩：「故山日已遠，風波豈還時。」張銑注：「故山，謂所居舊山也。」全唐詩周賀卷秋思：「舊山餘業在，杳隔洞庭波。」原注：「『舊山』一作『故鄉』。」陳直曰：「之推觀我生賦自注云：『靖侯以下七世墳塋，皆在白下。』又顔真卿顔含大宗碑銘云：『含隨元帝過江，已下七葉葬在上元幕府山。』（山名今仍舊，在南京和平門外。）又顔氏一族，在琅玡時居孝悌里（見大宗碑銘），在建業時居長干顔家巷（見觀我生賦自注）。又幕府山曾出晉元和元年顔謙妻劉氏墓磚，應亦爲顔含之族人也。」

〔二〕周易旅卦正義：「旅者，客寄之名，羈旅之稱，失其本居而寄他方謂之爲旅。」此文「旅葬」，與「旅櫬」之旅義同。旅葬，謂旅死而已葬者。旅櫬，謂旅死停棺而未葬者。

〔三〕宋本有「已」字，續家訓及各本俱無，今從宋本。

〔四〕器案：厝又作措，柩暫置也。遷厝，即遷葬。文選寡婦賦：「又將遷神而安措。」李周翰注：「遷神安措，謂遷柩歸葬也。」

〔五〕抱經堂本「塼」作「磚」，宋本、續家訓及各本都作「塼」，今從之，下同。陳直曰：「下文亦云：『藏内無磚。』蓋自孫吴至陳、隋時代，江南人士，墓葬墎内用磚，皆由自家燒造，内中有少數磚必系以年月某氏墓字樣，如長沙爛泥沖南齊墓，有碑文云『齊永元元年己卯歲劉氏墓』是也。（見一九五七年文物參考第二期，此例多不勝舉。）與之推燒磚之説正相符合。又南朝大貴族墓葬，在發掘情況中估計，最多者需用磚三萬枚，每燒窑一次至多萬枚，須燒三次始敷用，要一千人的勞動力。」

〔六〕徐鯤曰：「顧炎武云：『古人謂所事之國爲本朝，魏文欽降吴表言：「世受魏恩，不能扶翼本朝，抱媿俛仰，靡所自厝。」又如吴亡之後，而蔡洪與刺史周俊書言吴朝舉賢良是也。之推仕歷齊、周及隋，而猶稱梁爲本朝；蓋臣子之辭，無可移易，而當時上下亦不以爲嫌者矣。』見日知録十三卷。」

〔七〕趙曦明曰：「通鑑：『隋文帝開皇七年滅梁，廢其主蕭琮爲莒公。八年冬十月，以晉王廣爲淮南行省尚書令行軍元帥，帥師伐陳，九年正月，獲其主叔寶，陳國平。』」器案：晉書恭紀：「混一六合。」隋書煬紀：「車書混一。」混一，謂混同一統也。

〔八〕胡式鈺竇存四：「家資曰家道。陸士衡百年歌：『子孫昌盛家道豐。』顔氏家訓云云，與易『夫夫婦婦而家道正』不同。」隋書食貨志引長孫平奏立義倉定式：「其强宗富室，家道有餘者，皆競出私財，遞相賙贍。」

〔九〕奉營，謂奉祀營葬。

〔一〇〕詩經大雅雲漢：「周餘黎民，靡有孑遺。」傳：「孑然遺失也。」正義：「釋訓云：『孑然，孤獨之貌。』言靡有孑遺，謂無有孑然得遺漏。」案：隋書地理志下：「丹陽郡，自東晉已後，置郡曰揚州，平陳，詔並平蕩耕墾，更於石頭城置蔣州。」

〔一一〕古人多言江南卑溼。史記屈原賈生列傳兩言「長沙卑溼」，又淮南衡山列傳：「南方卑溼。」又貨殖列傳：「江南卑溼。」陳書蕭瞀傳：「愍時賦：『南方卑而歎屈，長沙溼而悲賈。』」下溼，猶卑溼也。

〔一二〕續家訓「髓」作「體」。潛夫論交際篇：「精誠相射，貫心達髓。」此用其文。

〔一三〕五服，喪服也。斬衰、齊衰、大功、小功、緦服謂之五服。

〔一四〕後漢書袁術傳：「天子播越。」李賢注：「播，遷也；越，逸也，言失所居。」

〔一五〕周書蘇綽傳：「今之選舉者，當不限資蔭，唯在得人。」通鑑一一一胡三省注：「資謂門地成資。」

〔一六〕盧文弨曰：「何休注公羊宣十二年傳：『艾草爲防者曰廝，汲水漿者曰役。』」

〔一七〕盧文弨曰：「靦，土典切，面醜也。」器案：徐陵與王吴郡書：「孤子無心靦冒，苟郄光陰，風疾彌留，示有餘息。」杜甫去矣行：「野人曠蕩無靦顏。」

〔一八〕本書止足篇：「吾近爲黄門郎，已可收退，當時羈旅，懼罹謗讟，思爲此計，僅未暇爾。」與此所言，皆爲靦冒人間自解耳。王叔岷曰：「案北史周文帝紀：『靦冒恩私，遂階榮寵。』」

〔一九〕後漢書朱浮傳：「既加嚴切。」孔融衛尉張儉碑：「明詔嚴切。」文選沈休文齊故安陸昭王碑文：「徵賦嚴切。」嚴切，謂嚴峻而迫切。

今年老疾侵〔一〕，儻然奄忽〔二〕，豈求備禮乎？一日放臂，沐浴而已，不勞復魄〔三〕，殮以常衣〔四〕。先夫人棄背〔五〕之時，屬世荒饉，家塗空迫〔六〕，兄弟幼弱，棺器率薄，藏内無塼〔七〕。吾當松棺二寸，衣帽已外，一不得自隨，床上唯施七星板〔八〕；至如蠟弩牙、玉豚、錫人之屬〔九〕，並須停省，糧甖明器〔一〇〕，故不得營，碑誌旒旐〔一一〕，彌在言外。載以鼈甲車〔一二〕，襯土而下〔一三〕，平地無墳〔一四〕；若懼拜掃不知兆域〔一五〕，當築一堵低牆於左右前後，隨爲私記耳〔一六〕。靈筵勿設枕几〔一七〕，朔望祥禫〔一八〕，唯下白粥清水乾棗，不得有酒肉餅果之祭。親友來餟酹者，一皆拒之。汝曹若違吾心，有加先妣，則陷父不孝，在汝安乎〔一九〕？其内典功德〔二〇〕，隨力所至，勿刳竭生資〔二一〕，使凍餒也。四時祭祀，周、孔所教，欲人勿死其親〔二二〕，不忘孝道也。求諸内典，則無益焉。殺生爲之，翻增罪累〔二三〕。若報罔極之德〔二四〕，霜露之悲〔二五〕，有時齋供，及七月半盂蘭盆，望於汝也〔二六〕。

〔一〕續家訓無「侵」字。

〔二〕説見文章篇凡代人爲文條注一五。

〔三〕趙曦明曰：「儀禮士喪禮：『復者一人。』注：『復者，有司招魂復魄也。』」器案：禮記喪大記注：「復，招魂復魄也。……氣絶則哭，哭而復，復不蘇，可以爲死事。」牟子理惑篇：「人臨死，其家上屋呼之。死已復呼誰？或曰：呼其魂魄。」太平廣記三二〇引幽明録：「蔡謨在廳事上坐，忽聞鄰左復魄聲，乃出庭前望，正見新死之家，有一老嫗，上著黄羅半袖，下著縹裙，飄然升天；聞一喚聲，輒回顧，三喚三顧，徘徊良久，聲既絶，亦不復見。問喪家，云亡者衣服如此。」復魄本爲生者不忍其死，故叫呼以冀其復蘇，好事者乃造爲故事以説之，亦迷信之一端耳。

〔四〕殮，同斂，衣尸曰小斂，以尸入棺曰大斂，見儀禮士喪禮及禮記喪大記。

〔五〕王羲之書：「周嫂棄背，切割心情。」文選寡婦賦：「良人忽以捐背。」李周翰注：「良人忽棄捐我而逝矣。」捐背猶棄背也。

〔六〕杜甫鄭典設自施州歸詩：「旅兹殊俗遠，竟以屢空迫。」用「空迫」字本此。

〔七〕後漢書趙岐傳：「先自爲壽藏。」注：「壽藏，謂塚壙也；稱壽者，取其久遠之意也，猶如壽宫、壽器之類。」新唐書姚崇傳：「自作壽藏於萬安山南原……署兆曰寂居穴，墳曰復真堂，中㓹土爲牀曰化臺，而刻石告後世。」

〔八〕七星板，古代棺中所用墊尸之板。通典八五大斂引大唐元陵儀注：「加七星板於梓宫内，其合施於板下者，並先置之，乃加席褥於板上。」則七星板之制，上自封建帝王，下至庶民百姓，皆得用之。宋詡宋氏家儀部三：「治棺不用太寬，而作虚簷高足，内外漆灰裨布，内朱外黑，中炒糯米焦灰，研細鋪三寸厚，隔以綿紙，紙上以七星板，板上以卧褥，褥中以燈草，此皆附於身者。」明彭濱重刻申閣老校正朱文公家禮正衡四：「七星板，用板一片，其長廣棺中可容者，鑿爲七孔。」姚範援鶉堂筆記四八：「今人棺内有七星板，此見顔氏家訓終制篇。又左昭二十五年：『宋元公曰：「惟見楄柎，所以藉幹者，請無及先君。」』注：『楄柎，棺中笭牀也。

幹，骸骨也。』」曹斯棟稗販八：「棺中藉幹者爲七星板，蔡補軒謂即左傳楄柎。愚案：楄柎，棺中笭牀也，顏氏家訓云云，則楄柎又似藉以安版之物。然案釋名：『薦物者曰笭，濕漏之水，突然從下過也。』即指爲楄柎亦可。」

〔九〕續家訓「豚」作「肫」，借「𤞞」字。劉盼遂曰：「上虞羅氏所藏古明器，有小弩機張長二寸，中有中士二字；玉豚五枚，鉛人二枚（古者錫鉛通言不別），上有朱書。」又曰：「日本於大正十四年春，發掘樂浪郡古墳，得玉豚一枚，在死者左脇邊指輪之旁，長三寸五分，廣七分，高八分八釐。尾端有孔二，蓋以絲繩貫之，纏繞於死者腕上，防其脱離而然。朝鮮平壤覆審法院保存玉豚一對，一長四寸，廣八分，高九分三釐；一長三寸九分，廣七寸，高九分。各刻四足，屈伏地下，作平卧形。眼耳口鼻，僅可分辨。故吳清卿古玉圖考雖收有玉豚數枚，而皆誤以爲周禮虎節之琥，而推及于漢之金虎符。蓋以其形本𦲷胡，不易明辨；使非樂浪發見於死者脇下，吾人至今仍未敢肯定其爲玉豚，蓋可知也。日人關野貞諸氏定此玉豚於喪制爲握，並引劉熙釋名釋喪制云：『握，以物著尸手中使握之也。』（以上節譯日本樂浪時代的遺蹟。）」器案：西陽雜俎前十三尸穸：「送亡者又以黄卷、蠟錢、兔毫、弩機、紙疏、掛樹之屬。」異苑二：「弘農楊子陽聞土中有聲，掘得玉𤞞，長可尺許。」幽明録：「餘杭人沈縱家素貧，與父同入山，得玉𤞞。」則玉豚於南北朝時已紛紛出人間矣。陳直曰：「按：蠟弩牙爲蠟製弩機模型。玉豚係玉石或滑石製成。南京幕府山一號墓所出即有滑石猪（見一九五六年文參六期）。錫人即鉛人。之推葬所言隨品，皆南朝人習俗。又糧甖二字連文，謂陶器罐中略盛食糧，作爲象徵性。洛陽金谷園漢墓羣中所出陶瓶，有朱書題字，如『大麥屑萬石』、『粱米萬石』、『糜萬石』、『更萬石』（更當是粳字）、『糯萬石』、『大豆萬石』之類是也。」器又案：陸游家訓：「近時出葬，或作香亭魂寓人寓馬之類，當一切屏去。」錫人即寓人，蓋寓人或以木或以錫爲之，故又有錫人之稱也。周密齊東野語卷一蜜章密章條云：「密章二字見晉書山濤等傳，然其義殊不能深曉，自唐以來，文士多用之。近世若洪舜俞行喬行簡贈祖母制亦云：『欲報食飴之德，可稽制蜜之章。』密字相傳謂贈典既不刻印，而以蠟爲之，蜜即蠟，所以謂之蜜章。然劉禹錫爲杜司徒謝追贈表云：『紫書忽降於九重，密印加榮於後夜。』李國長神道碑云：『煌煌密章，肅肅終言。』王崇述神道碑云：『没代流慶，密章下賁。』宋祁孫奭謚議云：『密章加等，昭飾下泉。』又祭文云：『恤恩告第，虢書密章。』密字乃並從山，莫知其義爲孰是，豈古字可通用乎？或他別有所出也。」案「密」爲「蜜」之説，無所致疑。唐音癸籤云：「權德輿哭劉尚書詩：『命賜龍泉重，追榮蜜印陳。』蜜印者，謂贈官刻蠟爲印，懸綬以賜也。唐人文筆中多用此。劉禹錫爲人謝追贈表云：『紫書忽降於九重，蜜印加榮於後夜。』」案癸籤説是。晉書山濤傳：「薨……策贈司徒蜜印紫綬……新沓伯蜜印青朱綬。」又陶侃傳：「薨……追贈大司馬蜜章，祠以太牢。」南齊書陳皇后傳：「昇平三年，追贈竟陵公國太夫人蜜印畫青綬，祠以太牢。」新唐書禮樂志十：「贈者以蠟印畫綬。」字皆作「蜜」，或作

「蠟」，不誤，所謂明器即寓器，「以象平生之容，明不致死之義」是也。

〔一〇〕盧文弨曰：「禮記雜記上：『載粻，有子曰：「非禮也。」』注：『粻，米糧也，言死者不食糧也。』又曰：『甕甒筲衡實，見閒而後折入。』注：『此謂葬時藏物也。衡當爲桁，所以庪甕甒之屬。』檀弓上：『孔子曰：「竹不成用，瓦不成味，木不成斲，琴瑟張而不平，竽笙備而不和，有鍾磬而無簨簴。其曰明器，神明之也。」』又下篇：『孔子謂爲明器者，知喪道矣，備物而不可用也。塗車芻靈，自古有之。孔子謂爲芻靈者善，謂爲俑者不仁。』」

〔一一〕盧文弨曰：「釋名：『碑，被也。此本葬時所設，施其轆轤，以繩被其上以引棺也。臣子追述君父之功美以書其上，後人因焉，無故建於道陌之頭，顯見之處，名其文，就謂之碑也。』案：誌墓起於後世，蓋納於壙中，使後人誤發掘者從而掩之耳。然能如此者百不一二，今金石文字中所載諸誌銘甚多，未聞有復掩於故土者，則亦無益之舉而已。旒旐，古之明旌也，旒則旐之垂者。世説排調篇：『桓南郡與殷荆州共作了語，桓曰：「白布纏棺豎旒旐。」』」又案：釋名『無故』之言，猶云物故耳。」器案：御覽五八九引釋名，無「無」字。

〔一二〕盧文弨曰：「周禮遂師：『共丘籠及蜃車之役。』注：『四輪迫地而行，有似於蜃，因取名焉。』禮記雜記上：『其輤有裧。』注：『輤，載柩將殯之車飾也。裧謂鼈甲邊緣，緇布裳帷，圍棺者也。』又云：『載以輲車。』注：『輲讀爲輇，或作槫，周禮有蜃車，蜃輇聲相近，其制同乎輇，崇蓋半乘車之輪。』正義：『以其蜃類蓋迫地而地，其輪宜卑。』」器案：太平廣記四五六引列異記：「夜有乘鼈蓋車從數千騎來，自稱伯敬，候少千。」鼈蓋車即鼈甲車。

〔一三〕續家訓「襯」作「儭」。

〔一四〕禮記檀弓上：「古也墓而不墳。」注：「墓謂兆域，今之封塋也。古謂殷時也。土之高者曰墳。」

〔一五〕兆域，墳墓之界域。周禮春官：「冢人掌公墓之地，辨其兆域而爲之圖。」又見上條注。

〔一六〕續家訓及各本俱無「耳」字，宋本有，今從之。庾信五張寺經藏碑：「秦景遥傳，竺蘭私記。」則「私記」亦六朝人習用語。

〔一七〕靈筵，供亡靈之几筵，後人又謂之靈牀，或曰儀牀。五燈會元十三洪州同安院威禪師：「室内無靈牀，渾家不著孝。」唐詩鼓吹四曹唐哭陷邊許兵馬使：「更無一物在儀床。」元郝天挺注：「儀床，供靈之几筵也。」

〔一八〕盧文弨曰：「案：禮記祭義有朔月月半之文，即後世所謂朔望也。又閒傳：『期而小祥，又期而大祥，中月而禫。』」

〔一九〕器案：論語陽貨篇：「於汝安乎？」皇侃義疏：「於汝之心，以此爲安不乎？」

〔二〇〕勝鬘經室窟：「惡盡言功，善滿言德。又德者得也，修功所得，故曰功德。」

〔二一〕生資，猶今言生活資料。元結春陵行：「悉使索其家，而又無生資。」通鑑二三八胡三省注：「財物田園，人資以生，謂之資産。」與生資義同。

〔二二〕器案：左傳僖公三十二年：「欒枝曰：『未報秦施，而伐其師，其爲死君乎？』」又襄公二十一年：「欒祁曰：『死吾父而專於國，有死而已，吾蔑從之矣。』」國語晉語：「荀息曰：『死吾君而殺其孤。』」呂氏春秋悔過篇：「先軫曰：『不弔吾喪，不憂吾喪，是死吾君而弱其孤也。』」諸死字用法相同，俱謂人一死便忘得一乾二净也。

〔二三〕本書歸心篇：「好殺之人，臨死報驗，子孫禍殃。」

〔二四〕詩經小雅蓼莪：「欲報之德，昊天罔極。」鄭箋：「昊天乎，我心無極！」

〔二五〕禮記祭義：「霜露既降，君子履之，必有悽愴之心，非其寒之謂也！」注：「非其寒之謂，謂悽愴及怵惕，皆爲感時念親也。」

〔二六〕宋本原注：「一本無『七月半盂蘭盆』六字，卻作『及盡忠信不辱其親所望於汝也』。」案：續家訓及各本與一本合。趙曦明曰：「案：顔篤信佛理，固宜有此言。今諸本删去六字，必後人以其言太陋，而因易以他語耳。然文義殊不貫。」盧文弨曰：「盂蘭盆經：『目蓮見其亡母生餓鬼中，即鉢盛飯，往餉其母，食未入口，化成火炭，遂不得食。目蓮大叫，馳還白佛。佛言：「汝母罪重，非汝一人所奈何，當須十方衆僧威神之力，至七月十五日，當爲七代父母厄難中者，具百味五果，以著盆中，供養十方大德。」佛勅衆僧，皆爲施主，祝願七代父母，行禪定意，然後受食。是時，目蓮母得脱一切餓鬼之苦。目蓮白佛：「未來世佛弟子行孝順者，亦應奉盂蘭盆供養。」佛言：「大善。」』故後人因此廣爲華飾，乃至刻木割竹，飴蠟剪綵，摸花葉之形，極工妙之巧。」郝懿行曰：「案：顏氏以薄葬飭終，近於達矣；乃不遵周、孔所教，而篤信内典功德不忘，至於盂蘭齋供，諄諄屬望後人，可謂通人之蔽者也。」器案：歲時廣記三〇引韓琦家祭式云：「近俗七月十五日有盂蘭齋者，蓋出釋氏之教，孝子之心，不忍違衆而忘親，今定爲齋享。」案：不忍違衆而忘親之説，最足説明封建士大夫佞佛之心理，顏氏之以此望於子弟，正復爾爾。

孔子之葬親也，云：「古者墓而不墳。丘東西南北之人也，不可以弗識也〔一〕。」於是封之崇四尺〔二〕。然則君子應世行道，亦有不守墳墓之時，況爲事際〔三〕所逼也！吾今羈旅，身若浮雲〔四〕，竟未知何鄉是吾葬地，唯當氣絶便埋之耳。汝曹宜以傳業揚名爲務，不可顧戀朽壤〔五〕，以取堙没也〔六〕。

〔一〕盧文弨曰：「識音志。」

〔二〕盧文弨曰：「已上禮記檀弓上文。」

〔三〕器案：事際，謂多事之際，猶言多事之秋。晉書楊佺期傳：「時人以其晚過江，婚宦失類，每排抑之。恒慷慨切齒，因事際以逞其事。」齊書王宴傳：「高祖雖以事際須宴，而心相疑斥。」義俱同。朱本作「事勢」，不知妄改。

〔四〕論語述而篇：「不義而富且貴，於我如浮雲。」鄭玄注：「富貴而不以義者，於我如浮雲，非已之有。」此則用爲飄忽不定之意。

〔五〕王叔岷曰：「案列子湯問篇：『朽壤之上有菌芝者。』」

〔六〕文選孔文舉論盛孝章書：「妻孥湮没。」又劉孝標辨命論：「堙滅而無聞者，豈可勝道哉！」堙没、湮没，同。文選司馬長卿封禪文：「湮滅而不稱者，不可勝數。」李善注：「湮，没也。」

附録

一　序跋

宋本序跋

顔氏家訓序

北齊黄門侍郎顔之推，學優才贍，山高海深。常雌黄朝廷，品藻人物，爲書七卷，式範千葉，號曰顔氏家訓。雖非子史同波，抑是王言蓋代。其中破疑遺惑，在廣雅之右；鏡賢燭愚，出世説之左。唯較量佛事一篇，窮理盡性也。余曾於官舍，論公製作弘奥。衆或難余曰：「小小者耳，何是爲懷？」余輒請主人紙筆，便録擘（烏焕反）、擤（宣）、㩀（歲）、㪯（藥）、㺉（鑠）、嫕（於計反）、㡊（剡）、㢊（移）、秠（疋來反）等九字以示之，方始驚駭。余曰：「凡字以詮義，字猶未識，義安能見？」旋云小小，頗亦忽忽。」衆乃謝余，令爲解識。余遂作音義以曉之，豈慚法言之論，定即定矣；實愧孫炎之侣，行即行焉云爾。（序中「王言」義未詳。）

盧文弨曰："此序宋本所有，不著撰人，比擬多失倫，行文亦無法，今依宋本校正，即不便棄之。有疑『王言蓋代』，未詳所出者。案：家語有王言解，或用此矣。"

器案：家語王言解係襲大戴記王言篇，宋本大戴記"王言"譌"主言"；管子亦有王言篇，今佚。

宋本校刊名銜

鄉貢士州學正　林　憲　同校
迪功郎司户參軍　趙善悳　監刊
從事郎特添差軍事推官　錢慶祖
從事郎軍事推官　王　枘
承直郎軍事判官　崔　暠
迪功郎州學教授　史昌祖　同校
承議郎添差通判軍州事　樓　鑰
朝請郎通判軍州事　管　銑
朝奉郎權知台州軍州事　沈　揆

錢大昕竹汀先生日記鈔一："讀顔氏家訓，淳熙刊本凡七卷，前有序一篇，不題姓名，當是唐人手筆。後有淳熙七年二月沈揆跋（云去年春來守天台郡）及攷證一卷；後列『朝奉郎權知台州軍州事沈揆、朝請郎通判軍州事管銧、承議郎添差通判軍州事樓鑰、迪功郎州學教授史昌祖同校』；又有『監刊』、『同校』諸人銜，皆以左爲上，蓋台州公庫本也。而前序後又有長記云『廉台田家印』，則是宋槧元印，故于宋諱間有不缺筆者耳。」

又十駕齋養新録十四：「顔氏家訓七卷，前有序一篇，不題姓名，當是唐人手筆。後有淳熙七年二月沈揆跋。又有攷證一卷，後列『朝奉郎權知台州軍州事沈揆、朝請郎通判軍州事管銧、承議郎添差通判軍州事樓鑰、迪功郎州學教授史昌祖同校』，又有『監刊』、『同校』諸人銜，皆以左爲上，蓋台州公庫本也。淳熙中，高宗尚在德壽宫，故卷中『構』字，皆注『太上御名』，而闕其文。前序後有墨長記云：『廉台田家印。』宋時未有廉訪司，元制乃有之；意者，元人取淳熙本印行，間有修改之葉，則于宋諱不避矣。」

孫星衍宋刻本顔氏家訓跋：「此即宋嘉興沈揆本，錢曾但得其鈔本，録入讀書敏求記。四庫全書載明刻二卷本，當時求宋本未得也。前代列此書於儒家，國朝因其歸心篇不出當時好佛之習，退之雜家，衡鑑之公，上符睿斷；惜纂書時未進此本，他時擬彙以上呈，謹記於後。」

又：「過南陽湖舟覆，載舟數十簏俱沈溼，但如此本，顧千里告余：『何義門家藏書，亦皆沈水者。』此有義門跋，蓋兩經水厄矣。序文不知何人所作。近有仿宋刊本，款式悉相同，惟

版較小，亦精本也。」（戊寅叢編）

宋本沈跋

顔黄門學殊精博。此書雖辭質義直，然皆本之孝弟，推以事君上，處朋友鄉黨之間，其歸要不悖六經，而旁貫百氏。至辯析援證，咸有根據；自當啓悟來世，不但可訓思魯、愍楚輩而已。揆家有閩本，嘗苦篇中字譌難讀，顧無善本可讎。比去年春，來守天台郡，得故參知政事謝公家藏舊蜀本，行間朱墨細字，多所竄定，則其子景思手校也。迺與郡丞樓大防取兩家本讀之，大氏閩本尤謬誤：「五皓」實「五白」，蓋「博名」而誤作「傳」；「元歎」本顧雍字，而誤作「凱」；「喪服經」自一書，而誤作「經」；馬牝曰「騲」，牡曰「騭」，而誤作「驒駱」。至以「吴趨」爲「吴越」，「桓山」爲「恒山」，「僮約」爲「童幼」，則閩、蜀本實同。惟謝氏所校頗精善，自題以五代宫傅和凝本參定，而側注旁出，類非取一家書。然不正「童幼」之誤；又秦權銘文「剿」實古「則」字，而謝音制，亦時有此疏舛：讎書之難如此。於是稍加刊正，多采謝氏書，定著爲可傳。又别列攷證二十有三條爲一卷，附於左。若其轉寫甚譌與音訓辭義所未通者，皆存之，以竢洽聞君子。淳熙七年春二月，嘉興沈揆題。

案：中興館閣續録七：「沈揆，字虞卿，嘉興人，紹興三十年梁克家榜進士出身。治書。淳康十一年十一月除，十四年五月爲祕閣修撰、江東運判。」赤城志九：「淳熙六年正月二十三日，沈揆以朝奉郎知嘉興，人號儒者之政。官至禮部侍郎，七年十二月一日召。」文淵閣書目十：「沈虞卿野堂集一部(二册完全)。」桑世昌蘭亭考六審定上有沈揆文。俞松蘭亭續考一有沈虞卿題二首，紹熙壬子仲冬四日揆題一首，檇李沈揆題二首，又紹興癸丑正月十日書於姑蘇郡齋一首。勞格讀書雜識卷十一宋人有考。

錢遵王讀書敏求記卷三：「顔氏家訓七卷。顔氏家訓流俗本止二卷，不知何年爲妄庸子所殺亂，遂令舉世罕覩原書。近代刊行典籍，大都率意劖改，俾古人心髓面目，晦昧沈錮於千載之下，良可恨也。嗟嗟，秦火之後，書亡有二，其毒甚於祖龍之炬：一則蒙師之經解，逞私説，憑臆見，專門理學，人自名家，漢唐以來諸大儒之訓詁注疏，一概漫置不省，經學幾幾乎滅熄矣。一則明朝之帖括，自制義之業盛行，士人專攻此以取榮名利禄，五經旁訓之外，何從又有九經、十三經？而況四庫書籍乎！三百年來，士大夫劃肚無書，撑腸少字，皆制義誤之，可爲痛惜者也。是書爲宋人名筆所録，淳熙七年嘉興沈揆取閩本、蜀本互爲參定，又從天台故參知政事謝公所校五代和凝本辨析精當，後列考證二十三條爲一卷。沈君學識不凡，讐勘此書，當時稱爲善本，兼之繕寫精妙，古香襲人，置諸几案間，真奇寶也。」

案：愛日精廬藏書志卷二十一所著録舊鈔本，即據宋本鈔。

宋吕祖謙雜説

顔氏家訓雖曰平易，然出於胸臆，故雖淺近，而其言有味，出於胸臆者，語意自別。（吕東萊先生遺集卷二十）

明嘉靖甲申傅太平刻本序

刻顔氏家訓序

史璧曰：書靡範，曷書也？言靡範，曷言也？言書靡範，雖聯篇縷章，贅焉亡補。乃北齊顔黄門家訓，質而明，詳而要，平而不詭。蓋序致至終篇，罔不折衷今古，會理道焉，是可範矣。璧少時，家君東軒公嘗援引爲訓，俾知嚮方。顧其書雖晦菴小學間見一二，然全帙寡傳，莫獲考見。頃得中祕本，手自校録。適遼陽傅太平以報政來，就予索古書；予出之觀，且語之故。太平曰：「吾志也。是惡可弗傳諸？」亟持歸刻焉。夫振古渺邈，經殘教荒，馴至于今，變趨愈下。豈典範未嘗究耶？孰謂古道不可復哉？乃若書之傳，以禔身，以範俗，爲今代人文風化之助，則不獨顔氏一家之訓乎爾！兹太平刻書之意也。太平名鑰，以司諫作郡，有治行，今爲浙江副使。嘉靖甲申夏六月望吉，賜進士出身翰林院侍講承德郎經筵國史官南郡陽峯張璧序。

案：是本分上下卷，大題下題「北齊黄門侍郎顔之推撰，明蜀滎昌後學泠宗元校」。考明敬思堂刊本白虎通德論二卷，新都俞元符重校，書前有刻白虎通序云：「予寅長遼陽傅公希準，乃正其誤而刻之；太平可謂文以飭吏，而爲用世之通儒也夫！公名鑰，以給諫出守，得士民心，而名位功業殆未涯云。後學蜀昌泠宗元序。」據此，則傅太平且刻有白虎通德論，亦泠宗元爲之序也。俞元符所刻之白虎通德論，即據其本，故稱「重校」云。

明萬曆甲戌顔嗣慎刻本序跋

重刻顔氏家訓序

嘗聞之：三代而上，教詳於國；三代而下，教詳於家。非教有殊科，而家與國所繇異道也。蓋古郅隆之世，自國都以及鄉遂，靡不建學，爲之立官師，辨時物，布功令故民生不見異物，而胥底於善。彼其教之國者，已粲然詳備。當是時，家非無教，無所庸其教也。迨夫王路陵夷，禮教殘闕，悖德覆行者接踵於世，于是爲之親者，恐恐然慮教敕之亡素，其後人或納於邪也，始丁寧飭誡，而家訓所由作矣。斯亦可以觀世哉！顏氏家訓二十篇，黄門侍郎顏公之推所撰也。公閲天下義理多，以此式穀諸子，後世學士大夫亟稱述焉。顧刻者訛誤相襲，殊乏善本。公裔孫翰博君嗣慎，重加釐校，將託梓以傳，迺來問序。余手是編而三歎，蓋歎顏氏世德之遠也。昔孔子布席杏壇之上，無論三千，即身通六藝者，顏氏有八人焉。無論八人，即杞國、兗國父子，相率而從之游，數畝之田不暇耕，先人之廬不暇守，贏糧于齊、楚、宋、衛、陳、蔡之郊，艱難險阻，終其身而未嘗舍。意其家庭之所教詔，父子之所告語，必有至訓焉，而今不及聞矣。不然，何其家之同心慕誼如此邪？嗣後淵源所漸，代有名德，是知家訓雖成於公，而顏氏之有訓，則非自公始也。乃公當梁、齊、隋易代之際，身嬰世難，間關南北，故幽思極意而作此編，上稱周、魯，下道近代，中述漢、晉，以刺世事。其識該，其辭微，其心危，其慮詳，其稱名小而其指大，舉類邇而見義遠。其心危，故其防患深；其慮詳，故繁而不容自已。推此志也，雖與内則諸篇並傳可也。或因其稍崇極釋典，不能無疑。蓋公嘗北面蕭氏，飫其餘風；且義主諷勸，無嫌曲證，讀者當得其作訓大旨，玆固可略云。昔子思居衛，衛人曰：「慎之哉！子聖人之後也，四方于子乎觀禮。」顏氏爲復聖後，而翰博君禔身好禮，蓋能守家訓者；乃猶以遏佚爲懼，汲汲欲廣其傳。余由此信顏氏之裔，無復有失禮，而足爲四方觀矣。傳不云乎：「國之本在家。」「人人親其親、長其長而天下平。」若是，則家訓之作，又未始無益於國也。萬曆甲戌仲秋之吉，翰林國史修撰新安張一桂稚圭甫書。

茲家訓一書，予先祖復聖顏子三十五代孫北齊黄門侍郎之推撰也。自唐、宋以來，世世刊行天下。迨我聖朝成化年間，建寧府同知程伯祥、通判羅春等，嘗命工重刊，但未廣其傳耳。今予幸生六十四代宗嫡，叨襲翰林博士，竊念此刻誠吾家之天球河圖也，罔敢失墜，遂夙謁張公玉陽、于公谷峯乞叙其始末，將繡梓以共天下。觀者誠能擇其善者，而各教于家，則訓之爲義，不特曰顏氏而已。旹萬曆三年，歲次乙亥，孟春之吉，復聖六十四代嫡孫世襲翰林院博士不肖嗣慎頓首謹識。（以上二首，載原書之首。）

是書歷年既久，翻刻數多，其間字畫，頗有差謬。今據諸書，暨取證於先達李蘭皋諸公。尤有未盡，姑闕以俟知者。（以上載原書之末。）

案：是本分上下二卷，上卷大題下題「北齊黄門侍郎顏之推撰，建寧府同知績溪程伯祥刊」，下卷大題下題「北齊黄門侍郎顏之推撰，建寧府通判廬陵羅春刊」。

顔氏家訓後叙

余觀魯顔氏世諜記，自復聖之先，有爵邑於國者，固十數世矣。迨素王作，及門之徒，顔氏八人焉，斯已盛矣。其後歷晉、宋、隋、唐千餘年，名人碩士，垂聲實載籍者，固不可勝數；北齊顔之推，其著者也。語曰：「芝草無根，醴泉無源。」豈然哉！翰林博侍郎博雅閎達，爲六朝人望，所著書甚衆，其逸或不傳，顧獨有家訓二十篇。翰林博士顔君，今所爲奉復聖祀者也，雅重其家遺書，顧此編無藏者。而魯望洋王孫故好積書，嘗購得一帙。博士君造其門請觀，迺其故本，多闕不可讀，博士奉而藏焉，又懼其逸也，於是重加校定，梓之其家以傳。甲戌秋入賀詣闕下，以觀于子曰：「此吾家天球赤刀也，願子綴之一言。」于子受卒業，則慨曰：嗟淵哉渢渢乎，其有先賢之遺耶！非令德之後，言固不能若是。然其説著者，先儒各往往采摭之矣。夫其言閫以内，原本忠義，章叙内則，是敦倫之矩也；其上下今古，綜羅文藝，類辨而不華，是博物之規也；其論涉世大指，曲而不詘，廉而不劌，有大易、老子之道焉，是保身之詮也；其撮南北風土，儁俗具陳，是考世之資也。統之，有關於世教，其粹者考諸聖人不繆，儒先之慕用其言，豈虚哉？然予嘗竊怪侍郎，當其時，大江以南，踵晉、宋遺風，學士大夫，操盈尺之簡，日夜雕畫其中，窮極綺麗，即有談説先王，則裂眥扼腕，塞耳而不願聞。江以北，故胡也，民控弦椎髻，王公大人，擁氈裘飲酪者居什五；即士流名裔，且將裂冠而從之。此何時也！侍郎故遊江南，已又栖遲關、洛之間，乃能不没溺于俗，而秉禮樹風，以準繩榘矱，脩之于家，不隕先世之聲問，豈不超然風氣之外者哉？然余竊又以悲其不遇焉。以彼其材，毋論得遊聖人之門，藉令遭統一之主，深謀朝廷，矩範當世，即漢世諸儒，何多讓焉。然而播越戎馬，羈旅秦、吴，朝綰一紱，夕更一綬，其志何悲也！夫河自龍門、砥柱而下，天下之水皆河也，濟獨以一葦之流，横貫其中，清濁可望而辨。夫濟固不能不河也，然無失其濟固難矣，侍郎之所遭則是哉！昔虞卿去趙，困于梁，不得意，乃著書以自見。故虞卿非羈旅，其言不傳。侍郎倘亦其指與？抑以察察之跡，而浮游世之汶汶，固將有三閭大夫之憤而莫之宣耶！恨不見其全書，使其志沕没而不章，竊又以悲其不傳也。侍郎子若孫，則思魯、師古，並以文雅著名；其後真卿、杲卿兄弟，大節皎皎如日星，至今在人耳，斯又聖賢之澤也。然謂非垂訓之力，烏乎可哉？博士名嗣慎，兖國六十四代裔孫，醇雅而文，通達世故，能世其訓者也。梓不漫矣。萬曆甲戌季秋望日，賜進士翰林院脩撰承務郎同脩兩朝國史魯人于慎行謹叙。

明程榮漢魏叢書本序跋及其他

顔氏家訓序

昔我皇祖迪哲，垂範立訓，有典有則，以貽子孫。子孫克遵厥訓，明徵定保，至於今有成法。予小子欽念哉！粵我皇祖邁種德：在齊有黄門侍郎公，在唐有魯國常山公，在宋有潭州安撫公，文章節義，昭回於天壤，揚耿光而垂休裕，用大庇於我後人。而黄門公所著家訓，迪我後人德業尤切，子孫靈承厥志，曰惟我祖之德，是彝是訓，罔敢遏佚前人光，兹予其永保哉！自時厥後，寖微寖昌，子孫有弗若厥訓，亦弗克保厥家，則訓教之不立也。凡民性非有恒，善惡罔不在厥初；圖惟厥初，莫先教訓。詩曰：「螟蛉有子，果蠃負之。教誨爾子，式穀似之。」言子必用教，教必用善也。教之以善，猶懼弗率，況導之以不軌不物，俾惟慆淫是即，其何善之有？故子之在教也，猶金之有鉶、水之有源也；鉶正則正，源清則清，弗可改也已！我黄門祖恭立厥訓，佑啓後人；後人有弗獲覩厥訓，以閑於有家，若瞽之無相，倀倀乎其曷所底止哉？邦大懼祖德之克宣，子孫之弗迪也，爰求家訓善本，重鋟諸梓，俾子孫守焉。是本乃宗人如環同知蘇州時所刻，婁江王太史萬書閣所藏，而出以示余。維時余緝家譜，未獲家訓全書，竊以爲憾。兹得之如獲拱璧。厥惟我顔氏之文獻乎！子孫如是乎有徵焉，罔或失墜，則我顔氏忠義之家風，與家訓俱存而不泯。兹刻也，維清熙，迄用有成，惟我顔氏之禎祥也，豈曰小補之哉？萬曆戊寅季冬，茶陵平原派三十四代孫顔志邦書於東海佐儲公署。

顔氏家訓序

家訓二十篇，自吾黄門侍郎祖始著，去今蓋九百餘年，失傳已久。吾弟四會掌教士英，嘗有志訪刻而未遂，以囑其子如瓌。正德戊寅，如瓌同知蘇州之三年，獲全本重校刊之，既自識其後矣，復以書來請曰：「祖訓重刊，首序非異人任，吾伯父其成之！」謹按：侍郎既著是訓，繼而其子諱思魯，以博學善屬文，官至校書東宫學士；愍楚直内史；游秦校祕閣；再傳至夔府長史贈虢州刺史諱勤禮、弘文館學士師古、相時，司經校定經史育德，三傳至侍讀曹王屬贈華州刺史諱昭甫，以至濠州刺史贈祕書監元孫，暨通議大夫贈國子祭酒太子少保諱惟真，遂生我魯國公諱真卿、常山太守杲卿與夫司丞春卿、淄川司馬曜卿、胤山令旭卿、犍爲司馬茂曾、杭州參軍缺疑、金鄉男允南、富平尉喬卿、左清道兵曹幼輿、荆南行軍允臧；其後復生彭州司馬威明昆季，佐父破土門，同時爲逆胡所害者八人。建中改元，魯國遷秩之際，子姪同封男者亦八人。又其後魯國五世孫諱翊，爲台州招討使，詡爲永新令，是皆奕葉重光，聯芳並美，顏氏於斯爲盛。謂非家訓所自，不可也。自是而後，歷宋而元，仕籍雖不乏，而彰顯不逮前，豈非家訓失傳之故歟？迨入國朝，文廟靖內難時，沛縣令伯瑋父子死忠，則我招討使之後自永新徙廬陵之派者也。其猶有魯國、常山之餘烈，而得家訓之墜緒乎！乃今如瓌克繼父志，是訓復續，意者天將復興顏氏乎！書曰：「毋忝爾祖，聿修厥德。」易曰：「積善之家，必有餘慶。」顏氏之子若孫，其遵承是訓，而脩德積善，則前日之盛，未必不可復也。是固吾與吾弟若姪之所願望者也。是爲序。正德戊寅冬十二月丙寅。前睢寧學諭八十五翁廣烈拜手謹序。（案：以上二首見卷首。）

顏氏家訓後序

如瓌齠年時，受小學於先君，習句讀，至顏氏家訓，請曰：「豈先世所遺？何不授全書？」先君笑曰：「童子能知問此，可教矣。此北齊黄門侍郎祖諱之推所著，世遠書亡，家藏宋本，篇章斷缺。吾每留意訪求全本弗獲；汝能讀書成立，它日求諸好古積書之家，當必得之。」又曰：「侍郎祖五世生魯國公諱真卿、常山太守諱杲卿，並以忠義大顯于唐，世居金陵。魯國五世生永新令諱詡，與弟招討使諱翊，因家永新。招討十二世生祖諱子文，又自永新徙居安福，流傳至今。自吾去魯國，蓋二十七世，去侍郎，蓋三十一世，具載家譜可考。此書苟得，其重刻之，以承先志，以貽子孫，毋忽！」如瓌謹識不敢忘。既而宦遊南北，雖嘗篤意訪求，亦弗獲。正德乙亥，自陝州轉官姑蘇，遍訪始得宋董正工續本于都太僕玄敬，繼得宋刻抄本于皇甫太守世庸，乃合先君所藏缺本，參互校訂，而是訓復完。因命工重刻以傳，蓋庶幾少副先君遺志，而於顔氏之後，或有裨焉。序致篇曰：「非敢軌物範世也，業以整齊門内，提撕子孫。」如瓌仰述先君重刻之意，亦此意也。爲顔氏子孫者，其尚慎行之哉！正德戊寅冬十月望日。如瓌謹識。

顔氏家訓小跋

余，楚産也。家訓，楚未有刻也。雖散見諸書旁引，而恒以不獲全書爲憾。余倅東倉，迎家君至養。時王太史鳳洲翁以詩贈，有「家訓傳來舊姓顔」之句，因走弇山園以請，迺出是書，如獲拱璧。閲之，則前以戊寅刻，而今又以戊寅遘也。如環其有以俟我乎！奇矣！奇矣！王太史既出是訓，又貽余以家廟碑，而爲之跋。他日請叙家譜，又云：「家訓未列諸顏及杲卿傳。」而屬余以梓。太史公之益我顏氏，亦遠矣哉！因奉命鋟諸梓，以淑來裔，以永保太史相成之意云。旹萬曆戊寅季冬。茶陵顏志邦又言。（案：以上二首見書末。）

案：是書分上下二卷。大題下題「北齊琅琊顏之推著，明新安程榮校」。收入所刻漢魏叢書。又案：余藏嘉慶二十二年刻本顏氏通譜，收入之推此書，所據底本爲顏志邦本，列有康熙五十年沔陽顏星重刻顏氏家訓小引，及嘉慶二十二年潙寧顏邦城三刻黄門家訓小引，以其祖本既取以校讎矣，則無取於疊牀架屋之爲也，故未加徵引，而最録其二小引於後焉。

重刊顏氏家訓小引

星兄弟每侍先人側，先人必舉黄門祖家訓提撕星兄弟曰：「兒輩當以聖賢自命，黄門祖家訓，所以適於聖賢之路也。世間無操行人，口誦經史，舉足便差；總由游心千里之外，自家一個身子，都無交涉，猖狂齷齪，慚負天地，斷送形骸，可爲寒心哉！黄門祖家訓僅二十篇，該括百行，貫穿六藝，寓意極精微，稱説又極質樸。蓋祖宗切切婆心，諄諄誥誡，迄今千餘年，只如當面説話，訂頑起懦，最爲便捷。兒輩於六經子史，豈不當留心？但『同言而信，信其所親；同命而行，行其所服』，黄門祖於家訓篇首，曾揭是説，以引誘兒孫矣。今日親聽祖宗説話，便要思量祖宗是如何期望我，我如何無憾于祖宗；悚敬操持，不徒作語言文字觀，則六經子史，皆家訓注脚也。念之！念之！」又曰：「兒輩得讀家訓不容易！家訓我世世寶之。正統間，思聰公曾經校刊，以授兒孫。無如兵燹之餘，散軼頗多，苦無善本。戊午春，坐徐認齋書屋，抽架上得家訓全集，喜心翻淚；又以中多訛舛，攜至京師，獲與東魯學山先生，參互攷訂，手録成編，乃得與兒輩共讀之。目前艱於梨棗，待我纂修通譜時，重刻譜端，俾我顔氏一家人，各各奉爲寶訓，以無忝厥祖志可也。念之，念之！」嗚呼！先人言猶在耳也，奈何竟齎志以没哉！余小子風木增悲，堂構滋愧，先人欲成未成之志，余小子未克負荷者多矣，重刻家訓，詎敢遏佚哉！歲辛卯，綜脩通譜，自沔水走吉郡數千里，伯叔昆季出如環公同知蘇州時所得家訓全集，後爲吉人公三修譜牒内重加校刊一帙畢似余，證驗符同，相得益彰，迺命梓人將魯公祖事實、文集及東魯陋巷志，俱行刊刻，與家訓同列譜端。星願環家人相與悚敬操持，不徒作語言文字觀，以自棄於聖賢之外。此先人志，即黄門祖志也。旹今上御極之五十年，歲在辛卯。三十九裔楚沔陽星識。（案：此爲康熙五十年。）

三刻黄門家訓小引

記有之：「太上立德，其次立功，其次立言。」則立言似爲末務矣。嗟乎，立言豈易哉！彼夫掞藻摛華，引商刻羽，非勿工麗也，長江大河，一瀉千里，非勿博大也，尺牘寸楮，短兵犀利，非勿遒勁也；然而不出風雲之狀，盡皆月露之形，無益於當時，莫裨於後世，言之者雖爲得意，聞之者未足爲戒也。若我三十五世祖黄門子介公之家訓則不然，惟恐後人或懈於克己復禮之功，或忽於視聽言動之準，故不惜繁稱博引之諄諄，庶幾動有法，守克馴，至於道耳。顧或者曰：易奇而法，詩正而葩，春秋謹嚴，左氏浮夸，尚書則紀政治也，戴記則明經典（原誤「曲」）也，誰則非訓萬世者，公之爲此，不亦贅乎？而不知非也。六經之文，非不本末兼該，大小具備；而詞旨深遠，義理藴奥，必文人學士，日親師友之講論，始能通之。若公之爲訓，則自鄉黨以及朝廷，與夫日用行習之地，莫不有至正之規，至中之矩；雖野人女子，走卒兒童，皆能誦其詞而知其義也。是深之可爲格致誠正之功者，此訓也；淺之可爲動静語默之範者，此訓也；誰不奉爲暮鼓晨鐘也哉？古所稱立言不朽者，其在斯與！其在斯與！時嘉慶丁丑廿二年仲春月吉旦，溈寧四十三派孫邦城謹識。嗣孫邦特、邦輝、邦耀、懷德、邦昱、振泗、邦屏同刊。

案：此本顔氏通譜列於譜端，三刻小引書口魚尾上方即標爲顔氏通譜。余所藏本三刻小引首頁有木記，前四行楷書：「南省總譜，以『博文約禮』四字編（一行）定號數，每字八十號，總計三百二十（二行）號，外增一號，即爲僞造。其各房給領（三行）支譜，必於總譜注明通數，以便考驗（四行）。」後爲朱文篆書「源遠流長」四字。木記下有朱字楷書「文字廿一」印記，書眉上有「錫字貳號」朱文楷書印記，蓋支譜編號也。此本先列三刻黄門家訓小引，次列重刻顔氏家訓舊序，即顔廣烈序，而誤以爲顔志邦序，足以知其魯莽滅裂矣；最後爲顔星之重刊顔氏家訓小引。據顔星文，知正統間尚有顔思聰刻本，今亦不可得見矣。

清康熙五十八年朱軾評點本序

顔氏家訓序

始吾讀顔侍郎家訓，竊意侍郎復聖裔，於非禮勿視、聽、言、動之義庶有合，可爲後世訓矣，豈惟顔氏寳之已哉？及覽養生、歸心等（朱文端公集卷一載此序「等」作「二」）篇，又怪二氏樹吾道敵，方攻之不暇，而附會之，侍郎實忝厥祖，欲以垂訓可乎？雖然，著書必擇而後言，讀書又言無不擇。軾不自量，敢以臆見，逐一評校，以滌瑕著熾，使讀者黜其不可爲訓而寶其可爲訓，則侍郎之爲功於後學不少矣。康熙五十八年冬至日，高安後學朱軾序。

案：此本分上下卷，大題下題「北齊顔之推著，後學朱軾評點」。朱序外，尚有于慎行顔氏家訓叙（略）、張一桂重刻顔氏家訓序（略）。此書與嗣後續刻諸書合稱朱文端公藏書十三種。是本爲吴梅手批本，書末有吴氏題記云：「丁丑十一月十四日，霜厓讀訖。時避寇湘潭，東望吴門，公私塗炭，俯仰身世，略似黄門，點朱展卷，悽然無盡。」文末有「靈雉」二字朱文篆書章。又卷首有「五萬卷藏書樓」朱文篆書、「沈氏家藏」白文篆書、「吴梅」白文篆書、「瞿安心賞」朱文篆書、「霜崖手校」白文篆書、「長洲吴氏藏書」白文篆書等章。書藏北京圖書館。

清雍正二年黄叔琳刻顔氏家訓節鈔本序

顔氏家訓節鈔序

人之愛其子孫也，何所不至哉！愛之深，故慮焉而周；慮之周，故語焉而詳。詳於口者，聽過而忘，又不如詳於書者，足以垂世而行遠，此家訓所爲作也。然歷觀古人詔其後嗣之語，往往未滿人意。叔夜家誡，骫骳逢時，已絶巨源交，而又幸其子之不孤；淵明責子，付之天理，但以杯中物遣之；王僧虔慮其子不曉言家口實；徐勉屑屑以田園爲念；杜子美云「詩是吾家事」，「熟精文選理」，其末已甚，即卓犖如韓退之，亦惟以公相潭府之榮盛，利誘其子，而未及於道義。彼數賢者，豈慮之不周、語之不詳哉？識有所不足，而愛有所偏狥故也。余觀顔氏家訓廿篇，可謂度越數賢者矣。其誼正，其意備。其爲言也，近而不俚，切而不激。自比於傅婢寡妻，而心苦言甘，足令頑秀並遵，賢愚共曉。宜其孫曾數傳，節義文章，武功吏治，繩繩繼起，而無負斯訓也。惟歸心篇闡揚佛乘，流入異端；書證篇、音辭篇義瑣文繁，有資小學，無關大體；他若古今風習不同，在當日言之，則切近於事情，由今日視之，爲閑談而無當。不揣譾陋，重加决擇，薙其冗雜，掇其菁英，布之家塾，用啓童蒙。蘇子瞻云：「藥雖進於醫手，方多傳於古人。若已經効於世間，不必皆從于己出。」竊謂父兄之教子弟，亦猶是也，以古人之訓其家者，各訓乃家，不更事逸而功倍乎？此余節鈔是書之微意也。時雍正二年歲次甲辰，仲春既望。北平黄叔琳序。

據養素堂刊本，是書分上下二卷，大題下署「北平黄叔琳崑圃編」，書末記「男登賢雲門、登穀挹辛校字」。北京圖書館藏有紀昀手批本，目録大題下有「獻陵」（朱文篆書）「紀曉嵐」（白文篆書）二印。

清乾隆五十四年盧文弨刻抱經堂叢書本序跋及其他

注顏氏家訓序

士少而學問，長而議論，老而教訓，斯人也，其不虚生於天地間也乎！余友江陰趙敬夫先生，方嚴有氣骨，與余遊處十餘年，八十外就鍾山講舍，取宋本顏氏家訓而爲之注。余奪於他事，不暇相助也。又甚惜其勞，謂姑置其易明者可乎？先生曰：「此將以教後生小子也。人即甚英敏，不能於就傅成童之年，聖經賢傳，舉能成誦，況於歷代之事蹟乎？吾欲世之教于弟者，既令其通曉大義，又引之使略涉載籍之津涯，明古今之治亂，識流品之邪正。他日依類以求，其於用力也亦差省。」書成未幾，而先生捐館矣。余感疇昔周旋之雅，又重先生惓惓啓迪後人之意至深且摯，烏可以無傳？就其孫同華索是書，一再閲之，翻然變余前日尚簡之見，而更爲之加詳，以從先生之志。則是書也，匪直顏氏之訓，亦即趙先生之訓也。先生之學問，先生之議論，不即於是書有可想見者乎？嗚呼！無用之言，不急之辯，君子所弗貴。若夫六經尚矣，而委曲近情，纖悉周備，立身之要，處世之宜，爲學之方，蓋莫善於是書，人有意於訓俗型家者，又何庸舍是而疊牀架屋爲哉？乾隆五十四年歲在己酉，重陽前五日，杭東里人盧文弨書於常州龍城書院之取斯堂。

例言

一，黄門始仕蕭梁，終於隋代，而此書向來唯題北齊。唐人修史，以之推入北齊書文苑傳中。其子思魯既纂父之集，則此書自必亦經整理，所題當本其父之志可知。今亦仍之。

一，黄門九世祖從晉元南度，江寧顔家巷，其舊居也，則當爲江寧人，而此書向題琅邪。唐人修史，例皆不以土斷，而遠取本望，劉知幾爲史官，曾非之，不能革也。故北齊書亦曰琅邪臨沂人，今亦姑仍其舊。

一，此書爲江陰趙敬夫注，始余覺其過詳。敬夫以啓迪童子，不得不如是。余甚韙其言，故今又從而補之，凡以成敬夫真切爲人之志，非敢以求勝也。

一，黄門篤信説文，後乃從容消息，始不過於駭俗。然字體究屬審正，歷經轉寫，譌謬滋多。今於甚俗且別者正之，其非説文所有，而爲世所常行者，一仍其舊，亦黄門志也。

一，此書音辭篇，辯析文字之聲音，致爲精細。今人束髮受書，師授不能皆正；

又南北語音各異，童而習之，長大不能變改，故知正音者絶少。近世唯顧寧人、江慎修、戴東原，能通其學，今金壇段若膺，其繼起者也。此篇實賴其訂正云。

一，此書段落，舊本分合不清。今於當别爲條者，皆提行，庶幾眉目瞭然。

一，宋本經沈氏訂正，誤字甚少，然俗間通行本，亦頗有是者。今擇其義長者從之，而注其異同於下。後人或别有所見，不敢即以余之棄取爲定衡也。

一，沈氏有考證一卷，繫此書之後；今散置文句之下，取繙閲較便，勿以缺漏爲疑。

一，黄門本傳中，載所作觀我生賦，家國際遇，一生艱危困苦之況，備見於是，此即其人事蹟，不可略也。句下有自注，盡皆當日情事；其辭所援引，今爲之考其出處，目爲加注，使可識别。但賦中尚有脱文，别無他書補正，意猶缺然。

一，涉獵之弊，往往不求甚解，自謂了然。余於此書，向亦猶夫人之見耳。今再三閲之，猶有不能盡知其出處者。自愧謏啓，尚賴博雅之士，有以教我焉。

一，敬夫先生以諸生終，隱德不曜，余爲作瞰江山人傳，今並繫於後（今省），使人得因以想見其爲人。

一，此書經請正於賢士大夫，始成定本；友朋間復互相訂證，厥有勞焉。授梓之際，及門諸子又代任校讎之役；而剞劂之費，深賴衆賢之與人爲善，故能不數月而訖功。今於首簡各載姓名，以見懿德之有同好云。抱經氏識，時年七十有三。

顔氏家訓注

鑒定　嘉定錢大昕莘楣　仁和孫志祖怡谷　滄州李廷敬寧圃

參訂　金壇段玉裁懋堂　孝感程明愫蔵園　新會譚大經敷五　仁和潘本智鏡涵

江陰周宗學象成

讎校　江陰楊敦厚仲偉　江陰陳宏度師儉　江陰王　璋秉政　江陰湯　裕岵瞻

（趙門人）江陰沙照耀滄（趙門人）　武進臧鏞堂在東　武進丁履恒基士

瞰江孫趙同華俊章校梓

（以上見卷首，以下見卷末。）

壬子年重校顔氏家訓

向刻在己酉年，但就趙氏注本增補，未及取舊刻本及鮑氏所刻宋本詳加比對，致有譌脱。今既省覺，不可因循，貽誤觀者。故凡就向刻改正者，與夫爲字數所限不能增益者，以及字畫小異，咸標明之，庶已行之本，尚可據此訂正；注有未備，兼亦補之。七十六叟盧文弨識。

趙跋

北齊黄門侍郎顔公，以堅正之士，生穢濁之朝，播遷南北，他不暇念，唯繩祖詒孫之是切，爰運貫穿古今之識，發爲布帛菽粟之文，著家訓二十篇。雖其中不無疵累，然指陳原委，愷切丁寧，苟非大愚不靈，未有讀之而不知興起者。謂當家置一編，奉爲楷式。而是書先有姚江盧檠齋之分章辨句，金壇段懋堂之正誤訂譌；區區短才，遂不揣鄙陋，取而注釋之。年當耄耋，前脱後忘，必多缺略，第令儉於腹笥者，不至迷於援據，退然自阻，則亦不爲無益。至於補厥挂漏，俾臻完善，不能無望於將伯之助云。乾隆五十一年歲次丙午冬十月十日，瞰江山人趙曦明書於容膝居，是年八十有二。

翁方綱復初齋文集卷十六書盧抱經刻顔氏家訓注本後

同年盧弓父學士以其友趙君所注顔氏家訓校正精槧，其益人神智，頗有出宋本上者。然如第六卷内詔内下，沈校宋本空格，此云沈氏不空；皺字注作皺，此云作皺，則疑弓父所見沈校宋本者，特偶見一鈔本，而非原本耳。沈氏攷證二十三條，自爲一卷，而盧刻皆散置文句之下，雖於學者繙閲較便，然愚謂古書當存其舊式；即如沈氏攷證内「孟子曰：『圖景失形』」一條，盧刻竟删去之，雖於義無害，然古書之面目，竟不存矣。又沈跋前一紙，係於末一行緊貼跋語書「朝奉郎知台州軍事沈揆」，又前一行「通判軍州事管銑」，又前一行「添差通判樓鑰」，皆又低一格書之，又再前又低一格，則「教授、判官、推官、參軍」，其最前最低格書者，則「鄉貢進士州學正林憲同校」，凡九人，前七行皆總書「同校」，後二行則曰「監刊」，又曰「同校」，乃是鋟木時之覆校耳。愚攷宋時牒後系銜，皆自後而前，官尊者在後，卑者在前，此其式也。以今所傳影宋槧本，如説文卷末雍熙三年進狀後，徐鉉在句中正前，其牒尾平章事李昉在參知政事呂蒙正、辛仲甫之前；又如羣經音辨載寶元二年牒後，平章事二人，亦在最前也。必宜依其原樣，末尾一行緊貼跋語書之，乃可依次自後而前讀之耳。今盧本將沈跋另刻於前紙，而又自起一紙，題曰「宋本校刊名銜」，則疑於自前而後者，殊乖其式矣。乃先曰「同校」，次曰「監刊」，又次以七人「同校」，則最前之「同校」二字，爲不可通矣。昔弓父校李雁湖王荆公詩注，將其卷尾所謂「補注」者，皆移置於本詩之下；及予攷其補注，乃别是臨川曾景建所爲，非出雁湖之手；以語弓父，弓父始追悔而已，無及矣。今校閲此書，故縷縷及之，以爲古書刊式不可更動之戒。沈揆，字虞卿，見桑澤卿蘭亭攷。錢遵王讀書敏求記云：「沈君讐勘此書，當時爲宋人名筆，繕寫精妙，古香襲人者也。」未谷進士從其友某君家借觀，是影寫宋槧之本，前後有汲古毛氏諸印。予因得轉假，詳校一遍，附識於此。

宋晁公武郡齋讀書志儒家

顏氏家訓七卷

北齊顏之推撰。之推本梁人，所著凡二十篇，述立身治家之法，辨正時俗之謬，以訓子孫。

宋陳振孫直齋書録解題雜家類

顏氏家訓七卷

北齊黄門侍郎琅邪顏之推撰。古今家訓，以此爲祖；而其書崇尚釋氏，故不列於儒家。

清文津閣四庫全書本提要及辨證

顏氏家訓二卷（江西巡撫採進本）

舊本題北齊黄門侍郎顏之推撰。考陸法言切韻序，作於隋仁壽中，所列同定八人，之推與焉，則實終於隋。舊本所題，蓋據作書之時也。

余嘉錫四庫總目提要辨證曰：「謹案：北齊書文苑傳有之推傳，云：『隋開皇中，太子召爲學士，甚見禮重。尋以疾終。』北史文苑傳同。陳書文學阮卓傳云：『至德元年，聘隋。隋主夙聞其名，遣河東薛道衡、琅玡顔之推等，與卓談宴賦詩。』南史文學傳略同。然則之推終於隋，史傳且有明文；不知提要何以捨正史不引，而必旁徵切韻也。考切韻序末，雖題大隋仁壽元年，然其序云：『昔開皇初，有儀同劉臻等八人，同詣法言門宿。夜永酒闌，論及音韻，蕭、顔多所決定（蕭該、顔之推也），魏著作（著作郎魏淵）謂法言曰：「向來論難處悉盡，何不隨口記之？」法言即燭下握筆，略記綱紀。十數年間，未遑修集。今返初服，私訓諸弟子。凡有文藻，即須明聲韻。屏居山野，交遊阻絶，疑惑之所，質問無從。亡者則生死路殊，空懷可作之歎；存者則貴賤禮隔，以報絶交之旨。遂取諸家音韻，古今字書，以前所記者定之，爲切韻五卷。』是則法言之書，雖作於仁壽元年，而其與之推等論韻，實在開皇之初。本傳云：『開皇中，太子召爲學士，尋以疾終。』法言亦有『亡者生死路殊』之語，蓋之推即卒於開皇時。（錢大昕疑年録卷一云：「顔之推，六十餘，生梁中大通三年辛亥，卒隋開皇中。」自注云：「本傳不書卒年，據家訓序致篇云：『年始九歲，便丁荼蓼。』以梁書顔協卒年證之，得其生年。又終制篇云：『吾已六十餘。』則其卒蓋在開皇十一年以後矣。」）提要乃云：『切韻序作於仁壽中，所列同定八人，之推與焉。』一若之推至仁壽時尚存者，亦誤也。切韻序前所列八人姓名，有内史顏之推（古逸叢書本作「外史」），内史之官，本傳不書。史通正史篇云：『齊天保二年勅祕書監魏收勒成一史，成魏書百三十卷，世薄其書，號爲穢史。至隋開皇，勑著作郎魏澹，與顏之推、辛德源，更撰魏書，矯正收失，總九十二篇。』此亦之推入隋後逸事之可見者。唐顏真卿撰顏氏家廟碑云：『北齊給事黄門侍郎、待詔文林館、平原太守、隋東宫學士諱之推，字介，著家訓廿篇，冤魂志三卷，證俗音字五卷，文集卅一卷，事具本傳。』（據拓本，亦見金石萃編卷一百一。）又顏勤禮神道碑亦云：『祖諱之推，北齊給事黄門郎、隋東宫學士，齊書有傳。』（此碑僅見於集古録，他家皆不著録，近時始復出土。）叙之推官職，皆與史合。提要謂：『舊本題北齊黄門侍郎，爲據作書之時。』考家訓屢叙齊亡時事，其終制篇云：『先君先夫人，皆未還建鄴舊山；今雖混一，家道罄窮，何由辦此奉營經費？』則家訓實作於隋開皇九年平陳之後。提要以爲作於北齊，蓋未嘗一檢原書，姑以臆説耳。顏真卿所撰殷夫人顏氏碑云：『北齊黄門侍郎之推。』（據拓本，「齊」字「推」字泐，亦見萃編卷一百一。）與家訓署銜同。家廟碑雖書隋官，而下又云『黄門兄之推』，仍舉齊官爲稱；豈非以之推在齊頗久，且官位尊顯耶？新唐書顏籀傳云：『祖之推，終隋黄門郎。』其以官黄門爲隋時事固誤，然亦可見從來舉之推官爵必署黄門矣。隸釋卷九司隸校尉魯峻碑跋云：『漢人所書碑誌，或以所重之官揭之。司隸權尊而職清，非列校可比，亦猶馮緄捨廷尉而用車騎也。』余謂唐人之以黄門稱之推，亦從所重言之耳。盧文弨補家訓趙曦明注例言曰：『黄門始仕蕭梁，終於隋代，而此書向來惟題北齊，唐人修史，以之推入北齊書文苑傳中。其子思魯既纂其父之集，則此書自必亦經整理，所題當本其父之志。』此言是也。然則此書之題北齊黄門侍郎，不關作書之時，亦明矣。」

陳振孫書録解題云：「古今家訓，以此爲祖，然李翺所稱太公家教，雖屬僞書，至杜預家誡之類，則在前久矣。特之推所撰，卷帙較多耳。」

余氏辨證曰：「案：李翺文公集卷六答朱載言書云：『其理往往有是者，而詞意不能工者，有之矣，劉氏人物志、王氏中説、俗傳太公家教是也。』並未嘗指爲齊之太公所作，更未言其真僞，四庫既不著録，作提要者未見其書，何從知其爲僞書耶？宋王明清玉照新志卷三云：『世傳太公家教，其書極淺陋鄙俚，然見之唐李習之文集，至以文中子爲一律，觀其中猶引周、漢以來事，當是有唐村落間老校書爲之。太公者，猶曾高祖之類，非謂渭濱之師臣明矣。』然則此所謂太公，並非吕望，宋人辨之甚明，提要不考，而以爲僞書，誤矣。考八旗通志阿什坦傳云：『阿什坦翻譯大學、中庸、孝經及通鑑總論、太公家教等書刊行之。當時翻譯者，咸奉爲準則。即僅通滿文者，亦得藉爲考古資。』是其書清初尚存，其後不知何時佚去。宣統間，敦煌石室千佛洞發現古寫本書中有太公家教一卷，上虞羅氏得之，影印入鳴沙石室古佚書中，其書開卷即云：『代（此句上缺五字），長值危時。望鄉失土，波迸流離，只欲隱山居住，不能忍凍受飢，只欲揚名後代，復無晏嬰之機，才輕德薄，不堪人師，徒消人食，浪費人衣，隨緣信業，且逐時之隨。輒以討其墳典，簡擇詩、書，依傍經史，約禮時宜，爲書一卷，助幼兒童，用傳於後，幸願思之。』觀其自序，真王明清所謂『村落間老校書』也，何嘗有僞託古人之意哉？王國維跋云（在本卷後，亦見觀堂集林卷二十一）：『原書有云：「太公未遇，釣漁水，（原注：「『水』上疑脱『渭』字。」）相如未達，賣卜於市，□天（嘉錫案：「此字似脱上半，恐非『天』字。」）居山，魯連海水，孔鳴（原注：「『明』字之誤。」）盤桓，候時而起。」書中所用古人事止此，或後人取太公二字冠其書，未必如王仲言曾高祖之説也。』嘉錫案：古人摘字名篇，多取之第一句，否則亦當在首章之中。今王氏所引，在其書之後半，未必摘取以名其書。且其前尚有『唐、虞雖聖，不能化其明主；微子雖賢，不能諫其暗君；比干雖惠，（「惠」字疑是「忠」字之誤。）不能自免其身』云云，亦是用古人事，不獨太公數句也。名書之意，仍當以王明清説爲是。要之，無論如何，絶非僞託爲齊太公所撰，則可斷言也。」

晁公武讀書志云：「之推本梁人，所著凡二十篇，述立身治家之法，辨正時俗之謬，以訓世人。」今觀其書，大抵於世故人情，深明利害，（器案：此絶似紀昀語，於所評黄叔琳節鈔本中數見不鮮，則此提要，或出其手。）而能文之以經訓，故唐志、宋志俱列之儒家。然其中歸心等篇，深明因果，不出當時好佛之習；又兼論字畫音訓，並考正典故，品第文藝，曼衍旁涉，不專爲一家之言，今特退之雜家，從其類焉。又是書隋志不著録，唐志、宋志俱作七卷，今本止二卷，錢曾讀書敏求記載有宋鈔淳熙七年嘉興沈揆本七卷，以閩本、蜀本及天台謝氏所校五代和凝本參定，末附考證二十三條，别爲一卷，且力斥流俗並爲二卷之非。今沈本不可復見，（器案：明萬曆間何鏜刊漢魏叢書，即用七卷本，清康熙間武林何允中覆刻之，稱爲廣漢魏叢書，此非罕見之書，何云不可復見也！）無由知其分卷之舊，姑從明人刊本録之。然其文既無異同，則卷帙分合，亦爲細故。惟考證一卷，佚之可惜耳。

張宗泰魯巖所學集卷十一跋顔氏家訓

提要所收顔氏家訓爲二卷本，此書則作七卷，乃原本也。提要惜考證一卷不可得見，而此本則附書後，蓋此書出在提要之後故也。卷一「思魯等從舅」云云，卷三「愍楚友壻」云云。按：思魯、愍楚爲之推之二子，之推祖籍瑯琊之臨沂，名長子曰思魯，不忘本也。之推爲梁之臣子，元帝亡于江陵，江陵楚地名，次子曰愍楚，以志痛也。又卷二風操條下云「北朝頓丘李」，下注「太上御名」，凡四處皆然。卷五誡兵條下云「兵革之時扇反覆」，「扇」上注「太上御名」。考家訓作於高齊之世，齊諸帝中惟武成帝湛禪位於太子緯，自稱太上皇，而湛字於文理未合，然則此書是南宋時嘉興沈揆收藏之本，特避高宗諱耳。又卷一後娶篇云：「我不及曾參，子不如華元。」

「華元」字少來歷，當是「曾元」也。隋書經籍志云：「梁有爾雅音三卷，孫炎、郭璞撰。」孫炎字叔然，而音辭篇：「孫叔言創爾雅音義。」則「言」爲「然」之譌。卷四文章篇：「君輩辭藻。」「輩」當作「輩」。卷六書證篇云：「通俗反音，甚會近俗。」句不可解，或是「附會近俗」也。

傅增湘藏園羣書題記徐北溟補注顔氏家訓跋

余辛亥殘臘獨游武林，於何氏修本堂書坊中見殘書數架，因略檢取舊鈔數百册，捆載以歸。其中殘本多得自汪氏振綺堂，故特多名人批校之筆。此顔氏家訓僅存下册，緣喜初印精善，將携之入都，俾配成完帙，然閉置篋笥已二十餘年固未嘗發視也，頃以修補殘書，隨手檢置案頭，偶瀏覽及之，見眉間訂正之語凡數十則，末葉有嚴九能手跋兩通，乃知眉間諸語爲徐北溟補注，而九能之父半庵先生所手録者也。（半庵名樹萼，字茂先，錢竹汀爲撰墓志。）爰就眉間批注分條録存之，而九能跋語亦附箸於後，俾覽者知其原委焉。

蕭山徐君北溟爲抱經學補注家訓，並補注觀我生賦，多所糾正，予服其賅博，借其稿來閲，大人爲度録于此本，爲書其後。北溟名鯤，赤貧，旅寓武林，與抱經學士、頤谷侍御相友善，兩先生極推重之。余去冬與鮑以文在杭州，遂與北溟訂交，又嘗爲我校麟角集，極精細。乾隆六十年乙卯仲春廿九日，元照識。

予於壬戌初秋游西湖，時巡撫阮公招客校經，元和顧君廣圻、李君鋭、武進臧君鏞堂與北溟皆在詁經精舍。其時，北溟性情改易，雖與予無閒言，予亦謹避之，不敢屢相昵。予歸未幾，北溟遂下世，聞其死之狀甚可悲也。止一子，蠢不知書，北溟所有書册，盡屬諸他人。其子今不知作何狀。北溟腹笥饒富，注書是其所長。此書補注，不知抱經先生何以不刻。先生乙卯冬下世，計猶及見之。此書上方字先君手寫，先君下世已十年矣，展讀一過，心焉如割。嘉慶十五年庚午歲七月初三日，際壽謹識。

李詳顔氏家訓補注

抱經堂校定本顔氏家訓注七卷，盧氏例言云：「涉獵之弊，往往不求甚解，自謂了然。余於此書，猶有不能盡知其出處者。自愧窾啓，尚賴博雅之士，有以教我焉。」趙敬夫先生後跋云：「年登髦耋，前脱後忘，必多闕略；至於補厥挂漏，俾臻完善，不能無望于後之君子。」時盧先生年已七十有三，敬夫年八十餘矣，炳燭之明，猶復治此，刊行於世；其意尚有未盡，故余不揣固陋，據其所見，略不數番，今特録出，

以質海内君子，其所不知，則仍效兩先生云待後人矣。李詳審言記。（國粹學報五十三期）

嚴式誨顏氏家訓補校注題記

抱經堂刻顏氏家訓注最稱善本，刊成後，召弓學士自爲補注重校者再，嘉定錢辛楣少詹又爲補正十餘事，仁和孫頤谷侍御讀書脞録、海寧錢廣伯明經讀書記亦續有校補，興化李審言復爲補注，而余所見遵義鄭子尹徵君父子校本，又有出諸家外者。近榮縣趙堯生侍御、成都龔向農、華陽林山腴兩舍人皆篤嗜是書，各有箋識。戊辰孟春，余重刻盧本，凡學士補注重校各條，悉散入本文，據以改補；又纂錢、孫諸家之説，録爲一卷，恖聞所及，亦坿載之。又宋沈揆本、明程榮本、遼陽傅太平本，文字異同，有可兼存，而原本未採者，亦掇録一二。於抱經所謂「不能盡知出處」者，補苴不能十一，亦冀博雅之士有以教我也。庚午八月渭南嚴式誨記。（渭南嚴氏孝義家塾叢書）

向楚徐北溟顔氏家訓補注題記

渭南嚴君谷聲重刊抱經堂顔氏家訓趙注本，舉盧學士補注重校各條，散入本文，又録刻錢辛楣、孫頤谷已下七八人之説及自案語，共爲補校注一卷，可謂勤矣。癸未冬，出江安傅氏沅叔藏園羣書中徐北溟鯤補注顔氏家訓下册鈔本眂余，屬爲校理，於抱經所謂「不能盡知其出處」者，俾得充實補苴，成完帙焉。藏園此鈔自汪氏振綺堂，殘本有嚴九能手跋兩通，乃九能之父半庵先生移寫於眉間者也。世但知趙敬夫曦明與抱經學士補注家訓，得此鈔又知有蕭山徐君於家訓外並補注觀我生賦，多所糾正，九能雅服其賅博。又謂：「北溟腹笥饒富，注書是其所長，不知抱經先生何以不刻。」蓋北溟客武林，與抱經學士、頤谷侍御相友善，兩先生極推重之。北溟以乾隆乙卯冬下世，此書補注，計學士猶及見之也。乾隆壬午秋，儀徵阮公方巡撫浙江，招客校經，時元和顧君廣圻、李君鋭、武進臧君鏞堂與北溟皆在詁經精舍。孫淵如詁經精舍題名碑記，蕭山徐鯤名在詁經精舍講學之士九十一人中，今檢詁經文集有徐鯤六朝經術流派論一篇，翻李延壽「南人約簡，得其英華，北學深蕪，窮其枝葉」之案，誠別具裁斷。而北溟在阮公提學時，分纂經籍纂詁，輯廣雅、楚辭、文選注，及纂詁補遺姓氏中又爲總校，兼纂史記三家注、兩漢書顏、李注、蕭該音義、文選注諸書，誠如九能所言「注書是其所長」也。而此注鈔本五卷已前既佚闕，嚴君補校注卷三勉學八「三九公讌」一條，孫侍御讀書脞録猶引北溟說，後漢書郎顗傳「三九之位」注謂「三公九卿」，抱經補注曰：「公家之讌云三九，則各有常日矣。」此望文臆說。其他如卷五省事第十二「事途迴穴」，盧補注以「穴」爲「宂」字，作而隴切。卷六書證第十七「七十四人出佛經」一條，盧注謂今所傳此本七十一人贊無「出佛經」之語，一讀北溟所補注，即知盧學士所補多俴陋失考。九能疑學士必及見此注，私怪其不刻，而致上卷散亡爲可惜也。昔人有言：「中流失船，一壺千金。」特爲斠識於諸家之注，先後異同，間坿案語於當文條下，以原稿歸嚴君再刊，加補校注後，便學者攷覽焉。民國三十三年夏，巴縣向楚記。（渭南嚴氏孝義家塾叢書）

郭象升郝懿行顏氏家訓斠記序

山左經業之盛，三百年來，蓋與江、浙争雄；蘭皋先生尤爲卓絶，迹其浮沈郎署，白首不遷，無日不以箸書爲事，蓋古之所謂沈冥者。殁後數十年，遺書始次第刊布。然通人讀書，展卷即見癥結，隨手訂正，皆關學問，計先生平日校勘之書多矣，若仿何義門、姚南青之例，掇次爲書，于後學未云無補也。玉如從太原市上得先生所校顔黄門家訓，首尾不具名姓，且無印記，而考索校語，確定爲先生真蹟無疑，余閱之亦以爲然也。先生此校，但據程榮本發疑正讀，皆自以他書證之，不復引及諸刻也。家訓善本，清代凡有數刻，其有廉臺田家琴式長印者，原出宋槧，尤號爲善。先生與高郵王伯申尚書爲同年，曾從伯申尊人懷祖給事問故，其作爾雅義疏，自謂本之高郵；高郵校書，雖不廢宋、元舊刻，而大旨主以羣籍展轉發明，與盧抱經、顧千里等家法不同，先生固有所受之也。吾嘗謂使不學人得善本書，益以助其不學，何則？彼固恃所藏者不誤，不須再勞心手也；使學人得劣本書，則誤書思之，更是一適，訂正一過，朽腐亦化神奇矣。然非有先生之學，此事亦殊未易言，以義門之識，尚見笑於俞理初，況孫月峯、鍾伯敬一輩妄人耶？批點家與校讎家異趣，而校讎僅列同異者，亦微傷迂拘寂寥，惟高郵一宗得其中流，先生真其冢嗣哉！玉如以先生文孫聯薇所刊遺書不及家訓校語，爰排比諸條，以爲一書，刊而布之，甚盛舉也。近世樸學墜地，北方尤爲衰微，人人自詡心得，而鄙視此等書爲瑣碎，山左聖人之鄉，異説滋出，求如孔、郝、桂、王諸老實事求是，渺乎難再矣，此正黄門之所歎息于九泉者也。家訓舊有盧抱經、趙敬夫校本，有能合此諸校重刊黄門之書，其于冥

行擿埴之徒，當有挽回之力，即以玉如此刊爲嚆矢可也。辛酉四月，晉城郭象升序。（戊寅叢編）

右蘭皋先生顔氏家訓斠記一卷，陽城田君玉如得其手跡於太原書肆，原用漢魏叢書本校記於眉端，前後均無款識，惟記内自稱某某名者三，又與牟默人商榷數事，均可信其爲郝先生也。書證篇引詩「參差荇菜」、「誰謂荼苦」二條，「荇非蕁也，葕乃是蕁，蕁葉如馬蹏，荇圓如蓮錢，有大小之異」，又證以大觀本草「苦蘵比苦葴差小」。長嘗參攷先生所著爾雅義疏，其説與此書所記符合，益信斠記出於郝先生無疑矣。顔黄門之學，得力一誠字，嘗曰「巧僞不如拙誠」，故其歸心釋氏，標明宗旨，不作一毫欺人之語，而能潛研古義，破疑遺惑，鏡賢燭愚，精博乃遠邁後之陽儒陰釋者，其製作弘奥，浩浩乎若無津涯，以深寧之淹贍，且以訓中「曾子七十乃學之語」，不能詳所出」。先生於「劉字之有昭音」，亦反復商訂，而後瞭然，究其中疑義數十事，得先生一一勘斠，真如撥雲霧而睹青天。是書沈薶蓋數十年，兹玉如得兹瑰寶，殷懃收拾，謀授梓以餉來學，誠盛業也。玉如壯年氣盛，其網羅放失，日進靡已。玉如愛之重之，異日如復得前賢名箸如此書之比者，幸仍不煩余告，長日翹首望之。辛酉浴佛日，武昌張長識。（戊寅叢編）

顔氏家訓斠記，棲霞郝蘭皋先生撰。先生精研故訓，湛深經術，生平行略，具載國史，所著各書亦次第刊布，風行海内矣。此册原校著於明程榮漢魏叢書本，爲先生手稿，兹即從程本迻録，故卷第亦皆仍之，其中糾摘疏失，是正文字，類證據鑿鑿，確乎其不可易，即黄門有知，亦當輾然笑曰「吾言固如是，特爲後人所亂耳」。尚有疑涉錯簡，未敢逕改，則寧從蓋闕之義，鉤乙以識其旁，益可見先生之精審詳慎，不肯輕改古書；彼鹵莽從事者，直自欺之人焉爾。辛酉莫春，得此書太原書肆，狂喜者累日，排此成册，得百二十餘條，將以付之手民。時晉城郭允叔夫子象升，適由京返晉，武昌張損菴先生長亦濳蹤此邦，同志諸君若龍門喬笙侶鶴仙、瀋陽曾望生遯、同里閻伯儒皆夙精比勘之學者，平陸張貫三夫子籟藏書甚夥，又屢以異本相叚，始知所鉤乙者，他本固未嘗誤，因盡削去此層，疑以傳疑，固不足爲先生累也。良師益友，惠我實多，相與商搉數四，始行付印，將見黄門遺著，召弓、敬夫而外，又得一斠補攷證之善本，諒亦海内人士所争先樂覩者。辛酉五月，陽城後學田九德跋於山西省立圖書館。（戊寅叢編）

右顔氏家訓斠記一卷，清郝懿行撰。懿行字恂九，號蘭皋，山東棲霞人，嘉慶己未進士，官户部主事，著有郝氏遺書，此爲其讀書時評注眉端而未經付刻者。陽城田九德得手稿條録排印，而流傳未廣，校讎亦多舛譌，今略爲校正，俾可循誦。據郭象升序，謂此校但據明程榮本，不復引及諸刻；田自跋亦謂從程本迻録。今以程本勘之，殊不相應，而多合於鮑氏知不足齋重刻宋七卷本，書證篇云：「後漢書『鸛雀銜三鱓魚』，多假借爲鱣鮪之鱣。」今據大戴禮、山海經注、玉篇諸書，謂鱣本作鉭，俗人妄增爲鱣，非鱓鱣可以假借。又云：「果當作魏顆之顆，北土通呼物一凷，改爲一顆。」今據莊子逍遥遊「腹猶果然」，釋文：「果，徐如字，又苦火反。」是果有顆音，不須改字。音辭篇譏「戰國策音刎爲免爲非」。今據禮記檀弓釋文：「刎，勿粉反，徐亡粉反。」其免字，唐韻「亡辨反」，而檀弓及内則釋文並有問音，則古音通轉，未爲大失。又謂：「甫者，男子美稱，古書多假借爲父字，惟管仲、范增之號，當依字讀。」今據詩正義以「尚父之父亦男子之美稱」推之，則仲父、亞父及魯哀公誄孔子曰尼父，父與甫音義並同，不得彊爲區別，皆證佐分明，確然無疑。蓋郝氏熟精小學，所撰爾雅義疏，爲經苑不刊之作，故偶然涉筆，絶無模糊影響之談。余先得穆天子傳補注，重刊入學禮齋叢書，聞其他未刊遺稿，今在清華大學，他日得一一餉世，跂余望之矣。歲戊寅孟冬，吴縣王大隆跋。（戊寅叢編）

管世銘韞山堂詩集卷二以顔氏家訓寄示兒子學洛並系以詩

吾將勖爾文，必使攻苦親。吾將勖爾行，必使天懷敦。經箱富充棟，浩瀚難具論。平生不去手，數種尤精勤。丹筆發楹夢，吾推劉舍人。破碎千萬典，囊括窮其根。微言入骨裡，妙悟怦心魂。洋洋五十篇，日誦口自芬。明德垂世範，吾重顔黄門。感槩俗媮薄，發揮古人倫。勸學逮支條，厚意無不存。拳拳二十則，强半宜書紳。文心既前授，稍解窺清新。今兹畀家訓，更期勉恭温。譬彼佳服玩，或乞常靳鄰。若足利後嗣，忍惟私厥身。吾無枕中祕，可以矜皇墳。落莫此數册，貽比籯金珍。六經三史外，相攜共朝昏。爾行有心得，還勖爾後昆。

二　顏之推傳（北齊書文苑傳）

顏之推，字介，琅邪臨沂人也〔一〕。九世祖含，從晉元東度，官至侍中右光禄西平侯〔二〕。父勰，梁湘東王繹鎮西府諮議參軍〔三〕。世善周官、左氏學〔四〕。

〔一〕洪亮吉曉讀書齋四録下：「南史顏協在文學傳，其子顏之推，在北史文苑傳，皆云『琅邪臨沂人』。按：琅邪係東晉成帝時僑郡，臨沂亦僑縣，屬琅邪。今琅邪故僑郡，在今句容縣有琅邪鄉，即其地；臨沂故僑縣，在今上元縣東北三十里。盧學士文弨近今顏氏家訓凡例，據方志云：『黄門九世祖從晉元渡江，今江寧顏家巷，其舊居也。』以爲當作江寧人。不知琅邪僑郡縣，今亦皆屬江寧，不必改也。元和姓纂等書，顏氏本貫琅邪，晉永嘉過江，居丹陽。是顏氏本自江北琅邪渡江，又居僑郡之琅邪耳。景定建康志亦不載江寧有顏家巷，方志蓋據觀我生賦原注『顏家巷在長干』，與下句『展白下以流連』，白下、長干，皆在今江寧縣境。至晉書孝友傳顏含，即協七世祖，傳云：『琅邪莘人。』『莘』蓋又『華』字之誤也。」器案：顏魯公文集坿因亮顏魯公行狀：「五代北齊黄門侍郎諱之推，自丹陽居京兆長安。」此蓋據之推入周後言之。五代，謂之推爲真卿之五代祖也。

〔二〕盧文弨曰：「晉書孝友傳：『顏含，字宏都，琅邪莘人也。祖欽，給事中。父默，汝陰太守。

含少有操行，以孝聞。元帝過江，以爲上虞令，歷散騎常侍、大司農，豫討蘇峻功，封西平縣侯，拜侍中，遷光禄勳，以年老遜位。成帝美其素行，就加右光禄大夫。年九十三，卒。謚曰靖。三子：髦，謙，約，並有聲譽。』」器案：藝文類聚四八、御覽二一九、又三八九引顔含别傳：「顔髦，字君道，含之子也。少慕家業，惇于孝行，儀狀嚴整，風貌端美，大司馬桓公歎曰：『顔侍中，廊廟之望，喉舌機要。』」

〔三〕盧文弨曰：「梁書文學傳下：『顔協，字子和。七代祖含。父見遠，博學有志行，齊和帝即位於江陵，以爲治書侍御史兼中丞，高祖受禪，見遠乃不食，發憤數日而卒。協幼孤，養於舅氏，少以器局見稱，博涉羣書，工於草隸。釋褐，湘東王國常侍，又兼府記室。世祖出鎮荆州，轉正記室。感家門事義，恒辭徵辟，遊於蕃府而已。卒年四十二。二子：之儀，之推。』案：梁書以含爲協七世祖，則是之推之八世祖也。史家所紀世數，往往不同，有從本身數者，亦有離本身數者。今考顔氏家廟碑：含子髦，字君道；髦子綝，字文和；綝子靖之，字茂宗；靖之子騰之，字弘道；騰之子炳之，字叔豹；炳之子見遠，字見遠；見遠子協。則梁書離本身數，北齊書連本身數，是以不同。勰之與協，義相近，家廟碑作『協』，與梁書同。」器案：南史文學傳、北史文苑傳並作「顔協」，爾雅釋詁：「勰，和也。」釋文：「本亦作『協』。」是勰、協古通也。又案：觀我生賦：「逮微躬之九葉。」此北齊書説所本。又注文「北齊書」，原誤作「晉書」，今從嚴本校改。

〔四〕案：宋蜀大字本北齊書本傳無「學」字，北史本傳有。

之推早傳家業〔一〕。年十二，值繹自講莊、老，便預門徒；虚談非其所好〔二〕，還習禮傳〔三〕。博覽羣書，無不該洽〔四〕；詞情典麗，甚爲西府所稱〔五〕。繹以爲其國左常侍，加鎮西墨曹參軍。好飲酒，多任縱，不修邊幅〔六〕，時論以此少之。

〔一〕器案：之推八世祖顏髦，亦「少慕家業」，見上引顏含别傳。

〔二〕案：勉學篇：「洎於梁世，兹風復扇，莊、老、周易，總謂三玄。武皇、簡文，躬自講論，周弘正奉贊大猷，化行都邑，學徒千餘，實爲盛美。元帝在江、荆間，復所愛習，召置學生，親爲教授，廢寢忘食，以夜繼朝，至乃倦劇愁憤，輒以講自釋。吾時頗預末筵，親承音旨，性既頑魯，亦所不好云。」即北齊書所本。

〔三〕案：序致篇：「雖讀禮傳，微愛屬文。」

〔四〕「無不該洽」，册府元龜五九七作「無不該遍」。

〔五〕西府，謂江陵，又稱西臺，見通鑑一四四胡三省注。

〔六〕盧文弨曰：謂無容儀也。此之推自言云爾，見序致篇。

繹遣世子方諸〔一〕出鎮郢州，以之推掌管記。值侯景陷郢州，頻欲殺之，賴其行臺〔二〕郎中王則〔三〕以獲免，因送建鄴。景平，還江陵。時繹已自立〔四〕，以之推爲散騎侍郎，奏舍人事。後爲周軍所破，大將軍李穆〔五〕重之，薦往弘農，令掌其兄陽平公遠書翰〔六〕。值河水暴長，具船將妻子來奔，經砥柱之險〔七〕，時人稱其勇決。

〔一〕方諸，梁元帝王夫人所生，南史、梁書並有傳。

〔二〕唐仲冕曰：「大行臺始北魏末，高歡、宇文泰皆爲之。臺謂朝省，篡代先自建國，故曰行臺。渤海王行臺，安定王自設官司，有行臺尚書辛術、行臺郎龐蒼鷹之類。梁太清時，加侯景録行臺省尚書事，梁元帝立行臺于南郡，置官司焉。」（陶山文録卷十校全唐文三條）

〔三〕王則，字元軌，自云太原人，北史、北齊書並有傳。

〔四〕宋蜀本「時」誤「江」，北史本傳不誤。

〔五〕「李穆」，原誤作「李顯」，今據殿本及北史本傳校改。北周書李穆傳：「李穆字顯慶，少明敏，有度量，征江陵功，封一子長城縣侯，邑千户，尋進位大將軍，賜姓拓拔氏。」

〔六〕此句，原誤作「令掌其兄陽平公慶遠書幹」，今據北史校改。北史云：「大將軍李穆重之，送往弘農，令掌其兄陽平公遠書翰。」此字「遠」上「慶」字，蓋由讀者注「顯慶」字於「穆」旁，而傳鈔者誤以「顯」字代「穆」，又移植「慶」字於「遠」上也。李穆字顯慶，見北史卷五十九、周書卷三十。兄遠，字萬歲，封陽平公，鎮弘農，見北史卷五十九、周書卷二十五。

〔七〕詳後觀我生賦注。

顯祖見而悦之，即除奉朝請，引於内館中；侍從左右，頗被顧眄。天保末，從至天池〔一〕，以爲中書舍人，令中書郎〔二〕段孝信〔三〕將敕書出示之推；之推營外飲酒。孝信還，以狀言，顯祖乃曰：「且停。」由是遂寢。河清末，被舉爲趙州功曹參軍，尋待詔文林館〔四〕，除司徒録事參軍〔五〕。之推聰穎機悟，博識有才辯，工尺牘，應對閑明，大爲祖珽所重；令掌知館事，判署文書，尋遷通直散騎常侍，俄領中書舍人。帝時有取索，恒令中使傳旨。之推稟承宣告，館中皆受進止〔六〕；所進文章，皆是其封署，於進賢門奏之，待報方出。兼善於文字，監校繕寫，處事勤敏，號爲稱職。帝甚加恩接，顧遇逾厚，爲勳要者所嫉，常欲害之。崔季舒等將諫也，之推取急〔七〕還宅，故不連署；及召集諫人，之推亦被喚入，勘無其名，方得免禍〔八〕。尋除黄門侍郎〔九〕。及周兵陷晉陽，帝輕騎還鄴〔一〇〕，窘急，計無所從。之推因宦者侍中鄧長顒進奔陳之策，仍勸募吴士千餘人，以爲左右，取青、徐路，共投陳國〔一一〕。帝甚納之，以告丞相高阿那肱等；阿那肱不願入陳〔一二〕，乃云：「吴士難信，不須募之。」勸帝送珍寶累重向青州，且守三齊〔一三〕之地，若不可保，徐浮海南度〔一四〕。雖不從之推計策，猶以爲平原太守〔一五〕，令守河津。

〔一〕「天池」，北史作「天泉池」，在山西甯武縣西南六十里管涔山上。水經灅水注：「㶟涓水潛承太原汾陽縣北燕京山之大池，池在山原之上，世謂之天池，方里餘，其水澄渟乾浄而不流。」北齊書文宣紀：「天保七年六月乙丑，帝自晉陽北巡，己巳，至祁連池。」資治通鑑一六七：「六月己巳，齊主至祁連池。」胡三省注：「祁連池，即汾陽之天池，北人謂天爲祁連。」

〔二〕器案：隋書百官志中：「中書省，管司王言，及司進御之音樂；監、令各一人，侍郎四人。又領舍人省，中書舍人、主書各一人。」

〔三〕器案：段榮字孝言，歷中書黄門，典機密。見北史卷五十四、北齊書卷十六，此「孝信」疑是「孝言」之誤。

〔四〕北齊書後主紀：「帝幼而念善，及長，頗學綴文，置文林館，引諸文士焉。」册府元龜一九二：「後主頗好諷詠，幼穉時曾讀詩賦，語人云：『終有解作此理否？』及長，亦稍留意。初，因畫屏風，勑通直郎蘭陵蕭放及晉陵王孝武録古名賢烈士，及近代輕豔諸詩，以充圖畫，帝彌重之。從復追齊州録事參軍蕭慤、趙州功曹參軍顔之推同入撰；猶依霸朝，謂之館客。放及之推意欲更廣其事；又祖珽輔政，愛重之推，又託鄧長顒漸説後主，屬意斯文。（鄧長顒、顔之推奏立文林館，見北齊書陽休之傳。）三年，祖珽奏立文林館，於是更召弘文學士，謂之待詔文林館焉。（之推後爲黄門侍郎，與中書侍郎李德林同判文林館事，見北史、隋書李德林傳。）」

〔五〕器案：隋書百官志中：「置太尉、司徒、司空，是爲三公。……各置……録事、功曹、記室……等參軍事。」

〔六〕進止，猶言可否。隋書裴藴傳：「是後，大小之獄，皆以付藴，憲部大理，莫敢與奪，必稟承進止，然後決斷。」彼文所謂「稟承進止」，即此文之「受進止」也。唐、宋以後，臣僚上劄子，末尾概言「取進止」，或云「奉進止」、「奉宣進止」，或云「伏候進止」，皆可否取決之辭，蓋沿六朝之舊式也。

〔七〕取急，猶言請假也。通鑑一〇三胡注：「晉令：『急假者，五日一急，一歲以六十日爲限。』史書所稱取急、請急，皆謂假也。」

〔八〕盧文弨曰：「北齊書崔季舒傳：『祖珽受委，奏季舒總監内作，韓長鸞欲出之，屬車駕將適晉陽，季舒與張雕議，以爲壽春被圍，大軍出拒，信使往還，須稟節度，兼道路小人或相驚恐，云大駕向并，畏避南寇，若不啓諫，必動人情。遂與從駕文官連名進諫，趙彦深、唐邕、段孝言等初亦同心，臨時疑貳，季舒與争，未決，長鸞遂奏云：「漢兒文官連名總署，聲云諫止向并，其實未必不反，宜加誅戮。」帝即召已署官人集含章殿，以季舒、張雕、劉逖、封孝琰、裴澤、郭遵等爲首，斬之殿庭。』」

〔九〕器案：藝文類聚四八引齊職儀：「給事黄門侍郎四人，秩六百碩，武冠，絳朝服。漢有中黄門，位從諸大夫，秦制也，與侍中掌奏文案，贊相威儀，典署其事。」

〔一〇〕北齊書後主紀：「（武平七年十二月）丁巳大赦，改武平七年爲隆化元年。其日，穆提婆降周，詔除安德王延宗爲相國，委以備禦，延宗流涕受命。帝乃夜斬五龍門而出，欲走突厥，從官多散，領軍梅勝郎叩馬諫，乃迴之鄴。」

〔一一〕北齊書幼主紀：「於是黄門侍郎顔之推、中書侍郎薛道衡、侍中陳德信等，勸太上皇往河外募兵，更爲經略；若不濟，南投陳國。從之。」

〔一二〕北齊書無「阿那肱」三字，今據殿本、北史、册府元龜四七七補。盧文弨曰：「阿那肱召周軍約生致齊主故也，見幼主紀。」

〔一三〕三齊，指今山東北部及中部地區。史記項羽本紀：「徙齊王田市爲膠東王；齊將田都從共救趙，因從入關，故立都爲齊王，都臨菑；故秦所滅齊王建孫田安，項羽方渡河救趙，田安下濟北數城，引其兵降項羽，故立安爲濟北王，都博陽。……田榮聞項羽徙齊王市膠東，而立齊將田都爲齊王，乃大怒，不肯遣齊王之膠東。因以齊反，迎擊田都，田都走楚。齊王市畏項羽，乃亡之膠東就國，田榮怒追擊，殺之即墨。榮因自立爲齊王，而西擊殺濟北王田安，并王三齊。」集解：「漢書音義曰：『齊與濟北、膠東。』」正義：「三齊記云：『右即墨，中臨淄，左平陸（今山東汶上縣北），謂之三齊。』」

〔一四〕册府元龜四七七「度」作「渡」。

〔一五〕北齊書、北史「猶」上俱有「然」字。器案：封氏聞見記十脩復：「顔真卿爲平原太守，立三碑，皆自撰親書。其一立于郭門之西，記顔氏曹魏時顔裴（按：三國志魏書倉慈傳作顔斐，字文林)、高齊時顔之推,俱爲平原太守,至真卿凡三典玆郡。」又案:法苑珠林一一九傳記篇稱「齊光禄大夫顔之推」,史傳失載。

齊亡,入周,大象末,爲御史上士。隋開皇中,太子召爲學士,甚見禮重〔一〕。尋以疾終。有文三十卷、家訓二十篇,並行于世〔二〕。

〔一〕陳書文學阮卓傳:「至德元年,入爲德教殿學士。尋兼通直散騎常侍,副王話聘隋。隋主夙聞卓名,乃遣河東薛道衡、琅邪顔之推等,與卓談讌賦詩,賜遺加禮。」

〔二〕器案:之推撰著,除見於本傳者外,尚有:承天達性論(法苑珠林一一九傳記篇),訓俗文字略一卷(隋書經籍志、册府元龜六〇八),證俗文字音五卷(家廟碑。隋書經籍志顔之推證俗音字略六卷,宋史藝文志顔之推證俗音字四卷,又字始三卷,郭忠恕修汗簡所得凡七十一家事蹟,列有顔黄門説字及證俗古文,即證俗音字略,亦即證俗文字音也,今有輯本。玉海四五:「顔之推證俗音字四卷,援諸書爲據,正時俗文字之謬,凡三十五目。」新唐書藝文志有張推證俗音三卷,説者謂「張推」即「顔之推」之誤),急就章注一卷(舊唐書經籍志、新唐書藝文志。王應麟急就篇後序:「顔之推注解,軼而不傳。」則是書於南宋時已亡佚矣),筆墨法一卷(新唐書藝文志),集靈記二十卷(隋書經籍志、册府元龜五五六。舊唐書經籍志、新唐書藝文志作十卷。今有輯本），寃魂志三卷（今存。册府元龜五五六作「寃魄志」，法苑珠林一一九作一卷，宋以後書目著録者作「還寃志」。又有敦煌寫本），誡殺訓一卷（法苑珠林一一九。廣弘明集二六引誡殺家訓，即從家訓歸心篇後半部分别出單行者），八代談藪（遂初堂書目），七悟一卷（隋書經籍志。新唐書藝文志作「七悟集」，舊唐書經籍志誤作顔延之撰），稽聖賦（令狐峘顔魯公神道碑銘。新唐志有李淳風注顔之推稽聖賦一卷，今案：一切經音義五一引李淳風注稽聖賦一條）。

曾撰觀我生賦〔一〕，文致清遠〔二〕，其詞曰：

仰浮清之藐藐〔三〕，俯沈奥之茫茫〔四〕，已生民而立教〔五〕，乃司牧以分疆〔六〕，内諸夏而外夷狄〔七〕，驟五帝而馳三王〔八〕。大道寢而日隱，小雅摧以云亡〔九〕，哀趙武之作孽〔一〇〕，怪漢靈之不詳〔一一〕，旄頭翫其金鼎〔一二〕，典午失其珠囊〔一三〕，瀍、澗鞠成沙漠〔一四〕，神華泯爲龍荒〔一五〕，吾王所以東運，我祖於是南翔〔一六〕。去琅邪之遷越〔一七〕，宅金陵之舊章〔一八〕，作羽儀於新邑〔一九〕，樹杞梓於水鄉〔二〇〕，傳清白而勿替〔二一〕，守法度而不忘〔二二〕。逮微躬之九葉，頹世濟之聲芳〔二三〕。問我辰之安在〔二四〕，鍾厭惡於有梁〔二五〕，養傅翼之飛獸〔二六〕，子貪心之野狼〔二七〕。初召禍於絶域，重發釁於蕭牆〔二八〕，雖萬里而作限〔二九〕，聊一葦而可航〔三〇〕，指金闕以長鎩〔三一〕，向王路而蹶張〔三二〕。勤王踰於十萬〔三三〕，曾不解其搤吭〔三四〕，嗟將相之骨鯁〔三五〕，皆屈體於犬羊〔三六〕。武皇忽以厭世，白日黯而無光，既饗國而五十〔三七〕，何克終〔三八〕之弗康？嗣君聽於巨猾〔三九〕，每凜然而負芒〔四〇〕。自東晉之違難，寓禮樂於江、湘，迄此幾於三百，左衽浹於四方〔四一〕，詠苦胡而永歎，吟微管而增傷〔四二〕。世祖赫其斯怒〔四三〕，奮大義於沮、漳〔四四〕。授犀函與鶴膝〔四五〕，建飛雲及艅艎〔四六〕，北徵兵於漢曲，南發餫於衡陽〔四七〕。

〔一〕盧文弨曰：「案：諸本多刪此賦不録，今以顏氏一生涉履，備見此中，故依史文全録之，且爲之注。」劉盼遂曰：「案：周易觀卦九五爻：『觀我生，君子无咎。』顏氏取經文以名賦。」

〔二〕屈大均道援堂詩集一贈顏君：「遺響在黄門，一賦如瓊玖。」沈豫秋陰雜記八：「有説哀江南賦，情詞悱惻，子山獨步一時。然云：『宰相以干戈爲兒戲，縉紳以清談爲廟略。』全是責人，而致命遂志之語，一無流露。讀顏之推觀我生賦，其哀音苦節，與子山同遭侯景之難，而其詞則曰：『小臣恥其獨死，實有愧於胡顏。』較信頗爲悃欵。」

〔三〕盧文弨曰：「淮南子天文訓：『清陽者薄靡而爲天，重濁者凝滯而爲地。』詩大雅瞻卬：『藐藐昊天，無不克鞏。』傳：『藐藐，大貌。』」

〔四〕盧文弨曰：「左氏襄四年傳：『虞人之箴曰：「芒芒禹迹，畫爲九州。」』」徐鯤曰：「文選班孟堅典引：『太極之元，兩儀始分，烟烟熅熅，有沈而奧，有浮而清。』注：『蔡邕曰：「奧，濁也。言兩儀始分之時，其氣和同，沈而濁者爲地，浮而清者爲天。」』」李詳注同。

〔五〕器案：此用尚書泰誓上「天佑下民，作之君，作之師」之意也。

〔六〕左傳襄公十四年：「師曠曰：『天生民而立之君，使司牧之，勿使失性。』」新語道基篇：「后稷乃立封疆，畫界畔，以分土地之所宜。」司馬相如上林賦：「封疆畫界者，非爲守禦，所以禁淫也。」

〔七〕盧文弨曰：「公羊成十五年傳：『春秋内其國而外諸夏，内諸夏而外夷狄。』」

〔八〕盧文弨曰：「白虎通號篇：『鉤命決曰：「三皇步，五帝趨，三王馳，五霸鶩。」』」徐鯤曰：「後漢書曹褒傳：『三五步驟，優劣殊軌。』注：『孝經鉤命決曰：「三皇步，五帝驟，三王馳。」宋均注云：「步謂德隆道備，日月爲步；時事彌須，日月亦驟；勤思不已，日月乃馳。」』」陳槃曰：「逸書考引清河郡本宋均注又曰：『步者行猶緩，驟則行之速，馳者則如奔，鶩者則如飛。行緩則久，行速猶常，如奔則疾，如飛則一止而已。故霸不如王，王不如帝，帝不如皇矣。』此釋『馳』『驟』之義，注當引。」

〔九〕盧文弨曰：「班孟堅兩都賦序：『昔成、康没而頌聲寢，王澤竭而詩不作。』孟子離婁上：『王者之迹熄而詩亡。』毛詩序：『小雅盡廢，則四夷交侵，中國微矣。』」

〔一〇〕盧文弨曰：「趙武謂趙武靈王也。武靈王胡服騎射，事見戰國趙策。」王叔岷：「案孟子公孫丑上篇、離婁上篇並引太甲云：『天作孽，猶可違。』又見書僞古文太甲中篇。」

〔一一〕盧文弨曰：「續漢書五行志：『靈帝好胡服、胡帳、胡牀、胡坐、胡飯、胡箜篌、胡笛、胡舞，京都貴戚皆競爲之，此服妖也。其後董卓多擁胡兵，填塞街衢，虜掠宫掖，發掘園陵。』」

〔一二〕盧文弨曰：「史記天官書：『昴曰旄頭，胡星也。』一本作髦頭。左氏宣三年傳：『楚子伐陸渾之戎，遂至于雒，觀兵于周疆。定王使王孫滿勞楚子，楚子問鼎之大小輕重焉。對曰：「在德不在鼎。昔夏之方有德也，遠方圖物，貢金九牧，鑄鼎象物，使民知神姦。桀有昏德，鼎遷于商，載祀六百，商紂暴虐，鼎遷于周。」』」

〔一三〕盧文弨曰：「蜀志譙周傳：『典午忽兮，月西没兮。』典午者，謂司馬也。案：代魏者晉，姓司馬氏。珠囊，當出緯書。孔穎達周易正義序：『秦亡金鏡，未墜斯文。漢理珠囊，重興儒雅。』初學記引尚書考靈曜云：『河圖子提期地留，赤用藏，龍吐珠。』康成注：『河圖子劉氏而提起也；藏，祕也；珠，寶物，喻道也；赤漢當用天之祕道，故河龍吐之。』」器案：御覽六引鄭玄緯注曰：「日月遺其珠囊。珠囊謂五星也；遺其珠囊者，盈縮失度也。」此顔氏所本，盧氏漫引考靈曜爲證，非是。

〔一四〕盧文弨曰：「尚書禹貢：『荆、河惟豫州，伊、洛、瀍、澗，既入於河。』漢書地理志：『瀍水出河南穀城暨亭北。澗水出弘農新安縣。』通典州郡七：『荆、河之州，永嘉之亂，没于劉、石。』詩小雅小弁：『踧踧周道，鞠爲茂草。』漢書蘇建傳：『李陵歌曰：「徑萬里兮度沙幕。」』古沙漠作幕字。」

〔一五〕盧文弨曰：「神華，中華也。史記孟子荀卿列傳：『騶衍以爲儒者所謂中國者，於天下乃八十一分居其一分耳。中國名曰赤縣神州。』漢書匈奴傳：『五月，大會龍城，祭其先、天地、鬼神。』又叙傳：『龍荒幕朔，莫不來庭。』」器案：史記夏本紀：「要服外五百里荒服。」集解：「馬融曰：『政教荒忽，因其故俗而治之。』」漢人稱匈奴之龍城爲龍荒，義即本之。洛陽伽藍記二景寧寺條：「晉、宋以來，號爲荒中。」荒字義同，謂長江以北，盡是夷狄也。

〔一六〕自注：「晉中宗以琅邪王南渡，之推琅邪人，故稱吾王。」器案：辭賦有自注，蓋自張衡思玄賦始，見文選李善注引摯虞文章流別。而王逸九思、左思三都賦、謝靈運山居賦，俱有自注。洪興祖楚辭九思補注，以爲「逸不應自爲注解，恐其子延壽之徒爲之爾」。其後，清人四庫全書總目提要襲用其説，而不知漢時自有此例也。之推此賦自注亦其流風餘韻，其涉筆所及，有足補史之闕者。

〔一七〕盧文弨曰：「金陵本吴地，後越滅吴，其地遂爲越有，故稱越也。」嚴式誨曰：「案：遷越疑是遷流播越之義，注非。」今案：嚴説是。

〔一八〕盧文弨曰：「説金陵者各不同，惟張敦頤六朝事迹序爲明析，言楚威王因山立號，置金陵邑。或云，以此有王氣，故埋金以鎮之。或云，地接金壇之陵，故謂之金陵。秦時望氣者云：『五百年後，有天子氣。』始皇東巡，乃鑿鍾阜，斷金陵長隴以通流，改其地爲秣陵縣。詩大雅卷阿：『爾土宇昄章。』」器案：詩大雅假樂：「不愆不忘，率由舊章。」之推兼用此義。

〔一九〕盧文弨曰：「易漸上九：『鴻漸于陸，其羽可用爲儀，吉。』尚書召誥：『周公朝至于洛，則達觀於新邑營。』」器案：班固幽通賦：「有羽儀於上京。」

〔二〇〕盧文弨曰：「左氏襄二十六年傳：『如杞梓皮革，自楚往也。』洛陽伽藍記三：『蕭衍子西豐侯蕭正德曰：「下官雖生於水鄉，而立身以來，未遭陽侯之難。」』徐鯤曰：「文選陸士衡答張士然詩：『余固水鄉士。』李善注云：『水鄉，謂吴也。漢書曰：「武功中，水鄉人三舍墊爲池。」』」器案：郭璞無題詩：「杞梓生南荆，奇才應世出。」梁書處士庾詵傳：「高祖聞而下詔曰：『新野庾詵，荆山珠玉，江陵杞梓。』」梁元帝中書令庾肩吾墓志：「杞梓之材，有均廊廟。」陳書蔡景歷傳：「景歷答書曰：『杞梓方雕，豈盼樗櫪。』」庾信竹杖賦：「是乃江、漢英靈，荆、衡杞梓。」周書儒林沈重傳：「高祖優詔答之曰：『開府漢南杞梓，每軫虚衿；江東竹箭，亟疲延首。』」用法與此相同，俱以杞梓良材，取譬人物異才。

〔二一〕盧文弨曰：「後漢書楊震傳：『轉涿郡太守，子孫常蔬食步行，故舊長者或欲令爲開産業，震不肯，曰：「使後世稱爲清白吏子孫，以此遺之，不亦厚乎！」』」器案：詩小雅楚茨：「子子孫孫，勿替引之。」

〔二二〕盧文弨曰：「左氏昭二十九年傳：『仲尼曰：「夫晉國將守唐叔之所受法度。」』」

〔二三〕盧文弨曰：「左氏文十八年傳：『世濟其美，不隕其名。』」

〔二四〕盧文弨曰：「我辰安在，詩小雅小弁文，本作『我良』者譌。」

〔二五〕器案：左傳隱公十一年：「鄭莊公曰：『天而既厭周德矣，吾其能與許爭乎！』」即此厭惡字所本。

〔二六〕自注：「梁武帝納亡人侯景，授其命，遂爲反叛之基。」盧文弨曰：「傅讀曰附。飛獸，飛虎也，史臣避唐諱改。周書寤儆解：『無虎傅翼，將飛入邑，擇人而食。』」

〔二七〕自注：「武帝初養臨川王子正德爲嗣，生昭明後，正德還本，特封臨賀王，猶懷怨恨，徑叛入北而還，積財養士，每有異志也。」盧文弨曰：「史記項羽紀：『猛如虎，很如羊，貪如狼。』左氏宣四年傳：『諺曰：「狼子野心。」』」

〔二八〕自注：「正德求征侯景，至新林叛，投景，景立爲主，以攻臺城。」器案：論語季氏篇：「吾恐季孫之憂，不在顓臾，而在蕭牆之内也。」集注引鄭玄云：「蕭之言肅也；牆謂屏也；君臣相見之禮，致屏而加肅敬焉，是以謂之蕭牆。」釋名釋宫室：「蕭牆在門内。蕭，肅也，臣將入於此，自肅敬之處也。」

〔二九〕三國志吴書孫權傳注引吴録：「是冬，魏文帝至廣陵，臨江觀兵，兵有十餘萬，旌旗彌數百里，有渡江之意。權嚴設固守。時天大寒冰，舟不得入江，帝見波濤洶湧，歎曰：『嗟乎，固天所以隔南北也！』遂歸。」

〔三〇〕詩衛風河廣：「誰謂河廣？一葦杭之。」毛傳：「杭，渡也。」孔穎達正義曰：「言一葦者，謂一束也，可以浮之水上而渡，若浮栰然，非一根葦也。」案：杭與航通。三國志魏書文帝紀注引魏書，載丕於馬上爲詩曰：「觀兵臨江水，水流何湯湯，……誰云江水廣？一葦可以航。」文選嵇康兄秀才公穆入軍贈詩：「誰謂河廣？一葦可航。」三國志吴書賀邵傳：「臣聞否泰無常，吉凶由人，長江之限，不可久恃，苟我不守，一葦可航也。」抱朴子外篇漢過：「湯池航於一葦。」都用航字，與顔氏同。

〔三一〕盧文弨曰：「賈誼書過秦上：『鉏耰棘矜，不敵於鉤戟長鎩。』」

〔三二〕盧文弨曰：「漢書申屠嘉傳：『以材官蹶張。』如淳曰：『材官之多力能脚踏彊弩張之。律有蹶張士。』師古曰：『今之弩，以手張者曰擘張，以足踏者曰蹶張。』」

〔三三〕盧文弨曰：「左氏僖二十五年傳：『求諸侯莫如勤王。』」

〔三四〕盧文弨曰：「史記劉敬傳：『夫與人鬭，不搤其肮，拊其背，未能全其勝也。』集解張晏曰：『肮，喉嚨也。』索隱：『嗌，音厄。肮，音胡浪反，一音胡剛反。蘇林以爲頸大脈，俗所謂胡脈者也。』」案：肮與吭同，漢書作『亢』。」

〔三五〕「鯁」原作「骾」，今據嚴本校改。嚴式誨曰：「『鯁』原本誤『骾』，今據史文校改。」盧文弨曰：「史記專諸傳：『方今吴國外困於楚，而内空無骨鯁之臣，是無如我何。』」

〔三六〕自注：「臺城陷，援軍並問訊二宫，致敬於侯景也。」

〔三七〕器案：尚書無逸：「文王受命惟中身，厥享國五十年。」僞孔傳：「文王九十七而終。中身，即位時年四十七，言中身，舉全數。」

〔三八〕器案：詩大雅蕩：「鮮克有終。」鄭箋：「克，能也。」

〔三九〕盧文弨曰：「陶潛讀山海經詩：『巨猾肆威暴，欽䲹違帝旨。』」

〔四〇〕盧文弨曰：「漢書霍光傳：『宣帝謁見高廟，大將軍光從驂乘，上内嚴憚之，若有芒刺在背。』」

〔四一〕論語憲問篇：「微管仲，吾其被髮左衽矣。」

〔四二〕李詳曰：「案：文選傅亮爲宋公修張良廟教：『微管之歎。』任昉爲范始興求立太宰碑表：『功參微管。』又百辟勸今上箋：『歎深微管。』謝朓和王著作八公山詩：『微管寄明牧。』李善注皆引論語『微管仲』釋之；二字積爲六朝人恒語，凡建勳重臣，俱可以之譬況，亦『色斯』、『友于』之類也。」劉盼遂説同。

〔四三〕詩大雅皇矣：「王赫斯怒。」

〔四四〕自注：「孝元時爲荆州刺史。」盧文弨曰：「左氏哀六年傳：『江、漢、沮、漳，楚之望也。』」徐鯤曰：「文選江賦：『吸引沮、漳。』李善注云：『沮與睢同。』謝靈運擬鄴中集詩：『沮、漳自可美。』」

〔四五〕盧文弨曰：「犀函，犀甲也。周禮考工記：『燕無函。』注：『函，鎧也。』孟子曰：『矢人豈不仁於函人哉？』又：『函人爲甲，犀甲七屬，兕甲六屬；犀甲壽百年，兕甲壽二百年。』方言九：『矛骹如雁脛者謂之鶴厀。』」器案：文選左思吴都賦：「家有鶴膝，户有犀渠。」劉淵林注：「鶴膝，矛也，矛骹如鶴脛，上大下小，謂之鶴膝。」案：釋名釋用器：「鋤，頭曰鶴，以鶴頭也。」農器之鋤曰鶴頭，兵器之矛曰鶴膝，俱就其形似而言，今江津謂鋤頭之長厚者曰鴉嘴，義亦同也。唐書鄭惟忠傳：「時議禁嶺南酋户不得畜兵。惟忠曰：『善爲政者因其俗。且吴人所謂「家鶴膝，户犀渠」，此民風也，禁之得無擾乎？』」即據吴都賦爲言。

〔四六〕盧文弨曰：「初學記引晉令曰：『水戰有飛雲船、蒼隼船、先登船、飛鳥船。』郭璞江賦：『漂飛雲，建艅艎。』艅艎，即左氏傳之餘皇。」李詳曰：「劉逵吴都賦注：『飛雲，吴大船名。』春秋昭公十七年左氏傳：『大敗吴師，獲其乘舟餘皇。』杜注：『餘皇，舟名。』」

〔四七〕自注：「湘州刺史河東王譽、雍州刺史岳陽王詧，並隸荆州都督府。」盧文弨曰：「説文：『鍕，野饋也。』」

昔承華之賓帝〔一〕，寔兄亡而弟及〔二〕；逮皇孫之失寵〔三〕，歎扶車之不立〔四〕。間〔五〕王道之多難，各私求於京邑，襄陽阻其銅符〔六〕，長沙閉其玉粒〔七〕，遽自戰於其地，豈大勛之暇集〔八〕？子既損〔九〕而姪攻，昆亦圍而叔襲；褚乘城〔一〇〕而宵下，杜倒戈而夜入〔一一〕。行路彎弓而含笑〔一二〕，骨肉相誅而涕泣；周旦其猶病諸〔一三〕，孝武悔而焉及〔一四〕。

〔一〕盧文弨曰：「文選陸士衡皇太子宴玄圃詩：『弛厥負檐，振纓承華。』李善注引洛陽記曰：『太子宫在大宫東，中有承華門。』周書太子晉解：『王子曰：「吾後三年，將上賓於帝所。」』」

〔二〕自注：「昭明太子薨，乃立晉安王爲太子。」盧文弨曰：「史記魯周公世家：『叔牙曰：「一繼一及，魯之常也。」』集解：『何休曰：「父死子繼，兄終弟及。」』」案：抱經堂校定本自注脱「昭明」二字，盧文弨重校正補正，嚴氏刻本據補。本傳有，今從之。

〔三〕自注：「嫡皇孫驩出封豫章王而薨。」自注「嫡」原作「嬌」，錢大昕曰：「『嬌』當作『嫡』。」嚴氏刻本據改，今從之。錢大昕曰：「梁書『驩』作『歡』。」

〔四〕盧文弨曰：「『扶車』疑是『緑車』，獨斷：『緑車名曰皇孫車，天子有孫乘之。』」錢大昕曰：「『扶車』疑是『扶蘇』之譌，蓋以秦太子扶蘇比昭明太子也。」今案：錢説較勝。

〔五〕器案：國語魯語下：「齊人間晉之禍，伐取朝歌。」韋注：「間，候也。」

〔六〕盧文弨曰：「史記孝文本紀：『二年，初與郡國守相爲銅虎符、竹使符。』集解：『應劭曰：「銅虎符第一至第五，國家當發兵，遣使者至郡合符，符合乃聽受之。」』索隱：『古今注云：「銅虎符，銀錯書之。」張晏云：「銅取其同心也。」』」

〔七〕自注：「河東、岳陽皆昭明子。」盧文弨曰：「梁書河東王譽傳：『臺城没，譽還湘鎮，世祖遣周弘直督其糧，前後使三反，譽並不從。』」器案：玉粒，謂糧也。梁簡文帝昭明太子集序：「發私藏之銅梟，散垣下之玉粒。」杜甫茅堂檢校收稻詩：「玉粒未吾慳。」又云：「玉粒定晨炊。」

〔八〕書泰誓上：「大勛未集。」

〔九〕宋蜀大字本「損」作「殞」。

〔一〇〕器案：列子説符：「丁壯者皆乘城而戰。」釋名釋姿容：「乘，陞也，登亦如之也。」

〔一一〕自注：「孝元以河東不供船艎，乃遣世子方等爲刺史，大軍掩至，河東不暇遣拒；世子信用羣小，貪其子女玉帛，遂欲攻之，故河東急而逆戰，世子爲亂兵所害。孝元發怒，又使鮑泉圍河東，而岳陽宣言大獵，即擁衆襲荆州，求解湘州之圍。時襄陽杜岸兄弟怨其見劫，不以實告，又不義此行，率兵八千夜降，岳陽於是遁走，河東府褚顯族據投岳陽，所以湘州見陷也。」案：梁書河東王譽傳：「出爲南中郎將湘州刺史。」書武成：「前徒倒戈。」

〔一二〕孟子告子下：「有人於此，越人關弓而射之，則己談笑而道之，無他，疏之也。」文選左思吴都賦李善注引孟子作「彎弓」，彎、關古通。文選西京賦注：「彎，挽弓也。」

〔一三〕論語雍也篇：「堯、舜其猶病諸。」集解：「孔曰：『堯、舜至聖，猶病其難。』」又憲問篇：「堯、舜其猶病諸。」集解：「孔曰：『病猶難也。』」

〔一四〕盧文弨曰：「漢書武五子傳：『戾太子據因江充陷以巫蠱自經。上憐太子無辜，乃作思子宫，爲歸來、望思之臺於湖，天下聞而悲之。』」

方幕府之事殷〔一〕，謬見擇於人羣，未成冠而登仕，財解履以從軍〔二〕。非社稷之能衞〔三〕，□□□□□，僅書記於階闥〔四〕，罕羽翼於風雲。

〔一〕史記廉頗傳：「以便宜置吏，市租皆輸入莫府，爲士卒費。」集解：「如淳曰：『將軍征行無常處，所在爲治，故言莫府。莫，大也。』」索隱：「按注如淳解『莫大也』云云。又崔浩云：『古者出征爲將帥，軍還則罷，理無常處，以幕帟爲府署，故曰莫府。』則『莫』當作『幕』，字之訛耳。」器案：莫幕通。資治通鑑釋文二七：「師出無常處，所在張幕居之，以將帥得主府，故曰幕府。」

〔二〕自注：「時年十九，釋褐湘東國右常侍，以軍功，加鎮西墨曹參軍。」器案：財古通纔，漢書霍光傳：「長財七尺三寸。」師古曰：「財讀與纔同。」解履，與自注「釋褐」義相似，即出仕之意。文選揚子雲解嘲：「或釋褐而傳。」古代人臣見君須解履，左傳哀公二十五年：「褚師聲子韤而登席，公怒。」杜注：「古者，見君解韤。」吕氏春秋至忠篇：「文摯至，不解屨登牀，履王衣，問王之疾。王怒而不與言。」文館詞林六九五曹操春祠令：「議者以爲祠廟上殿當解履。」自注之「右常侍」，北齊書本傳作「左常侍」。案：北史及通志都作「右常侍」，與之推自注合，疑北齊書誤。又案：本書終制篇：「吾年十九，值梁家喪亂。」又之推古意詩：「十五好詩、書，二十彈冠仕。」

〔三〕自注：「童汪琦。」盧文弨曰：「禮記檀弓下：『能執干戈以衞社稷。』」錢大昕曰：「『童汪琦』

三字，疑非本注。」

〔四〕抱經堂校定本「階」誤「陛」，盧文弨已重校正，嚴刻本從之，今據改。

及荆王之定霸〔一〕，始雠耻而圖雪，舟師次乎武昌，撫軍鎮於夏汭〔二〕。濫充選於多士〔三〕，在參戎之盛列；慚四白之調護〔四〕，廁六友之談説〔五〕；雖形就而心和，匪余懷之所説〔六〕。

〔一〕左傳僖公二十七年：「取威定霸，於是乎在。」

〔二〕自注：「時遣徐州刺史徐文盛領二萬人，屯武昌蘆州，拒侯景將任約。又第二子綏寧度方諸爲世子，拜中撫軍將軍郢州刺史，以盛聲勢。」殿本考證曰：「『綏寧度』三字未審。」盧文弨曰：「注中『綏寧度』三字疑譌。」錢大昕曰：「『度』當作『侯』，下文『陽侯』字亦譌爲『度』，可證也。梁世諸王之子，例封縣侯。」器案：左氏閔二年傳：「大子曰冢子，君行則守，有守則從；從曰撫軍，守曰監國。」左傳昭公四年：「吴伐楚，楚沈尹射奔命於夏汭。」杜注：「漢水曲入江，今夏口也。」案：夏口即今漢口。

〔三〕多士即衆士，見尚書多士僞孔傳。

〔四〕盧文弨曰：「四白，四皓也。史記留侯世家：『上欲廢太子，留侯畫計曰：「上有所不能致者，天下有四人，迎此四人來從太子。」年皆八十有餘，鬚眉皓白，衣冠甚偉。上怪之，問曰：

「彼何爲者？」四人前對，各言名姓，曰：東園公，甪里先生，綺里季，夏黄公。上乃大驚，曰：「煩公幸卒調護太子。」』」

〔五〕自注：「時遷中撫軍外兵參軍，掌管記，與文珪、劉民英等與世子遊處。」盧文弨曰：「初學記引晉公卿禮秩曰：『愍、懷立東宫，乃置六傅，省尚書事，始置詹事丞，文書關由六傅，時號太子六友。』」器案：梁書元帝紀及貞慧世子方諸傳：「簡文帝大寶元年九月，湘東王繹以世子方諸爲中撫軍，出爲郢州刺史。」北齊書本傳：「繹遣世子方諸出鎮郢州，以之推掌管記。」又案：劉民英疑是劉緩之子。緩幼子民譽，見家訓書證篇，梁書劉昭傳云：「緩字含度，少知名，歷官安西湘東王記室，時西府盛集文學，緩居其首，除通直郎，俄遷鎮南湘東王中録事，復隨府江州，卒。」蓋是時西府盛集文學，劉氏父子，俱在江陵，故民英得與之推、文珪等與世子遊處也。

〔六〕盧文弨曰：「説，音悦。」劉盼遂曰：「案：此數語述與世子方諸遊處事也。莊子人間世：『顔闔將傅衛靈公太子，而問于蘧伯玉，伯玉曰：「形莫若就，心莫若和；就不欲入，和不欲出。」』」

繄深宫之生貴，矧垂堂與倚衡〔一〕，欲推心以厲物〔二〕，樹幼齒以先聲〔三〕；愾敷求之不器〔四〕，乃畫地而取名〔五〕。仗禦武於文吏〔六〕，委軍政於儒生〔七〕。值白波之猝駭〔八〕，逢赤舌之燒城〔九〕，王凝坐而對寇〔一〇〕，向栩拱以臨兵〔一一〕。莫不變蝯而化鵠〔一二〕，皆自取首以破腦，將睥睨於渚宮〔一三〕，先憑陵於地道〔一四〕。懿永寧之龍蟠〔一五〕，奇護軍之電掃〔一六〕，犇虜快其餘毒，縲囚膏乎野草〔一七〕。幸先主之無勸〔一八〕，賴滕公之我保〔一九〕，剡鬼録於岱宗〔二〇〕，招歸魂於蒼昊〔二一〕，荷性命之重賜，銜若人以終老〔二二〕。

〔一〕盧文弨曰：「漢書袁盎傳：『臣聞千金之子不垂堂，百金之子不騎衡。』如淳曰：『騎，倚也；衡，樓殿邊欄楯也。』案：顔用倚衡，正與如淳説合，顔師古乃云：『騎謂跨之。』非古義也。」器案：史記袁盎傳：「臣聞千金之子，坐不垂堂；百金之子，不騎衡。」索隱：「案：張揖云：『恐簷瓦墮中人。』或云：『臨堂邊垂，恐墮墜也。』」集解：「駰案：服虔曰：『自惜身，不騎衡。』如淳曰：『騎，倚也。衡，樓殿邊欄楯也。』」索隱：「案：如淳之説爲長。案：纂要云：『宮殿四面欄，縱者云檻，橫者云楯也。』」又水經灞水注引袁盎，亦作「立不倚衡。」司馬相如傳：「故鄙諺曰：『家累千金，坐不垂堂。』」索隱：「樂産云：『垂，邊也，恐墮墜之也。』」

〔二〕盧文弨曰：「後漢書光武帝紀：『降者更相謂曰：「蕭王推赤心置人腹中，安得不投死乎！」』厲，摩厲也。漢書梅福傳：「爵禄束帛者，天下之底石，高祖所以厲世磨鈍也。」」

〔三〕自注：「中撫軍時年十五。」盧文弨曰：「樹，立也。齒，年也。漢書韓信傳：『廣武君曰：「兵固有先聲而後實者。」』」

〔四〕盧文弨曰：「詩曹風下泉：『愾我寤歎。』箋云：『愾，歎息之意。』釋文：『苦愛反。』書伊訓：

『敷求哲人，俾輔于爾後嗣。』不器，言不器使也。」

〔五〕徐鯤曰：「魏志盧毓傳：『詔曰：「得其人與否在盧生耳。選舉莫取有名，名如畫地作餅，不可餤也。」』」龐石帚先生養晴室筆記卷二説同。

〔六〕自注：「以虞預爲郢州司馬，領城防事。」

〔七〕自注：「以鮑泉爲郢州行事，總攝州府也。」

〔八〕盧文弨曰：「後漢書獻帝紀：『白波賊寇河東。』章懷注：『薛瑩書曰：「黄巾郭泰等起於西河白波谷，時謂之白波賊。」』」

〔九〕盧文弨曰：「太玄經干次八：『赤舌燒城，吞水於缾。』」

〔一〇〕龔向農先生曰：「晉書王凝之傳：『仕歷會稽内史。王氏世事張氏五斗米道，凝之彌篤，孫恩之攻會稽，寮佐請爲之備，凝之不從，方入靖室請禱，出語諸將佐曰：「吾已請大道，許鬼兵相助，賊自破矣。」遂爲孫恩所害。』劉盼遂曰：『案：王凝謂王凝之也，如褚詮之勉學篇亦作褚詮，減名末『之』字矣。六朝人於名末『之』字，往往可減去，如世説新語張玄之亦作張玄，顧悦之或作顧悦，袁悦之或作袁悦，隋書稱王述爲王述之（見經籍志春秋），水經注載王歆之雜稱王歆（溱水注與洭水注）等，皆是矣。」

〔一一〕自注：「任約爲文盛所困，侯景自上救之，舟艦弊漏，軍饑卒疲，數戰失利，乃令宋子仙、任約步道偷郢州，城預無備，故陷賊。」器案：「向栩」原誤作「白詡」，今據龔向農先生説校改。龔曰：「『白詡』疑『向栩』之譌，後漢書獨行向栩傳：『張角作亂，栩上便宜，不欲國家興兵，但遣將於河上，北向讀孝經，賊當自消滅。』此與上句王凝爲對，皆以喻荆州無備也。南監本北齊書作『白羽』，亦誤。」器案：龔説是，「向栩」，魏、晉、南北朝人多作「向詡」，如陶潛集聖賢羣輔録引魏文帝令及甄表、廣弘明集卷二八上引梁元帝與劉智藏書、北堂書鈔一三二、太平御覽七三九引英雄記，都作「向詡」，是其證。「向」與「白」形近，又涉上文「白波」字而誤，今據改正。何焯校本、殿本考證俱改「白詡」爲「白羽」，非是。盧氏乃以白面書生説之，更匪夷所思矣！又案：向栩傳之所謂孝經，當是術士之書，非孔門陳孝道者，蓋如後世所傳墨子五行記、孔聖枕中記之流耳。藝文類聚六九引漢獻帝傳：「尚書令王允奏曰：『太史令王立，説孝經六隱事，能消却姦邪。』常以良日，允與立入爲帝誦孝經一章，以丈二竹簟，畫九宫其上，隨日時而出入焉。及允被害，乃不復行也。」御覽七〇八引東觀漢記：「尚書令王允奏云：『太史令王立説孝經六隱事，令朝廷行之，消災却邪，有益聖躬。』詔曰：『聞王者當修德耳，不聞孔子制孝經有此而却邪者也。』允固奏請曰：『立學深厚，此聖人祕奥，行之無損。』帝乃從之。常以良日，王允與王立入爲帝誦孝經一章，以丈二竹簟，畫九宫其上，隨日時而出入焉。」又見袁宏後漢紀二六。風俗通義怪神篇：「謹案：北部督郵西平郅（原誤「到」）伯夷……日晡時到亭，勑前導人且止（此二字據搜神記十補），録事掾白：『今尚早，可至前亭。』曰：『欲作文書，便留。』吏卒惶怖，言當解去，傳云：『督郵欲於樓上觀望，亟掃除，須臾便上。』未冥，樓燈，階下復有火。勑：『我思道，不可見火，滅去。』吏知必有變，當用赴照，但藏置壺中耳。既冥，整服坐，誦六甲孝經、易本訖。」南史隱逸傳載顧歡以孝經療病。諸書所舉孝經、孝經六隱、六甲孝經，俱言其有消災却邪之功，蓋即一書。後漢書方術傳注云：「遁甲，推六甲之陰而隱遁也。」然則六隱實六甲耳。

〔一二〕盧文弨曰：「抱朴子釋滯篇：『周穆王南征，久而不歸，一軍盡化：君子爲猿爲鶴，小人爲沙爲蟲。』『鵠』與『鶴』同。」

〔一三〕盧文弨曰：「漢書田蚡傳：『辟睨兩宮間。』師古曰：『辟睨，旁視也。』案：辟睨即睥睨也。左氏文十年傳：『子西沿漢泝江，將入郢，王在渚宮下見之。』案：渚宮在荆州，正義云：『當郢都之南。』」器案：南史元帝紀：「宗懍及御史大夫劉懿以爲建鄴王氣已盡，且渚宮洲已滿百。……又江陵先有九十九洲，古老相承云：『洲滿百，當出天子。』」

〔一四〕「地道」，原誤作「他道」，今據姚姬傳説校改。姚氏惜抱軒筆記七：「按：景純江賦云：『包山洞庭，巴陵地道。』此言景之犯巴陵，以地道字代，猶以渚宮代荆州耳，『他』字誤也。」器案：山海經中山經：「又東南一百二十里曰洞庭之山。」郭注：「今長沙巴陵縣西又有洞庭陂，潛伏通江，離騷曰：『邅吾道兮洞庭。』『洞庭波兮木葉下。』皆謂此也。」又海内東經：「湘水出舜葬東南陬，西環之，入洞庭下。」郭注：「洞庭，地穴也，在長沙巴陵。今吴縣南大湖中有包山，下有洞庭穴道，潛行水底，云無所不通，號爲地脈。」尋地穴謂潛行水底，潛伏通江，故有洞庭之名。巴陵、吴縣皆有洞庭，故巴陵之洞庭又有地道之稱，而吴縣之洞庭亦有地脈之名也。盧文弨曰：「左氏襄廿五年傳：『今陳介恃楚衆，以馮陵我敝邑。』」

〔一五〕自注：「永寧公王僧辯據巴陵城，善於守禦，景不能進。」抱經堂校定本自注「據」誤「救」，嚴刻本據盧氏重校正改正。案：宋蜀本作「據」，今據改。盧文弨曰：「此龍蟠以喻莫之敢攖耳。」器案：李商隱詠史詩：「北湖南埭水漫漫，一片降旗百尺竿；三百年間同曉夢，鍾山何處有龍盤！」龍盤雖用鍾山本典，而其取義，則與顏賦一概也。

〔一六〕自注：「護軍將軍陸法和破任約於赤亭湖，景退走，大潰。」盧文弨曰：「後漢書皇甫嵩傳：『閻忠説嵩曰：「將軍兵動若神，謀不再計，摧強易於折枯，消堅甚於湯雪，旬月之間，神兵電掃。」』」器案：陸法和見北史藝術傳，本書雜藝篇稱爲陸護軍者是也。後漢書崔駰傳，駰撰慰志賦曰：「運欃槍以電掃兮，清六合之土宇。」

〔一七〕盧文弨曰：「左氏成三年傳：『兩釋纍囚，以成其好。』杜注：『纍，繫也。』案與縲同，孔安國論語注：『縲，黑索。』文選司馬長卿諭巴蜀檄：『肝腦塗中原，膏液潤野草。』李善注引春秋攷異郵曰：『枯骸收胲，血膏潤草。』」

〔一八〕盧文弨曰：「先主，謂蜀先主也，舊本作『先生』，譌。魏志吕布傳：『布既降，生縛之，布請曰：「明公將步，布將騎，則天下不足定也。」太祖有疑色。劉備進曰：「明公不見布之事丁建陽及董太師乎？」太祖頷之，於是縊殺布。』」

〔一九〕自注:「之推執在景軍,例當見殺,景行臺郎中王則初無舊識,再三救護,獲免,因以還都。」盧文弨曰:「史記淮陰侯列傳:『韓信亡楚歸漢,爲連敖,坐法當斬,其輩十三人已斬,次至信,信仰視,適見滕公,曰:「上不欲就天下乎? 何爲斬壯士!」滕公奇其言,乃釋而不斬;與語,大説之,言於上。上拜以爲治粟都尉。』滕公乃夏侯嬰也。」

〔二〇〕盧文弨曰:「劉,削也。魏文帝與吴質書:『徐、陳、應、劉,一時俱逝,頃撰其遺文,都爲一集,觀其姓名,已爲鬼録。』博物志(卷二):『援神契曰:「太山,天帝孫也,主召人魂。東方,萬物始,故主人生命之長短。」』古樂府怨詩行:『人間樂未央,忽然歸東嶽。』魏應璩百一詩:『年命在桑榆,東嶽與我期。』」顧炎武日知録三〇:「自哀平之際,而讖緯之書出、然後有如遁甲開山圖所云:『泰山在左,亢父在右。亢父知生,泰山主死。』博物志所云:『泰山一曰天孫,言爲天帝之孫,主召人魂魄,知生命之長短者。』其見於史者,則後漢書方術傳:『許峻自云:嘗篤病,三年不愈,乃謁泰山請命。』烏桓傳:『死者神靈歸赤山。赤山在遼東西北數千里。如中國人死者魂神歸泰山也。』三國志管輅傳:『謂其弟辰曰:但恐至泰山治鬼,不得治生人,如何?』而古辭怨詩行云:『齊度游四方,各繫泰山録,人間樂未央,忽然歸東嶽。』陳思王驅車篇云:『神魂所繫屬,逝者感斯征。』劉楨贈五官中郎將詩云:『常恐游岱宗,不復見故人。』應璩百一詩云:『年命在桑榆,東嶽與我期。』然則鬼論之興,其在東京之世乎。」黄汝成集釋:「汝成案史記趙世家『霍泰山山陽侯天使』云云,則泰山爲神,當由霍泰山傳訛始云。」

〔二二〕自注：「時解衣訖而獲全。」盧文弨曰：「楚辭有招魂。爾雅釋天：『春曰蒼天，夏曰昊天。』」

〔二三〕器案：論語公冶長：「君子哉若人。」集解：「苞氏曰：『若人者，若此人也。』」此文指王則。

賊棄甲而來復〔一〕，肆蛩距之鶥鳶〔二〕，積假履而弒帝〔三〕，憑衣霧以上天〔四〕。用速災於四月，奚聞道之十年〔五〕！就狄俘於舊壤，陷戎俗於來旋。慨黍離於清廟〔六〕，愴麥秀於空廛〔七〕；鼖鼓臥而不考〔八〕，景鐘毁而莫懸〔九〕；野蕭條以横骨，邑闃寂而無烟〔一〇〕。疇百家之或在〔一一〕，覆五宗而翦焉〔一二〕；獨昭君之哀奏〔一三〕，唯翁主之悲絃〔一四〕。經長干以掩抑〔一五〕，展白下以流連〔一六〕；深燕雀之餘思〔一七〕，感桑梓之遺虔〔一八〕；得此心於尼甫，信兹言乎仲宣〔一九〕。

〔一〕盧文弨曰：「左氏宣二年傳：『宋城，華元爲植巡功，城者謳曰：「睅其目，皤其腹，棄甲而復；于思于思，棄甲復來。」』杜注：『棄甲謂亡師。』」

〔二〕盧文弨曰：「張茂先鷦鷯賦：『鶥鷚介其蛩距。』詩小雅四月傳：『鶥鳶，貪殘之鳥也。』」

〔三〕盧文弨曰：「左氏僖四年傳：『賜我先君履。』杜注：『履，所踐履之界。』」

〔四〕徐鯤曰：「困學紀聞二十引易緯是類謀曰：『民衣霧，主吸霜，閒可倚杵於何藏。』」

〔五〕自注：「臺城陷後，梁武曾獨坐，歎曰：『侯景於文爲小人百日天子。』及景以大寶二年十一月十九日僭位，至明年三月十九日棄城逃竄，是一百二十日，丮天道，繼大數，故文爲百日，言與公孫述俱稟十二而旬歲不同。」盧文弨曰：「注中丮字疑。」錢大昕曰：「後漢書公孫述傳：『述夢有人語之曰：「八厶子系，十二爲期。」覺謂其妻曰：「雖貴而祚短若何？」妻對曰：「朝聞道，夕死尚可，況十二乎！」』」器案：宋蜀本「十二月」作「十一月」，「繼」作「紀」，皆是。據梁書簡文紀及侯景傳，大寶二年八月，侯景廢帝，立豫章王棟，十月弒帝，廢棟，景自立。梁書云十月者，紀其弒帝之時，之推云十一月者，乃其僭位之日。十一月十九日至三月十九日，正是一百二十日。論語里仁篇：「子曰：『朝聞道，夕死可矣。』」述妻語本此。又案：龍龕手鑑卷二草部：「丮，余律反，草初生也。」亦非此義，仍可疑耳。

〔六〕宋蜀本「慨」字作墨丁。盧文弨曰：「詩王黍離序：『閔宗廟也。周大夫行役，至於宗周，過故宗廟，宮室盡爲禾黍，閔周室之顛覆，彷徨不忍去，而作是詩也。』」

〔七〕盧文弨曰：「史記宋微子世家：『箕子朝周，過故殷虛，感宮室毁壞，生禾黍；箕子傷之，欲哭則不可，欲泣，爲其近婦人，乃作麥秀之詩以歌詠之。』」

〔八〕盧文弨曰：「周禮地官鼓人：『以鼖鼓鼓軍事。』毛詩傳：『考，擊也。』」器案：毛傳見詩唐風山有樞：「子有鐘鼓，弗鼓弗考。」

〔九〕盧文弨曰：「晉語七：『魏顆以其身却退秦師於輔氏，親止杜回，其勳銘於景鐘。』韋注：『景鐘，景公鐘。』」李詳曰：「案：文選潘岳西征賦：『乘風廢而弗懸。』」

〔一〇〕器案：南史侯景傳：「時江南大饑，江、揚彌甚。……千里絶煙，人跡罕見，白骨成聚，如丘隴焉。」

〔一一〕自注：「中原冠帶，隨晉渡江者百家，故江東有百譜；至是，在都者覆滅略盡。」徐鯤曰：「文選西征賦：『窺七貴於漢庭，譸一姓之或在。』注：『聲類曰：「譸亦疇字也。」爾雅曰：「疇，誰。」』」劉盼遂曰：「案：隋書經籍志史部載江南百家譜凡十卷，疑注中『譜』上脱『家』字。」器案：隋志有王儉百家集譜十卷，王僧孺百家譜三十卷，賈執百家譜二十卷。通典三又載劉湛百家譜，復爲王儉所本也。

〔一二〕盧文弨曰：「史記五宗世家：『孝景皇帝子凡十三人爲王，而母五人，同母者爲宗親。』書五子之歌：『覆宗滅祀。』杜注成二年左傳：『翦，盡也。』」

〔一三〕盧文弨曰：「石崇王明君辭序：『王明君者，本是王昭君，以觸文帝諱改之。匈奴盛，請婚於漢，元帝以後宫良家子昭君配焉。昔公主嫁烏孫，令琵琶馬上作樂，以慰其道路之思；其送明君，亦必爾也。』」

〔一四〕自注：「公主子女，見辱見讎。」盧文弨曰：「史記大宛傳：『烏孫以馬千匹聘漢女，漢遺宗室女江都翁主往妻烏孫，烏孫王昆莫以爲右夫人。』漢書西域傳：『公主悲愁，自爲作歌，曰：「吾家嫁我兮天一方，遠託異國兮烏孫王。穹廬爲室兮旃爲牆，以肉爲食兮酪爲漿。居常土思兮心内傷，願爲黄鵠兮歸故鄉。」』」器案：家訓養生篇：「侯景之亂，王公將相，多被戮辱，妃主姬妾，略無全者。」

〔一五〕自注：「長干，舊顔家巷。」盧文弨曰：「劉淵林注吴都賦：『建業南五里有山岡，其間平地，吏民雜居，東長干中有大長干、小長干，皆相連。大長干在越城東，小長干在越城西，地有長短，故號大、小長干。』掩抑，意不舒也。」器案：輿地紀勝十七：「江南東路建康府：長干是秣陵縣東里巷名，江東謂山隴之間曰干。金陵南五里有山岡，其間平地，民庶雜居，有大長干、小長干、東長干，並是地名。」

〔一六〕自注：「靖侯以下七世墳塋，皆在白下。」盧文弨曰：「白下，一名白下門，今江寧縣地。流連，不能去也。」器案：顔魯公大宗碑：「生之推，字介，北齊中書舍人，給事黄門郎，平原太守，嘗著觀我生賦云：『展白下以流連。』以靖侯已下七葉墳塋皆在故也。」

〔一七〕盧文弨曰：「禮記三年問：『今是大鳥獸，則喪其羣匹，越月踰時焉，則必反巡，過其故鄉，翔回焉，鳴號焉，蹢躅焉，踟躕焉，然後乃能去之。』」

〔一八〕盧文弨曰：「詩小雅小弁：『維桑與梓，必恭敬止。』」

〔一九〕盧文弨曰：「王仲宣登樓賦：『悲舊鄉之壅隔兮，涕横墜而弗禁。昔尼父之在陳兮，有歸歟之歎音；鍾儀幽而楚奏兮，莊舄顯而越吟；人情同於懷土兮，豈窮達而異心。』」

逷西土之有衆〔一〕，資方叔以薄伐〔二〕；撫鳴劍而雷咤〔三〕，振雄旗而雲窣〔四〕千里追其飛走〔五〕，三載窮於巢窟〔六〕，屠蚩尤於東郡〔七〕，挂郅支於北闕〔八〕。弔幽魂之寃枉，掃園陵之蕪没；殷道是以再興〔九〕，夏祀於焉不忽〔一〇〕。但遺恨於炎崑〔一一〕，火延宫而累月〔一二〕。

〔一〕盧文弨曰：「書牧誓：『逖矣西土之人。』逷與逖同。又泰誓中：『西土有衆，咸聽朕言。』」李賡芸炳燭篇一：「此用牧誓文，而『逖』作『逷』。按説文：『狄，遠也。古文作逷。』顔介所用，當是古本，釋文未之及。古狄、易同聲。」

〔二〕自注：「永寧公以司徒爲大都督。」盧文弨曰：「詩小雅采芑：『方叔涖止，其車三千。』又六月：『薄伐玁狁，至于太原。』」

〔三〕盧文弨曰：「咤與吒同，陟嫁切。叱，怒也。」器案：後漢書皇甫嵩傳：「閻忠説嵩曰：『今主上勢弱於劉、項，將軍權重於淮陰，指撝足以震風雲，叱咤可以興雷電。』」李賢注：「叱咤，怒聲也。」

〔四〕盧文弨曰：「『窣』當作『崒』，倉没切，危高也。」

〔五〕飛走，謂飛禽走獸。文選左太沖吴都賦：「窮飛走之棲宿。」吕延濟注：「窮盡天地之間飛走之物也。」鮑照謝解禁止表：「逢飛走知感，矧臣人類。」

〔六〕禮記禮運：「昔者，先王未有宫室，冬則居營窟，夏則居橧巢。」庾信賀平鄴都表：「百年逋誅，遂窮巢窟。」慧琳一切經音義卷二十八：「巢窟，謂住止處所也。通俗文：『鳥居曰巢，獸穴曰窟也。』」

〔七〕盧文弨曰：「史記五帝本紀：『蚩尤作亂，不用帝命。於是黄帝乃徵師諸侯，與蚩尤戰于涿鹿之野，遂禽殺蚩尤。』續漢書郡國志：『東平國壽張，故屬東郡。』劉昭注：『皇覽曰：「蚩尤冢在縣闞鄉城中，高七丈。」』」

〔八〕自注：「既斬侯景，烹屍于建業市，百姓食之，至于肉盡齕骨。傳首荆州，懸於都街。」盧文弨曰：「漢書陳湯傳：『郅支單于殺漢使者，湯矯制發城郭諸國兵薄城下，單于被創死，軍候假丞杜勳斬單于首，於是上疏，宜縣頭稾街蠻、夷邸間，以示萬里。』」器案：藝文類聚五七引李尤七款：「前臨都街，後據流川。」

〔九〕史記殷本紀：「盤庚行湯之政，然後百姓由寧，殷道復興。」又曰：「武丁修政行德，天下咸驩，殷道復興。」

〔一〇〕左傳文公五年：「臯陶、庭堅不祀，忽諸。」案：爾雅釋詁：「忽，盡也。」郭璞注：「忽然，盡貌。」

〔一一〕盧文弨曰：「書胤征：『火炎崑岡，玉石俱焚。』」

〔一二〕自注：「侯景既平，我師採穭失火，燒宮殿，蕩盡也。」器案：宋蜀本自注「平」作「走」，「我」作「義」，「穭」誤作「櫓」。梁書王僧辯傳：「景之退也，北走朱方。於是景散兵走告僧辯，僧辯今衆將入據臺城。其夜，軍人採梠失火，燒太極殿及東、西堂等。」「梠」亦「穭」誤。後漢書獻紀：「羣僚飢乏，尚書郎以下，自出採穭。」注：「穭音呂，埤蒼曰：『穭，自生也。』穭與穭同。」又光武紀上：「野穀旅生。」注：「旅，寄也，不因播種而生，故曰旅。今字書作穭，音呂；古字通。」史記天官書集解晉灼曰：「禾野生曰旅，今之飢民采旅也。」

指余櫂於兩東〔一〕，侍昇壇之五讓〔二〕，欽漢官之復覩〔三〕，赴楚民之有望〔四〕。攝絳衣以奏言〔五〕，忝黄散於官謗〔六〕。或校石渠之文〔七〕，時參柏梁之唱〔八〕，顧甂甌之不算，濯波濤而無量〔九〕。屬瀟、湘之負罪〔一〇〕，兼岷、峨之自王〔一一〕，竚既定以鳴鸞〔一二〕，脩東都之大壯〔一三〕。驚北風之復起，慘南歌之不暢〔一四〕，守金城之湯池〔一五〕，轉絳宫之玉帳〔一六〕，徒有道而師直〔一七〕，翻無名之不抗〔一八〕。民百萬而囚虜，書千兩而煙煬〔一九〕，溥天之下，斯文盡喪〔二〇〕。憐嬰孺之何辜，矜老疾之無狀〔二一〕，奪諸懷而棄草〔二二〕，踣於塗而受掠〔二三〕。冤乘輿之殘酷，軫人神之無狀〔二四〕，載下車以黜喪〔二五〕，揜桐棺之藁葬〔二六〕。雲無心以容與〔二七〕，風懷憤而懰悢；井伯飲牛於秦中〔二八〕，子卿牧羊於海上〔二九〕。留釧之妻，人銜其斷絶〔三〇〕；擊磬之子，家纏其悲愴〔三一〕。

〔一〕姚姬傳惜抱軒筆記七：「此用楚賦『孰兩東門之可蕪』。」龐石帚先生養晴室筆記卷二曰：

「按九章哀郢：『曾不知夏之爲丘兮，孰兩東門之可蕪。』王逸注云：『孰，誰也；蕪，逋也。言郢城兩東門，非先王所作邪？何可使逋廢而無路？』」朱亦棟亦以「兩東」二字本此，惟以爲出楚辭悲回風，則誤舉篇名也。

〔二〕盧文弨曰：「魏志文帝紀：『乃爲壇於繁陽，王昇壇即阼。』漢書袁盎傳：『朕下至代邸，西鄉讓天子者三，南鄉讓天子者再。夫許由一讓，陛下五以天下讓，過許由四矣。』案：元帝屢讓王僧辯等勸進表，至大寶三年冬，始即位於江陵，故云。」

〔三〕盧文弨曰：「後漢書光武帝紀：『時三輔吏士東迎更始，見諸將皆冠幘而服婦人衣，諸于繡𧝓，莫不笑之，或有畏而走者。及見司隸僚屬，皆歡喜不自勝，老吏或垂涕曰：「不圖今日復見漢官威儀。」由是識者皆屬心焉。』」

〔四〕徐鯤曰：「漢書項籍傳：『居鄛人范增年七十，素好奇計，往説梁曰：「陳勝敗固當。夫秦滅六國，楚最亡罪。自懷王入秦不反，楚人憐之至今，故南公稱曰：『楚雖三户，亡秦必楚。』今陳勝首事，不立楚後，其勢不長。今君起江東，楚蠭起之將皆争坿君者，以君世世楚將，爲能復立楚之後也。」於是梁乃求楚懷王孫心，在民間爲人牧羊，立以爲楚懷王，從民望也。』」李詳曰：「案：春秋哀公十八年左氏傳：『葉公及北門，或遇之，曰：「君胡不胄？國人望君如望慈父母焉，盜賊之矢若傷君，是絶民望也。」』」

〔五〕盧文弨曰：「舍人是兼職，故曰攝。絳衣當是舍人所服。」器案：後漢書光武紀上：「光武遂將賓客還春陵，時伯升已會衆起兵。初，諸家子弟恐懼，皆亡逃自匿，曰：『伯升殺我。』及見光武絳衣大冠，皆驚曰：『謹厚者亦復爲之。』迺稍自安。」李賢注：「東觀記曰：『上時絳衣大冠，將軍服也。』」隋書李德林傳：「時遵彦銓衡，深慎選舉，秀才擢第，罕有甲科。德林射策五條，考皆爲上，授以殿中將軍，既是西省散員，非其所好；又以天保季世，乃謝病還鄉，闔門守道。乾明初，遵彦奏追德林入議曹。三年，祖孝徵入爲侍中尚書左僕射，趙彦深出爲兗州刺史。朝士有先爲孝徵所待遇者，間德林云：『德林久滯絳衣，我常恨彦深待賢未足；内省文翰，方以委之，尋當有佳處分，不宜妄説。』孝徵曰：『是彦深黨與，不可仍掌機密。』尋除中書侍郎，仍詔修國史。」據此，則絳衣謂戎服，攝讀如論語鄉黨篇「攝齊升堂」之攝，攝絳衣，蓋指釋褐以軍功加鎮西墨曹參軍而言，盧説未可從。

〔六〕自注：「時爲散騎侍郎，奏舍人事也。」盧文弨曰：「晉書陳壽傳：『杜預薦壽於帝，宜補黄散。』職官志：『散騎常侍、侍郎與侍中、黄門侍郎，共平尚書奏事。』左氏莊廿二年傳：『敢辱高位，以速官謗。』」器案：胡三省通鑑一一九注：「黄散，謂黄門侍郎及散騎常侍、侍郎也。」陳書蔡凝傳：「高宗常謂凝曰：『我欲用義興主壻錢肅爲黄門郎，卿意何如？』凝正色對曰：『帝鄉舊戚，恩由聖旨，則無所復問；若格以僉議，黄散之職，故須人門兼美：唯陛下裁之。』高宗默然而止。」又見南史蔡凝傳。此可見當時對黄散一職之重視，故之推有「忝黄散於官謗」之言也。

〔七〕自注：「王司徒表送祕閣舊事八萬卷。乃詔：『比校部分，爲正御、副御、重雜三本。左民尚書周弘正、黄門侍郎彭僧朗、直省學士王珪、戴陵校經部，左僕射王褒、吏部尚書宗懷正、員外郎顏之推、直學士劉仁英校史部，廷尉卿殷不害、御史中丞王孝純、中書郎鄧藎、金部郎中徐報校子部，右衛將軍庾信、中書郎王固、晉安王文學宗菩善、直省學士周確校集部也。』」盧文弨曰：「班固兩都賦：『又有天禄、石渠，典籍之府，命夫惇誨故老，名儒師傅，講論乎六藝，稽合乎同異，啓發篇章，校理秘文。』後漢書蔡邕傳：『昔孝宣會諸儒於石渠。』案：石渠議奏載漢書藝文志。」器案：宋蜀本自注「純」作「紀」，「菩」作「善」。王司徒謂僧辯也。陳書周弘正傳：「及景平，僧辯啓送秘書圖籍，勑弘正讎校。」隋書牛弘傳載弘上表請開獻書之路云：「蕭繹據有江陵，遣將破平侯景，收文德之書，及公私典籍，重本七萬餘卷，悉送荆州，故江表圖書，因斯盡萃於繹矣。及周師入郢，繹悉焚之於于外城，所收十纔一二。」隋書經籍志云：「梁武敦悦詩、書，下化其上，四環之内，家有文史。元帝克平侯景，收文德之書，及公私經籍，歸於江陵，大凡七萬餘卷，周師入郢，咸自焚之。」資治通鑑一六五云：「城陷，帝入東閣竹殿，令舍人高寶善焚古今圖書十四萬卷。」考異曰：「隋書經籍志云七萬卷，並江陵舊書，豈止七萬卷乎？今從典略。」此王僧辯表送建康書之可考見者。然金樓子聚書篇云：「吾今年四十六歲，自聚書來，四十年得書八萬卷。」繹即以次年年四十七時卒，則江陵舊本八萬卷，加秘閣舊事八萬卷，得十六萬卷，與三國典略十四萬卷之説亦不合。豈金樓子或之推自注之八萬卷，有一必爲六萬卷形近而誤乎？疑不能明也。又案：余嘉錫謂：「宗懷正當爲宗懔之字，然與諸史言字元懔者不同。且之推之注，於諸人皆稱名，而懔獨稱其字，亦所未詳，豈嘗以字行而史略之耶？」見所著四庫提要辨證八荆楚歲時記下。

〔八〕盧文弨曰：「古文苑：『漢武帝元封三年，作柏梁臺，詔羣臣二千石，有能爲七言詩，乃得上座。帝詩云：「日月星辰和四時。」和者自梁孝王而下至東方朔，凡二十四人。』」

〔九〕盧文弨曰：「自言器小而膺大遇也。方言五：『甂甂，陳、魏、宋、楚之間謂之甈，自關而西謂之甂，其大者謂之甌。』」器案：不算，猶言不足數。論語子路篇：「斗筲之人，何足算也。」何晏集解引鄭玄注：「算，數也。」

〔一〇〕自注：「陸納。」盧文弨曰：「瀟、湘二水名，在荆南。梁書元帝紀：『大寶三年冬，執湘州刺史王琳於殿内，琳副將殷宴下獄死，林州長史陸納及其將潘烏累等舉兵反，襲陷湘州。』」器案：書大禹謨：「負罪引慝。」正義：「自負其罪，自引其惡。」

〔一一〕自注：「武陵王。」盧文弨曰：「岷、峨，蜀二山名；武陵王紀爲益州刺史，蜀地也。紀傳：『侯景亂，紀不赴援。高祖崩後，紀乃僭號於蜀，將圖荆、陜。時陸納未平，蜀軍復逼，世祖憂焉。既而納平，樊猛獲紀，殺之於硤口。』」

〔一二〕盧文弨曰：「周禮春官巾車疏引韓詩：『升車則馬動，馬動則鸞鳴，鸞鳴則和應。』班固西都賦：『大輅鳴鑾，容與徘徊。』鑾與鸞同。」

〔一三〕自注：「詔司農卿黄文超營殿。」盧文弨曰：「元帝紀：『承聖二年七月，詔曰：「今八表乂清，四郊無壘，宜從青蓋之興，言歸白水之鄉。」』蓋有意仍都建鄴也。詩小序：『車攻，宣王復古也，復會諸侯於東都，因田獵而選車徒焉。』易繫辭下：『聖人易之以宫室，上棟下宇，以待風雨，蓋取諸大莊。』」器案：梁有大壯舞歌，沈約所撰，梁武所定，見隋書樂志。

〔一四〕自注：「秦兵繼來。」盧文弨曰：「元帝紀：『承聖三年，秦州刺史嚴超達自秦郡圍涇州，魏復遣將步六汗薩率衆救涇州。九月，魏遣其柱國万紐于謹率大衆來寇。』左氏襄十八年傳：『師曠曰：「吾驟歌北風，又歌南風，南風不競，多死聲。」』」

〔一五〕盧文弨曰：「漢書食貨志：『神農之教曰：「有石城十仞，湯池百步，帶甲百萬而無粟，弗能守也。」』秦州記：『凡城皆稱金，言其固也，故墨子稱金城湯池。』案：今墨子此語亡。」器案：漢書蒯通傳：「皆爲金城湯池而不可攻也。」師古曰：「金以喻堅，湯喻沸熱不可近。」

〔一六〕自注：「孝元自曉陰陽兵法，初聞賊來，頗爲厭勝，被圍之後，每歎息，知必敗。」盧文弨曰：「考絳宫玉帳，蓋遁甲、六壬之書，元帝明於占候，見金樓子自序。廣雅釋言：『厭，鎮也。』亦作壓，謂爲鎮壓之術，制之以取勝也。」徐鯤曰：「黄庭經：『心爲絳帳。』抱朴子外篇：『兵在太乙玉帳之中，不可攻也。』唐藝文志兵家有玉帳經一卷。」器案：虞世基出塞二首和楊素：「轅門臨玉帳，大旆指金微。」駱賓王和孫長史秋日卧病：「金壇分上將，玉帳引瓌才。」裴漼奉和御製平胡：「神兵出絳宫。」杜甫送嚴武入朝：「空留玉帳術，愁殺錦江人。」張淏雲谷雜記（説郛本）曰：「按顏之推觀我生賦云：『守金城之湯池，轉絳宮之玉帳。』又袁卓遁甲專征賦云：『或倚其直使之游宮，或居其貴人之玉帳。』蓋玉帳乃兵家厭勝之方位，謂主將於其方置軍帳，則堅不可犯，猶玉帳焉。其法出於黄帝遁甲，以月建前三位取之，如正月建寅，則巳爲玉帳，主將宜居。李太白司馬將軍歌云：『身居玉帳臨河魁。』戌爲河魁，謂主將之帳在戌也，非深識其法者，不能爲此語。」

〔一七〕盧文弨曰：「左氏僖廿八年傳：『子犯曰：「師直爲壯，曲爲老。」』」

〔一八〕自注：「孝元與宇文丞相斷金結和，無何見滅，是師出無名。」盧文弨曰：「禮記檀弓下：『吴侵陳，問陳太宰嚭曰：「師必有名，人之稱斯師也者其謂之何？」』又曰：『嚭曰：「君王討敝邑之罪，又矜而赦之，師與，有無名乎！」』案：宇文丞相謂宇文覺也。周書于謹傳：『梁元帝密與齊氏通使，將謀侵軼，其兄子岳陽王詧以元帝殺其兄譽，據襄陽來附，仍請王師。乃令謹率衆出討，旬有六日，城陷，梁主降，尋殺之。』」器案：易繫辭：「二人同心，其利斷金。」自注本此，猶言同心結和也。

〔一九〕徐鯤曰：「後漢書儒林傳：『初，光武遷還洛陽，其經牒祕書，載之二千餘兩，自此以後，參倍於前，後長安之亂，一時焚蕩，莫不泯盡焉。』文選潘安仁西征賦：『詩、書煬而爲烟。』」嚴式誨曰：「案：歷代名畫記一引此，『民』作『人民』，『書』作『書史』。」又自注「又矜而赦之」，盧文弨校定本原誤作「又從而赦之」，今從嚴本改正。又歷代名畫記一引此下有「史籍已來，未之有也」二句八字。

〔二〇〕自注：「北於墳籍，少於江東三分之一。梁氏剥亂，散逸湮亡，唯孝元鳩合，通重十餘萬，史籍以來未之有也，兵敗，悉焚之，海内無復書府。」嚴式誨曰：「案：注『北於』疑『北方』之誤。『籍』，南監本作『典』。」器案：隋書牛弘傳，上表論開獻書之路云：「永嘉之後，寇竊競興，因河據洛，跨秦帶趙，論其建國立家，雖傳名號，憲章禮樂，寂滅無聞。劉裕平姚，收其圖籍，五經子史，纔四千卷，皆赤軸青紙，文字古拙；僭僞之盛，莫過二秦，以此而論，足可用矣。故知衣冠軌物，圖畫記注，播遷之餘，皆歸江左，晉、宋之際，學藝爲多，齊、梁之間，經史彌盛，宋祕書丞王儉依劉氏七略，撰爲七志，梁人阮孝緒亦爲七録，總其書數，三萬餘卷；及侯景渡江，破滅梁室，祕省經籍，雖從兵火，其文德殿内書史，宛然猶存，蕭繹據有江陵，遣將破平侯景，收文德之書及公私典籍，重本七萬餘卷，悉送荆州，故江表圖書，因斯盡萃於繹矣。及周師入郢，繹悉焚之於外城，所收十纔一二，此則書之五厄也。」張彦遠歷代名畫記一叙畫之興廢：「梁武帝尤加寶異，仍更搜葺。元帝雅有才藝，自善丹青，古之珍奇，充牣内府。侯景之亂，太子綱數夢秦皇更欲焚天下書，既而内府圖書數百，果爲景所焚也。及景之平，所有畫皆載入江陵，爲西魏將于謹所陷，元帝將降，乃聚名畫法書及典籍二十四萬卷，遣後閤舍人高善寶焚之，帝欲投火俱焚，宫嬪牽衣得免。吴、越寶劍並將斫柱令折，乃歎曰：『蕭世誠遂至于此！儒雅之道，今夜窮矣。』于謹等於煨燼之中，收其書畫四千餘軸，歸於長安。故顔之推觀我生賦云：『人民百萬而囚虜，書史千兩而煙颺，史籍已來，未之有也，溥天之下，斯文盡喪。』」

〔二一〕盧文弨曰：「漢書項籍傳：『異時諸侯吏卒繇役屯戍過秦中，秦中遇之多無狀。』」器案：師古注曰：「無善形狀也。」王幼學資治通鑑綱目集覽二曰：「謂待之多不以禮，其狀無可寄言也。」

〔二二〕盧文弨曰：「棄草句謂嬰孺。」徐鯤曰：「文選王仲宣七哀詩：『路有飢婦人，抱子棄草間。』」

〔二三〕盧文弨曰：「受掠句謂老疾。踣，仆也。掠，笞也。」器案：廣韻四十一漾：「掠，笞也，奪也，取也，治也，音與亮同，力讓切。」又入聲十八藥亦收此字，乃抄掠劫人財物之義，音離灼切。

〔二四〕盧文弨曰：「『無狀』兩字誤，『狀』或是『仗』。」器案：前老疾句改「無狀」爲「無仗」亦可，此謂於人神並無禮也。

〔二五〕盧文弨曰：「左氏襄廿五年傳：『崔氏側莊公于北郭。丁亥，葬諸士孫之里，四翣不蹕，下車七乘，不以兵甲。』」

〔二六〕盧文弨曰：「左氏哀二年傳：『桐棺三寸，不設屬辟，素車樸馬，無入于兆，下卿之罰也。』」器案：後漢書馬援傳：「裁買城西數畝地，藁葬而已。」注：「藁，草也。以不歸舊塋時權葬，故稱藁。」

〔二七〕器案：陶潛歸去來辭：「雲無心以出岫。」離騷：「遵赤水而容與。」王逸注：「容與，遊戲貌。」

〔二八〕盧文弨曰：「左氏僖五年傳：『晉襲虞，滅之，執虞公，及其大夫井伯以媵秦穆姬。』此云井伯飲牛，蓋以人之誣百里奚者加之，以井伯、百里奚爲一人也。」器案：呂氏春秋愼人篇：「百里奚之未遇也，亡虢而虜晉，飯牛於秦，傳鬻以五羊之皮。公孫枝得而説之，獻諸穆公。」此文「飲牛」當作「飯牛」。晉虜井伯以媵秦穆姬，史記晉世家作「並其大夫井伯、百里奚以媵秦穆姬」，秦本紀則逕以百里奚替井伯，奚是虞之公族，井伯乃姜姓子牙之後，判然兩人，自史遷誤合爲一人，而晉世家正義引南雍州記云：「百里奚字井伯，宛人也。」世説新語德行篇注引楚國先賢傳：「百里奚，字井伯。」樂府解題云：「百里奚，字井伯。」是皆承其誤而爲之辭。

〔二九〕盧文弨曰：「史記蘇建傳：『建中子武，字子卿，以父任，稍遷至栘中廄監。使匈奴，單于欲降之，徙武北海上無人處，使牧羝，羝乳乃得歸。既至海上，廩食不至，掘野鼠，去屮實而食之。』」

〔三〇〕孫志祖讀書脞録七：「御覽七一八引晉紀云：『王達妻衛氏，太安中爲鮮卑所掠，路由章武臺，留書並釵釧訪其家。』」徐鯤補注同。

〔三一〕孫志祖曰：「擊磬之子，見呂氏春秋精通篇。」徐鯤曰：「呂氏春秋精通篇：『鍾子期夜聞擊磬者而悲，使人召而問之，曰：「子何擊磬之悲也？」答曰：「臣之父，不幸而殺人，不得生；臣之母得生，而爲公家爲酒；臣之身得生，而爲公家擊磬。臣不覩臣之母三年矣，昔爲舍氏，覩臣之母，量所以贖之則無有，而身固公家之財也，是故悲也。」鍾子期歎嗟曰：「悲夫悲夫！心非臂也，臂非椎非石也，悲存乎心，而木石應之。」故曰誠乎此而諭乎彼，感乎己而發乎人，豈必彊説乎哉。』」器案：之推此賦，以家、人對文，家亦人義，詳遼海引年録器撰家人對文解。

小臣恥其獨死〔一〕，實有媿於胡顔〔二〕，牽痾疻而就路〔三〕，策駑蹇以入關〔四〕。下無景而屬蹈，上有尋而亟搴〔五〕，嗟飛蓬之日永〔六〕，恨流梗之無還〔七〕。

〔一〕器案：之推古意詩：「未獲殉陵墓，獨生良足恥。」意與此同。

〔二〕盧文弨：「曹子建上責躬應詔詩表：『忍垢苟全，則犯詩人胡顔之譏。』李善注：『即胡不遄死之義也。』」李詳曰：「案：文選曹植上責躬應詔詩表：『竊感相鼠之詩，無禮遄死之義，忍恥苟全，則犯詩人胡顔之譏。』李善注：『孔安國尚書傳：「胡，何也。」毛詩曰：「何顔而不速死也。」殷仲文表曰：「亦胡顔之厚。」義出於此。』詳謂善注引孔傳，于聲轉雖得，然余猶疑此爲三家異文。藝文類聚三十丁廙蔡伯喈女賦：『忍胡顔之重恥，恐終風之我萃。』以終風對胡顔，必詩之本文有作胡顔者，故曹、丁得而用之，顔氏所用，亦據相承如此。」案：文選吕向注：「詩無此句，今言詩者誤也。」

〔三〕自注：「時患脚氣。」盧文弨曰：「痾與疴同，玉篇：『病也。』説文：『疻，毆傷也。』」

〔四〕自注：「官給疲驢瘦馬。」宋蜀本自注奪「給」字。

〔五〕器案：「屬」疑「屢」字形近之誤，亟、屢同義。淮南兵略篇：「山高尋雲霓，谿深肆無景。」即此文所本。晉書羊祜傳亦云：「高山尋雲霓，深谷肆無景。」王叔岷曰：「藝文類聚五五引梁元帝職貢圖序：『高山尋雲，深谷絶景。』」陳槃曰：「方言卷一：『自關而西，秦晉梁益之間，凡物長謂之尋。』」

〔六〕盧文弨曰：「曹植詩：『轉蓬離本根，飄飄隨長風；何意迴飈舉，吹我入雲中。』」案，此植之雜詩也。王叔岷曰：「案商子禁使篇：『今夫飛蓬遇飄風而千里，乘風之勢也。』鍾嶸詩品序：『魂逐飛蓬。』」

〔七〕盧文弨曰：「戰國齊策：『蘇代謂孟嘗君曰：「土偶人與桃梗相與語，土偶曰：子東國之桃梗也，刻削子以爲人，淄水至，流子而去，則漂漂者將如何耳。」』」

若乃五牛之旌〔一〕，九龍之路〔二〕，土圭測影〔三〕，璿璣審度〔四〕，或先聖之規模，乍前王之典故〔五〕，與神鼎而偕没〔六〕切仙弓之永慕〔七〕。

〔一〕器案：「五」原作「玄」，今改，五與九以數字相對也。五牛旗者，晉武帝平吳師所造，五色各一旗，以木牛承其下，蓋取其負重而安穩也，見晉書輿服志、宋書禮志、南齊書輿服志及隋書禮儀志五。唐六典十八衞尉寺武庫令：「旗之制三十有二，十八曰五牛旗。」原注：「五牛等旗，武衛隊所執。」唐制與六朝微别。宋書謝晦傳：「尚書符荆州曰：『鑾輿効駕，六軍鵬翔；警蹕前臨，五牛整旆。』」又臧質傳：「質上表曰：『八鑾摇響，五牛舒旆。』」梁書元紀、文苑英華六〇〇沈炯勸進梁元帝第三表：「羣烏惑衆，五牛揚旍。」許敬宗奉和宴中山應制詩：「養賢停八駿，觀風駐五牛。」皆用五牛旗事。周嬰卮林二非馬言五牛旗事，不及顔氏此賦，蓋未悟「玄牛」之爲誤文也。

〔二〕器案：路即輅也，言以九龍之形校飾輅車，猶言九龍之鐘也。之推古意詩：「吴師破九龍。」彼九龍正謂九龍之鐘也。

〔三〕盧文弨曰：「周禮地官大司徒：『以土圭之法測土深，正日景，以求地中。』」

〔四〕盧文弨曰：「書舜典：『在璿璣玉衡，以齊七政。』孔傳：『璿璣，王者正天文之器，可運轉者。』」陳槃曰：「案虞書璿璣有二義：一以爲正天文之器，僞孔傳是也。馬融（正義引）、鄭玄（史記天官書索隱引）等並主此説，是僞傳亦有所本。一以爲斗魁，尚書大傳『在璇璣玉衡，以齊七政。……璇璣謂之北極』（御覽二九引），説苑辨物篇『璿璣，謂北辰句陳樞星也』，尚書緯『璇璣，斗魁四星』（五行大義論七政篇引）之等是也。顔賦或主前者。然若謂舊籍古義止有此一事而已，則固不可也。」

〔五〕盧文弨曰：「周書于謹傳：『收梁府庫珍寶，得宋渾天儀，梁日晷、銅表，魏相風銅蟠螭、大玉徑四尺，圍七尺，及諸轝輦法物以獻，軍無私焉。』」器案：乍亦或也，對文則異，散文則通。

家訓歸心篇：「或渾或蓋，乍宣乍安。」用法與此正同。

〔六〕盧文弨曰：「史記封禪書：『秦滅周，周之九鼎入於秦。或曰：宋太丘社亡而鼎没於泗水彭城下。』」

〔七〕「弓」原作「宫」，宋蜀本作「弓」，今據改正。史記封禪書：「黄帝採首山銅，鑄鼎於荆山下，鼎既成，有龍垂胡髯下迎黄帝，黄帝上騎，羣臣後宫從上者七十餘人，龍乃上去。餘小臣不得上，乃悉持龍髯，龍髯拔墮，墮黄帝弓。百姓仰望，黄帝既上天，乃抱其弓及龍髯號；故後世因名其處曰鼎湖，其弓曰烏號。」顔賦即用此事。

爾其十六國之風教〔一〕，七十代之州壤〔二〕，接耳目而不通，詠圖書而可想。何黎氓之匪昔，徒山川之猶曩；每結思於江湖，將取弊於羅網〔三〕。聆代竹之哀怨〔四〕，聽出塞之嘹朗〔五〕，對皓月以增愁，臨芳樽而無賞〔六〕。

〔一〕盧文弨曰：「十六國當以詩有十五國風，並魯數之爲十六也。或者，身已入關，舉崔鴻所紀載之十六國爲言，亦未可定。」

〔二〕盧文弨曰：「管仲言：『古封禪之君七十二家。』今言七十代，舉成數也。淮南繆稱訓：『泰山之上有七十壇焉。』」

〔三〕盧文弨曰：「此即終制篇所云：『計吾兄弟，不當仕進；所以靦冒人間，亦以北方政教嚴切、全無隱遯者故也。』」王叔岷曰：「案莊子山木篇：『夫豐文豹……雖饑渴隱約，猶且胥疏於江湖之上而求食焉，定也。然且不免於罔羅機辟之患，是何罪之有哉？其皮爲之災也。』」

〔四〕器案：代竹，指代地絲竹之樂。漢書藝文志：「代、趙之謳，秦、楚之風，皆感於哀樂，緣事而發。」

〔五〕器案：樂府詩集二一：「晉書樂志曰：『出塞、入塞曲，李延年造。』曹嘉之晉書曰：『劉疇嘗避亂塢壁，賈胡數百欲害之。疇無懼色，援笳而吹之，爲出塞、入塞之聲，以動其游客之思；於是羣胡皆垂泣而去。』按：西京雜記曰：『戚夫人善歌出塞、入塞、望歸之曲。』則高帝時已有之，疑不起於延年也。唐又有塞上、塞下曲，蓋出於此。」

〔六〕盧文弨曰：「所謂『異方之樂，祇令人悲』。」

日太清之內釁〔一〕，彼天齊而外侵〔二〕，始蹙國於淮滸〔三〕，遂壓境於江潯〔四〕，獲仁厚之麟角〔五〕，尅儁秀之南金〔六〕，爰衆旅而納主，車五百以敻臨〔七〕，返季子之觀樂〔八〕，釋鍾儀之鼓琴〔九〕。竊聞風而清耳，傾見日之歸心，試拂蓍以貞筮〔一〇〕，遇交泰之吉林〔一一〕。譬欲秦而更楚〔一二〕，假南路於東尋，乘龍門之一曲，歷砥柱之雙岑〔一三〕。冰夷風薄而雷呴〔一四〕，陽侯山載而谷沉〔一五〕，侔挈龜以憑濬〔一六〕，類斬蛟而赴深〔一七〕，昏揚舲于分陜〔一八〕，曙結纜於河陰〔一九〕，追風飈之逸氣〔二〇〕，從忠信以行吟〔二一〕。

〔一〕器案：漢書淮南王傳：「日得幸上有子。」師古曰：「日謂往日。」此文義同。孫爾準校本改「日」作「自」，非是。

〔二〕盧文弨曰：「史記封禪書：『齊所以爲齊，以天齊也。』集解：『蘇林曰：「當天中央齊。」』」

〔三〕詩大雅召旻：「今也日蹙國百里。」毛傳：「蹙，促也。」

〔四〕自注：「侯景之亂，齊氏深斥梁家土宇，江北淮北，唯餘廬江、晉熙、高唐、新蔡、西陽、齊昌數郡，至孝元之敗，于是盡矣，以江爲界也。」器案：公羊傳莊公十三年：「城壞壓境，君不圖與？」王叔岷曰：「案淮南子原道篇：『故雖游於江潯海裔。』高誘注：『潯，崖也。』文選郭景純江賦注引許慎注：『潯，水涯也。』」

〔五〕盧文弨曰：「詩周南麟之趾序：『雖衰世之公子，皆信厚如麟趾之時也。』『麟之角，振振公族。』」

〔六〕盧文弨曰：「晉書薛兼傳：『兼少與紀瞻、閔鴻、顧榮、賀循齊名，號爲五儁。初入洛，司空張華見而奇之，曰：「皆南金也。」』」

〔七〕自注：「齊遣上黨王渙率兵數萬，納梁貞陽侯明爲主。」徐鯤曰：「左定五年傳：『申包胥以秦師至，秦子蒲、子虎帥車五百以救楚。』」器案：梁書敬帝紀：「承聖四年二月癸丑，晉安王方智至自尋陽，入居朝堂。三月，齊遣其上黨王高渙，送貞陽侯蕭淵明來主梁嗣。七月辛丑，王僧辯納貞陽侯蕭淵明，自採石濟江。甲辰，入於京師，以帝爲皇太子；司空陳霸先舉義旗襲殺王僧辯，黜蕭淵明。丙午，帝即皇帝位，是爲敬帝。」貞陽侯明，即淵明，唐人避李淵諱闕之。

〔八〕盧文弨曰：「左氏襄廿九年傳：『吴公子札來聘，請觀於周樂。』」

〔九〕自注：「梁武聘使謝挺、徐陵，始得還南；凡厥梁臣，皆以禮遣。」盧文弨曰：「左氏成九年傳：『晉侯觀於軍府，見鍾儀，問之曰：「南冠而縶者誰也？」有司對曰：「鄭人所獻楚囚也。」問其族，對曰：「泠人也。」使與之琴，操南音。公重爲之禮，使歸求成。』」器案：南史徐陵傳：「太清二年，兼通直散騎常侍使魏。」徐陵集有在北齊與楊僕射書：「謝常侍今年五十有一，吾今年四十有四，介已知命，賓又杖鄉。」謝常侍即謝挺也。資治通鑑梁紀十七：「上遣建康令謝挺、散騎常侍徐陵等，聘於東魏。」胡三省注：「案：梁官制，建康令秩千石，散騎常侍秩二千石，謝挺不當在徐之上。蓋徐陵將命而使，謝挺特輔行耳。」四庫全書總目提要别集類徐孝穆集箋注：「集中在北齊與楊僕射書有云『謝常侍今年五十有一，吾今年四十有四，介已知命，賓又杖鄉』云云。是謝挺實爲正使，蓋假散騎常侍以行。通鑑但書本官，並非舛錯。胡三省未考陵書，未免曲爲之説。參諸此書，可證其訛。」器案：提要糾胡注之謬，是，顏氏此注正叙謝挺在徐陵之上，當出目擊而存之也。

〔一〇〕「筮」原作「噬」，嚴本據史文校改，今從之。盧文弨曰：「易師象：『師貞，丈人吉。』」案：鄭注禮記緇衣、周禮天府太卜皆以貞爲問，此貞筮亦謂問於筮也。」

〔一一〕自注：「之推聞梁人返國，故有奔齊之心，以丙子歲旦，筮東行吉不，遇泰之坎，乃喜，曰：『天地交泰，而更習坎，重險行而不失其信，此吉卦也，但恨小往大來耳，後遂吉也。』」盧文弨曰：「漢焦贛、崔篆皆著周易林。」案：易泰卦象曰：「天地交，泰。」

〔一二〕盧文弨曰：「吕氏春秋首時篇：『墨者有田鳩，欲見秦惠王，留秦三年而弗得見。客有言之於楚王者，往見楚王，楚王説之，與將軍之節以如秦。至，因見惠王，告人曰：「之秦之道乃之楚乎！」固有近之而遠、遠之而近者。』」

〔一三〕盧文弨曰：「尚書禹貢：『導河積石，至于龍門，南行至於華陰，東至於底柱。』水經注四：『魏土地記曰：「梁山北有龍門山，大禹所鑿。」』注又云：『砥柱，山名也。昔禹治洪水，山陵當水者鑿之，故破山以通河，河水分流，包山而過，山見水中若柱然，故曰砥柱，亦謂之三門山，在虢城東北，太陽城東也。』公羊文十二年傳：『河形千里而一曲。』案：河從積石北行，又東，乃南行，至于龍門，此所以云一曲也。」

〔一四〕盧文弨曰：「海内北經：『從極之淵，深三百仞，維冰夷恒都焉。』郭璞注：『冰夷，即馮夷也。淮南云：「馮夷得道，以潛大淵。」即河伯也。』薄，迫各切。易繫辭上傳：『雷風相薄。』呴，許后切，嘷也。郭璞江賦：『溢流雷呴而電激。』」

〔一五〕「陽侯」，原誤「陽度」，今據錢大昕、盧文弨説校改，錢説已見前，盧曰：「『陽度』疑『陽侯』之譌，初學記引博物志：『大波之神曰陽侯。』山載疑言戴山，古載、戴字通。」王叔岷曰：「案莊子大宗師篇：『馮夷得之，以遊大川。』釋文引司馬彪注：『清泠傳曰：馮夷，華陰潼鄉堤首人也。服八石，得水仙，是爲河伯。』抱朴子釋鬼篇：『馮夷，華陰人。以八月上庚日度河溺死，天帝署爲河伯。』唐段成式酉陽雜俎十四：『河伯，人面，乘兩龍，一曰冰夷，一曰馮夷。』盧氏疑『陽度』爲『陽侯』之誤，是也。侯本作矦，與度形近，故致誤耳。淮南子覽冥篇：『武王伐紂，渡于孟津，陽侯之波逆流而擊之。』高誘注：『陽侯，陽陵國侯也。其國近水，溺死於水，其神能爲大波，有所傷害，因謂之陽侯之波也。』説山篇：『渡江河而言陽侯之波。』高注略同。漢書揚雄傳上：『淩陽侯之素波兮，豈吾纍之獨見許。』應劭注：『陽侯，古之諸侯也。有罪，自投江，其神爲大波。』」

〔一六〕盧文弨曰：「挈龜事未詳，唯毛寶事略相近，見續搜神記，云：『晉咸康中，豫州刺史毛寶戍邾城，買一白龜子，放之。後邾城遭石勒敗，衆人越江，莫不沈溺。寶一同自投，既入水，覺如隨一石上，中流視之，乃是先所養白龜。既送至東岸，出頭視此人，徐游而去。』爾雅：『濬，深也。』」劉盼遂曰：「案：『龜』當爲『黿』，隋、唐俗書黿作鼋，遂致誤爾。晏子春秋内篇諫下：『古冶子曰：「吾嘗從濟於河，黿銜左驂以入砥柱之流，冶潛行得黿而殺之，左操驂尾，右挈黿頭，鶴躍而出。」』此挈黿用其事也。」案：劉説是。

〔一七〕盧文弨曰：「斬蛟，博物志載澹臺滅明、次非、菑丘訢三事，晉書周處傳：『處投水搏蛟，蛟或沈或浮，行數十里，而處與之俱，經三日三夜，果殺蛟而返。』」劉盼遂曰：「張華博物志：『澹臺子羽持千金之璧，渡河。陽侯波起，兩蛟挾舟；子羽左操璧，右操劍，擊蛟皆死。』此斬蛟用其事也。此二事皆大河中故實，故顔引之。」王叔岷曰：「案呂氏春秋知分篇：『荆有次非者，得寶劍於干遂。還反涉江，至於中流，有兩蛟夾繞其船，次非謂舟人曰：子嘗見兩蛟繞船，能兩活者乎？船人曰：未之見也。次非攘臂袪衣，拔寶劍曰：此江中之腐肉朽骨也，棄劍以全己，余奚愛焉！於是赴江刺蛟，殺之而復上船。舟中之人皆得活。』又見淮南子道應篇，『至於中流』下，有『陽侯之波』四字，與此上言陽侯尤合。」

〔一八〕盧文弨曰：「王逸注楚辭九章云：『舲，船有窗牖者。』陜，失冉切。」器案：分陜，借喻荆州，禮記樂記：「五成而分陜（從毛詩周南召南譜正義引），周公左而召公右。」又見公羊傳隱公五年。文選王元長永明十一年策秀才文：「賢牧分陜，良守共治。」李善注：「袁焕與曹植書曰：『召公與周公俱受分陜之任。』」又王元長三月三日曲水詩序：「分陜流勿翦之欋。」又沈休文齊故安陸昭王碑文：「地埒分陜。」

〔一九〕自注：「水路七百里，一夜而至。」盧文弨曰：「纜，維船索也。」徐鯤曰：「續漢書地理志：『魏郡鄴縣有故大河。』文選陸士衡贈文羆詩：『驅馬大河陰。』注：『穀梁傳曰：「水南曰陰。」』」器案：本傳云：「值河水暴長，具舡將妻子來奔，經砥柱之險，時人稱其勇決。」文苑英華二八九引之推從周入齊夜度砥柱詩：「俠客重艱辛，夜出小平津。馬色迷關吏，雞鳴起戍人。露鮮華劍影，月照寶刀新。問我『將何去，北海就孫賓。』陳槃曰：「河陰，今之孟津。（本漢置縣，隋廢。）由陝縣東至孟津，陸途三百里。顔氏自注：『水路七百里，一夜而至。』蓋陸路三百里，水路曲折，則宜爲七百里矣。」案陳氏以分陝之陝爲陝縣也。

〔二〇〕徐鯤曰：「晉書王廙傳：『廙性儁率，嘗從南下，旦自尋陽迅飛帆，暮至都，倚舫樓長嘯，神氣甚逸。王導謂庾亮曰：「世將爲傷時識事。」亮曰：「正足舒其逸氣耳。」』」

〔二一〕盧文弨曰：「列子説符：『孔子自衛反魯，息駕乎河梁而觀焉。有懸水三十仞，圜流九十里，魚鼈弗能游，黿鼉弗能居；有丈夫厲之而出。孔子問之曰：「巧乎？有道術乎？」丈夫對曰：「始吾之入也，先以忠信，及吾之出也，又從以忠信，錯吾軀於波流，而吾不敢用私，所以能入而復出也。」』説苑雜言篇、家語致思篇並載此事。」器案：楚辭漁父：「屈原既放，遊於江潭，行吟澤畔。」

遭厄命而事旋，舊國從於採芑〔一〕；先廢君而誅相〔二〕，訖變朝而易市〔三〕。遂留滯於漳濱〔四〕，私自怜其何已〔五〕。謝黄鵠之迴集，卹翠鳳之高峙〔六〕。曾微令思之對〔七〕，空竊彦先之仕〔八〕，纂書盛化之旁，待詔崇文之裏〔九〕，珥貂蟬而就列〔一〇〕，執麾蓋以入齒〔一一〕，款一相之故人〔一二〕，賀萬乘之知己，秖夜語之見忌〔一三〕，寧懷剛之足恃〔一四〕。諫譖言之矛戟〔一五〕，惕險情之山水〔一六〕，由重裘以勝寒〔一七〕，用去薪而沸止〔一八〕。

〔一〕徐鯤曰：「史記田敬仲完世家：『於是田常復修釐子之政，以大斗出貸，以小斗收，齊人歌之曰：「嫗乎！采芑歸乎田成。」』索隱曰：『以刺齊國之政將歸陳氏也。』」龐石帚先生養晴室筆記卷二：「此言梁禪于陳，用事精切。」

〔二〕盧文弨曰：「梁敬帝禪位於陳霸先。所誅之相謂王僧辯。」

〔三〕自注：「至鄴，便值陳興而梁滅，故不得還南。」器案：之推古意詩：「狐兔穴宗廟，霜露沾朝市。」意與此同。

〔四〕盧文弨曰：「漳濱謂鄴，即北齊所都也。」李詳曰：「案：劉楨贈五官中郎將詩：『余嬰沈痼疾，竄身清漳濱。』」器案：隋書經籍志：「齊宅漳濱，辭人間起。」

〔五〕盧文弨曰：「怜，俗憐字。」徐鯤曰：「楚辭宋玉九辯：『私自憐兮何極。』」李詳説同。

〔六〕盧文弨曰：「西京雜記：『始元元年，黄鵠下太液池，上爲歌曰：「自顧薄德，愧爾嘉祥。」』之推自言其至止也，視黄鵠之下，鳳皇之儀，爲有愧也。」何焯曰：「『迴』疑『迥』。」

〔七〕盧文弨曰：「令思，華譚字。晉書譚傳：『廣陵人，刺史嵇紹舉譚秀才，武帝親策之，時九州秀孝策，無逮譚者。博士王濟於衆中嘲之曰：「君，吴、楚之人，亡國之餘，有何秀異，而應斯舉？」答曰：「秀異同産於方外，不出於中域也，是以明珠文貝，生於江、鬱之濱，夜光之璧，出乎荆、藍之下。故以人求之，文王生於東夷，大禹生於西羌：子弗聞乎？」濟又曰：「夫危而不持，顛而不扶，至於君臣失位，國亡無主；凡在冠帶，將何所取哉？」答曰：「吁！存亡有運，興衰有期；天之所廢，人不能支。諒否泰有時，豈人事之所能哉！」濟甚禮之。』」

〔八〕盧文弨曰：「彦先，顧榮字。晉書榮傳：『吴興人也，弱冠仕吴，吴平，入洛，例拜爲郎，齊王同召爲大司馬主簿。同擅權驕恣，榮懼及禍，終日昏酣，不綜府事。同誅，長沙王乂以爲長史。乂敗，轉成都王穎丞相從事中郎。以世亂還吴，屬廣陵相陳敏反，假榮右將軍丹陽内史。榮數踐危亡之際，恒以恭遜自免；後與甘卓、紀瞻潛謀起兵攻敏，事平還吴。元帝鎮江東，以榮爲軍司，朝野甚推敬之。』」

〔九〕自注：「齊武平中，署文林館，待詔者僕射陽休之、祖孝徵以下三十餘人，之推專掌，其撰修文殿御覽、續文章流别等，皆詣進賢門奏之。」盧文弨曰：「唐六典：『魏文帝招文儒之士，始置崇文館，王肅以散騎常侍領崇文館祭酒。』」器案：北史李德林傳：「李德林，博陵安平人也。齊王留情文雅，召入文林館，又令與黄門侍郎顔之推同判文林館事。」北齊書文苑傳序：「武平三年，祖珽奏立文林館；於是更召引文學士，謂之待詔文林館焉。珽又奏撰御覽，詔珽及特進魏收、太子太師徐之才、中書令崔劼、散騎常侍張雕、中書監陽休之監撰，珽等奏追通直散騎侍郎韋道孫、陸乂、太子舍人王邵、御尉丞李孝基、殿中侍御史魏澹、中散大夫劉仲威、袁奭、國子博士朱才、奉車都尉眭道閑、考功郎中崔子樞、左外兵郎薛道衡、並省主客郎中盧道、司空東閣祭酒崔德、大學博士諸葛漢、奉朝請鄭公超、殿中侍御史鄭子信等入閣撰書，並敕放、慤、之推等同入撰例，復令散騎常侍封孝琰、前樂陵太守鄭元禮、衛尉少卿杜臺卿、通直散騎常侍王訓、前兗州長史羊肅、通直散騎常侍馬元熙，並省三公郎中劉珉、開府行參軍李師正、温君悠入館，亦令撰書。復令特進崔季舒、前仁州刺史劉逖、散騎常侍李孝貞、中書侍郎李德林，續入待詔。尋又詔諸人各舉所知，又有前濟州長史李翥、前廣武太守魏騫、前西兗州司馬蕭溉、前幽州長史陸仁惠、鄭州司馬江旰、前通直散騎侍郎辛德源、陸開明、通直郎封孝騫、太尉掾張德沖、並省右民郎高行恭、司徒户曹參軍古道子、前司空功曹參軍劉顗、獲嘉令崔德儒、給事中李元楷、晉州治中陽師孝、太尉中兵參軍劉儒行、司空祭酒陽辟彊、司空士曹參軍盧公順、司徒中兵參軍周子深、開府參軍王友柏、崔君洽、魏師騫，並入館待詔，又敕右僕射段孝言亦入焉。御覽成後，所撰録人，亦有不時待詔付所司處分者。凡此諸人，亦有文學膚淺、附會親識、妄相推薦者，十三四焉；雖然，當時操筆之徒，搜求略盡。其外，如廣平宋孝王、信都劉善經輩三數人，論其才性，入館諸賢，亦十三四不逮之也，待詔文林，亦是一時盛事，故存録其姓名。」御覽六〇一引三國典略：「齊主如晉陽，尚書右僕射祖珽等上言：『昔魏文帝命韋誕諸人撰著皇覽，包括羣言，區分義别。陛下聽覽餘日，眷言緗素，究蘭臺之籍，窮策府之文，以爲觀書貴博，博而貴要，省日兼功，期於易簡。前者，修文殿令臣等討尋舊典，撰録斯書；謹罄庸短，登即編次，放天地之數，爲五十五部，象乾坤之策，成三百六十卷。昔漢世諸儒，集論經傳，奏之白虎閣，因名白虎通；竊緣斯義，仍曰修文殿御覽。今繕寫已畢，並目上呈，伏願天鑒，賜垂裁覽。』齊主令付史閣。初，齊武成令宋士素録古來帝王言行要事三卷，名爲御覽，置於齊主巾箱；陽休之創意，取芳林遍略加十六國春秋、六經拾遺録、魏史，第書以士素所撰之名，稱爲玄洲苑御覽，後改爲聖壽堂御覽；至是，珽等又改爲修文殿上之。徐之才謂人曰：『此可謂床上之床、屋下之屋也。』」又案：隋書經籍志：「續文章流別三卷，孔寧撰。」原注：「孔寧始末未詳。」或以爲孔寧亦文林待詔，而文苑傳序存録文林諸待詔姓名，未見其人。又案：隋書經籍志：「文林館詩府八卷，後齊文林館作。」兩唐志作「文林詩府六卷，北齊後主作」，此亦當時文林著作之可考見者。

〔一〇〕盧文弨曰：「獨斷：『武官太尉以下及侍中、常侍，皆冠惠文冠，侍中、常侍加貂蟬。』」器案：文選左太沖詠史詩：「金、張藉舊業，七葉珥漢貂。」李善注：「董巴輿服志曰：『侍中、中常侍，冠武弁，貂尾爲飾。』」劉良注：「珥，插也。」

〔一一〕自注：「時以通直散騎常侍遷黄門郎也。」「時」原誤作「將」，重校正已改正，今據改。器案：曹植求通親親表：「安宅京室，執鞭珥筆，出從華蓋，入侍輦轂，承答聖問，拾遺左右。」

〔一二〕自注：「故人祖僕射掌機密，吐納帝令也。」案：宋蜀本「機」誤「璣」。一相，一宰相也。公羊傳隱公五年：「一相處乎内。」

〔一三〕姚姬傳惜抱軒筆記七：「此用杜襲與魏武夜語，王粲忌之，事見襲傳。」

〔一四〕盧文弨曰：「韓非子内儲説下：『靖郭君相齊，與故人久語，則故人富；懷左右刷，則左右重。久語、懷刷，小資也，猶以成富，況於吏勢乎！』此『夜語』疑亦『久語』之譌。」案：「夜語」

不詶，詳見上注引姚姬傳説。

〔一五〕盧文弨曰：「『誎』舊作『諫』，誤。『誎』與『刺』通，荀子榮辱篇：『與人善言，煖于布帛；傷人之言，深于矛戟。』」

〔一六〕盧文弨曰：「莊子列御寇：『孔子曰：「凡人心險于山川，難于知天。」』」王叔岷曰：「案劉子心隱篇：『凡人之心，險於山川，難知於天。』」

〔一七〕盧文弨曰：「三國魏志王昶傳：『諺曰：「救寒莫如重裘，止謗莫如自修。」』」

〔一八〕自注：「時武職疾文人，之推蒙禮遇，每構創痏，故侍中崔季舒等六人以獲誅，之推爾日鄰禍而免。儕流或有毁之推於祖僕射者，僕射察之無實，所知如舊不忘。」盧文弨曰：「後漢書董卓傳：『臣聞揚湯止沸，莫若去薪。』」器案：漢書枚乘傳：「欲湯之滄，一人炊之，百人揚之，無益也，不如絶薪止火而已。」又案：自注所舉崔季舒等六人，謂張雕虎、劉逖、封孝琰、裴澤、郭遵及季舒也，見北齊書後主紀及崔季舒傳。

予武成之燕翼〔一〕，遵春坊而原始〔二〕；唯驕奢之是脩，亦佞臣之云使〔三〕。惜染絲之良質〔四〕，惰琢玉之遺祉〔五〕，用夷吾而治臻，昵狄牙而亂起〔六〕。

〔一〕盧文弨曰：「詩大雅文王有聲：『詒厥孫謀，以燕翼子。』傳云：『燕，安也；翼，敬也。』箋云：『傳其所以順天下之謀，以安其敬事之子孫，謂使行之也。』」

〔二〕盧文弨曰：「案：春坊之名，隋書百官志不載，唐六典注云：『北齊有門下坊、典書坊，龍朔二年，改門下坊爲左春坊，典書坊爲右春坊。』據此，則唐已前尚未以春坊爲官名，以其東宮所在，故以春名之，是時俗所呼，後來即以爲署名。」

〔三〕自注：「武成奢侈，後宮御者數百人，食於水陸，貢獻珍異，至乃厭飽，棄于廁中。褌衣悉羅纈錦繡珍玉，織成五百一段，爾後宮掖遂爲舊事。後主之在宮，乃使駱提婆母陸氏爲之，又胡人何洪珍等爲左右，後皆預政亂國焉。」自注「織」原誤「纈」，嚴刻本據北齊書改，今從之。織成即後世之提花絲織品也。器案：北齊書後主紀：「任陸令萱、和士開、高阿那肱、穆提婆、韓長鸞等，宰制天下，陳德信、鄧長顒、何洪珍參預機權，各引親黨，超居非次，官由財進，獄以賄成，其所以亂政害人，難以備載。」陸氏即陸令萱，駱提婆即穆提婆，見北齊書恩倖傳。又案：隋書食貨志：「武平之後，權幸並進，賜與無限，加之旱蝗，國用轉屈。乃料境内六等富人，調令出錢。而給事黄門侍郎顔之推奏請立關市邸店之税，開府鄧長顒贊成之。後主大悦。於是以其所入以供御府聲色之費，軍國之用不豫焉。未幾而亡。」

〔四〕盧文弨曰：「墨子所染篇：『墨子見染絲者，歎曰：「染於蒼則蒼，染於黄則黄，五入則爲五色，故染不可不慎也。」』」

〔五〕盧文弨曰：「『惰』當作『墮』，壞也。禮記學記：『玉不琢，不成器。』」

〔六〕自注：「祖孝徵用事，則朝野翕然，政刑有綱紀矣。駱提婆等苦孝徵以法繩己，譖而出之，于是教令昏僻，至于滅亡。」盧文弨曰：「夷吾，管敬仲名，狄牙即易牙。謂齊桓公用管仲則霸，用狄牙等則亂起也。」王叔岷曰：「案呂氏春秋貴公：『桓公行公，去私惡，用管子而爲五伯長。』管子戒篇：『桓公去易牙、豎刁、衛公子開方，五味不至。於是乎復反易牙，宫中亂。』」案：梁玉繩古今人表考：「易牙又作狄牙，見大戴禮保傅、賈誼新書胎教、法言問神、論衡譴告、自紀、文選琴賦、北齊書顏之推傳。易、狄古通，故白虎通禮樂章云：『狄者，易也。』」

誠怠荒於度政〔一〕，惋驅除之神速〔二〕，肇平陽之爛魚〔三〕，次太原之破竹〔四〕，寔未改於弦望，遂□□□□□。及都□而昇降，懷墳墓之淪覆，迷識主而狀人，競己棲而擇木〔五〕，六馬紛其顛沛〔六〕，千官散於犇逐，無寒瓜以療饑〔七〕，靡秋螢而照宿〔八〕，讎敵起於舟中〔九〕，胡、越生於輦轂〔一〇〕。壯安德之一戰，邀文、武之餘福〔一一〕，屍狼籍其如莽〔一二〕，血玄黄以成谷〔一三〕，天命縱不可再來，猶賢死廟而慟哭〔一四〕。

〔一〕盧文弨曰：「『度政』疑是『庶政』。」

〔二〕盧文弨曰：「史記秦楚之際月表：『王跡之興，起於閭巷，合從討伐，軼於三代，鄉秦之禁，適足以資賢者，爲驅除難耳。』」

〔三〕宋蜀本「魚」誤「兼」。盧文弨曰：「平陽，晉州。公羊僖十九年傳：『梁亡，自亡也。其自亡柰何？魚爛而亡也。』何休注：『魚爛從内發，故云爾。』」

〔四〕自注：「晉州小失利，便棄軍還并，又不守并州，犇走向鄴。」盧文弨曰：「太原，并州。晉書杜預傳：『今兵威已振，譬如破竹，數節之後，迎刃而解。』」

〔五〕盧文弨曰：「左氏哀十一年傳：『鳥則擇木，木豈能擇鳥？』」

〔六〕蔡邕獨斷：「法駕，上所乘曰金根車，駕六馬。」

〔七〕盧文弨曰：「吴越春秋三：『越王復伐吴，吴王率其羣臣遁去，晝馳夜走，至胥山西坂中，得生瓜，吴王掇而食之。』」

〔八〕自注：「時在季冬，故無此物。」盧文弨曰：「後漢書靈帝紀：『張讓、段珪劫少帝陳留王協，走小平津，帝與陳留王夜步，逐熒光行數里，得民家露車共乘之。』熒與螢同。」

〔九〕盧文弨曰：「説苑貴德篇：『吴起對魏武侯曰：「在德不在險。若君不修德，船中之人盡敵國也。」』」

〔一〇〕盧文弨曰：「漢書司馬相如傳：『嘗從至長楊獵，因上疏諫曰：「今陛下好陵險阻，射猛獸，卒然遇逸材之獸，輿不及還轅，人不暇施巧，是胡、越起於轂下，而羌、夷接軫也，豈不殆哉？」』」

〔一一〕左傳僖公四年：「君惠徼福於敝邑之社稷。」又昭公三年：「徼福於大公、丁公。」杜預注：「徼，要也。」案：徼、邀俱借儌字，謂儌倖也。

〔一二〕宋蜀本「狼籍」作「狼藉」，古通。孟子滕文公上：「樂歲粒米狼戾。」趙岐注：「狼戾，猶狼藉也。……狼藉，棄捐於地。」盧文弨曰：「左氏哀元年傳：『吴日敝於兵，暴骨如莽。』」

〔一三〕自注：「後主奔後，安德王延宗收合餘燼，於并州夜戰，殺數千人，周主欲退，齊將之降周者，告以虚實，故留至明，而安德敗也。」盧文弨曰：「血玄黄，見易坤文言。」

〔一四〕盧文弨曰：「三國蜀志後主傳注：『漢晉春秋曰：「後主將從譙周之策，北地王諶怒曰：『若理窮力竭，禍敗必及，便當父子君臣，背城一戰，同死社稷，以見先帝可也。』後主不納。是日，諶哭於昭烈之廟，先殺妻子，而後自殺。」』」

乃詔余以典郡，據要路而問津〔一〕，斯呼航而濟水〔二〕，郊鄉導於善鄰〔三〕，不羞寄公之禮〔四〕，願爲式微之賓〔五〕。忽成言而中悔〔六〕，矯陰疎而陽親，信謟謀於公主，競受陷於姦臣〔七〕。曩九圍以制命〔八〕，今八尺而由人〔九〕；四七之期必盡〔一〇〕，百六之數溘屯〔一一〕。

〔一〕自注：「除之推爲平原郡，據河津，以爲奔陳之計。」案：論語微子篇：「使子路問津焉。」集解：「鄭曰：『津，濟渡處。』」王叔岷曰：「案文選古詩：『何不策高足，先據要路津。』」

〔二〕盧文弨曰：「淮南子道應訓：『公孫龍在趙之時，謂弟子曰：「人而無能者，龍不與之遊。」有客衣褐帶素而見曰：「臣能呼。」公孫龍顧謂弟子曰：「門下故有能呼者乎？」對曰：「無有。」公孫龍曰：「與之弟子之籍。」數日，往説王，至於河上，而航在北，使客呼之，一呼而航來。』」

〔三〕殿本考證曰：「『郊』疑『効』字之譌。」徐鯤曰：「孫子軍争篇：『不用鄉導者，不能得地利。』左隱六年傳：『五父諫曰：「親仁善鄰，國之寶也。」』」器案：「郊」疑「郤」之誤。宋蜀本「導」作「道」，古通。

〔四〕盧文弨曰：「儀禮喪服傳：『寄公者何也？失地之君也。何以爲所寓服齊衰三月也？言與民同也。』」

〔五〕盧文弨曰：「詩小序：『式微，黎侯寓于衛，其臣勸以歸也。』」

〔六〕盧文弨曰：「離騷：『初既與余成言兮，後悔遁而有他。』」

〔七〕自注：「丞相高阿那肱等不願入南，又懼失齊主，則得罪於周朝，故疎間之推。所以齊主留之推守平原城，而索船度濟向青州。阿那肱求自鎮濟州，乃啓報應齊主云：『無賊，勿忽忽。』遂道周軍追齊主而及之。」

〔八〕盧文弨曰：「九圍，見詩商頌。」器案：商頌長發：「帝命式于九圍。」毛傳：「九圍，九州也。」九圍，即九域，圍、域一聲之轉。

〔九〕盧文弨曰：「人身中制七尺，今曰八尺，言其長也。」

〔一〇〕自注：「趙郡李穆叔調妙占天文算術，齊初踐祚，計止於二十八年。至是，如期而滅。」何焯曰：「穆叔名公緒，『調』字疑。」

〔一二〕盧文弨曰：「漢書律志：『易九戹，曰：「初入元百六陽九。」』孟康曰：『初入元百六歲有戹者，則前元之餘氣也。』又谷永傳：『遭无妄之卦運，直百六之災阸。』說文：『溘，奄忽也。』」

予一生而三化〔一〕，備荼苦而蓼辛〔二〕，鳥焚林而鎩翮〔三〕，魚奪水而暴鱗〔四〕，嗟宇宙之遼曠，愧無所而容身〔五〕。夫有過而自訟〔六〕，始發矇於天真〔七〕，遠絶聖而棄智〔八〕，妄鎖義以羈仁〔九〕，舉世溺而欲拯，王道鬱以求申。既銜石以填海〔一〇〕，終荷戟以入榛〔一一〕，亡壽陵之故步〔一二〕，臨大行以逡巡〔一三〕。向使潛於草茅之下，甘爲畎畝之人，無讀書而學劍〔一四〕，莫抵掌以膏身〔一五〕，委明珠而樂賤，辭白璧以安貧，堯、舜不能榮其素樸，桀、紂無以汙其清塵，此窮何由而至，兹辱安所自臻？而今而後，不敢怨天而泣麟也〔一六〕。

〔一〕自注：「在揚都，值侯景殺簡文而篡位；於江陵，逢孝元覆滅；至此而三爲亡國之人。」器案：據此，則此賦作於齊亡入周之時。莊子寓言：「曾子再仕而心再化。」

〔二〕詩邶風谷風：「誰謂荼苦。」毛傳：「荼，苦菜也。」説文艸部：「蓼，辛菜薔虞也。」

〔三〕宋蜀本「鎩」誤「鍛」。盧文弨曰：「左思蜀都賦：『鳥鎩翮，獸廢足。』鎩，所札切。」器案：淮南俶真篇：「飛鳥鎩翼，走獸擠脚。」又覽冥篇：「飛鳥鎩翼，走獸廢脚。」此又左賦所本。

〔四〕器案：文選潘岳西征賦：「靈若翔於神島，奔鯨浪而失水，曝鱗骼於漫沙，隕明月以雙墜。」李周翰注：「鯨魚失水，曝於沙上。」郭璞客傲：「登降紛于九五，淪湧懸乎龍澤，蚓蛾以不才陸熇，蟒蛇以騰鶩暴鱗。」梁書何敬容傳：「會稽謝郁致書戒之曰：『曝鰓之鱗，不念杯勺之水，雲霄之翼，豈顧籠樊之糧，何者？所託已盛也。』」尋御覽九三〇引三秦記：「河津一名龍門，巨靈跡猶存，去長安九百里。水懸船而行，旁有山，水陸不通，龜魚之屬莫能上。江海大魚集門下數千，不得上，上即爲龍。故云：『曝鰓龍門，垂耳轅下。』」曝鱗即謂曝鰓也。水經沔水注亦謂：「漢水又東爲鱣湍，洪波濟盪，澗浪雲頹，古耆舊言：『有鱣魚奮鰭遡流，望濤直上，至此則暴鰓失濟，故因名湍矣。』」

〔五〕王叔岷曰：「案史記信陵君列傳：『於是公子立自責，似若無所容者。』」

〔六〕論語公冶長：「吾未見能見其過而内自訟者也。」

〔七〕盧文弨曰：「禮記仲尼燕居：『三子者既得聞此言也於夫子，昭然若發矇矣。』」

〔八〕盧文弨曰：「老子道經：『絶聖棄智，民利百倍；絶仁棄義，民復孝慈。』」王叔岷曰：「案莊子胠篋篇：『故絶聖棄智，大盜乃止。』在宥篇：『故曰：絶聖棄智，而天下大治。』」

〔九〕盧文弨曰：「此言鎖羈，猶言束縛。」器案：意林引抱朴子：「羈鞅仁義，纓鎖禮樂。」

〔一〇〕盧文弨曰：「山海經北山經：『發鳩之山，有鳥名曰精衞，是炎帝之少女，遊於東海，溺而不返，常銜西山之木石以湮東海。』」

〔一一〕「榛」原作「秦」，今據徐、朱、龐説校改。徐鯤曰：「按：『秦』當作『榛』，御覽三百八十五楊雄別傳：『楊信，字子烏，雄第二子，幼而聰慧，雄筭玄經不會，子烏令作九數而得之。雄又疑易「羝羊觸藩」，彌日不就，子烏曰：「大人何不云荷戟入榛？」』」朱亦楝引雄別傳同，並云：「按：『九齡而與我玄文』，蓋指此也。今作『入秦』，疑誤。」龐石帚先生養晴室筆記卷二：「按：『秦』當作『榛』，寫者脱去半字耳。御覽三百八十五引劉向別傳：『楊信，字子烏，雄第二子，幼而聰慧。雄嘗疑（同「擬」）易羝羊觸藩，彌日不就。子曰：大人何不云荷戟入榛？』顔氏用此語，以言其進退維谷耳。」器案：徐、朱、龐俱據御覽引楊雄別傳以訂「秦」爲「榛」之誤，是也。尋御覽所引，乃「劉向別傳」，而非「楊雄別傳」，實則「劉向別傳」又「劉向別録」之誤，此向叙録揚雄書語也。藝文類聚五一引梁簡文爲子大心辭封當陽公表云：「荷戟入榛，異子烏之辯。」亦用此事，不誤。淮南覽冥篇：「入榛薄。」又主術篇：「入榛薄險阻。」兩注俱云：「聚木爲榛，深草爲薄。」又案：太平御覽卷四百三十七引胡非子：「吾聞勇有五等：夫負長劍，赴榛薄，折兕豹，搏熊羆，獵徒之勇也。」蓁薄即榛薄，淮南子原道篇：「隱於榛薄之中。」古从艸从木之字多亘出，詩邶風簡兮：「山有榛。」釋文：「榛，本作蓁。」然則揚烏之言，又本之墨家胡非子也。漢書藝文志諸子略墨家：「胡非子三篇。」本注：「墨翟弟子。」其書已亡，今有馬國翰輯本，亦見孫詒讓墨子閒詁坿録。

〔一二〕盧文弨曰：「莊子秋水篇：『壽陵餘子學行於邯鄲，未得國能，又失其故行矣。』」李詳曰：「案：注引莊子秋水篇，秪作『故行』，漢書叙傳班嗣報桓譚書作『故步』，顔兼用之。」

〔一三〕盧文弨曰：「大行，山名。」李詳曰：「案：阮籍詠懷詩：『北臨太行道，失路將如何。』義見國策。」王叔岷曰：「曹操苦寒行：『北上大行山，艱哉何巍巍。』文選謝惠連雪賦注引廣雅：『逡巡，卻步也。』」

〔一四〕盧文弨曰：「漢書東方朔傳：『朔初來，上書曰：「臣朔年十二學書，十五學擊劍，十六學詩、書，誦二十二萬言，十九學孫吴兵法，亦誦二十二萬言。」』」

〔一五〕盧文弨曰：「戰國秦策：『蘇秦見説趙王於華屋之下，抵掌而談，趙王大説。』膏身，猶言潤身。」

〔一六〕盧文弨曰：「公羊哀十四年傳：『西狩獲麟，孔子曰：「孰爲來哉！孰爲來哉！」反袂拭面，涕沾袍。』」器案：論語憲問篇：「子曰：『不怨天，不尤人。』」據史記孔子世家，孔子此言蓋發於獲麟之後，之推即本之。

之推在齊有二子：長曰思魯，次曰慜楚〔一〕，不忘本也。

〔一〕「慜」，宋蜀本作「敏」，北史同。緗素雜記十：「北史云：『之推在齊有二子：長曰思魯，次曰敏楚，蓋示不忘本也。』而唐書云：『師古父思魯，以儒學顯，武德初，爲秦王府記室參軍事。』

又云：『師古叔父遊秦，武德初，累遷廉州刺史，撰漢書決疑，師古多資取其義。』又與北史不同。南史載：『顔協二子：之儀、之推，並早知名。』則之儀爲長，推爲次，明矣。而北史載：『之推字介，弟之儀字升。』則以之推爲兄，之儀爲弟，其不同又如此，何耶？」錢大昕廿二史攷異曰：「『敏』當作『愍』，即慜字。之推又有子名遊秦，蓋入周後所生。」器案：緗素雜記所引係新唐書儒林顔師古傳，舊唐書顔師古傳則云：「顔籀，字師古，齊黄門侍郎之推孫也。」又案：史記高紀「楚歌」，索隱引顔遊秦云：「楚歌，猶吴謳也。」漢書高紀上則爲師古注；史記文紀「中大夫令勉」。索隱引顔遊秦以「令是姓，勉是名，爲中大夫」。漢書文紀後六年則爲師古注；史記陳涉世家「臘月」索隱引顔遊秦云：「按史記表，二世二年十月，誅葛嬰，十一月，周文死，十二月，陳涉死是也。」漢書陳勝傳則爲師古注。俱用顔遊秦論而乾没其名，此其一隅耳。因是已，緗素之説，爲不誣矣。

之推集在〔一〕，思魯自爲序録。

〔一〕顔魯公文集坿令狐峘顔魯公神道碑銘：「五代祖之推，北齊黄門侍郎，爲海内大儒，著家訓、稽聖賦、寃魂誌及文集，藏在書府，歷代傳之。」案：之推集，隋唐志都未著録，蓋在隋代即已亡佚。

三　顔氏家訓佚文

摎毐變嫪。

郭忠恕佩觿卷上：「雞尸虎穴之議，妒媚提福之殊，楊震之鱓非鱣，丞相之林是狀，摎毐變嫪，（摎音劉，是；作嫪，郎到翻，非。）田肯云宵，削柹施脯，莪木用最。」原注云：「自雞口已下，顔氏家訓説。」案：郭氏所舉，俱見書證篇，惟「摎毐變嫪」無文，且亦不見於他篇，則此乃書證篇佚文也，即括符内之音反，亦當是顔氏原文。

子弟固能累父兄，父兄亦能累子弟也。

葉紹翁四朝聞見録甲集請斬趙忠定：「顔氏家訓述盧氏事，子弟固能累父兄，父兄亦能累子弟也。」

四　顏之推集輯佚

古意二首〔一〕

其一

十五好詩書，二十彈冠仕〔二〕。楚王賜顏色，出入章華裏〔三〕。作賦凌屈原，讀書誇左史〔四〕。數從明月讌〔五〕，或侍朝雲祀〔六〕。登山摘紫芝〔七〕，泛江採緑芷〔八〕。歌舞未終曲，風塵暗天起〔九〕。吴師破九龍〔一〇〕，秦兵割千里〔一一〕。狐兔穴宗廟，〔一二〕，霜露沾朝市〔一三〕。璧入邯鄲宫〔一四〕，劍去襄城水〔一五〕。未獲殉陵墓，獨生良足恥〔一六〕。憫憫思舊都〔一七〕，惻惻懷君子。〔一八〕白髮闚明鏡，憂傷没餘齒〔一九〕。

〔一〕據藝文類聚二六引。文選徐敬業古意酬到長史溉登琅邪城，吕向：「古意，作古詩之意也。」文鏡祕府論南卷論文意：「古意者，非若其古意，當何有今意；言其效古人意，斯蓋未當擬古。」

〔二〕張玉穀古詩賞析二一曰：「漢書：『王陽在位，貢禹彈冠。』」案：此見漢書王吉傳，師古注：

「彈冠者，且入仕也。」又蕭望之傳：「子育，少與陳咸、朱博爲友，著聞當世；往者有王陽、貢公，故長安語曰：『蕭、朱結綬，王、貢彈冠。』言其相薦達也。」

〔三〕賞析曰：「左傳：『楚子成章華之臺。』」案：見昭公七年，杜預注曰：「章華臺，在今華容城內。」渚宫舊事三原注：「章華臺，在江陵東百餘里，臺形三角，高十丈餘，亦名三休臺是也。」案：此二句是説仕梁元帝朝，時梁元建都江陵也。

〔四〕賞析曰：「左傳：『左史倚相趨過，王曰：「是良史也……是能讀三墳五典八索九丘。」』」案：見昭公十二年。

〔五〕御覽一九六引渚宫舊事：「湘東王（蕭繹）於子城中造湘東苑，穿池構山，長數百丈。……山北有臨風亭、明月樓，顔之推詩云：『屢陪明月宴。』並將軍扈熙所造。」藝文類聚七四引蕭繹謝賜彈棊局啓：「徘徊之勢，方希明月之樓。」

〔六〕賞析曰：「宋玉高唐賦：『王遊高唐，怠而晝寢，夢見一婦人，曰：「妾，巫山之神女也，朝爲行雲，暮爲行雨，朝朝暮暮，陽臺之下。」且朝視之，如言。故爲立廟，號曰朝雲。』」

〔七〕高士傳中：「四皓採芝歌：『漠漠高山，深谷逶迤；曄曄紫芝，可以療飢。』」文選思玄賦：「留瀛洲而採芝兮，聊且以乎長生。」舊注：「瀛洲，海中山也。」

〔八〕吴均與柳惲相贈答六首：「黄鸝飛上苑，緑芷出汀洲。」

〔九〕三國志吴書華覈傳：「覈上疏曰：『卒有風塵不虞之變，當委版築之役，應烽燧之急，驅怨苦之衆，赴白刃之難，此乃大敵所因爲資也。』」杜甫秋日荆南送石首薛明府辭滿告别奉寄薛尚書頌德叙懷斐然之作：「風塵相澒洞。」趙次公注：「凡兵之地，謂之風塵。如隋顔之推古意詩云：『歌舞未終曲，風塵闇天地。』」案：趙注引「起」作「地」，誤，當以此爲正。

〔一〇〕賞析曰：「淮南子：『闔閭伐楚，破九龍之鐘。』」案：見泰族篇高誘注曰：「楚爲九龍之簴以懸鐘也。」

〔一一〕賞析曰：「割千里，謂秦割楚國之地千里也。」案：戰國策楚策：「横合，則楚割地以事秦。」

〔一二〕文選張孟陽七哀詩：「狐兔穴其中。」

〔一三〕器案：即觀我生賦「訖變朝而易市」之意。

〔一四〕史記藺相如傳：「趙惠文時，得楚和氏璧。」邯鄲，趙地。

〔一五〕御覽三四四引豫章記：「吴未亡，恒有紫氣見于牛斗之間，占者以爲吴方興，唯張華以爲不然。及平，此氣逾明。張華聞雷孔章妙達緯象，乃要宿，屏人，問天文將來吉凶。孔章曰：『無他，唯牛斗之間有異氣，是寶物之精，上徹于天耳。』『此氣自正始、嘉平至今日，衆咸謂孫氏之祥，惟吾識其不然。今聞子言，乃玄與吾同。今在何郡？』曰：『在豫章豐城。』張遂以孔章爲豐城令。至縣移獄，掘深二丈，得玉匣長八九尺，開之，得二劍：一龍淵，一即太阿。其夕，牛斗氣不復見。孔章乃留其一，匣龍淵而進之。劍至，張公於密室發之，光焰韡韡，焕若電發。後張遇害，此劍飛入襄城水中。孔章臨亡，誡其子恒以劍自隨。後其子爲建安從事，經淺瀨，劍忽於腰中躍出；初出猶是劍，入水乃變爲龍。逐而視之，見二龍相隨而逝焉。孔章曾孫穆之猶有張公與其祖書反覆，桑根紙古字。縣後有掘劍窟，方廣七八尺。」

〔一六〕案：觀我生賦「小臣恥其獨死，實有媿於胡顏」意同。

〔一七〕梁簡文帝傷離新體詩：「憫憫愴還途。」舊都，指江陵。

〔一八〕賞析曰：「君子，指梁主。」按：太玄翕：「翕繳惻惻。」注：「惻，痛心也。」文選歐陽堅石臨終詩：「下顧所憐女，惻惻心中酸。」

〔一九〕論語憲問篇：「飯蔬食，没齒無怨言。」集解引孔安國曰：「齒，年也。」皇侃義疏：「没，終；齒，年也。……但食麤糲，以終餘年，不敢有怨言也。」古詩紀「餘」作「余」。賞析曰：「此傷梁室滅亡，自媿不能殉難之詩，而題曰古意，且託於楚王，更用吴師秦兵作影，懼顯言之觸禍也。前四，直從幼學壯行、獲逢知遇説起。『楚王』句是感舊之根。『作賦』六句，仍帶文學，正寫侍從之樂。『歌舞』八句，蒙上轉落梁室兵連國滅，禾黍之感。後六，自媿獨生，不勝懷舊，而以憂傷終老結住。白髮餘齒，隱與『十五』二句呼應。篇中對偶雖多，而不涉纖巧，允稱傑構。」又曰：「顏歷仕梁、齊、周、隋四朝，而此指爲梁作者，一則元帝都江陵爲楚地，二則始仕時在梁也。」

其二

寶珠出東國，美玉産南荆〔一〕。隨侯曜我色〔二〕，卞氏飛吾聲〔三〕。已加明稱物〔四〕，復飾夜光名〔五〕。驪龍旦夕駭〔六〕，白虹朝暮生〔七〕。華彩燭兼乘〔八〕，價值詎連城〔九〕。常悲黄雀起〔一〇〕，每畏靈蛟迎〔一一〕。千刃安可捨〔一二〕，一毁難復營。昔爲時所重，今爲時所輕〔一三〕。願與濁泥會〔一四〕，思將垢石并〔一五〕；歸真川岳下〔一六〕，抱潤潛其榮〔一七〕。

〔一〕之推以珠玉自比，本爲南人，故揭出東國、南荆，下分承言之。

〔二〕淮南覽冥篇：「譬如隨侯之珠，和氏之璧，得之者富，失之者貧。」高誘注：「隨侯，漢東之國，姬姓諸侯也。隨侯見大蛇傷斷，以藥傅之，後蛇於江中銜大珠以報之，因曰隨侯之珠，蓋明月珠也。」史記李斯傳：「今陛下致昆山之玉，有隨、和之寶。」正義：「括地志云：『濆山，一名昆山，一名斷蛇丘，在隨州隨縣北二十五里。』説苑云：『昔隨侯行遇大蛇中斷，疑其靈，使人以藥封之，蛇乃能去，因號其處爲斷蛇丘。歲餘，蛇銜明珠徑寸，絶白而有光，因號隨珠。』卞和璧，始皇以爲傳國璽也。」（和氏璧見下注。）

〔三〕韓非子和氏篇：「楚人和氏得玉璞楚山中，奉而獻之厲王。厲王使玉人相之，玉人曰：『石也。』王以和爲誑，而刖其左足。及厲王薨，武王即位，和又奉其璞而獻之武王；武王使玉人相之，又曰：『石也。』王又以和爲誑，而刖其右足。武王薨，文王即位，和乃抱其璞而哭於楚山之下，三日三夜，淚盡而繼之以血。王聞之，使人問其故，曰：『天下之刖者多矣，子奚哭之悲也？』和曰：『非悲刖也，悲夫寶玉而題之以石，貞士而名之以誑，此吾所以悲也。』王乃使玉人理其璞，而得寶焉，遂命曰和氏之璧。」案：文選盧子諒贈劉琨詩李善注引「和氏」作

「卞和」。又案：卞和所遇楚三王，韓非子作厲、武、文，新序雜事五作厲、武、共，淮南注作武、文、成，七諫注作厲、武、成；琴操又以爲懷王、平王，此傳聞異辭也。

〔四〕荀子天論篇：「在物莫明於珠玉，珠玉不覩，則王公不爲寶。」

〔五〕戰國楚策：「乃遣使車百乘，獻雞駭之犀、夜光之璧於秦王。」尹文子大道上：「魏田父有耕於野者，得寶玉徑尺，弗知其玉也，以告鄰人。鄰人陰欲圖之，謂之曰：『此怪石也，畜之弗利其家，弗如復之。』田父雖疑，猶録以歸，置於廡下。其夜，玉明光照一室，田父稱家大怖，復以告。鄰人曰：『此怪之徵，遄棄，殃可銷。』於是遽而棄於遠野。鄰人無何盗之，以獻魏王。魏王召玉工相之。玉工望之，再拜而立：『敢賀王，王得此天下之寶，臣未嘗見。』王問其價，玉工曰：『此無價以當之，五城之都，僅可一觀。』魏王立賜獻玉者千金，長食上大夫禄。」

〔六〕莊子列禦寇：「河上有家貧、恃緯蕭而食者，其子没於淵，得千金之珠。其父謂其子曰：『取石來鍛之。夫千金之珠，必在千重之淵，而驪龍頷下。子能得珠者，必遭其睡也；使驪龍而寤，子尚奚微之有哉！』」

〔七〕禮記聘義：「夫昔者君子比德於玉焉：……氣如白虹，天也。」鄭玄注：「虹，天氣也。」正義曰：「白虹，謂天之白氣。言玉之白氣，似天之白氣，故云天也。」

〔八〕史記田完世家：「有徑寸之珠，照車前後各十二乘者十枚。」

〔九〕御覽八〇六引張載擬四愁詩：「佳人遺我雲中翮，何以贈之連城璧。」

〔一〇〕呂氏春秋貴生篇：「以隨侯之珠，彈千仞之雀，世必笑之。」戰國策楚策：「黄雀因是，以俯噣白粒，仰栖茂樹，鼓翅奮翼，自以爲無患，與人無争也；不知夫公子王孫，左挾彈，右攝丸，將加己乎十仞之上。」顔氏此文，蓋合兩書用之。

〔一一〕博物志七：「澹臺子羽賫千金之璧渡河。河伯欲之。陽侯波起，兩蛟夾船，子羽左操璧，右操劍，兩蛟皆死。既濟，三投璧於河，河伯三躍而歸之。子羽毁璧而去。」

〔一二〕器案：「千刃」疑當作「千仞」，見注〔一〇〕。彼言十仞，此言千仞，增之也。

〔一三〕漢書五行志二：「桂樹華不實，黄爵巢其顛。故爲人所羨，今爲人所憐。」庾信傷王司徒褒詩：「昔爲人所羨，今爲人所憐。」

〔一四〕抱朴子君道篇：「夜光起乎泥濘。」御覽八〇三引任子：「丹淵之珠，沈於黄泥。」

〔一五〕淮南子説山篇：「周之簡圭，生于垢石。」高誘注：「簡圭，大圭。美玉生於石中，故曰生垢石。」

〔一六〕荀子勸學篇：「玉在山而木潤，珠生淵而岸不枯。」陸機文賦：「石韞玉而山暉，水懷珠而川媚。」

〔一七〕抱潤，指玉。潛榮，指珠。此之推思茂其才之意。

和陽納言聽鳴蟬篇（隋盧思道同賦）〔一〕

聽秋蟬，秋蟬非一處。細柳高飛夕，長楊明月曙；歷亂起秋聲〔二〕，參差攪人慮〔三〕。單吟如轉簫〔四〕，羣噪學〔五〕調笙；風飄流曼響〔六〕，多含斷絶聲。垂陰自有樂，飲露獨爲清〔七〕；短緌何足貴〔八〕，薄羽不差輕〔九〕。螗蜋翳下偏難見〔一〇〕，翡翠竿頭絶易驚〔一一〕；容止由來桂林苑〔一二〕，無事淹留南斗城〔一三〕。城中帝皇里，金、張及許、史〔一四〕；權勢熱如湯，意氣喧城市；劍影奔星落〔一五〕，馬色浮雲起；鼎俎陳龍鳳，金石諧宫徵。關中滿季心〔一六〕，關西饒孔子〔一七〕。詎用虞公立國臣〔一八〕，誰愛韓王游説士〔一九〕？

紅顔宿昔同春花〔二〇〕，素鬢俄頃變秋草。中腸自有極，那堪教作轉輪車〔二一〕。

〔一〕據初學記三〇引。北史盧思道傳：「周武帝平齊，授儀同三司，追赴長安，與同輩陽休之等數人作聽蟬鳴篇，思道所爲，詞意清切，爲時人所重。新野庾信，偏覽諸同作者而深歎美之。」案：藝文類聚九七引思道聽鳴蟬篇曰：「聽鳴蟬，此聽悲無極。羣嘶玉樹裏，迴噪金門側；長風送晚聲，清露供朝食。晚風朝露實多宜，秋日高鳴獨見知。輕身蔽數葉，哀鳴抱一枝。流亂罷還續，酸傷合更離。蹔聽别人心即斷，纔聞客子淚先垂。故鄉已超忽，空庭正蕪沒。一夕復一朝，坐見涼秋月。河流帶地從來嶮，峭路干天不可越；紅塵早敝陸生衣，明鏡空悲潘掾髮。長安城裏帝王州，鳴鐘列鼎自相求；西望漸臺臨大液，東瞻甲觀距龍樓。說客恒持小冠出，越使常懷寶劍遊；學仙未成便尚主，尋源不見已封侯；富貴功名本多豫，繁華輕薄盡無憂。詎念嫖姚嗟木梗，誰憶蘭臯倦土牛。歸去來，青山下；秋菊離離日堪把，獨焚枯魚宴林野；終成獨校子雲書，何如還驅少游馬。」

〔二〕歷亂，猶言雜亂。鮑照擬行路難：「黄絲歷亂不可治。」

〔三〕詩小雅何人斯：「祇攪我心。」攪慮，猶攪心也。

〔四〕轉簫，猶言吹簫。淮南子脩務篇：「故秦、楚、燕、趙之歌也，異轉而皆樂。」高誘注：「轉，音聲也。」轉爲音聲，使之發音聲，亦謂之轉。吴均贈周散騎興嗣二首：「製賦已百篇，彈琴復千轉。」彈琴稱轉，正如吹簫之稱轉也。白居易題周家歌者：「清緊如敲玉，深圓似轉簧。」

〔五〕何遜與虞記室諸人詠扇詩：「如珪信非玷，學月但爲雲。」鮑泉奉和湘東王春日詩：「新扇如新月，新蓋學新雲。」與顔之推此詩俱以「學」「如」對言，則學猶言如也。

〔六〕類聚九七引曹大家蟬賦：「當二秋之盛暑，凌高木之流響。」

〔七〕曹大家蟬賦：「吸清露于丹園。」類聚九七、御覽九四四引陸雲寒蟬賦：「含氣飲露，則其清也。」

〔八〕禮記檀弓下：「范則冠而蟬有緌。」鄭玄注：「范，蜂也。蟬，蜩也。緌謂蟬喙長，在腹下。」孔穎達正義曰：「蟬喙長，在腹下，似冠之緌。」

〔九〕陸雲寒蟬賦：「爰蟬集止，輕羽莎佗。」

〔一〇〕説苑正諫篇：「園中有樹，其上有蟬。蟬高居悲鳴飲露，不知螳蜋在其後也。螳蜋委身曲附欲取蟬，而不知黄雀在其傍也。」

〔一一〕樂府詩集十八劉孝綽釣竿：「金鐯茱萸網，銀鉤翡翠竿。」張正見釣竿詩：「竹竿横翡翠，桂髓擲黄金。」李巨仁釣竿詩：「不惜黄金餌，唯憐翡翠竿。」翡翠竿亦名文竿。文選西都賦：「揄文竿。」李善注：「文竿，竿以翠羽爲文飾也。」

〔一二〕文選吴都賦：「數軍實乎桂林之苑。」劉淵林注：「吴有桂林苑。」

〔一三〕三輔黄圖：「長安故城，漢之舊都，高祖七年，方修長樂宫成，自櫟陽徙居此城，本秦離宫也。初置長安城，本狹小，至惠帝更築之，高三丈五尺，下闊一丈五尺，上闊九尺，雉高三坂，周回六十五里。城南爲南斗形，北爲北斗形，至人呼漢舊京爲斗城。」徐仁甫廣釋詞卷十：「無事猶『空教』，否定副詞。金文『事』『使』一字，『無事』即『無使』。沈約初春：『無事逐梅花，空教信楊柳。』（教一作交）『無事』與『空教』互文，『無事』猶『空教』也。顏之推和陽納言聽鳴蟬篇：『容止由來桂林苑，無事淹留南斗城。』空教淹留也。庾信燕歌行：『蒲桃一杯千日醉，無事九轉學神仙。』言空教九轉學神仙。又楊柳歌：『定是懷王作計誤，無事翻復用張儀。』言空教反復用張儀。又對雨：『徒勞看蟻封，無事祀靈星。』謂空教祀靈星。『空教』與『徒勞』互文，『徒勞』亦猶『空教』也。吴均發湘州贈親别三首：『古來非一日，無事更勞心。』謂空教更勞心也。杜甫贈翰林張四學士垍：『無復隨高風，空餘泣聚螢。』『無』『空』互文，『無』猶『空』也。」

〔一四〕漢書蓋寬饒傳：「上無許、史之屬，下無金、張之託。」應劭曰：「許伯，宣帝皇后父；史高，宣帝外家也；金，金日磾也；張，張安世也。」文選左太沖詠史詩：「朝集金、張館，暮宿許、史廬。」

〔一五〕爾雅釋天：「奔星爲彴約。」郭注：「流星。」長楊賦：「疾如奔星。」

〔一六〕史記季布傳：「季布弟季心，氣蓋關中，遇人恭謹，爲任俠，方數千里，士皆争爲之死。」又袁盎傳：「盎曰：『天下所望者，獨季心、劇孟耳。』」

〔一七〕後漢書楊震傳：「楊震，字伯起，弘農華陰人也。……少好學，受歐陽尚書於太常桓郁，明經博覽，無不窮究，諸儒爲之語曰：『關西孔子楊伯起。』」

〔一八〕案：虞公立國臣，蓋謂宫之奇也。左傳僖公二年：「晉荀息請以屈産之乘，與垂棘之璧，假道於虞以伐虢。……虞公許之，且請先伐虢。宫之奇諫，不聽；遂起師。夏，晉里克、荀息帥師會虞師伐虢，滅下陽。」又三年：「晉侯復假道於虞以伐虢。宫之奇諫曰：『虢，虞之表也，虢亡，虞必從之。晉不可啓，寇不可翫。一之爲甚，其可再乎！諺所謂「輔車相依，脣亡齒寒」者，其虞、虢之謂也。』……弗聽，許晉使。宫之奇以其族行，曰：『虞不臘矣，在此行也，晉不更舉矣。』」之推用此事，直爲奔齊自解。庾信哀江南賦：「章曼枝以轂走，宮之奇以族行。」意亦同此。

〔一九〕案：此蓋用蘇秦以「寧爲雞口，無爲牛後」説韓昭侯事，隱喻之推自己所進奔陳之策，不爲齊主所用，以致覆滅，觀我生賦所謂「囊九圍以制命，今八尺而由人」者也。

〔二〇〕紅顏，泛指青年。杜甫暮秋枉裴道州手札率爾遣興寄近呈蘇涣侍御詩：「憶子初尉永嘉去，紅顏白面花映肉。」用法本此。古詩紀曰：「『紅顏』以下脱誤，俟再考。」

〔二一〕樂府詩集六二悲歌古辭：「心思不能言，腸中車輪轉。」

神仙〔一〕

紅顏恃容色，青春矜盛年；自言曉書劍，不得學神仙。風雲落時後，歲月度人前；鏡中不相識，捫心徒自憐。願得金樓〔二〕要，思逢玉鈐篇〔三〕。九龍遊弱水〔四〕，八鳳出飛煙。朝遊採瓊實〔五〕，夕宴酌膏泉〔六〕。崢嶸下無地〔七〕，列缺上陵天〔八〕；舉世聊一息〔九〕，中州安足旋〔一〇〕。

〔一〕據文苑英華二二五引，此樂府古題也。

〔二〕金樓子志怪篇：「前金樓先生是嵩高道士，多遊名山，尋丹砂，于石壁上見有古文，見照寶物之祕方，用以照寶，遂獲金石。」通志藝文略天文類寶氣有金婁地鏡一卷，當即「金樓」之誤。

〔三〕顏氏家訓雜藝篇：「吾嘗學六壬式，亦值世間好匠，聚得龍首、金匱、玉軨變、玉曆十許種書，討求無驗，尋亦悔罷。」「玉軨」即「玉鈐」之譌。唐大詔令集二中宗即位赦：「振玉鈐而殪封豕，授金鉞而斬長鯨。」沈珣授契苾通振武節度使制：「挺鶚立鷹揚之操，知玉鈐、金匱之書。」

〔四〕御覽九三○引楚國先賢傳：「宋玉對楚王曰：『神龍朝發崑崙之墟，暮宿於孟諸，超騰雲漢之表，婉轉四瀆之裏；夫尺澤之鯢，豈能料江海之大哉！』」事類賦十九引括地圖：「崑崙山在弱水中，非乘龍不得至。」則龍遊弱水，積古相傳如此。武則天同太平公主遊九龍潭詩：「巖頂翔雙鳳，潭心倒九龍。」凡言鳳實兼凰而言，故必成雙捉對，沈約擬風賦：「拂九層之羽蓋，轉八鳳之珠旆。」八鳳雙鳳，其義一也。

〔五〕沈約繡像題贊：「水耀金沙，樹羅瓊實。」盧思道神仙篇：「玉英持作寶，瓊實採成蹊。」

〔六〕山海經西山經：「又西北四百二十里曰峚山，……丹水出焉，西流注於稷澤，其中多白玉，是有玉膏，其源沸沸湯湯，黄帝是食是饗。」郭璞注：「所以得登龍於鼎湖而龍蛻也。」

〔七〕史記司馬相如傳：「下峥嵘而無地兮，上寥廓而無天。」

〔八〕漢書司馬相如傳：「貫列缺之倒景兮。」服虔曰：「列缺，天閃也。」又揚雄傳：「辟歷列缺，吐火施鞭。」應劭曰：「列缺，天隙電照也。」

〔九〕漢書王褒傳：「周流八極，萬里一息。」拾遺記三周穆王録曰：「望絳宮而驤首，指瑶臺而一息。」一息，猶言暫息。

〔一〇〕中州，謂帝都或中國。文選蘇子卿詩四首：「山海隔中州，相去悠且長。」李善注：「楚辭曰：『蹇誰留兮中州。』」張銑注：「中州，帝都也。」舊唐書陳子昂傳：「昔蜀與中國不通，秦以金牛美女啖蜀侯；侯使五丁力士棧褒斜，鑿通谷，迎秦之饋。秦隨以兵，而地入中州。」前言中國，後言中州，則中州即中國也。旋，謂回旋也。

從周入齊夜度砥柱〔一〕

俠客重艱辛〔二〕，夜出小平津〔三〕。馬色迷關吏〔四〕，雞鳴起戍人〔五〕。露鮮華劍彩〔六〕，月照寶刀新〔七〕。問我將何去，北海就孫賓〔八〕。

〔一〕據文苑英華二八九引。馮惟訥古詩紀北齊一曰：「梁詞人麗句作惠慕道士詩，題云『犯虜將逃作』。」丁福保全北齊詩曰：「北史本傳：『荆州爲周軍所破，大將軍李穆送之推往弘農，令掌其兄陽平公遠書翰。遇河水暴漲，具船將妻子奔齊，經砥柱之險，時人稱其勇決。』」張玉轂古詩賞析二一曰：「漢書地理志：『底柱，在陝縣東北，山在河中，形若柱也。』」案：文鏡祕府論東册引此詩，佚作者名，「重」作「倦」。

〔二〕文選陸士衡擬青青陵上栢：「俠客控絶景。」李善注引列子：「昔范氏有子曰子華，善養私名，使其俠客，以鄙相攻。」案：陽縉樂府俠客控絶影，即以陸詩首句爲題，云：「園中追尋桃李徑，陌上逢迎遊俠人。」又曰：「遊俠英名馳上國，人馬意氣俱相得。」則俠客謂遊俠之士，袁宏所謂「三遊」之一也。抱朴子外篇正郭亦謂郭林宗「爲遊俠之徒」，之推蓋以俠客自命耳。吕向注文選，謂「俠客，遊人也」，非是。

〔三〕賞析曰：「小平津，在今鞏縣西北。」案：後漢書靈紀注：「小平津，在今鞏縣西北。」御覽七一引郡國志：「陜州平陸縣小平津，張讓刼獻帝處。南岸有勾陳壘，武王伐紂，八百諸侯會處。」

〔四〕夜度，故馬色迷也。

〔五〕史記孟嘗君傳：「關法：雞鳴而出客。」文選鮑明遠行藥至城東橋詩：「雞鳴關吏起。」清宋長白柳亭詩話卷二：「顔之推夜度砥柱詩：『馬色迷關吏，雞鳴起戍人。』唐太宗入潼關詩：『高談先馬度，僞曉豫雞鳴。』按：劉向七略曰：『公孫龍持白馬之論以度關。』桓譚新論曰：『龍嘗論白馬非馬，人不能屈，後乘白馬無符傳，關吏不聽出，此虚言難以奪實也。』上句指此，下句則用田文事。」

〔六〕江淹蕭驃騎讓太尉增封第三表：「文軒華劍。」華劍，猶江淹蕭太尉上便宜表所謂「文彩利劍」。案：文鏡祕府論一本「彩」作「影」。

〔七〕穀梁傳僖公元年：「孟勞者，魯之寶刀也。」

〔八〕賞析曰：「後漢書趙岐傳：『中常侍唐衡兄唐玹盡殺趙岐家屬，岐逃難江湖間，匿名賣餅。時孫嵩察岐非常人，曰：「我北海孫賓石，闔門百口，勢能相濟。」遂俱歸，藏岐複壁中。數年，諸唐後滅，岐因赦得免。』」器案：孫賓即孫賓石，三國志魏書閻温傳注引魚豢魏略作孫賓碩，割裂人名爲文，此六朝習慣用法也。賞析曰：「詩因避難而作。首二，提清避難，破題總領；三四，頂次句，寫乘夜偷度之景如畫；後四，月露仍帶夜來，而佩劍刀以就孫嵩，則與起句應。但孫賓押韻，未免割裂。」

佚句

懸魚掩金扇。〔一〕

〔一〕倭名類聚鈔卷三引狩谷望之箋注：「按：事物原始云：『懸魚者，搏風版合尖所垂之物也。今俗謂呼下桁。』」器案：白居易題洛中第宅詩：「懸魚掛青甃，行馬護朱欄。」太平御覽一八四引風俗通：「鑰施懸魚，翳伏淵源，欲令撻閉如此。」金扇，猶言金扉，説文：「扇，扉也。」

稽聖賦〔一〕

豪豕自爲雌雄，決鼻生無牝牡〔二〕。

鼋鼍伏乎其陰，鸕鷀孕乎其口〔三〕。

魚不咽水〔四〕。

雀奚夕瞽？鵄奚晝盲〔五〕？

雎鳩奚别？鴛鴦奚雙〔六〕？

蛇曉方藥，鳩善禁咒〔七〕。

蠐螬行以其背，螻蛄鳴非其口〔八〕。

竹布實而根枯，蕉舒花而株槁〔九〕。

瓜寒於曝，油冷於煎〔一〇〕。

苓根爲蟬〔一一〕。

魏嫗何多，一孕四十？中山何夥，有子百廿〔一二〕？

烏處火而不燋，兔居水而不溺（擬）〔一三〕。

水母，東海謂之蛇（音梍），正白蒙蒙如沫〔一四〕。

〔一〕直齋書録解題十六：「稽聖賦三卷，北齊黄門侍郎琅邪顔之推撰，其孫師古注。蓋擬天問而作。中興書目稱李淳風注。」器案：疑此賦有顔、李二注本，故唐、宋人見其書者，或引爲顔籀注，或引爲李淳風注也。

〔二〕北户録一崔龜圖注引。

〔三〕埤雅二引，原作顏籀稽聖賦，蓋誤以注者爲作者耳。

〔四〕埤雅七引，原作顏之推曰：今審知爲稽聖賦文。

〔五〕埤雅七引，原作顏之推曰：今審知爲稽聖賦文。

〔六〕埤雅七引。

〔七〕埤雅十引。

〔八〕埤雅十一引。

〔九〕埤雅十五引。

〔一〇〕埤雅十六引。

〔一一〕東坡物類相感志十六引。又引注：「抱朴子曰：『有自然之蟬，有荇菜莖、芩根、土龍之屬皆化蟬。今驗水澤巨樹處，多水蟲登岸，空有裂化出爲蟬也。』」

〔一二〕佩觿序原注、焦氏筆乘六引。器案：「魏」當作「鄭」，此事見竹書紀年晉定公二十五年：「鄭一女生四十人，二十人死。」中山，謂中山王劉勝，史記五宗世家：「中山靖王勝，以孝景前三年用皇子爲中山王。……勝爲人樂酒好内，有子枝屬百二十餘人。」漢書勝傳删「枝屬」二字，之推用漢書，蓋傳其家學也。

〔一三〕一切經音義五一：「王充論衡曰：『儒者皆云：「日中有三足烏。」日者，陽精，火也。「月中有白兔、蟾蜍。」月者，陰精，水也。安得烏處火而不燋，兔居水而不溺？相違而理不然也。』李淳風注稽聖賦引『抱朴子云：「今得道者及有妙術之人，亦能入火不燃，入水不濡。」且俱爲人倫，而其異如此（「此」字原誤植在「矣」下，今輒乙正）矣，王生安知日中之烏、月中之蟾兔，而不如人間之術士，有能入水入火者，與常烏凡兔之不同乎？』又云：『業感在星天之上，日月之中，其形雖同，彼必神明之類，不可以人理凡情之所校測者矣。』」器案：據此，則李淳風之注，頗有詰難之辭；而顏籀之注，蓋祖述之推之説耳，於此，益有以知稽聖賦之有二注也。

〔四〕北户録一注引。按：此當爲顏籀注文。

賦

歲精仕漢，風伯朝周〔一〕。

〔一〕藝林伐山十三引。器案：文見北齊書樊遜傳遜對求才審官，疑升庵誤記。

上言用梁樂

禮崩樂壞，其來自久。今太常雅樂，並用胡聲；請馮梁國舊事，攷尋古典〔一〕。

〔一〕隋書音樂志中『開皇二年，齊黄門侍郎顔之推上言云云，高祖不從。

奏請立關市邸店之税〔一〕（文佚）

〔一〕隋書食貨志：「武平之後，權幸並進，賜與無限，加之旱蝗，國用轉屈。乃料境内六等富人，調令出錢。而給事黄門侍郎顔之推奏請立關市邸店之税，開府鄧長顒贊成之。後主大悦。於是以其所入以供御府聲色之費，軍國之用不豫焉。未幾而亡。」通典卷十一食貨十一：「北齊黄門侍郎顔之推奏請立關市邸店之税，開府鄧長顒贊成之。後主大説。於是以其所入以供御府聲色之費，軍國之用不在此焉。」

失題

眉毫不如耳毫，耳毫不如項絛，項絛不如老饕〔一〕。

〔一〕能改齋漫録卷七引。案：甕牖閑評卷一引諺曰：「眉毛不如耳毫，耳毫不如老饕。」續明道雜志引作世言，文與閑評同，吴曾以爲顔氏文，非是。

逢逢之別，豈可雷同〔一〕？

〔一〕康熙字典辵部引。陳槃曰：「今本家訓無此文，疑佚。漢、魏以前有逢（或作逄）字，無逄字。

逄字乃六朝人所妄造，詳孟子離婁下阮氏校勘記『逄蒙學射於羿』條、錢大昕十駕齋養新録五古無輕脣音條、張澍姓氏辯誤三逄氏條。」